国家重点基础研究发展计划项目"深部开采中的动力灾害机理与防治基础研究"（2010 CB 226800）

国家自然科学基金面上项目"覆岩-采空区-煤柱协同作用时效机理与遗煤复采动态响应研究"（52074291）

国家自然科学基金面上项目"特厚煤层错层位外错式沿空掘巷、区段间相邻巷道联合支护的机理研究"（51774289）

地下连续开采技术及科学问题

乔建永　王志强　著

科学出版社

北　京

内 容 简 介

针对传统长壁式开采体系始终存在的回采率问题与我国日益严重的动力灾害问题，通过建立贝叶斯神经网络方法，对影响回采率与强矿压两个问题的子因素进行分析，提出了"连续开采"概念，利用数学方法阐述其"复动力系统的规避致灾位移"的科学内涵。在此基础上，进一步提出了地下开采区域完全无煤柱的发明专利技术，并辅以保证实施的全套技术。最后，基于"连续开采"思想，介绍了工作面间无煤柱、工作面末采无煤柱与开采区域无煤柱三种连续开采的工程应用情况。

本书可作为高等院校、科研院所采矿工程相关专业的科研与教学用书，也可作为煤炭企业生产管理者、技术人员的参考书。

图书在版编目（CIP）数据

地下连续开采技术及科学问题/ 乔建永，王志强著. —北京：科学出版社，2023.12

ISBN 978-7-03-077722-5

Ⅰ. ①地… Ⅱ. ①乔… ②王… Ⅲ. ①地下开采–研究 Ⅳ. ①TD803

中国国家版本馆 CIP 数据核字（2023）第 252574 号

责任编辑：李 雪 李亚佩 / 责任校对：王萌萌
责任印制：师艳茹 / 封面设计：无极书装

科学出版社 出版
北京东黄城根北街 16 号
邮政编码：100717
http://www.sciencep.com
北京汇瑞嘉合文化发展有限公司 印刷
科学出版社发行 各地新华书店经销
*
2023 年 12 月第 一 版 开本：787×1092 1/16
2023 年 12 月第一次印刷 印张：33
字数：780 000
定价：298.00 元
（如有印装质量问题，我社负责调换）

前　言

长期以来煤炭一直是我国的主体能源。近年来国民经济的快速发展对煤炭的需求日益增加，2021年煤炭在全国能源总消费中的占比仍达56%。这是由我国富煤、贫油、少气的天然能源赋存条件决定的。因此，在相当长一段时间内，煤炭作为我国的主体能源是必要的，否则不足以支撑国家现代化的能源需求。另外，从国家能源安全的角度来看，煤炭更是我国不可再生的战略性资源。我国煤炭产量的90%来自井工开采矿区，矿井的平均开采深度正在以年均10～25m的速度递增，这一现状也是由我国煤炭天然赋存条件决定的。必须看到，当前矿井生产采出率不到50%，而井工开采的安全问题也从未得到根本性解决，各种灾害事故时有发生。近年来，包括煤与瓦斯突出、冲击地压等在内的因强矿压导致的动力灾害正在呈上升趋势。有关勘探资料显示，埋深超过1000m的探明煤炭储量占我国总储量的53%。与浅部开采相比，深部岩体构造和应力环境更为复杂，表现为动力灾害在强度上的加剧、频率上的升高，动力灾害问题已成为威胁深部煤炭开采的普遍性问题。

针对长壁式开采体系，本书在关注提高井工开采回采率的同时，聚焦降低井工开采存在的强矿压问题，全书共包括7章，各章内容如下。

第1章，分析我国井工开采技术特征与现状，介绍了我国主要的壁式采煤方法，以此作为本书的研究和应用基础。

第2章，简要分析了采煤方法的传统选择依据与影响因素，引入地下地质动力学理论进一步探寻煤矿隐含地质构造。依据地质(煤层赋存的地质条件)与人为技术因素(开拓、准备与开采)建立了贝叶斯网络化主动防治冲击地压的新方法，对工作面长度、覆岩三带分布、保护层开采等子因素进行了深入研究、归类，发现了工作面长度与煤柱尺寸这一矛盾体，提出了工作面长度方向开采的新概念——"连续开采空间"。

第3章，给出了"连续开采"的概念，介绍了其内涵应包括开采区域内部无煤柱化(无煤—无柱)以及带来的覆岩运动一体化，详细介绍了工作面长度方向两种典型的"连续开采"方法——厚煤层错层位巷道布置采全厚采煤法及其关键理论、N00/100工法及其关键理论。

第4章，结合连续开采概念，先后引出了巷道弹性形变的复分析方法与巷道弹塑性Kastner方程的巷道塑性区域边界线，得到了巷道围岩先弹性、后塑性的演化过程。建立了巷道围岩位移变换的复动力系统，得到了巷道围岩花瓣形破坏的特征，提出了消除"致灾位移"的连续开采思想，在此科学思想指导下，建立了末采煤柱压缩过程的动力系统，该系统清晰地表现出工作面前方巷道经历"原岩应力—载荷升高弹性—极限平衡塑性—破坏"4个动态连续发展的形态，4个形态之间存在着映照关系，最终能够形成末采巷道在无煤柱连续开采的"先加载—后卸载"力学特征，改善了现有普遍性留煤柱末采连续性终止在前3个动态某一点上，以至于长期承受高应力、大变形的状态。综合"消除致灾位移"与未采的映照关系,针对地下开采复杂的设计、生产环境,提出了多项连续开采无煤柱贯通大巷或上山的方法,并给出映照关系下未采的技术要点。在第 4 章的最后,针对工作面四周留设煤柱的传统设计、施工与生产特征,创新性地提出了发明专利"地下煤炭资源时间与空间连续开采的完全无煤柱的方法",并给出了其关键技术与要点。

第 5 章,为了实现地下连续开采给出了多项创新性保障技术,形成了完整的连续开采体系,包括覆岩连续运动特征与保护层连续卸压开采方法,无煤柱连续开采端头压力的连续卸压技术,实现工作面间连续、顺序开采技术与覆岩离层注浆连续减沉技术。

第 6 章,总结了"连续开采"在工程中的应用及效果,包括华丰煤矿解决 4#煤层冲击地压问题、梧桐庄矿解决末采煤柱回收与上山维护问题、东欢坨矿上层煤柱丢失与下伏大巷长期承受高应力作用而带来的大变形难以维护的问题。3 个典型工程应用及最终取得的效果表明,针对不同煤矿存在的不同问题,连续开采配合部分保障技术可解决我国地下开采存在的普遍性问题。

第 7 章,结合采矿工程研究现状,给出了"连续开采"研究的十大热点方向。

感谢国家重点基础研究发展计划项目"深部开采中的动力灾害机理与防治基础研究"(编号:2010 CB 226800)的资助,感谢国家自然科学基金面上项目(编号:51774289,52074291)的资助。本书在写作过程中得到了中国矿业大学(北京)和深部岩土力学与地下工程国家重点实验室多位专家、学者的帮助,在此一并表示感谢。感谢新汶矿业集团有限责任公司、开滦(集团)有限责任公司、冀中能源峰峰集团有限公司及其矿井在研究过程中给予的支持与指导。

作　者

2023 年 2 月

目　　录

第1章 井工开采技术特征与现状

1.1 立著的背景与意义

富煤、贫油、少气为我国能源的基本国情，决定了我国短期内以煤炭能源为主体的战略格局不会发生根本性的改变，2021年，我国原煤产量完成了41.3亿t，同比增长5.7%，创历史新高；全国累计建成800多个智能化采掘工作面，煤矿个数压缩到4500座以下，现代化煤炭产业体系建设取得积极进展。与煤炭产量持续增长、现代化矿井建设并存的首先是井工矿的回采率问题，何满潮院士在全国政协委员会上指出，我国地下煤炭采出率不足50%，同时指出我国矿井冲击地压日趋严重的问题。

据2019年不完全统计数据，当时全国煤矿累计5300座，其中露天矿个数约420座(截至2017年)，超千米深井39座，我国冲击地压矿井的数量已增长至252座，见表1-1。尤其是2009～2019年，一些新建现代化特大型矿井冲击地压灾害呈现爆发式增长，如陕西彬长矿区的高家堡煤矿、胡家河煤矿、孟村煤矿等，内蒙古呼吉尔特矿区的巴彦高勒煤矿、营盘壕煤矿与门克庆煤矿等。2009～2019年，我国煤矿发生的较大及以上冲击地压事故6起，造成56人死亡，包括2011年11月3日，义马千秋煤矿75人被困，最终10人死亡；2012年11月17日，山东朝阳煤矿冲击地压6人死亡；2013年1月21日，阜新五龙煤矿8人死亡；2014年3月27日，义马千秋煤矿冲击地压6人死亡；2016年9月25日，鹤岗峻德煤矿冲击地压5人死亡；2018年10月20日，山东龙郓煤矿21人死亡。

表1-1 不完全统计我国冲击地压矿井分布情况(不含当年关闭矿井)

省份	个数/座	矿井名称
辽宁	4	抚顺老虎台；阜新恒大；沈阳红阳三矿；辽阳红祥煤业
山东	58	临沂古城矿；淄博唐口矿；肥城梁宝寺矿；枣庄高庄矿；新汶孙村矿、华丰矿、新巨龙矿、潘西矿、张庄矿(华源)、协庄矿、良庄矿、华恒矿、鄂庄矿；兖州鲍店矿、东滩矿、南屯矿、济二矿、济三矿、兴隆庄矿、赵楼矿；微山湖欢城2号矿、朝阳矿、金源矿、欢城1号矿；曲阜星村矿；枣庄柴里矿；滕东生建矿；临矿王楼矿；鲁能彭庄矿、郭屯矿、阳城煤矿；淄矿许厂矿、岱庄矿、葛亭矿；枣矿田陈矿、大兴矿、七五生建煤矿；丰源北徐楼矿；岱庄湖西矿；龙口郓城煤矿；泰山能源翟镇煤矿；金庄生建煤矿；济宁金桥煤矿、霄云煤矿；新河矿业；裕隆矿业唐阳煤矿；义能煤矿；汶上义桥煤矿；裕隆矿业单家村煤矿；东山古城煤矿；肥城单县能源；新能泰山西周煤矿；单县能源；兖煤菏泽能化万福煤矿、陈蛮庄矿、蒋庄煤矿、安居煤矿、三河口煤矿
黑龙江	17	双鸭山集贤；双鸭山东荣二矿；鹤岗南山矿；鹤岗富力矿；鹤岗兴安矿；鹤岗峻德矿；鸡西城山矿；七台河新兴矿；双鸭山新安矿；双鸭山东保卫矿；双鸭山岭东矿；鸡西赢达源煤矿；鸡西三发矿；鸡西城子河煤矿九采区二井；鹤岗市隆源经贸有限公司煤矿；鹤岗鸟山矿；嫩江宏云煤矿
河南	19	义马千秋矿；义马跃进矿；义马常村矿；义马耿村矿；平顶山十矿；平顶山十一矿；平顶山十二矿；洛阳新义矿；平顶山八矿；平顶山四矿；平顶山首山一矿；鹤壁五矿；鹤壁三矿；平禹方山矿；义马杨村矿；焦作九里山矿；义煤银龙煤业；平禹新辉煤业；禹州市大刘山煤业

省份	个数/座	矿井名称
江苏	5	大屯姚桥矿；大屯孔庄矿；徐州三河尖矿；徐州张双楼矿；大屯徐庄煤矿
北京	1	大安山煤矿
山西	23	大同煤峪口矿；大同四老沟矿；大同忻州窑矿；大同晋华宫矿；大同白洞煤业；雁崖煤业；大同永定庄矿；晋城赵庄矿；大同塔山矿；华润台城煤矿；襄垣七一大雁沟煤业；煤炭运销集团三元鑫能能业；葫芦堂煤业；灵石昕益致富煤业；大同半沟煤业；神华保德煤矿；忻州神达安茂煤业；山煤和盛煤业；古县兰花宝欣煤业；乡宁焦煤东沟煤业；霍州煤电兴盛园煤业；伊金霍洛旗新庙丁家梁煤矿；担水沟矿
河北	6	冀中大淑村矿；开滦赵各庄矿；开滦唐山矿；邯郸观台矿；冀中蔚县矿业一矿；冀中蔚县矿业四矿
四川	7	威远县太和能源；筠连县银丰煤业小河联办煤矿；筠连县金久煤业；筠连县蒿坝镇平安煤业；邻水县陈二湾煤矿；华蓥市溪口煤矿；宣汉县富祥矿业开宣煤矿
甘肃	12	华亭砚北矿；华亭矿；山寨矿；窑街矿（1号井，金河煤矿）；靖远王家山矿；甘肃核桃峪矿；靖远煤电大水头煤矿；靖远煤电宝积山煤矿；窑街煤电集团山丹县长山子煤矿；华亭陈家沟煤矿；华亭东峡煤矿；窑街三矿
吉林	3	辽源龙家堡矿；通化道清矿；和龙市长财煤矿五井
安徽	2	淮北芦岭矿；淮南丁集矿
江西	3	花鼓山矿；八景煤矿峨四井；永丰杏严煤矿
重庆	1	南桐矿一井
新疆	12	硫磺沟矿；乌东煤矿；宽沟矿；碱沟矿；二一三〇煤矿；一八九零煤矿；托克逊县雨田煤业；金田矿业集团胜利煤业；新疆焦煤集团阜康气煤一号井；神华天电矿业；察布查尔县梧桐煤炭；准东煤田大井矿区二号矿井
陕西	36	下峪口矿；下石节矿；胡家河矿；孟村矿；崔木矿；小庄矿；高家堡矿；水帘洞矿；火石咀矿；青岗坪矿；蒋家河矿；郭家河矿；铜川永红煤业；铜川市鸿润丰煤业；永陇能源开发建设；麟北矿业；正通煤业；澄城县新力煤业；蒲城县郑家煤矿；延安市宝塔区建设煤矿；榆林市千树塔矿业；神木县鑫轮矿业；神木县汇兴矿业；益东矿业；神木县东安煤业；神木县永兴乡圪针崖底村办煤矿；府谷县普冉煤业；府谷县西岔沟煤矿；府谷县三道沟乡前阳湾煤矿；府谷县丰华煤矿；柳壕沟煤矿；紫阳县兴安石煤矿；亭南煤矿；雅店煤矿；园子沟煤矿；招贤煤矿
内蒙古	2	古昊盛煤业；太西煤集团长沟煤矿
湖南	6	邵阳牛马司矿；娄底恩口矿；南阳沝江煤矿；红卫公司龙家山煤矿；永兴县湘阴渡镇枫树垅煤矿；冷水江市涟溪矿业一工区
贵州	15	盘江山脚树矿；盘江月亮田矿；六枝四角田矿；水城大河边矿；群力煤矿；汪家寨煤矿；德佳投资盘县柏果镇红旗煤矿；石桥佳竹箐煤业；盘县果老沙田煤矿；吉顺矿业大方县竹园乡迎峰煤矿；能发高山矿业；纳雍县王家营青利煤矿；安龙县同煤安龙县龙山镇炜烽煤矿；瓮安煤矿瓮安县草塘镇青菜沟煤矿；曲靖市麒麟区博宇煤业撒马必煤矿
福建	1	龙岩市永定区新在坑煤矿黄田新在坑矿
湖北	1	恩施州巴东县龙潭河煤矿
广西	1	红山环江朝阳煤业朝阳矿

续表

省份	个数/座	矿井名称
云南	13	曲靖市麒麟区博宇煤业撒马必煤矿；青龙山煤业小卑舍煤矿；罗平县大麦子山煤矿；富源县平庆煤业平庆煤矿；湾田集团兴路煤业兴路煤矿；盐津县柏树煤矿；威信县水洞坪煤矿；华坪县焱光实业油米塘煤矿；华坪县开发投资容大果子山煤矿；澜沧锦茂煤业澜沧煤矿；祥云县方才煤业国旺煤矿；大理白族自治州香么所煤矿；祥云县宏祥跃金煤矿
青海	2	青海门源瓜拉第一煤矿；青海门源人头沟第一煤矿
宁夏	2	宝丰集团红四煤业；石槽村煤矿

　　实际上，冲击地压与回采率之间存在一个共性问题——煤柱。煤柱的功能概括起来为"保护"与"边界"，是我国井工开采的最重要特征之一，地下煤柱包括工业广场保护煤柱、大巷保护煤柱、上下山保护煤柱、构造保护煤柱、硐室保护煤柱，以及采区、带区边界煤柱、井田边界煤柱，在我国煤炭工业发展过程中一直沿用该模式。但是，对于现代采矿来说，煤柱已经逐渐成为井工开采的问题所在，比如，工作面之间留设的煤柱本身往往集中较大的应力，因此造成煤柱或相邻巷道动力灾害的发生；工作面间煤柱支撑顶板，当煤柱达不到对覆岩的有力支撑，顶板会大面积垮落，采场易出现顶板型动力灾害问题；工作面推进方向末采阶段保护煤柱存在同样的问题，受末采煤柱影响的大巷或上山服务年限更长，因此，末采煤柱的留设易造成相邻井巷工程长期处于较高载荷作用，且存在动力灾害问题。

　　煤柱的留设不仅仅影响本煤层，对于相邻煤层的影响同样至关重要，如我国普遍存在的工作面间煤柱、大巷或上下山煤柱造成邻近煤层的应力集中及衍生灾害等问题。为此，乔建永教授提出地下资源(煤炭)连续开采思想[1]，这一技术思路把地下资源(煤炭)和周边地质环境看作一个有机整体，在开发过程中使用技术手段保证包括资源几何体、地应力场在内的数学模型在时间和空间维度上连续变化，从而为规避灾害、提高生产效率和智能化开采水平创造科学的工程环境。

　　为了实现这一具体目标，需要在首次或者通过二次复采将采空区煤柱与残煤尽可能采出，那么可实现资源(煤炭)及其周围地质环境连续形变的开采技术，也是简化矿井生产环节，提高生产集约化程度，实现绿色安全高效开采的有效途径[2-4]。王国法院士在解析煤矿智能化十大"痛点"时明确指出了"采掘失衡、掘支失衡"问题，面对这一前沿问题，首先，应该在开采区域内能采当采，给掘进以更加充分的时间；其次，必须简化巷道布置，改善其承载带来的矿井支护难度大、耗时长的现状，实现这一目标的根本在于不留煤柱实现连续开采，且对取消煤柱带来的覆岩运动与失稳、矿山压力显现规律甚至冲击地压等动力灾害进行有效预防[5]。

　　本书在应用 300 余年井工开采壁式体系留煤柱的基础上展开，拟实现取消采区或带区的煤柱，建立"连续开采"技术体系，在提高地下开采回采率的同时，形成"能量来源—传递路径—作用对象"的链式动力结构，为改善常规应力环境与冲击地压的预防提供新的思路。

1.2 井工开采的技术特征

1.2.1 煤田开发的概念

1. 煤层的赋存特征及影响开采的地质因素

煤田是指同一地质时期形成，并大致连续发育的含煤岩系分布区，诸如新疆准东煤田，内蒙古胜利煤田，甘肃庆阳煤田，山东巨野煤田，山西沁水煤田、河东煤田、大同煤田、宁武煤田、西山煤田、霍西煤田，安徽淮南煤田等。

煤田中的煤层数目、层间距和赋存特征各不相同。有的煤田只有一层或几层煤层，有的却有数十层煤层，我国多数煤矿开采的是多煤层煤田。

煤层的结构、倾角、厚度及其变化对采煤方法和设备选择影响甚大，需要对煤层进行分类。

煤层通常是层状的，煤层中有时含有厚度较小的沉积岩层，这些岩层称为夹矸，根据煤层中有无较稳定的夹矸层，将煤层分为两类，如图 1-1 所示。

(1) 简单结构煤层：煤层不含夹矸层，但可能有较小的矿物质透镜体和结核。

(2) 复杂结构煤层：煤层中含有较稳定的夹矸层，少则 1～2 层，多则数层。

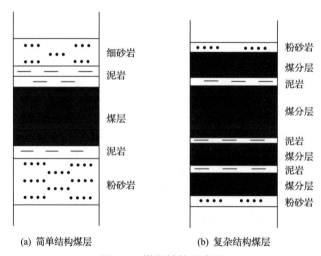

(a) 简单结构煤层   (b) 复杂结构煤层

图 1-1　煤层结构示意图

从煤矿地质学的角度，煤层的倾角是沿着煤层层面与水平面所夹的最大锐角，根据当前地下开采技术与难易程度，我国将煤层按倾角分为四类。

(1) 近水平煤层，倾角 <8°。

(2) 缓(倾)斜煤层，倾角为 8°～25°。

(3) 中斜煤层，倾角为 25°～45°。

(4) 急(倾)斜煤层，倾角 >45°。

我国煤矿以开采近水平煤层和缓(倾)斜煤层为主，矿井数占到 65.6%，生产能力占到 78.4%，开采中斜煤层和急(倾)斜煤层的矿井数和能力的比重均较小。

煤层的厚度是煤层顶底板之间的法线距离，根据当前地下开采技术，我国将煤层按厚度分为三类。

(1)薄煤层，厚度<1.3m。

(2)中厚煤层，厚度为 1.3～3.5m。

(3)厚煤层，厚度>3.5m。

近年来，涉及科学研究与生产实践，又衍生出特厚煤层(煤层厚度>8m)与巨厚煤层(煤层厚度>18m)的概念。

根据煤种、煤质和煤层倾角，在不同的地区，我国煤矿薄煤层的最小开采厚度为 0.5～0.8m。

我国煤矿的可采储量和产量以厚煤层和中厚煤层为主，两者之和分别占总储量的 81.32%和总产量的 93.27%。

煤层的稳定性是煤层形态、厚度、结构及可采性的变化程度。煤层按稳定性可分为：稳定煤层、中等稳定煤层、不稳定煤层和极不稳定煤层。

我国北方地区煤层一般较稳定，南方地区煤层普遍较薄，稳定性也较差，有时呈鸡窝状。

地层中的地质构造，如断层和褶曲对矿井开采有重大影响，煤田中的断层越多，开采越困难。我国南方各煤田的地质构造较北方复杂，煤系赋存也比较零散。

煤层顶底板的强度、节理裂隙发育程度及稳定性直接影响采煤工艺的选择。

从煤层及其顶底板岩层中涌向作业空间的瓦斯对煤矿安全生产有重大影响，瓦斯的涌出量一般随煤层的变质程度增高和埋藏深度增加而增加。根据 1995 年对我国 599 处国有重点煤矿的统计结果，低瓦斯矿井 304 处，占总数的 50.8%；高瓦斯矿井 202 处，占总数的 33.7%；我国存在瓦斯突出危险的煤层较多，有煤与瓦斯突出危险的矿井 93 处，占总数的 15.5%。

开采深度也是影响煤矿生产的重要因素，开采深度加大后，矿山压力及其显现、地温都将明显增加，甚至出现冲击地压。599 处国有重点煤矿的平均开采深度在 428.8m 左右，年平均增加 9.4m。统计时，采深达到和超过 700m 的已有 50 多处，超过 1000m 的已有 6 处，而这一数据到了 2019 年，已达到 39 处。

国有重点煤矿开采资源集中的煤田或其主要部分总体上为多层煤层，以近水平和缓(倾)斜煤层中的中厚和厚煤层为主，表土层不厚，2005 年前后埋深在 520 m 左右。煤层赋存从稳定、较稳定、不稳定到极不稳定，地质构造和水文地质条件从简单、中等复杂到复杂，顶底板岩性从软、中硬到坚硬，这种地质条件的多样性，提出多种不同的安全、经济开采的要求，是发展多样化开采技术的依据。

2. 矿区开发

统一规划和开发的煤田或其一部分称为矿区，如神东矿区、彬长矿区、黄陵矿区、铜川矿区、韩城矿区、华亭矿区、大同矿区、平朔矿区等。

根据国民经济发展进程和行政区域划分，利用地质构造、自然条件或煤田沉积的不连续，或按照勘探时期的先后，将煤田划归为矿区开发。

从我国煤田和矿区的实际关系,有的是一个矿区开发一个煤田,如开滦、阳泉、肥城等矿区;有的是几个矿区开发一个煤田,如渭北煤田划归为铜川矿区、浦白矿区、澄合矿区和韩城矿区;有的是将邻近的几个煤田划归为一个矿区,如淮北矿区开发闸河煤田和宿县煤田。

在矿区的基础上,我国近年来形成了大型煤炭生产基地。

(1)神东基地:神东、万利、准格尔、包头、乌海、府谷矿区。

(2)陕北基地:榆神、榆横矿区。

(3)黄陇基地:彬长(含永陇)、黄陵、旬耀、铜川、蒲白、澄合、韩城、华亭矿区。

(4)晋北基地:大同、平朔、朔南、轩岗、河保偏、岚县矿区。

(5)晋中基地:西山、东山、汾西、霍州、离柳、乡宁、霍东、石隰矿区。

(6)晋东基地:晋城、潞安、阳泉、武夏矿区。

(7)蒙东(东北)基地:扎赉诺尔、宝日希勒、伊敏、大雁、霍林河、平庄、白音华、胜利、阜新、铁法、沈阳、抚顺、鸡西、七台河、双鸭山、鹤岗矿区。

(8)两淮基地:淮南、淮北矿区。

(9)鲁西基地:兖州、济宁、新汶、枣滕、龙口、淄博、肥城、巨野、黄河北矿区。

(10)河南基地:鹤壁、焦作、义马、郑州、平顶山、永夏矿区。

(11)冀中基地:峰峰、邯郸、邢台、井陉、开滦、蔚县、宣化下花园、张家口北部、平原大型煤田。

(12)云贵基地:盘县、普兴、水城、六枝、织纳、黔北、老厂、小龙潭、昭通、镇雄、恩洪、筠连、古叙矿区。

(13)宁东基地:石嘴山、石炭笋、灵武、鸳鸯湖、横城、韦州、马家滩、积家井、萌城矿区。

按开采方式不同,煤矿开采分为地下开采和露天开采两种,我国煤矿以地下开采为主,地下开采的煤矿称为矿井。

一个矿区由多个矿井或露天矿组成,需要有计划、有步骤、合理地开发整个矿区。为配合矿井或露天矿的建设和生产,还要建设一系列的辅助企业、交通运输与民用事业,以及其他有关的企业和市政建设。

根据煤炭储量、赋存条件、市场需求、投资环境,结合国家宏观规划布局和矿区产品运销等条件,确定矿区建设规模,划分矿井边界,确定矿井或露天矿设计生产能力、开拓方式、建设顺序,确定矿区附属企业的种类、生产规模及其建设过程等,总称为矿区开发。

矿区建设规模是指矿区均衡生产的规模,应与矿区的均衡生产服务年限相适应。对于煤炭储量一定的矿区,当建设规模增大时,其服务年限将减少,反之服务年限将增多。既要保证满足国家对煤炭的需求,又能保证有较长的矿区服务年限、获得较高的经济效益的生产规模才是较合适的。我国不同建设规模的矿区设计均衡生产服务年限不宜少于表1-2的规定。

表1-2　矿区建设规模和均衡生产服务年限

矿区建设规模/(Mt/a)	>15	10~15	5~10	3~5	1~3
均衡生产服务年限/a	90	80	70	60	50

3. 井田

矿井是形成地下煤矿生产系统的井巷、硐室、装备、地面建筑物和构筑物的总称。

煤田或矿区的范围都很大，需要划分为若干部分，按一定顺序开采。划归为一个矿井开采的那部分煤田称为井田，而划归为一个露天矿开采的那部分煤田常称为矿田。

确定每一个矿井的井田范围、设计生产能力和服务年限，是矿区总体设计中必须解决的关键问题之一。

井田范围是指井田沿煤层走向方向的长度和沿煤层倾斜方向的水平投影宽度形成的几何面积。

煤田划分井田应根据矿区总体设计任务书的要求，结合煤田的赋存情况、地质构造、地形地貌、开采技术条件，保证每一个井田都有合理的尺寸和边界，使煤田的各部分都能得到合理开发。

4. 矿井设计生产能力与井型

矿井设计生产能力是设计中规定的矿井在单位时间内采出的煤炭数量，以万 t/a 或者 Mt/a 表示。

矿井井型是根据矿井设计生产能力不同而划分的矿井类型。有些生产矿井通过改扩建和技术改造，原来的生产能力得到改变，因而要对生产矿井各生产系统的能力重新核定，核定后的综合生产能力称为核定生产能力。

根据矿井设计生产能力不同，我国煤矿划分为大、中、小三种井型。

(1) 大型矿井：1.2Mt/a、1.5Mt/a、1.8Mt/a、2.4Mt/a、3.0Mt/a、4.0Mt/a、5.0Mt/a、6.0Mt/a 及以上。

(2) 中型矿井：0.45Mt/a、0.6Mt/a、0.9Mt/a。

(3) 小型矿井：0.3Mt/a 及以下。

3.0Mt/a 及以上的矿井习惯上又称为特大型矿井。

为了保证矿井建设、生产及设备选择标准化和系列化，新建矿井不应出现介于两种设计生产能力的中间类型。

矿井年产量是矿井每年实际生产出的煤炭数量，以万 t/a 表示，常常不同于矿井设计生产能力，有时高，有时低，取决于当年开采的具体情况，包括地质条件、市场售价等因素，而且每年的数值也不一定相同。

矿井设计生产能力大小直接关系到基建规模和投资多少，影响到矿井整个生产期间的技术经济面貌，确定井型是矿区总体设计的一个重要内容。

1.2.2 井田内的划分及开采顺序

1. 井田尺寸

井田尺寸由矿区总体设计的井田划分确定。井田尺寸由井田走向长度、倾斜宽度和面积来反映。

井田走向长度是表征矿井开采范围的重要参数，要与一定时间内的开采技术及装备水平相适应，根据目前开采技术水平，大型矿井井田的走向长度不少于 8km，中型矿井不少于 4km。

我国煤矿的井田走向长度一般为数公里至数十公里不等，在我国 599 处重点煤矿中，大多数矿井的走向长度大于 4km，而以 4～8km 者居多，新设计的特大型矿井的井田走向长度最大可超过 20km。

井田的倾斜宽度是井田沿煤层倾斜方向的水平投影宽度。我国煤矿的井田倾斜宽度一般为数公里，开采近水平煤层的矿井，其井田倾斜宽度最大可达 10km。

井田的面积与矿井的井型有关，我国煤矿的井田面积一般为数平方公里到数十平方公里，在我国 599 处重点煤矿中，54.3%的矿井井田面积大于 10km^2，0.3Mt/a 以下的小型矿井的井田面积多小于 10km^2，0.9Mt/a 以上的大型矿井和特大型矿井的井田面积大多超过 20km^2。

2. 井田划分为阶段和水平

为了有计划、按顺序、安全合理地开采井田内的煤层，以获得好的技术经济效果，一般情况下必须将井田划分为若干个小的部分，然后有序地进行开采。

阶段是在井田范围内平行走向按一定标高划分的一部分井田。

如图 1-2 所示，在井田范围内，沿着煤层的倾向，按±0m 和–150m 标高，把井田划分为三条平行于井田走向的长条，每一个长条就是一个阶段。阶段的走向长度就是井田在该处的走向全长。

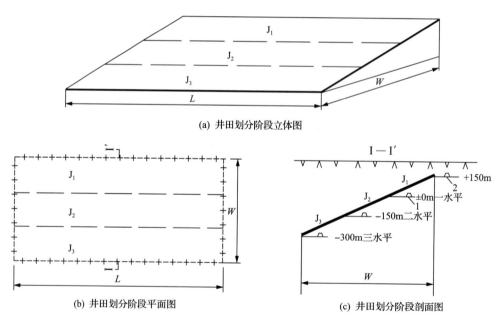

(a) 井田划分阶段立体图

(b) 井田划分阶段平面图   (c) 井田划分阶段剖面图

图 1-2　井田划分为阶段和水平

L-井田走向长度；*W*-井田倾斜宽度；J_1、J_2、J_3-第一、二、三阶段；1-阶段运输大巷；2-阶段回风大巷

为保证每个阶段正常生产，井田的每个阶段都必须有独立的运输和通风系统。要在阶段下部边界开掘阶段运输大巷，担负运送煤炭、材料、设备和进风等任务，在阶段上

部边界开掘阶段回风大巷，担负排放污风的任务，为整个阶段服务。上一阶段的煤层采完后，原运输大巷常作为下一阶段的回风大巷。

通常将布置有井底车场和阶段运输大巷，并且担负全阶段运输任务的水平称为"开采水平"，也简称为"水平"。

水平用标高来表示，如图 1-2 中的 ±0m、–150m、–300m 等。在矿井生产中，为了说明水平位置、顺序和作用，相应地称为 ±0m 水平、–150m 水平、–300m 水平等；或称为第一水平、第二水平、第三水平等；或称为运输水平、回风水平。

一般来说，阶段与水平的区别在于：阶段表示井田范围的一部分，水平是指布置大巷的某一标高的水平面。广义的水平不仅表示一个水平面，同时也指一个范围，即包括所服务的相应阶段。

3. 阶段内的再划分

井田划分成阶段后，阶段内的范围仍然较大，一般情况下井田范围内整阶段开采在技术上有一定难度，通常阶段内要再划分，以适应开采技术的要求。

阶段内一般有采区式和带区式两种划分方式。

1）采区式划分

在阶段内沿走向把阶段划分为若干具有独立生产系统的开采块段，每一开采块段称为一个采区。

如图 1-3 所示，井田沿倾向划分为三个阶段，每个阶段又沿走向划分为六个采区。

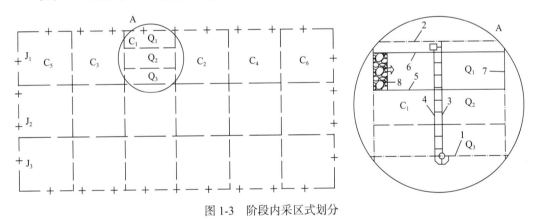

图 1-3　阶段内采区式划分

J_1、J_2、J_3-第一、二、三阶段；C_1、C_2、C_3、C_4、C_5、C_6-第一、二、三、四、五、六采区；Q_1、Q_2、Q_3-第一、二、三区段；1-阶段运输大巷；2-阶段回风大巷；3-采区运输上山；4-采区轨道上山；5-区段运输平巷；6-区段回风平巷；7-开切眼；8-工作面

采区的倾斜宽度就是阶段斜长，一般在 600～1000m。采区的走向长度一般由 400m 到 2000m 以上不等。采区的倾斜宽度仍然较大，一般情况下还不能一次将整个采区内的煤层采完，采区还需要划分为区段。

区段是在采区内沿倾向方向划分的开采块段，如图 1-3 中，C_1 采区划分为三个区段。

采区准备期间，开掘采区运输上山和轨道上山与阶段大巷连接；沿煤层走向方向，一般在每个区段下部边界的煤层中开掘区段运输平巷，在上部边界的煤层中开掘区段回风平巷；沿煤层倾斜方向，在采区走向边界处的煤层中开掘斜巷，连通区段运输平巷和区段回风平巷，该斜巷称为开切眼；区段运输平巷和回风平巷通过采区上山与阶段大巷连接，便可构成生产系统。

在开切眼内布置采煤设备，便可采煤。开切眼是采煤工作面的始采位置。生产期间，采煤工作面沿走向推进。沿煤层倾斜布置，沿走向推进的采煤工作面称为走向长壁工作面。

采区上山可选择布置在采区走向中部或一侧，相应的每个区段可以布置两个采煤工作面或一个采煤工作面。

2) 带区式划分

如图 1-4 所示，在阶段内沿煤层走向把阶段划分为若干个适合于布置采煤工作面的长条，每一个长条称为一个分带。分带相当于采区内的区段旋转了 90°。

由相邻较近的若干分带组成，并具有独立生产系统的开采区域称为带区。

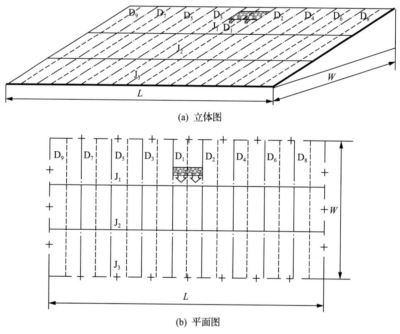

(a) 立体图

(b) 平面图

图 1-4　阶段内带区式划分

J_1、J_2、J_3-第一、二、三阶段；D_1、D_2、$\cdots$、D_9-第一、第二、$\cdots$、第九带区

在图 1-4 中，每个阶段内划分出 18 条分带，相邻的两个分带共用一套生产系统，组成一个带区，阶段内划分出 9 个带区。

带区准备期间，在分带两侧开掘分带斜巷，直接与阶段大巷连接。采煤工作面沿煤层走向布置，沿煤层倾向方向推进，这样布置的采煤工作面称为倾斜长壁工作面。

3) 井田直接划分为盘区、带区或分带

在近水平煤层条件下，由于井田沿倾斜的高差较小，局部范围内煤层的走向又变化较大，井田很难以一定的标高为界划分为若干阶段，则要将井田直接划分为盘区、带区或分带。

沿煤层主要延展方向在井田中部布置一组大巷，盘区式划分如图 1-5(a) 所示，在大巷两侧将井田划分为若干具有独立生产系统的开采块段，每一个块段称为一个盘区，盘区就是近水平煤层的采区；井田直接划分为带区或分带如图 1-5(b) 所示，与阶段内的带区式划分基本相同。

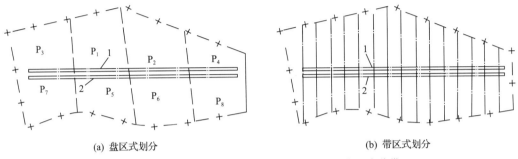

(a) 盘区式划分　　　　　　　　　　(b) 带区式划分

图 1-5　近水平煤层井田直接划分为盘区、带区或分带

P_1、P_2、$\cdots$、P_8-第一、第二、$\cdots$、第八盘区；1，2-大巷

根据煤层倾角等地质条件，井田内的不同区域可分别划分为采区、盘区或带区。

1.2.3　矿井生产的概念

1. 矿井井巷

矿井井巷是为进行采矿在地下开掘的各种巷道和硐室的总称。

矿井井巷种类很多，根据井巷的长轴线与水平面的关系，可以分为直立巷道、水平巷道和倾斜巷道三类，如图 1-6 所示。

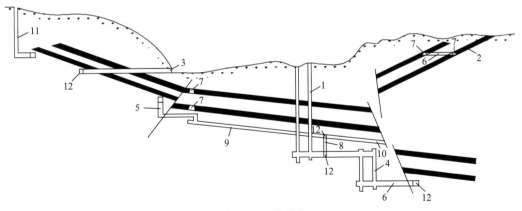

图 1-6　矿井井巷

1-立井；2-斜井；3-平硐；4-暗立井；5-溜井；6-石门；7-煤层平巷；8-煤仓；9-上山；10-下山；11-风井；12-岩石平巷

1) 直立巷道

直立巷道的长轴线与水平面垂直，如立井、暗井和溜井等。

立井是地层中开凿的直通地面的直立巷道，又称竖井。专门或主要用于提升煤炭的叫作主立井；主要用于提升矸石、下放设备和材料、升降人员等辅助提升工作的叫作副立井。生产中，还经常开掘一些专门或主要用来通风、排水、充填等工作的立井，这些立井按承担的主要任务命名，如风井、排水井、充填井等。

暗井是不与地面直通的直立巷道，其用途同立井。

溜井一般不装备提升设备，是一种专门用来由高到低溜放煤炭的暗立井。

高度不大、直径较小的溜井称为溜煤眼。

2) 水平巷道

水平巷道的长轴线与水平面近似平行，如平硐、平巷和石门等。

平硐是地层中开凿的直通地面的水平巷道，它的作用类似立井，有主平硐、副平硐、排水平硐和通风平硐等。

平巷是地层中开凿的、不直通地面、其长轴方向与煤层走向大致平行的水平巷道。

按所在的岩层层位分类，布置和开掘在煤层中的平巷称为煤层平巷，布置和开掘在岩层中的平巷称为岩石平巷。为开采水平或阶段服务的平巷常称为大巷，如运输大巷、回风大巷。直接为区段服务的平巷称为区段平巷，分区段运输平巷和区段回风平巷。

石门是岩层中开凿的、不直通地面、与煤层走向垂直或斜交的岩石平巷。为开采水平服务的石门称为主石门，为采区服务的石门称为采区石门。

煤门是在厚煤层内开凿的、不直通地面、与煤层走向垂直或斜交的平巷。

3) 倾斜巷道

倾斜巷道的长轴线与水平面有一定夹角，如斜井、上山、下山和斜巷等。

斜井是地层中开凿的直通地面的倾斜巷道，分主斜井和副斜井，其作用与立井和平硐相同。不与地面直接相通的斜井称为暗斜井，其作用与暗立井相同。

上山是位于开采水平以上，为本水平或采区服务的倾斜巷道。

下山是位于开采水平以下，为本水平或采区服务的倾斜巷道。

按所在的岩层层位分类，布置和开掘在煤层内的上下山称为煤层上下山，布置和开掘在岩层内的上下山称为岩石上下山。

按用途和作用分类，安装输送机的上下山称为运输上下山，其煤炭运输方向分别由上向下或由下向上运至开采水平大巷；铺设轨道的上下山称为轨道上下山；用作通风和行人的上下山称为通风、行人上下山。

阶段内采用带区式划分或井田直接划分为带区时，采煤工作面两侧的分带斜巷按用途分为运输斜巷和运料斜巷。此外，溜煤眼和联络巷道有时也是倾斜巷道。

4) 硐室

硐室是为专门用途且在井下开凿和建造的断面较大且长度较短的空间构筑物，如绞车房、水泵房、变电所和煤仓等。

2. 矿井生产系统

矿井生产系统是由完成特定功能的设施、设备、构筑物、线路和井巷的总称，由矿井的运煤、通风、运料、排矸、排水、动力供应、通信、监测等子系统组成。

1) 井巷开掘顺序

矿井巷道开掘的原则是尽量平行作业，尽快沟通风路。如图 1-7 所示，新建矿井首

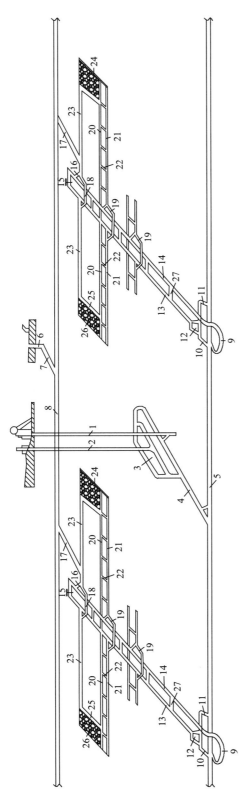

图1-7　矿井生产系统示意图

1-主井；2-副井；3-井底车场；4-主运输石门；5-水平阶段运输大巷；6-风井；7-阶段回风石门；8-阶段回风大巷；9-采区运输石门；10-采区下部车场；11-采区下部材料车场；12-采区煤仓；13-采区运输上山；14-采区轨道上山；15-采区上山绞车房；16-采区上山绞车房回风平巷；17-采区回风斜巷；18-采区下部车场；19-采区中部车场；20-区段运输平巷；21-下区段回风平巷；22-联络巷；23-区段回风平巷；24-开切眼；25-采煤工作面；26-采空区；27-采区变电所

先要自地面开凿主井 1、副井 2 进入地下；当井筒开凿到第一阶段下部边界开采水平标高时，即开凿井底车场 3、主运输石门 4，向井田两翼掘进开采水平阶段运输大巷 5；直到采区运输石门位置后，由运输大巷 5 开掘采区运输石门 9 通达煤层；到达预定位置后，开掘采区下部车场 10、采区下部材料车场 11、采区煤仓 12；然后，沿煤层自下向上掘进采区运输上山 13 和轨道上山 14；在两条上山之间开掘采区变电所 27。

同时，自风井 6、阶段回风石门 7，开掘阶段回风大巷 8；向煤层方向开掘采区回风石门 17、采区上部车场 18、采区上山绞车房 15、采区上山绞车房回风斜巷 16，与采区运输上山 13 及轨道上山 14 相连通。

形成通风回路后，即可自采区上山向采区两翼掘进第一区段的区段运输平巷 20、区段回风平巷 23、下区段回风平巷 21，这些区段平巷掘至采区边界后，即可掘进开切眼 24，在开切眼内安装采煤工作面所需的装备并进行必需的调试，之后采煤工作面便可以开始采煤。

采煤工作面 25 向采区上山方向后退回采。

为保证采煤工作面正常接替，在第一区段生产期间，需要适时地开掘为第二区段生产服务的中部车场、区段平巷和开切眼。

2) 矿井开拓、准备与回采的概念

按其作用和服务的范围不同，可将矿井井巷分为开拓巷道、准备巷道和回采巷道三种类型。

① 开拓巷道

开拓巷道是为井田开拓而开掘的基本巷道。一般来说，开拓巷道是为全矿井、一个开采水平或若干采区服务的巷道，服务年限较长，多在 10~30a 或以上，如主副井、主运输石门、阶段运输大巷、阶段回风大巷、风井等。

开拓巷道的作用在于形成新的或扩展原有阶段或开采水平，为构成矿井完整的生产系统奠定基础。

② 准备巷道

准备巷道是为准备采区、盘区或带区而掘进的主要巷道。

准备巷道是在采区、盘区或带区范围内，从已开掘好的开拓巷道起，到达区段或分带斜巷的通路，这些通路在一定时期内为全采区、盘区或带区服务，或为数个区段或分带服务，如采区上下山、采区或带区车场、变电所、煤仓等。

准备巷道的作用在于准备新的采区、盘区或带区，以便构成采区、盘区或带区生产系统。

③ 回采巷道

回采巷道是形成采煤工作面及为其服务的巷道，如区段运输平巷、区段回风平巷和开切眼。回采巷道的作用在于切割出新的采煤工作面，并进行生产。

3) 生产系统

① 运煤系统

从采煤工作面 25 采下的煤，经区段运输平巷 20、采区运输上山 13，到采区煤仓 12，在采区运输石门 9 内装车，经开采水平阶段运输大巷 5、主运输石门 4，运到井底车场 3，由主井 1 提升到地面。

②通风系统

新鲜风流从地面经副井 2 进入井下，经井底车场 3、主运输石门 4、水平阶段运输大巷 5、采区运输石门 9、采区下部材料车场 11、采区轨道上山 14、采区中部车场 19、下区段回风平巷 21、联络巷 22、区段运输平巷 20 进入采煤工作面 25。污浊风流经区段回风平巷 23、采区回风石门 17、阶段回风大巷 8、阶段回风石门 7，由风井 6 排到地面。

为调节风量和控制风流方向，在适当位置需要设置风门、风窗等通风构筑物。

③运料排矸系统

采煤工作面 25 和开切眼 24 所需的材料、设备，用矿车由副井 2 下放到井底车场 3，经主运输石门 4、水平阶段运输大巷 5、采区运输石门 9、采区下部材料车场 11，由采区轨道上山 14 提升至采区上部车场 18，然后进入区段回风平巷 23，再运到采煤工作面 25 和开切眼 24。

采煤工作面回收的材料、设备和掘进工作面运出的矸石用矿车经由与运料系统相反的方向运至地面。

④排水系统

排水系统一般与进风风流方向相反，由采煤工作面，经区段运输平巷、采区上山、采区下部车场、水平阶段运输大巷、主运输石门等巷道一侧的水沟，自流到井底车场水仓，再由水泵房的排水泵通过副井中的排水管道排至地面。

⑤供电系统

通过敷设在副井中的高压电缆，矿井地面变电所向井下井底车场的中央变电所供 6kV、10kV 或更高电压等级的高压电，通过敷设在运输大巷和运输上山巷帮上的电缆，中央变电所向各采区变电所供电，采区变电所则将输送来的电降压或不降压供给采煤工作面和掘进工作面用电设备。

⑥压气系统

掘进工作面风动设备所需的压气，由地面压气机房经管道输送到井下各用气地点，有些矿井的压气机房直接建在井下。

⑦其他生产系统

矿井建设和生产期间，井下还需要建立避灾、供水、通信、监测等系统。

3. 开采顺序

井田划分后，采区、盘区或带区间需要按照一定的顺序开采，煤层间、阶段间和区段间也需要按照一定的顺序开采。

确定开采顺序应当考虑井巷的初期工程量，井巷的掘进及维护工程量，开采水平、阶段、采区、盘区或带区及采煤工作面的正常接替，开采影响关系，采掘干扰程度和灾害防治。

1) 采区、盘区或带区间开采顺序

沿井田走向方向，井田内采区、盘区或带区间的开采顺序分前进式和后退式两种开采顺序。

自井筒或主平硐附近向井田边界方向依次开采各采区、盘区或带区的开采顺序称为采区、盘区或带区前进式开采顺序。如图 1-8 所示，采用前进式开采顺序就是要先采井筒附近的 C_1 和 C_2 采区，后采井田边界附近的 C_5 和 C_6 采区。

反之，自井田边界向井筒或主平硐方向依次开采各采区、盘区或带区的开采顺序称为采区、盘区或带区后退式开采顺序。如图 1-8 所示，采用后退式开采顺序就是要先采井田边界附近的 C_5 和 C_6 采区，后采井筒附近的 C_1 和 C_2 采区。

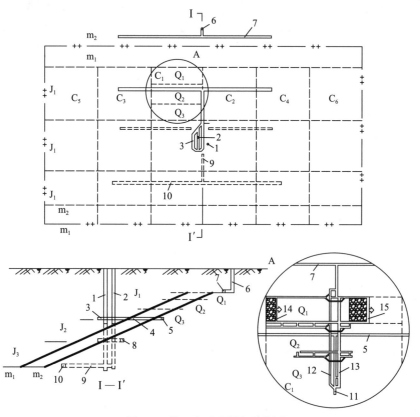

图 1-8　井田内开采顺序示意图

m_1、m_2-煤层；1-主井；2-副井；3-一水平井底车场；4-一水平主运输石门；5-一水平运输大巷；6-风井；7-阶段回风大巷；8-二水平运输大巷；9-三水平主运输石门；10-三水平运输大巷；11-采区运输石门；12-采区轨道上山；13-采区运输上山；14-后退式采煤工作面；15-前进式采煤工作面

采区、盘区或带区间采用前进式开采顺序有利于减少矿井建设的初期工程量和初期投资，缩短建井期，使矿井能够尽快投产。采用前进式开采顺序，先投产的采区、盘区或带区生产与大巷向井田边界方向的延伸同时进行，有一定的采掘相互影响；大巷在一侧采空或两侧采空的维护状态下，维护相对困难，维护费用较高；次投产的采区、盘区

或带区通风时，新鲜风流要先通过已采侧的大巷，风量有一定泄漏。

采区、盘区或带区间采用后退式开采顺序的特点与前进式相反。利于运输大巷和总回风巷的维护，采后密闭、减少漏风，避免采掘干扰，如考虑回收大巷煤柱，采用后退式有利。

由于矿井地质和开采技术条件不同，这两类因素在不同条件下表现出来的重要程度不同。减少初期工程量和投资，尽快投产，早出煤，早见效对于建设和生产矿井来说是至关重要的，采区、盘区或带区间采用前进式开采顺序，采掘相互影响并不十分明显，大巷维护的难度取决于采深、大巷所在岩层的岩性，将大巷布置在岩层中有利于改善维护条件和减少漏风。因此，我国煤矿阶段内采区、盘区或带区间一般采用前进式开采顺序。在一个开采水平既服务于上山阶段，又服务于下山阶段时，对于大巷已经开掘完毕的下山阶段，可以采用采区、盘区或带区间后退式开采顺序。

2) 采区、盘区或带区内工作面开采顺序

采区、盘区或带区内工作面的开采顺序也分为前进式和后退式两种基本开采顺序。

采煤工作面由采区走向边界向采区运煤上山或盘区主要运煤巷道方向推进的开采顺序称为工作面后退式开采顺序。在带区划分的条件下，采煤工作面后退式开采顺序就是分带工作面向运输大巷方向推进的开采顺序。

采煤工作面背向采区运煤上山或背向盘区主要运煤巷道方向推进的开采顺序称为工作面前进式开采顺序。在带区布置的条件下，采煤工作面前进式开采顺序就是分带工作面背向运输大巷方向推进的开采顺序。

在同一煤层中的上、下区段工作面或带区内的相邻工作面分别采用前进式和后退式开采顺序时，则称这种开采顺序为工作面往复式开采顺序。

采煤工作面前进式与后退式开采顺序的主要区别是工作面生产期间回采巷道是预先掘出来还是在推进过程中形成的。

如图 1-8 所示，C_1 采区中左侧的工作面采用后退式开采顺序，由采区边界向上山方向推进。后退式开采顺序所需的回采巷道要预先掘出，通过掘巷可以预先探明煤层的赋存情况，生产期间采掘不存在相互影响，回采巷道容易维护，新风先经过实体煤，漏风少，是我国煤矿最常用的一种工作面开采顺序。

如图 1-8 所示，C_1 采区中右侧的工作面由采区上山附近向采区边界方向推进，采用了前进式开采顺序。前进式开采顺序所需的回采巷道不需要预先掘出，采煤和形成回采巷道同时进行，可以减少巷道的掘进工程量，但不能预先探明煤层的赋存情况，形成和维护回采巷道需要专门的护巷技术，采煤和形成回采巷道相互影响大，由于新风要先经过维护在采空区的回采巷道才能到达工作面，因此容易漏风，这种工作面开采顺序目前在我国煤矿中采用较少。

3) 阶段间开采顺序

先采标高高的阶段，后采标高低的阶段称为阶段间下行开采顺序；反之，先采标高低的阶段，后采标高高的阶段称为阶段间上行开采顺序。

如图 1-8 所示, 阶段间采用了下行开采顺序, 先采 J_1 阶段, 然后开采 J_2 阶段, 最后开采 J_3 阶段。

阶段间采用下行开采顺序可以减少建井初期工程量和初期资金投入, 缩短建井期, 并且有利于阶段内煤层保持稳定。

一般情况下我国煤矿阶段间采用下行开采顺序。近水平煤层条件下, 上、下山阶段往往可以同时开采。煤层倾角较小时, 在先采下阶段有利于排放上阶段矿井水的情况下, 阶段间也可以采用上行开采顺序。

4) 区段间开采顺序

先采标高高的区段, 后采标高低的区段称为区段间下行开采顺序; 反之, 先采标高低的区段, 后采标高高的区段称为区段间上行开采顺序。

如图 1-8 所示, C_1 采区中的三个区段间采用了下行开采顺序, 先采 Q_1 区段, 然后采 Q_2 区段, 最后采 Q_3 区段。

区段间采用下行开采顺序有利于区段内煤层保持稳定, 特别是在煤层倾角较大的情况下。

对于上山采区来说, 区段间采用下行开采顺序有利于减少新风在上山中的泄漏, 对于下山采区来说, 区段间采用上行开采顺序有利于泄水。

一般情况下我国煤矿采区或盘区内区段间采用下行开采顺序。近水平煤层条件下, 区段间也可以采用上行开采顺序。

5) 煤层间、厚煤层分层间及煤组间开采顺序

煤层间、厚煤层分层间及煤组间先采标高高的煤层、分层或煤组, 后采标高低的煤层、分层或煤组称为下行开采顺序, 反之, 则称为上行开采顺序。

采用垮落法处理采空区, 为防止下煤层、厚煤层下分层及下煤组煤层先采后引起的岩层移动破坏上部的煤层、分层或煤组, 按下行式开采顺序是开采方法的一般技术原则, 也是生产矿井常用的开采方法。

如图 1-8 所示, 工作面采用垮落法处理采空区, 井田内先采 m_1 煤层, 后采 m_2 煤层。

用水砂充填采煤法分层开采厚煤层时, 厚煤层各分层间要采用上行式开采顺序, 以保证后采的各分层工作面的顶板总是完整的实体煤, 而不是松散的充填材料。

采用垮落法处理采空区, 先采下部的煤层不破坏上部煤层的完整性和连续性, 且能给矿井带来较大的经济效益, 或在安全上和技术上优越时, 煤层间或煤组间也可以采用上行开采顺序。

1.2.4　采煤方法分类

采煤方法是采煤工艺与回采巷道布置及其在时间上、空间上的相互配合[6]。

根据不同的地质条件和开采技术条件, 有不同的采煤工艺与回采巷道布置相配合, 构成了多种多样的采煤方法。

采煤方法的分类方法很多, 通常按采煤工艺和矿压控制特点可以将采煤方法分为长

壁式和柱式两大体系。

1. 长壁式体系采煤法

长壁式体系采煤法以工作面的开采长度为主要标志。长度一般在 30~50m 的采煤工作面称为长壁工作面。壁式体系采煤法分类如图 1-9 所示。

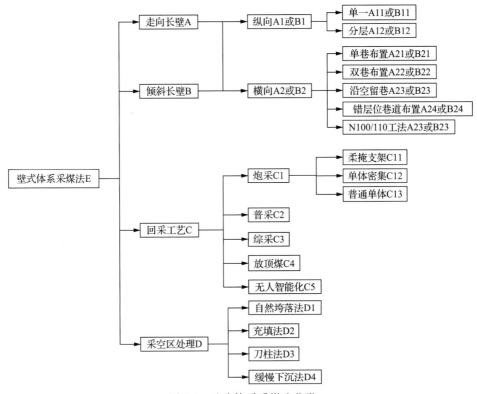

图 1-9 壁式体系采煤法分类

1) 整层采煤法

一次采出煤层全厚的开采方法称为整层采煤法，按采煤工艺特点不同又可分为以下几种方法。

①单一长壁采煤法

"单一"表示不分层开采，多用于薄及中厚煤层，单一长壁采煤法如图 1-10 所示；对于厚度在 3.5m 以上的近水平、缓(倾)斜厚煤层，该采煤方法又称为大采高一次采全厚采煤法，采煤工作面一般采用综合机械化采煤工艺；对于急(倾)斜煤层中的薄及中厚煤层，为减小工作面倾角，采煤工作面可沿伪斜布置。

当煤层顶板极为坚硬时，若采用强制放顶(或注水软化顶板)垮落法处理采空区有困难，有时可采用刀柱法(煤柱支撑法)处理采空区，称单一长壁刀柱式采煤法，如图 1-11 所示。长壁工作面每推进一定距离，留下一定宽度的煤柱(刀柱)支撑顶板。这种方法工作面搬迁频繁，不利于机械化采煤，采出率低。

②放顶煤长壁采煤法

如图 1-12 所示,对于厚度在 5.0m 以上的近水平、缓(倾)斜煤层,可沿底板布置采高为 2.5~3.0m 的采煤工作面,工作面向前推进采煤的同时,在工作面后部放落上部和后部的顶煤,实现整层煤开采。

③柔性掩护支架采煤法

在急(倾)斜煤层中,随着采煤工作面俯斜或俯伪斜采煤,利用柔性掩护支架自重及其上方垮落的矸石重量下放支架,并在支架掩护下实现整层采煤。

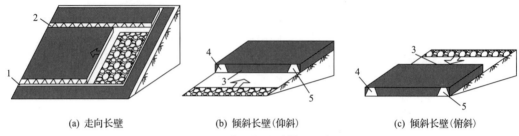

(a) 走向长壁　　　　　　　(b) 倾斜长壁(仰斜)　　　　　　(c) 倾斜长壁(俯斜)

图 1-10　单一长壁采煤法示意图

1-区段运输平巷;2-区段回风平巷;3-采煤工作面;4、5-分带运输、回风斜巷

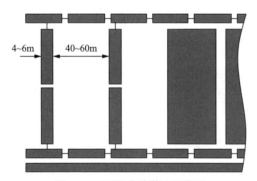

图 1-11　刀柱式采煤法示意图

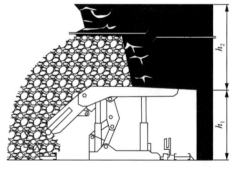

图 1-12　放顶煤长壁采煤法

h_1-采煤高度;h_2-放落顶煤高度

2) 分层采煤法

把厚煤层划分为中等厚度(适合于一次开采)的若干分层,再依次开采各分层的开采方法称为分层采煤法,分层间有上行和下行两种开采顺序。

根据分层方法不同可以分为倾斜分层、水平分层和斜切分层三种,如图 1-13 所示。前者主要用于近水平、缓(倾)斜和中斜厚煤层,后两种主要用于急(倾)斜厚煤层。

在急(倾)斜特厚煤层中近年来发展应用的水平分段放顶煤采煤法,与水平分层相似,煤厚一般在 25m 以上,但分段高度为分层高度的 3~4 倍,一般为 10~12m,分段底部采高约 3m,放顶煤高度 7~9m。

倾斜分层——将厚煤层分成若干与煤层层面相平行的分层。各分层工作面沿走向或倾斜推进,相应的采煤方法就是倾斜分层采煤法。

水平分层——将厚煤层分成若干个与水平面相平行的分层。工作面沿走向推进,相应的采煤方法就是水平分层采煤法。

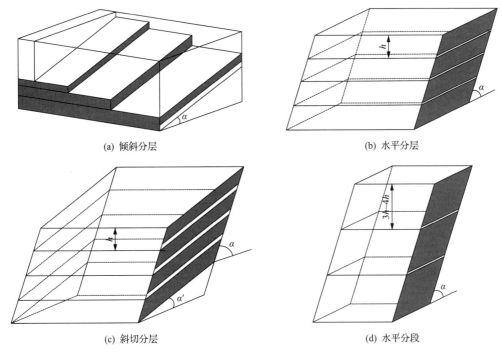

(a) 倾斜分层　　　　　　　　　　　　　　(b) 水平分层

(c) 斜切分层　　　　　　　　　　　　　　(d) 水平分段

图 1-13　厚煤层分层方法

α-煤层倾角；α'-分层与水平面夹角；h-分层高度

斜切分层——将厚煤层分成若干个与水平面呈一定角度（25°～30°）的分层。工作面沿走向推进，相应的采煤方法就是斜切分层采煤法。

我国、俄罗斯、乌克兰、波兰、英国、德国、法国、日本等国广泛采用长壁体系采煤方法，其产量均占其地下开采产量的 90%以上，西欧国家为 100%。近年来，美国和澳大利亚的长壁综采技术也有较大的发展。

长壁式体系采煤法适用性强，可广泛应用于不同厚度、倾角、围岩条件的煤层，并为发展综合机械化采煤创造了有利条件，采煤连续性强，安全条件好，采出率高，在世界范围内有进一步发展的趋势。

概括起来，壁式体系采煤法的一般特点如下。

(1)采煤工作面较长，通常在 80～250m。

(2)随着采煤工作面推进，顶板暴露面积增大，矿山压力显现较为强烈。

(3)采煤工作面可分别用爆破、滚筒式采煤机或刨煤机破煤、装煤，用与采煤工作面平行铺设的刮板输送机运煤，用支架支护工作空间，用垮落法或充填法处理采空区。

(4)在采煤工作面两端，一般至少各有一条回采巷道与之相连，以形成生产系统。

壁式体系采煤法按采煤工作面布置及推进方向的不同，可分为走向长壁采煤法和倾斜长壁采煤法。按工作面沿倾斜推进的方向不同，倾斜长壁又有仰斜开采和俯斜开采之分。

壁式体系采煤法按照相邻巷道布置的空间关系，可分为纵向和横向。

纵向上，按照煤层厚度可布置为薄、中厚及厚煤层的单一巷道。也可布置成厚煤层的分层巷道，按照上下巷道布置的空间关系，分为内错式、重叠式与外错式三种。

横向上，按照工作面间相邻巷道的个数分为单巷布置、双巷布置、多巷布置与沿空留巷。其中，单巷布置又分为沿空掘巷与留煤柱护巷。近年来，我国又创造出 110/N00 工法与错层位巷道布置采全厚采煤法。

按采煤工艺不同，可分为爆破采煤法、普通机械化采煤法和综合机械化采煤法。近年来，我国致力于发展放顶煤开采与无人智能化开采。

壁式体系采煤法按所采煤层的倾角不同，分近水平煤层采煤法、缓(倾)斜煤层采煤法、中斜煤层采煤法和急(倾)斜煤层采煤法；按煤层厚度，可分为薄煤层采煤法、中厚煤层采煤法和厚煤层采煤法。

按采空区处理方法不同，可分为垮落采煤法、刀柱(煤柱支撑)采煤法、充填采煤法。

按照采煤方法的定义"生产系统与回采工艺在时间和空间的组合"，可以概括为两个关键词"巷道布置"与"回采工艺"，那么结合图 1-9，实际上基本涵盖了现阶段所有采煤方法，这里采用数学组合的方法 $(A \text{ or } B)(A_1 \text{ or } B_1 \cup A_2 \text{ or } B_2) \cup C \cup D$，举例 $A_{11} \cup A_{21} \cup C_3 \cup D_1$ 表示为单一走向长壁单巷布置综合机械化自然垮落采煤法。

2. 柱式体系采煤法

这种采煤法间隔开掘煤房，以采煤和留设煤柱为主要标志，一般特点如下。

(1)在煤层内布置一系列宽为 5～7m 的煤房，采煤房时形成窄工作面，一般成组向前推进。煤房之间留设煤柱，煤柱宽度数米至 20～30m 不等，每隔一定距离用联络巷贯通，构成生产系统，并形成条状或块状煤柱，用于支撑顶板。

(2)采煤房时矿山压力显现较和缓，可以用锚杆支护工作空间，支护较简单。

(3)高度机械化的柱式体系采煤法目前多用连续采煤机及配套设备且在一组房内交替作业。

(4)采掘合一，掘进准备也是采煤过程，回收煤房间煤柱时，也使用同一种类型的采煤配套设备。

高度机械化的柱式体系采煤法，一般只分为房式和房柱式两类。

房间煤柱不回收，作为永久煤柱支撑顶板的称为房式采煤法；房间煤柱作为暂时支撑，在煤房开采结束后进行煤柱回收的称为房柱式采煤法(图 1-14)。

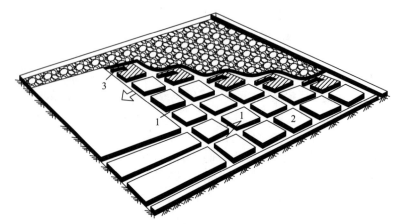

图 1-14　房柱式采煤法示意图

1-煤房；2-煤柱；3-回收的煤柱

　　高度机械化的柱式体系采煤法应用条件严格，主要适用于近水平薄或中厚煤层，煤层顶板中等稳定以上，瓦斯含量低，开采深度不大的中小型矿井，美国、澳大利亚、加拿大、印度、南非等国应用较多。

　　工艺落后的柱式体系采煤法还有巷柱式、残柱式、高落式等，多采用爆破采煤工艺，国内早期应用较多，近年来仅限于开采极不稳定煤层或回收边角煤柱。由于生产系统及安全性等方面存在一定问题，统称为非正规采煤法。

　　水力采煤法就回采巷道布置来说，也是柱式体系采煤法的一种。

　　我国煤层赋存条件多样，开采条件复杂。1949 年后经过半个世纪的采煤方法改革，发展了以长壁采煤法为主，并由多种其他方法构成的采煤方法体系。据不完全统计，我国先后曾用过百余种采煤方法，目前采用的约有 50 种。我国采煤方法按照工作面布置与推进方向的空间特点，整体来源于井田内分区式-走向长壁采煤法与分带式-倾斜长壁采煤法两种。

1.3　单一走向长壁采煤法

　　单一指的是一次将整层煤层采完。单一走向长壁采煤法主要用于近水平、缓(倾)斜和中斜薄及中厚煤层。20 世纪 80 年代以来，由于采用了新型综采设备，我国多处煤矿对 3.5～6.0m 厚的近水平和缓(倾)斜煤层成功地实现了一次采全厚开采。

1.3.1　采区巷道布置及生产系统

1. 采区巷道布置

　　单一走向长壁采煤法采区巷道布置如图 1-15 所示。在采区运输石门接近煤层处，开掘采区下部车场。从该车场向上，沿煤层同时开掘轨道上山和运输上山，至采区上部边界后，通过采区上部车场与采区回风石门连通，形成通风系统。

　　采区巷道掘进的原则是：尽量平行作业，尽快形成全负压通风系统。

　　为准备第一区段内的采煤工作面，在该区段上部开掘工作面回风平巷。在上山附近第一区段下部开掘中部车场。用双巷布置与掘进的方法，向采区两翼边界同时开掘第一区段工作面的运输平巷和第二区段工作面的回风平巷，回风平巷超前运输平巷 100～150m 掘进，两巷间每隔 100m 左右用联络巷连通，沿倾斜方向两巷间的煤柱宽度一般为 8～20m。采深较小、煤层较硬和较薄时取小值，反之取大值。

　　本区段的运输平巷、回风平巷及下区段的回风平巷掘至采区走向边界线后，在长壁工作面始采位置处沿倾斜方向由下向上开掘开切眼。工作面投产后，开切眼就成为初始的工作面。

　　在掘进上述巷道的同时，还要开掘采区煤仓、变电所、绞车房和绞车房回风斜巷，在以上巷道和硐室中安装并调试所需的提升、运输、供电和采煤设备后，第一区段内的两翼工作面便可投产。

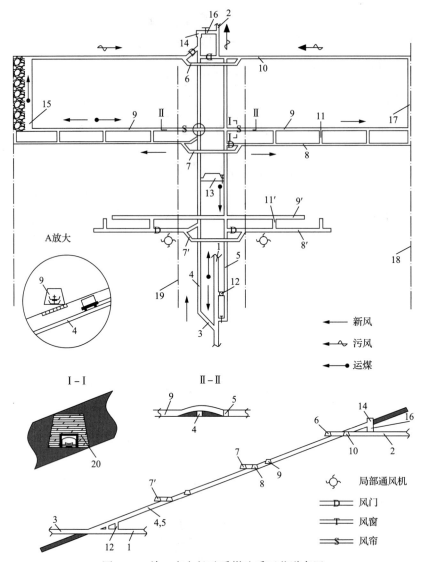

图 1-15　单一走向长壁采煤法采区巷道布置

1-采区运输石门；2-采区回风石门；3-采区下部车场；4-轨道上山；5-运输上山；6-采区上部车场；7,7′-采区中部车场；8, 8′, 10-区段回风平巷；9, 9′-区段运输平巷；11, 11′-区段联络巷；12-采区煤仓；13-采区变电所；14-采区绞车房；15-采煤工作面；16-采区绞车房回风斜巷；17-开切眼；18-采区走向边界线；19-工作面停采线；20-木板

这种先开掘出回采巷道，然后采煤工作面由采区边界向上山方向推进的开采顺序称为工作面后退式开采。

随着第一区段工作面采煤的进行，应及时开掘第二区段的中部车场、运输平巷、开切眼和第三区段的回风平巷，准备出第二区段的工作面，以保证采区内工作面的正常生产和接替。

2. 采区生产系统

采区生产系统由采区正常生产所需的巷道、硐室、装备、管线和动力供应等组成。

1) 运煤系统

运输平巷内多铺设胶带输送机运煤。根据倾角不同，运输上山内可选用胶带输送机、刮板输送机或自溜运输方式。

运到工作面下端的煤，经运输平巷和运输上山到采区煤仓上口，由采区运输石门来的空矿车在采区煤仓下口装车，而后整列车驶向井底车场。采区石门中也可以铺设胶带输送机运煤，与大巷胶带输送机搭接。

2) 通风系统

为排出和冲淡采煤和掘进工作面的煤尘、岩尘、烟雾以及煤层和岩层中涌出的瓦斯，改善采掘工作面作业环境，必须源源不断地为采掘工作面和一些硐室供应新鲜风流。在采区上山没有与采区回风石门掘通之前，上山掘进通风只能靠局部通风机供风。

①采煤工作面

新鲜风流从采区运输石门进入，经下部车场、轨道上山、中部车场，分两翼经下区段的回风平巷、联络巷、运输平巷到达工作面。工作面出来的污风进入回风平巷，右翼直接进入采区回风石门，左翼经车场绕道进入采区回风石门。

②掘进工作面

新鲜风流从轨道上山经中部车场分两翼送至平巷，经平巷内的局部通风机通过风筒压入到掘进工作面，污风流通过联络巷进入运输平巷，经运输上山排入采区回风石门。

③硐室

采区绞车房和变电所需要的新鲜风流由轨道上山直接供给，绞车房和变电所内的污风经调节风窗分别进入采区回风石门和运输上山。煤仓不通风，底部必须有余煤，煤仓上口直接由采区运输石门通过联络巷中的调节风窗供风。

3) 运料排矸系统

第一区段内采煤工作面所需的材料和设备由采区运输石门进入下部车场，经轨道上山由绞车牵引到上部车场，然后经回风平巷送至两翼工作面。区段运输平巷和下区段回风平巷所需的物料自轨道上山经中部车场运入。掘进巷道时所出的煤和矸石一般利用矿车从各平巷运出，经轨道上山运至下部车场。

4) 供电系统

高压电缆经采区运输石门、下部车场、运输上山至采区变电所或工作面移动变电站，经降压后分别引向采掘工作面的用电装备、绞车房和运输上山输送机等用电地点。

5) 压气和供水系统

掘进采区车场、硐室等岩石工程所需的压气、工作面平巷以及上山输送机装载点所需的降尘喷雾用水分别由专用管路送至采区用气和用水地点。

3. 采区内巷道类型

1) 回采巷道

回采巷道直接服务于采煤工作面，由区段平巷和开切眼组成，区段平巷沿采区横向布置，其中区段运输平巷简称为机巷，区段回风平巷简称为风巷或轨道巷。

2) 上山

上山服务于采区内的各区段生产，沿采区纵向布置，分为运输上山和轨道上山。采区生产能力较大或瓦斯涌出量较大时，还需增设专用的通风或行人上山。

3) 车场

采区车场有上部、中部和下部车场之分，用其将上山与区段平巷相连。

4) 硐室

硐室用于安装采区机械与电气设备，储存及转运煤炭，由绞车房、变电所和煤仓等组成。

5) 联络巷道

联络巷道附属于上述各类巷道。

4. 区段参数

区段参数包括区段走向长度和区段倾斜长度。

1) 区段走向长度

区段走向长度就是采区走向长度。区段或采区一翼走向长度接近采煤工作面连续推进长度，二者之间的差值体现在边界煤柱与上山保护煤柱。

我国《煤炭工业矿井设计规范》(GB 50215—2015)对采煤工作面连续推进长度的下限规定为：缓倾斜煤层综采，采区一翼走向长度和倾斜分带斜长不宜少于工作面一年的连续推进长度，普采采区一翼不宜少于 0.6km；开采技术条件简单，不受断层限制、综采装备水平较高时，工作面推进方向上的长度不宜小于 3.0km。目前公开资料显示我国连续推进距离最长为6.2km，出现在鄂尔多斯地区神东煤田。

对于顶板破碎，巷道维护困难，地质构造复杂，自然发火期短或倾角较大的煤层及装备水平低的小型矿井，采区走向长度可适当缩短。

随着煤巷综合机械化掘进技术的发展、煤巷支护技术的改进、长距离高可靠性胶带输送机及移动变电站的应用，掘进、维护、运输和供电对回采巷道走向长度的制约逐渐减少，区段走向长度有明显加大的趋势；另外，由于采煤工作面装备水平和单产提高，矿井内同时生产的采区和工作面数量减少，客观上也要求加大采区走向长度。

加大区段走向长度可以减少阶段内或井田内采区数目，从而可减少采区内的准备巷道掘进工程量、维护工程量、装备安装工程量、采区边界煤柱和上山煤柱损失，减少采煤工作面搬家次数。

目前，我国一些现代化矿井的采区或盘区，布置多套上山或石门，从而实现了工作面跨上山或跨石门连续开采，部分工作面的连续推进长度增加到2500m左右，我国综采工作面最长的连续推进长度达到6000m以上。

2）区段倾斜长度

如图 1-16 所示，区段倾斜长度为采煤工作面长度、区段煤柱宽度和区段上、下平巷宽度之和。

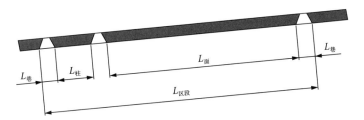

图 1-16　区段倾斜长度

区段煤柱的宽度在双巷布置与掘进的情况下一般为 8～20m，在无煤柱护巷的情况下为 0～5m。区段巷道的宽度一般为 2.5～5.0m，炮采工作面和普采工作面一般为 2.5～3.5m，综采工作面一般为 3.5～5.0m。

合理的采煤工作面长度是实现高产、高效的重要条件，在一定范围内加大工作面长度有利于提高产量、效率和效益，并能降低巷道掘进率和区段煤柱损失所占比例。目前，采煤工作面长度有加大的趋势，我国最长纪录为 454m。

我国煤矿长壁工作面长度一般为 120～220m。炮采工作面长度一般小于普采和综采的工作面长度，综采工作面长度不宜小于 150m。近几年来，我国一部分高产高效工作面长度超过了 200m，有的达到 300m。

1.3.2　回采巷道布置分析

采煤工作面的运输平巷和轨道平巷原则上要布置在煤层中，与长壁工作面上、下出口相连，断面要符合运输、通风、行人和安全等要求。

回采巷道布置主要指运输平巷和轨道平巷布置，涉及坡度、方向、位置、断面、数目和与工作面开采的时空关系。

1. 区段平巷的功能与装备

1）运输平巷

运输平巷一般布置在工作面下端，主要作用是运出煤和引入新风。

在综采工作面，为适应产量大和工作面快速推进的需要，运输平巷中均设置可伸缩胶带输送机与转载机配合运煤。

在一般的普采工作面，运输平巷中也多采用可伸缩胶带输送机与转载机配合运煤；在产量较小的普采和炮采工作面，运输平巷内可以铺设多部刮板输送机串联运输，一部刮板输送机长度一般为 100～150m。

2）轨道平巷

轨道平巷与工作面上端直接相连，一般铺设轨道，采用矿车运送设备和材料，并用于工作面生产期间排放污浊风流，由此也称为回风平巷。

2. 区段平巷的坡度与方向

1) 区段平巷按中线和按腰线施工的差异

区段平巷总的延伸方向是煤层的走向方向，坡度较小，除在巷道设计、施工时要加以注明外，一般都以平巷对待。实际上区段平巷并不是绝对水平的，在局部范围可能与煤层走向斜交，为便于排水和有利于矿车运输，可按照 3‰～10‰的坡度布置和掘进；有些情况下为满足采煤工艺和合理的巷道布置要求，坡度可能变化更大。

区段平巷掘进时，用中线控制巷道的延伸方向，用腰线控制巷道的坡度或高低。按中线掘进，巷道相当于铅垂面与煤层层面相交后的交线；按腰线掘进，巷道相当于水平面与煤层层面相交后的交线。如图 1-17 所示，当煤层走向方向不变时，按中线或按腰线掘出的巷道是一致的。在煤层走向发生变化时，按中线或按腰线掘出的巷道相差较大，前者在煤层底板等高线图上是直线，方向不变，但高低不平，后者随煤层底板等高线延伸的方向变化而变化，但坡度是一定的。

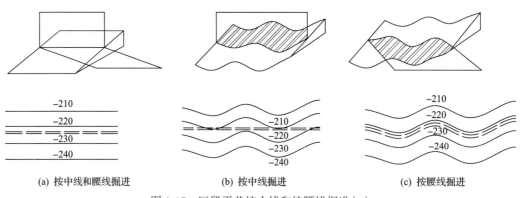

(a) 按中线和腰线掘进　　　　　(b) 按中线掘进　　　　　(c) 按腰线掘进

图 1-17　区段平巷按中线和按腰线掘进(m)

在回风平巷内铺设轨道用矿车运输时，有利于矿车运输的巷道应是基本水平，只保持一定的流水坡度，允许巷道有一定弯曲；在运输平巷中铺设输送机运输时，有利于输送机运输的巷道应在水平方向保持直线，坡度可以有一定的变化，以适应输送机直线铺设和运输的要求。即使采用可弯曲刮板输送机运煤，也要尽量保持直线铺设，以便减少运行阻力，更好地发挥设备效能。

区段回风平巷按腰线掘进有利于轨道矿车运输和排水，区段运输平巷按中线掘进有利于输送机运输，但巷道高低不平，要设置多台小绞车来完成辅助运输任务，并要通过小水泵排水。

对于铺设有胶带输送机或刮板输送机的运输平巷，必须按中线掘进或分段按中线掘进，且应有较长的分段长度。

2) 采煤工艺对区段平巷的坡度和方向要求

在煤层走向方向不变的条件下，回采巷道可以同时按照有利于两种不同运输方式的坡度与方向掘进，所形成的工作面必定等长。在煤层走向发生变化的条件下，区段平巷的坡度和方向必须考虑采煤工艺对工作面长度的要求。

由于搬运困难，综采工作面投产至停采前，一般不再增添或撤除工作面内的液压支架，液压支架的架数在工作面内为定值，这必然要求工作面等长布置。因此，工作面轨道平巷必须与运输平巷平行布置，按中线掘进，或分段按中线掘进，且也要有较长的分段长度。综采工作面回采巷道一般采用如图 1-18(a) 和 (b) 所示的布置方式。

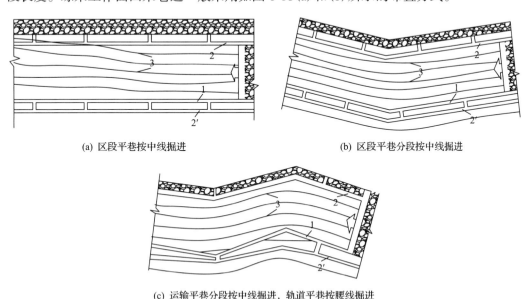

(a) 区段平巷按中线掘进　　　　　　　(b) 区段平巷分段按中线掘进

(c) 运输平巷分段按中线掘进，轨道平巷按腰线掘进

图 1-18　工作面回采巷道布置

1-运输平巷；2-本区段回风平巷；2′-下区段回风平巷；3-煤层底板等高线

在实际生产中，由于煤层倾角变化，综采工作面变长后要在端部增添单体液压支柱支护，工作面变短后可以将工作面调成伪倾斜或在两巷中扩帮。而在两巷布置时，力求做到上下两平巷均保持直线，且互相平行布置。

炮采和普采工作面在工艺上没有必须等长布置的要求，可以方便地通过增添或减少支架来适应工作面的长度变化。因此，炮采和普采工作面的轨道平巷在坡度和方向上有两种选择，一是按腰线掘进，保持有利于排水和轨道、矿车运输的巷道坡度，但工作面不等长，如图 1-18(c) 所示。二是按中线掘进，或分段按中线掘进，与运输平巷平行布置，使工作面等长，如图 1-18(b) 所示，这与综采工作面布置相同，这有利于减少巷道掘进长度和煤柱损失，目前，这种布置方式应用较多。

3. 区段平巷布置与掘进方式

采用后退式回采顺序的长壁工作面，其区段平巷的传统布置与掘进方式主要涉及区段回风平巷，可分为双巷布置、多巷布置、单巷布置和沿空留巷布置。

1) 双巷布置与掘进

如图 1-19 所示，本区段的运输平巷与下区段的轨道平巷同时掘进，两巷间一般留 8～20m 的区段煤柱。

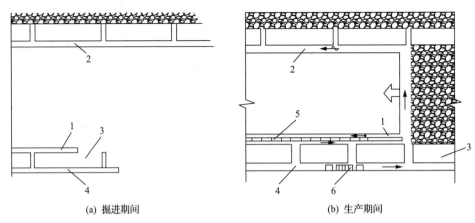

(a) 掘进期间　　　　　　　　　　　　　　(b) 生产期间

图 1-19　区段平巷双巷布置与掘进

1-本区段运输平巷；2-本区段轨道平巷；3-区段煤柱；4-下区段回风平巷；5-输送机；6-开关、泵站和电气设备

采用双巷布置与掘进方式时，运输平巷按中线或分段按中线掘进，轨道平巷有两种情况，一是按腰线超前工作面运输平巷掘进，这既可探明煤层走向变化，为运输平巷确定方向，又便于辅助运输及排水，形成的巷道布置见图 1-18(c)；二是按中线或分段按中线掘进，与运输平巷平行布置，形成的巷道布置见图 1-19 和图 1-18(b)，这样掘进失去了定向的作用，也不便于辅助运输及排水。炮采和普采工作面既可以采用前者，也可以采用后者，目前，多采用后者，综采工作面必须采用后者。

在瓦斯含量较大、一翼走向长度较长的采区，采用双巷布置与掘进有利于通风及安全。在综采工作面，可将胶带输送机和其他电气设备分别布置在两条巷道内。运输平巷随采随弃，布置电气设备的平巷加以维护，作为下一工作面的回风平巷。

采用双巷布置与掘进，下区段的轨道平巷受开采影响较小时，上下区段工作面接替容易；生产期间工作面下方有两条通道与上下山相连，通风、运料和行人均方便。

由于留设了区段煤柱，双巷布置与掘进降低了采区采出率，本区段工作面开采对下区段回风平巷有一定影响，影响程度取决于采深、采厚、煤柱宽度、煤层顶底板岩性。有些情况下虽有区段煤柱护巷，但巷道维护仍然较困难，常需要较高的维护费用，且增加了联络巷的掘进费用及相应的密闭费用。在采深较大而又无瓦斯抽放要求的条件下，双巷布置与掘进已少用。

在采用连续采煤机掘进回采巷道，且工作面装备机械化水平高的矿井中，多采用双巷或多巷布置与掘进方式。

对于瓦斯涌出量大的矿井，有的需要在工作面开采前预先抽放瓦斯，有的需要在工作面开采期间排放采空区的瓦斯，因此出现了增加瓦斯尾巷的区段平巷双巷布置与掘进方式，如图 1-20 所示。

为了减少本区段工作面开采对下区段回风平巷的影响，少数矿井把区段煤柱加大到 25～30m，甚至更大，如图 1-21 所示，所留的区段煤柱在下区段工作面生产期间用沿空掘巷的方法回收。这种布置的主要缺点是增加了一条平巷及联络巷的掘进工程量，工作面边生产边开掘巷道,存在采掘干扰,管理趋于复杂,已较少使用。

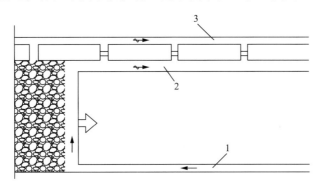

图 1-20　高瓦斯矿井区段平巷双巷布置与掘进(U+L 型通风)

1-区段运输平巷;2-区段回风平巷;3-瓦斯尾巷

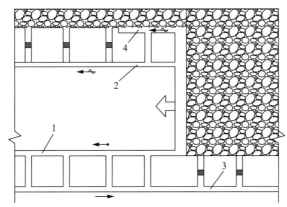

图 1-21　区段平巷双巷布置与掘进,沿空掘巷回收区段煤柱

1-本区段的运输平巷;2-本区段的回风平巷;3-下区段的回风平巷;4-沿采空区边缘随采随掘平巷

2) 多巷布置与掘进

在国内外一些开采条件好,且采用连续采煤机掘进回采巷道的高产高效矿井中,为了充分发挥连续采煤机掘进巷道的优势,满足高产条件下通风安全要求,区段巷道采用多巷布置与掘进方式,区段间留有煤柱,辅助运输多采用无轨胶轮车,这种布置与掘进方式如图 1-22 所示。

3) 单巷布置与掘进

目前,在瓦斯涌出量不大,煤层赋存较稳定,涌水量不大时,区段平巷一般采用单巷布置与掘进。如图 1-23 所示,上区段的运输平巷和下区段的回风平巷均为单巷掘进,下区段的回风平巷一般在相邻工作面开采完毕,采空区上方一定范围内岩层活动基本稳定后再开掘。

区段平巷单巷布置与掘进可以使下区段的回风平巷避免受上区段工作面开采期间的采动影响,缩短了维护时间。巷道较长时,掘进通风比双巷布置与掘进困难,且不利于区段间工作面的接替,同时需要增大巷道断面,以满足生产需要。

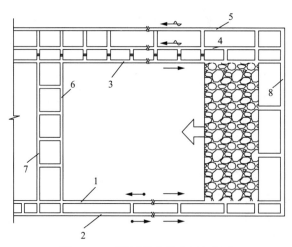

图 1-22　区段平巷多巷布置与掘进

1-运输进风平巷；2-运料进风平巷；3-进风平巷；4，5-回风平巷；6-停采线；7-撤架通道；8-瓦斯尾巷

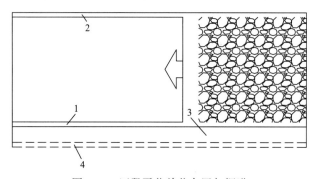

图 1-23　区段平巷单巷布置与掘进

1-本区段运输平巷；2-本区段回风平巷；3-区段煤柱；4-待掘的下区段回风平巷

在加强掘进通风管理、改用大功率通风机、减少风筒漏风等措施后，单巷掘进的长度一般可达到 1000m 以上。

根据下区段回风平巷与上区段工作面采空区之间的距离，下区段回风平巷单巷布置与掘进可以进一步分为留煤柱护巷和沿空掘巷。

①留煤柱护巷

区段平巷单巷布置与掘进，同样存在降低或避开侧向固定支承压力对下区段工作面回风平巷影响的问题。通常，留煤柱护巷的区段煤柱宽度一般在 6～20m。留煤柱护巷增加了煤炭损失，受侧向固定支承压力影响，回风平巷维护仍比较困难，特别是在深矿井中，从发展趋势来看，区段平巷单巷布置与掘进多用沿空掘巷。

②沿空掘巷

如图 1-24 所示，沿空掘巷就是沿采空区边缘开掘巷道，上、下区段间不留煤柱或只留 3～5m 宽的挡矸、阻水或阻隔采空区有害气体的隔离煤柱。理论和实践证明，沿空掘巷有利于巷道维护，减少了区段煤柱损失。在瓦斯涌出量不大、煤层埋藏稳定的条件下，我国煤矿，特别是进入深部开采的煤矿，其回风平巷一般要采用单巷布置与掘进——沿空掘巷方式。

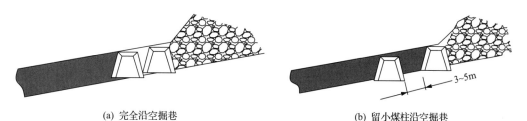

(a) 完全沿空掘巷 　　　　　　　　　　(b) 留小煤柱沿空掘巷

图 1-24　沿空掘巷的区段巷道位置

沿空掘巷虽然没有减少区段平巷的掘进长度，但是不留或只留很窄的煤柱，减少了煤炭损失，减少了区段平巷之间的联络巷道，特别是减少了巷道维护工程量，甚至基本上不需维修，易于推广。

沿空掘巷必须在采空区垮落的顶板岩层活动稳定后掘进，否则掘进的巷道要受移动支承压力的剧烈影响，掘进期间就需要维修，甚至难以维护。因此，掌握好掘进滞后于回采的间隔时间十分重要，需要根据煤层和顶板条件，通过观测和试验确定沿空巷道的位置和掘进与回采的间隔时间。一般情况下，间隔时间应不小于 3 个月，通常为 4~6 个月，个别情况下要求 8~10 个月，坚硬顶板比松软顶板需要的间隔时间更长。

采用沿空掘巷，在单一煤层采区内工作面的接替方式取决于同时生产的工作面个数和采区巷道布置类型。

由一个采煤工作面生产保证单一煤层双翼采区的产量时，工作面可在同一区段内左右两翼跳采，区段间可以依次接替，这是沿空掘巷最简单的区段或工作面接替方式，如图 1-25(a) 所示。单一煤层采区内多个采煤工作面同时生产时，区段间或区段内各工作面需要通过跳采接替，如图 1-25(b) 所示。如果采用的是单翼开采且生产集中在此区域，那么工作面间需要跳采接替。

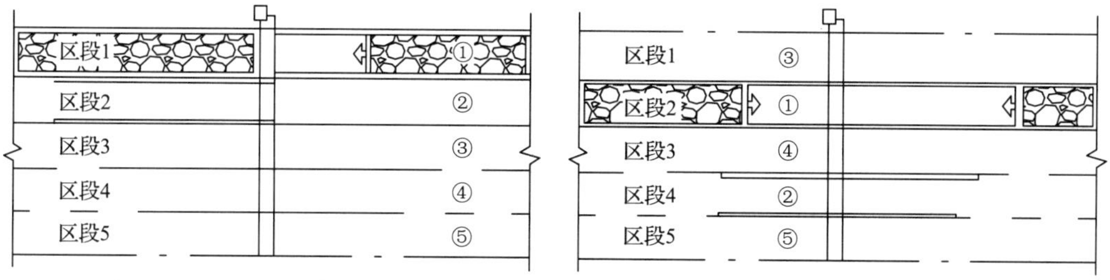

(a) 采区内一个工作面生产，区段间依次接替 　　(b) 采区内多个工作面生产，区段间跳采接替

图 1-25　回采巷道沿空掘巷的采煤工作面接替

跳采接替方式使生产系统分散，相邻区段采空后回采中间区段时，出现"孤岛"工作面，工作面和区段上、下平巷的矿山压力显现强烈，在深部煤层开采时易诱发冲击地压。因此，应尽量减少采区内同采工作面个数，提高工作面单产，实现回采巷道沿空掘巷，区段间依次接替。

沿空掘巷在我国应用广泛，多用于开采近水平、缓(倾)斜、中斜厚度较大的中厚煤层和厚煤层。

③巷内设备布置

如图 1-26(a)所示，综采设备集中布置在区段运输平巷中，一侧设置转载机和胶带输送机，另一侧设置泵站及移动变电站等设备，故巷道断面较大，一般要在 12m² 以上。由于产量大、风量大，工作面回风平巷断面基本与运输平巷相同或略小。可以根据围岩条件，采用以锚杆为主的锚、网、带或锚、网、索、带支护，或采用梯形金属棚、U 型钢拱形可缩棚支护。

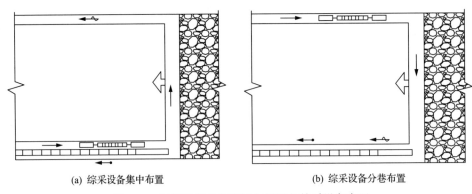

(a) 综采设备集中布置　　　　　　　　　　(b) 综采设备分巷布置

图 1-26　区段平巷单巷布置与掘进的综采设备布置

在低瓦斯矿井中，如果回采巷道断面较小设备布置困难，在煤层倾角小于 10°，工作面允许采用下行通风，也可采用将配电点及变电站布置在区段上部平巷中，如图 1-26(b)所示，称综采设备分巷布置。为使机电设备布置在进风流巷道中，可采用工作面上部平巷进风，下部运输平巷回风的通风方式。

④高产高效综采工作面单巷加中切眼布置

采煤工作面的连续推进长度较大时，掘进工作面的通风是制约单巷掘进长度的主要因素，尤其是在高瓦斯条件下。

为克服掘进工作面通风困难，一些高产高效综采工作面在推进方向的中部布置了中切眼，连通运输平巷和回风平巷，如图 1-27 所示。

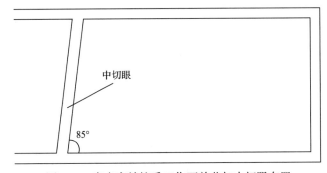

图 1-27　高产高效综采工作面单巷加中切眼布置

切眼位置可根据工作面连续推进长度及设备性能确定，要避开应力集中区，选择围岩稳定、无淋水的地段，并要与区段平巷有 85°左右的交角，以利于采煤工作面分段通过。布置中切眼可以解决长距离单巷掘进的通风问题，并可以缩短供风距离，减少风筒占用量，降低风阻，提高通风效率；还能加快巷道掘进速度，回风平巷掘进出煤可通过中切眼从运输平巷运出，而掘进所需材料又可由回风平巷运进；此外，还可将移动变电站放在中切眼附近，向综掘机进行高压供电；同时还增加了安全避灾通道。工作面通过中切眼前，要提前加强中切眼的支护。

4）沿空留巷

工作面采煤后沿采空区边缘维护原回采巷道的护巷方法称为沿空留巷。在图 1-28 中，就是保留上区段的运输平巷作为下区段的回风平巷。沿空留巷完全取消了区段煤柱，有利于区段间工作面接替，由于留巷期间所留巷道维护难度较大，需要在巷旁支护，该方法多应用在薄及中厚煤层中。

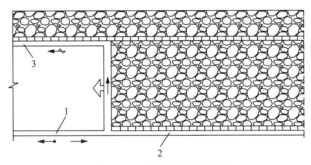

图 1-28　区段平巷沿空留巷

1-本区段的运输平巷；2-下区段的回风平巷；3-本区段的回风平巷

4. 双工作面布置

如图 1-29 所示，利用三条区段平巷准备出两个同时生产的采煤工作面的布置称为双工作面布置，中间运输平巷出煤时，称为对拉工作面布置；中间平巷和下平巷出煤时，称为顺拉工作面布置。

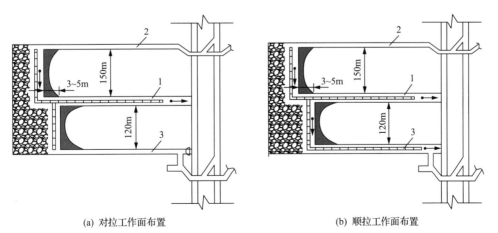

(a) 对拉工作面布置　　　　　　　　　　　　(b) 顺拉工作面布置

图 1-29　双工作面布置

1-中间运输平巷；2-上轨道平巷；3-下平巷

对拉工作面生产期间，上工作面的出煤向下运输，下工作面的出煤向上运输，由中间共用的运输平巷运出。随着煤层倾角加大，为有利于运煤，下工作面的长度要比上工作面的长度短一些。上下两条区段平巷内铺设轨道，分别为上、下两工作面运送材料及设备服务。

顺拉工作面生产期间，上、下工作面的出煤均向下运输，由各自的运输平巷运出，两工作面可以等长布置。

双工作面有两种通风方式，一种是中间运输平巷进风，上、下区段平巷回风，或者上、下平巷进风，中间平巷回风；另一种是由下平巷和中间运输平巷进风，上部轨道平巷集中回风。

生产期间上、下工作面之间一般要保持一定的错距，通常小于 5m，该段用木垛加强维护。双工作面布置可以减少区段平巷的掘进量和维护量，提高产量。对拉工作面布置提高了运输平巷中的设备利用率，一般适用于煤层倾角小于 15°，顶板中等稳定以上，瓦斯涌出量不大，工作面单产不高的炮采和普采工作面。顺拉工作面缩短了准备巷道维护时间，多用在煤层倾角大于 15°，顶板中等稳定以上，瓦斯涌出量不大，进入深部开采的工作面。

5. 采煤工作面回采顺序

根据长壁工作面与采区边界和上、下山的相对位置关系，以及采煤与形成巷道在时间和空间上的关系，采煤工作面的回采顺序有后退式、前进式、往复式及旋转往复式等几种。

1) 工作面后退式

回采巷道先开掘出来，采煤工作面由采区边界向采区运输上山方向推进，称为工作面后退式回采顺序，如图 1-30(a)所示，这种回采顺序采掘干扰少，但准备时间长，在回采前通过开掘巷道可探明煤层条件，新风先经过实体煤，漏风少，在我国煤矿中普遍采用。

2) 工作面前进式

回采巷道在工作面推进过程中通过沿空留巷形成，采煤工作面由采区运输上山附近向采区边界方向回采，称为工作面前进式回采顺序，如图 1-30(b)所示。采用这种回采顺

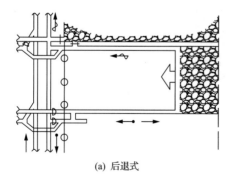

(a) 后退式

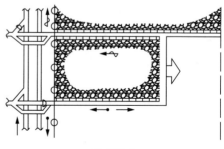

(b) 前进式

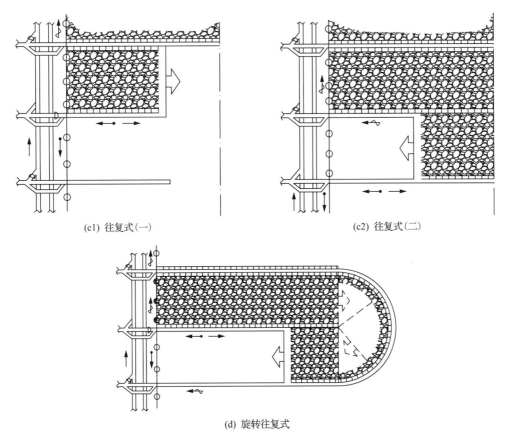

(c1) 往复式(一)　　　　　　　(c2) 往复式(二)

(d) 旋转往复式

图 1-30　采煤工作面回采顺序

序，工作面上、下平巷不需预先掘出，只需随工作面推进在采空区中保留下来，即沿空留巷。沿空留巷前进式采煤的优点是减少了平巷的掘进工程量，提高了采出率，但必须采取有效的手段维护巷道及防止漏风。由于工作面平巷不预先掘出，煤层赋存条件不明，形成巷道与采煤干扰大，新风先经过采空区，漏风大，巷道维护困难，因而，这种回采顺序目前在我国少用。

　　3) 工作面往复式

　　往复式回采是前两种回采顺序的结合，如图 1-30(c1、c2)所示。往复式回采主要特点是在上区段回采结束后，工作面设备可直接搬迁到下面的工作面，缩短了设备搬运距离，节省搬迁时间，这对设备配套数量多的综采有利。在采区边界处布置有边界上山时，回采巷道不必沿空留巷，则应用更为有利。

　　4) 工作面旋转往复式

　　旋转往复式回采顺序是使采煤工作面旋转 180°，并与往复式回采顺序相结合，实现工作面不搬迁而连续回采，如图 1-30(d)所示。我国鸡西、阳泉等矿区的一些综采工作面曾试验过这种回采顺序。我国综采设备上井大修周期一般不超过 2 年，因此，采用旋转往复式回采顺序，一般只宜旋转一次。只有提高综采设备的可靠性，加强设备维护，才能允许多次旋转往复。由于旋转式回采时边角煤损失较多，影响采出率，技术操作及管理较复杂，容易损坏装备，旋转时产量和效率较低，因此，这种回采顺序在我国应用更少。

前进式和往复式回采顺序在国外应用较多，我国近年来随着综采及沿空留巷和护巷技术的发展，开始试验和逐步应用，并取得了一定效果，在今后还需不断改进与完善。

6. 工作面通风方式与回采巷道布置

工作面通风方式的选择与回采顺序、通风能力及回采巷道布置有关。高瓦斯矿井和高温矿井需要的风量大，通风方式是否合理成为影响工作面正常生产的重要因素。

与工作面通风相关的回采巷道布置原则如下。

(1)工作面有足够风量，并符合安全规程的要求，特别要防止工作面上隅角积聚瓦斯。

(2)无煤柱开采沿空掘巷和沿空留巷时，应采取防止从巷道的两帮和顶部向采空区漏风的措施。

(3)风流应尽量单向顺流，少折返逆流，系统简单，风路短。

(4)根据通风要求，进、回风巷应有足够的断面和数目，要保证风速不超限。

工作面通风方式有 U 形、Z 形、Y 形、H 形、W 形和三进两回等几种。

1) U 形通风

如图 1-31(a)所示，在工作面采用后退式回采顺序时，这种通风方式具有风流系统简

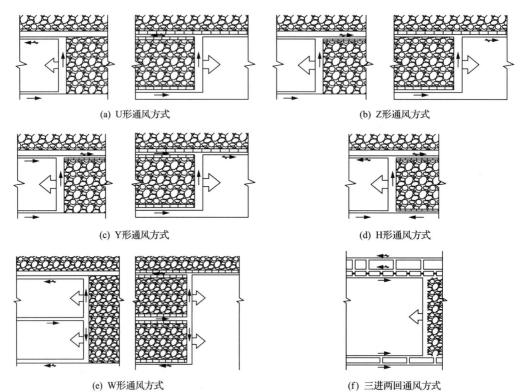

(a) U形通风方式　　　　　　　　　　　　　　(b) Z形通风方式

(c) Y形通风方式　　　　　　　　　　　　　　(d) H形通风方式

(e) W形通风方式　　　　　　　　　　　　　　(f) 三进两回通风方式

图 1-31　工作面通风方式示意图

单，漏风小等优点，但风流线路长，线路阻力变化大。当采用前进式回采顺序时，漏风量较大。

当瓦斯涌出不太大、工作面通风能满足要求时，采用 U 形通风的巷道布置简单，维护容易。目前，在我国使用较普遍。当瓦斯较大，除回风平巷外，还设有瓦斯尾巷，见图 1-20，则称为工作面 U+L 形通风。

2) Z 形通风

如图 1-31(b)所示，由于进风流与回风流的方向相同，这也称为顺流通风方式。当采区边界布置有回风上山时，采用这种通风方式配合沿空留巷可使区段内的风流路线短而稳定，漏风量小。当同时采用往复式回采时，通风效果比 U 形好。

3) Y 形通风

如图 1-31(c)所示，当采煤工作面产量大及瓦斯涌出量大时，采用这种方式可以稀释回风流中的瓦斯。

对于综采工作面，上、下平巷均进新鲜风流有利于上、下平巷安装机电设备，可防止工作面上隅角积聚瓦斯及保证足够的风量。这种方式也要求设有边界回风上山。当无边界上山，区段回风平巷设在上平巷进风平巷的上部(留设区段煤柱护巷)时，则称为偏 Y 形通风。

4) H 形通风

如图 1-31(d)所示，H 形通风与 Y 形通风的区别是：工作面两侧的区段运输、回风平巷均进风或回风，这增加了风量，有利于进一步稀释瓦斯。这种方式通风系统较复杂，区段运输平巷、回风平巷均要先掘后留，掘进和维护工程量较大，故很少采用。

5) W 形通风

如图 1-31(e)所示，当采用双工作面布置时，可用上、下平巷同时进风(或回风)和中间平巷回风(或进风)的方式。采用 W 形通风方式有利于满足上、下工作面同采，实现集中生产的要求。这种通风方式的主要特点是不用设置第二条风道；若上、下平巷进风，在这些巷中回撤、安装、维修采煤设备等有良好作业环境；同时，易于稀释工作面瓦斯，使上隅角瓦斯不易积聚，且排放炮烟和煤尘的速度快。

6) 三进两回通风

如图 1-31(f)所示，在采高大、工作面连续推进长度大、产量大的高瓦斯矿井中，回采巷道可采用多巷布置、三进两回通风方式。由于巷道多，巷道之间的横贯多，在开采过程中，必须根据工作面推进的位置，及时封闭横贯以里的巷道，以抑制采空区瓦斯向工作面涌出。

7. 地质构造对区段平巷布置的影响

地质构造，如断层、陷落柱、无煤带都会对区段平巷布置产生影响，这种条件下区段平巷布置应以不影响和少影响工作面正常开采为原则，并尽可能多回收资源。图 1-32 为采区内断层较多时区段平巷布置示例。

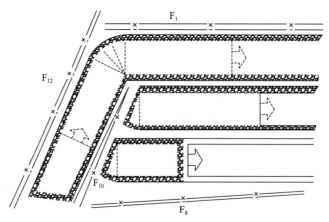

图 1-32　受断层影响的区段平巷布置

图 1-32 中采区一翼走向长为 800～1000m，煤层倾角较小，有多条断层将采区切割成不规则自然块段。为减少断层影响，利用断层切割的自然块段划分区段。有的区段平巷根据断层走向转折，分段取直。有的开切眼沿断层布置，工作面初期进行调斜回采。折线布置使工作面伪斜向上或向下回采，这种布置增加了综采工作面的连续推进长度，可减少综采面搬迁次数，减少边角煤的损失，增加采区的可采储量，而且扩大了综采的应用范围，提高了经济效益。当区段内遇到陷落柱时，应根据陷落柱的分布范围，合理布置区段平巷。若区段内局部有陷落柱时，可采用绕过的方法，陷落柱前方另开一短工作面切眼，缩短工作面长度，沿陷落柱边缘重新掘进一段区段平巷，待工作面推过陷落柱后，再将两个短工作面对接为一长工作面，如图 1-33(a)、(b)所示。当区段内陷落柱范围较大时，则必须跳过陷落柱重新布置开切眼，如图 1-33(c)所示。

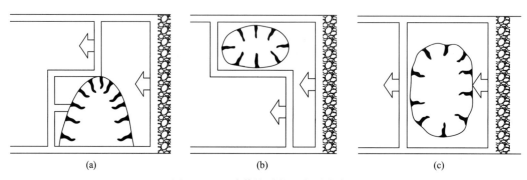

(a)　　　　　　　　　　(b)　　　　　　　　　　(c)

图 1-33　遇陷落柱时的区段平巷布置

1.4　倾斜长壁采煤法

长壁工作面沿走向布置，沿倾斜推进的采煤方法称为倾斜长壁采煤法，主要用于倾角小于 12°的煤层，可以选择炮采、普采和综采工艺，与走向长壁采煤法的主要区别在于回采巷道布置的方向不同，相当于走向长壁采煤法中的区段旋转了 90°，原区段变为倾斜分带，原区段平巷变为分带斜巷。

1.4.1 倾斜长壁采煤法带区巷道布置及生产系统

1. 带区巷道布置

一般在开采水平，沿煤层走向方向，根据煤层厚度、硬度、顶底板稳定性及走向变化程度，在煤层中或岩层中开掘水平运输大巷和回风大巷。在水平大巷两侧沿煤层走向划分为若干分带，由相邻较近的若干分带组成，并具有独立生产系统的区域称为带区。由两个分带组成的单一煤层带区巷道布置如图 1-34 所示。

自运输大巷开掘带区装车站下部车场、进风行人斜巷、煤仓，然后在煤层中沿倾斜掘进分带运输进风斜巷至上部边界。

大巷布置在煤层中时，为了达到需要的煤仓高度，分带工作面运输斜巷在接近煤仓处向上抬起，变为石门进入煤层顶板。同时，自运输大巷沿煤层倾斜向上掘进分带工作面回风运料斜巷，与回风大巷平面相交。

大巷布置在煤层底板岩层中时，还要开掘辅助运输材料车场 8 和回风斜巷 9，并沿煤层倾斜向上掘进分带工作面回风运料斜巷。

运输进风斜巷和回风运料斜巷掘至上部边界后，即可沿煤层掘进开切眼，贯通工作面运输进风斜巷 4 和工作面回风运料斜巷 5，在开切眼内安装工作面设备，经调试后，沿俯斜推进的倾斜长壁工作面即可进行采煤。

近年来，一些矿井尝试使用无煤仓的带区巷道布置，即运输斜巷的煤经胶带输送机直接转载到运输大巷内的胶带输送机上，取消了煤仓，使系统更加简单。

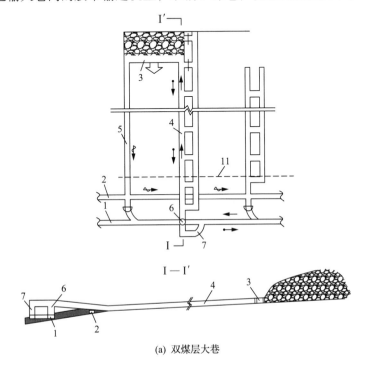

(a) 双煤层大巷

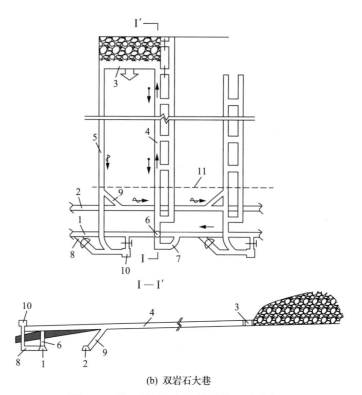

(b) 双岩石大巷

图 1-34 单一煤层相邻两分带带区巷道布置

1-运输大巷；2-回风大巷；3-采煤工作面；4-工作面运输进风斜巷；5-工作面回风运料斜巷；6-煤仓；
7-进风行人斜巷；8-材料车场；9-回风斜巷；10-绞车房；11-工作面停采线

对于下山部分，则可由水平大巷向下俯斜开掘分带斜巷，至下部边界后，掘出开切眼，布置沿仰斜推进的长壁工作面。

2. 生产系统

由于带区巷道布置简单，各生产系统也相对简单。运输斜巷中多铺设胶带输送机运煤，回风运料斜巷中的辅助运输，可采用小绞车，将其布置在巷道一侧，多级上运，也可采用无极绳绞车运输；机械化水平较高的生产矿井中，可采用无轨胶轮车、单轨吊、卡轨车和齿轨车辅助运输。

工作面主要生产系统如下。

运煤：3 → 4 → 6 → 1。

通风：1 → 7 → 4 → 3 → 5→2，或 1 → 7 → 4 → 3 → 5→9→2。

运料：1 → 5 → 3，或 1 → 8→5 → 3。

1.4.2 带区参数及巷道布置分析

1. 带区参数

带区参数包括：分带工作面长度、分带倾斜长度、分带数目和带区走向长度。

1) 分带工作面长度

分带工作面长度同走向长壁工作面，由于煤层倾角较小，有利于先进的采煤设备发挥优势，因而，在煤层厚度和采煤工艺方式相同时，倾斜长壁工作面较长。工作面长度一般在 150m 左右，甚至可达 250m 以上。我国神东矿区工作面长度达到 240～300m。

2) 分带倾斜长度

分带工作面的倾斜长度就是工作面连续推进距离，约为上山或下山阶段斜长。我国《煤炭工业矿井设计规范》(GB 50215—2015)的相关规定为：采区倾斜长度均不宜少于工作面连续推进一年的长度。一般上山部分的倾斜长度宜为 1000～1500m 或者更长，下山部分的倾斜长度宜为 700～1200m。

我国部分煤矿倾斜长壁开采的主要参数见表 1-3。

表 1-3　我国部分煤矿倾斜长壁开采的主要参数

矿井	煤层厚度	倾角/(°)	采煤工艺	推进方向	带区倾斜长/m	工作面长/m
阳泉一矿	中厚	4～8	综采	仰	1500	120
铜川桃园矿	薄	<10	炮采	仰、俯	500～1000	70
大同永定庄矿	厚	7	综采	仰	790	150
松藻打通一矿	薄	5	综采	仰	900～1400	150
大同同家梁矿	中厚	3～4	综采	仰	750	150～166
大同四老沟矿	中厚	3～6	综采	俯	1000	107
阳泉三矿	中厚	5	综采	仰	1200	156
阳泉贵石沟矿	厚	5～7	综采	仰、俯	1000	180
芙蓉白皎矿	中厚	8～10	普采	仰	970	150
古交东曲矿	中厚	3～8	综采	俯	1300～1800	150～180
晋城凤凰山矿	厚	1～2	普采	仰	1000	134
双鸭山双阳矿	中厚	10～12	综采	仰、俯	1000	154
罗城插花矿	薄	17	炮采	伪仰	256	60～70
枣庄陶庄矿	厚	5～8	普采	俯	500	120
徐州权台矿	中厚	3～6	综采	俯	1015	110
鸡西二道河子矿	中厚	12～17	综采	俯	700～1200	150
澄合权家河矿	中厚	5～11	综采	仰	800～1000	150
兖州南屯矿	厚	3～7	综采	仰	1800	142
合山东矿	中厚	4～6	炮采	仰	1000	110～125
肥城查庄矿	中厚	5～7	普采	仰	1200	120～160
神东矿区	厚	2～3	综采	仰、俯	3000～6000	240～300

2. 巷道布置分析

1) 仰斜开采与俯斜开采

倾斜长壁采煤法仰斜与俯斜开采如图 1-35 所示。

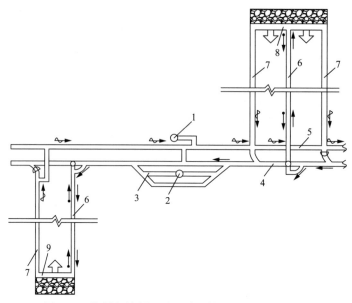

图 1-35　仰斜与俯斜开采、单工作面与双工作面布置

1-主立井；2-副立井；3-井底车场；4-运输大巷；5-回风大巷；6-运输进风斜巷；7-回风运料斜巷；
8-俯斜开采工作面；9-仰斜开采工作面

一般情况下，当顶板较稳定、煤质较硬、顶板淋水较大或煤层易自燃，需在采空区进行注浆时，宜采用仰斜开采；当煤层厚度和煤层倾角较大，煤质松软，容易片帮或瓦斯含量较大时，宜采用俯斜开采。有时由于回风大巷位置不同，也影响采用仰斜与俯斜开采的选择，应通过技术经济分析比较后确定。

对于倾角较小或近水平煤层，进风和回风大巷并列布置在井田倾向中央，煤层条件又无特殊要求时，可采用仰斜和俯斜开采相结合的方式，回采工作面均向大巷方向后退式推进。运输大巷以上部分采用俯斜开采，以下部分采用仰斜开采，这样对于运输、通风和巷道维护均比较有利。

2) 单工作面和双工作面布置

倾斜长壁分带工作面可以单工作面布置和生产，相邻两个工作面也可以对拉布置，同时生产。单工作面布置时，每个工作面有两条回采巷道，如图 1-35 中仰斜开采的工作面。对拉工作面布置是两个工作面布置三条回采巷道，其中运输巷为两个工作面共用，如图 1-35 中俯斜开采的两个工作面。

由于工作面沿煤层走向近似于水平布置，不存在走向长壁双工作面向下运煤和向上拉煤的问题，两个工作面可以等长布置。另外，工作面风流也不存在上行与下行的问题，两个工作面的通风状况几乎完全相同。

双工作面布置减少了一条运煤斜巷，并节省了一套运煤设备，生产比较集中，在顶板比较稳定的薄及中厚煤层中，采用炮采或普采工艺时，双工作面布置能够取得较好的技术经济效果。但是，由于综采工作面生产能力大，双工作面同时生产时，中间单巷的运输与通风能力将很难满足要求，因此，综采应用该方法时两工作面不能同时采，仍是一面两巷，只是共用一个分带煤仓。

3）工作面后退式、前进式和混合式回采顺序

如图 1-36 所示，当倾斜长壁工作面从运输大巷附近向上部或下部边界方向推进时，称工作面采用了前进式回采顺序；反之，工作面从上部或下部边界向大巷方向推进时则称工作面采用了后退式回采顺序。两者相结合时，则称工作面采用了往复式回采顺序。在开采薄及中厚煤层条件下，当上部边界设有大巷，满足生产系统时，则为往复式回采顺序创造了条件。

不同回采顺序的优缺点与走向长壁采煤法基本相同。目前我国大多采用后退式回采顺序。

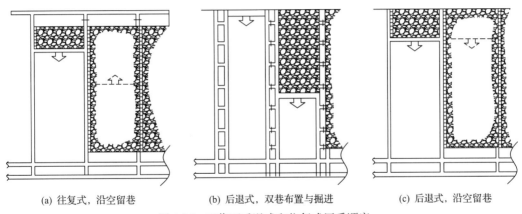

(a) 往复式，沿空留巷　　(b) 后退式，双巷布置与掘进　　(c) 后退式，沿空留巷

图 1-36　工作面后退式和往复式回采顺序

4）回采巷道布置

倾斜长壁工作面两侧的回采巷道均为斜巷，仍可采用双巷布置与掘进、单巷布置与掘进及沿空留巷，分带斜巷间可设分带煤柱，也可无煤柱护巷，其选择原则同走向长壁工作面。

如煤层倾角较大（≥10°），而瓦斯涌出量又较大的条件下，为避免分带斜巷污风下行，总回风巷可设置在上部边界。

1.4.3　倾斜长壁采煤法工艺特点

在近水平煤层中，无论工作面采用仰斜开采还是俯斜开采，其工艺过程和走向长壁采煤法相似。随着煤层倾角增大，工作面矿山压力显现规律及回采工艺都有一些特点。

1. 仰斜开采的采煤工艺特点

如图 1-37 所示，由于受煤层倾角影响，仰斜工作面的顶板将产生沿岩层层面指向采

空区方向的分力，在此分力作用下，顶板岩层受拉力作用，更容易出现裂隙和加剧破碎，顶板和支架还有向采空区移动的趋势。因此，随着煤层倾角加大，仰斜长壁工作面的顶板越不稳定。

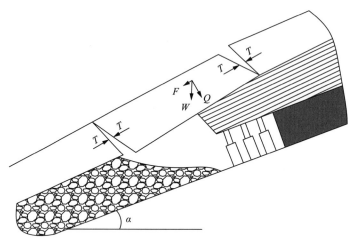

图 1-37　仰斜开采的顶板受力

仰斜工作面采空区顶板冒落矸石基本上涌向采空区，这时支架的主要作用是支撑顶板。因此，可选用支撑式或支撑掩护式支架。当倾角大于 12°时，为防止支架向采空区侧倾斜，普采和炮采工作面的支柱应斜向煤壁 6°左右，并加复位装置或设置复位千斤顶，以确保支柱与煤壁的正确位置关系。

在煤层倾角较大时，仰斜工作面的长度不能过大，否则由于煤壁片帮造成机道碎煤量过多，使输送机难以启动。煤层厚度增加时，需采取防片帮措施。如打锚杆控制煤壁片帮；液压支架应设防片帮装置等。

仰斜开采移架困难，当倾角较大时，可采用全工作面小移量多次前移的方法，同时优先采用配套大拉力推移千斤顶的液压支架。

仰斜开采时，水可以自动流向采空区，这有利于向采空区注浆。工作面无积水，劳动条件好，机械设备不易受潮，装煤效果好。

当煤层倾角小于 10°左右时，仰斜长壁工作面采煤机及输送机工作稳定性尚好。如倾角较大，采煤机在自重影响下，截煤时偏离煤壁减少了截深；输送机也会因采下的煤滚向溜槽下侧，易造成断链事故。为此，要采取一些措施，如减少截深、采用中心链式输送机、在输送机采空区侧加挡煤板、下部设三脚架把输送机调平(图 1-38)、加强采煤机的导向定位装置、推移千斤顶应有油液闭锁装置等。

当煤层倾角大于 17°时，采煤机机体常向采空区一侧转动，甚至可能出现翻倒现象。

2. 俯斜开采的采煤工艺特点

如图 1-39 所示，对于俯斜工作面，沿顶板岩层的分力指向煤壁侧，顶板岩层受压力作用，使顶板裂隙有闭合的趋势，有利于顶板保持连续性和稳定性。

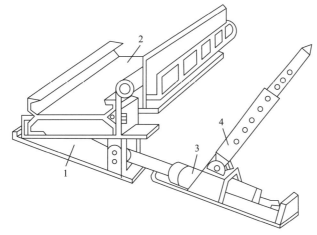

图 1-38　输送机调平三脚架结构
1-调平三脚架；2-输送机；3-推进油缸；4-锚固柱

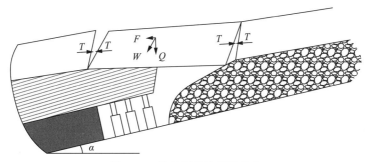

图 1-39　俯斜开采的顶板受力

俯斜长壁工作面采空区顶板冒落的矸石有涌入工作空间的趋势，支架除了要支撑顶板外，还要防止破碎矸石涌入。因此，要选用支撑掩护式或掩护式支架。由于碎石作用在掩护梁上，其载荷有时较大，所以掩护梁应具有良好的掩护性和承载性能。当煤层倾角较大，采高大于 2m，降架高度大于 300mm 时，经常出现液压支架向煤壁侧倾倒现象。为此，移架时要严格控制降架高度，并收缩支架的平衡千斤顶，拱起顶梁的尾部，使之带压擦顶移架，以有效防止支架前倾。为防止顶板岩石冒落时直接冲出掩护梁，可加长顶梁的后臂长度。

在俯斜开采时，煤壁不容易片帮，工作面不易集聚瓦斯，但采空区的水总是要流向工作面，不利于对采空区注浆，随着煤层倾角加大，采煤机和输送机的事故也会增加，装煤率降低。由于采煤机的重心偏向滚筒，俯斜开采将加剧机组的不稳定性，易出现机组掉道或断牵引链的事故，并且使采煤机机身两侧导向装置磨损严重。

当倾角大于 22°时，采煤机下滑，滚筒钻入煤壁，截割下来的煤难以装进输送机中，有些生产矿井采取把输送机靠煤壁侧先吊起来，使溜槽倾斜度保持在 13°～15°，采煤机割底煤时卧底，使底板始终保持台阶状，以保证采煤机正常工作。

1.4.4　倾斜长壁采煤法的评价及适用条件

1. 倾斜长壁采煤法评价

倾斜长壁采煤法取消了采(盘)区上(下)山，分带斜巷通过联络巷或带区煤仓直接与运输大巷相连，与走向长壁采煤法相比，倾斜长壁采煤法有以下优点。

(1)巷道布置简单，巷道掘进和维护费用低，投产快。

(2)运输系统简单，占用设备少，运输费用低。

(3)工作面容易保持等长，有利于综合机械化采煤。

(4)通风线路简单，通风构筑物少。

(5)对某些地质条件适应性强。如煤层顶板淋水较大或采空区需注浆防火时，仰斜开采有利于疏干工作面积水和采空区注浆；瓦斯涌出量大或煤壁易片帮时，俯斜开采有利于工作面排放瓦斯和防止煤壁片帮。

(6)技术经济效果好。实践表明，在工作面单产、巷道掘进率、采出率、劳动生产率和吨煤成本等几项指标方面，都有提高和改善。

倾斜长壁采煤法存在以下缺点。

(1)长距离倾斜巷道在掘进、辅助运输和行人等方面比较困难。

(2)在不增加工程量的条件下煤仓和材料车场的数目多，大巷装载点多。

(3)分带斜巷内存在下行通风问题。

2. 倾斜长壁采煤法适用条件

能否采用倾斜长壁采煤法主要考虑煤层倾角大小和工作面连续推进长度。在开采区域内不受走向断层影响，且能保证足够工作面连续推进长度的条件下，倾斜长壁采煤法适用于煤层倾角小于 12°以下的煤层；随着煤层倾角加大，技术经济效果逐渐变差，采取措施后可用到倾角 12°～17°的煤层。

值得注意的是，由于煤层赋存条件变化，一个矿井中有可能同时存在走向长壁采煤法和倾斜长壁采煤法。在煤层倾角较小的条件下，走向长壁采煤法也能取得较好的技术经济效果，因此，在确定采用何种采煤法时，要进行技术经济比较。

1.5　我国井工开采壁式体系现状与存在的问题

本章给出了我国井工开采的基本概念、传统采煤方法与最基础的两种分类形式——走向长壁、倾斜长壁，如开篇所述，截至 2021 年底，我国井工煤矿的个数约 4500 座，需要注意的是，在之前的 5 年时间里，我国关闭的矿井个数超过 5000 座，因此，大型、现代化、智能化煤矿的建设目标明确，但是我国回采率与动力灾害问题是最紧迫的亟待解决的任务，因此，有必要对这两类问题进行综合性分析。

1.5.1　煤柱留设问题

如图 1-40 所示,这是我国井工开采最具代表性的井巷工程模式,包括阶段、采区、区段、工作面等基本概念。井工开采最重要的标志——留设煤柱,首先井筒保护煤柱,确定依据如下:$S=4[H\tan(90°-\alpha)+20]^2$,式中,$S$ 为井筒保护煤柱压煤面积,m^2;H 为煤层埋深,m;α 为岩移角,这里仅保守考虑基岩的岩移角。

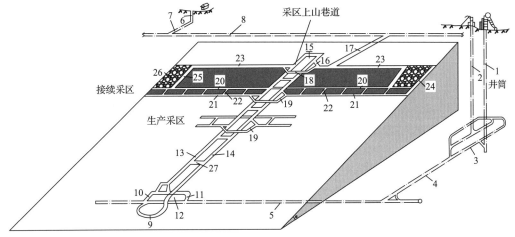

图 1-40　井工开采分析模型图

1-主井;2-副井;3-井底车场;4-主运输石门;5-水平运输大巷;6-风井;7-阶段回风石门;8-阶段回风大巷;9-采区运输石门;10-采区下部车场;11-采区下部材料车场;12-采区煤仓;13-采区运输上山;14-采区轨道上山;15-采区上山绞车房;16-采区上山绞车房回风斜巷;17-采区回风石门;18-采区上部车场;19-采区中部车场;20-区段运输平巷;21-下区段回风平巷;22-联络巷;23-区段回风平巷;24-开切眼;25-采煤工作面;26-采空区;27-采区变电所

1. 井筒压煤

如图 1-41 所示,随着岩移角增加,由 60°增加到 70°,井下压煤面积逐渐降低;随着埋深增加,井下压煤面积增加。图中最大压煤面积即为 60°岩移角条件下,埋深 1000m 的煤层,仅井筒(忽略井筒断面)压煤即为 1.42km²,假定矿井面积 20km²,仅一个井筒压煤占比达到 7%,再考虑工业广场、公路等地面构筑物压煤,其占比远远高于这一数值。

2. 大巷压煤

大巷作为开采水平需要与开采区域之间留设保护煤柱,主要运输大巷作为开采水平需要在两侧均留设大巷煤柱,一般煤柱尺寸数十米至上百米,这里取大巷一侧保护煤柱 100m,仅考虑主要运输大巷,则两侧需要留设 200m 保护煤柱,按照其服务的上下两侧各 1000m 长计算,则煤炭损失占比 10%。

3. 上、下山保护煤柱

上、下山两侧留设煤柱一般取 20~60m,上山之间保留 20~40m 间距,区段长度按照 2000m 计算,则上、下山保护煤柱总计 120m,占走向长度 6%。

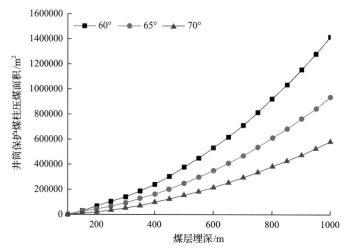

图 1-41　不同岩移角条件下井筒保护煤柱压煤面积与煤层埋深的关系

4. 边界保护煤柱

井田边界隔离煤柱按 20m 留设，依据前述计算，井田走向取 8000m，则走向边界煤柱占比 0.5%；倾斜方向占比 2%。

5. 工作面间保护煤柱

工作面间保护煤柱按 20m 计算，采区倾斜长度按照 1000m，共计 4 个工作面，占比为 6%。

如上所述，仅仅常规设计保护煤柱占矿井储量的比例在 30% 以上，如再考虑工业广场保护煤柱、"三下"压煤、构造保护煤柱以及回采丢煤等，这一数据比例进一步大幅增加，同时需要注意的是这里给出的仅仅是单一煤层丢煤，如果涉及煤层群开采，下伏煤层丢煤比例会进一步提升。

单一煤层中大巷、上下山、工作面间的保护煤柱尺寸与回采丢煤取决于矿井设计与生产实际，回采丢煤取保守 3%～7%，那么这部分储量占比为 27.5%～30.5%，如能优化设计、施工与生产，那么可显著提升矿井采出率。

1.5.2　煤矿动压问题

目前，我国矿井的平均开采深度递增速度为 8～12m/a，东部的一些矿井更是达到了 10～25m/a 的延深速度[7]，这一现状决定了我国相当数量的矿井已经或者即将进入深部开采范畴，而且埋深 1000m 以下探明的煤炭资源储量占总储量的 53%。与浅部开采相比，深部岩体构造和应力环境更为复杂，表现为"煤与瓦斯突出、冲击地压以及矿震"等动力灾害在强度上加剧、频率上升高，因此矿井动力灾害对我国煤炭工业的安全、高效以及经济的可持续性发展将会起到制约的作用。

矿井动力现象是地球内动力驱动地壳运动引起的能量积聚与开采扰动的共同作用的结果，是煤岩体组成的力学系统在外界扰动下发生的动力破坏过程，发生的各类动力现象具有统一的动力源，即地壳运动过程中所存储的弹性能量，具有统一的力学机理和特征。从矿井动力现象的特征来看，其发生的时间和地点分布是不均衡的，受地质构造和地应力的影响与控制。矿井动力现象的防治工作在于查明高应力区和应力梯度区的应力水平，并尽可能实现位置的转移，从而避免或减轻对矿井安全生产的影响。因此，查明区域地质构造及其运动方式、地应力特征、岩体的应力状态和采动应力对矿井动力现象发生和分布的影响，是矿井动力现象防治的根本前提。同时，地质构造对地应力分布具有重要影响，而地应力与采动应力二者又影响着采场覆岩的应力状态，因此，查明区域地质构造并设计合理的开采技术参数，即实现自然因素与人为技术因素的优化组合，对于避免或降低动力灾害的发生具有重要的意义。

　　由于煤矿开采深度的不断增加，发生动力现象的矿井数量及危害程度呈明显上升趋势[8-19]。因此，多年来研究人员致力于探索动力现象发生机理、冲击倾向性指标确定以及动力现象的预报和防治工作，提出了多种理论模型，包括刚度理论、强度理论、能量理论、冲击倾向理论以及变形系统失稳理论等。如 Vesela、Beck 等提出了能量集中存储因素和冲击敏感因素等概念[20-25]。慕尼黑工业大学的 Lippmann 教授等将煤岩冲击失稳作为弹塑性极限静力平衡的失稳处理[26-29]。谢和平等在微震事件分布的基础上利用损伤力学、分形几何学对冲击失稳的发生机理进行分析[30,31]。缪协兴等[32,33]利用断裂力学原理建立了失稳模型。对所做的研究工作进行一个大体总结，主要包括：基于煤岩体材料的物理力学性质，分析煤岩体失稳破坏特点以及诱发因素，同时对失稳过程进行研究；分析地质弱面和煤岩体几何形状以及动力现象之间的关系；研究工程扰动、采动影响及失稳三者之间的关系。Bodziony 和 Lama[34]根据研究的煤与瓦斯突出现象，得出了煤与瓦斯突出发生的条件包括：地质构造、煤的渗透性等。Halbaum[35]在研究中，同样提出瓦斯压力、地质构造对发生突出具有重要意义。Briggs[36]认为发生突出需要具有相当大的压力。Pescod[37]认为突出是地质体的扰动造成的。Skochinski[38]对多种因素进行了概括，同样强调了岩体应力的重要作用。苏联确定了地质构造特征是决定冲击危险性的主要地质因素[39]。Hargraves[40]对突出发生的因素做出了重要贡献，提出了 5 个影响因素，同样认为高应力或高构造应力以及地质扰动是主要的影响因素。周世宁和林柏泉[41]提出了影响煤层原始瓦斯含量的 8 项地质因素。于不凡[42]通过大量的实例概括了突出与构造等的关系。窦林名等[43]提出了影响冲击地压的自然因素包括构造应力带等。

　　概括上述研究成果，认为动力灾害发生的主要共性影响因素之一——构造及其产生的应力，而针对动力现象的发生，所有研究工作的重点均集中在煤岩作为材料体失稳的条件上，而没有从改善动力发生的能量来源上进行主动防治的研究。因此，确定矿井动力能量的来源(构造及其应力分布)并提出针对性的工程措施对于实现主动防治具有重要的意义。基于能量的来源问题，俄罗斯佩图霍夫 И.М.教授和巴图金娜 И.М.教授在 1978～1979 年期间建立了区域动力规划方法[44,45]，方法的基础来源于地壳的板块运动，其目的在于解决关于现代构造参与动力灾害发生的问题。该方法认为，影响矿井动力现象的因素是区域构造应力场及其空间分布的非均匀性，矿井动力现象多发生在高应力区和应力梯度区内，并在此基础上可部分解释矿井动力现象发生的时间和地点分布的不均匀性，表现出受到地质构造和地应力的影响和控制。结合区域动力规划的工程应用来看，应用的重点以查明对动力现象有影响的现代构造以及相应的应力情况[46]。

　　以"新汶华丰井田冲击地压的区域动力规划"为例，巴图金 A.C.教授和巴图金娜 И.М.教授通过板块划分出井田位于一个 2 级断块内[47]。有一走向为 310°～320°的 2 级断块边界 1-1 穿过矿田北部，如图 1-42 所示。在地形上这个边界从井田开始向东南方向延展并和蒙山断裂连接起来。从井田向东南方向蒙山断裂已经存在，而向西北方，靠近井田的是推断的断裂。根据地质动力区划资料，该断裂或者它的一个分支在岩体中继续向西北发展一直到大汶河。

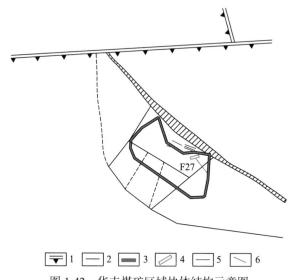

图 1-42　华丰煤矿区域块体结构示意图

1-三级块体边界；2-四级块体边界；3-井田边界；4-冲击危险区域；5-地表裂缝；6-F27 断层

　　在此基础上两位俄罗斯专家认为，矿井高冲击地压危险是由 2 级断块边界 1-1 的错动过程相互作用造成的。为了提高采矿的安全性，需要考虑采用充填(部分充填)、降低工作面推进速度或者增大采矿工作面推进方向与地质动力活动断裂之间的角度。

　　综上，认为区域动力规划方法可以查明参与动力现象的构造，但是目前的应用中尚未将采动影响与现代构造进行有机的结合，即断裂的划分仅仅局限在地表，尚未体现出断裂在采动影响下向采场空间的演化机理，即图 1-42 中的 2 级断块边界 1-1 与采场冲击危险区域之间的时空关系如何。因此，仅仅划分出对矿井可能有影响的分布于地表的断裂(图 1-42 中的各级块体边界)，忽略了采动对断裂发展的机理是远远不够的，同样以图 1-42 为例，该矿冲击地压危险区域存在向东采用综合机械化放顶煤的回采工作面，该工作面一次采出 6.2m；而向西的分层开采(分 3 层开采 6.2m 煤厚)没有出现动力灾害；另外，为了避免综合机械化放顶煤回采工作面动力灾害危险，该矿将工作面日推进速度从 2.4m 降低到 1m，避免了动力灾害危险的影响。因此，上述数据足以证明不同的采动情况对块体向采场空间的演化规律是不同的。如前所述，动力灾害发生在高应力区以及应力梯度区内，而应力的分布受断裂与采动共同影响，采动又会影响断裂的发生与发展，因此，采动对断裂发展的影响机理研究不仅可以实现提高危险区域预测的准确度，其至可以通过调整开采技术参数避免或降低对断裂生长的影响，而进一步避免或降低动力灾害的发生次数与强度。

1.5.3　著作内容

本著作以井工煤矿壁式体系采煤法为背景，在原有壁式开采体系的基础上，完成如下内容。

(1)综合冲击地压影响因素的贝叶斯网络数学计算方法。

(2)连续开采概念的提出与典型方法。

(3)基于"致灾位移"与"矿压峰值极限"数学思想的巷道围岩动力学分析及连续开采的技术突破。

(4)实现连续开采的技术创新保障体系。

(5)连续开采的三种典型模式——以华丰煤矿、梧桐庄煤矿和东欢坨煤矿为例。

参 考 文 献

[1] 乔建永. 地下连续开采技术的动力学原理及应用研究[J]. 煤炭工程, 2022, 54(1): 1-10.

[2] 罗周全, 古德生. 地下矿山连续开采技术研究进展[J]. 湖南有色金属, 1995, (2): 10-12.

[3] 张帅. 薄煤层无煤柱连续开采技术[J]. 煤炭工程, 2015, 47(1): 18-21.

[4] 朱若军, 于智卓, 郭辉. 预掘巷道开采技术在区段内连续开采中的应用[J]. 煤炭工程, 2016, 48(7): 60-62.

[5] 王国法, 仁怀伟, 赵国瑞, 等. 煤矿智能化十大"痛点"解析及对策[J]. 工矿自动化, 2021, 47(6): 1-11.

[6] 杜计平, 孟宪锐. 采矿学[M]. 徐州: 中国矿业大学出版社, 2015.

[7] 何满潮, 谢和平, 彭苏萍, 等. 深部开采岩体力学研究[J]. 岩石力学与工程学报, 2005, 24(16): 2803-2813.

[8] Kuksendo V S, Inzhevatkin M. Physical and methological principles of rockburst prediction[J]. Soviet Mining Science, 1987, 11(2): 6-7.

[9] 金立平. 冲击地压的发生条件及预测方法的研究[D]. 重庆: 重庆大学, 1992.

[10] Board M P, Fairhurst C. Rockburst Control Through Destressing-a Case Example[M]// Rock-bursts: Prediction and Control. London: Institue Mining and Metal, 1983: 91-101.

[11] Brummer R K, Rorke A I. Case Study on Large Rockburst in South African Gold Mines[M]// Fairhurst C. Rockbursts and Seismictty in Mines. Rotterdam: Balkerma, 1990: 279-284.

[12] Haramy K Y, McDonnell J P. Causes and control of coal mine bumps[R]. Denver Bureau of Mines, United States Department of the Interior, 1988.

[13] Will M. Seismic observations during test drilling and distressing operations in German mines[M]//Gay N C, Wainwright E H. Proceedings of the 1st International Congress on Rockburst and Seismicity in Mines. Johannesburg: Publ Johannesburg, 1982: 231-234.

[14] 何全洪. 冲击地压工作面垮面原因分析[J]. 矿山压力与顶板管理, 2001, (1): 67-69.

[15] 倪江新, 刘永先, 张小楼. 井冲击地压原因分析及预测[J]. 江苏煤炭, 1999, (1): 19-20.

[16] 王小国, 陈轶平. 千秋煤矿"9·3"冲击地压灾害浅析[J]. 中州煤炭, 2000, (2): 37-41.

[17] 韩安民, 张周权. 旗山煤矿冲击地压灾害浅析[J]. 煤炭科学技术, 1997, 25(4): 9-11.

[18] 陈荣德, 乔河. 老虎台矿冲击地压下特厚煤层煤巷锚杆支护实验研究[J]. 中国矿业, 2000, 9(4): 75-77.

[19] 张永利, 王艳, 邬英楼, 等. 房山矿区四槽煤冲击地压模型实验及数值模拟研究[J]. 煤矿开采, 1998, (2): 25-27.

[20] Joseph E H A. Rockbursts: the mechanism of crush bursts[J]. Chemstry Metallurgy Mining Society South Africa Journal, 1938, (39): 114-134.

[21] Kie T J. Rockburst:lase record theory and control[J]. Proceedings of the International Symposium on Engineering in Complex Rock Formations, 1986, (2): 33-47.

[22] Beck D A, Brady B H G. Evaluation and application of controlling paramenters for seismic events in hard-rock mines[J]. International Journal of Rock Mechanics and Mining Sciences, 2002, 39(5): 633-642.

[23] Vesela V. The investigation of rockburst focal mechanisms at lazy coal mine, Czech Republic[J]. International Journal of Rock Mechanics and Mining Science & Geomechanics Abstracts, 1996, 33(8): 380A.

[24] Stewarta R A, Reimold W U, Charleswortha E G, et al. The nature of a deformation zone and fault rock related to a recent rockburst at western deep levels gold mine, Witwatersrand basin, South Africa[J]. Tectonophysics, 2001, 337(3-4): 173-190.

[25] Mansurov A. Prediction of rockbursts by analysis of induced seismicity data[J]. International Journal of Rock Mechanics and Mining Sciences, 2001, 38(6): 893-901.

[26] Lippmann H. Mechanics of "bumps" in coal mines: a discussion of violent deformations in the sides of roadways in coal seams[J]. Applied Mechanics Reviews, 1987, 40(8): 1033-1043.

[27] Lippmann H. Mechanical Considerations of Bumps in Coal Mines[M]//Fairhurst C. rockbursts and seismicity in mines. Rotterdam: Balkerma, 1990.

[28] Lippmann H. 煤矿中"突出"的力学: 关于煤层中通道两侧剧烈变形的讨论[J]. 力学进展, 1989, (19): 100-113.

[29] Lippmann H, 张江, 寇绍全. 关于煤矿中"突出"的理论[J]. 力学进展, 1990, 20(4): 452-466.

[30] 谢和平, Pariseau W G. 岩爆的分形特征及机理[J]. 岩石力学与工程学报, 1993, 12(1): 28-37.

[31] Xie H P. Fractal character and mechanism of rock bursts[J]. International Journal of Rock Mechanics and Mining Sciences & Geomechanics Abstract, 1993, 30(40): 343-350.

[32] 缪协兴, 翟明华, 张晓春, 等. 岩(煤)壁中滑移裂纹扩展的冲击地压模型[J]. 中国矿业大学学报, 1999, 28(1): 23-26.

[33] 缪协兴, 孙海, 吴志刚. 徐州东部软岩矿区冲击地压机理分析[J]. 岩石力学与工程学报, 1999, 18(4): 428-431.

[34] Bodziony J, Lama R D. Sudden outbursts of gas and coal in underground coal mines[R]. ACARP, 1996: 309-311.

[35] Halbaum H W. Discussion of J. Gerrard's paper, "Instantaneous outbursts"[J]. Trans. Inst. Min. Engrs, 1899, (18): 258-265.

[36] Briggs H. Characteristics of outbursts of gas in mines[J]. Trans.Inst.Min.Engrs, 1920, (61): 119-146.

[37] Pescod R. Rock bursts in the western portions of the South Wales coalfield[J]. Trans. Inst. Min. Engrs, 1948, (107): 512-549.

[38] Skochinski A A. Modem concepts of the nature sudden outbursts of gas and coal and control techniques[J]. UGOL, 1954, 7: 4-10.

[39] Bykov L N. Theory and practice of control of outbursts of gas and coal in mines[J]. UGOL, 1958, 4: 14-19.

[40] Hargraves A J. Instantaneous outbursts of coal and gas: a review[J]. Proc.Australas.Inst.Min.Metal, 1983, 285: 1-37.

[41] 周世宁, 林柏泉. 煤层瓦斯赋存及流动规律[M]. 北京: 煤炭工业出版社, 1998.

[42] 于不凡. 煤和瓦斯突出机理[M]. 北京: 煤炭工业出版社, 1985.

[43] 窦林名, 赵从国, 杨思光, 等. 煤矿开采冲击矿压防治[M]. 徐州: 中国矿业大学出版社, 2006.

[44] Батугина И М, Петухов И М. Геодинамическое районирование месторождений при проектировании и эксплуатации рудников.- М.: Недра, 1988, 166c., Индия, 1990.

[45] И М Фиэгхофдев, И М Бэ图金娜. 地下地质动力学[M]. 王丽, 陈学华, 译. 北京: 煤炭工业出版社, 2006.

[46] 张宏伟, 韩军, 宋卫华, 等. 区域动力规划[M]. 北京: 煤炭工业出版社, 2009.

[47] Цяо Цзяньюн, Батугина И М, Батугин А С, идр. Активизация блоков земной коры под влиянием горных работ как фактор геоэкологических нарушений на шахте хуафэн в китае[J]. Горный информационно Аналитический бюллетень, 2012, (12): 132-137.

第 2 章 贝叶斯网络数学方法

第 1 章中,首先给出我国能源消费情况及存在的问题,基于我国井工矿为主体的现状,给出基本定义并针对部分问题进行相应的分析,确定我国目前井工开采存在的两大问题——回采率与以冲击地压为代表的动力灾害问题,影响回采率的最重要因素——煤柱的留设,强矿压或动力灾害的最重要因素——埋深与构造,而煤柱与顶板又是直接影响采场强矿压或动力灾害的重要诱因,冲击地压或强矿压发生在井田范围内的高应力与应力梯度区,而应力的形成取决于构造在内的地质条件与人工技术因素——开拓、准备与回采的共同作用,因此,本章拟综合构造条件与人工技术因素的耦合建立贝叶斯网络数学模型,并对其子因素进行逐一分析。

2.1 采煤方法的选择与影响因素分析

第 1 章给出了我国井工开采的技术特征与采煤方法分类,采煤方法选择是否合理,直接影响矿井的安全和各项技术的经济指标。所选择的采煤方法必须符合生产安全、技术先进、经济合理、采出率高、因地制宜的基本原则[1]。

1. 生产安全

对于所选择的采煤方法,应仔细检查采煤工艺的各个工序及各生产环节,务必使其符合《煤矿安全规程》的各项规定。

要合理布置巷道,保证巷道维护状况良好,满足采掘接替要求,建立妥善的通风、运输、行人以及防火、防尘、防瓦斯积聚、防水和处理各种灾害事故的系统和措施。

要正确确定和安排采煤工艺过程,切实防止冒顶、片帮、支架倾倒、机械或电器事故以及避免其他危及人身安全和正常生产的各种事故发生。针对可能出现的安全隐患,制定完整、合理的安全技术措施并建立制度以保证实施。

2. 技术先进

采用先进的采煤技术和装备,工作面机械化程度高,易于实现自动化,工人劳动强度低,利于单产和效率提高。

3. 经济合理

经济效果是评价采煤方法优劣的一个重要依据,一般要求是采煤工作面单产高、劳动效率高、材料消耗少、煤炭质量好、成本低。

4. 采出率高

煤炭是不可再生能源，减少煤炭损失、提高采出率是国家对煤矿企业的一项重要技术政策，生产矿井必须贯彻实施。减少煤炭损失也是防止煤炭自燃、减少井下火灾的重要措施。提高采出率对于延长矿井实际服务年限、降低吨煤基建投资和掘进率具有重要的现实意义。

5. 因地制宜

由于煤层赋存条件是多种多样的，因而采煤方法也是多种多样的，同一种采煤方法的机械化水平也有不同的层次，每一种采煤方法又有自身的适用条件范围，机械化水平高的采煤方法所受的限制较大，必须充分考虑选择的采煤方法能适应煤层地质条件，装备能充分发挥作用。

为了满足上述基本原则，在选择和设计采煤方法时必须充分考虑各种地质因素和技术经济因素。

2.1.1　地质因素

1. 煤层倾角

煤层倾角及其变化直接影响采煤工作面的落煤方法、运煤方式、采场支护和采空区处理等的选择，也直接影响巷道布置、运输、通风和采煤方法各参数的确定。采煤方法的选择随煤层倾角加大而逐渐趋于困难。

2. 煤层厚度

煤层厚度影响采场围岩控制技术选择、装备能否充分发挥作用和技术经济效果，薄及中厚煤层通常采用一次采全厚采煤法，厚及特厚煤层可以采用分层开采，也可采用大采高或放顶煤采煤法。

3. 煤层和围岩岩性

煤层的软硬程度和结构特征、围岩的稳定性等均直接影响采煤机械、采煤工艺和采空区处理方法的选择。煤层及围岩性质还直接影响巷道布置及其维护方法，也影响采区、盘区或带区各系统参数的确定。

4. 煤层地质构造和可采块段大小

埋藏条件稳定、开采块段较大的煤层利于综采；埋藏条件不稳定、煤层构造较复杂的宜用普采；开采块段内走向断层多时宜采用走向长壁采煤法；煤层倾角小而倾向断层多时宜采用倾斜长壁采煤法。

5. 煤层的含水量、瓦斯涌出量和煤的自燃倾向性

煤层及围岩含水量大时，需要在采煤之前预先疏干，或在采煤过程中布置排水或疏

水系统。煤层含瓦斯量大时，需布置预抽瓦斯的巷道，同时采煤工作面应采取专门的通风措施。有煤与瓦斯突出危险的煤层开采前必须采取抽取措施或开采解放层的措施，消除煤与瓦斯突出危险，这将影响巷道布置和开采顺序。煤层的自燃倾向性和发火期直接影响巷道布置、巷道维护方法和采煤工作面推进方向，决定是否需要采取防火灌浆措施或选用充填采煤法。

2.1.2　技术因素

技术发展和装备水平对采煤方法的选择影响很大。近年来，我国采煤方法不断创新，新方法、新工艺、新装备的推广应用为采煤方法选择提供了技术基础。放顶煤采煤法、大采高一次采全厚采煤法、伪倾斜柔性掩护支架采煤法等得到了广泛应用。

近年来，国内外工作面工艺技术、装备能力、开采强度不断提高，工作面单产水平增长较快，采煤方法选择时应考虑不同装备水平的工艺方式，单产水平应与矿井各环节生产能力配套并留有发展余地。

顶板管理和支护技术发展也影响采煤方法选择。在坚硬顶板条件下一些矿井采用高阻力支架支护，并对顶板注水软化，成功地采用垮落法处理采空区。

综放支架、组合顶梁悬移支架在急倾斜煤层中成功应用，使水平分段放顶煤采煤法代替了传统的水平分层采煤法。

随着采空区充填技术的发展，矸石充填、膏体充填、高水材料充填采煤法已逐渐取代传统的水砂充填采煤法。

2.1.3　经济和管理因素

选择采煤方法的同时还应选择相应的装备，现代化采煤装备要靠资金投入，无论总量还是分摊到吨煤储量上，不同层次的矿井所能承受的装备投资不同。矿井的经济效益由投入和产出决定，高投入应有高回报。

不同的采煤工艺方式和不同技术层次的采煤方法要求的管理水平不同，机械化水平越高，相应的技术管理要求也越高。要通过各种方法提高职工的整体技术水平和管理水平，以适应现代采煤方法的发展要求。

2.1.4　技术政策、法规和规程

选择采煤方法时，必须严格遵守国家当前颁布或执行的相关技术政策，如《煤炭工业技术政策》《煤矿安全规程》等。

综合采煤方法的选择原则与依据，可以概括认为是在地质赋存条件的基础上，在保障安全、实现经济的基础上，确定最优采煤方法。将地质条件概括为 G=[G1，煤层倾角；G2，煤层厚度；G3，煤层结构；G4，顶板岩性；G5，埋藏深度；G6，构造条件；G7，水文地质条件]。

煤层倾角 G1：煤层倾角首先影响井田内部署，如分区还是分带，具体到采煤方法分

为近水平采煤方法、缓倾斜采煤方法、中(倾)斜采煤方法与急倾斜采煤方法。

煤层厚度 G2：可将采煤方法分为厚煤层采煤方法、中厚煤层采煤方法与薄煤层采煤方法。

煤层结构 G3：煤层结构一般是划分分层与整层开采的依据之一，同样也可将近距离煤层视为复杂结构煤层而统一开采。

顶板岩性 G4：顶板岩性一般影响的是开采的系统设计，如巷道位置选择(沿煤层顶板、中部或者底板)、切顶、巷道支护等工作，而对于开采来说，坚硬顶板的动力灾害是一个特殊问题。

埋藏深度 G5：埋藏深度一般会对包括巷道与工作面在内的采场形成高载荷作用，重点放在巷道支护上；同样，埋藏深度直接提供载荷来源，如进入深部开采后高载荷形成的应力集中条件下，易造成动力灾害的发生。

构造条件 G6：井田内存在构造的情况下，首先需要结合构造影响程度的大小，确定井田内部署，如分区和分带的选择，保护煤柱的留设；在确定采煤方法支护，需要结合构造情况制定相应的工艺，如推进过程中搬家、强行推过或者绕过等；与埋深因素相同，构造往往是产生高应力集中的原因之一。

水文地质条件 G7：在水文地质条件复杂的矿井，如上覆存在含水层、采空区积水甚至与地表直接沟通造成某一时段井下涌水量增大的情况，这时往往采用一些特殊的措施，如充填开采、限厚开采，或者预先抽排水后再进行开采。

上述这些因素是确定井田部署、采煤方法及其回采工艺的基本要素，这些因素中，包括煤层倾角、厚度、结构等 6 个因素在进行开采前期通过地质勘探得到基础资料，且容易掌握其变化情况，但是在构造的判明上存在一定的难度，已经形成的中型或大型断层，利用勘探手段可以提前探明，有些断层实际上并不存在显著的弱面，即不具备断层的显著属性，但是受到地质与工程的扰动会形成断层特征，也称为"动力划分断裂"。

2.2　煤矿地质动力区域划分研究

结合前节与第 1 章，准确划分断裂是影响采煤方法选择的重要依据之一，而断裂本身也是造成冲击地压等动力现象的能量来源，因此对于井工煤矿来说预测冲击地压的危险性以及提出预防冲击地压的建议是相当迫切的任务。因此发现矿区地表沟壑和沟渠的位移是进一步研究该现象的出发点。纵观地压性质的研究历史，对冲击地压发源地岩层破坏性质的多次观察证明在煤矿井和非煤矿井出现动力现象时破坏具有平移性质。这是 И. М.佩图霍夫 1951 年在研究吉杰洛夫斯基盆地冲击矿压发生地时发现的[2]。他指出，冲击地压造成的煤层破坏是沿着已经形成的自然斑裂表面发生的。

冲击地压分析表明，几乎每个事件都伴有表明矿山岩层平移裂缝生长特性的平移因素。因此，对具体煤矿所处环境的研究表现为全球性、区域性和局部性三级，以便揭示冲击地压位移破坏的区域。

借助于区域地质动力规划方法可以揭露由全球到局部的不同级别的自然裂缝。促进冲击地压出现的自然裂缝表现在下列比例的地形图上——1∶2500000、1∶1000000、1∶100000、1∶50000、1∶10000 和 1∶5000。这样就可以确定通过煤矿所在自然环境的全球、区域及局部特点论证冲击地压发生变化的目的。

2.2.1　关于地球的新学科——地下地质动力学

矿床开采工作在自然条件下进行，并受自然和技术两个系统制约。研究这两个系统相互作用的科学就是地下地质动力学。借助比例尺的联系，采用地质动力区划法可以查明地表任何客体的系统构造。这一系统构造的特征是板块结构的表现，该结构的参数是板块的尺寸，而其功能是这些板块的相互作用。客体的板块结构根据地形地貌来查明，因为根据由一般到个别的原则，地形和内部结构紧密相连。根据地质动力规划图可以划分出高危险的构造应力区。

当开采矿产，修建铁路、公路等时，在这些危险的构造区域可能发生事故和灾害。并且建立了以下规律：构造应力越大，冲击地压发生的深度越浅，而强度越大。现在，在设计、开采地下资源以及在地表工程建设时尚未充分考虑地区的系统构造。

地壳系统构造的应用对煤矿高应力或动力问题的预防将会形成必要的新技术。

2.2.2　区域地形在使用地质动力区划法中的作用

断块结构的作用："地质动力区划"可以翻译为地壳中地球的力，通常应用地球物理、地震、解析与地质学等方法确定地壳中应力的作用方向。但是应用地质动力区划法时，按区域地形来评定地壳地质动力状态的表现。这关系到地形，作为地球最年轻组成部分的地表，可以确定一定历史时期的地壳的地质动力状态，而不受到地质年代这一较大时间范围的影响。地球表面和地下所有的客体都只存在于某一历史时期内。所以在一定历史时期内(即客体所存在的时间内)解决地质动力安全问题时，地形起着很重要的作用。

现在，越来越多的地质学家把地表和地下甚至是更深的构造联系起来。已经证实，内部发展过程的作用大于外部作用的影响。

构造对地表形态的影响，不仅仅局限于造山运动，还包括其他构造影响下的移动，其结果是地表形形色色的表现。地形形态可以用构造形式解译。例如，以水平构造位移为主，在地形上会造成地表高度的变化。

地表地形在地壳地质发展的表现上是清晰的。当前的地形一定取决于两个因素——构造和侵蚀。这些进化过程没有相互的联系，在时间上不具有一致性，同样，也不具有矛盾性。

地质动力区划中，构造地形是研究和应用的客体。在这种情况下，构造地形并没有从地壳的内在发展中被分离开。

分析构造地形的基本原则之一是地表高度的变化。在移动产生的显现结果中揭示基本的移动现象是地表构造地形分析的主要任务。采用板块来研究基本的移动。

地壳的断块结构在地质动力区划法中起着主要的作用。它能查明现代应力状态的危险移动区，这对于预测和预防客体事故是非常必要的。

2.2.3 地质动力区划法

具有相同构造、处于确定的具有相互联系的基础上以及对更大的结构具有相同从属等级特性的块体系统被称为岩体的板块结构，岩体的板块结构正是地壳在岩体应力状态发生改变时形变的结果。

岩体的板块特性是以地表地形的地貌分析作为媒介揭示出来的。

考虑到深部和地表结构的相互关系，地表地形是查明断块的基础。

这种情况下古地表夷平面的高度便是地形的数据特征。这一地表有时位于水平或缓坡状态，而在大地构造过程中变为向不同高度上升或下降的单独板块，为了将两种相邻的块段归类于所属板块，需要建立足够小的高度差值。

考虑到每个具体区域地形的对比和地图比例尺的差别，最小高差 h_0 取：

$$h_0 = (H_{max} - H_{min}) \times 0.1 \qquad (2-1)$$

式中，H_{max} 和 H_{min} 是地形最大和最小绝对标高，m，这里不考虑河谷的存在。

板块边界就是地形上表现不明显的活断裂。根据从一般到个别的原则，使用相应级别比例尺的地图(表 2-1)，按照地形标志特点和相应的标高对这些活断裂进行解读。

表 2-1 板块级别

构造单元	级别	地图比例尺
	Ⅰ	1：2500000
	Ⅱ	1：1000000
	Ⅲ	1：200000；1：100000
板块	Ⅳ	1：50000；1：25000
	Ⅴ	1：10000
	Ⅵ	1：5000

通过绘制地图法来查明板块结构，该方法是建立在不同埋藏深度不同年龄的断裂体系其板块垂直运动的不同强度基础上的。这种情况下考虑到板块的任何水平运动都会反映在其垂直运动中。

确定足以把两个相邻地段划分为不同板块的最小高差。此外，还要考虑以下高差：对于年轻的山系高差平均为 200m，对于受侵蚀的山系和中高山地高差为 100m；对于受侵蚀的中高山地、山岗或近期生成的弯曲处，在其边界构造形式因侵蚀过程变得模糊不清，高差取 20m、25m。

在地图上标出大地构造台阶、分水岭以及平缓地段的基准标高。注意不考虑河谷和斜坡的标高。

地图上划分出的每个高度都用图例标出，并且应当指出，这个地段属于哪一高度水平。

例如：H_{max}=1615m；H_{min}=585m；H_{max}−H_{min}=1030m，最小高差(H_{max}−H_{min})×0.1≈100m，这样就把标高分为Ⅰ，1600m；Ⅱ，1500～1600m；Ⅲ，1400～1500m级别。如果属于不同级别的标高值相近，例如895m和908m，则可根据具体情况把二者归为同一级别。

断块以断裂直线或平滑曲线部分来确定其边界，断裂是通过下列地形因素确定的：斜坡坡脚；连续分布的河谷修直地段；能把大地构造台阶从更高的地段区分出来的斜坡拐点处；不同河流小溪弯曲的河床地段；倾向于同一条线的凹陷或台阶；链式湖泊或沼泽。最可靠的板块是根据不同生成特征而确定的断裂线划出的板块。

把该地段内的最大标高记录为该断块表面的高度，这样仿佛是在不考虑地形的起伏性(剥蚀变化)的情况下恢复地形的初始构造形式。然后，把研究的地段分成很多外形、尺寸和绝对标高不同的板块，这是复原地形形成断裂线和确定位移及幅度标识的基础。

什么是地质动力断裂及其与地质学断裂的区别？一切都取决于揭露方法。存在确定准则，当认为是断层时，断距在准则中是基本的参数，有断距就是断层，没有断距就不是断层，在这个准则中不考虑断裂生成的时间，划分已经形成的断裂不涉及现在这个断裂是否运动或者已经停止形成。

断裂不是一次性形成断距的。众所周知，断裂刚开始时只是一个不大的裂缝。用地质动力区划法划分出正在形成的断裂，这里构造进程还没有停止，因此从地形中表现出来。因为构造活动还没有停止，开采工作可以激活这些断裂，反之，它们演化过程中会对采场产生新的应力影响，甚至是高应力或动力灾害的发生，这样，我们就可以结合回采技术条件与断裂综合作用，反之调整回采技术——人为技术因素，从而确定最优的井巷工程与采掘工艺参数。

2.3 贝叶斯网络化主动防治冲击地压方法

贝叶斯网络理论是现代人工智能大发展的重要数学基础。作者多年来综合运用贝叶斯网络理论、区域动力规划方法、矿压理论等学科，发明了一种控制矿井动力能量来源的方法，获得国家技术发明专利"一种应用区域动力规划控制矿井动力能量来源的方法"(ZL201210225910.0)[3]。这一方法的中心思想是把治理冲击地压的每一项措施同探寻矿井动力能量来源的过程统一起来，运用贝叶斯网络理论，通过动态统筹规划影响矿井冲击地压发生的"二因素群"，建立贝叶斯网络，实现对冲击地压的主动防治。

已有研究表明，构造、埋藏深度、煤层厚度、倾角、巷道布置与保护层开采是冲击地压发生的主要因素，地质动力区划法表明地质动力断裂受人为技术参数影响会产生活化，而反过来断裂会对工程活动产生应力重分布影响，因此，二者综合作用又引发了煤柱型或顶板型冲击地压的发生。

例如，综合机械化放顶煤开采与分层开采顶分层相比，应力集中现象较为缓和，从高产高效的角度，采用综放开采较为有利；受到大倾角的影响，工作面上巷受覆岩运动影响冲击地压频发且破坏严重；现有留煤柱开采或者沿空掘巷，因为煤柱的存在，受构造与埋藏深度的影响，集中应力大，是巷道发生冲击地压的又一类型，而巷道本身与顶板的力学模型，不能实现整体刚度与巷道变形之间的平衡，即冲击地压的发生不可避免；现有的保护层开采虽然一定程度上对被保护层实现了卸压，但留煤柱反而加剧了被保护层冲击地压发生的概率。

综上所述，冲击地压发生的主要因素可归纳为自然因素与人为技术因素，自然因素包括构造、埋藏深度、煤层厚度、倾角；人为技术因素包括巷道布置与保护层开采；从冲击地压发生的机理与防治可以发现，构造、埋藏深度、倾角属于冲击地压发生的原因，巷道布置与保护层开采可作为防治措施重点研究，煤层厚度对冲击地压发生与防治的影响较小。

国内学者在地质动力区划的基础上进一步提出针对原八要素采用多因素模式识别方法，利用经验得到的危险性概率临界值将井田范围划分为危险区、威胁区和无危险区(高应力区、应力梯度区和低应力区)[4]。但是，在得到相应的分区前首先需要将每一个因素与井田内已经发生突出的数据进行比较，这就要求具有类比性的工程条件，再结合地质动力划分出的断裂构造结合开拓部署与开采方法(设计或者已经形成)两种条件进行研究。

很明显，区域动力规划方法自 1991 年引入我国，迄今为止，其应用及推广是远远不够的，仍然没有与采矿工程有机结合，限制了其进一步应用推广的科学基础，因此，首先需要建立区域动力规划与采矿学科的有机结合，综合自然因素和人为技术因素进一步对研究工程动力现象区域的划分，最终提出有针对性的解危措施，从而实现矿井生产的安全、经济以及可持续发展，具体分析如下。

由于冲击地压绝大多数发生在最大应力区及应力梯度区内，因此可以将应力分布情况作为研究的目标考虑；另外，自然因素中的活动构造、顶板岩性、煤体结构、煤层倾角、煤层厚度以及开采深度可以归类为不变因素；人为技术因素包括开拓方式和采煤方法，对于一些生产历史较长的矿井，特别是开拓方式无法变更的矿井应该归类于不变因素，而可做调整的归类于可变因素；采煤方法是由顶板岩性、煤层倾角以及煤层厚度等因素确定的，相对来说，调整较为容易，归类于可变因素。因此，按照不变因素、可变因素以及最终的研究目标，提出"二因素动态统筹规划思路"，首先建立区域动力规划的两种应用模式，如图 2-1 和图 2-2 所示。

如图 2-1 所示，应用模式一适合于矿井处于设计以及建设初期阶段，其工作思想如下：首先，依据地质勘探资料以及区域动力规划的断裂部分共同组成不变因素(自然状态)，从而设计可变因素，即人为技术因素，包括采煤方法以及开拓方式。其次，利用不变因素与可变因素综合确定应力分布情况，即进行"三区的划分"，从而确定针对性的解危措施。在进行工作流程中，通过可变因素中子因素的不断调整，如巷道布置、回采工艺等，确定出最优的矿井设计、开发方案及相应的解危措施。

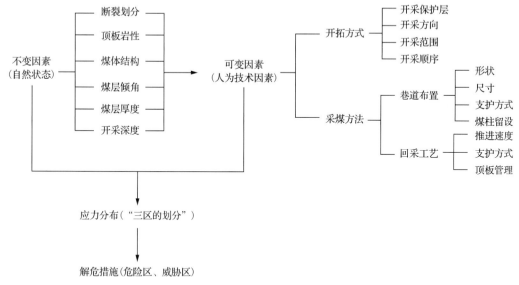

图 2-1　应用模式一

如图 2-2 所示，应用模式二主要针对矿井的开拓系统已经形成，无法做出变更，针对采区或者工作面提出，其工作思想如下：首先，结合地质勘探的成果，设计可变因素，与应用模式一相比，这里的可变因素仅包括采煤方法，其中的巷道布置及回采工艺属于可调整因素。其次，结合不变因素中区域动力规划揭示的断裂、开拓方式两子因素以及可变因素，确定应力分布情况从而确定针对性的解危措施。这里，采煤方法将作为主要调整因素，从而确定最优的开采方案。

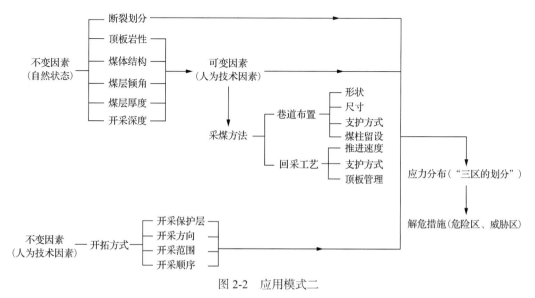

图 2-2　应用模式二

综合分析两种应用模式，应用模式一无疑对于矿井的长期生产是有利的，但是对于我国煤炭开采的历史情况，应用模式二的作用不容忽视。

在作者已有发明专利的基础上我们继续优化，假定断裂形成是先决条件，对断裂活化、演化的影响规律包括：开采范围——工作面长度、推进距离与开采厚度，保护层开采，煤柱留设与顶板管理。这里的因素包括开采范围、保护层开采、煤柱留设与顶板管理，实际上涉及一个隐含的问题——冲击地压的能量级别，这就需要我们逐一因素进行研究分析。

2.4 工作面长度影响因素分析

2.4.1 工作面长度设计整体原则

工作面长度直接影响到矿井生产能力，特别是现代化矿井的"一矿、一井、一面"的追求目标，因此工作面长度设计需要满足矿井井型要求，即工作面长度应该有一个最短值，工作面长度的世界纪录为450m，在国内也有实施，矿井生产出煤主要由工作面采出煤量和煤巷掘进出煤量两部分组成。对于工作面长度与工作面采出煤量的关系，理论来讲，工作面长度越长，工作面出煤量越多，相应地，矿井生产能力就越强。在矿井设计阶段即应完成矿井产量与工作面长度及工作面个数的合理配套，即矿井生产能力 Q、工作面个数 n、工作面长度 L、煤层开采高度 h、工作面推进速度 v。假定矿井巷道掘进月出煤量占矿井总生产能力的10%，矿井月生产能力与27天月生产周期之间满足如下条件：

$$27nLhv\gamma C \geqslant 90\%Q_{月} \tag{2-2}$$

式中，n 为矿井正在生产工作面个数，假定矿井单面生产，n 取 1；L 为工作面长度，m；h 为采高，取 6m；v 为工作面推进速度，假定工作面推进速度不变，取 15m/d；γ 为煤层容重，取 1.5t/m^3；C 为回采率，取 97%；$Q_{月}$ 为矿井月生产能力，万 t。

根据式(2-2)绘制如图 2-3 所示工作面长度与矿井月生产能力作用关系曲线。

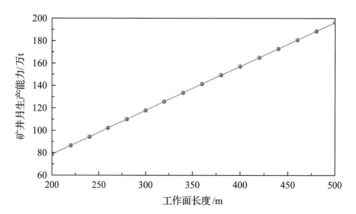

图 2-3 工作面长度与矿井月生产能力作用关系曲线

分析曲线可知，矿井月生产能力与工作面长度呈线性关系，工作面长度越长，矿井月生产能力越大。但图 2-3 存在一定缺陷，理论来讲，工作面长度越长相应地工作面推进速度越慢，若综合工作面长度与工作面推进速度的作用关系，则矿井月生产能力就成为一个定值。

式 (2-2) 只是一个满足矿井最低要求的工作面长度设计准则，实际上工作面长度关系到如下问题：①安全问题。工作面长度过长势必影响推进速度，对于存在自然发火危险性的煤层，因工作面推进速度降低存在自燃危险性；另外，工作面长度过长，顶板管理难度增加等。②技术问题。如工作面长度较短，采煤机在工作面两端头作业时间较长，影响工作面效率；如工作面长度过长，那么移架速度跟不上，影响到顶板管理，且同样影响开机率。③装备问题。工作面配备的刮板输送机长度有限，是直接确定工作面长度的决定性因素，近年来虽然该设备长度有增加的趋势，但涉及超长工作面，出现过断链等事故。④经济问题。工作面长度增加，一定范围内提高工作面单产、降低工作面吨煤成本等，但如果工作面过长，设备投资与带来的开机率问题会造成经济效益的降低，即工作面长度对经济的影响存在一个拐点。

上述仅仅是对工作面长度的一个综述，在《采矿学》中，工作面长度设计的 4 个因素包括：①地质条件；②安全问题，自然发火与顶板管理；③设备因素，考虑刮板输送机；④采区划分。采区由煤柱和工作面构成，尽可能考虑等长工作面布置。但是对于现代化矿井建设，因为设备因素影响逐渐在弱化，因此体现出一个明显的趋势，即工作面长度在增加。结合本著作要解决的主要问题——回采率与动力灾害防治，增加工作面长度相当于降低了各种煤柱所占比例，提高了回采率；另外，工作面长度增加，可实现覆岩的充分、连续运动，是否会直接改善动力灾害问题，或者辅以其他技术降低动力灾害影响，是我们需要关注的问题，因此，本著作中试图依据数学的方法综合多因素进行耦合，形成工作面长度确定的新方法。

2.4.2　井田内布局

假设采区 (盘区、带区) 长度为 L_c (除去边界煤柱宽度)，工作面长度为 L，区段煤柱尺寸为 B，那么按照生产布局，需满足：

$$L_c = nL + (n+1)B \tag{2-3}$$

分析式 (2-3)，采区 (盘区、带区) 长度 L_c 是固定不变的，区段煤柱尺寸 B 也为固定值，n 为常数，考虑各个工作面装备设备的适配性、搬家倒面的统一性以及生产管理的便利性，同一采区 (盘区、带区) 内各个工作面的长度应该是相同的，实际操作时，如果无法设计等长，甚至工作面长度之间数值差较大，那么会涉及边角煤或残煤复采。

对式 (2-3) 进行简单分析，假设采区倾斜长度 1000m，按照采矿技术，可以设计 3 个以上工作面长度，n 取 3 时，煤柱个数为 4 个，那么工作面长度可设计为 300m，煤柱宽度为 25m，这种情况下存在以下问题：①工作面长度过长，煤柱尺寸偏小，强矿压下煤柱及巷道是否能够保持稳定？②工作面两侧靠近大巷一侧煤柱尺寸 25m 明显偏小，会对大巷产生长时间的侧向应力影响；那么可以考虑 n 取 4，煤柱个数为 5，如工作面长度取

200m，煤柱尺寸为40m，这一数据较为合理。实际操作中，靠大巷一侧煤柱我们可取大值，按照工作面长度压缩工作面之间的保护煤柱。

2.4.3 采煤方法与回采工艺

《采矿学》中指出工作面长度的确定原则是：平均日产量高，吨煤费用较低，有合理的推进速度，刮板输送机的铺设长度能满足要求，避免较大的地质构造影响。

根据技术分析和目前我国煤矿的实践经验，综采工作面在不受地质构造影响的条件下，缓(倾)斜厚及中厚煤层工作面长度不应小于200m，薄煤层工作面长度不应小于100m。

同样，《采矿学》中指出放顶煤工作面长度应主要考虑顶煤破碎、顶煤放出、煤炭损失、月推进度、产量和效率等因素影响。由于目前综放工作面的区段煤柱和端头煤柱放煤问题尚未得到完全解决，从减少煤炭损失考虑，适当加大工作面长度可减少这部分损失所占的比例。但与单一煤层工作面不同，综放工作面长度除受采煤机生产能力、输送机铺设长度、煤层自然发火期等因素影响外，还受顶煤厚度影响，顶煤越厚，在后输送机能力一定的情况下，放煤的时间就越长，当放煤时间超过割煤时间时，就会出现停机等待放煤现象，因此，对于煤层厚度大、主要由放煤能力决定单产的工作面，工作面长度不宜太大。目前，我国放顶煤工作面长度一般为120~300m，对于日产万吨的高产高效工作面，已有的研究认为：当煤层厚度较小、采煤机割煤时间大于放煤时间时，工作面最佳长度为180~200m；当煤层厚度大、放煤时间长时，工作面最佳长度为150~180m。

2.4.4 工作面推进速度

加长工作面虽然具有提高资源采出率，减少搬家倒面次数，降低掘进率，缓解工作面接续等优点，但随着工作面长度增大，在采煤机等设备性能一定的前提下，必然影响工作面推进速度。推进速度较慢时，顶板在同一位置滞留的时间就会较长，则顶板活动就会较多，增大了顶板下沉和发生变形破坏的时间，从而较容易发生顶板岩层的弯曲、下沉、离层、断裂乃至垮落，导致顶板的稳定性降低；另外，在具有自然发火倾向煤层，工作面推进速度降低，容易导致工作面后方采空区发生自燃，增加了危险性。

因此确定工作面长度与工作面推进速度之间的合理关系既能有效保证提高资源采出率又能充分保证顶板安全，工作面长度与推进速度的关系可以由式(2-4)表示：

$$v = \frac{\beta T_g V_e}{L} B \tag{2-4}$$

式中，L 为工作面长度，m；v 为工作面推进速度，m/d；V_e 为工作面采煤机平均割煤速度，m/min；T_g 为工作面日割煤总累计时间，min/d；β 为正规循环率，无因次，$\beta < 1$，取 0.75；B 为采煤机截深，m。

这里我们以具体工程背景为例演算工作面长度与推进速度的关系，如图 2-3 所示。52604 工作面主采 52 煤，工作面煤厚 4.2~5.3m，平均 4.5m，工作面采用走向长壁一次采全高全部垮落后退式综合机械化采煤方法，设计采高 4.5m，双滚筒采煤机双向割煤，前滚筒割顶煤，后滚筒割底煤，往返一次割煤两刀，采煤机实际运行平均速度 8m/min。

工作面生产班每班生产 8h，检修班每班生产 2h，日累计生产时间为 18h。

根据式 (2-4) 演算 52604 工作面长度与工作面推进速度的关系如图 2-4 所示。由图 2-4 可以直观看出，随着工作面长度增加，工作面推进速度逐渐降低，但两者并非线性相关，而是呈类抛物线的关系。在不同工作面长度条件下，工作面推进速度降低值表现出差异性，工作面长度较小时，工作面设备效能还未得到充分发挥，提升空间大，随着工作面长度增加，工作面设备及人员管理水平逐渐达到上限值，工作面长度变化对工作面推进速度的影响显著增加。在图 2-4 的曲线中，工作面长度较小时，增加工作面长度后对工作面推进速度减小明显，工作面长度从 200m 增加至 220m 时工作面推进速度降低量最大，其值为 2.37m/d，降低率为 9.1%；但随着工作面长度加大，增加工作面长度后工作面推进速度减小程度逐渐降低，工作面由 380m 增加至 400m 后，工作面推进速度仅降低 0.69m/d，降低率为 5%。52604 工作面实际生产长度为 304.7m，采煤机每天割 18 刀煤，实际推进速度为 15.57m/d，而图 2-4 中工作面长度为 304.7m 时其推进速度为 17.17m/d，理论计算值高于实际生产值，考虑到实际生产中的不确定因素太多，易造成检修等停产，认为理论计算值大于实际生产值是合理的。

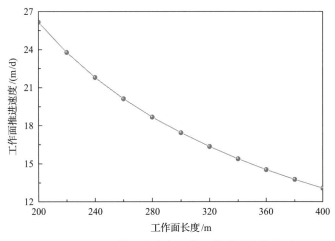

图 2-4　52604 工作面长度与工作面推进速度的关系图

2.4.5　煤层厚度

一般来讲，对于煤层厚度为 1.3～3.5m 的中厚煤层，煤层倾角小，地质构造简单，可采用普通综合机械化采煤。对于煤层厚度为 3.5～6.8m 及以上的近水平、缓 (倾) 斜煤层，采用大采高一次采全厚采煤法，采煤工作面一般采用综合机械化采煤工艺，随着采煤技术和装备水平的不断提高，大采高一次采全厚采煤法的煤层厚度也不断增加，神东矿区很多工作面一次采全厚高度已经达到 8m 以上。对于厚度为 4～5m 以上的厚煤层可采用放顶煤采煤法实现煤层的整层开采，伴随着大采高技术的快速发展，放顶煤开采技术在近几年利用了大采高和放顶煤开采技术的优点，在厚度为 14～20m 的特厚煤层中成功进行了大采高放顶煤开采。对于厚度小于 1.3m 的薄煤层，其开采的主要特点是作业空间小，工作条件恶劣，工作面单产低，工效和经济效益差，地质构造及煤层厚度变化对工作面影响较大，矿压显现一般比较缓和，顶板活动不剧烈，回采巷道为半煤岩巷道或全岩巷道，掘进困难，采掘接替紧张；目前，国内外薄煤层开采较成熟的工艺有滚筒采煤机普采、滚筒采煤机综采、刨煤机普采、刨煤机综采、螺旋钻采煤机钻采、连续采煤机房柱式开采等，但从国内外的开采实践来看，发展机械化是薄煤层安全高效开采的唯一途径，关键是工作面装备高性能的薄煤层生产设备，提高可靠性，向机械化、自动化和无人化方向发展，而现在国内智能开采是薄煤层开采的主要和必须发展方向。

总体来讲，煤层厚度变化是影响工作面长度的重要因素。当煤层较薄、工作面采高小于1.3m时，由于工作面控顶区小，不易操作和行人，工作面长度不宜过长；当煤层较厚、采高大于3.5m时，支架稳定性差，煤壁易片帮，管理难度加大，因此随着采高的增大，工作面长度相应减小。总之，在设备条件许可的范围内，随着煤层厚度由薄到中厚的变化，工作面长度相应增长；随着煤层厚度由中厚到厚的变化，工作面长度相应缩短。作者在研究过程中根据煤层厚度确定工作面长度时，实际上同时受到覆岩三带分布、工作面推进速度以及采煤机开机率等因素的制约，因此，后续结合多因素对煤层厚度进行分析。

煤层厚度对工作面长度的影响从技术上考虑与前述2.4.3节紧密相关，从覆岩运动与顶板管理的角度考虑，与覆岩三带分布有关，关于覆岩运动的影响规律后续展开计算说明。

2.4.6　煤层倾角

煤层倾角不仅影响采煤方法的选择，还对工作面最优化长度设计有影响，在一般情况下，如果煤层倾角小，对工作面最优长度的选择影响小。根据煤层倾角的不同，如果煤层倾角小于10°，工作面长度可适当加大，当煤层倾角介于10°～25°时，可以按照常规工作面长度选择，如果煤层倾角在25°～55°时，工作面长度不宜过大。

国内外研究表明，30°～35°是冒落矸石的自然安息角，超过该角度时，冒落的顶板将沿倾斜向下滚落，形成工作面倾斜方向下端充填满、上部悬空的特点，如图2-5所示。

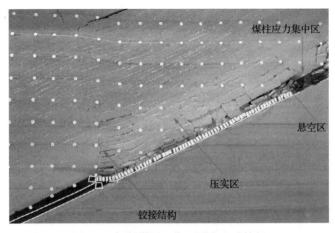

图2-5　倾斜煤层工作面覆岩运动特征

如图 2-5 所示，倾斜煤层开采过程中，当顶板发生运动、垮落后，受倾角影响，垮落的矸石向工作面下端滑移，在工作面上、中、下形成不同的充填状况，工作面下端充填较好，且上覆较为坚硬的顶板与实体岩层一侧形成如图 2-5 中的铰接结构；工作面中部充填与压实均较好；工作面上部呈现悬空状态，坚硬顶板与上方煤柱上方岩层力学联系较弱，容易发生失稳，且煤柱受双侧采动影响，在相似模拟实验条件下既已发生失稳。

从煤层倾角形成的工作面三区对冲击地压发生的影响进行分析，工作面下部充填较好，且坚硬顶板与下方实体岩层之间形成铰接结构，这两种条件对其下方工作面下巷起到保护作用，巷道承受动压较小。

工作面上巷侧处于悬空状态，且坚硬顶板岩层易发生失稳，当顶板发生失稳，易对工作面上巷造成强大动载影响，当上覆存在较厚坚硬岩层时，强大的动力作用于工作面上巷，是上巷易发生冲击地压的一个主要原因。

对如图 2-5 所示的工作面液压支架建立力学模型，假设单架支架重量 G，煤层倾角 θ，支架与顶底板摩擦因数 f，作用于支架的顶板厚度 h，容重 γ，则单个支架在倾斜工作面承受的力学模型(图 2-6)为

$$F=G\sin\theta-G\cos\theta f-Nf=G\sin[\theta-\arctan(1/f)]/(1+f^2)^{1/2}-Nf \tag{2-5}$$

式中，$N=G'\cos\theta$，$G'\approx\gamma h$，h 为直接顶厚度。

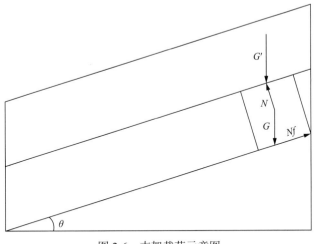

图 2-6　支架载荷示意图

分析式(2-5)，当 $\theta=\arcsin Nf/G+\arctan 1/f$ 时，支架的平衡被打破，其开始产生沿着倾斜面向下的滑力，再考虑 n 架支架，则

$$\Sigma F=n\{G\sin[\theta-\arctan(1/f)]/(1+f^2)^{1/2}-Nf\} \tag{2-6}$$

当现有装备与技术为倾斜煤层提供的侧向支护力与式(2-6)满足平衡时，即工作面倾斜方向的支架个数极限，从而确定工作面长度。

2.4.7 埋藏深度

随着埋藏深度增加，采场覆岩载荷呈线性增加，而工作面越长，其载荷越大，首先是对工作面支护体的影响，具体载荷增加多少，需要结合三带分布进行计算；其次，埋藏深度增加，巷道承载增大，而巷道相对于工作面载荷更加敏感，即巷道承载后会影响工作面长度的设计，因此，这部分内容需结合覆岩三带与巷道两个因素综合分析，后续在 2.5 节和 2.9 节中展开。

2.4.8 顶底板条件

围岩性质主要是煤层顶底板的状态，其影响着工作面最优长度的选择。煤层顶底板的岩性、厚度、完整性、节理裂隙发育程度及水文地质条件等是影响顶底板稳定性的主要指标，其决定顶板的垮落规律，且对采煤方法、工艺参数及设备选型等有一定的影响。如果开采顶底板条件好的煤层，可以将工作面长度适当加大；如果开采顶底板条件较差的煤层，由于其支护工作量大且复杂，支护难度大，此时工作面长度不能太大。比如，坚硬顶板能在采空区悬露很大面积而不垮落，初次来压和周期来压步距大，来压时产生动压冲击，容易损坏支架与巷道，为了减小来压步距，可适当加长工作面；在破碎软弱围岩条件下开采时顶板暴露后若未能及时支护，开采空间极易发生漏垮型冒顶，在冒顶较高时会引起煤壁严重片帮，反之，片帮也会引起冒顶，工作面长度不宜太长；在软底条件下，支架承压后易陷入底板，降低了支护的工作阻力和支护刚度，造成顶底板下沉量大，给回柱和移架作业增加了困难，使顶板管理工作和作业环境趋于恶化，工作面长度同样不宜太长。

2.4.9 地质构造

这里的构造是针对地质构造，即认为已经形成的利用地质勘探手段可以直接阐明的构造。

一般情况下，大型构造，如落差在 20m 及以上的断层作为划分井田边界的依据之一；落差在 5m 以上的中型断层作为划分井田内采区边界的依据之一；对于 5m 以下的断层，尽可能作为工作面之间的边界划分依据，如工作面推进方向存在断层，无外乎三种处理方法，一是直接推过；二是通过缩面绕过；三是重开切眼搬家。即工作面内部的断层在绕过处理时，局部影响工作面长度。

2.4.10 瓦斯涌出量与工作面通风量

通风能力对工作面的影响除了满足正常的人员需求外，控制工作面瓦斯浓度是重要的一环，而通风量与瓦斯涌出量的控制是影响工作面最优长度选择的重要因素。当开采瓦斯含量较小的煤层时，由于工作面长度受其通风条件的制约很小，所以对工作面最优长度的选择影响也很小，在煤层赋存条件允许、工作面装备、设备满足需要的前提下，工作面长度加大能使工作面单产和工效大幅度提高。当开采瓦斯含量大的煤层时，工作面长度越大，煤炭产量也会提高，但会造成单位时间内瓦斯涌出量也越大，回采时需要用来冲淡瓦斯的通风量也就越大。由于在煤炭开采中，通风量不可能被无限制地加大，因此，高瓦斯矿井要充分考虑通风量和瓦斯含量对工作面最优长度选择的影响。

1. 工作面所需风量的理论计算

1）综采工作面所需风量的理论计算

《煤矿矿井采矿设计手册》中规定综采工作面以矿井通风能力校核工作面长度，公式如下：

$$L \leqslant \frac{600V_{\max}hl_xC_f}{qS_Np\varphi} \tag{2-7}$$

式中，L 为工作面长度，m；$V_{\max}$ 为工作面内允许的最大风速，取 4m/s；h 为工作面采高，m；l_x 为工作面最小控顶距，m；C_f 为风流收缩系数，取 0.9～0.95；q 为昼夜产煤 1t 所需风量，t/m^3；S_N 为采煤机截深，m；p 为煤层生产率，即单位面积上出煤量，$p=m\gamma C$，t/m^2，γ 为煤的容重，kg/m^3，C 为工作面回采率；φ 为昼夜循环数，个。

根据式(2-7)，绘制综采工作面日产吨煤所需风量与工作面长度的关系曲线如图 2-7 所示。分析发现，工作面日产吨煤所需风量越大，工作面长度越小。随着工作面日产吨煤所需风量降低，工作面的长度增加，且两者呈二次抛物线关系。当工作面日产吨煤所需风量较大时，随所需风量减小工作面长度可增加的范围较小。这里举一算例：若所需风量由 4.0t/m^3 降低为 3.8t/m^3 时，工作面长度由 201.7m 增加到 212.3m，增加值仅为 10.6m，增加率为 5.3%；而当工作面日产吨煤所需风量较小时，随所需风量减小工作面长度增加明显，如所需风量由 1.8t/m^3 降低为 1.6t/m^3 时，工作面长度由 448.3m 增加到 499.6m，增加值为 51.3m，增加率为 11.4%。这说明工作面所需风量越大，其对工作面长度的影响越小。

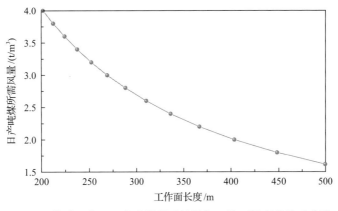

图 2-7 综采工作面日产吨煤所需风量与工作面长度的关系曲线

2) 综放工作面所需风量的理论计算

对于综采放顶煤工作面，因开采方式及采煤工艺与综采工作面存在较大差别，所以应用工作面所需风量确定综放工作面长度，需对公式做进一步改进。

综放工作面昼夜产煤量为

$$P = B_1 d_1 \gamma N_1 K_1 L + B_2 d_2 \gamma N_2 CL \tag{2-8}$$

式中，P 为工作面昼夜产煤量，t；L 为依据工作面通风能力确定的工作面长度，m；d_1 为底煤采厚，m；B_1 为采煤机截深，m；N_1 为昼夜割煤刀数；C 为底层工作面回采率；d_2 为顶煤厚度，m；N_2 为昼夜放煤次数；K_1 为顶煤放出率；B_2 为放煤步距，m；γ 为煤的密度，t/m^3。

工作面生产所需总风量为

$$Q = Pq \tag{2-9}$$

式中，Q 为工作面昼夜生产所需总风量，m^3/min；q 为昼夜产煤 1t 所需风量，t/m^3。

工作面有效断面面积为

$$S = d_1 l_x C_f \tag{2-10}$$

式中，S 为工作面有效断面面积，m^2。

所以，综放工作面内的风速可表示为工作面生产所需总风量/工作面有效断面面积，即

$$V = \frac{Pq}{d_1 l_x C_f} = \frac{q\left(B_1 d_1 \gamma N_1 K_1 L + B_2 d_2 \gamma N_2 CL\right)}{60 d_1 l_x C_f} \tag{2-11}$$

式中，V 为工作面内的风速，m/s。

按照采煤工作面的风速要求：工作面内的风速≤工作面内允许的最大风速，以工作面通风能力确定的综放工作面最大长度为

$$L \leqslant \frac{60 V_{max} d_1 l_x C_f}{q\left(B_1 d_1 \gamma N_1 K_1 + B_2 d_2 \gamma N_2 C\right)} \tag{2-12}$$

式中，V_{max} 为工作面内允许的最大风速，取 4m/s。

根据式(2-12)绘制如图 2-8 所示的综放工作面日产吨煤所需风量与工作面长度的关系曲线。分析图 2-8 可以发现，综放工作面长度与日产吨煤所需风量的演化关系与综采工作面相似，工作面长度随日产吨煤所需风量增加以二次函数形式逐渐减小。当工作面日产吨煤所需风量较大时，随所需风量减小工作面长度可增加的范围较小，当工作面日产吨煤所需风量较小时，随所需风量减小工作面长度增加明显。

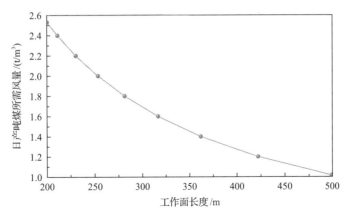

图 2-8　综放工作面日产吨煤所需风量与工作面长度的关系曲线

2. 瓦斯涌出量与工作面长度作用关系数值模拟

为研究工作面长度与瓦斯涌出量的作用关系，选取长度分别为 200m、240m、280m、320m、360m 及 400m 的工作面建立采空区的三维物理模型，选用 Fluent 数值模拟软件运用流体力学方法模拟分析不同工作面长度的采空区瓦斯分布情况。采空区流场计算的数学模型将采空区气体视为理想气体，流动过程近似为稳定流动、等温过程，不考虑耗散热，采空区气体流动符合达西定律，采空区内统一分带的多孔介质视为各向同性。描述不可压缩流体定常流动的控制方程如下。

（1）连续性方程：

$$\frac{\partial u}{\partial x} + \frac{\partial v}{\partial y} + \frac{\partial w}{\partial z} = S_{\mathrm{m}} \tag{2-13}$$

（2）动量守恒方程：

$$\frac{\partial(\rho uu)}{\partial x} + \frac{\partial(\rho vu)}{\partial y} + \frac{\partial(\rho wu)}{\partial z}$$
$$= -\frac{\partial p}{\partial x} + \frac{\partial}{\partial x}\left(\mu \frac{\partial u}{\partial x}\right) + \frac{\partial}{\partial y}\left(\mu \frac{\partial u}{\partial y}\right) + \frac{\partial}{\partial z}\left(\mu \frac{\partial u}{\partial z}\right) + S_{\mathrm{u}} \tag{2-14}$$

$$\frac{\partial(\rho uv)}{\partial x} + \frac{\partial(\rho vv)}{\partial y} + \frac{\partial(\rho wv)}{\partial z}$$
$$= -\frac{\partial p}{\partial y} + \frac{\partial}{\partial x}\left(\mu \frac{\partial v}{\partial x}\right) + \frac{\partial}{\partial y}\left(\mu \frac{\partial v}{\partial y}\right) + \frac{\partial}{\partial z}\left(\mu \frac{\partial v}{\partial z}\right) + S_{\mathrm{v}} \tag{2-15}$$

$$\frac{\partial(\rho uw)}{\partial x} + \frac{\partial(\rho vw)}{\partial y} + \frac{\partial(\rho ww)}{\partial z}$$
$$= -\frac{\partial p}{\partial z} + \frac{\partial}{\partial x}\left(\mu \frac{\partial w}{\partial x}\right) + \frac{\partial}{\partial y}\left(\mu \frac{\partial w}{\partial y}\right) + \frac{\partial}{\partial z}\left(\mu \frac{\partial w}{\partial z}\right) + S_{\mathrm{w}} \tag{2-16}$$

(3)能量守恒方程：

$$\frac{\partial(\rho uT)}{\partial x}+\frac{\partial(\rho vT)}{\partial y}+\frac{\partial(\rho wT)}{\partial z}$$
$$=\frac{\lambda}{c_p}\left[\frac{\partial}{\partial x}\left(\mu\frac{\partial T}{\partial x}\right)+\frac{\partial}{\partial y}\left(\mu\frac{\partial T}{\partial y}\right)+\frac{\partial}{\partial z}\left(\mu\frac{\partial T}{\partial z}\right)\right]+S_T \tag{2-17}$$

(4)组分输运方程：

$$\frac{\partial(\rho c_s u)}{\partial x}+\frac{\partial(\rho c_s v)}{\partial y}+\frac{\partial(\rho c_s w)}{\partial z}$$
$$=\frac{\partial}{\partial x}\left(D_s\frac{\partial\rho c_s}{\partial x}\right)+\frac{\partial}{\partial y}\left(D_s\frac{\partial\rho c_s}{\partial y}\right)+\frac{\partial}{\partial z}\left(D_s\frac{\partial\rho c_s}{\partial z}\right)+S_s \tag{2-18}$$

式中，u、v、w 为 x、y、z 方向的速度分量；S_m 为质量源项；ρ 为采空区气体密度；μ 为空气的动力黏度；S_u、S_v、S_w 为动量守恒方程的广义源项；λ 为气体的导热系数；S_T 为能量源项；ρc_s 为组分的质量浓度；D_s 为组分的扩散系数；S_s 为组分输运源项；T 为温度。

1)采空区物理模型建立及边界条件选取

①物理模型

建立如图 2-9 所示的采空区三维物理模型，其中工作面宽 7m、高 4m，工作面长度由 200m 逐次增加 40m 到 400m；进回风巷道分别长 10m、宽 5m、高 4m。根据矿山压力研究，距工作面 0~20m 为自然堆积区，20~80m 为载荷影响区，80m 以后为压实稳定区。在不同区域选取不同的孔隙率，自然堆积区为 0.3，载荷影响区为 0.2，压实稳定区为 0.1。

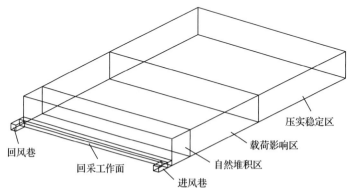

图 2-9　采空区三维物理模型

②边界条件

风巷进口边界条件设为速度入口，平均风速为 2.1m/s，风巷出口边界条件设为自由出口。采空区设为多孔介质区域，瓦斯涌出量假设为 30m³/min，假设采空区内各处瓦斯均匀涌出。

2) 模拟结果分析

对每一个采空区三维物理模型进行数值模拟，经过多次迭代，完成数据收集。为了便于研究，分别选取各个模型在 $y=1.5m$ 平面上的瓦斯分布情况。工作面长度由 200m 依次增加到 400m，采空区 $y=1.5m$ 的瓦斯浓度分布情况如图 2-10 所示。已知瓦斯爆炸浓度界限是 5%～16%，为了便于对比不同长度工作面下采空区的瓦斯浓度分布状况，将模拟后的数据进行处理，可得到不同长度工作面下采空区瓦斯爆炸危险区域的范围如图 2-11 所示。分析图 2-10 和图 2-11 可以看出，沿工作面推进方向，各模型均呈现随着远离工作面瓦斯浓度逐渐增加的趋势。工作面附近，煤壁和遗煤暴露时间少，无瓦斯涌出。随着往采空区深部发展，遗煤暴露时间逐渐增长，瓦斯涌出量也逐渐增大。当发展到采空区深部一定值后，遗煤瓦斯涌出量达到最大值，继续往采空区深部发展，即使遗煤暴露时间继续增加，瓦斯涌出量也不再增加。沿工作面长度方向，由于进风巷进风，各模型工作面在进风巷附近风量大进而将瓦斯冲淡，瓦斯积聚范围小，往回风巷附近发展，风量逐渐减小，工作面瓦斯积聚逐渐严重。此外，随着工作面长度改变，采空区回风侧瓦斯爆炸危险区域没有显著变化，但采空区进风侧和采空区中部的瓦斯爆炸危险区域随着工作面长度增加而改变。

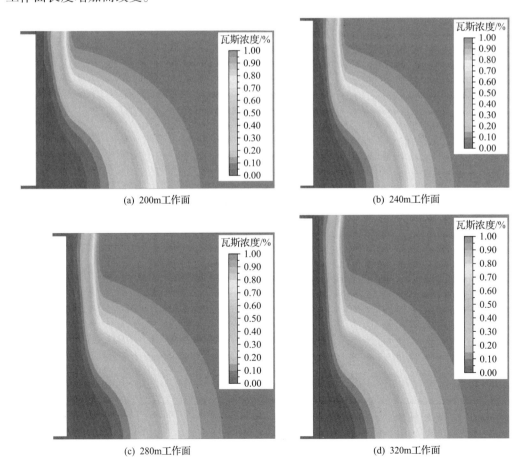

(a) 200m工作面　　　　　　　　　　(b) 240m工作面

(c) 280m工作面　　　　　　　　　　(d) 320m工作面

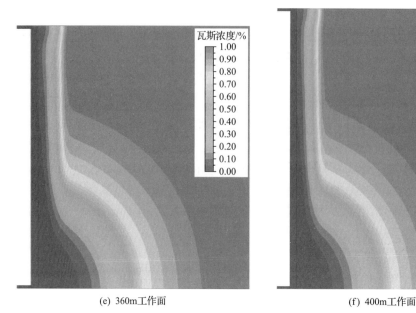

(e) 360m工作面   (f) 400m工作面

图 2-10 不同长度工作面的采空区瓦斯浓度分布数值模拟结果

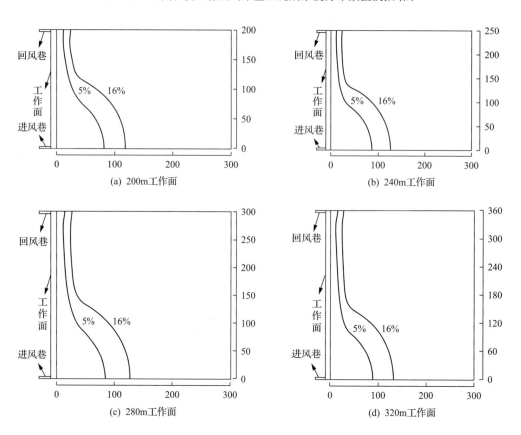

(a) 200m工作面   (b) 240m工作面

(c) 280m工作面   (d) 320m工作面

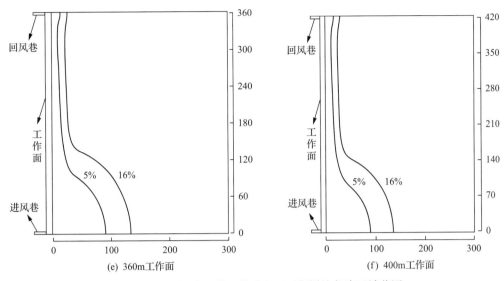

图 2-11　不同长度工作面的采空区瓦斯爆炸危险区域范围

采空区进风巷附近和采空区中部瓦斯爆炸危险区域宽度与回采工作面长度之间的关系如图 2-12 所示。由图 2-12 可知，在本算例中，当工作面长度由 200m 依次增加到 400m 时，采空区进风巷附近瓦斯爆炸危险区域宽度和采空区中部的瓦斯爆炸危险区域宽度均逐渐增大，但采空区中部瓦斯爆炸危险区域宽度随着工作面长度增加而增加的幅度大于采空区进风巷附近。当工作面长度为 200m 时，采空区进风巷附近的瓦斯爆炸危险区域宽度最大为 37.2m，当工作面长度为 400m 时，采空区进风巷附近的瓦斯爆炸危险区域宽度最大为 44.8m，增加宽度为 7.6m。当工作面长度为 200m 时，采空区中部瓦斯爆炸危险区域宽度最大为 52.5m，当工作面长度为 400m 时，采空区中部瓦斯爆炸危险区域宽度最大为 61.5m，增加宽度为 9m。此外，当工作面长度大于 320m 后，采空区中部和进风巷附近瓦斯爆炸危险区域宽度基本趋于稳定，不再有大的变化。

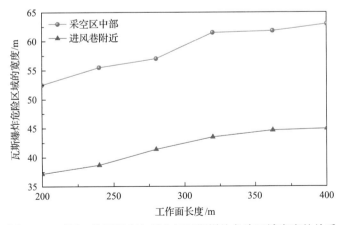

图 2-12　不同工作面长度与采空区瓦斯爆炸危险区域宽度的关系

瓦斯爆炸危险区域的起始点距工作面距离与工作面长度的关系如图 2-13 所示，在本算例中，当工作面长度由 200m 依次增加到 400m 时，采空区进风巷附近和采空区中部瓦斯爆炸危险区域的起始点距工作面距离均呈现递减的趋势，即采空区进风巷附近瓦斯爆炸危险区域的起始位置和采空区中部瓦斯爆炸危险区域的起始位置均有向工作面移动的趋势，说明工作面长度越大，工作面瓦斯积聚的可能性也就越大。此外，当工作面长度大于 320m 后，瓦斯爆炸危险区域的起始点距工作面距离逐渐趋于稳定。

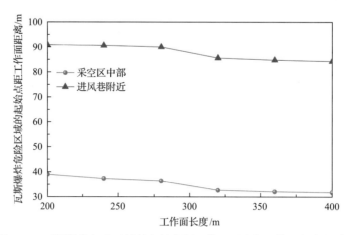

图 2-13　瓦斯爆炸危险区域的起始点距工作面距离与工作面长度的关系

模拟发现，工作面长度越大，采空区瓦斯集聚越严重，且瓦斯爆炸危险区距离工作面越近。采空区瓦斯的集聚存在工作面长度临界值，超过临界值后瓦斯集聚及分布情况不再发生显著变化，即工作面长度应该被限定在这一临界值以下。

3. 不同长度工作面风排瓦斯数学分析

本小节首先根据《煤矿矿井采矿设计手册》中的规定理论计算不同工作面长度下工作面的所需风量，随后通过 Fluent 数值模拟软件计算不同工作面长度下瓦斯的涌出量。本小节将通过建立风排瓦斯数学模型，分析工作面长度对风排瓦斯的影响，以此由工作面所需风量和瓦斯涌出量共同确定合理的工作面长度。

1) 数学模型建立

随着煤层瓦斯含量的不同与工作面长度的变化，工作面需要配多少风量以及现有风机能否满足生产要求，成为风排瓦斯亟待解决的问题。为了找出对工作面所需风量的影响因素，特建立数学模型。为使模型简单实用、计算方便，对模型进行以下假设[5]。

(1) 工作面布置采用"U"型通风方式。

(2) 采掘空间仅有煤体瓦斯涌入且在开采时才会涌出瓦斯。

(3) 工作面开采区体积为 A，原有瓦斯浓度为 b_0。

(4) 进风流中瓦斯浓度为 b_1，风量为 Q_0。

(5) 工作面正常开采中回风巷的瓦斯浓度为 b_2。

2) 工作面开采时瓦斯浓度从 b_0 降到 b_2 所需风量计算

假设开始注入风量的时刻 $t=0$，$x(t)$ 为 t 时刻工作面内的瓦斯浓度，初始时刻工作面

内瓦斯浓度为 $x(0)=x_0=b_0$，则在 $[t, t+\mathrm{d}t]$ 时间内有：向工作面注入瓦斯总量为 $Q_0b_1\mathrm{d}t$；煤壁瓦斯涌出量为 0，排出的瓦斯总量约为 $Q_0x(t)\mathrm{d}t$；在时间间隔 $\mathrm{d}t$ 内，工作面内瓦斯涌出改变量为 $Q_0b_1\mathrm{d}t-Q_0x(t)\mathrm{d}t$；同时，在 $[t, t+\mathrm{d}t]$ 时间内，工作面瓦斯的总量改变量为

$$A\Delta x = A\big[x(t+\mathrm{d}t) - x(t)\big] \approx A\mathrm{d}x \tag{2-19}$$

因此：

$$A\mathrm{d}x = Q_0b_1\mathrm{d}t - Q_0x(t)\mathrm{d}t \tag{2-20}$$

即

$$\frac{\mathrm{d}x}{x(t)-b_1} = -\frac{Q_0}{A}\mathrm{d}t \tag{2-21}$$

解微分方程式(2-21)得其特解：

$$x(t) = (x_0 - b_1)\exp\left(-\frac{Q_0t}{A}\right) + b_1$$

即

$$b_2 = (b_0 - b_1)\exp\left(-\frac{Q_0t}{A}\right) + b_1 \tag{2-22}$$

式中，x_0 为初始时刻瓦斯浓度，%；$x(t)$ 为 t 时刻瓦斯浓度，%；t 为时间，min；Q_0 为风量，$\mathrm{m}^3/\mathrm{min}$；$A$ 为开采前空间体积，m^3。

式(2-22)表明在风量为 Q_0 情况下，需 t 时间就能使工作面瓦斯浓度从 b_0 降到 b_2。

4. 工作面所需风量计算

通过上一步求解，已经使工作面瓦斯浓度降为 b_2。现建立数学模型推算使工作面在开采过程中保持瓦斯浓度为 b_2，即进风瓦斯含量与煤层瓦斯涌出之和除以总进风量，则等于 b_2：

$$\frac{Q_0b_1 + Q_1}{Q_0} = b_2 \tag{2-23}$$

再次根据煤层瓦斯含量计算公式，有单一煤层工作面的绝对瓦斯涌出量为

$$Q_1 = K_1K_2K_3\frac{(X_0 - X_1)hv(L - L_\mathrm{B} - L_\mathrm{H})}{24 \times 60} \tag{2-24}$$

将式(2-24)代入式(2-23)，则有

$$\frac{Q_0b_1 + K_1K_2K_3\dfrac{(X_0 - X_1)hv(L - L_\mathrm{B} - L_\mathrm{H})}{24 \times 60}}{Q_0} = b_2 \tag{2-25}$$

整理式 (2-25) 得

$$\frac{1440Q_0(b_2-b_1)}{K_1K_2K_3hv}=(X_0-X_1)(L-L_B-L_H) \tag{2-26}$$

求解得

$$Q_0=K_1K_2K_3(X_0-X_1)(L-L_B-L_H)\frac{hv}{1440(b_2-b_1)} \tag{2-27}$$

式中，K_1 为围岩瓦斯涌出系数；K_2 为工作面丢煤瓦斯涌出系数；K_3 为煤层厚度与工作面采高之比；X_0 为煤层相对瓦斯涌出量，m^3/t；X_1 为运出采区采落煤炭的残余瓦斯含量，m^3/t；h 为煤层采高，m；v 为工作面平均推进速度，m/d；L 为工作面长度，m；L_B，L_H 为工作面上部和下部瓦斯排放带的宽度，m；b_1，b_2 为进风口与回风口瓦斯浓度，%。

从式 (2-27) 可以看出，影响工作面所需风量的因素众多，主要包括采高、工作面推进速度、煤层瓦斯涌出量及工作面长度等，其中煤层瓦斯涌出量及工作面长度对工作面所需风量的影响最为明显。在矿井煤层地质构造相当、开采方法相似的情况下，扣除抽放瓦斯后，工作面风量配置仅与工作面煤层瓦斯含量和工作面布置长度相关。

根据式 (2-27) 绘制工作面所需风量与工作面长度的关系如图 2-14 所示。由图 2-14 可知，在本算例中，采高 6m 的工作面不同长度时其所需风量与工作面长度呈二次正相关，工作面长度越长，工作面所需风量越大。工作面长度为 300m 时，工作面所需风量为 2174m^3/min；工作面长度为 360m 时，工作面所需风量为 2281m^3/min；工作面长度为 440m 时，工作面所需风量为 2385m^3/min。可见，工作面长度越长对风量要求越高，但随着工作面长度增加，工作面所需风量增加速度逐渐减小。受制于设备及技术，工作面供风量不可能无限制增加，因此设计工作面长度时，应根据煤层瓦斯涌出量将工作面长度控制在合理范围内。

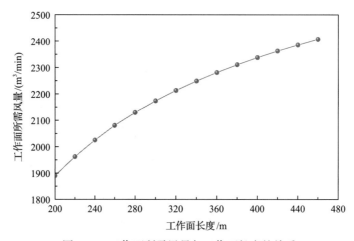

图 2-14　工作面所需风量与工作面长度的关系

5. 工作面所需风量算例

　　某矿 22102 工作面煤层厚度 2.6～3.2m，平均厚度 3.0m，根据瓦斯涌出量测定报告，全矿井绝对瓦斯涌出量 5.59m³/min，相对瓦斯涌出量 0.58m³/t，矿井瓦斯等级为低瓦斯矿井；22 煤层绝对瓦斯涌出量 0.58m³/min，相对瓦斯涌出量 1.5m³/t。根据式 (2-28) 计算 22102 工作面长度及其所需风量演化曲线如图 2-15 所示，工作面实际生产长度为 237m，风量为 1221m³/min，图中工作面长度为 237m 时，所需风量为 1154m³/min，实际生产值与理论计算值较为接近，证明了理论计算值的可靠性。工作面长度由 240m 增加至 260m 时，工作面所需风量增加 19.13m³/min；工作面长度由 280m 增加至 300m 时，工作面所需风量增加 12.32m³/min，可以看出工作面所需风量增加量随工作面长度增加逐渐减少，说明工作面长度增加至一定范围后工作面所需风量将保持在一个稳定值。

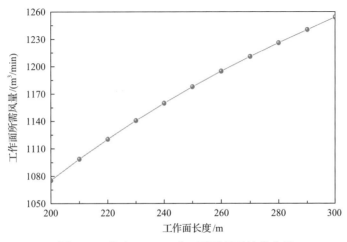

图 2-15　某矿 22102 工作面所需风量演化曲线

2.4.11　工作面后方采空区自燃"三带"

　　自燃煤层开采工作面长度设计，不仅要考虑煤层地质条件、采煤机械设备、工人操作水平和安全管理水平等因素，还必须考虑自燃灾害因素对回采的影响。对容易自燃的煤层开采，人们在采煤生产中经常提到"三度"，即工作面长度、工作面推进速度及自燃氧化带宽度，如何找到三者之间的内在关系，是确定工作面合理长度的前提。如果工作面采煤工艺及设备条件一定，那么工作面推进速度与工作面长度之间就建立了直接联系，即工作面长度加大，工作面推进速度势必会随之减慢；工作面长度越小，工作面推进速度就会加快。大量的生产实践表明，加快工作面推进速度，可以有效防止采空区遗煤自然发火[6]。

　　当工作面推进速度一定时，工作面长度与自燃氧化带宽度之间会有一个对应关系。工作面向采空区漏风形成自燃氧化带，工作面长度变化又影响着工作面向采空区漏风量，大量实际经验与理论研究表明，工作面长度的变化会改变自燃氧化带宽度的大小，它们之间有一个对应关系，通过数值模拟，可以找到其关系式。通过联立工作面长度与工作面推进速度的关系式、工作面长度与自燃氧化带宽度的关系式，即可确定采空区三带限定条件下的合理工作面长度。对于一个具体煤层及工作面条件，必会有一个合理的工作面长度，超过该长度则存在自然发火危险性。

1. 工作面推进速度与工作面长度的关系

工作面推进速度与采空区遗煤自燃有着密切关系，其推进速度的快慢直接决定着采空区遗煤是否自燃。如果采煤工作面能够以较快的速度向前推进，遗煤在氧化带内的停留时间将缩短，因此，遗煤将在自燃之前进入窒息带，可以避免遗煤自燃现象的发生。反之，如果采煤工作面推进速度较慢或因某些原因而造成停滞，那么在自燃氧化带内，遗煤的停留时间可能因超过遗煤的最短自然发火期而产生自燃现象。因此，停留时间越长，自然发火的可能性越大；如果遗留在自燃氧化带的煤炭发生自燃，势必造成安全与经济损失。

与此同时，我们还要意识到工作面推进速度与工作面长度之间的对立统一关系，即相互联系，又相互制约。相互联系表现在工作面的工艺各个方面都与工作面推进速度息息相关；从量化角度上看，一些工序可以与工作面推进速度建立函数关系，如割(落)煤工艺、放顶煤工艺，并且采煤工作面的检修和安检等措施也需要根据要求分配一定的时间。

当然，工人技能的熟练程度和生产管理水平对各工序的时间安排产生一定的影响，也是影响工作面推进速度的原因之一。这些因素对时间安排的影响效果统一用采煤工作面的日落煤累计时间 T_g 表示，因此在确定合理工作面长度时，工作面推进速度和工作面长度的关系可以表示为

$$v_1 = \frac{\beta T_g v_e}{L} B \tag{2-28}$$

式中，L 为工作面长度，m；v_1 为工作面推进速度，m/d；v_e 为工作面采煤机平均割煤速度，m/min；T_g 为工作面日割煤(落煤)累计时间，min/d；β 为正规循环率，无因次，$\beta < 1$；B 为采煤机截深，m。

根据式(2-28)绘制工作面长度与工作面推进速度演化曲线，如图 2-16 所示。工作面

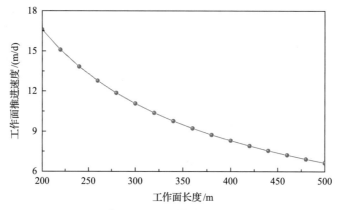

图 2-16　工作面长度与工作面推进速度演化曲线

长度越大，工作面推进速度逐渐降低，但当工作面长度增加到一定值后，采煤设备装备、采煤工艺、生产管理水平及工人的操作水平都将达到极限值，继续增加工作面长度对工作面推进速度的影响逐渐减小。

2. 工作面推进速度与自然发火关系——依据自燃"三带"划分判定准则

如图 2-17 所示，在工作面后方的采空区内，按照煤炭自然发火的可能性，由外向里人为地划分为冷却带、自燃氧化带和窒息带。在冷却带内，虽然氧气浓度达到遗煤自燃的条件，但由于风速超过了蓄热上限，将停留在该带内的遗煤因氧化释放的热量带走，所以使遗煤自燃的蓄热条件遭到破坏而无法自燃。在窒息带内，氧气浓度低于煤炭自燃所需要的氧化下限值，所以停留在该带内的遗煤也失去了自燃能力。只有停留在自燃氧化带内的遗煤才能满足自然发火条件，即

$$v \leqslant v^* \cap c \geqslant c^* \tag{2-29}$$

式中，v 为单元漏风渗流速度；v^* 为自燃氧化蓄热的风速上限值，取 $v^*=0.02\mathrm{m/s}$；c 为单元氧气浓度；c^* 为煤自燃氧化氧气浓度下限值，该值一般是随具体情况而变化的，这里取 $c^*=8\%$。从采空区场流理论出发，自燃氧化带形状由采空区速度场和氧浓度分布场叠加确定(即二场叠加原理)；根据"沿程耗氧"原理，在漏风对称(无内漏风)和有瓦斯涌出情况下，自燃氧化区为楔形，且重心偏于进风巷一侧。

由于遗留在自燃氧化带内的煤炭经历氧化—蓄热作用的时间与采煤工作面的推进速度有直接关系，所以采煤工作面的推进速度的确定需要考虑到预防遗煤自燃这一重要因素，其工作面的合理推进速度 v_1 应满足：

$$v_1 \geqslant \frac{L_\mathrm{m}}{A_\mathrm{E}\tau_1^*} \tag{2-30}$$

式中，v_1 为工作面推进速度，m/d；L_m 为自燃氧化带最大宽度，m；τ_1^* 为最短自然发火期，d；A_E 为考虑实施防火措施后实际能达到的阻化倍数，一般 $A_\mathrm{E} > 1$。

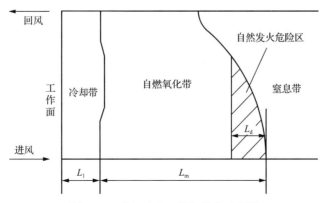

图 2-17　采空区"三带"划分示意图

L_m 为自燃氧化带宽度，m；L_1 为采空区冷却带宽度，m；L_d 为自然发火危险区宽度，m

将式(2-28)代入式(2-30)，得

$$L \leqslant \frac{A_0 \tau_1^*}{L_m}$$

其中，

$$A_0 = \beta A_E T_g v_e B \tag{2-31}$$

式(2-31)说明，当工作面采煤工艺一定时，工作面长度安全临界值(最大值)与煤的最短自然发火期呈正比关系。

3. 采空区三带算例

某矿 22520 工作面主采 22 煤，煤层自然发火期为 48～145d，属 Ⅰ 类容易自燃煤层。工作面生产时布置为"刀把"工作面，22520-1 面推进长度 121.7m，面长 78m，煤厚 3.9～5.7m，平均煤厚 4.92m；22520-2 面推进长度 3879m，面长 280.6m，煤厚 4～6m，平均煤厚5.42m。22520-1 工作面推进长度及工作面长度都较小，本算例主要研究 22520-2 工作面。

利用 Fluent 数值模拟软件确定该矿不同工作面长度下自燃氧化带的宽度，模型选用Fluent 模型，将模型中的煤层厚度确定为 5.42m，模拟结果如图 2-18 所示。由图 2-18 可

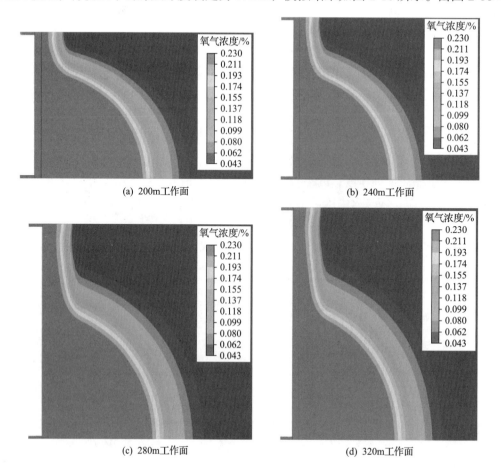

(a) 200m工作面　　　　　　　　　　(b) 240m工作面

(c) 280m工作面　　　　　　　　　　(d) 320m工作面

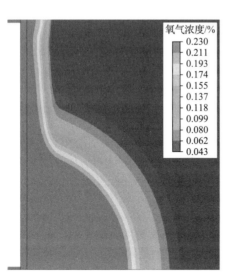
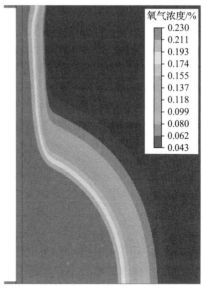

(e) 360m工作面　　　　　　　　(f) 400m工作面

图 2-18　自燃氧化带与工作面长度的关系数值模拟

以看出，离工作面越近，采空区内氧气浓度越高，随着远离工作面往采空区深部发展，氧气浓度逐渐降低，当深入到采空区内一定深度后，氧气浓度接近于零而不再发生变化，说明此范围内的采空区已进入窒息带。而沿工作面长度方向，进风巷侧的高氧气浓度明显大于回风巷侧，这是进风巷侧自燃氧化带长度大于回风巷侧的根本原因。

　　根据图 2-18 提取采空区自燃氧化带宽度绘制图 2-19。由图 2-19 可以看出，随工作面长度增加，采空区漏风量也随之增加，遗煤接触氧气的范围增加，导致采空区自燃氧化带的宽度也随工作面长度增加而增加。将工作面长度与对应自燃氧化带宽度绘制为如图 2-19 所示的关系曲线并拟合。观察原曲线可知，在自燃氧化带宽度随工作面长度增加而增加的前提下，当工作面长度增加到一定值后，自燃氧化带宽度趋于稳定，这是因为采空区漏风量在达到极限值后不能再向采空区提供氧气。

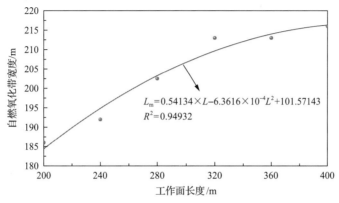

$$L_m = 0.54134 \times L - 6.3616 \times 10^{-4} L^2 + 101.57143$$
$$R^2 = 0.94932$$

图 2-19　工作面长度与自燃氧化带宽度关系曲线

观察拟合曲线可知，自燃氧化带宽度与工作面长度呈二次抛物线关系，其拟合关系式为

$$L_m = 0.54134 \times L - 6.3616 \times 10^{-4} L^2 + 101.57143 \qquad (2\text{-}32)$$

拟合回归相关系数为 0.94932，很显著，证明了拟合函数的合理性。

由式(2-32)绘制图 2-20。合理工作面长度应是在自燃约束范围内尽量取大值，在本算例中，由两条曲线交点确定合理工作面长度的上限值为 304m。当工作面长度超过合理上限值后，采空区发生自燃的危险性就会大大增加，因此工作面长度应该被限定在上限值以下。22520-2 工作面实际长度为 280.6m，工作面推进速度快，在自燃氧化带内的遗煤还没达到最短最燃发火期之前就将其推进了窒息带，杜绝了采空区遗煤的自燃。

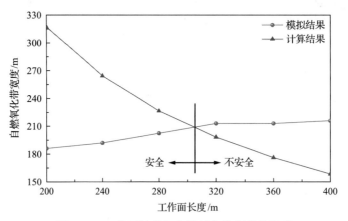

图 2-20　工作面长度与自燃氧化带宽度的关系

综合上述分析可知，工作面推进速度与采空区遗煤自燃有着密切关系，推进速度的快慢直接决定着采空区遗煤是否自燃。如果采煤工作面能够以较快的速度向前推进，遗煤在自燃氧化带内的停留时间将很短，因此，遗煤将在自燃之前进入窒息带，可以避免遗煤自燃现象的发生。反之，如果采煤工作面推进速度较慢或因某些原因而造成停滞，那么在自燃氧化带内，遗煤的停留时间可能因超过煤炭的最短自然发火期而产生自燃现象。因此，停留时间越长，自然发火的可能性越大。对采煤机改进提高其割煤速度，提高采煤机开机率，增加采煤机作业时间，提高实施防火措施，都可以降低采空区遗煤自燃的危险性，从而提高工作面长度。

2.5　覆岩三带分布

在我国井工矿开采中，采空区处理以全部垮落法占比最高，而近年来我国又在重点开发充填开采，这二者仅仅是对覆岩扰动范围的差别，综合保护层开采、顶板管理与开采顺序，具有一个共性问题，即覆岩三带分布。

煤层开采后必然引起岩体向采空区内移动，出现采场和巷道顶板的下沉、垮落和来压现象[7]。用全部垮落法管理顶板时，采场上方会产生垮落带、裂隙带和弯曲下沉带，其中，垮落带和裂隙带又合称为导水断裂带，导水断裂带的预先判定对水体下采煤[8]和开采有突出危险煤层时确定保护层具有十分重要的意义。同时，三带的划分对地面建设工程评价地表塌陷也有一定的作用。因此，在矿井开采初期，科学、合理地确定覆岩三带具有重要的意义。

在以往的研究中，提出碎胀系数 K_p 以及残余碎胀系数 K'_p 作为衡量岩层垮落后体积的变化指标，直接顶与基本顶之间空隙 $\varDelta$ 的判别公式[9]为

$$\varDelta = \Sigma H + h - K_p \Sigma H = h - \Sigma H(K_p - 1) \tag{2-33}$$

式中，ΣH 为垮落带的高度，m；h 为采高，m。

当 $\varDelta = 0$ 时，冒落的直接顶充满采空区，可以预测出最大垮落带高度为

$$H_m = h / (K_p - 1) \tag{2-34}$$

式中，K_p 为顶板岩层的碎胀系数；H_m 为顶板垮落带高度，m。

按照全国矿区的实测统计[10]，中硬顶板条件下垮落带及裂隙带高度为

$$H_m = \frac{100h}{2.1h + 16} + 2.5$$

$$H_d = 30\sqrt{h} + 10 \tag{2-35}$$

事实上，厚煤层一次全高开采中，$\varDelta = 0$ 的情况并不具有普遍性，这也是厚煤层一次采全高导水断裂带升高的主要原因。

近年来，国内学者对厚煤层一次采出上覆岩层垮落带和裂隙带的研究做了大量工作，文献[11]的研究结果表明：顶板垮落带高度随着采高及工作面长度的增大呈指数增大。

文献[12]通过现场实测系统发现，随大采高工作面长度增加，液压支架的载荷显著增加，分析认为是由工作面长度增加造成垮落带高度增加。

文献[13]通过对综采放顶煤条件下的覆岩破坏进行观测，发现与开切眼距离不同，观测到的垮落带与裂隙带高度也不同，表明推进距离对三带的划分同样具有重要的影响。

文献[14]以补连塔煤矿 31401 工作面为工程背景，研究关键层与开采煤层不同距离条件下对导水断裂带高度的影响，认为关键层与开采煤层距离小于 7~10 倍煤层采高时，不能按照《建筑物、水体、铁路及主要井巷煤柱留设与压煤开采规程》（以下简称《规程》）[15]中的准则确定导水断裂带高度。

文献[16]在文献[14]的基础上，进一步得出主关键层断裂后的运动状态会对导水断裂带产生相应的影响，即经历"产生—发育—闭合"的过程，并提出采用高阻力支架从而

控制主关键层发生滑落失稳，以控制导水断裂带发育的机理。

基于文献[14]的研究成果上，对图 2-21 研究内容进一步分析。

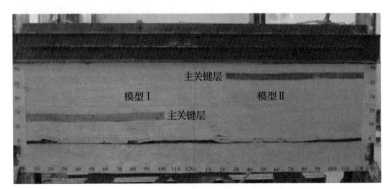

图 2-21　关键层对导水断裂带高度的影响

模型Ⅰ中，关键层距离开采煤层较近，当工作面推进距离达到 200m 时，其导水断裂带高度达到 110m；而模型Ⅱ中，关键层距离开采煤层较远，工作面推进距离达到 200m 时，其导水断裂带高度仅仅为 63m，甚至没有达到关键层的层位。

分析其原因，由于采场上覆稳定岩层下方存在空洞，随着工作面开采范围增加，导水断裂带高度不断增加，特别是模型Ⅱ，当推进距离达到一定值时，导水断裂带高度达到关键层下方，并进一步导致其断裂，从而导水断裂带高度由关键层向上方继续延伸。因此，在关键层岩性、厚度相同的前提条件下，在开采范围与岩层垮落角影响下岩层悬露步距不断增大进而出现断裂，表现为动态过程，特别是达到关键层后，由于其断裂步距大，必然造成随动层与之整体运动，较短时间内发生剧烈变化，因此关键层对导水断裂带的发展具有重要影响。

综上，一次采全高的导水断裂带高度实际上是随开采范围增加呈动态发展的，即开采范围越大，导水断裂带的高度呈上升趋势，体现出"连续开采"的重要特征之一。由于关键层的定义，确定以关键层理论作为判定方法更为客观，在确定导水断裂带时应充分考虑包括工作面长度、工作面推进速度在内的开采范围以及地质条件形成的关键层的物理力学性质等多因素。

2.5.1　关键层对覆岩三带演化的影响

1. 实验模型建立

为了直观反映厚煤层一次采全高上覆关键层对导水断裂带的影响，采用相似模拟实验[17]对其进行研究，选用平面应力模型架进行实验，模型架尺寸为 120cm×8cm，模型的几何比为 1:100，重力密度比为 0.6，实验研究的目标是关键层对导水断裂带的影响，因此在铺设模型时进行简化，关键层和随动层相间铺设，实验模型如图 2-22 所示。

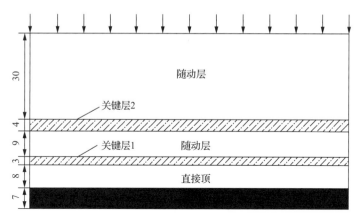

图 2-22　相似模拟实验模型(cm)

　　实验模拟各岩层物理力学性质见表 2-2，材料配制时以河砂为骨料，以石膏和石灰为胶结料，在岩层交界处铺设云母用来模拟岩层的层理，并在模型顶部采用铁块加载，实验过程如图 2-23 所示。

表 2-2　材料配比

岩层	厚度/cm	骨料/kg	胶结料		水/kg
			石灰/kg	石膏/kg	
随动层	30	12	1.7	0.7	1.4
关键层 2	4	4.3	0.4	1.0	0.57
随动层	9	10.8	1.5	0.6	1.3
关键层 1	3	3.2	0.32	0.76	0.43
直接顶	8	9.6	1.34	0.6	1.15
煤层	7	8.8	0.9	0.4	1.01

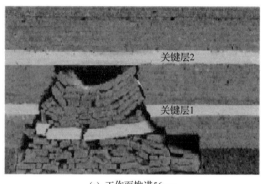

(a) 工作面推进56cm

(b) 工作面推进63cm

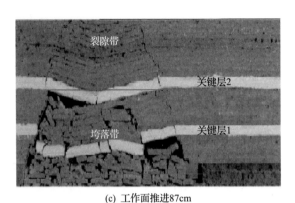

(c) 工作面推进87cm

图 2-23　关键层对覆岩三带的影响模型

2. 实验过程分析

从图 2-23(a)中可以看出，工作面推进 56cm 时，关键层 1 悬露步距达到近 35cm 时发生断裂，由于断裂步距小、下方的空洞范围较大，因此关键层 1 断裂后即失稳垮落到采空区，其上覆 9cm 厚的随动层与关键层 1 同步垮落，垮落带高度由关键层 1 断裂前的 8cm 增加到 20cm。此时，关键层 2 未达到极限断裂步距，尚保持稳定。

从图 2-23(b)中可以看出，工作面推进 63cm 时，由于上覆岩层垮落角的作用，关键层 2 悬露步距达到 36cm，但仍保持稳定，垮落带高度依然是煤层上方 20cm。

从图 2-23(c)中可以看出，工作面推进 87cm 时，关键层 2 悬露步距达到 58cm 时发生断裂，由于断裂步距大、下方的空洞范围较小，因此断裂并发生旋转下沉的关键层形成铰接结构。此时，垮落带高度为关键层 2 下方 20cm 范围，关键层 2 及其随动层属于裂隙带。

3. 实验结论

实验中发现，采场开采范围影响关键层的稳定性，关键层的稳定性决定采场导水断裂带高度。在关键层达到极限悬露步距之前，垮落带或者裂隙带的高度是固定不变的；当达到极限悬露步距时，关键层发生断裂后如果形成铰接结构，则关键层及其随动层属于裂隙带；反之，关键层及其随动层属于垮落带。

2.5.2　采场三带的划分方法及适用条件

1. 采场三带的划分方法[18]

在厚煤层一次采全高条件下，垮落的岩石不能充填满采空区，造成采场上方关键层受回采工作面的采动影响。以关键层作为研究对象，提出确定采场导水断裂带的新方法，其实施过程如下。

第一步：确定采场上方全部关键层层位。在此需要注意：当下方关键层达到破断距 L_1 时发生断裂，上方相邻关键层悬露步距 L_2 尚没有达到极限[19]尺寸(图 2-24)，满足：

$$L_1 = L_2 + 2\sum_{i=1}^{n} h_i \cot\alpha \tag{2-36}$$

$$\tan\alpha = \frac{\sum\limits_{i=1}^{n} h_i}{h_1\cot\alpha_1 + h_2\cot\alpha_2 + \cdots + h_n\cot\alpha_n}$$

式中，L_1 为下方关键层的破断距，m；L_2 为下关键层破断时上方关键层悬露尺寸，m；α 为上覆岩层的平均垮落角，(°)；α_1，α_2，$\cdots$，α_n 为各岩层的垮落角[20]，(°)；h_1，h_2，$\cdots$，h_n 为各岩层厚度，m。

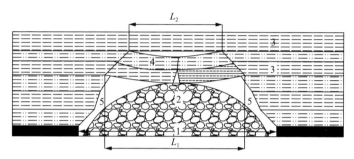

图 2-24　上、下关键层破断距判断示意图
1-采空范围；2-垮落带高度；3-关键层及亚关键层；4-随动层；5-垮落线

第二步：根据工作面开采范围对第一关键层(基本顶)进行判定，确定第一关键层是否会断裂，如果不会断裂，则第一关键层下方为垮落带，采场上方不存在裂隙带。是否出现断裂可以依据弹性薄板及梁两种力学模型进行判定，同时结合式(2-36)，建立关键层达到极限悬露步距时与采场回采空间的关系[7,21]。

弹性薄板力学模型：

$$L = \frac{4h}{\lambda}\sqrt{\frac{\left(1 + \dfrac{4}{7}\lambda^2 + \lambda^4\right)R_t}{42q}} + 2\cot\alpha\sum_{i=1}^{n} h_i \tag{2-37}$$

式中，L 为工作面一侧开采范围，可以是工作面长度，也可以是工作面推进距离，m；h 为关键层厚度，m；λ 为推进距离与工作面长度比值；R_t 为抗拉强度，MPa；q 为承载，kN；α 为各岩层的垮落角，(°)；h_i 为各岩层的厚度，m。

如果关键层断裂尺寸不能满足弹性薄板要求的几何比(宽比 ≪ 1/5)，采用梁理论判定：

$$L = h\sqrt{\frac{2R_t}{q}} + 2\cot\sum_{i=1}^{n} h_i \tag{2-38}$$

依据式(2-37)或式(2-38)即可确定设计的工作面回采范围对上覆岩层稳定性的影响。

第三步：如果根据第二步确定第一关键层发生断裂时，需要进一步判定是属于裂隙带还是垮落带，判定的依据是是否会形成"铰接拱"结构，判定准则如下[22-24]。

①断裂块体不产生滑落失稳，即

$$h/L \leqslant \frac{1}{2}\tan\varphi \tag{2-39}$$

式中，L 为关键层的断裂步距，m；φ 为岩块间的摩擦角，(°)。

②断裂块体的变形失稳，即

$$\sigma_{\mathrm{p}}/\sigma_{\mathrm{c}} \leqslant k \tag{2-40}$$

$$\sigma_{\mathrm{p}} = \frac{2qi^2}{(1-i\sin\beta)^2}$$

式中，σ_{p} 为断裂岩块咬合处的挤压力，MPa；σ_{c} 为岩块抗压强度，MPa；k 为根据经验判定比例系数；$i=L/h$；β 为岩块断裂后允许的下沉角度，(°)，由空洞范围决定，取决于垮落矸石碎胀系数与残余碎胀系数。

如果断裂后的岩块同时满足式 (2-39) 和式 (2-40)，其属于裂隙带；反之，其属于垮落带。

第四步：如果根据第三步判定第一关键层断裂后成为垮落带，当不存在下一个关键层时，则从采场上方一直延伸到地表均认为属于垮落带，浅埋深煤层即属于这种矿压显现属性。

第五步：存在多个关键层时，返回第二步重新对下一个关键层进行判定。这里存在几种情况，第一，下一个关键层在设计开采范围内不会发生断裂，则采场上方仅存在垮落带；第二，下一个关键层在设计开采范围内发生断裂，但断裂后可以形成铰接结构，则该关键层下方为垮落带，该关键层及其随动层属于裂隙带范围；而关于导水断裂带高度的上限需要判定更高层位的关键层受下方空洞的影响进一步确定；如果存在更高层位的关键层，则导水断裂带高度直到更高层位稳定关键层的下方；如果不存在更高层位的关键层，则导水断裂带高度直到地表。

2. 适用条件

该方法的应用要求具备两个条件：①研究的背景针对一次采出煤层较厚以及顶板管理方式为垮落法的条件，即充填程度低；②新方法的应用对采场上覆岩层的柱状图、设计的回采参数以及各岩层的物理力学性质等多因素的客观性要求较高。

2.5.3　工程算例

1. 补连塔煤矿 31401 工作面

补连塔煤矿 31401 工作面开采 1-2# 煤层，工作面长度 265m，设计推进距离 4822m，工作面采高约 5.9m，属于大开采范围工作面，其顶板岩性见表 2-3。

表 2-3　31401 工作面上覆岩层层柱状表

层号	岩性	厚度/m	埋深/m	层号	岩性	厚度/m	埋深/m
关键层 3	砾岩	97.96	97.96	12	煤线	0.12	183.58
23	粗粒砂岩	1.4	99.36	11	砂质泥岩	1.25	184.83
22	粗粒砂岩	3.87	103.23	10	煤线	0.1	184.93
21	粉砂岩	10.62	113.85	9	粉砂岩	4.3	189.23
20	泥质砂岩	8.88	122.73	8	砂质泥岩	2.2	191.43
19	细粒砂岩	3.86	126.59	7	煤线	0.11	191.54
18	砂质泥岩	5.9	132.49	6	砂质泥岩	2.69	194.23
17	粉砂岩	12.92	145.41	5	1-2#煤层	0.3	194.53
16	粉砂岩	3.3	148.71	关键层 1	粉砂岩	9.78	204.31
关键层 2	中粒砂岩	32.7	181.41	3	泥岩	9.6	213.91
14	1-1#煤层	1.18	182.59	2	泥岩	1.32	215.23
13	砂质泥岩	0.87	183.46	1	1-2#煤层	5.92	221.15

按照关键层判定准则确定开采煤层上方共 3 层关键层，工作面推进 46m 时关键层 1 发生断裂，其断裂步距约为 33m，断裂后的块体无法保持铰接结构，属于垮落带；当工作面推进 210m 时关键层 2 发生断裂，其断裂步距为 160m，断裂后可以形成铰接结构，依据新方法，确定导水断裂带高度为 117.27m。

2. 潞安矿区 6206 工作面

潞安矿区 6206 工作面是六二采区首采工作面，开采下二叠统山西组 3 号煤层，煤层平均厚度 6.7m，倾角 1°～8°，开始回采的刀把工作面采宽为 148m，长度约 700m。采煤方法为综采放顶煤一次采全高，整个覆岩属于中等偏硬，全部垮落法管理顶板，煤层顶底板岩性见表 2-4。

3 号煤层上方共存在 3 层关键层，关键层 1～关键层 3 的断裂步距分别为 43m、61m 及 96m。通过计算，当工作面推进到 45m 时，关键层 1 发生断裂，并出现变形失稳，属于垮落带；当工作面推进到 290m 时，关键层 2 发生断裂，同样出现变形失稳垮落在采空区；当工作面推进到 380m 时，裂隙带高度发展到主关键层，此时导水断裂带高度约 126m；当工作面继续推进达到 476m 时，主关键层将发生断裂，断裂后能够形成铰接结构，即形成裂隙带，但是其裂隙带高度会随着工作面推进继续升高直到地表。

表 2-4 6206 工作面上覆岩层柱状表

层号	岩性	厚度/m	埋深/m	层号	岩性	厚度/m	埋深/m
40	细粒砂岩	2.5	116.2	亚关键层 2	细粒砂岩	9.3	245.2
39	泥岩	6.1	122.3	19	泥岩	9.4	254.6
38	粉砂岩	1.4	123.7	18	中粒砂岩	1	255.6
37	泥岩	6.1	129.8	17	泥岩	2.8	258.4
36	细粒砂岩	1.9	131.7	16	细粒砂岩	2.5	260.9
35	泥岩	19.5	151.2	15	泥岩	0.8	261.7
主关键层	细粒砂岩	12.85	164	14	细粒砂岩	1.2	262.9
33	泥岩	13.2	177.2	13	泥岩	3	265.9
32	砂质泥岩	3.3	180.5	12	煤	0.4	266.3
31	中粒砂岩	3.9	184.4	11	泥岩	1.3	267.6
30	泥岩	2.8	187.2	10	细粒砂岩	2.2	269.8
29	中粒砂岩	3	190.2	9	泥岩	1.1	270.9
28	泥岩	4	194.2	8	煤	0.5	271.4
27	中粒砂岩	5.8	200	7	泥岩	1.8	273.2
26	泥岩	5.2	205.2	6	粉砂岩	2.8	276
25	中粒砂岩	5.6	210.8	5	细粒砂岩	2.6	278.6
24	细粒砂岩	8	218.8	4	泥岩	3.8	282.4
23	泥岩	13.4	232.2	亚关键层 1	细粒砂岩	7	289.4
22	细粒砂岩	1.3	233.5	2	砂质砂岩	1.3	290.7
21	泥岩	2.4	235.9	1	3#煤	6.7	297.4

3. 柴沟煤矿 1502 工作面

柴沟煤矿 1502 工作面现开采 3-5#煤层，煤层平均厚度 12m，近水平煤层，沿走向推进约 1450m，工作面长 220m，煤层平均埋深 386m，其顶板岩性及 3-5#煤层上方的关键层情况见表 2-5。

当工作面推进到 94m 时，关键层 1 断裂，其步距约为 72m，发生变形失稳后垮落到采空区；当工作面推进到 136m 时，关键层 2 断裂，其断裂步距约为 103m，发生变形失稳后垮落到采空区；按照此方法继续分析，关键层 3 断裂后可以形成铰接结构，因此确定导水断裂带将会达到地表。实际生产中，当工作面推进到大约 450m 时地表即出现裂缝，如图 2-25 所示。

表 2-5　煤层顶底板岩层厚度及物理力学性质

层号	岩性	厚度/m	埋深/m	层号	岩性	厚度/m	埋深/m
14	砂质泥岩	24.6	179.15	关键层 2	细砂岩	18.5	349.95
13	粗砂岩	3.95	183.1	6	砂质泥岩	4.24	354.19
12	砂质泥岩	29.63	212.73	关键层 1	中砂岩	8.46	358.43
11	粗砂岩	6.29	219.02	4	砂质泥岩	12.43	370.86
10	砂质泥岩	25	244.02	3	泥岩	314	374
9	细砂岩	3.06	247.08	2	3-5#煤	12	386
8	关键层 3	81.37	331.45	1	粗砂岩	6.56	392.56

图 2-25　采动造成地表裂隙

2.5.4　计算结果误差研判

（1）补连塔煤矿在 31401 工作面推进到设计距离的一半时进行实测，确定导水断裂带的高度范围在 140.5～153.95m，并且通过钻孔发现导水断裂带已经到达最上方砾岩层位。实测数据与计算结果存在一定误差，认为是实测区域岩层厚度与总结地质勘探成果得到的柱状图之间存在差异。

（2）潞安矿区 6206 工作面布置观测孔 K_1、K_2、K_3 分别在距开切眼 445m、584m、540m的地方，其中 K_1、K_3 孔布置在回风巷、运输巷附近，K_2 孔布置在工作面中间，实测得到导水断裂带高度 102.27～114.87m，分析计算与实测数据存在误差的原因是关键层 3 下方存在一层厚度超过 12m 的泥岩，其内部节理、裂隙可能不发育，因此体现整体性较好，工作面推进过程中其断裂、垮落不充分，在工作面中部由于断裂、垮落后的矸石/岩石充分压实，因此通过观测孔得到的数据结果偏小。

为进一步对所提方法应用的准确性进行验证，对计算结果与实测数据进行对比统计，见表 2-6。

表 2-6 数据对比分析

矿井及工作面名称	回采参数		《规程》			新方法[18]		实测/m
	工作面长度/m	推进距/m	采高/m	结果/m	误差率/%	结果/m	误差率/%	
补连塔 31401	265	4822	5.9	55	62.64	117.27	20.34	140.5~153.95
潞安 6206	148	445~584	6.7	87.6	19.31	126	16	102.27~114.87
柴沟 1502	220	450	12	114	70.46	地表	0	地表

从数据中可以看出，新方法[18]相对于《规程》计算得到的结果更接近实测值。另外，对数据进行分析，认为一次采出煤层厚度越大，新方法计算所得结果越贴近现场实测值。

2.6 保护层开采与开采顺序

在 2.5 节中，基于关键层理论给出了覆岩三带划分的新方法，覆岩三带划分不仅影响地表、含水层等下伏煤层的安全开采，实际上与保护层开采的关系也至关重要。理论与实践证明，保护层开采是彻底消除被保护层突出危险性的有效手段[25,26]，特别是下保护层开采，目前保护层开采作为区域性防治措施已经成为首选[27,28]。在应用保护层时，与被保护层之间存在一个距离的限制问题，即对保护层与被保护层之间的距离有一定的要求，特别是下保护层的使用，如果距离不当，那么保护层开采不具可行性或者保护效果不明显。事实上，在应用下保护层进行区域性防治时，按照开采顺序，属于上行式开采，要求被保护层处于下保护层开采后的裂隙带内，在不丧失被保护层连续性的同时实现卸压，理论上，常常按照"三带"判别法[15]确定上行开采的可行性。

经验条件下保护层的开采间距见表 2-7。

表 2-7 经验条件下保护层的开采间距

煤层类型	上保护层开采间距/m	下保护层开采间距/m
急倾斜	40	50
缓倾斜、倾斜	30	80

综上认为，对于保护层开采的可行性、充分卸压没有一个统一的标准。基于此问题，文献[29]综合考虑煤层赋存条件、回采参数及层间硬岩的影响，构建了以当量相对层间距为指标的保护层分类判定法，将下保护层分为近距离、远距离和超远距离三类，并给出下保护层与保护层距离的上、下临界判定方法，见式(2-41)：

$$R = \frac{S}{M} \frac{1}{K \beta_1 \beta_2 \beta_\alpha} \tag{2-41}$$

式中，R 为保护层与被保护层的当量相对层间距；S 为保护层与被保护层的间距；M 为一次采出保护层高度；K 为顶板管理系数，全部垮落法取 1；β_1 为保护层采高影响系数，一次采全高取 1；β_2 为层间硬岩所占百分比，小于 50%取 1；β_α 为煤层倾角 α 的系数，具体取值如下：

$$\beta_\alpha = \begin{cases} \cos\alpha, & \alpha < 60° \\ \sin\dfrac{\alpha}{2}, & \alpha \geqslant 60° \end{cases} \tag{2-42}$$

计算结果的分类见表 2-8。

表 2-8　下保护层开采分类情况

分类指标	层间距	被保护层位置	保护效果
近距离	$R_{\min} < R \leqslant 20$	裂隙带中下部	好
远距离	$20 < R \leqslant 40$	裂隙带与弯曲下沉带交界	一般
超远距离	$40 < R < R_{\max}$	弯曲下沉带	差

注：当煤层倾角 $\alpha < 60°$，$R_{\min} = 10K\cos\alpha$；$R_{\max}$ 为保护层开采的最大当量相对层间距。

文献[6]分析影响覆岩三带的因素包括：一次采出厚度、煤层倾角、硬岩层在层间所占百分比、顶板管理方法以及二者层间距，但是，在分类中没有考虑工作面回采范围对上覆岩层的影响。

综合实践数据[25,26,30-32]及覆岩三带的发育情况，认为被保护层位于裂隙带下部时，应用效果最好；而位于裂隙带中上部及弯曲带时，需要采用辅助卸压等措施。因此，认为下保护层的应用受到如下限制。

(1)如果保护层与被保护层之间距离较远，被保护层位于保护层工作面覆岩的裂隙带上方，则无法实现卸压效果。

(2)如果保护层与被保护层之间距离过近，如被保护层位于垮落带，受垮落与煤柱影响，被保护层丧失连续性，从而无法进行开采；如被保护层位于保护层工作面覆岩的裂隙带的下方，则受煤柱与卸压边界线的影响，被保护层卸压范围有限，受煤柱与卸压边界线的影响，被保护层部分区域卸压效果有限，甚至可能是高应力集中区域，存在安全上的问题，因此倾向上充分卸压区域小于保护层工作面的开采范围。

这里以某矿实际工程为研究背景，主采 2 层煤，其中煤 1 为突出煤层，平均厚度为 6m，煤层平均倾角 32°，煤 2 平均厚度为 5m，煤层平均倾角为 32°，两层煤平均间距 22m，开采水平垂高 350m，本采区走向长度约 1000m，按照《初步设计》，开采水平内在煤 2 中布置 4 个长度为 150m 的工作面，如图 2-26 所示。煤层间煤岩物理力学参数见表 2-9。

表 2-9   煤层间煤岩物理力学参数

名称	厚度/m	弹性模量/GPa	泊松比	容重/(kN/m³)	黏聚力/MPa	内摩擦角/(°)	抗拉强度/MPa
煤 1	6	1.8	0.38	19.8	2.8	12.5	1.9
硅质石灰岩	8.5	7.87	0.23	28	12.1	42.7	7.1
钙质页岩	4	6.5	0.24	23	6.75	32	4.2
铝土页岩	5	4.65	0.3	23.5	3.85	20	3.6
粉砂质页岩	3.5	5.76	0.28	25	6.37	31.4	4.17
煤 2	5	1.8	0.35	19.8	2.8	12.5	1.9

根据煤层瓦斯赋存情况，设计开采煤 2 作为下保护层。首先应用式(2-31)进行卸压效果检验，得到 $R=8.65$，对照表 2-8，$R_{min}=8.48$，认为煤 2 作为下保护层属于近距离，并且接近保护层应用的下限指标，可以起到较好的卸压效果，但实际中存在如下问题。

(1)受卸压边界线与煤柱的影响，保护层煤 2 开采对被保护层煤 1 的保护范围有限，煤 1 中受煤 2 单个工作面保护的倾向长度不到 100m，而煤 2 所留单个煤柱在煤 1 中形成的未受保护区域达到 52m，同时，由于煤 2 倾向的上部未实现保护的作用，在煤 1 中沿倾向仅仅可布置 3 个工作面。

(2)考虑煤 2 的卸压边界，认为煤 1 沿倾向下端存在近 50m 的倾斜长度不在保护范围内；同时，由于煤柱、卸压边界以及煤层层间距的综合因素，同水平内保护层与被保护层工作面无法一一对应，并且被保护层实现充分卸压工作面的长度小于保护层工作面。

为了改善这一现状，对《初步设计》进行修改，将煤 2 的开采水平下延，布置辅助水平，煤 2 中工作面长度增加为 175m，区段之间留设 5m 护巷煤柱，如图 2-26 所示。经计算，煤 1 中沿倾向不可采的长度减少，但是增加了岩巷掘进量。同时，水平划分与垂直划分采区边界同时存在，管理上存在困难。

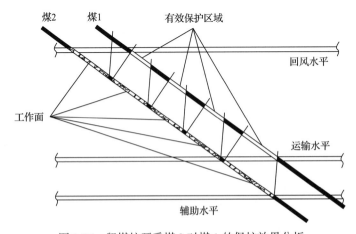

图 2-26   留煤柱开采煤 2 对煤 1 的保护效果分析

如图 2-27 所示，结合覆岩三带分析，在煤层特别是厚煤层开采过程中，覆岩存在空洞的前提下，关键层与工作面之间存在几何空间的关系，那么无论是工作面长度，还是推进距离增加，都会造成覆岩关键层受到采动影响，这样导水断裂带高度存在上升的可能性，同时，给我们以思路，在采用保护层开采时，尽可能增加"开采范围"，如能实现"连续开采"，在覆岩"连续运动"的前提下，即可增加被保护层的卸压范围，同时利于被保护层处于充分卸压状态。

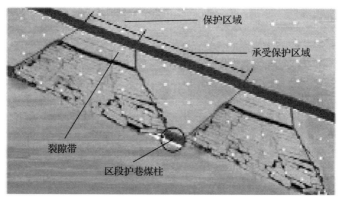

图 2-27　保护层开采对上覆煤层保护效果影响

但是，结合图 2-26 要关注到一个问题，按照传统采煤方法，工作面之间以及推进方向均需保留保护煤柱，从保护层、被保护层与煤柱之间的空间关系来看，被保护层的卸压必然受到影响，煤柱与工作面之间的比例将影响到卸压范围与效果，保护煤柱甚至会增加被保护层的应力集中程度，因此，连续开采范围将决定被保护层安全卸压、连续开采范围。

我国矿井开发顺序遵循"先易后难、先浅后深、先近后远"的原则，涉及地下开采顺序，同一煤层不同标高与煤层群开采，一般先采水平高的煤层或区域，再采水平低的煤层或区域，即常规"下行"开采；但是涉及保护层开采或者其他情况，如煤质、地质勘探程度等，也存在"上行"开采，特别在现代采矿中，"上行"开采占比越来越重，主要应用于具有动力灾害矿井，先开采下层煤再开采上层煤，利于实现卸压开采。

2.7　煤柱的矿压峰值点极限模型

如前所述，工作面之间、工作面推进方向、覆岩三带与保护层开采中，煤柱均作为地下开采的重要一环，简要地说，煤柱是"连续开采"的阻隔点，即"离散点"，煤柱对覆岩运动起到隔离作用，因此，本节重点对煤柱留设展开。

留设煤柱一直是煤矿中传统的护巷方法，传统的留煤柱护巷方法是在接续工作面之间相邻两巷或者工作面停采线与回撤通道之间留设一定宽度的煤柱，使接续工作面的相邻巷道或者未采回撤通道避开支承压力峰值区。一般情况下，从煤柱(体)边缘到深部依次出现破裂区、塑性区、弹性区应力升高部分及原岩应力区[33]，如图 2-28 所示。

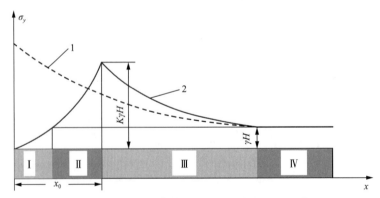

图 2-28　一侧采空实体煤内应力分布与分区示意图

1-弹性应力分布；2-弹塑性应力分布；Ⅰ-破裂区；Ⅱ-塑性区；Ⅲ-弹性区应力升高部分；Ⅳ-原始应力区；σ_y-垂直应力；

x-煤柱边缘距离；x_0-极限平衡区宽度；K-应力集中系数；γ-上覆岩层平均体积力，kN/m^3；H-埋深，m

从煤柱的功能来看，其主要作用是隔离采空区以及使接续工作面相邻巷道或未采回撤通道避开支承压力峰值区，上山或大巷对实体煤的影响仅仅来源于一条巷道，而工作面间煤柱要受到双侧大范围采空的影响，因此这里以工作面间煤柱进行说明，工作面间煤柱的留设不能仅仅针对一个工作面考虑，当接续工作面回采完毕，其使用目的才算完成，因此需要对接续工作面回采期间煤柱的变形以及分区情况进行考虑，假设煤柱的宽度为 B，支承压力峰值区即极限平衡区宽度为 X_0，接续工作面回采期间，煤柱在支承压力作用下主要包括三种类型。

(1) 当 $B \gg 2X_0$ 时，煤柱中央的载荷为均匀分布，且为原岩应力。煤柱的两侧从边缘区向内部依然分别为破裂区、塑性区、弹性区应力升高部分及原岩应力区，如图 2-29 所示。

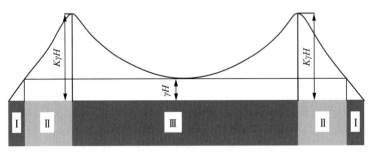

图 2-29　双侧开采煤柱中部存在原岩应力区示意图

Ⅰ-破裂区；Ⅱ-塑性区；Ⅲ-弹性区应力升高部分及原岩应力区

(2) $B > 2X_0$ 时，且两侧支承应力出现叠加，煤柱中央的叠加应力大于原岩应力，沿煤柱的宽度方向应力呈马鞍形分布，煤柱内部的分区包括破裂区、塑性区及弹性区应力升高部分，如图 2-30 所示。

(3) 当 $B \leqslant 2X_0$ 时，两侧边缘的支承压力峰值将重叠在一起，煤柱中部的载荷急剧增大，造成整个煤柱处于弹性极限平衡状态，煤柱中部的应力趋向于均匀分布，煤柱内部仅仅存在破裂区、塑性区，甚至仅仅是破裂区，如图 2-31 所示。

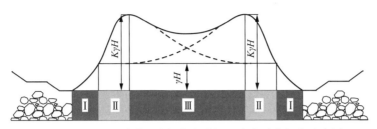

图 2-30　双侧开采煤柱中部存在弹性区应力升高部分示意图

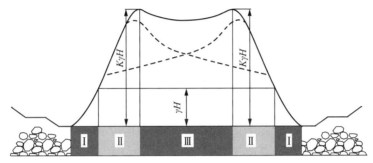

图 2-31　双侧开采煤柱中部处于塑性、破裂状态示意图

综合实体煤内支承应力分布与分区情况，我们关心的问题包括：①一侧及双侧采空实体煤内的支承应力分布情况；②煤柱尺寸；③极限平衡区范围。首先，结合双侧采空支承应力分布情况及带来的煤柱分区，可进一步为顶板建立弹性薄板力学模型提供基本的力学边界条件，详见 2.8 节；其次，煤柱的宽度是影响接续工作面相邻巷道稳定性的主要因素，详见 2.9 节。煤柱的宽度决定了接续工作面回采巷道与采空区之间的水平距离，影响到回采引起的支承应力对接续工作面相邻巷道的影响程度及煤柱的载荷。煤柱的极限承载能力，不仅取决于煤柱的边界条件和力学性质，还取决于煤柱的几何尺寸和形状。

传统上认为，护巷煤柱保持稳定的基本条件是在塑性区的中部仍然存在一定宽度的弹性核，而弹性核的宽度不小于煤柱高度的 2 倍。因此，煤柱宽度的留设依据两侧的塑性区与弹性核的宽度确定煤柱的尺寸。这样，会造成接续工作面回采期间丢失大量的煤炭资源。

综合上述研究成果发现，在确定区段护巷煤柱的尺寸前，首先需要对其支承应力分布进行研究，在此基础上进一步确定煤柱的分区。

2.7.1　实体煤内支承应力分布研究

首先对工作面实体煤承受一侧采空影响的应力分布情况进行分析，煤体从工作面向远处分别处于单向承载和三向承载状态，由于煤层强度的限制，因此在一定范围内可能会出现塑性区或破裂区，对此按照极限平衡条件进行分析，力学模型如图 2-32 所示，平衡条件见式 (2-43)：

$$(-2\sigma_y f - 2k_t + \sigma_x M)\mathrm{d}x - \left(\sigma_x + \frac{\mathrm{d}\sigma_x}{\mathrm{d}x}\right)M\mathrm{d}x = 0 \tag{2-43}$$

式中，σ_y 为垂直应力，属于相互作用力；f 为摩擦因数；k_t 为煤层界面的黏聚力；σ_x 为水平应力；M 为煤层厚度。

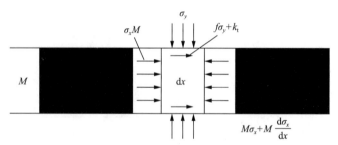

图 2-32 实体煤极限平衡条件力学模型示意图

推导得到:

$$2\sigma_y f + 2k_t + \frac{\mathrm{d}\sigma_x}{\mathrm{d}x}M = 0$$

极限平衡条件:

$$\frac{\sigma_y + k_t c \tan\varphi}{\sigma_x + k_t c \tan\varphi} = \frac{1+\sin\varphi}{1-\sin\varphi} = \frac{1}{\varepsilon} \tag{2-44}$$

得出:

$$\sigma_y = \frac{1}{\varepsilon}(\sigma_x + k_t c \tan\varphi) - k_t c \tan\varphi$$

式中,c 为煤的黏聚力;φ 为煤的内摩擦角;ε 为三轴应力系数。

对上式进行微分,得到:

$$\frac{\mathrm{d}\sigma_y}{\mathrm{d}x} = \frac{1}{\varepsilon}\frac{\mathrm{d}\sigma_x}{\mathrm{d}x}$$

整理,得到:

$$2\sigma_y f + 2k_t + \frac{\mathrm{d}\sigma_y}{\mathrm{d}x}M\varepsilon = 0$$

对上式进行积分,得到:

$$\sigma_y = c\mathrm{e}^{\frac{-2f}{M\varepsilon}x} - \frac{k_t}{f}$$

按照前述分析,认为煤帮处水平应力为 0,因此有 $x=0$,$\sigma_x=0$,再次整理得到:

$$\sigma_y = \left[\frac{1}{f} + \left(\frac{1}{\varepsilon}-1\right)c\tan\varphi\right]k_t \mathrm{e}^{\frac{-2f}{M\varepsilon}x} - \frac{k_t}{f} \tag{2-45}$$

式(2-45)给出了煤柱上方支承应力的分布特征,但是这里需要注意其使用范围,由于计算的基础取决于处于弹性极限状态下的煤体，因此其应用的先决条件必须是实体煤内部存在极限平衡状态，即式(2-45)的应用仅仅满足煤体边缘距离支承应力峰值点的范围。对于支承应力峰值区向煤体深部的支承应力表达公式需要另外考虑，这里首先对极限平衡状态下的分区确定划分标准。

为了确定支承应力下煤柱的变形破坏情况，这里需要引入岩体的变形特征。

2.7.2　岩体的应力–应变曲线特征及实体煤分区

根据实验得到的结果，可以把岩体受力后产生变形和破坏的过程分为四个过程[31]，如图 2-33 所示。

(1)压密阶段。该阶段在受力的复杂多裂隙岩体首先出现，其变形主要是非线性的压缩变形，表现为应力-应变曲线呈凹状缓坡。变形量的大小主要取决于岩体中结构面的数量、方位和性质及岩体结构类型等。这一阶段由于岩体内部的裂隙充填物压密和其内结构面的闭合，需要一段时间才能完成，如果岩体是完整的、致密的，则时间较短或者没有。

(2)弹性阶段。岩体压密后其性质趋向于连续介质，在载荷作用下表现出弹性状态。

(3)塑性阶段。如果继续加载，当应力达到屈服点后，岩体变形就进入塑性阶段。该阶段的特点主要为剪切滑移。

(4)破坏阶段。如岩体承受载荷继续增长，当其应力达到极限强度时，岩体从塑性阶段进入破坏阶段，此时，岩体的体积增加。

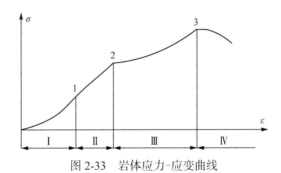

图 2-33　岩体应力-应变曲线

1-转化点；2-屈服点；3-极限强度；Ⅰ-压密阶段；Ⅱ-弹性阶段；Ⅲ-塑性阶段；Ⅳ-破坏阶段

由于式(2-45)给出的是在极限强度条件下推导出来的支承应力表达公式，因此结合岩体应力-应变曲线进行分析，其应用范围仅仅局限于第三和第四阶段。从塑性阶段的分析中发现该阶段的特点主要为剪切滑移，因此认为当支承应力达到剪切强度后，即进入塑性阶段。结合式(2-45)得到：

$$\sigma_y = \tau$$

$$\left[\frac{1}{f} + \left(\frac{1}{\varepsilon} - 1\right)c\tan\varphi\right]k_t e^{-\frac{2f}{M\varepsilon}x_2} - \frac{k_t}{f} = \tau$$

得到：

$$x_2 = -\frac{M\varepsilon}{2f}\ln\frac{f\tau + k_t}{k_t[1 + f(1/\varepsilon - 1)c\tan\varphi]}\tag{2-46}$$

式中，x_2 为支承应力峰值点距煤柱边缘的距离；τ 为岩石的抗剪强度，这里为煤层的抗剪强度。

得到煤层塑性阶段的分布范围后，进一步利用式(2-46)对其破裂区分布范围进行计算，根据岩体应力-应变曲线的破坏阶段的特点，当应力达到极限强度后，其出现变形或者破裂，按照破裂区岩石的赋存状态，如图 2-34 所示，可认为处于单向承载状态。

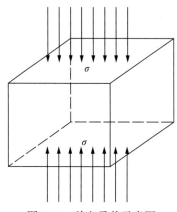

图 2-34 单向承载示意图

分析该模型，认为破裂区的岩体处于单向承载状态，其所承受的极限载荷从力学角度考虑处于极限单向受拉状态，其分布范围 x_1 计算如下：

$$\left[\frac{1}{f} + \left(\frac{1}{\varepsilon} - 1\right)c\tan\varphi\right]k_t e^{-\frac{2f}{M\varepsilon}x_1} - \frac{k_t}{f} = R_t$$

$$x_1 = -\frac{M\varepsilon}{2f}\ln\frac{fR_t + k_t}{k_t[1 + f(1/\varepsilon - 1)c\tan\varphi]}\tag{2-47}$$

式中，R_t 为抗拉强度。

前述已经表明，式(2-35)是建立在极限平衡状态的基础上，因此其不适用于支承应力峰值点至煤体深部的弹性状态，因此对弹性状态需要另外建立力学模型考虑。这里采用克希荷夫定律，即地基或基础上板的沉陷与反力之间近似呈线性关系：

$$\sigma_y = -ks\tag{2-48}$$

式中，k 为地基系数；s 为煤层的变形量。

这里需要注意的是，在对式(2-46)进行分析时需要考虑实体煤内部支承应力峰值前后变形的连续性，即以前述得到的 x_2 作为弹性和塑性划分的空间坐标，具体分析如下。

峰值点前方，$x \geqslant x_2$：

$$s = \frac{\sigma'_y}{k_u} + \frac{\beta^2}{\alpha^2} \frac{\sigma'_y}{k_s} e^{-\alpha(x-x_2)} \left[-\frac{\alpha-\beta}{\alpha+\beta} \sin\alpha(x-x_2) + \cos\alpha(x-x_2) \right] \tag{2-49}$$

式中，k_u 为峰值点前方地基系数；k_s 为峰值点后方地基系数。

$$\alpha = \sqrt[4]{\frac{k_u}{4EJ}}$$

$$\beta = \sqrt[4]{\frac{k_s}{4EJ}}$$

式中，E 为顶板弹性模量；J 为顶板岩层惯性矩。

这里 EJ 可以用抗弯刚度 $D = \dfrac{Eh^3}{12(1-\mu^2)}$（$h$ 为煤层高度；μ 为泊松比）代替。

这里对式(2-49)进一步分析，由于在 $x=x_2$ 的位置，$\sigma_y = \sigma'_y = \tau$。另外，岩石的弹性状态近似体现为线性，因此可以对式(2-45)以及式(2-49)在点 x_2 处建立平衡方程，推导得出：

$$s = \frac{\tau}{k_u k_s}\left(k_s + \frac{\beta^2}{\alpha^2} k_u \right) \tag{2-50}$$

$$\sigma'_y = \frac{k_s\alpha^2 + k_u\beta^2}{k_s\alpha^2 + k_u\beta^2 e^{-\alpha(x-x_2)}\left[-\dfrac{\alpha-\beta}{\alpha+\beta} \sin\alpha(x-x_2) + \cos\alpha(x-x_2) \right]} \tag{2-51}$$

当 x 达到一定值，即 $x=x_3$ 时，支承应力处于原岩应力状态，x_3 的求解只要通过式(2-49)右侧第二项等于 0 即可求得

$$x_3 = x_2 - \frac{1}{\alpha}\arctan\frac{\sqrt[4]{\dfrac{k_u}{k_s}}+1}{\sqrt[4]{\dfrac{k_u}{k_s}}-1} = -\frac{M\varepsilon}{2f}\ln\frac{f\tau+k_t}{k_t[1+f(1/\varepsilon-1)c\tan\varphi]} - \frac{1}{\alpha}\arctan\frac{\sqrt[4]{\dfrac{k_u}{k_s}}+1}{\sqrt[4]{\dfrac{k_u}{k_s}}-1}$$

式中的 k_u 及 k_s 分别为峰值点前后的地基系数，可以借鉴表 2-10 确定[32,33]。

表 2-10　常见煤系岩石的弹性模量与抗压缩刚度

岩石类别	煤	页岩	砂质页岩	软砂岩	致密砂岩
弹性模量/GPa	2.45~6.37	8.83~22.6	15.7~23.7	9.81~13.9	30.4
未破坏前抗压缩刚度(按 1m 计算)/(MN/m³)	2450~6370	8830~2260	15700~2370	9810~1390	30400
实测采动影响后岩体抗压缩刚度/(MN/m³)	1154	1015	4230	3220	

因此，通过上述的计算得到了一侧采空情况下煤柱内支承应力分布与煤体内分区的

结合，总结如下。

破裂区：

$$x \leqslant x_1 = -\frac{M\varepsilon}{2f}\ln\frac{fR_t + k_t}{k_t[1 + f(1/\varepsilon - 1)c\tan\varphi]} \tag{2-52}$$

塑性区：

$$x_1 < x \leqslant x_2 \Rightarrow -\frac{M\varepsilon}{2f}\ln\frac{fR_t + k_t}{k_t[1 + f(1/\varepsilon - 1)c\tan\varphi]} < x \leqslant -\frac{M\varepsilon}{2f}\ln\frac{f\tau + k_t}{k_t[1 + f(1/\varepsilon - 1)c\tan\varphi]} \tag{2-53}$$

弹性区应力升高部分：

$$x_2 < x \leqslant x_3$$
$$\Rightarrow -\frac{M\varepsilon}{2f}\ln\frac{f\tau + k_t}{k_t[1 + f(1/\varepsilon - 1)c\tan\varphi]} < x \tag{2-54}$$
$$\leqslant -\frac{M\varepsilon}{2f}\ln\frac{f\tau + k_t}{k_t[1 + f(1/\varepsilon - 1)c\tan\varphi]} - \frac{1}{\alpha}\arctan\frac{\sqrt[4]{\dfrac{k_u}{k_s}} + 1}{\sqrt[4]{\dfrac{k_u}{k_s}} - 1}$$

原岩应力区：

$$x > x_3$$
$$\Rightarrow x > -\frac{M\varepsilon}{2f}\ln\frac{f\tau + k_t}{k_t[1 + f(1/\varepsilon - 1)c\tan\varphi]} - \frac{1}{\alpha}\arctan\frac{\sqrt[4]{\dfrac{k_u}{k_s}} + 1}{\sqrt[4]{\dfrac{k_u}{k_s}} - 1} \tag{2-55}$$

本节中，在现有研究成果下，结合弹性、塑性与破坏特征推导了支承应力分布准则，包括工作面采空区对相邻实体煤的固定侧向支承应力分布与分区情况，也包括工作面推进过程对前方实体煤的移动支承应力分布与分区情况，即建立了静-动态的支承应力影响范围、峰值点大小与影响范围及破坏区影响范围。

2.8　顶板管理-基本顶力学模型与解析

采场顶板管理需要考虑工作面顶板管理与巷道顶板管理两方面，工作面推进方向常规上考虑控制直接顶、抵御基本顶断裂后发生的冲击，这里我们考虑近年来国内开采强度增加，对采场的影响已经不再局限于传统"直接顶"和"基本顶"的范畴，结合 2.7 节，涉及顶板稳定性，那么需要分别讨论单一工作面与形成接续工作面之间两个问题，单一工作面周围是实体煤，因此在首采工作面基本顶发生断裂之前可以认为其处于四边固支的状态，如图 2-35 所示。

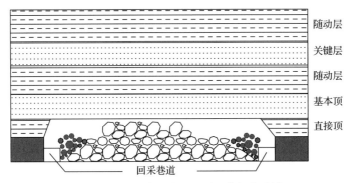

图 2-35　首采工作面关键层弹性薄板力学模型

从图 2-35 中可以看出，首采工作面基本顶断裂前四周均为实体煤，即使煤体边缘发生破坏，但是四周深部煤体依然处于原岩应力状态，因此基本顶在初次断裂前其弹性薄板力学模型属于四边固支板；进一步分析，当基本顶初次断裂后，工作面后方采空区侧的基本顶边界支撑基础为采空区垮落的矸石，因此认为其属于自由状态，基本顶板的力学模型属于三边固支、一边自由的状态。

在建立接续工作面基本顶弹性薄板力学模型时，需要考虑工作面之间煤柱尺寸-稳定性的影响，按照 2.7 节分析结果，如煤柱尺寸足够大，煤柱中部承载为原岩应力，则煤柱对顶板的力学作用——固支；如煤柱尺寸相对大，煤柱中部处于弹性、应力增高状态，则煤柱对顶板的力学作用——简支；如煤柱尺寸小，煤柱中部完全处于极限平衡状态，则煤柱对顶板的力学作用——自由。即接续工作面临空侧顶板的支撑条件有固支、简支和自由三种，因此综合单一(首采)工作面与接续工作面，需要形成的力学模型包括四边固支，三边固支、一边简支，三边固支、一边自由(自由边位于本工作面采空区与上一工作面采空区两种情况)，邻边固支、一边简支、一边自由，具体模型及其解析情况如下。

2.8.1　弯曲薄板的基本理论及边界条件

1. 直角坐标系弯曲薄板的基本方程

平板的主要特点是板厚度 h 远远小于平板的宽度。如图 2-36 所示，将直角坐标系 Oxy 平面与平板的中面重合，且 z 轴垂直向下。当板发生弯曲变形时，在中面的一点 (x_0, y_0) 沿 z 轴方向产生一定的位移 $\omega_0(x_0, y_0)$，称为挠度。当发生弯曲时，板的中面变成一挠曲的曲面，称为挠曲面，相应的为挠曲面方程。

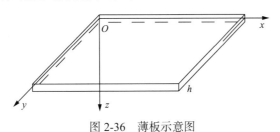

图 2-36　薄板示意图

薄板，即板的厚度 h 远小于平板中面的最小尺寸 b，$h \ll (1/8 \sim 1/5)b$，如图 2-37 所示，在此对弯曲薄板小挠度理论做三个假设。

(1)变形前垂直于中面的直线，变形后仍然是直线，且此直线仍然垂直于弯曲的中面，即"直法线假设"。

(2)与中面相平行的正应力 σ_z 与横截面上的其他应力 σ_x，σ_y，τ_{xy}，τ_{yz}，τ_{xz} 相比是很小的，可以忽略不计。

(3)薄板中面的挠度很小，故可近似认为伸缩位移 u_0 和 v_0 不存在。

由假设条件可以得出：

$$u = -z\frac{\mathrm{d}\omega}{\mathrm{d}x}$$

$$v = -z\frac{\mathrm{d}\omega}{\mathrm{d}y}$$

相应的应变分量：

$$e_x = \frac{\partial u}{\partial x} = -z\frac{\partial^2 \omega}{\partial x^2}$$

$$e_y = \frac{\partial v}{\partial y} = -z\frac{\partial^2 \omega}{\partial y^2}$$

$$\gamma_{xy} = \frac{\partial u}{\partial y} + \frac{\partial v}{\partial x} = -2z\frac{\partial^2 \omega}{\partial x \partial y}$$

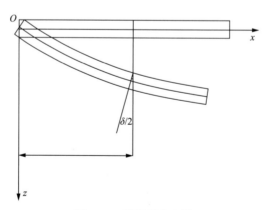

图 2-37 薄板弯曲变形

进一步应用平面应力胡克定律：

$$\sigma_x = \frac{E}{1-\mu^2}(e_x + \mu e_y)$$

$$\sigma_y = \frac{E}{1-\mu^2}(e_y + \mu e_x)$$

$$\tau_{xy} = \frac{E}{2(1+\mu)}\gamma_{xy}$$

得到：

$$\sigma_x = -\frac{Ez}{1-\mu^2}\left(\frac{\partial^2\omega}{\partial x^2} + \mu\frac{\partial^2\omega}{\partial y^2}\right)$$

$$\sigma_y = -\frac{Ez}{1-\mu^2}\left(\frac{\partial^2\omega}{\partial y^2} + \mu\frac{\partial^2\omega}{\partial x^2}\right) \tag{2-56}$$

$$\tau_{xy} = -\frac{Ez}{(1+\mu)}\frac{\partial^2\omega}{\partial x\partial y}$$

式中，E 为弹性模量；μ 为泊松比。

应力分量 τ_{xz} 和 τ_{yz} 可由平衡方程：

$$\frac{\partial\sigma_x}{\partial x} + \frac{\partial\tau_{xy}}{\partial y} + \frac{\partial\tau_{xz}}{\partial z} = 0$$

$$\frac{\partial\sigma_y}{\partial y} + \frac{\partial\tau_{yx}}{\partial x} + \frac{\partial\tau_{yz}}{\partial z} = 0 \tag{2-57}$$

整理式(2-56)和式(2-57)，得到：

$$\frac{\partial\tau_{xz}}{\partial z} = \frac{Ez}{1-\mu^2}\frac{\partial}{\partial x}\nabla^2\omega$$

$$\frac{\partial\tau_{yz}}{\partial z} = \frac{Ez}{1-\mu^2}\frac{\partial}{\partial y}\nabla^2\omega \tag{2-58}$$

对式(2-58)进行积分，并注意边界条件，得到：

$$(\tau_{xz})_{z=\pm\frac{h}{2}} = 0$$

$$(\tau_{yz})_{z=\pm\frac{h}{2}} = 0$$

推出：

$$\tau_{xz} = \frac{E}{2(1-\mu^2)}\left(z^2 - \frac{h^2}{4}\right)\frac{\partial}{\partial x}\nabla^2\omega$$

$$\tau_{yz} = \frac{E}{2(1-\mu^2)}\left(z^2 - \frac{h^2}{4}\right)\frac{\partial}{\partial y}\nabla^2\omega \tag{2-59}$$

整理式(2-56)~式(2-59)，相应的力学模型如图 2-38 所示。

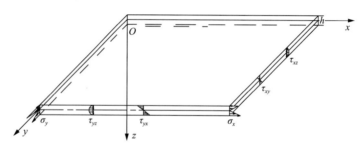

图 2-38　薄板横截面应力分布

从图 2-38 中可以看出，在垂直于 x 轴的横截面上作用 σ_x、τ_{xy} 和 τ_{xz}。由式(2-56)可知，σ_x、τ_{xy} 是 z 的奇函数，不可能形成合力，只可能形成弯矩和扭矩。在 y 方向上取单位长度，由应力分量 σ_x 合成的弯矩为

$$M_x = \int_{-\frac{h}{2}}^{\frac{h}{2}} z\sigma_x \mathrm{d}z = -D\left(\frac{\partial^2 \omega}{\partial x^2} + \mu\frac{\partial^2 \omega}{\partial y^2}\right) \tag{2-60}$$

由 τ_{xy} 合成的扭矩为

$$M_{xy} = \int_{-\frac{h}{2}}^{\frac{h}{2}} z\tau_{xy} \mathrm{d}z = -D(1-\mu)\frac{\partial^2 \omega}{\partial x \partial y} \tag{2-61}$$

由 τ_{xz} 合成一横向切力为

$$Q_x = \int_{-\frac{h}{2}}^{\frac{h}{2}} \tau_{xz} \mathrm{d}z = -D\frac{\partial}{\partial x}\nabla^2 \omega \tag{2-62}$$

同样，在垂直于 y 轴的横截面上，在 x 方向上取单位长度，由应力分量 σ_y、τ_{yx} 和 τ_{yz} 合成的弯矩、扭矩和横向切力分别为

$$M_y = \int_{-\frac{h}{2}}^{\frac{h}{2}} z\sigma_y \mathrm{d}z = -D\left(\frac{\partial^2 \omega}{\partial y^2} + \mu\frac{\partial^2 \omega}{\partial x^2}\right) \tag{2-63}$$

$$M_{yx} = \int_{-\frac{h}{2}}^{\frac{h}{2}} z\tau_{yx} \mathrm{d}z = -D(1-\mu)\frac{\partial^2 \omega}{\partial x \partial y} \tag{2-64}$$

$$Q_y = \int_{-\frac{h}{2}}^{\frac{h}{2}} \tau_{yz} \mathrm{d}z = -D\frac{\partial}{\partial x}\nabla^2 \omega \tag{2-65}$$

式中，$D = \dfrac{Eh^3}{12(1-\mu^2)}$，称为板的抗弯刚度。

将式(2-60)～式(2-65)代入式(2-56)和式(2-59)中，得到：

$$\begin{cases} \sigma_x = \dfrac{12M_x}{h^3}z \\[2mm] \sigma_y = \dfrac{12M_y}{h^3}z \\[2mm] \tau_{xy} = \dfrac{12M_{xy}}{h^3}z \\[2mm] \tau_{xz} = \dfrac{6Q_x}{h^3}\left(\dfrac{h^2}{4}-z^2\right) \\[2mm] \tau_{yz} = \dfrac{6Q_y}{h^3}\left(\dfrac{h^2}{4}-z^2\right) \end{cases} \tag{2-66}$$

式 (2-66) 给出了内力表达式，但是仍需要给出微分平衡方程，如图 2-39 所示，在此微体的侧面作用有弯矩、扭矩和切力，在板面上作用有分布载荷 q。由作用在六面体上的 z 轴方向合力为 0，以及各内力和内矩对 x 轴和 y 轴取为 0 的条件，得到平衡微分方程：

$$\begin{cases} \dfrac{\partial Q_x}{\partial x} + \dfrac{\partial Q_y}{\partial y} + q = 0 \\[2mm] \dfrac{\partial M_x}{\partial x} + \dfrac{\partial M_{yx}}{\partial y} = Q_x \\[2mm] \dfrac{\partial M_{xy}}{\partial x} + \dfrac{\partial M_y}{\partial y} = Q_y \end{cases} \tag{2-67}$$

整理式 (2-67)，并考虑 $M_{xy}=M_{yx}$，得到：

$$\frac{\partial^2 M_x}{\partial x^2} + 2\frac{\partial^2 M_{xy}}{\partial x \partial y} + \frac{\partial^2 M_y}{\partial y^2} + q = 0 \tag{2-68}$$

得到内矩微分平衡方程，同时结合各表达式，得到弯曲薄板的微分平衡方程为

$$\frac{\partial^4 \omega}{\partial x^4} + 2\frac{\partial^4 \omega}{\partial x^2 \partial y^2} + \frac{\partial^4 \omega}{\partial y^4} = \frac{q}{D} \tag{2-69}$$

实际上，当应用弹性薄板力学模型时，如果板的四周下方仍然属于弹性体，并且承受载荷 q 的作用，平板发生弯曲变形。当板的挠度较小时，需要采用弹性地基表达式，即

$$R=k\omega$$

式中，k_ω 为地基系数。因此作用于板的总载荷强度为 $q-k_\omega$，因此弹性地基板的微分平衡方程满足：

$$\frac{\partial^4 \omega}{\partial x^4} + 2\frac{\partial^4 \omega}{\partial x^2 \partial y^2} + \frac{\partial^4 \omega}{\partial y^4} = \frac{q - k_\omega}{D} \tag{2-70}$$

2. 弯曲矩形板的边界条件

对于薄板边界的支撑划分为三种情况，包括自由、简支及固支，满足条件如下。

自由边：

$$\begin{cases} M = -D\left(\dfrac{\partial^2 \omega}{\partial x^2} + \mu\dfrac{\partial^2 \omega}{\partial y^2}\right) \ \text{or} \ \ -D\left(\dfrac{\partial^2 \omega}{\partial y^2} + \mu\dfrac{\partial^2 \omega}{\partial x^2}\right) = 0 \\[4mm] V = -D\left[\dfrac{\partial^3 \omega}{\partial x^3} + (2-\mu)\dfrac{\partial^3 \omega}{\partial x \partial y^2}\right] \ \text{or} \ \ -D\left[\dfrac{\partial^3 \omega}{\partial y^3} + (2-\mu)\dfrac{\partial^3 \omega}{\partial x^2 \partial y}\right] = 0 \end{cases} \tag{2-71}$$

式(2-71)中给出了两种情况，在对顶板建模时，首先需要确定哪条边处于自由状态。

简支边：

$$\begin{cases} \omega = 0 \\[3mm] \dfrac{\partial^2 \omega}{\partial x^2 \text{or} \ \partial y^2} = 0 \end{cases} \tag{2-72}$$

固支边：

$$\begin{aligned} \omega &= 0 \\[3mm] \frac{\partial \omega}{\partial x \ \text{or} \ \partial y} &= 0 \end{aligned} \tag{2-73}$$

2.8.2 弯曲矩形板的平衡问题

1. 弯曲矩形板的基本解

基本解是功的互等法的理论基础与计算基础，因此首先需要给出弯曲矩形板的基本解及其相应的边界值。

2. 双三角级数表示的基本解

取横向单位集中载荷作用下的四边简支矩形板为基本系统，该情况下的解为基本解。图 2-39 为一四边简支矩形板，在板面流动坐标点(ε, η)处作用一横向单位集中载荷，修改式(2-70)为

$$\frac{\partial^4 \omega}{\partial x^4} + 2\frac{\partial^4 \omega}{\partial x^2 \partial y^2} + \frac{\partial^4 \omega}{\partial y^4} = \frac{\delta(x-\varepsilon, y-\eta)}{D} \tag{2-74}$$

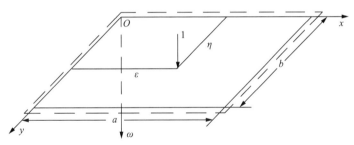

图 2-39　弯曲矩形板的基本系统

式中，$\delta(x-\varepsilon,y-\eta)$ 为在奇点 (ε,η) 处的二维 Dirac-delta 函数，定义为

$$\delta(x-\varepsilon,y-\eta)=\begin{cases}\infty, & x=\varepsilon,y=\eta \\ 0, & \text{其他}(x,y)\text{点}\end{cases} \tag{2-75}$$

且具有性质：

$$\iint_S \delta(x-\varepsilon,y-\eta)\mathrm{d}x\mathrm{d}y=1$$

$$\iint_S f(x,y)\delta(x-\varepsilon,y-\eta)\mathrm{d}x\mathrm{d}y=f(\varepsilon,\eta)$$

式中，$f(x,y)$ 为连续函数。

$\omega_1(x,y)$ 为基本解，按照前述的简支边的边界条件，给出：$\omega_1 x=0$，$\omega_1 x=a$，$\omega_1 y=0$，$\omega_1 y=b$。

$$\left(\frac{\partial^2\omega_1}{\partial x^2}\right)_{x=0}=\left(\frac{\partial^2\omega_1}{\partial x^2}\right)_{x=a}=\left(\frac{\partial^2\omega_1}{\partial y^2}\right)_{y=0}=\left(\frac{\partial^2\omega_1}{\partial y^2}\right)_{y=b}=0 \tag{2-76}$$

将 $\delta(x-\varepsilon,y-\eta)$ 表达为双重三角级数，有如下形式：

$$\delta(x-\varepsilon,y-\eta)=\sum_{m=1}^{\infty}\sum_{n=1}^{\infty}a_{mn}\sin\alpha_m x\sin\beta_n y \tag{2-77}$$

式中，$\alpha_m=\dfrac{m\pi}{a}$；$\beta_n=\dfrac{n\pi}{b}$。

利用三角级数的正交性及式(2-77)的性质，可以得到：

$$a_{mn}=\frac{4}{ab}\int_0^a\int_0^b\delta(x-\varepsilon,y-\eta)\sin\alpha_m x\sin\beta_n y\mathrm{d}x\mathrm{d}y=\frac{4}{ab}\sin\alpha_m\varepsilon\sin\beta_n\eta$$

进一步得到：

$$\delta(x-\varepsilon,y-\eta)=\frac{4}{ab}\sum_{m=1}^{\infty}\sum_{n=1}^{\infty}\sin\alpha_m\varepsilon\sin\beta_n\eta\sin\alpha_m x\sin\beta_n y \tag{2-78}$$

再设

$$\omega_1(x,y;\varepsilon,\eta) = \sum_{m=1}^{\infty}\sum_{n=1}^{\infty} A_{mn}\sin\alpha_m x\sin\beta_n y \tag{2-79}$$

整理式(2-74)、式(2-78)及式(2-79)得到:

$$\omega_1(x,y;\varepsilon,\eta) = \frac{4}{Dab}\sum_{m=1}^{\infty}\sum_{n=1}^{\infty}\frac{1}{K_{mn}^2}\sin\alpha_m\varepsilon\sin\beta_n\eta\sin\alpha_m x\sin\beta_n y \tag{2-80}$$

其中, $K_{mn}=\alpha_m^2+\beta_n^2$, 式(2-80)为双三角级数表示的基本解。

3. 双三角级数表示的基本解的边界值

为计算实际系统弯曲矩形板, 应给出双三角级数表示的基本解的边界转角、等效切力和角点力:

$$\omega_{1,x0} = \frac{4}{Dab}\sum_{m=1}^{\infty}\sum_{n=1}^{\infty}\frac{\alpha_m}{K_{mn}^2}\sin\alpha_m\varepsilon\sin\beta_n\eta\sin\beta_n y \tag{2-81}$$

$$\omega_{1,xa} = \frac{4}{Dab}\sum_{m=1}^{\infty}\sum_{n=1}^{\infty}\frac{(-1)^m\alpha_m}{K_{mn}^2}\sin\alpha_m\varepsilon\sin\beta_n\eta\sin\beta_n y \tag{2-82}$$

$$\omega_{1,y0} = \frac{4}{Dab}\sum_{m=1}^{\infty}\sum_{n=1}^{\infty}\frac{\beta_n}{K_{mn}^2}\sin\alpha_m\varepsilon\sin\beta_n\eta\sin\alpha_m x \tag{2-83}$$

$$\omega_{1,yb} = \frac{4}{Dab}\sum_{m=1}^{\infty}\sum_{n=1}^{\infty}\frac{(-1)^n\beta_n}{K_{mn}^2}\sin\alpha_m\varepsilon\sin\beta_n\eta\sin\alpha_m x \tag{2-84}$$

$$V_{1,x0} = \frac{4}{ab}\sum_{m=1}^{\infty}\sum_{n=1}^{\infty}\frac{1}{K_{mn}^2}[\alpha_m^3+(2-\mu)\alpha_m\beta_n^2]\sin\alpha_m\varepsilon\sin\beta_n\eta\sin\beta_n y \tag{2-85}$$

$$V_{1,xa} = \frac{4}{ab}\sum_{m=1}^{\infty}\sum_{n=1}^{\infty}\frac{(-1)^m}{K_{mn}^2}[\alpha_m^3+(2-\mu)\alpha_m\beta_n^2]\sin\alpha_m\varepsilon\sin\beta_n\eta\sin\beta_n y \tag{2-86}$$

$$V_{1,y0} = \frac{4}{ab}\sum_{m=1}^{\infty}\sum_{n=1}^{\infty}\frac{1}{K_{mn}^2}[\beta_n^3+(2-\mu)\alpha_m^2\beta_n]\sin\alpha_m\varepsilon\sin\beta_n\eta\sin\alpha_m x \tag{2-87}$$

$$V_{1,yb} = \frac{4}{ab}\sum_{m=1}^{\infty}\sum_{n=1}^{\infty}\frac{(-1)^n}{K_{mn}^2}[\beta_n^3+(2-\mu)\alpha_m^2\beta_n]\sin\alpha_m\varepsilon\sin\beta_n\eta\sin\alpha_m x \tag{2-88}$$

$$R_{100} = -\frac{8(1-\mu)}{ab}\sum_{m=1}^{\infty}\sum_{n=1}^{\infty}\frac{\alpha_m\beta_n}{K_{mn}^2}\sin\alpha_m\varepsilon\sin\beta_n\eta \tag{2-89}$$

$$R_{1a0} = -\frac{8(1-\mu)}{ab}\sum_{m=1}^{\infty}\sum_{n=1}^{\infty}\frac{(-1)^m\alpha_m\beta_n}{K_{mn}^2}\sin\alpha_m\varepsilon\sin\beta_n\eta \tag{2-90}$$

$$R_{1ab} = -\frac{8(1-\mu)}{ab}\sum_{m=1}^{\infty}\sum_{n=1}^{\infty}\frac{(-1)^{m+n}\alpha_m\beta_n}{K_{mn}^2}\sin\alpha_m\varepsilon\sin\beta_n\eta \tag{2-91}$$

$$R_{10b} = -\frac{8(1-\mu)}{ab}\sum_{m=1}^{\infty}\sum_{n=1}^{\infty}\frac{(-1)^n\alpha_m\beta_n}{K_{mn}^2}\sin\alpha_m\varepsilon\sin\beta_n\eta \tag{2-92}$$

4. 双曲函数和三角级数混合表示的基本解

为了计算时得到有效的收敛速度并且避免出现第一类间断点，为此需要将式 (2-80) 转换为双曲函数和三角级数混合表示的形式，如下：

$$\omega_1(x,y;\varepsilon,\eta) = \frac{4a^3}{Db\pi^4}\sum_{n=1,2}^{\infty}\sin\frac{n\pi\eta}{b}\sin\frac{n\pi y}{b}$$
$$\cdot\sum_{m=1,2}^{\infty}\frac{\sin\dfrac{m\pi\varepsilon}{a}\sin\dfrac{m\pi x}{a}}{m^4 + 2\left(\dfrac{n\pi}{b}\right)^2 m^2\dfrac{a^2}{\pi^2} + \left(\dfrac{n\pi}{b}\right)^4\dfrac{a^4}{\pi^4}} \tag{2-93}$$

令 $\eta = \left(\dfrac{n\pi}{b}\right)^2$，$p^2 = \left(\dfrac{n\pi}{b}\right)^4$，得到：

$$\omega_1(x,y;a-\varepsilon,\eta) = \frac{1}{Db}\sum_{n=1}^{\infty}[(1+\beta_n a\coth\beta_n a) - \beta_n x\coth\beta_n x - \beta_n(a-\varepsilon)\cdot\coth\beta_n(a-\varepsilon)]$$
$$\cdot\frac{1}{\beta_n^3\mathrm{sh}\beta_n a}\mathrm{sh}\beta_n x\mathrm{sh}\beta_n(a-\varepsilon)\sin\beta_n\eta\sin\beta_n y, \quad 0\leqslant x\leqslant\varepsilon \tag{2-94}$$

$$\omega_1(a-x,y;\varepsilon,\eta) = \frac{1}{Db}\sum_{n=1}^{\infty}[(1+\beta_n a\coth\beta_n a) - \beta_n(a-x)\coth\beta_n(a-x) - \beta_n\varepsilon\cdot\coth\beta_n\varepsilon]$$
$$\cdot\frac{1}{\beta_n^3\mathrm{sh}\beta_n a}\mathrm{sh}\beta_n(a-x)\mathrm{sh}\beta_n\varepsilon\sin\beta_n\eta\sin\beta_n y, \quad \varepsilon\leqslant x\leqslant a \tag{2-95}$$

$$\omega_1(x,y;\varepsilon,b-\eta) = \frac{1}{Da}\cdot\sum_{n=1}^{\infty}[(1+\alpha_m b\coth\alpha_m b) - \alpha_m y\coth\alpha_m y - \alpha_m(b-\eta)\cdot\coth\alpha_m(b-\eta)]$$
$$\cdot\frac{1}{\alpha_m^3\mathrm{sh}\alpha_m b}\mathrm{sh}\alpha_m y\mathrm{sh}\alpha_m(b-\eta)\sin\alpha_m\varepsilon\sin\alpha_m x, \quad 0\leqslant y\leqslant\eta \tag{2-96}$$

$$\omega_1(x,b-y;\varepsilon,\eta) = \frac{1}{Da}\sum_{n=1}^{\infty}[(1+\alpha_m b\coth\alpha_m b) - \alpha_m(b-y)\coth\alpha_m(b-y) - \alpha_m\eta\cdot\coth\alpha_m\eta]$$

$$\cdot\frac{1}{\alpha_m^3\mathrm{sh}\alpha_m b}\mathrm{sh}\alpha_m(b-y)\mathrm{sh}\alpha_m\eta\sin\alpha_m\varepsilon\sin\alpha_m x,\quad \eta \leqslant y \leqslant b \tag{2-97}$$

式(2-94)～式(2-97)为等价的两组表达式，是以双曲函数和三角级数混合表示的。

5. 双曲函数和三角级数混合表示的基本解的边界值

式(2-94)～式(2-97)的边界转角、等效切力及角点力表示如下：

$$\omega_{1,x0} = \frac{1}{Db}\sum_{n=1}^{\infty}[\beta_n a\coth\beta_n a - \beta_n(a-\varepsilon)\cdot\coth\beta_n(a-\varepsilon)]$$

$$\cdot\frac{1}{\beta_n^2\mathrm{sh}\beta_n a}\mathrm{sh}\beta_n(a-\varepsilon)\sin\beta_n\eta\sin\beta_n y \tag{2-98}$$

$$\omega_{1,xa} = \frac{-1}{Db}\sum_{n=1}^{\infty}[\beta_n a\coth\beta_n a - \beta_n\varepsilon\cdot\coth\beta_n\varepsilon]$$

$$\cdot\frac{1}{\beta_n^2\mathrm{sh}\beta_n a}\mathrm{sh}\beta_n\varepsilon\sin\beta_n\eta\sin\beta_n y \tag{2-99}$$

$$\omega_{1,y0} = \frac{1}{Da}\sum_{m=1}^{\infty}[\alpha_m b\coth\alpha_m b - \alpha_m(b-\eta)\cdot\coth\alpha_m(b-\eta)]$$

$$\cdot\frac{1}{\alpha_m^2\mathrm{sh}\alpha_m b}\mathrm{sh}\alpha_m(b-\eta)\sin\alpha_m\varepsilon\sin\alpha_m x \tag{2-100}$$

$$\omega_{1,yb} = \frac{-1}{Da}\sum_{m=1}^{\infty}[\alpha_m b\coth\alpha_m b - \alpha_m\eta\cdot\coth\alpha_m\eta]$$

$$\cdot\frac{1}{\alpha_m^2\mathrm{sh}\alpha_m b}\mathrm{sh}\alpha_m\eta\sin\alpha_m\varepsilon\sin\alpha_m x \tag{2-101}$$

$$V_{1x0} = \frac{1}{b}\sum_{n=1}^{\infty}\{2+(1-\mu)[\beta_n a\coth\beta_n a - \beta_n(a-\varepsilon)\coth\beta_n(a-\varepsilon)]\}$$

$$\cdot\frac{1}{\mathrm{sh}\beta_n a}\mathrm{sh}\beta_n(a-\varepsilon)\sin\beta_n\eta\sin\beta_n y \tag{2-102}$$

$$V_{1xa} = -\frac{1}{b}\sum_{n=1}^{\infty}[2+(1-\mu)(\beta_n a\coth\beta_n a - \beta_n\varepsilon\coth\beta_n\varepsilon)]$$

$$\cdot\frac{1}{\mathrm{sh}\beta_n a}\mathrm{sh}\beta_n\varepsilon\sin\beta_n\eta\sin\beta_n y \tag{2-103}$$

$$V_{1y0} = \frac{1}{a} \sum_{m=1}^{\infty} \{2 + (1-\mu)[\alpha_m b \coth \alpha_m b - \alpha_m (b-\eta) \coth \alpha_m (b-\eta)]\}$$
$$\cdot \frac{1}{\operatorname{sh} \alpha_m b} \operatorname{sh} \alpha_m (b-\eta) \sin \alpha_m \varepsilon \sin \alpha_m x \tag{2-104}$$

$$V_{1yb} = -\frac{1}{a} \sum_{m=1}^{\infty} [2 + (1-\mu)(\alpha_m b \coth \alpha_m b - \alpha_m \eta \coth \alpha_m \eta)]$$
$$\cdot \frac{1}{\operatorname{sh} \alpha_m b} \operatorname{sh} \alpha_m \eta \sin \alpha_m \varepsilon \sin \alpha_m x \tag{2-105}$$

$$R_{100} = -\frac{2}{a} (1-\mu) \sum_{m=1}^{\infty} [\alpha_m b \coth \alpha_m b - \alpha_m (b-\eta) \coth \alpha_m (b-\eta)]$$
$$\cdot \frac{1}{\alpha_m \operatorname{sh} \alpha_m b} \operatorname{sh} \alpha_m (b-\eta) \sin \alpha_m \varepsilon$$
$$\text{or}\quad = -\frac{2}{b} (1-\mu) \sum_{n=1}^{\infty} [\beta_n a \coth \beta_n a - \beta_n (a-\varepsilon) \coth \beta_n (a-\varepsilon)]$$
$$\cdot \frac{1}{\beta_n \operatorname{sh} \beta_n a} \operatorname{sh} \beta_n (a-\varepsilon) \sin \beta_n \eta \tag{2-106}$$

$$R_{1a0} = -\frac{2}{a} (1-\mu) \sum_{m=1}^{\infty} [\alpha_m b \coth \alpha_m b - \alpha_m (b-\eta) \coth \alpha_m (b-\eta)]$$
$$\cdot \frac{(-1)^m}{\alpha_m \operatorname{sh} \alpha_m b} \operatorname{sh} \alpha_m (b-\eta) \sin \alpha_m \varepsilon$$
$$\text{or}\quad = \frac{2}{b} (1-\mu) \sum_{n=1}^{\infty} (\beta_n a \coth \beta_n a - \beta_n \varepsilon \coth \beta_n \varepsilon) \cdot \frac{1}{\beta_n \operatorname{sh} \beta_n a} \operatorname{sh} \beta_n \varepsilon \sin \beta_n \eta \tag{2-107}$$

$$R_{1ab} = \frac{2}{a} (1-\mu) \sum_{m=1}^{\infty} (\alpha_m b \coth \alpha_m b - \alpha_m \eta \coth \alpha_m \eta) \cdot \frac{(-1)^m}{\alpha_m \operatorname{sh} \alpha_m b} \operatorname{sh} \alpha_m \eta \sin \alpha_m \varepsilon$$
$$\text{or}\quad = \frac{2}{b} (1-\mu) \sum_{n=1}^{\infty} (\beta_n a \coth \beta_n a - \beta_n \varepsilon \coth \beta_n \varepsilon) \cdot \frac{(-1)^n}{\beta_n \operatorname{sh} \beta_n a} \operatorname{sh} \beta_n \varepsilon \sin \beta_n \eta \tag{2-108}$$

$$R_{10b} = \frac{2}{a} (1-\mu) \sum_{m=1}^{\infty} (\alpha_m b \coth \alpha_m b - \alpha_m \eta \coth \alpha_m \eta) \cdot \frac{1}{\alpha_m \operatorname{sh} \alpha_m b} \operatorname{sh} \alpha_m \eta \sin \alpha_m \varepsilon$$
$$\text{or}\quad = -\frac{2}{b} (1-\mu) \sum_{n=1}^{\infty} [\beta_n a \coth \beta_n a - \beta_n (a-\varepsilon) \coth \beta_n (a-\varepsilon)]$$
$$\cdot \frac{(-1)^n}{\beta_n \operatorname{sh} \beta_n a} \operatorname{sh} \beta_n (a-\varepsilon) \sin \beta_n \eta \tag{2-109}$$

由单位集中载荷作用所引起的内弯矩表达式为

$$M_{1\varepsilon} = \frac{1}{b} \sum_{n=1,2}^{\infty} \{(1+\mu) - (1-\mu)[\beta_n a \coth\beta_n a - \beta_n(a-\varepsilon)\coth\beta_n(a-\varepsilon) - \beta_n x \coth\beta_n x]\}$$
$$\cdot \frac{1}{\beta_n \mathrm{sh}\beta_n a} \mathrm{sh}\beta_n x \, \mathrm{sh}\beta_n(a-\varepsilon)\sin\beta_n\eta\sin\beta_n y, \quad 0 \leqslant x \leqslant \varepsilon \tag{2-110}$$

$$M_{1\varepsilon} = \frac{1}{b} \sum_{n=1,2}^{\infty} \{(1+\mu) - (1-\mu)[\beta_n a \coth\beta_n a - \beta_n \varepsilon \coth\beta_n \varepsilon - \beta_n(a-x)\coth\beta_n(a-x)]\}$$
$$\cdot \frac{1}{\beta_n \mathrm{sh}\beta_n a} \mathrm{sh}\beta_n(a-x)\, \mathrm{sh}\beta_n\varepsilon\sin\beta_n\eta\sin\beta_n y, \quad \varepsilon \leqslant x \leqslant a \tag{2-111}$$

$$M_{1\eta} = \frac{1}{a} \sum_{m=1,2}^{\infty} \{(1+\mu) - (1-\mu)[\alpha_m b \coth\alpha_m b - \alpha_m(b-\eta)\coth\alpha_m(b-\eta) - \alpha_m y \coth\alpha_m y]\}$$
$$\cdot \frac{1}{\alpha_m \mathrm{sh}\alpha_m b} \mathrm{sh}\alpha_m y \, \mathrm{sh}\alpha_m(b-\eta)\sin\alpha_m\varepsilon\sin\alpha_m x, \quad 0 \leqslant y \leqslant \eta \tag{2-112}$$

$$M_{1\eta} = \frac{1}{a} \sum_{m=1,2}^{\infty} \{(1+\mu) - (1-\mu)[\alpha_m b \coth\alpha_m b - \alpha_m \eta \coth\alpha_m \eta - \alpha_m(b-y)\coth\alpha_m(b-y)]\}$$
$$\cdot \frac{1}{\alpha_m \mathrm{sh}\alpha_m b} \mathrm{sh}\alpha_m(b-y)\, \mathrm{sh}\alpha_m\eta\sin\alpha_m\varepsilon\sin\alpha_m x, \quad \eta \leqslant y \leqslant b \tag{2-113}$$

作用于板面中点的单位集中载荷所引起的内弯矩为

$$M_{1\varepsilon} = \frac{1}{b} \sum_{n=1,3}^{\infty} \left[(1+\mu) - (1-\mu)\left(\beta_n a \coth\beta_n a - \frac{1}{2}\beta_n a \coth\frac{1}{2}\beta_n a - \beta_n \varepsilon \coth\beta_n \varepsilon\right)\right]$$
$$\cdot \frac{1}{2\beta_n \mathrm{ch}\frac{1}{2}\beta_n a} \mathrm{sh}\beta_n\varepsilon\sin\beta_n\eta\sin\frac{n\pi}{2}, \quad 0 \leqslant \varepsilon \leqslant \frac{a}{2} \tag{2-114}$$

$$M_{1\eta} = \frac{1}{a} \sum_{m=1,2}^{\infty} \left[(1+\mu) - (1-\mu)\left(\alpha_m b \coth\alpha_m b - \frac{1}{2}\alpha_m b \coth\alpha_m b - \alpha_m \eta \coth\alpha_m \eta\right)\right]$$
$$\cdot \frac{1}{2\alpha_m \mathrm{ch}\frac{1}{2}\alpha_m b} \mathrm{sh}\alpha_m\eta\sin\alpha_m\varepsilon\sin\frac{m\pi}{2}, \quad 0 \leqslant y \leqslant \frac{a}{2} \tag{2-115}$$

2.8.3 开采过程中几种常见的基本顶板支撑条件及求解

首采工作面开采过程中，由于工作面直接布置在实体煤中，因此在基本顶板发生初次断裂前将其力学模型视为四边固支的状态，当基本顶出现断裂后，工作面后方采空区一侧基本顶板的边界支撑条件属于自由的状态，整体属于三边固支、一边自由的状态。

通过对煤柱尺寸的分析，得到了接续工作面回采期间靠近首采工作面采空区一侧的支撑条件，由于煤柱尺寸的不同应当包括固支、简支及自由三种情况，因此接续工作面回采期间基本顶板初次断裂前其力学模型包括四边固支，三边固支、一边简支，三边固支、一边自由，三种情况。

当接续工作面基本顶初次断裂后，认为工作面后部采空区上方的顶板边界支撑条件与首采工作面基本顶初次断裂后相同，即属于自由的状态，因此结合工作面之间留设煤柱的情况，得到组合的弹性薄板力学模型包括三边固支、一边自由，一边简支、一边自由、两邻边固支，两邻边自由、两邻边固支。

1. 四边固支矩形板的求解

前述分析已经表明，四边固支矩形板即工作面周围实体煤的宽度达到一定程度，即煤柱(体)中部有原岩应力区的存在。四边固支矩形板包括两种情况，首采工作面开始回采即属于此类力学模型，如果区段间护巷煤柱宽度足够保证中间存在原岩应力区的情况，接续工作面开始回采亦属于此种力学模型。由于原岩应力区的存在，因此对于基本顶板的承载可以直接按照均布载荷 q 进行计算，这里 q 相当于原岩应力。

图 2-40 为四边固支矩形板，板面上作用有均布载荷 q，为了计算方便，在此去掉四个边的弯曲约束，以 $M_{x0}, M_{xa}, M_{y0}, M_{yb}$ 代替，如图 2-40(b)所示，由于属于对称结构，并且是均布载荷，因此假设：

$$\begin{cases} M_{x0} = M_{xa} = \sum_{n=1,3}^{\infty} A_n \sin \beta_n y \\ M_{y0} = M_{yb} = \sum_{m=1,3}^{\infty} C_m \sin \alpha_m x \end{cases} \tag{2-116}$$

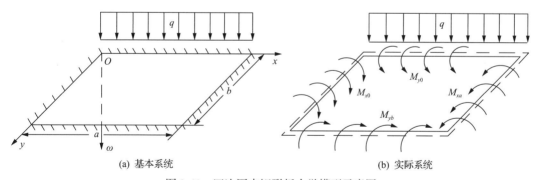

(a) 基本系统　　　　　　　　　　　　(b) 实际系统

图 2-40　四边固支矩形板力学模型示意图

在图 2-40 基本系统与实际系统之间应用功的互等定理，得到：

$$\begin{aligned} \omega(\varepsilon, \eta) = & \int_0^a \int_0^b q\omega_1 \mathrm{d}x\mathrm{d}y + \int_0^b \sum_{n=1,3}^{\infty} A_n \sin \beta_n y \omega_{1,x0} \mathrm{d}y - \int_0^b \sum_{n=1,3}^{\infty} A_n \sin \beta_n y \omega_{1,xa} \mathrm{d}y \\ & + \int_0^a \sum_{m=1,3}^{\infty} C_m \sin \alpha_m x \omega_{1,y0} \mathrm{d}x - \int_0^a \sum_{m=1,3}^{\infty} C_m \sin \alpha_m x \omega_{1,yb} \mathrm{d}x \end{aligned} \tag{2-117}$$

从式(2-117)中可以看出，公式右侧后四项均已有表达形式，唯有第一项的 ω_1 尚需求解，因此需要结合基本系统对均布载荷作用的四边固支矩形板进行功的互等定理计算，过程如下：

$$\omega_1(\varepsilon,\eta) = \int_0^a \int_0^b q\omega_1(x,y;\varepsilon,\eta)\mathrm{d}x\mathrm{d}y \tag{2-118}$$

代入式(2-80)，得到：

$$\omega_1(\varepsilon,\eta) = \frac{8}{Dab}\sum_{m=1,3}^{\infty}\sum_{n=1,3}^{\infty}\frac{2q}{\alpha_m\beta_n K_{mn}^2}\sin\alpha_m\varepsilon\sin\beta_n\eta \tag{2-119}$$

同样，按照前述给出的双曲函数和三角级数混合表示的方法进行计算推导，并进行转换，得到：

$$\omega_1 = \frac{4q}{Da}\sum_{m=1,3}^{\infty}\left\{1+\frac{1}{2\mathrm{ch}\frac{1}{2}\alpha_m b}\left[\alpha_m\left(\eta-\frac{1}{2}b\right)\mathrm{sh}\alpha_m\left(\eta-\frac{1}{2}b\right)-\left(2+\frac{1}{2}\alpha_m b\,\mathrm{th}\frac{1}{2}\alpha_m b\right)\mathrm{ch}\alpha_m\left(\eta-\frac{1}{2}b\right)\right]\right\}$$
$$\cdot\frac{1}{\alpha_m^5}\sin\alpha_m\varepsilon$$

或者：

$$\omega_1 = \frac{4q}{Db}\sum_{m=1,3}^{\infty}\left\{1+\frac{1}{2\mathrm{ch}\frac{1}{2}\beta_n a}\left[\beta_n\left(\varepsilon-\frac{1}{2}a\right)\mathrm{sh}\beta_n\left(\varepsilon-\frac{1}{2}a\right)-\left(2+\frac{1}{2}\beta_n a\,\mathrm{th}\frac{1}{2}\beta_n a\right)\mathrm{ch}\beta_n\left(\varepsilon-\frac{1}{2}a\right)\right]\right\}$$
$$\cdot\frac{1}{\beta_n^5}\sin\beta_n\eta$$

$$\tag{2-120}$$

公式后四项分别代入式(2-98)～式(2-101)，得到：

$$\omega(\varepsilon,\eta) = \frac{4q}{Da}\sum_{m=1,3}^{\infty}\left\{1+\frac{1}{2\mathrm{ch}\frac{1}{2}\alpha_m b}\left[\alpha_m\left(\eta-\frac{1}{2}b\right)\mathrm{sh}\alpha_m\left(\eta-\frac{1}{2}b\right)-\left(2+\frac{1}{2}\alpha_m b\,\mathrm{th}\frac{1}{2}\alpha_m b\right)\mathrm{ch}\alpha_m\left(\eta-\frac{1}{2}b\right)\right]\right\}$$
$$\cdot\frac{1}{\alpha_m^5}\sin\alpha_m\varepsilon$$

或者

$$\omega(\varepsilon,\eta) = \frac{4q}{Db}\sum_{m=1,3}^{\infty}\left\{1+\frac{1}{2\mathrm{ch}\frac{1}{2}\beta_n a}\left[\beta_n\left(\varepsilon-\frac{1}{2}a\right)\mathrm{sh}\beta_n\left(\varepsilon-\frac{1}{2}a\right)-\left(2+\frac{1}{2}\beta_n a\,\mathrm{th}\frac{1}{2}\beta_n a\right)\mathrm{ch}\beta_n\left(\varepsilon-\frac{1}{2}a\right)\right]\right\}$$
$$\cdot\frac{1}{\beta_n^5}\sin\beta_n\eta+\frac{1}{2D}\sum_{n=1,3}^{\infty}\left(\frac{\beta_n a}{2\mathrm{ch}^2\frac{1}{2}\beta_n a}\mathrm{sh}\beta_n\varepsilon+\mathrm{th}\frac{1}{2}\beta_n a\beta_n\varepsilon\mathrm{ch}\beta_n\varepsilon-\beta_n\varepsilon\mathrm{sh}\beta_n\varepsilon\right)\frac{A_n}{\beta_n^2}\sin\beta_n\eta$$
$$+\frac{1}{2D}\sum_{m=1,3}^{\infty}\left(\frac{\alpha_m b}{2\mathrm{ch}^2\frac{1}{2}\alpha_m b}\mathrm{sh}\alpha_m\eta+\mathrm{th}\frac{1}{2}\alpha_m b\alpha_m\eta\mathrm{ch}\alpha_m b-\alpha_m\eta\mathrm{sh}\alpha_m\eta\right)\frac{C_m}{\alpha_m^2}\sin\alpha_m\varepsilon$$

$$\tag{2-121}$$

再次对后四项代入双三角级数表达式(2-81)~式(2-84)，得到：

$$\frac{4}{Da}\sum_{n=1,3}^{\infty}\sum_{m=1,3}^{\infty}\frac{A_n\alpha_m}{K_{mn}^2}\sin\alpha_m\varepsilon\sin\beta_n\eta+\frac{4}{Db}\sum_{m=1,3}^{\infty}\sum_{n=1,3}^{\infty}\frac{C_m\beta_n}{K_{mn}^2}\sin\alpha_m\varepsilon\sin\beta_n\eta \qquad (2\text{-}122)$$

在各种类型支撑条件下板的边界前述已经给出，了解到固支板的边界满足挠度为 0，转角为 0，从式(2-122)中可以看出挠度为 0 已经满足，因此再次取式(2-121)右端第 2 项、第 3 项，取式(2-122)第 2 项，对其进行一阶偏导，即需要满足：

$$\begin{cases}\varepsilon=0\\\left(\dfrac{\partial\omega}{\partial\varepsilon}\right)_{\varepsilon=0}=0\end{cases}$$

解得

$$\frac{2q}{Db}\cdot\frac{1}{\beta_n^4}\left(\text{th}\frac{1}{2}\beta_n a-\frac{\beta_n a}{2\text{ch}^2\frac{1}{2}\beta_n a}\right)+\frac{a}{2D}\left(\frac{1}{2\text{ch}^2\frac{1}{2}\beta_n a}+\frac{1}{\beta_n a}\text{th}\frac{1}{2}\beta_n a\right)A_n$$

$$+\frac{4}{Db}\sum_{m=1,3}^{\infty}\frac{\alpha_m\beta_n}{K_{mn}^2}C_m=0 \qquad (2\text{-}123)$$

同理，对于另一边同样采取上述计算方法，取式(2-121)第 1 项、第 4 项，及式(2-122)第 1 项，对其进行一阶偏导，需要满足：

$$\begin{cases}\eta=0\\\left(\dfrac{\partial\omega}{\partial\eta}\right)_{\eta=0}=0\end{cases}$$

解得

$$\frac{2q}{Da}\cdot\frac{1}{\alpha_m^4}\left(\text{th}\frac{1}{2}\alpha_m b-\frac{\alpha_m b}{2\text{ch}^2\frac{1}{2}\alpha_m b}\right)+\frac{a}{2D}\left(\frac{1}{2\text{ch}^2\frac{1}{2}\alpha_m b}+\frac{1}{\alpha_m b}\text{th}\frac{1}{2}\alpha_m b\right)C_m$$

$$+\frac{4}{Da}\sum_{n=1,3}^{\infty}\frac{\alpha_m\beta_n}{K_{mn}^2}A_n=0 \qquad (2\text{-}124)$$

弯矩表达式为

$$M_\varepsilon=\frac{2q}{a}\sum_{m=1,3}^{\infty}\frac{1}{\text{ch}\frac{1}{2}\alpha_m b}\left\{2\text{ch}\frac{1}{2}\alpha_m b-\left[2+(1-\mu)\frac{1}{2}\alpha_m b\text{th}\frac{1}{2}\alpha_m b\right]\cdot\text{ch}\alpha_m\left(\eta-\frac{b}{2}\right)\right.$$

$$\left.+(1-\mu)\alpha_m\left(\eta-\frac{b}{2}\right)\text{sh}\alpha_m\left(\eta-\frac{b}{2}\right)\right\}\frac{1}{\alpha_m^3}\sin\alpha_m\varepsilon$$

或者

$$M_\varepsilon = \frac{2q}{b} \sum_{n=1,3}^{\infty} \frac{1}{\mathrm{ch}\frac{1}{2}\beta_n a} \left\{ 2\mu \mathrm{ch}\frac{1}{2}\beta_n a - \left[2\lambda - (1-\mu)\frac{1}{2}\beta_n a \, \mathrm{th}\frac{1}{2}\beta_n a \right] \cdot \mathrm{ch}\beta_n \left(\varepsilon - \frac{a}{2} \right) \right.$$

$$\left. - (1-\mu)\beta_n \left(\varepsilon - \frac{a}{2} \right) \mathrm{sh}\beta_n \left(\varepsilon - \frac{a}{2} \right) \right\} \frac{1}{\beta_n^3} \sin\beta_n \eta$$

$$+ \frac{1}{2} \sum_{n=1,3}^{\infty} \left\{ -\left[2 + (1-\mu)\frac{1}{2}\beta_n a \frac{1}{\mathrm{sh}\beta_n a} \right] \cdot \mathrm{th}\frac{1}{2}\beta_n a \, \mathrm{sh}\beta_n \varepsilon + (1-\mu)\beta_n \varepsilon \mathrm{sh}\beta_n \varepsilon \right.$$

$$\left. + 2\mathrm{ch}\beta_n \varepsilon - (1-\mu)\mathrm{th}\frac{1}{2}\beta_n a \beta_n \varepsilon \mathrm{ch}\beta_n \varepsilon \right\} \sin\beta_n \eta (A_n)$$

$$+ \frac{1}{2} \sum_{n=1,3}^{\infty} \left\{ \left[-2\mu + (1-\mu)\frac{1}{\mathrm{sh}\alpha_m b}\alpha_m b \right] \mathrm{th}\frac{1}{2}\alpha_m b \, \mathrm{sh}\alpha_m \eta - (1-\mu)\alpha_m \eta \mathrm{sh}\alpha_m \eta \right.$$

$$\left. + 2\mu \mathrm{ch}\alpha_m \eta + (1-\mu)\mathrm{th}\frac{1}{2}\alpha_m b \alpha_m \eta \mathrm{ch}\alpha_m \eta \right\} \sin\alpha_m \varepsilon (C_m) \tag{2-125}$$

$$M_\eta = \frac{2q}{a} \sum_{m=1,3}^{\infty} \frac{1}{\mathrm{ch}\frac{1}{2}\alpha_m b} \left\{ 2\mu \mathrm{ch}\frac{1}{2}\alpha_m b - \left[2\lambda - (1-\mu)\frac{1}{2}\alpha_m b \, \mathrm{th}\frac{1}{2}\alpha_m b \right] \cdot \mathrm{ch}\alpha_m \left(\eta - \frac{b}{2} \right) \right.$$

$$\left. - (1-\mu)\alpha_m \left(\eta - \frac{b}{2} \right) \mathrm{sh}\alpha_m \left(\eta - \frac{b}{2} \right) \right\} \frac{1}{\alpha_m^3} \sin\alpha_m \varepsilon$$

或者

$$M_\eta = \frac{2q}{b} \sum_{n=1,3}^{\infty} \frac{1}{\mathrm{ch}\frac{1}{2}\beta_n a} \left\{ 2\mathrm{ch}\frac{1}{2}\beta_n a - \left[2 + (1-\mu)\frac{1}{2}\beta_n a \, \mathrm{th}\frac{1}{2}\beta_n a \right] \cdot \mathrm{ch}\beta_n \left(\varepsilon - \frac{a}{2} \right) \right.$$

$$\left. + (1-\mu)\beta_n \left(\varepsilon - \frac{a}{2} \right) \mathrm{sh}\beta_n \left(\varepsilon - \frac{a}{2} \right) \right\} \frac{1}{\beta_n^3} \sin\beta_n \eta$$

$$+ \frac{1}{2} \sum_{n=1,3}^{\infty} \left\{ -\left[2\mu + (1-\mu)\beta_n a \frac{1}{\mathrm{sh}\beta_n a} \right] \cdot \mathrm{th}\frac{1}{2}\beta_n a \, \mathrm{sh}\beta_n \varepsilon - (1-\mu)\beta_n \varepsilon \mathrm{sh}\beta_n \varepsilon \right.$$

$$\left. + 2\lambda \mathrm{ch}\beta_n \varepsilon + (1-\mu)\mathrm{th}\frac{1}{2}\beta_n a \beta_n \varepsilon \mathrm{ch}\beta_n \varepsilon \right\} \sin\beta_n \eta (A_n) \tag{2-126}$$

$$+ \frac{1}{2} \sum_{m=1,3}^{\infty} \left\{ -\left[2 + (1-\mu)\frac{1}{\mathrm{sh}\alpha_m b}\alpha_m b \right] \mathrm{th}\frac{1}{2}\alpha_m b \, \mathrm{sh}\alpha_m \eta + \cdot (1-\mu)\alpha_m \eta \mathrm{sh}\alpha_m \eta \right.$$

$$\left. + 2\mathrm{ch}\alpha_m \eta - (1-\mu)\mathrm{th}\frac{1}{2}\alpha_m b \alpha_m \eta \mathrm{ch}\alpha_m \eta \right\} \sin\alpha_m \varepsilon (C_m)$$

从上述公式可以看出，计算较为烦琐，因此在此简化公式，取 $b/a=1$ 以及 $b/a=0.5$ 两种边界尺寸比例，并且泊松比取 0.3，得出相应弯矩值见表 2-11。

表 2-11　固定边相应的弯矩值 $(-qa^2)$

M	b/a	x/a				
		0.1	0.2	0.3	0.4	0.5
$M_x=M_y$	1	0.008794	0.024491	0.038735	0.048447	0.051467
M_{y0}	0.5	0.005941	0.014369	0.018669	0.020001	0.021055
M_{x0}	0.5	0.003831	0.007435	0.010004	0.012249	0.013484

相应的弯矩分布如图 2-41 所示。

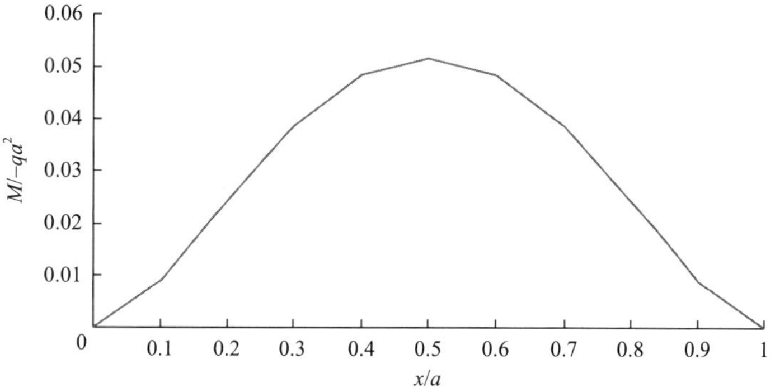

(a) $a=b$ 条件下固支边弯矩 $M_x=M_y$ 分布图

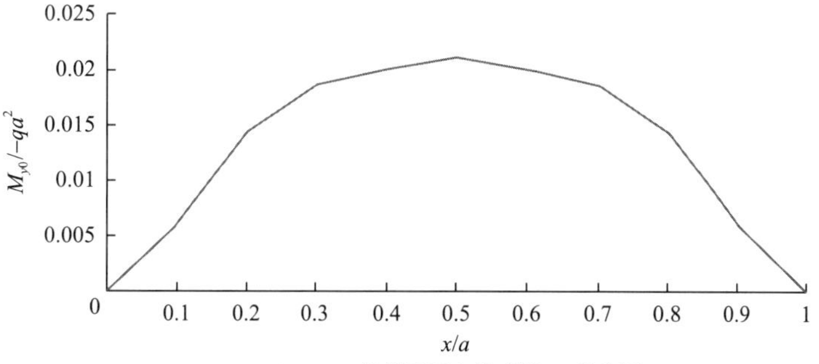

(b) $a=2b$ 条件下固支边弯矩 M_{y0} 分布图

图 2-41　两种边界尺寸下固支边弯矩分布图

从表 2-11 与图 2-41(a)中可以看出，$a=b$ 时，四边的弯矩相等并且远远大于 $a=2b$ 的情况，该计算同时验证了在工作面推进过程中，如果顶板较硬，就会出现"见方易垮"的现象，但是，如果工作面较长，顶板没有足够的强度，认为图 2-41(b)更接近真实的回采空间状态，并且在工作面中部均出现最大弯矩，因此当该弯矩达到顶板的极限状态时，将会在此处首先发生断裂。

2. 三边固支矩形板的求解

按照前述分析，综合相邻两个工作面的回采情况，三边固支板在回采过程中常见有两种类型，包括三边固支、一边自由，以及三边固支、一边简支。

1) 三边固支、一边自由

三边固支、一边自由的薄板力学模型包括首采工作面基本顶发生断裂后或者接续工作面在基本顶发生初次断裂前，但是与上一工作面之间的护巷煤柱留设较小，力学属性处于极限平衡状态，即煤柱(体)中只有塑性区和破坏区的存在，允许较大位移的出现。因此可以看出，虽然两种情况均属于三边固支、一边自由的状态，但是研究的侧重点不同，在力学模型中工作面上方始终是研究的重点，因此决定了第一种情况研究的是与自由边相对的固支边，如图 2-42(a)中的 $y=b$ 上方的弯矩分布情况，第二种情况研究的是与自由边相邻的固支边，如图 2-42(b)中 $x=0$ 或 $x=a$ 上方的弯矩分布情况。这里对力学模型的承载进行分析，按照前述煤柱的分析，既然是处于自由状态，因此认为边界的煤柱(体)已经完全破坏，从承载的角度考虑，自由边一侧下方的煤柱对上覆岩层提供的载荷按照0考虑即可，具体如图 2-42 所示。

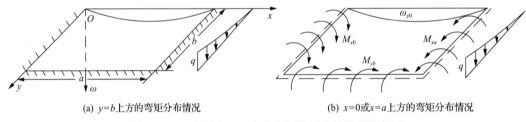

(a) $y=b$ 上方的弯矩分布情况　　　　　　　(b) $x=0$ 或 $x=a$ 上方的弯矩分布情况

图 2-42　三边固支、一边自由矩形板力学模型示意图

如图 2-42 所示，用相应的弯矩代替三个固定边的弯曲约束。并且从图 2-42 中可以看出，这是一对通过板中心且平行于 y 轴方向的对称弯曲，故按照前述给出的板的边界条件，假设：

$$M_{x0} = M_{xa} = \sum_{n=1,2}^{\infty} A_n \sin \beta_n y \tag{2-127}$$

$$\begin{cases} M_{yb} = \sum_{m=1,3}^{\infty} D_m \sin \alpha_m x \\ \omega_{y0} = \sum_{m=1,3}^{\infty} C_m \sin \alpha_m x \end{cases} \tag{2-128}$$

在基本系统与图 2-42 所示系统之间应用功的互等定理，得到：

$$\omega(\varepsilon, \eta) = \int_0^a \int_0^b \frac{y}{b} q_0 \omega_1 \mathrm{d}x\mathrm{d}y + \int_0^a V_{1y0} \omega_{y0} \mathrm{d}x \\ + \int_0^b M_{x0} \omega_{1,x0} \mathrm{d}y - \int_0^b M_{xa} \omega_{1,xa} \mathrm{d}y - \int_0^a M_{yb} \omega_{1,yb} \mathrm{d}x \tag{2-129}$$

同样需要首先确定 ω_1 的表达式，再次应用式(2-120)，但是需要考虑板的不同边界以及承载问题，因此需要将 q 进行变换，同时 ε 与 η 互换，m 与 n 互换，α_m 与 β_n 互换，a 与 b 互换，即可得到 ω_1 的表达式：

$$\omega_1 = \frac{2}{Db}\sum_{n=1,2}^{\infty}(-1)^{n+1}q\left\{1 + \frac{1}{2\mathrm{ch}\frac{1}{2}\beta_n a}\left[\beta_n\left(\varepsilon - \frac{a}{2}\right)\mathrm{sh}\,\beta_n\left(\varepsilon - \frac{a}{2}\right)\right.\right.$$
$$\left.\left. - \left(2 + \frac{1}{2}\beta_n a\,\mathrm{th}\frac{1}{2}\beta_n a\right)\mathrm{ch}\beta_n\left(\varepsilon - \frac{a}{2}\right)\right]\right\}\cdot\frac{1}{\beta_n^5}\sin\beta_n\eta \tag{2-130}$$

或者

$$\omega_1 = \frac{-2q}{Da}\sum_{m=1,3}^{\infty}\left[(2 + \alpha_m b\coth\alpha_m b)\frac{1}{\mathrm{sh}\alpha_m b}\mathrm{sh}\alpha_m\eta - \frac{1}{\mathrm{sh}\alpha_m b}\alpha_m\eta\,\mathrm{ch}\alpha_m\eta - \frac{2}{b}\eta\right]\frac{1}{\alpha_m^5}\sin\alpha_m\varepsilon$$

同时，需要取关于 V_{1,y_0} 的式 (2-104) 代入式 (2-129) 右端第 2 项，得到：

$$\frac{1}{2}\sum_{m=1,3}^{\infty}\{2 + (1-\mu)[\alpha_m b\coth\alpha_m b - \alpha_m(b-\eta)\cdot\coth\alpha_m(b-\eta)]\}\cdot\frac{C_m}{\mathrm{sh}\alpha_m b}\mathrm{sh}\alpha_m(b-\eta)\sin\alpha_m\varepsilon \tag{2-131}$$

将表达 ω_1，x_0 的相关表达式 (2-98) 代入式 (2-129) 右端第 3 项，得到：

$$\frac{1}{2D}\sum_{n=1,2}^{\infty}[\beta_n a\coth\beta_n a - \beta_n(a-\varepsilon)\coth\beta_n(a-\varepsilon)]\cdot\frac{A_n}{\beta_n^2\mathrm{sh}\beta_n a}\mathrm{sh}\beta_n(a-\varepsilon)\sin\beta_n\eta \tag{2-132}$$

将表达 ω_1，x_a 的相关表达式 (2-99) 代入式 (2-129) 右端第 4 项，得到：

$$\frac{1}{2D}\sum_{n=1,2}^{\infty}(\beta_n a\coth\beta_n a - \beta_n\varepsilon\coth\beta_n\varepsilon)\cdot\frac{A_n}{\beta_n^2\mathrm{sh}\beta_n a}\mathrm{sh}\beta_n\varepsilon\sin\beta_n\eta \tag{2-133}$$

将表达 ω_1，y_b 的相关表达式 (2-101) 代入式 (2-129) 右端第 5 项，得到：

$$\frac{1}{2D}\sum_{m=1,3}^{\infty}(\alpha_m b\coth\alpha_m b - \alpha_m\eta\cdot\coth\alpha_m\eta)\cdot\frac{D_m}{\alpha_m^2\mathrm{sh}\alpha_m b}\mathrm{sh}\alpha_m\eta\sin\alpha_m\varepsilon \tag{2-134}$$

整理，得到 $\omega(\varepsilon,\eta)$ 的表达式如下：

$$\omega(\varepsilon,\eta) = \frac{2q}{Db}\sum_{n=1,2}^{\infty}\left\{1 + \frac{1}{2\mathrm{ch}\frac{1}{2}\beta_n a}\left[\beta_n\left(\varepsilon - \frac{a}{2}\right)\mathrm{sh}\beta_n\left(\varepsilon - \frac{a}{2}\right)\right.\right.$$
$$\left.\left. - \left(2 + \frac{1}{2}\beta_n a\,\mathrm{th}\frac{1}{2}\beta_n a\right)\mathrm{ch}\beta_n\left(\varepsilon - \frac{a}{2}\right)\right]\right\}\cdot\frac{(-1)^{n+1}}{\beta_n^5}\sin\beta_n\eta$$

or

$$\omega(\varepsilon,\eta) = \frac{-2q}{Da}\sum_{m=1,3}^{\infty}\left[(2+\alpha_m b\coth\alpha_m b)\frac{1}{\mathrm{sh}\alpha_m b}\mathrm{sh}\alpha_m\eta - \frac{1}{\mathrm{sh}\alpha_m b}\alpha_m\eta\mathrm{ch}\alpha_m\eta\right.$$

$$\left. -\frac{2}{b}\eta\right]\frac{1}{\alpha_m^5}\sin\alpha_m\varepsilon + \frac{1}{2}\sum_{m=1,3}^{\infty}\{2+(1-\mu)[\alpha_m b\coth\alpha_m b - \alpha_m(b-\eta)$$

$$\cdot\coth\alpha_m(b-\eta)]\}\cdot\frac{C_m}{\mathrm{sh}\alpha_m b}\mathrm{sh}\alpha_m(b-\eta)\sin\alpha_m\varepsilon$$

$$+\frac{1}{2D}\sum_{n=1,2}^{\infty}\left(\frac{\beta_n a}{2\mathrm{ch}^2\frac{1}{2}\beta_n a}\mathrm{sh}\beta_n\varepsilon + \mathrm{th}\frac{1}{2}\beta_n a\beta_n\varepsilon\mathrm{ch}\beta_n\varepsilon - \beta_n\varepsilon\mathrm{sh}\beta_n\varepsilon\right)$$

$$\cdot\frac{A_n}{\beta_n^2}\sin\beta_n\eta + \frac{1}{2D}\sum_{m=1,3}^{\infty}(\alpha_m b\coth\alpha_m b - \alpha_m\eta\cdot\coth\alpha_m\eta)\cdot\frac{D_m}{\alpha_m^2\mathrm{sh}\alpha_m b}\mathrm{sh}\alpha_m\eta\sin\alpha_m\varepsilon$$

$$(2\text{-}135)$$

同样取 $V_{1,y0}$ 的双三角级数公式(2-87)代入式(2-129)右端第 2 项，得到：

$$\frac{2}{b}\sum_{m=1,3}^{\infty}\sum_{n=1,2}^{\infty}\frac{C_m}{K_{mn}^2}[\beta_n^3+(2-\mu)\alpha_m^2\beta_n]\sin\alpha_m\varepsilon\sin\beta_n\eta \qquad (2\text{-}136)$$

将表达 ω_1, x_0 的双三角级数公式(2-81)代入式(2-129)右端第 3 项，得到：

$$\frac{2}{Da}\sum_{m=1,3}^{\infty}\sum_{n=1,2}^{\infty}\frac{A_n\alpha_m}{K_{mn}^2}\sin\alpha_m\varepsilon\sin\beta_n\eta \qquad (2\text{-}137)$$

将表达 ω_1, x_a 的双三角级数公式(2-82)代入式(2-129)右端第 4 项，得到：

$$\frac{2}{Da}\sum_{m=1,3}^{\infty}\sum_{n=1,2}^{\infty}\frac{A_n\alpha_m}{K_{mn}^2}\sin\alpha_m\varepsilon\sin\beta_n\eta \qquad (2\text{-}138)$$

将表达 ω_1, y_b 的双三角级数公式(2-74)代入式(2-129)右端第 5 项，得到：

$$\frac{2}{Db}\sum_{m=1,3}^{\infty}\sum_{n=1,2}^{\infty}\frac{D_m(-1)^{n+1}\beta_n}{K_{mn}^2}\sin\alpha_m\varepsilon\sin\beta_n\eta \qquad (2\text{-}139)$$

根据三边固支、一边自由板的边界特点，进行系数求解，首先取式(2-135)右端第 2 项和第 4 项，取式(2-135)和式(2-139)进行相加，然后求 ε 的一阶偏导，即

$$\left(\frac{\partial\omega}{\partial\varepsilon}\right)_{\varepsilon=0}=0$$

得到:

$$\frac{q}{Db}\left(\text{th}\frac{1}{2}\beta_n a - \frac{\beta_n a}{2\text{ch}^2\frac{1}{2}\beta_n a}\right)\frac{(-1)^{n+1}}{\beta_n^4} + \frac{1}{2D}\left(\frac{\beta_n a}{2\text{ch}^2\frac{1}{2}\beta_n a} + \text{th}\frac{1}{2}\beta_n a\right)\frac{A_n}{\beta_n}$$

$$+\frac{2}{b}\sum_{m=1,3}^{\infty}\frac{\alpha_m}{K_{mn}^2}[\beta_n^3 + (2-\mu)\alpha_m^2\beta_n]C_m + \frac{2}{Db}\sum_{m=1,3}^{\infty}\frac{(-1)^{n+1}\alpha_m\beta_n}{K_{mn}^2}D_m = 0 \tag{2-140}$$

同样，取式(2-135)右端的第 1 项、第 3 项及第 5 项，取式(2-137)和式(2-138)进行相加，然后求 η 的一阶偏导，即

$$\left(\frac{\partial\omega}{\partial\eta}\right)_{\eta=b} = 0$$

得到:

$$-\frac{2q}{Da}\left(\frac{\alpha_m b}{\text{sh}^2\alpha_m b} + \coth\alpha_m b - \frac{2}{\alpha_m b}\right)\frac{1}{\alpha_m^4} + \frac{4}{Da}\sum_{n=1,2}^{\infty}\frac{(-1)^n\alpha_m\beta_n}{K_{mn}^2}A_n$$

$$-\frac{1}{2}[1 + \alpha_m b\coth\alpha_m b + \mu(1 - \alpha_m b\coth\alpha_m b)]\frac{\alpha_m}{\text{sh}\alpha_m b}C_m \tag{2-141}$$

$$+\frac{b}{2D}\left(\frac{1}{\text{sh}^2\alpha_m b} - \frac{1}{\alpha_m b}\coth\alpha_m b\right)D_m = 0$$

同样，由于自由边 $V=0$，因此重复式(2-141)的计算过程，但是边界条件为 $(V_\eta)_{\eta=0} = 0$，有

$$-\frac{2q}{a}\left[(1-\mu)\frac{\alpha_m b\text{ch}\alpha_m b}{\text{sh}^2\alpha_m b} + (3-\mu)\frac{1}{\text{sh}\alpha_m b} - (2-\mu)\frac{2}{\alpha_m b}\right]\frac{1}{\alpha_m^2}$$

$$+\frac{4}{a}\sum_{n=1,2}^{\infty}\frac{\alpha_m\beta_n}{K_{mn}^2}[\beta_n^2 + (2-\mu)\alpha_m^2]A_n - \frac{D}{2}\left[2(1-\mu^2)\text{ch}\alpha_m b + \right.$$

$$\left.(1-\mu)^2\left(\text{ch}\alpha_m b + \frac{\alpha_m b}{\text{sh}\alpha_m b}\right)\right]\frac{\alpha_m^3}{\text{sh}\alpha_m b}C_m \tag{2-142}$$

$$+\frac{1}{2}[1 + \alpha_m b\coth\alpha_m b + \mu(1 - \alpha_m b\coth\alpha_m b)]\frac{\alpha_m}{\text{sh}\alpha_m b}D_m = 0$$

从上述公式可以求解出 A_n、D_m 以及 C_m，并进行计算，由于 $y=0$ 属于自由边，因此泊松比在此取 1/6，并且需要注意的是，三边固支、一边自由在开采过程中表现为两种情况，即相邻上一工作面采空区一侧自由和工作面推进的后方出现自由边，因此，需要给出矩形板的两条固支边的弯矩解，即 $y=b$ 和 $x=0$，见表 2-12 及图 2-43、图 2-44。

表 2-12　三边固支、一边自由力学模型固支边弯矩分布$(-qa^2)$

M	$x/a(y/b)$				
	0.05	0.15	0.25	0.35	0.5
M_{x0}	−0.01524	−0.01893	−0.02493	−0.02788	−0.02974
M_{yb}	0.00112	−0.01116	−0.02259	−0.03041	−0.03517

M	$x/a(y/b)$				
	0.6	0.7	0.8	0.9	0.95
M_{x0}	−0.02712	−0.02497	−0.01960	−0.00924	−0.00554
M_{yb}	−0.03291	−0.02710	−0.01759	−0.00526	0.00112

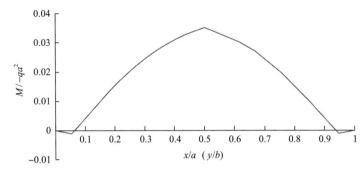

图 2-43　固支边 $y=b$ 上方的弯矩分布示意图

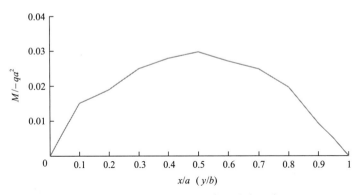

图 2-44　固支边 $x=0$ 上方的弯矩分布示意图

对图 2-43 及图 2-44 所示的弯矩进行分析，建立的弹性薄板力学模型中，边 $y=0$ 处于自由状态，从图 2-43 可以看出，与自由边相对的固支边弯矩依然是工作面中部达到峰值，并且从工作面中部的峰值点向两侧对称式衰减，与四边固支板的对称不同的是在两端出现正弯矩。从图 2-44 中可以看出，与自由边 $y=0$ 相邻的 $x=0$ 边上的弯矩分布依然是工作面中部出现峰值，但是工作面峰值两侧没有体现出对称性，靠近自由边（上一工作面采空区侧）的弯矩明显大于相反一侧的弯矩，因此可以看出，自由边的出现造成工作面弯矩有向采空区一侧转移的趋势。

2）三边固支、一边简支计算分析

三边固支、一边简支力学模型仅仅针对接续工作面开始回采期间，对于留设的护巷煤柱支撑的顶板会出现一定角度的旋转，如图 2-45 所示。

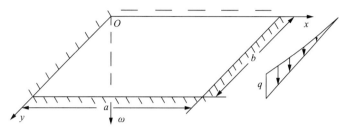

图 2-45　三边固支、一边简支矩形板力学模型示意图

按照三边固支、一边简支的特点，进行假设：

$$M_{x0} = M_{xa} = \sum_{n=1,2}^{\infty} A_n \sin \beta_n y \tag{2-143}$$

$$M_{yb} = \sum_{m=1,3}^{\infty} D_m \sin \alpha_m x \tag{2-144}$$

在基本系统与图 2-45 所示系统之间应用功的互等定理，得到：

$$\omega(\varepsilon,\eta) = \int_0^a \int_0^b \frac{y}{b} q_0 \omega_1 \mathrm{d}x\mathrm{d}y + \int_0^b M_{x0}\omega_{1,x0}\mathrm{d}y - \int_0^b M_{xa}\omega_{1,xa}\mathrm{d}y - \int_0^a M_{yb}\omega_{1,yb}\mathrm{d}x \tag{2-145}$$

其中：

$$\omega_1 = \frac{2}{Db}\sum_{n=1,2}^{\infty} (-1)^{n+1} q \left\{ 1 + \frac{1}{2\mathrm{ch}\frac{1}{2}\beta_n a}\left[\beta_n\left(\varepsilon - \frac{a}{2}\right)\mathrm{sh}\beta_n\left(\varepsilon - \frac{a}{2}\right) \right.\right.$$
$$\left.\left. -\left(2 + \frac{1}{2}\beta_n a \mathrm{th}\frac{1}{2}\beta_n a\right)\mathrm{ch}\beta_n\left(\varepsilon - \frac{a}{2}\right)\right]\right\} \cdot \frac{1}{\beta_n^5}\sin\beta_n\eta$$

or

$$\omega_1 = \frac{-2q}{Da}\sum_{m=1,3}^{\infty}\left[(2 + \alpha_m b\coth\alpha_m b)\frac{1}{\mathrm{sh}\alpha_m b}\mathrm{sh}\alpha_m\eta - \frac{1}{\mathrm{sh}\alpha_m b}\alpha_m\eta\mathrm{ch}\alpha_m\eta \right.$$
$$\left. -\frac{2}{b}\eta \right]\frac{1}{\alpha_m^5}\sin\alpha_m\varepsilon \tag{2-146}$$

将表达 ω_1, x_0 的相关表达式(2-121)代入式(2-145)右端第 2 项，得到：

$$\frac{1}{2D}\sum_{n=1,2}^{\infty}\left[\beta_n a\coth\beta_n a - \beta_n(a-\varepsilon)\coth\beta_n(a-\varepsilon)\right]$$
$$\cdot\frac{A_n}{\beta_n^2\mathrm{sh}\beta_n a}\mathrm{sh}\beta_n(a-\varepsilon)\sin\beta_n\eta \tag{2-147}$$

将表达 ω_1, x_a 的相关表达式(2-122)代入式(2-145)右端第 3 项，得到：

$$\frac{1}{2D}\sum_{n=1,2}^{\infty}(\beta_n a\coth\beta_n a-\beta_n\varepsilon\coth\beta_n\varepsilon)\cdot\frac{A_n}{\beta_n^2\mathrm{sh}\beta_n a}\mathrm{sh}\beta_n\varepsilon\sin\beta_n\eta \tag{2-148}$$

将表达 ω_1，y_b 的相关表达式(2-80)代入式(2-145)右端第 4 项，得到：

$$\frac{1}{2D}\sum_{m=1,3}^{\infty}(\alpha_m b\coth\alpha_m b-\alpha_m\eta\cdot\coth\alpha_m\eta)\cdot\frac{D_m}{\alpha_m^2\mathrm{sh}\alpha_m b}\mathrm{sh}\alpha_m\eta\sin\alpha_m\varepsilon \tag{2-149}$$

整理得到 $\omega(\varepsilon,\eta)$ 的表达式如下：

$$\omega(\varepsilon,\eta)=\frac{2q}{Db}\sum_{n=1,2}^{\infty}\left\{1+\frac{1}{2\mathrm{ch}\frac{1}{2}\beta_n a}\left[\beta_n\left(\varepsilon-\frac{a}{2}\right)\mathrm{sh}\beta_n\left(\varepsilon-\frac{a}{2}\right)\right.\right.$$
$$\left.\left.-\left(2+\frac{1}{2}\beta_n a\mathrm{th}\frac{1}{2}\beta_n a\right)\mathrm{ch}\beta_n\left(\varepsilon-\frac{a}{2}\right)\right]\right\}\cdot\frac{(-1)^{n+1}}{\beta_n^5}\sin\beta_n\eta$$

$$\text{or}\ \omega(\varepsilon,\eta)=\frac{-2q}{Da}\sum_{m=1,3}^{\infty}\left[(2+\alpha_m b\coth\alpha_m b)\frac{1}{\mathrm{sh}\alpha_m b}\mathrm{sh}\alpha_m\eta-\frac{1}{\mathrm{sh}\alpha_m b}\alpha_m\eta\mathrm{ch}\alpha_m\eta\right.$$
$$\left.-\frac{2}{b}\eta\right]\frac{1}{\alpha_m^5}\sin\alpha_m\varepsilon+\frac{1}{2D}\sum_{n=1,2}^{\infty}\left(\frac{\beta_n a}{2\mathrm{ch}^2\frac{1}{2}\beta_n a}\mathrm{sh}\beta_n\varepsilon+\mathrm{th}\frac{1}{2}\beta_n a\beta_n\varepsilon\mathrm{ch}\beta_n\varepsilon-\beta_n\varepsilon\mathrm{sh}\beta_n\varepsilon\right)$$
$$\cdot\frac{A_n}{\beta_n^2}\sin\beta_n\eta+\frac{1}{2D}\sum_{m=1,3}^{\infty}(\alpha_m b\coth\alpha_m b-\alpha_m\eta\cdot\coth\alpha_m\eta)\cdot\frac{D_m}{\alpha_m^2\mathrm{sh}\alpha_m b}\mathrm{sh}\alpha_m\eta\sin\alpha_m\varepsilon \tag{2-150}$$

将表达 ω_1，x_0 的双三角级数公式(2-81)代入式(2-145)右端第 2 项，得到：

$$\frac{2}{Da}\sum_{m=1,3}^{\infty}\sum_{n=1,2}^{\infty}\frac{A_n\alpha_m}{K_{mn}^2}\sin\alpha_m\varepsilon\sin\beta_n\eta \tag{2-151}$$

将表达 ω_1，x_a 的双三角级数公式(2-81)代入式(2-145)右端第 3 项，得到：

$$\frac{2}{Da}\sum_{m=1,3}^{\infty}\sum_{n=1,2}^{\infty}\frac{A_n\alpha_m}{K_{mn}^2}\sin\alpha_m\varepsilon\sin\beta_n\eta \tag{2-152}$$

将表达 ω_1，y_b 的双三角级数公式(2-74)代入式(2-145)右端第 4 项，得到：

$$\frac{2}{Db}\sum_{m=1,3}^{\infty}\sum_{n=1,2}^{\infty}\frac{D_m(-1)^{n+1}\beta_n}{K_{mn}^2}\sin\alpha_m\varepsilon\sin\beta_n\eta \tag{2-153}$$

根据三边固支、一边简支板的边界特点，对 ε 进行一阶偏导，即

$$\left(\frac{\partial\omega}{\partial\varepsilon}\right)_{\varepsilon=0}=0$$

得到：

$$\frac{q}{Db}\left(\operatorname{th}\frac{1}{2}\beta_n a - \frac{\beta_n a}{2\operatorname{ch}^2\frac{1}{2}\beta_n a}\right)\frac{(-1)^{n+1}}{\beta_n^4} + \frac{1}{2D}\left(\frac{\beta_n a}{2\operatorname{ch}^2\frac{1}{2}\beta_n a} + \operatorname{th}\frac{1}{2}\beta_n a\right)\frac{A_n}{\beta_n} \tag{2-154}$$

$$+\frac{2}{Db}\sum_{m=1,3}^{\infty}\frac{(-1)^{n+1}\alpha_m\beta_n}{K_{mn}^2}D_m = 0$$

同样，对 η 进行一阶偏导，即

$$\left(\frac{\partial\omega}{\partial\eta}\right)_{\eta=b} = 0$$

得到：

$$-\frac{2q}{Da}\left(\frac{\alpha_m b}{\operatorname{sh}^2\alpha_m b} + \coth\alpha_m b - \frac{2}{\alpha_m b}\right)\frac{1}{\alpha_m^4} + \frac{4}{Da}\sum_{n=1,2}^{\infty}\frac{(-1)^n\alpha_m\beta_n}{K_{mn}^2}A_n \tag{2-155}$$

$$+\frac{b}{2D}\left(\frac{1}{\operatorname{sh}^2\alpha_m b} - \frac{1}{\alpha_m b}\coth\alpha_m b\right)D_m = 0$$

对上述公式进行整理、取值，其中泊松比取 0.3，得到表 2-13 和图 2-46。

表 2-13　固支边 $x=0$ 处的弯矩值 $(-qa^2)$

M	y/b				
	0.1	0.2	0.3	0.4	0.5
M_{x0}	0.007154	0.14166	0.020839	0.026016	0.028617

M	y/b			
	0.55	0.65	0.75	0.95
M_{x0}	0.028904	0.027194	0.021593	0.003293

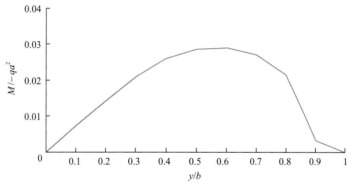

图 2-46　固支边 $x=0$ 上方的弯矩分布情况

分析图 2-46 煤柱对顶板简支的情况，弯矩的峰值向煤柱相反的一侧出现微小偏移，并且靠近采空区一侧的弯矩要小于另一方向。从而与前述自由边对比发现，简支边出现的峰值点与自由边的趋势相反。

3. 两邻边固支矩形板的求解

两邻边固支矩形板属于接续工作面基本顶初次断裂后的力学模型，按照煤柱留设尺寸包括两种情况，即两邻边固支、一边自由、一边简支，以及两邻边固支、两邻边自由。

1) 两邻边固支、一边自由、一边简支板

此处的承载与前述相同，力学模型如图 2-47 所示，根据边界条件，假设：

$$M_{x0} = \sum_{n=1,3}^{\infty} A_n \sin \beta_n y \tag{2-156}$$

$$\begin{cases} M_{yb} = \sum_{m=1,3}^{\infty} D_m \sin \alpha_m x \\ \omega_{y0} = \sum_{m=1,3}^{\infty} C_m \sin \alpha_m x \end{cases} \tag{2-157}$$

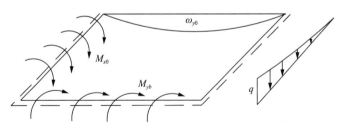

图 2-47　两邻边固支、一边自由、一边简支板力学模型示意图

同样，按照基本系统与图 2-47 所示系统进行功的互等定理计算，得到：

$$\omega(\varepsilon, \eta) = \int_0^a \int_0^b \frac{y}{b} q_0 \omega_1 \mathrm{d}x \mathrm{d}y + \int_0^a V_{1y0} \omega_{y0} \mathrm{d}x + \int_0^b M_{x0} \omega_{1,x0} \mathrm{d}y - \int_0^a M_{yb} \omega_{1,yb} \mathrm{d}x \tag{2-158}$$

前述已经多次给出 ω_1 的表达式，为

$$\omega_1 = \frac{2q}{Db} \sum_{n=1,3}^{\infty} \left\{ 1 + \frac{1}{2\mathrm{ch}\frac{1}{2}\beta_n a} \left[\beta_n \left(\varepsilon - \frac{a}{2} \right) \mathrm{sh}\beta_n \left(\varepsilon - \frac{a}{2} \right) \right. \right.$$

$$\left. \left. - \left(2 + \frac{1}{2}\beta_n a \mathrm{th}\frac{1}{2}\beta_n a \right) \mathrm{ch}\beta_n \left(\varepsilon - \frac{a}{2} \right) \right] \right\} \cdot \frac{1}{\beta_n^5} \sin \beta_n \eta$$

or
$$\omega_1 = \frac{-2q}{Da} \sum_{m=1,3}^{\infty} \left[(2 + \alpha_m b \coth \alpha_m b) \frac{1}{\sh \alpha_m b} \sh \alpha_m \eta - \frac{1}{\sh \alpha_m b} \alpha_m \eta \ch \alpha_m \eta \right. $$
$$\left. - \frac{2}{b} \eta \right] \frac{1}{\alpha_m^5} \sin \alpha_m \varepsilon \tag{2-159}$$

同时，需要取关于 V_{1y0} 的式 (2-104) 代入式 (2-158) 右端第 2 项，得到：

$$\frac{1}{2} \sum_{m=1,3}^{\infty} \{2 + (1 - \mu)[\alpha_m b \coth \alpha_m b - \alpha_m (b - \eta) \cdot \coth \alpha_m (b - \eta)]\} $$
$$\cdot \frac{C_m}{\sh \alpha_m b} \sh \alpha_m (b - \eta) \sin \alpha_m \varepsilon \tag{2-160}$$

将表达 ω_1，x_0 的相关表达式 (2-98) 代入式 (2-158) 右端第 3 项，得到：

$$\frac{1}{2D} \sum_{n=1,2}^{\infty} [\beta_n a \coth \beta_n a - \beta_n (a - \varepsilon) \coth \beta_n (a - \varepsilon)] $$
$$\cdot \frac{A_n}{\beta_n^2 \sh \beta_n a} \sh \beta_n (a - \varepsilon) \sin \beta_n \eta \tag{2-161}$$

将 ω_1，y_b 的相关表达式 (2-101) 代入式 (2-158) 右端第 4 项，得到：

$$\frac{1}{2D} \sum_{m=1,3}^{\infty} (\alpha_m b \coth \alpha_m b - \alpha_m \eta \cdot \coth \alpha_m \eta) \cdot \frac{D_m}{\alpha_m^2 \sh \alpha_m b} \sh \alpha_m \eta \sin \alpha_m \varepsilon \tag{2-162}$$

整理得到 $\omega(\varepsilon, \eta)$ 的表达式如下：

$$\omega_1 = \frac{2q}{Db} \sum_{n=1,3}^{\infty} \left\{ 1 + \frac{1}{2 \ch \frac{1}{2} \beta_n a} \left[\beta_n \left(\varepsilon - \frac{a}{2} \right) \sh \beta_n \left(\varepsilon - \frac{a}{2} \right) \right. \right. $$
$$\left. \left. - \left(2 + \frac{1}{2} \beta_n a \th \frac{1}{2} \beta_n a \right) \ch \beta_n \left(\varepsilon - \frac{a}{2} \right) \right] \right\} \cdot \frac{1}{\beta_n^5} \sin \beta_n \eta$$

or
$$\omega_1 = \frac{-2q}{Da} \sum_{m=1,3}^{\infty} \left[(2 + \alpha_m b \coth \alpha_m b) \frac{1}{\sh \alpha_m b} \sh \alpha_m \eta - \frac{1}{\sh \alpha_m b} \alpha_m \eta \ch \alpha_m \eta \right. $$
$$\left. - \frac{2}{b} \eta \right] \frac{1}{\alpha_m^5} \sin \alpha_m \varepsilon$$

$$+ \frac{1}{2} \sum_{m=1,3}^{\infty} \{2 + (1 - \mu)[\alpha_m b \coth \alpha_m b - \alpha_m (b - \eta) \cdot \coth \alpha_m (b - \eta)]\}$$
$$\cdot \frac{C_m}{\sh \alpha_m b} \sh \alpha_m (b - \eta) \sin \alpha_m \varepsilon$$

$$+ \frac{1}{2D} \sum_{n=1,2}^{\infty} [\beta_n a \coth \beta_n a - \beta_n (a - \varepsilon) \coth \beta_n (a - \varepsilon)]$$

$$\cdot \frac{A_n}{\beta_n^2 \mathrm{sh}\beta_n a} \mathrm{sh}\beta_n(a-\varepsilon)\sin\beta_n\eta$$

$$+\frac{1}{2D}\sum_{m=1,3}^{\infty}(\alpha_m b\coth\alpha_m b-\alpha_m\eta\cdot\coth\alpha_m\eta)\cdot\frac{D_m}{\alpha_m^2 \mathrm{sh}\alpha_m b}\mathrm{sh}\alpha_m\eta\sin\alpha_m\varepsilon \tag{2-163}$$

同样取 V_{1y_0} 的双三角级数公式(2-87)代入式(2-158)右端第 2 项，得到：

$$\frac{2}{b}\sum_{m=1,3}^{\infty}\sum_{n=1,2}^{\infty}\frac{C_m}{K_{mn}^2}[\beta_n^3+(2-\mu)\alpha_m^2\beta_n]\sin\alpha_m\varepsilon\sin\beta_n\eta \tag{2-164}$$

将表达 ω_1，x_0 的双三角级数公式(2-81)代入式(2-158)右端第 3 项，得到：

$$\frac{2}{Da}\sum_{m=1,3}^{\infty}\sum_{n=1,2}^{\infty}\frac{A_n\alpha_m}{K_{mn}^2}\sin\alpha_m\varepsilon\sin\beta_n\eta \tag{2-165}$$

将表达 ω_1，y_b 的双三角级数公式(2-74)代入式(2-158)右端第 4 项，得到：

$$\frac{2}{Db}\sum_{m=1,3}^{\infty}\sum_{n=1,2}^{\infty}\frac{D_m(-1)^{n+1}\beta_n}{K_{mn}^2}\sin\alpha_m\varepsilon\sin\beta_n\eta \tag{2-166}$$

根据二边固支、一边自由、一边简支板的边界特点，进行系数求解，首先取式(2-163)右端第 1 项和第 4 项，取式(2-163)和式(2-166)进行相加，然后求 ε 的一阶偏导，即

$$\left(\frac{\partial\omega}{\partial\varepsilon}\right)_{\varepsilon=0}=0$$

得到：

$$\frac{q}{Db}\left(\mathrm{th}\frac{1}{2}\beta_n a-\frac{\beta_n a}{2\mathrm{ch}^2\frac{1}{2}\beta_n a}\right)\frac{1}{\beta_n^4}$$

$$+\frac{1}{2D}(-\beta_n a\coth^2\beta_n a-\beta_n a+\coth\beta_n a)\frac{A_n}{\beta_n} \tag{2-167}$$

$$+\frac{2}{b}\sum_{m=1,3}^{\infty}\frac{\alpha_m}{K_{mn}^2}[\beta_n^3+(2-\mu)\alpha_m^2\beta_n]C_m+\frac{2}{Db}\sum_{m=1,3}^{\infty}\frac{(-1)^{n+1}\alpha_m\beta_n}{K_{mn}^2}D_m=0$$

同样，取式(2-163)右端的第 2 项、第 3 项及第 5 项，取式(2-164)和式(2-167)进行相加，然后求 η 的一阶偏导，即

$$\left(\frac{\partial\omega}{\partial\eta}\right)_{\eta=b}=0$$

得到:

$$-\frac{2q}{Da}\left(\frac{\alpha_m b}{\mathrm{sh}^2\alpha_m b}+\coth\alpha_m b-\frac{2}{\alpha_m b}\right)\frac{1}{\alpha_m^4}+\frac{2}{Da}\sum_{n=1,3}^{\infty}\frac{(-1)\alpha_m\beta_n}{K_{mn}^2}A_n$$

$$-\frac{1}{2}[1+\alpha_m b\coth\alpha_m b+\mu(1-\alpha_m b\coth\alpha_m b)]\frac{\alpha_m}{\mathrm{sh}\alpha_m b}C_m \qquad (2\text{-}168)$$

$$+\frac{b}{2D}\left(\frac{1}{\mathrm{sh}^2\alpha_m b}-\frac{1}{\alpha_m b}\coth\alpha_m b\right)D_m=0$$

同样, 由于自由边 $V=0$, 因此重复式(2-168)的计算过程, 但是边界条件为 $(V_\eta)_{\eta=0}=0$, 有

$$-\frac{2q}{a}\left[(1-\mu)\frac{\alpha_m b\,\mathrm{ch}\,\alpha_m b}{\mathrm{sh}^2\alpha_m b}+(3-\mu)\frac{1}{\mathrm{sh}\alpha_m b}-(2-\mu)\frac{2}{\alpha_m b}\right]\frac{1}{\alpha_m^2}$$

$$+\frac{2}{a}\sum_{n=1,2}^{\infty}\frac{\alpha_m\beta_n}{K_{mn}^2}\left[\beta_n^2+(2-\mu)\alpha_m^2\right]A_n-\frac{D}{2}[2(1-\mu^2)\mathrm{ch}\,\alpha_m b$$

$$+(1-\mu)^2\left(\mathrm{ch}\,\alpha_m b+\frac{\alpha_m b}{\mathrm{sh}\alpha_m b}\right)]\frac{\alpha_m^3}{\mathrm{sh}\alpha_m b}C_m \qquad (2\text{-}169)$$

$$+\frac{1}{2}[1+\alpha_m b\coth\alpha_m b+\mu(1-\alpha_m b\coth\alpha_m b)]\frac{\alpha_m}{\mathrm{sh}\alpha_m b}D_m=0$$

取泊松比为 1/6, 得到弯矩计算表 2-14 以及弯矩分布图 2-48。

表 2-14　固支边 $y=b$ 处的弯矩值 $(-qa^2)$

M	$x/a\ (y/b)$				
	0.05	0.15	0.25	0.35	0.5
M_{yb}	−0.00106	0.01060	0.02146	0.02888	0.03341

M	$x/a\ (y/b)$			
	0.55	0.65	0.75	0.95
M_{yb}	0.03374	0.03174	0.02521	−0.00384

从图 2-49 中可以看出, $y=b$ 固支边与 $x=a$ 简支边相邻, 图中体现出固支边上的弯矩峰值依然向采空区相反方向出现较小偏移, 并且采空区一侧整体弯矩要小于相反方向, 同样由于计算的固支边与自由边相对, 因此其两端弯矩出现正值。

2) 两邻边固支、两邻边自由板

这种力学模型属于典型的小煤柱开采, 相邻采空区一侧的煤体已经破坏, 当接续工作面基本顶发生断裂后的力学特点具体计算如图 2-49 所示。

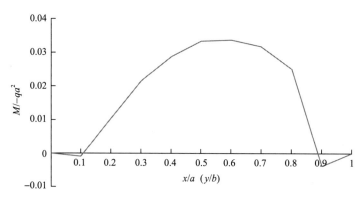

图 2-48 固支边的 $y=b$ 上弯矩分布

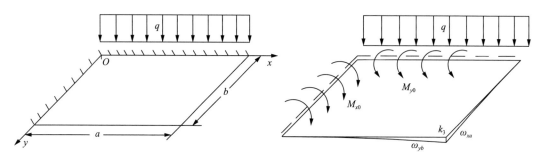

图 2-49 两邻边固支、两邻边自由弹性薄板力学模型示意图

根据图 2-49 所示系统,进行假设:

$$\begin{cases} M_{x0} = \sum_{n=1,2}^{\infty} A_n \sin \beta_n y \\[2mm] M_{y0} = \sum_{m=1,2}^{\infty} C_m \sin \alpha_m x \\[2mm] \omega_{xa} = \sum_{n=1,2}^{\infty} B_n \sin \beta_n y + \frac{y}{b} k_3 \\[2mm] \omega_{yb} = \sum_{m=1,2}^{\infty} D_m \sin \alpha_m x + \frac{x}{a} k_3 \end{cases} \tag{2-170}$$

式中,k_3 为自由角点的挠度。

在基本系统与图 2-49 所示系统中应用功的互等定理,得到:

$$\omega(\varepsilon, \eta) = \int_0^a \int_0^b q\omega_1 \mathrm{d}x\mathrm{d}y + \int_0^b M_{x0}\omega_{1,x0}\mathrm{d}y + \int_0^a M_{y0}\omega_{1,y0}\mathrm{d}x$$
$$- \int_0^b V_{1xa}\omega_{xa}\mathrm{d}y - \int_0^a V_{1yb}\omega_{yb}\mathrm{d}x + R_{1ab}k_3$$

$$
\begin{aligned}
&= \int_0^a \int_0^b q\omega_1 \mathrm{d}x\mathrm{d}y + \int_0^b M_{x0}\omega_{1,x0}\mathrm{d}y + \int_0^a M_{y0}\omega_{1,y0}\mathrm{d}x - \int_0^b V_{1xa}\sum_{n=1,2}^\infty b_n \sin\beta_n y\mathrm{d}y \\
&\quad - \int_0^a V_{1yb}\sum_{m=1,2}^\infty d_m \sin\alpha_m x\mathrm{d}x + \left(R_{1ab} - \int_0^b V_{1xa}\frac{y}{b}\mathrm{d}y - \int_0^a V_{1yb}\frac{x}{a}\mathrm{d}x \right)k_3
\end{aligned}
\tag{2-171}
$$

其中右端第 1 项表达式为

$$
\begin{aligned}
\omega_1 = \frac{4q}{Da}\sum_{m=1,3}^\infty &\left\{ 1 + \frac{1}{2\mathrm{ch}\frac{1}{2}\alpha_m b}\left[\alpha_m\left(\eta - \frac{1}{2}b\right)\mathrm{sh}\alpha_m\left(\eta - \frac{1}{2}b\right) \right.\right. \\
&\left.\left. - \left(2 + \frac{1}{2}\alpha_m b\,\mathrm{th}\frac{1}{2}\alpha_m b\right)\mathrm{ch}\alpha_m\left(\eta - \frac{1}{2}b\right) \right] \right\}\frac{1}{\alpha_m^5}\sin\alpha_m\varepsilon
\end{aligned}
$$

或者：

$$
\begin{aligned}
\omega_1 = \frac{4q}{Db}\sum_{m=1,3}^\infty &\left\{ 1 + \frac{1}{2\mathrm{ch}\frac{1}{2}\beta_n a}\left[\beta_n\left(\varepsilon - \frac{1}{2}a\right)\mathrm{sh}\beta_n\left(\varepsilon - \frac{1}{2}a\right) \right.\right. \\
&\left.\left. - \left(2 + \frac{1}{2}\beta_n a\,\mathrm{th}\frac{1}{2}\beta_n a\right)\mathrm{ch}\beta_n\left(\varepsilon - \frac{1}{2}a\right) \right] \right\}\frac{1}{\beta_n^5}\sin\beta_n\eta
\end{aligned}
\tag{2-172}
$$

右端第 2 项表达式为

$$
\frac{1}{2D}\sum_{n=1,2}^\infty\left(-\frac{\beta_n a}{\mathrm{sh}^2\beta_n a}\mathrm{sh}\beta_n\varepsilon + \mathrm{coth}\beta_n a\beta_n\varepsilon\mathrm{ch}\beta_n\varepsilon - \beta_n\varepsilon\mathrm{sh}\beta_n\varepsilon \right)\frac{A_n}{\beta_n^2}\sin\beta_n\eta
\tag{2-173}
$$

右端第 3 项表达式为

$$
\frac{1}{2D}\sum_{m=1,2}^\infty\left(-\frac{\alpha_m b}{\mathrm{sh}^2\alpha_m b}\mathrm{sh}\alpha_m\eta + \mathrm{coth}\alpha_m b\alpha_m\eta\mathrm{ch}\alpha_m\eta - \alpha_m\eta\mathrm{sh}\alpha_m\eta \right)\frac{C_m}{\alpha_m^2}\sin\alpha_m\varepsilon
\tag{2-174}
$$

右端第 4 项表达式为

$$
\frac{1}{2}\sum_{n=1,2}^\infty [2 + (1-\mu)(\beta_n a\mathrm{coth}\beta_n a - \beta_n\varepsilon\mathrm{coth}\beta_n\varepsilon)]\cdot\frac{b_n}{\mathrm{sh}\beta_n a}\mathrm{sh}\beta_n\varepsilon\sin\beta_n\eta
\tag{2-175}
$$

右端第 5 项表达式为

$$
\frac{1}{2}\sum_{m=1,2}^\infty [2 + (1-\mu)(\alpha_m b\mathrm{coth}\alpha_m b - \alpha_m\eta\mathrm{coth}\alpha_m\eta)]\cdot\frac{d_m}{\mathrm{sh}\alpha_m b}\mathrm{sh}\alpha_m\eta\sin\alpha_m\varepsilon
\tag{2-176}
$$

右端第 6 项表达式为

$$\omega_7 = \frac{\varepsilon\eta}{ab}k_3 \tag{2-177}$$

整理上述公式，即得出了实际系统的挠度表达式，同时，进一步整理双三角级数表达公式。

式(2-171)右端第 2 项表示为

$$\frac{2}{Da}\sum_{m=1,2}^{\infty}\sum_{n=1,2}^{\infty}\frac{\alpha_m A_n}{K_{mn}^2}\sin\alpha_m\varepsilon\sin\beta_n\eta \tag{2-178}$$

右端第 3 项表达式为

$$\frac{2}{Db}\sum_{m=1,2}^{\infty}\sum_{n=1,2}^{\infty}\frac{\beta_n C_m}{K_{mn}^2}\sin\alpha_m\varepsilon\sin\beta_n\eta \tag{2-179}$$

右端第 4 项表达式为

$$\frac{2}{a}\sum_{m=1,2}^{\infty}\sum_{n=1,2}^{\infty}\frac{(-1)^{m+1}b_n}{K_{mn}^2}[\alpha_m^3+(2-\mu)\alpha_m\beta_n^2]\sin\alpha_m\varepsilon\sin\beta_n\eta \tag{2-180}$$

右端第 5 项表达式为

$$\frac{2}{b}\sum_{m=1,2}^{\infty}\sum_{n=1,2}^{\infty}\frac{(-1)^{n+1}d_m}{K_{mn}^2}[\beta_n^3+(2-\mu)\alpha_m^2\beta_n]\sin\alpha_m\varepsilon\sin\beta_n\eta \tag{2-181}$$

考虑边界条件$\left(\dfrac{\partial\omega}{\partial\varepsilon}\right)_{\varepsilon=0}=0$，采用式(2-171)右端第 2 项、第 3 项、第 5 项及第 7 项，并取式(2-179)和式(2-181)相加，求其一阶偏导，令其为 0，得到：

$$\begin{aligned}
&\frac{q}{Db}[1+(-1)^{n+1}]\left(\mathrm{th}\frac{1}{2}\beta_n a-\frac{\beta_n a}{2\mathrm{ch}^2\frac{1}{2}\beta_n a}\right)\frac{1}{\beta_n^4}+\frac{1}{2D}\left(\coth\beta_n a-\frac{\beta_n a}{\mathrm{sh}^2\frac{1}{2}\beta_n a}\right)\frac{A_n}{\beta_n}\\
&\cdot\frac{2}{Db}\sum_{m=1,2}^{\infty}\frac{\alpha_m\beta_n}{K_{mn}^2}C_m+\frac{1}{2}\left[\frac{1}{\mathrm{sh}\beta_n a}+\beta_n a\frac{\mathrm{ch}\beta_n a}{\mathrm{sh}^2\beta_n a}+\mu\left(\frac{1}{\mathrm{sh}\beta_n a}-\beta_n a\frac{\mathrm{ch}\beta_n a}{\mathrm{sh}^2\beta_n a}\right)\right]\beta_n b_n\\
&+\frac{2}{b}\sum_{m=1,2}^{\infty}\frac{(-1)^{n+1}\alpha_m}{K_{mn}^2}[\beta_n^3+(2-\mu)\alpha_m^2\beta_n]d_m+\frac{2}{ab}\frac{(-1)^{n+1}}{\beta_n}k_3=0
\end{aligned} \tag{2-182}$$

对于边界条件$\left(\dfrac{\partial\omega}{\partial\eta}\right)_{\eta=0}=0$，采用式(2-171)右端第 1 项、第 4 项、第 6 项及第 7 项，并取式(2-178)和式(2-180)相加，求其一阶偏导，令其为 0，得到：

$$\frac{q}{Da}[1+(-1)^{m+1}]\left(\operatorname{th}\frac{1}{2}\alpha_m b-\frac{\alpha_m b}{2\operatorname{ch}^2\frac{1}{2}\alpha_m b}\right)\frac{1}{\alpha_m^4}+\frac{2}{Da}\sum_{n=1,2}^{\infty}\frac{\alpha_m\beta_n}{K_{mn}^2}A_n$$

$$+\frac{1}{2D}\left(\coth\alpha_m b-\frac{\alpha_m b}{\operatorname{sh}^2\alpha_m b}\right)\frac{C_m}{\alpha_m}+\frac{2}{a}\sum_{n=1,2}^{\infty}\frac{(-1)^{m+1}\beta_n}{K_{mn}^2}[\alpha_m^3+(2-\mu)\alpha_m\beta_n^2]b_n \qquad(2\text{-}183)$$

$$+\frac{1}{2}[1+\alpha_m b\coth\alpha_m b+\mu(1-\alpha_m b\coth\alpha_m b)]\alpha_m\frac{d_m}{\operatorname{sh}\alpha_m b}+\frac{2}{ab}\frac{(-1)^{m+1}}{\alpha_m}k_3=0$$

对于自由边 $V=0$，因此在 $x=a$ 和 $y=b$ 对其表达式进行等效切力的计算，得到：

$$\frac{q}{b}[1+(-1)^{n+1}]\left[-(3-\mu)\operatorname{th}\frac{1}{2}\beta_n a+(1-\mu)\frac{\beta_n a}{2\operatorname{ch}^2\frac{1}{2}\beta_n a}\right]\frac{1}{\beta_n^2}$$

$$-\frac{1}{2}[1+\beta_n a\coth\beta_n a+\mu(1-\beta_n a\coth\beta_n a)]\frac{\beta_n}{\operatorname{sh}\beta_n a}A_n$$

$$+\frac{2}{b}\sum_{m=1,2}^{\infty}\frac{(-1)^m\alpha_m}{K_{mn}^2}[\alpha_m^2\beta_n+(2-\mu)\beta_n^3]C_m \qquad(2\text{-}184)$$

$$+\frac{D}{2}\left[2(1-\mu^2)\operatorname{ch}\beta_n a+(1-\mu)^2\left(\operatorname{ch}\beta_n a+\frac{\beta_n a}{\operatorname{sh}\beta_n a}\right)\right]\frac{\beta_n^3}{\operatorname{sh}\beta_n a}b_n$$

$$-\frac{2D}{b}(1-\mu)^2\sum_{m=1,2}^{\infty}\frac{(-1)^{m+n}\alpha_m^3\beta_n^3}{K_{mn}^2}d_m=0$$

同样，取另一等效切力表达式：

$$\frac{q}{a}[1+(-1)^{m+1}]\left[-(3-\mu)\operatorname{th}\frac{1}{2}\alpha_m b+(1-\mu)\frac{\alpha_m b}{2\operatorname{ch}^2\frac{1}{2}\alpha_m b}\right]\frac{1}{\alpha_m^2}$$

$$+\frac{2}{a}\sum_{m=1,2}^{\infty}\frac{(-1)^n\beta_n}{K_{mn}^2}[\alpha_m\beta_n^2+(2-\mu)\alpha_m^3]A_n$$

$$-\frac{1}{2}[(1+\alpha_m b\coth\alpha_m b)+\lambda(1-\alpha_m b\coth\alpha_m b)]\frac{\alpha_m}{\operatorname{sh}\alpha_m b}C_m \qquad(2\text{-}185)$$

$$-\frac{2D}{a}(1-\mu)^2\sum_{n=1,2}^{\infty}\frac{(-1)^{m+n}\alpha_m^3\beta_n^3}{K_{mn}^2}b_n$$

$$+\frac{D}{2}\left[2(1-\mu^2)\operatorname{ch}\alpha_m b+(1-\mu)^2\left(\operatorname{ch}\alpha_m b+\frac{\alpha_m b}{\operatorname{sh}\alpha_m b}\right)\right]\frac{\alpha_m^3}{\operatorname{sh}\alpha_m b}d_m=0$$

同样，对于边界条件 $-2D(1-\mu)\left(\dfrac{\partial^2\omega}{\partial\varepsilon\partial\eta}\right)_{\varepsilon=a,\eta=b}=0$，得到相关的表达式：

$$
\frac{2q}{b}(1-\mu)\sum_{n=1,2}^{\infty}[1+(-1)^{n+1}]\left(\operatorname{th}\frac{1}{2}\beta_n a-\frac{\beta_n a}{2\operatorname{ch}^2\frac{1}{2}\beta_n a}\right)\frac{(-1)^n}{\beta_n^3}
$$

$$
-(1-\mu)\sum_{n=1,2}^{\infty}(1-\beta_n a\operatorname{coth}\beta_n a)\frac{(-1)^n}{\operatorname{sh}\beta_n a}A_n
$$

$$
-(1-\mu)\sum_{m=1,2}^{\infty}(1-\alpha_m b\operatorname{coth}\alpha_m b)\frac{(-1)^m}{\operatorname{sh}\alpha_m b}C_m
$$

$$
-D(1-\mu)\sum_{n=1,2}^{\infty}\left[\left(\operatorname{ch}\beta_n a+\frac{\beta_n a}{\operatorname{sh}\beta_n a}\right)+\mu\left(\operatorname{ch}\beta_n a-\frac{\beta_n a}{\operatorname{sh}\beta_n a}\right)\right]\frac{(-1)^n\beta_n^2}{\operatorname{sh}\beta_n a}b_n
$$

$$
-D(1-\mu)\sum_{m=1,2}^{\infty}\left[\left(\operatorname{ch}\alpha_m b+\frac{\alpha_m b}{\operatorname{sh}\alpha_m b}\right)+\mu\left(\operatorname{ch}\alpha_m b-\frac{\alpha_m b}{\operatorname{sh}\alpha_m b}\right)\right]\frac{(-1)^m\alpha_m^2}{\operatorname{sh}\alpha_m b}d_m
$$

$$
-2D(1-\mu)\frac{k_3}{ab}=0 \tag{2-186}
$$

计算得到 $y=0$ 边的弯矩分布情况，见表 2-15 和图 2-50 所示。

表 2-15　两邻边固支、两邻边自由薄板弯矩分布情况表 $(-qa^2)$

x/a	0	0.2	0.4	0.6
M	0	0.034719	0.09102	0.16329
x/a	0.8	0.9	0.95	0.975
M	0.234	0.29323	0.32706	0.32347

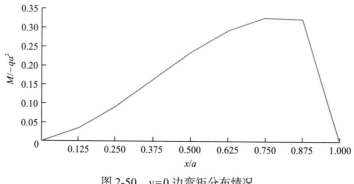

图 2-50　$y=0$ 边弯矩分布情况

由图 2-50 可以看出，两邻边固支、两邻边自由在相邻采空区一侧出现弯矩峰值，并且向远处衰减，峰值距离煤柱上方仅仅 0.025a，因此，工作面长 200m 的情况下，按照计算分析，距离煤柱 5m。

2.8.4　顶板断裂与煤层能量传递特征

1. 顶板断裂依据

2.8.3 节给出了基本顶弹性薄板力学模型煤壁上方最大弯矩情况，但是为了计算方

便, 因此没有考虑沿推进方向与沿工作面方向板的边界关系, 在此补充分析, 即取 $b=na$,

断裂的依据取 $\dfrac{h^2}{6}\sigma_t$, 见表 2-16。

表 2-16　各种支撑条件的弹性薄板力学模型及其解析值

力学模型	弯矩峰值 /($10^{-2}qab/n$)	距离采空区位置	断裂步距
四边固支	5.15	0.5a	$\dfrac{10^3 n\sigma_t}{309qa}h^2$
三边固支、一边自由	3.52	0.5a	$\dfrac{10^3 n\sigma_t}{191qa}h^2$
	2.95	0.5a	$\dfrac{10^3 n\sigma_t}{177qa}h^2$
三边固支、一边简支	2.9	0.55a	$\dfrac{10^3 n\sigma_t}{174qa}h^2$
两邻边固支、一边简支、一边自由	3.37	0.55a	$\dfrac{10^3 n\sigma_t}{202qa}h^2$
两邻边固支、两邻边自由	32.7	0.05a	$\dfrac{10^3 n\sigma_t}{1962qa}h^2$

根据表 2-16 给出的计算结果进行分析, 计算中需要确定载荷 q。载荷 q 来源于两方面, 一是构造, 如断裂; 二是埋藏深度, 即地应力。

弹性薄板应用的前提条件, 厚宽比小于 1/5, 因此决定了该理论的应用局限性。但是, 从另一个角度分析, 弯矩是决定断裂步距的前提, 因此可以按照基本顶断裂的临界值确定最大弯矩出现的位置, 即首先判定弯矩峰值在沿工作面方向出现的位置。关于计算, 因为初次断裂步距往往较大, 因此这里包括三种情况: 一是基本顶初次断裂步距满足弹性薄板力学模型, 周期断裂步距同样满足的情况下, 按照表 2-16 中给出的断裂准则确定步距即可; 二是初次断裂步距满足弹性薄板力学模型, 周期断裂步距不满足, 因此初次断裂步距按照表 2-16 进行计算, 周期断裂步距按照梁式断裂进行计算; 三是初次断裂步距已经不满足弹性薄板力学模型, 因此整个回采过程中, 断裂步距均按梁式破断理论进行计算。

2. 煤层能量聚积判定准则

苏联学者阿维尔申教授认为, 煤层内的弹性能可由体变弹性能 U_v、形变弹性能 U_t 和顶板弯曲弹性能 U_w 三部分组成, 即:

$$U = U_v + U_t + U_w \tag{2-187}$$

$$U_w = M\varphi/2 \tag{2-188}$$

式中，φ 为顶板岩层弯曲下沉的转角，（°）；M 为煤壁上方顶板岩层的弯矩，当顶板未发生断裂前，可依据顶板不同支撑条件在 2.8.3 节中进行选取，当顶板发生如图 2-51 所示的状态时，其计算表达式修订如下。

依据图 2-46(a)：

$$M=qL^2/12$$

$$\varphi=qL^3/24EJ \tag{2-189}$$

依据图 2-46(b)：

$$M=qL^2/2$$

$$\varphi=qL^3/2EJ \tag{2-190}$$

式中，L 为顶板的断裂长度；J 为顶板的断面惯矩。

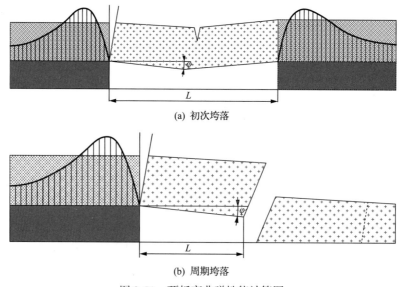

(a) 初次垮落

(b) 周期垮落

图 2-51　顶板弯曲弹性能计算图

由此得到相应的顶板弯曲弹性能为

$$U_w=q^2L^5/576EJ$$

$$U_w=q^2L^5/8EJ \tag{2-191}$$

以上给出了顶板岩层结构带来的顶板型冲击地压类型。

随着开采深度的增加，煤层中的自重应力随之增加，煤岩体中聚积的弹性能也随之增加，理论上讲，煤层在采深为 H 且无采动影响的三向应力状态下，其应力为

$$\sigma_1=\gamma H \tag{2-192}$$

$$\sigma_2 = \sigma_3 = \frac{\mu}{1-\mu}\gamma H \tag{2-193}$$

则煤体中的体积变形聚积的弹性能为

$$U_v = \frac{(1-2\mu)(1+\mu)^2}{6E(1-\mu)^2}\gamma^2 H^2 \tag{2-194}$$

形状变形而聚集的弹性能为

$$U_t = \frac{(1-2\mu)^2}{3E(1+\mu)}\gamma^2 H^2 \tag{2-195}$$

结合式(2-191)、式(2-194)和式(2-195)可得

$$U = q^2 L^5/576EJ(q^2 L^5/8EJ) + U_v = \frac{(1-2\mu)(1+\mu)^2}{6E(1-\mu)^2}\gamma^2 H^2 + U_t = \frac{(1-2\mu)^2}{3E(1+\mu)}\gamma^2 H^2 \tag{2-196}$$

对式(2-196)进行分析,该公式能量来源于顶板承载与煤层埋深,当能量积聚到一定程度既会引发顶板或煤层发生冲击地压,需要注意这个公式中并不是一个恒定模式,如式(2-196)右侧第 1 项顶板的弹性能取决于其断裂步距、载荷、弹性模量与厚度等因素,但是如预先实现顶板的破坏,那么公式右侧第 1 项数值会大幅降低;同时,顶板发生断裂后,公式右侧第 2 项与第 3 项的载荷也不会是 γH,即切断了构造与顶板上覆岩层力的传递路径,可大幅降低煤层能量积聚。

2.9　断面形状、尺寸对巷道围岩稳定性分析

巷道布置包括位置、断面与形状,最后需要配套合理的方案与参数。巷道是工作面的通道,且属于安全出口,是采场的重要组成部分,同时也是图 2-2 与图 2-3 贝叶斯网络的重要组成部分,在 2.7 节中已经给出巷道位置选择的依据,本节将给出巷道断面、形状普适化的选择依据。

2.9.1　巷道断面形状计算分析

1. 巷道力学模型建立

弹性力学将具有特殊形状弹性体的空间问题简化为平面问题,即不考虑 z 坐标方向的力学状态,因此,所考察的弹性体的应力、应变和位移只是 x、y 两个坐标的函数,根据实际工程问题可将平面问题分为两类:平面应力问题和平面应变问题。

巷道开挖后,围岩应力发生重分布,巷道周边形成不同程度的应力集中,临空面围岩受力增加;同时,临空面围岩由三向应力状态变为二向应力状态,其强度大幅度降低,

从而导致巷道围岩产生一定规律的变形和破坏。

随着巷道的掘进，在距离巷道轮廓(即边缘)较近的区域 S 内，应力分布和位移分布规律变化很大；在距离巷道轮廓(即边缘)较远的区域内，岩体中的应力分布规律受到的影响很小，保持掘进之前的稳定状态，并且可以忽略由掘进引起的岩体位移分布规律的变化。因此，进行分析时，可以只研究巷道周围部分围岩，建立巷道围岩的力学模型如图 2-52 所示。

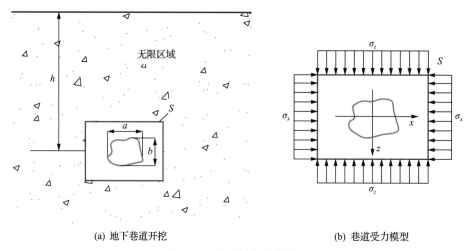

(a) 地下巷道开挖　　　　　　　　　　　(b) 巷道受力模型

图 2-52　巷道围岩受力模型

模型中围岩受双向不等压的均布载荷，上边界和下边界受到的作用力是垂直应力 $\sigma_z = \gamma h$，左边界和右边界受到的作用力是水平应力 $\sigma_x = \lambda \sigma_z = \lambda \gamma h$，其中 λ 为侧压系数。煤矿巷道在垂直其断面 y 方向上的尺寸远大于 x、z 方向上的尺寸，外力及约束均不沿 y 方向变化，属于平面应变问题。

按应力求解应力平面问题，当体力为常量时，应力分量 σ_x、σ_z、τ_{xz} 满足平衡微分方程：

$$\begin{cases} \dfrac{\partial \sigma_x}{\partial x} + \dfrac{\partial \tau_{xz}}{\partial z} + f_x = 0 \\[2mm] \dfrac{\partial \sigma_z}{\partial z} + \dfrac{\partial \tau_{xz}}{\partial x} + f_z = 0 \end{cases} \tag{2-197}$$

以及相容方程：

$$\left(\dfrac{\partial^2}{\partial x^2} + \dfrac{\partial^2}{\partial z^2} \right)(\sigma_x + \sigma_z) = 0 \tag{2-198}$$

记 $\nabla^2(\sigma_x + \sigma_z) = 0$，同时边界还需满足应力边界条件。

根据微分方程理论，由式(2-197)可解得

$$
\begin{cases}
\sigma_x = \dfrac{\partial^2 U}{\partial z^2} - f_x \cdot x \\[3mm]
\sigma_z = \dfrac{\partial^2 U}{\partial x^2} - f_z \cdot z \\[3mm]
\tau_{xz} = \tau_{zx} = -\dfrac{\partial^2 U}{\partial x \partial z}
\end{cases}
\tag{2-199}
$$

式中，U 为平面问题的应力函数，同样满足相容方程及边界条件，将式(2-199)代入式(2-198)得到：

$$
\left(\frac{\partial^2}{\partial x^2} + \frac{\partial^2}{\partial z^2} \right) \left(\frac{\partial^2 U}{\partial z^2} - f_x \cdot x + \frac{\partial^2 U}{\partial x^2} - f_z \cdot z \right) = 0
$$

由于 f_x、f_z 为一般常量，$f_x \cdot x$、$f_z \cdot z$ 二阶偏导后为 0，固省略，上式简化为

$$
\left(\frac{\partial^2}{\partial x^2} + \frac{\partial^2}{\partial z^2} \right) \left(\frac{\partial^2 U}{\partial x^2} + \frac{\partial^2 U}{\partial z^2} \right) = 0
\tag{2-200}
$$

简写为 $\nabla 4U = 0$，称为应力函数 U 的相容方程，是重调和函数。通过式(2-200)求得应力函数的表达式，再代入式(2-199)，即可求出应力分量，但必须满足应力边界条件。

圆形孔口问题利用经典的弹性力学可得出完美的解析解，然而针对矩形、直墙拱形孔口问题并没有得到很好的解决。复变函数法是解决平面弹性力学孔口问题的一种重要方法，适用于解决复杂形状边界平面问题。

2. 复变函数基本理论公式

复变函数法作为一种有效和独具特色的方法，在多连通域、较复杂几何形状及高应力梯度等问题的求解中得到广泛应用。Muskhelishvili 的专著对弹性力学平面问题的复变函数法进行了较全面的论述。借助复变函数，对不同断面形状的硐室力学问题进行理论求解是一种较常见的方法。

式(2-200) $\nabla 4U = 0$ 是求出应力函数的关键公式，是关于 x、z 坐标的重调和函数。在复变函数中，直角坐标系中的 x、z 用复数 $Z(x,z)$ 表示，用 i 表示纯虚数 $(0,1)$，则共轭复数可表示为 $Z=x+iz$、$\bar{Z} = x - iz$，代入式(2-200)得

$$
\begin{aligned}
\nabla^2 U &= \frac{\partial^2 U}{\partial x^2} + \frac{\partial^2 U}{\partial z^2} = \frac{\partial}{\partial x}\left(\frac{\partial U}{\partial x} \right) + \frac{\partial}{\partial z}\left(\frac{\partial U}{\partial z} \right) = \frac{\partial}{\partial x}\left[\frac{\partial U}{\partial Z}\frac{\partial Z}{\partial x} + \frac{\partial U}{\partial \bar{Z}}\frac{\partial \bar{Z}}{\partial x} \right] + \frac{\partial}{\partial z}\left[\frac{\partial U}{\partial Z}\frac{\partial Z}{\partial z} + \frac{\partial U}{\partial \bar{Z}}\frac{\partial \bar{Z}}{\partial z} \right] \\[2mm]
&= \frac{\partial}{\partial x}\left(\frac{\partial U}{\partial Z} + \frac{\partial U}{\partial \bar{Z}} \right) + i\frac{\partial}{\partial z}\left(\frac{\partial U}{\partial Z} - \frac{\partial U}{\partial \bar{Z}} \right) = \frac{\partial U}{\partial x}\left(\frac{\partial}{\partial Z} + \frac{\partial}{\partial \bar{Z}} \right) + i\frac{\partial U}{\partial z}\left(\frac{\partial}{\partial Z} - \frac{\partial}{\partial \bar{Z}} \right) \\[2mm]
&= \left(\frac{\partial}{\partial Z} + \frac{\partial}{\partial \bar{Z}} \right)^2 U + i^2\left(\frac{\partial}{\partial Z} - \frac{\partial}{\partial \bar{Z}} \right)^2 U = \left(\frac{\partial}{\partial Z} + \frac{\partial}{\partial \bar{Z}} \right)^2 U - \left(\frac{\partial}{\partial Z} - \frac{\partial}{\partial \bar{Z}} \right)^2 U \\[2mm]
&= \left(\frac{\partial U}{\partial Z} \right)^2 + \left(\frac{\partial U}{\partial \bar{Z}} \right)^2 + 2\frac{\partial^2 U}{\partial Z \partial \bar{Z}} - \left(\frac{\partial U}{\partial Z} \right)^2 - \left(\frac{\partial U}{\partial \bar{Z}} \right)^2 + 2\frac{\partial^2 U}{\partial Z \partial \bar{Z}} = 4\frac{\partial^2 U}{\partial Z \partial \bar{Z}}
\end{aligned}
$$

于是相容方程 $\nabla 4U = 0$ 的复变函数表达式为

$$16\frac{\partial^4 U}{\partial Z^2 \partial \overline{Z}^2} = 0$$

即

$$\frac{\partial^4 U}{\partial Z^2 \partial \overline{Z}^2} = 0 \tag{2-201}$$

为了使用复变函数理论，接下来设法通过 U 将应力 σ_x、σ_z、τ_{xz} 利用复变函数表示出来。

根据平面弹性复变方法，U 由复数 ω 的两个全纯函数 $\varphi(Z)$、$\chi(Z)$ 表示为

$$U = \mathrm{Re}\left[\overline{Z}\varphi(Z) + \chi(Z)\right] = \frac{1}{2}\left[\overline{Z}\varphi(Z) + Z\overline{\varphi(Z)} + \chi(Z) + \overline{\chi(Z)}\right] \tag{2-202}$$

将式 (2-202) 代入式 (2-199)，其中：

$$\frac{\partial U}{\partial x} = \frac{1}{2}\left[\varphi(Z) + \overline{Z}\varphi'(Z) + \overline{\varphi(Z)} + Z\overline{\varphi'(Z)} + \chi'(Z) + \overline{\chi'(Z)}\right]$$

$$\overset{\psi(Z) = \chi'(Z)}{=} \frac{1}{2}\left[\varphi(Z) + \overline{Z}\varphi'(Z) + \overline{\varphi(Z)} + Z\overline{\varphi'(Z)} + \psi(Z) + \overline{\psi(Z)}\right]$$

同理得

$$\frac{\partial U}{\partial z} = \frac{\mathrm{i}}{2}\left[-\varphi(Z) + \overline{Z}\varphi'(Z) + \overline{\varphi(Z)} - Z\overline{\varphi'(Z)} + \psi(Z) - \overline{\psi(Z)}\right]$$

所以

$$\frac{\partial U}{\partial x} + \mathrm{i}\frac{\partial U}{\partial z} = \varphi(Z) + Z\overline{\varphi'(Z)} + \overline{\psi(Z)} \tag{2-203}$$

由式 (2-199) 可知：

$$\sigma_x + \mathrm{i}\tau_{xz} = \frac{\partial^2 U}{\partial z^2} - f_x \cdot x - \mathrm{i}\frac{\partial^2 U}{\partial x \partial z} = \frac{\partial}{\partial z}\left(\frac{\partial U}{\partial z} - \mathrm{i}\frac{\partial U}{\partial x}\right) - f_x \cdot x$$

$$= -\mathrm{i}\frac{\partial}{\partial z}\left(\mathrm{i}\frac{\partial U}{\partial z} + \frac{\partial U}{\partial x}\right) - f_x \cdot x$$

$$\sigma_z - \mathrm{i}\tau_{xz} = \frac{\partial^2 U}{\partial x^2} - f_z \cdot z + \mathrm{i}\frac{\partial^2 U}{\partial x \partial z} = \frac{\partial}{\partial x}\left(\frac{\partial U}{\partial x} + \mathrm{i}\frac{\partial U}{\partial z}\right) - f_z \cdot z$$

如果常体力不计，即 $f_x = f_z = 0$，联立式 (2-203)，上式变为

$$\begin{cases} \sigma_x + \mathrm{i}\tau_{xz} = -\mathrm{i}\left(\mathrm{i}\varphi'(Z) + \mathrm{i}\overline{\varphi'(Z)} - Z\mathrm{i}\overline{\varphi''(Z)} - \mathrm{i}\overline{\psi'(Z)}\right) = \varphi'(Z) + \overline{\varphi'(Z)} - z\overline{\varphi''(Z)} - \overline{\psi'(Z)} \\ \sigma_z - \mathrm{i}\tau_{xz} = \varphi'(Z) + \overline{\varphi'(Z)} + Z\overline{\varphi''(Z)} + \overline{\psi'(Z)} \end{cases}$$

两式相加、相减并取共轭，得到：

$$\begin{cases} \sigma_x + \sigma_z = 2\left[\varphi'(Z) + \overline{\varphi'(Z)}\right] = 4\,\mathrm{Re}\left[\varphi'(Z)\right] \\ \sigma_z - \sigma_x + 2\mathrm{i}\tau_{xz} = 2\left[\overline{z}\varphi''(Z) + \psi'(Z)\right] \end{cases} \tag{2-204}$$

为了表示简明，令 $\varphi(Z)=\varphi'(Z)$，$\psi(Z)=\psi'(Z)$，则将式 (2-204) 改写为

$$\begin{cases} \sigma_x + \sigma_z = 4\,\mathrm{Re}\left[\varphi(Z)\right] \\ \sigma_z - \sigma_x + 2\mathrm{i}\tau_{xz} = 2\left[\overline{Z}\varphi'(Z) + \psi(Z)\right] \end{cases} \tag{2-205}$$

式 (2-205) 变为应力的复变函数表达式，其中 $\varphi(Z)$、$\varphi'(Z)$、$\psi(Z)$、$\psi'(Z)$ 称为复应力函数。

复变函数法在平面中的孔口问题最有优越性，其特点在于通过保角变换，根据映射函数将复杂孔口 (例如巷道断面常采用的矩形、梯形、拱形等非圆曲线) 在 Z 平面上所占区域，变换成 ζ 平面上所谓 "单位圆"，即孔口边界变换为单位圆周界，有利于简化边界条件，从而推导出孔口围岩应力的弹性解析式。

以正方形巷道为例，通过保角变换法将 ω 平面上的正方形断面变换为 ζ 平面上的中心单位圆，图中数字代表巷道各位置点，1、3、5、7 为巷道角点位置，4、8 为巷道两帮位置，2、6 为顶底板位置，如图 2-53 所示，ζ 平面为极坐标系，因此还需将式 (2-205) 转化为 ζ 的极坐标函数。

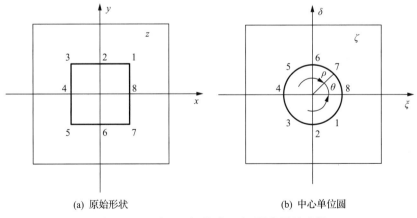

(a) 原始形状　　　　　　　　(b) 中心单位圆

图 2-53　Z 平面正方形到 ζ 平面单位圆的映射

根据弹性力学的极坐标应力变换公式得

$$\begin{cases} \sigma_\rho = \dfrac{\sigma_x + \sigma_z}{2} + \dfrac{\sigma_x - \sigma_z}{2}\cos 2\theta + \tau_{xz}\sin 2\theta \\[2mm] \sigma_\theta = \dfrac{\sigma_x + \sigma_z}{2} - \dfrac{\sigma_x - \sigma_z}{2}\cos 2\theta - \tau_{xz}\sin 2\theta \\[2mm] \tau_{\rho\theta} = -\dfrac{\sigma_x - \sigma_z}{2}\sin 2\theta + \tau_{xz}\cos 2\theta \end{cases} \tag{2-206}$$

其中，θ 为 Z 平面 ρ 轴与 x 轴的夹角，由式(2-206)得出：

$$\begin{cases} \sigma_\theta + \sigma_\rho = \sigma_x + \sigma_z \\[2mm] \sigma_\theta - \sigma_\rho + 2\mathrm{i}\tau_{\rho\theta} = (\sigma_z - \sigma_x + 2\mathrm{i}\tau_{xz})(\cos 2\theta + \mathrm{i}\sin 2\theta) \end{cases} \tag{2-207}$$

令 $Z=\omega(\zeta)$，ζ 为 ζ 平面内单位圆边界上任意一点，即 $\rho=1$，则 $\zeta=\rho(\cos\theta+\mathrm{i}\sin\theta)=\rho\mathrm{e}^{\mathrm{i}\theta}=\mathrm{e}^{\mathrm{i}\theta}$，其中 ρ、θ 为点关于 ζ 坐标原点 $\zeta=0$ 的极坐标，则式(2-207)中 $\cos 2\theta + \mathrm{i}\sin 2\theta$ 可计算为

$$\begin{aligned} \cos 2\theta + \mathrm{i}\sin 2\theta &= \mathrm{e}^{2\mathrm{i}\theta} = \left(\mathrm{e}^{\mathrm{i}\theta}\right)^2 = \left(\frac{\mathrm{d}Z}{|\mathrm{d}Z|}\right)^2 = \left(\frac{\mathrm{d}\omega(\zeta)}{|\mathrm{d}\omega(\zeta)|}\right)^2 = \left(\frac{\omega'(\zeta)\mathrm{d}\zeta}{|\omega'(\zeta)|\cdot|\mathrm{d}\zeta|}\right)^2 \\[2mm] &= \left(\mathrm{e}^{\mathrm{i}\theta}\cdot\frac{\omega'(\zeta)}{|\omega'(\zeta)|}\right)^2 = \left(\frac{\zeta}{\rho}\cdot\frac{\omega'(\zeta)}{|\omega'(\zeta)|}\right)^2 = \frac{\zeta^2}{\rho^2}\cdot\frac{[\omega'(\zeta)]^2}{\omega'(\zeta)\overline{\omega'(\zeta)}} = \frac{\zeta^2}{\rho^2}\frac{\omega'(\zeta)}{\overline{\omega'(\zeta)}} \end{aligned} \tag{2-208}$$

将式(2-208)代入式(2-207)，再联立式(2-204)，即得到 ζ 平面极坐标下的应力分量的复变函数表达式：

$$\begin{cases} \sigma_\theta + \sigma_\rho = 2\left[\varphi(\zeta) + \overline{\phi(\zeta)}\right] = 4\mathrm{Re}\left[\varphi(\zeta)\right] \\[2mm] \sigma_\theta - \sigma_\rho + 2\mathrm{i}\tau_{\rho\theta} = \dfrac{2\zeta^2\omega'(\zeta)}{\rho^2\overline{\omega'(\zeta)}}\left[\overline{Z}\varphi'(Z) + \psi(Z)\right] \\[2mm] \qquad\qquad\qquad\quad = \dfrac{2\zeta^2}{\rho^2\overline{\omega'(\zeta)}}\left[\overline{\omega(\zeta)}\varphi'(\zeta) + \omega'(\zeta)\psi(\zeta)\right] \end{cases} \tag{2-209}$$

式中，$\varphi(\zeta)$、$\varphi'(\zeta)$、$\psi(\zeta)$、$\psi'(\zeta)$ 是关于复变量 ζ 的复式解析函数，类比式(2-205)推导过程可知：

$$\begin{cases} \varphi(\zeta)=\varphi'(\zeta)=\varphi'[\omega(\zeta)]=\dfrac{\varphi'(\zeta)}{\omega'(\zeta)} \\[2mm] \psi(\zeta)=\psi'(\zeta)=\psi'[\omega(\zeta)]=\dfrac{\psi'(\zeta)}{\omega'(\zeta)} \end{cases} \tag{2-210}$$

由弹性理论及复变函数理论可得

$$\begin{cases} \varphi(\zeta) = \dfrac{1+\mu}{8\pi}\left(\overline{F}_x + i\overline{F}_z\right)\ln\zeta + B\omega(\zeta) + \varphi_0(\zeta) \\[2mm] \psi(\zeta) = -\dfrac{3-\mu}{8\pi}\left(\overline{F}_x - i\overline{F}_z\right)\ln\zeta + \left(B' + iC'\right)\omega(\zeta) + \psi_0(\zeta) \end{cases} \tag{2-211}$$

令 $\sigma = \omega(\zeta) = e^{i\theta}$，即 σ 为复变量 ζ 在巷道边界的值，则得到 $\varphi_0(\zeta)$、$\psi_0(\zeta)$ 表达的边界条件，经柯西积分公式计算得到：

$$\varphi_0(\zeta) + \frac{1}{2\pi i}\int_\sigma \frac{\omega(\sigma)}{\omega'(\sigma)} \cdot \frac{\overline{\varphi_0'(\sigma)}}{\sigma - \zeta}\,d\sigma = \frac{1}{2\pi i}\int_\sigma \frac{f_0}{\sigma - \zeta}\,d\sigma \tag{2-212}$$

$$\psi_0(\zeta) + \frac{1}{2\pi i}\int_\sigma \frac{\overline{\omega(\sigma)}}{\omega'(\sigma)} \cdot \frac{\varphi_0'(\sigma)}{\sigma - \zeta}\,d\sigma = \frac{1}{2\pi i}\int_\sigma \frac{\overline{f_0}}{\sigma - \zeta}\,d\sigma \tag{2-213}$$

其中，$\overline{F}_x$、$\overline{F}_z$ 为孔口已知面力分量 f_x、f_z 的和；B、B'、C' 与孔口很远处应力有关，表达如下：

$$\begin{cases} B = \dfrac{1}{4}\left(\sigma_x^\infty + \sigma_z^\infty\right) \\[2mm] B' = \dfrac{1}{2}\left(\sigma_z^\infty - \sigma_x^\infty\right) \\[2mm] C' = \tau_{xz}^\infty \end{cases} \tag{2-214}$$

$$\varphi_0(\zeta) = \sum_{k=1}^n \alpha_k \zeta^k \tag{2-215}$$

$$\psi_0(\zeta) = \sum_{k=1}^n \beta_k \zeta^k \tag{2-216}$$

f_0 为 σ 的已知函数，其表达式为

$$f_0 = i\int \left(\overline{F}_x + i\overline{F}_z\right)ds - \frac{\overline{F}_x - i\overline{F}_z}{2\pi}\ln\sigma - \frac{1+\mu}{8\pi}\left(\overline{F}_x - i\overline{F}_z\right)\frac{\omega(\sigma)}{\omega'(\sigma)}\sigma - 2B\omega(\sigma) - (B' - iC')\overline{\omega(\sigma)} \tag{2-217}$$

3. 巷道的复变函数法步骤

复变函数法求解孔口问题的一般步骤如下。

1）保角变换

将弹性体在 Z 平面上所占的区域变换成 ζ 平面上的区域，映射函数的普遍形式为

$$z = \omega(\zeta) = R\left(\frac{1}{\zeta} + c_0 + c_1\zeta + c_2\zeta^2 + \cdots + c_n\zeta^n\right) = R\left(\frac{1}{\zeta} + \sum_{k=0}^{n} c_k\zeta^k\right) \tag{2-218}$$

式中，R 为实数，与孔口大小有关；c_k 一般为复数，k 级数越大，精确度越高，一般取 $k=3$ 就足够精确。

2) 求解应力分量

对于不同形状孔口的映射函数式(2-218)，可由复变函数书籍查出或由复变函数理论建立得到。将具体 $\omega(\zeta)$ 和式(2-215)代入式(2-212)，应用柯西积分公式得出函数 $\varphi_0(\zeta)$，然后代入式(2-213)，应用柯西积分公式得出函数 $\psi_0(\zeta)$。再由式(2-211)求出函数 $\varphi(\zeta)$ 和 $\psi(\zeta)$，再代入式(2-210)即可求出函数 $\varphi'(\zeta)$ 和 $\psi'(\zeta)$，最后代入式(2-209)求得曲线坐标中的应力分量 σ_θ、σ_ρ、$\tau_{\rho\theta}$。

4. 巷道断面形状的围岩应力复变函数解

1) 圆形巷道围岩应力复变函数解

建立双向不等压圆形巷道力学模型，半径为 r，如图 2-54 所示，这样可得映射函数的具体形式为

$$Z = \omega(\zeta) = r/\zeta \tag{2-219}$$

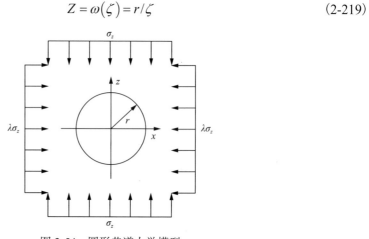

图 2-54　圆形巷道力学模型

由式(2-214)得

$$\begin{cases} B = \dfrac{1}{4}(\sigma_z + \lambda\sigma_z) \\ B' = \dfrac{1}{2}(\lambda\sigma_z - \sigma_z) \\ C' = 0 \end{cases} \tag{2-220}$$

由式(2-219)可知：

$$\begin{cases} \omega(\sigma) = \dfrac{r}{\sigma} \\[2mm] \overline{\omega(\sigma)} = r\sigma \\[2mm] \omega'(\sigma) = -\dfrac{r}{\sigma^2} \\[2mm] \overline{\omega'(\sigma)} = -r\sigma^2 \\[2mm] \dfrac{\overline{\omega(\sigma)}}{\overline{\omega'(\sigma)}} = -\dfrac{1}{\sigma^3} \\[2mm] \dfrac{\overline{\omega(\sigma)}}{\overline{\omega'(\sigma)}} = -\sigma^3 \end{cases} \tag{2-221}$$

将式(2-221)代入式(2-217)得

$$f_0 = -2B\omega(\sigma) - \left(B' - \mathrm{i}C'\right)\overline{\omega(\sigma)} = -\frac{2Br}{\sigma} - B'r\sigma \tag{2-222}$$

对式(2-212)进行求解，将式(2-222)代入并计算公式，应用 Harnack 定理，右边的积分得

$$\frac{1}{2\pi\mathrm{i}}\int_\sigma \frac{f_0}{\sigma - \zeta}\,\mathrm{d}\sigma = -rB'\zeta \tag{2-223}$$

联系式(2-221)和式(2-215)计算右边得

$$\alpha_1\zeta + \frac{1}{2\pi\mathrm{i}}\int_\sigma \frac{1}{\sigma}\left(\overline{\alpha}_1 + \frac{2\overline{\alpha}_2}{\sigma} + \cdots\right)\frac{\mathrm{d}\sigma}{\sigma - \zeta} = \alpha_1\zeta \tag{2-224}$$

令左边等于右边，得 $\alpha_1 = -rB'$，将之代入式(2-215)得

$$\varphi_0(\zeta) = \alpha_1\zeta = -rB'\zeta \tag{2-225}$$

将式(2-225)、式(2-219)代入式(2-211)得

$$\varphi(\zeta) = B\frac{r}{\zeta} - rB'\zeta \tag{2-226}$$

由式(2-210)得

$$\phi(\zeta) = \frac{\varphi'(\zeta)}{\omega'(\zeta)} = \frac{-B\dfrac{r}{\zeta^2} - rB'}{-\dfrac{r}{\zeta^2}} = B + B'\zeta^2 \tag{2-227}$$

令映射后的单位圆 $\rho=1$，则 $\zeta = \rho\mathrm{e}^{\mathrm{i}\theta} = \mathrm{e}^{\mathrm{i}\theta} = \cos\theta + \mathrm{i}\sin\theta$，对于式(2-209)，由于巷道壁上 $\sigma_\rho = 0$，则得 $\sigma_\theta = 4\mathrm{Re}\varphi(\zeta)$，将式(2-227)代入，得到圆形巷道的切向应力计算公式：

$$\sigma_\theta = \sigma_z + \lambda\sigma_z + 2(\lambda\sigma_z - \sigma_z)\cos 2\theta \tag{2-228}$$

2) 矩形巷道围岩应力复变函数解

建立矩形巷道力学模型如图 2-55 所示，巷道受双向不等压应力，水平与竖直原岩应力均匀分布，巷道 z 轴方向长度远大于其他两方向长度，受力状态不予考虑，因此巷道任意截面受力情况简化为轴对称的平面应力问题。

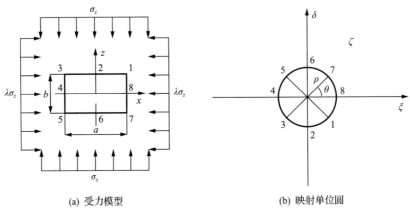

(a) 受力模型　　　　　　　　　　　　(b) 映射单位圆

图 2-55　矩形巷道力学模型

可以查得，矩形巷道保角变换的一般映射公式为

$$Z = \omega(\zeta) = R\left[\frac{1}{\zeta} + c_1\zeta + c_3\zeta^3 + c_5\zeta^5 + \cdots + c_n\zeta^n\right] \tag{2-229}$$

一般取级数到 3 阶已足够精确，令 $n=3$，则近似为

$$Z = \omega(\zeta) = R\left[\frac{1}{\zeta} + c_1\zeta + c_3\zeta^3\right] \tag{2-230}$$

式中，

$$\begin{aligned} c_1 &= \cos 2k\pi \\ c_3 &= -\frac{1}{6}\sin^2 2k\pi \end{aligned} \tag{2-231}$$

映射函数决定了在矩形硐室周边上的各点和单位圆上各点的对应关系，由映射函数 $Z=\omega(\zeta)$ 可知矩形孔口的 x、z 坐标和 ρ、θ 的关系，其中 $\rho=1$，$\zeta=\mathrm{e}^{\mathrm{i}\theta}=\cos\theta+\mathrm{i}\sin\theta$，$Z=x+\mathrm{i}y$，则在 Z 平面有如下参数关系：

$$\begin{aligned} x + \mathrm{i}z &= R\left(\mathrm{e}^{-\mathrm{i}\theta} + c_1\mathrm{e}^{\mathrm{i}\theta} + c_3\mathrm{e}^{3\mathrm{i}\theta}\right) \\ &= R\left[\cos\theta - \mathrm{i}\sin\theta + c_1(\cos\theta + \mathrm{i}\sin\theta) + c_3(\cos 3\theta + \mathrm{i}\sin 3\theta)\right] \\ &= R\left[(1+c_1)\cos\theta + c_3\cos 3\theta + (\mathrm{i}c_1 - \mathrm{i})\sin\theta + \mathrm{i}c_3\sin 3\theta\right] \end{aligned} \tag{2-232}$$

由式(2-232)可分开实部与虚部，则得到 Z 平面任意一点坐标(x, z)变换到 ζ 平面的对应关系：

$$\begin{cases} x = R\left(\cos\theta + c_1\cos\theta + c_3\cos3\theta\right) \\ z = R\left(-\sin\theta + c_1\sin\theta + c_3\sin3\theta\right) \end{cases} \tag{2-233}$$

由图 2-57 可知，当 $\theta=0$ 时，$x=a/2$，$z=0$；当 $\theta=\pi/2$ 时，$x=0$，$z=b/2$。将上述条件代入式(2-231)、式(2-233)得到：

$$\begin{cases} x = \dfrac{a}{2} = R\left(1 + \cos2k\pi - \dfrac{1}{6}\sin^2 2k\pi\right) \\ z = -\dfrac{b}{2} = R\left(-1 + \cos2k\pi + \dfrac{1}{6}\sin^2 2k\pi\right) \end{cases} \tag{2-234}$$

两式相比得

$$\frac{a}{b} = \frac{1 + \cos2k\pi - \dfrac{1}{6}\sin^2 2k\pi}{1 - \cos2k\pi - \dfrac{1}{6}\sin^2 2k\pi} \tag{2-235}$$

经三角变换，得到：

$$\sin^2 2k\pi = \frac{1 - 2\cos4k\pi}{2} = \frac{1 - \left(2\cos^2 2k\pi - 1\right)}{2} = 1 - \cos^2 2k\pi \tag{2-236}$$

将之代入式(2-235)整理得

$$\frac{a}{b} = \frac{5 + 6\cos2k\pi + \cos^2 2k\pi}{5 - 6\cos2k\pi + \cos^2 2k\pi} \tag{2-237}$$

根据不同巷道的宽高比由式(2-237)可求得 k 值，k 值一共有 8 个解，其中 4 个实数，4 个虚数，由复变函数理论可知，对于矩形巷道围岩应力的解析，合理的 k 值为

$$k = \frac{\arcsin\left(\sqrt{-\dfrac{a + 2b - \sqrt{a^2 + 7ab + b^2}}{a - b}}\right)}{\pi} \tag{2-238}$$

计算出 k 值再代入式(2-235)和式(2-233)可分别解出 R 与 c_i 值，这样便得到具体的映射函数 $Z=\omega(\zeta)$。

如图 2-56 的矩形巷道双向不等压受力图，垂直均布载荷 σ_z，水平均布载荷 $\lambda\sigma_z$，孔口不受面力，则

$$f_x = f_z = \overline{F_x} = \overline{F_z} = 0 \tag{2-239}$$

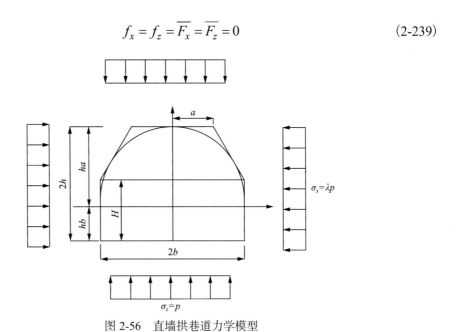

图 2-56　直墙拱巷道力学模型

由式(2-234)得

$$\begin{cases} B = \dfrac{1}{4}(\sigma_z + \lambda\sigma_z) \\[2mm] B' = \dfrac{1}{2}(\lambda\sigma_z - \sigma_z) \\[2mm] C' = 0 \end{cases} \tag{2-240}$$

由式(2-230)可知：

$$\begin{cases} \omega(\sigma) = R\left(\dfrac{1}{\sigma} + c_1\sigma + c_3\sigma^3\right) \\[3mm] \overline{\omega(\sigma)} = R\left(\sigma + c_1\dfrac{1}{\sigma} + c_3\dfrac{1}{\sigma^3}\right) \\[3mm] \omega'(\sigma) = R\left(-\dfrac{1}{\sigma^2} + c_1 + 3c_3\sigma^2\right) \\[3mm] \overline{\omega'(\sigma)} = R\left(-\sigma^2 + c_1 + 3c_3\dfrac{1}{\sigma^2}\right) \\[3mm] \dfrac{\omega(\sigma)}{\overline{\omega'(\sigma)}} = \dfrac{\sigma + c_1\sigma^3 + c_3\sigma^5}{-\sigma^4 + c_1\sigma^2 + 3c_3} \\[3mm] \dfrac{\overline{\omega(\sigma)}}{\omega'(\sigma)} = \dfrac{\sigma^4 + c_1\sigma^3 + c_3}{-\sigma + c_1\sigma^3 + 3c_3\sigma^5} \end{cases} \tag{2-241}$$

将上述已知条件及式(2-241)代入式(2-217)得

$$f_0 = -\frac{R}{2}\left[\frac{4B+2c_1B'}{\sigma}+\left(4Bc_1+2B'\right)\sigma+4Bc_3\sigma^3+2B'\frac{1}{\sigma^3}\right] \tag{2-242}$$

对式(2-212)进行求解，将式(2-242)代入计算公式右边积分为

$$\frac{1}{2\pi\mathrm{i}}\int_\sigma \frac{f_0}{\sigma-\zeta}\,\mathrm{d}\sigma = -R\left(2Bc_1+B'\right)\zeta-2BRc_3\zeta^3 \tag{2-243}$$

联立式(2-241)和式(2-215)，代入式(2-212)求解左边为

$$\frac{1}{2\pi\mathrm{i}}\int_\sigma \frac{\omega(\sigma)}{\overline{\omega'(\sigma)}}\cdot\frac{\overline{\varphi_0'(\sigma)}}{\sigma-\zeta}\,\mathrm{d}\sigma = \frac{1}{2\pi\mathrm{i}}\int_\sigma \frac{\sigma+c_1\sigma^3+c_3\sigma^5}{-\sigma^4+c_1\sigma^2+3c_3}\cdot\left(\overline{\alpha_1}+\frac{2\overline{\alpha_2}}{\sigma}+\frac{3\overline{\alpha_3}}{\sigma^2}+\cdots\right)\frac{\mathrm{d}\sigma}{\sigma-\zeta} = -c_3\left(\overline{\alpha_1}\zeta+2c_3\overline{\alpha_2}\right) \tag{2-244}$$

左右相等：

$$\alpha_1\zeta+\alpha_2\zeta^2+\alpha_3\zeta^3-c_3\left(\overline{\alpha_1}\zeta+2c_3\overline{\alpha_2}\right)=-R\left(2Bc_1+B'\right)\zeta-2BRc_3\zeta^3 \tag{2-245}$$

同次幂对比得

$$\begin{cases}\alpha_1-c_3\overline{\alpha_1}+2c_3^2\overline{\alpha_2}=-R\left(2Bc_1+B'\right)\\ \alpha_2=0\\ \alpha_3=-2BRc_3\end{cases} \tag{2-246}$$

对式(2-246)求解可以得到：

$$\begin{cases}\alpha_1=\dfrac{R\left(2Bc_1+B'\right)}{c_3-1}\\ \alpha_2=0\\ \alpha_3=-2BRc_3\end{cases} \tag{2-247}$$

将式(2-244)代入式(2-215)得

$$\varphi_0(\zeta)=\alpha_1\zeta+\alpha_2\zeta^2+\alpha_3\zeta^3=\frac{R\left(2Bc_1+B'\right)}{c_3-1}\zeta-2BRc_3\zeta^3 \tag{2-248}$$

将式(2-248)、式(2-219)代入式(2-211)得

$$\varphi(\zeta)=\frac{BR}{\zeta}+BRc_1\zeta+\frac{R\left(2Bc_1+B'\right)}{c_3-1}\zeta-BRc_3\zeta^3 \tag{2-249}$$

将式(2-249)、式(2-241)代入式(2-230)得

$$
\begin{aligned}
\phi(\zeta) = \frac{\varphi'(\zeta)}{\omega'(\zeta)} &= \frac{-\dfrac{BR}{\zeta^2} + BRc_1 + \dfrac{R(2Bc_1 + B')}{c_3 - 1} - 3BRc_3\zeta^2}{R\left(-\dfrac{1}{\zeta^2} + c_1 + 3c_3\zeta^2\right)} \\[2mm]
&= \frac{-B + c_1 B\zeta^2 + \dfrac{(2Bc_1 + B')\zeta^2}{c_3 - 1} - 3Bc_3\zeta^4}{-1 + c_1\zeta^2 + 3c_3\zeta^4} \\[2mm]
&= B\frac{-1 + c_1\zeta^2 + \dfrac{2c_1\zeta^2}{c_3 - 1} - 3c_3\zeta^4}{-1 + c_1\zeta^2 + 3c_3\zeta^4} + B'\frac{\dfrac{\zeta^2}{c_3 - 1}}{-1 + c_1\zeta^2 + 3c_3\zeta^4}
\end{aligned}
\tag{2-250}
$$

对于式(2-209)，由于巷道壁上 $\sigma_\rho = 0$，则得 $\sigma_\theta = 4\mathrm{Re}\varphi(\zeta)$，将式(2-250)代入，其中 $\zeta = \mathrm{e}^{\mathrm{i}\theta} = \cos\theta + \mathrm{i}\sin\theta$，首先计算前半部分得

$$
\begin{aligned}
B\frac{-1 + c_1\zeta^2 + \dfrac{2c_1\zeta^2}{c_3 - 1} - 3c_3\zeta^4}{-1 + c_1\zeta^2 + 3c_3\zeta^4} &= B\frac{c_1(\cos\theta + \mathrm{i}\sin\theta)^2 + \dfrac{2c_1(\cos\theta + \mathrm{i}\sin\theta)^2}{c_3 - 1} - 3c_3(\cos\theta + \mathrm{i}\sin\theta)^4 - 1}{c_1(\cos\theta + \mathrm{i}\sin\theta)^2 + 3c_3(\cos\theta + \mathrm{i}\sin\theta)^4 - 1} \\[2mm]
&= B\left[\frac{c_1\cos 2\theta + \dfrac{2c_1\cos 2\theta}{c_3 - 1} + \mathrm{i}\sin 2\theta + \dfrac{2c_1\mathrm{i}\sin 2\theta}{c_3 - 1} - 3c_3\cos 4\theta - 3c_3\mathrm{i}\sin 4\theta - 1}{c_1\cos 2\theta + \mathrm{i}c_1\sin 2\theta + 3c_3\cos 4\theta + 3c_3\mathrm{i}\sin 4\theta - 1}\right] \\[2mm]
&= B\left\{\frac{\left(c_1 + \dfrac{2c_1}{c_3 - 1}\right)\cos 2\theta - 3c_3\cos 4\theta - 1 + \left[\left(1 + \dfrac{2c_1}{c_3 - 1}\right)\sin 2\theta - 3c_3\sin 4\theta\right]\mathrm{i}}{c_1\cos 2\theta + +3c_3\cos 4\theta - 1 + \mathrm{i}(c_1\sin 2\theta + 3c_3\sin 4\theta)}\right\}
\end{aligned}
$$

令

$$
\begin{cases}
Z_1 = (x_1, z_1) = \left(c_1 + \dfrac{2c_1}{c_3 - 1}\right)\cos 2\theta - 3c_3\cos 4\theta - 1 + \mathrm{i}\left[\left(1 + \dfrac{2c_1}{c_3 - 1}\right)\sin 2\theta - 3c_3\sin 4\theta\right] \\[3mm]
Z_2 = (x_2, z_2) = c_1\cos 2\theta + +3c_3\cos 4\theta - 1 + \mathrm{i}(c_1\sin 2\theta + 3c_3\sin 4\theta)
\end{cases}
$$

则得

$$
\mathrm{Re}\left(\frac{Z_1}{Z_2}\right) = \frac{x_1 x_2 + z_1 z_2}{x_2^2 + z_2^2}
\tag{2-251}
$$

其中：

$$
\begin{cases}
x_1 = \left(c_1 + \dfrac{2c_1}{c_3 - 1} \right) \cos 2\theta - 3c_3 \cos 4\theta - 1 \\[2mm]
z_1 = \left(1 + \dfrac{2c_1}{c_3 - 1} \right) \sin 2\theta - 3c_3 \sin 4\theta \\[2mm]
x_2 = c_1 \cos 2\theta + 3c_3 \cos 4\theta - 1 \\[2mm]
z_2 = c_1 \sin 2\theta + 3c_3 \sin 4\theta
\end{cases}
\tag{2-252}
$$

再计算式(2-250)后半部分得

$$
B' \frac{\dfrac{\zeta^2}{c_3 - 1}}{-1 + c_1 \zeta^2 + 3c_3 \zeta^4} = B' \frac{\dfrac{\cos 2\theta}{c_3 - 1} + \mathrm{i} \dfrac{\sin 2\theta}{c_3 - 1}}{c_1 \cos 2\theta + + 3c_3 \cos 4\theta - 1 + \mathrm{i}\left(c_1 \sin 2\theta + 3c_3 \sin 4\theta \right)}
$$

令

$$
Z_3 = \left(x_3, z_3 \right) = \frac{1}{c_3 - 1} \cos 2\theta + \mathrm{i} \frac{1}{c_3 - 1} \sin 2\theta
$$

则得

$$
\mathrm{Re}\left(\frac{Z_3}{Z_2} \right) = \frac{x_3 x_2 + z_3 z_2}{x_2^2 + z_2^2}
\tag{2-253}
$$

其中：

$$
\begin{cases}
x_3 = \dfrac{1}{c_3 - 1} \cos 2\theta \\[3mm]
z_3 = \dfrac{1}{c_3 - 1} \sin 2\theta
\end{cases}
\tag{2-254}
$$

综合式(2-251)、式(2-252)、式(2-253)、式(2-254)，最终得到矩形巷道周边的切向应力计算公式为

$$
\begin{aligned}
\sigma_\theta &= 4\,\mathrm{Re}\,\phi(\zeta) = 4\,\mathrm{Re}\left(B\frac{Z_1}{Z_2} + B'\frac{Z_3}{Z_2} \right) \\[2mm]
&= \left(\sigma_z + \lambda \sigma_z \right)\left(\frac{x_1 x_2 + z_1 z_2}{x_2^2 + z_2^2} \right) + 2\left(\lambda \sigma_z - \sigma_z \right)\left(\frac{x_3 x_2 + z_3 z_2}{x_2^2 + z_2^2} \right)
\end{aligned}
\tag{2-255}
$$

从式(2-255)可以清楚看出，矩形巷道周边切向应力的大小与巷道埋深、水平侧压力系数和巷道的跨高比密切相关。

3) 直墙拱巷道围岩应力复变函数解

建立直墙拱巷道力学模型，如图 2-56 所示。同上节矩形巷道的求解方法，首先确定直墙拱巷道的保角映射函数，由参考文献可以查得，其保角变换的一般映射公式为

$$
\omega(\zeta) = R\left(\frac{1}{\zeta} - c_1 \zeta - \frac{\mathrm{i}c_2}{2}\zeta^2 - \frac{c_3}{3}\zeta^3 - \frac{\mathrm{i}c_4}{4}\zeta^4 \right)
\tag{2-256}
$$

其中:

$$R = \frac{b}{1 - c_1 - \dfrac{c_3}{3}}$$

$$\theta_1 = \frac{3\pi}{2}$$

$$\theta_2 = \frac{3\pi}{2} - \arctan \frac{b-a}{2h-H}$$

$$\theta_3 = \pi + \arctan \frac{b-a}{2h-H}$$

$$\delta_j = \frac{\theta_j}{\pi} - 1$$

$$c_{j1} = -2\delta_j \cos k_j \pi$$

$$c_{j2} = -\left[1 + \frac{\left(2\cos k_j \pi\right)^2}{2}\left(\delta_j - 1\right) \right]$$

$$c_{j3} = 2\cos k_j \pi \cdot \delta_j \left(\delta_j - 1\right)\left[1 + \frac{\left(2\cos k_j \pi\right)^2}{6}\left(\delta_j - 2\right) \right]$$

$$c_{j4} = \delta_j \left(\delta_j - 1\right)\left[\frac{1}{2} + \frac{\left(2\cos k_j \pi\right)^2}{2}\left(\delta_j - 2\right) + \frac{\left(2\cos k_j \pi\right)^2}{24}\left(\delta_j - 2\right)\left(\delta_j - 3\right) \right]$$

$$c_{j5} = -2\delta_j \cos k_j \pi \cdot \left(\delta_j - 1\right)\left(\delta_j - 2\right)\left[\frac{1}{2} + \frac{\left(2\cos k_j \pi\right)^2}{6}\left(\delta_j - 3\right) + \frac{\left(2\cos k_j \pi\right)^2}{120}\left(\delta_j - 3\right)\left(\delta_j - 4\right) \right]$$

$$c_1 = c_{12} + c_{22} + c_{32} - c_{11}c_{21} - \left(c_{11} + c_{21}\right)c_{31}$$

$$c_2 = c_{13} + c_{23} + c_{33} + c_{11}c_{22} + \left(c_{12} - c_{11}c_{21} + c_{22}\right)c_{31} + c_{12}c_{21} + \left(c_{11} + c_{21}\right)c_{32}$$

$$c_3 = c_{14} + c_{24} + c_{34} - c_{11}c_{23} - \left(c_{13} + c_{23} - c_{11}c_{22} + c_{12}c_{21}\right)c_{31} + c_{12}c_{22} - c_{13}c_{21}$$
$$+ \left(c_{21} - c_{11}c_{21} + c_{22}\right)c_{32} - \left(c_{11} + c_{21}\right)c_{33}$$

$$c_4 = c_{15} + c_{25} + c_{35} + \left(c_{14} + c_{24} - c_{11}c_{23} + c_{12}c_{22} - c_{13}c_{21}\right)c_{31} + c_{12}c_{23} + c_{13}c_{22} + c_{14}c_{21}$$
$$+ \left(c_{13} + c_{23} + c_{11}c_{22} + c_{12}c_{21}\right)c_{32} + c_{11}c_{24} + \left(c_{21} - c_{11}c_{21} + c_{22}\right)c_{33} + \left(c_{11} + c_{21}\right)c_{34}$$

由式 (2-214) 得

$$\begin{cases} B = \dfrac{1}{4}\left(\sigma_z + \lambda\sigma_z\right) \\[2mm] B' = \dfrac{1}{2}\left(\lambda\sigma_z - \sigma_z\right) \\[2mm] C' = 0 \end{cases}$$

代入式(2-211)和式(2-212)，应用 Harnack 定理得

$$\varphi(\zeta) = \frac{PR}{2}\left(\frac{1}{\zeta} - c_1\zeta - \frac{ic_2}{2}\zeta^2 - \frac{c_3}{3}\zeta^3 - \frac{ic_4}{4}\zeta^4\right) + a\zeta + \lambda PR\left(\frac{c_3}{3}\zeta^3 + \frac{ic_4}{4}\zeta^4 + 2i\frac{2c_3 - c_1c_4}{8 - c_4^2}\zeta\right)$$

(2-257)

将式(2-257)代入式(2-210)得

$$\phi(\zeta) = \frac{\varphi'(\zeta)}{\omega'(\zeta)} = \frac{P}{2} + a + \lambda P\frac{\frac{c_3}{3}\zeta^3 + \frac{ic_4}{4}\zeta^4 + 2i\frac{2c_3 - c_1c_4}{8 - c_4^2}\zeta}{-\frac{1}{\zeta^2} - c_1 - ic_2\zeta - c_3\zeta^2 - ic_4\zeta^3}$$

(2-258)

令映射后的单位圆 $\rho=1$，则 $\zeta=e^{i\theta}=\cos\theta+i\sin\theta$，对于式(2-209)，由于巷道壁上 $\sigma_\rho=0$，则得 $\sigma_\theta=4\mathrm{Re}\varphi(\zeta)$，代入式(2-258)，计算后面部分，得出：

$$\lambda P\frac{\frac{c_3}{3}\zeta^3 + \frac{ic_4}{4}\zeta^4 + 2i\frac{2c_3 - c_1c_4}{8 - c_4^2}\zeta}{-\frac{1}{\zeta^2} - c_1 - ic_2\zeta - c_3\zeta^2 - ic_4\zeta^3} = \lambda P\frac{\frac{c_3}{3}(\cos\theta + i\sin\theta)^3 + \frac{ic_4}{4}(\cos\theta + i\sin\theta)^4 + 2i\frac{2c_3 - c_1c_4}{8 - c_4^2}(\cos\theta + i\sin\theta)}{-\frac{1}{(\cos\theta + i\sin\theta)^2} - c_1 - ic_2(\cos\theta + i\sin\theta) - c_3(\cos\theta + i\sin\theta)^2 - ic_4(\cos\theta + i\sin\theta)^3}$$

$$= \lambda P\frac{\frac{c_3}{3}(\cos3\theta + i\sin3\theta) + \frac{ic_4}{4}(\cos4\theta + i\sin4\theta) + 2i\frac{2c_3 - c_1c_4}{8 - c_4^2}(\cos\theta + i\sin\theta)}{-(\cos2\theta - i\sin2\theta) - c_1 - ic_2(\cos\theta + i\sin\theta) - c_3(\cos2\theta + i\sin2\theta) - ic_4(\cos3\theta + i\sin3\theta)}$$

$$= \lambda P\frac{\frac{c_3}{3}\cos3\theta - \frac{1}{4}\sin4\theta - 2\frac{2c_3 - c_1c_4}{8 - c_4^2}\sin\theta + \left(\frac{c_3}{3}\sin3\theta + \frac{c_4}{4}\cos4\theta - 2\frac{2c_3 - c_1c_4}{8 - c_4^2}\cos\theta\right)i}{-\cos2\theta - c_1 + c_2\sin\theta - c_3\cos2\theta + c_4\sin3\theta + (\sin2\theta - c_2\cos\theta - c_3\sin2\theta - c_4\cos3\theta)i}$$

令

$$\begin{cases} Z_4 = (x_4, z_4) = \frac{c_3}{3}\cos3\theta - \frac{1}{4}\sin4\theta - 2\frac{2c_3 - c_1c_4}{8 - c_4^2}\sin\theta + \left(\frac{c_3}{3}\sin3\theta + \frac{c_4}{4}\cos4\theta - 2\frac{2c_3 - c_1c_4}{8 - c_4^2}\cos\theta\right)i \\ Z_5 = (x_5, z_5) = -\cos2\theta - c_1 + c_2\sin\theta - c_3\cos2\theta + c_4\sin3\theta + (\sin2\theta - c_2\cos\theta - c_3\sin2\theta - c_4\cos3\theta)i \end{cases}$$

则得

$$\mathrm{Re}\left(\frac{Z_4}{Z_5}\right) = \frac{x_4x_5 + z_4z_5}{x_5^2 + z_5^2}$$

(2-259)

其中：

$$\begin{cases} x_4 = \frac{c_3}{3}\cos3\theta - \frac{1}{4}\sin4\theta - 2\frac{2c_3 - c_1c_4}{8 - c_4^2}\sin\theta \\ z_4 = \frac{c_3}{3}\sin3\theta + \frac{c_4}{4}\cos4\theta - 2\frac{2c_3 - c_1c_4}{8 - c_4^2}\cos\theta \\ x_5 = -\cos2\theta - c_1 + c_2\sin\theta - c_3\cos2\theta + c_4\sin3\theta \\ z_5 = \sin2\theta - c_2\cos\theta - c_3\sin2\theta - c_4\cos3\theta \end{cases}$$

(2-260)

综合式(2-257)、式(2-259)、式(2-260)，最终得到直墙拱巷道周边的切向应力计算公式为

$$\sigma_\theta = 4\mathrm{Re}\,\phi(\zeta) = 2\sigma_z + 4a + 4\lambda\sigma_z\,\mathrm{Re}\!\left(\frac{Z_4}{Z_5}\right) = 2\sigma_z + 4a + 4\lambda\sigma_z\,\frac{x_4 x_5 + z_4 z_5}{x_5^2 + z_5^2} \tag{2-261}$$

从式(2-261)可以看出直墙拱巷道周边切向应力的大小同样与巷道埋深、水平侧压力系数和巷道的跨高比有关。

5. 不同断面形状围岩的切向应力分布对比分析

1)圆形巷道围岩应力分布

根据前述圆形巷道围岩切向应力，设计初始地应力 10MPa(考虑 400m 埋深)，设计侧压系数 1.2 与 1.8，令 θ 取不同值代入式(2-218)，得到侧压系数为 1.2、1.8 时圆形巷道的围岩切向应力，见表 2-17，并做圆形巷道围岩切向应力的拟合曲线，如图 2-57 所示，并进行如下分析。

表 2-17　侧压系数 1.2、1.8 时圆形巷道围岩切向应力(MPa)

侧压系数	0°	15°	30°	45°	60°	75°	90°
1.2	26	27.464	30	26	23.464	20.536	18
1.8	44	49.856	52	44	33.856	22.144	12

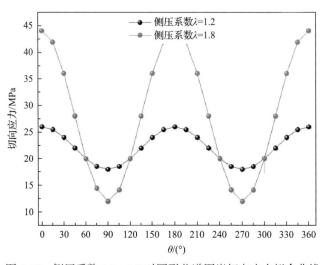

图 2-57　侧压系数 1.2、1.8 时圆形巷道围岩切向应力拟合曲线

由图 2-57 可知，圆形巷道围岩切向应力从顶板(0°，360°)到两帮(90°，270°)逐渐降低，再从两帮到底板(180°)逐渐增大，整体呈现正弦函数的变化趋势，且圆形巷道围岩全部处于压应力状态，表明巷道稳定性好。侧压系数的大小对围岩切向应力影响显著，围压较小时(λ=1.2)，圆形巷道围岩应力变化曲线平缓，顶底板切向应力最大为 26MPa，两帮最小为 18MPa，降幅 30.8%；高围压状态下(λ=1.8)，圆形巷道围岩应力变化曲线较

陡，顶底板切向应力最大为 44MPa，两帮最小为 12MPa，降幅 72.2%，两种围压状态应力变化相差巨大。

具体分析圆形巷道两帮可知，在两种围压下，圆形巷道两帮应力集中系数为 1.2～2，此时的围岩受力良好，围岩稳定性较好；而圆形巷道顶底板应力集中系数分别为 2.6 和 4.4，可见高围压时圆形巷道顶底板应力集中程度明显大于两帮应力集中程度，因此围压大时，顶底板是圆形巷道的主要支护部位。

根据应力值(表 2-17)，绘制出侧压系数为 1.2 和 1.8 时的圆形巷道围岩应力分布图，如图 2-58 所示。

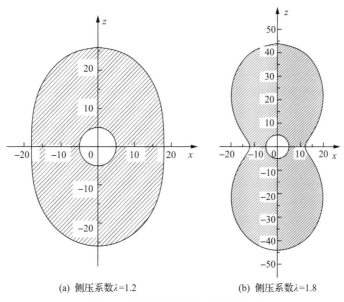

(a) 侧压系数λ=1.2　　　　　　　(b) 侧压系数λ=1.8

图 2-58　圆形巷道围岩应力分布图

由图 2-58 可知，侧压系数为 1.2 和 1.8 时，圆形巷道围岩处于压应力状态，侧压系数为 1.2 时，巷道整体受力较均匀，顶底板压应力稍大于两帮压应力；当侧压系数为 1.8 时，顶底板压应力明显增大，两帮相对减小。由表 2-17 可知，侧压系数为 1.2 时，顶底板压应力为 26MPa，两帮压应力为 18MPa；侧压系数为 1.8 时，顶底板压应力为 44MPa，两帮压应力为 12MPa，则顶底板增幅为 69.2%，两帮降幅为 33%。

综上所述，圆形巷道在侧压系数较小时(λ=1.2)，巷道受压应力均匀，且应力集中程度较小，圆形巷道自稳能力好；当侧压系数较大时(λ=1.8)，圆形巷道两帮受力良好，但其顶底板应力集中程度大，应为巷道支护的重要部位。

2) 矩形巷道围岩应力分布

在对矩形巷道进行计算时，首先设计宽度 a 为 4.6 m，高度 b 为 3.2m，宽高比为 1.4，处于平面应变状态，远场作用双向载荷，初始地应力 10MPa，侧压系数 1.2，参见图 2-55。将物理平面上的矩形硐室保角映射为中心单位圆，当映射函数精度为 3 时，具体映射系数见表 2-18。

表 2-18　映射系数

R	K	c_1	c_3
2.334	0.226	0.15	−0.163

令 θ 取不同的值，代入式(2-223)得到对应 Z 平面的 x、z 坐标值，见表 2-19，进而绘制映射图形，如图 2-59 所示。

表 2-19　映射圆角度与直角坐标对应关系

坐标	0°	15°	30°	45°	60°	75°	90°
x	2.304	2.324	2.325	2.167	1.732	0.964	0
z	0	−0.782	−1.372	−1.671	−1.718	−1.647	−1.603

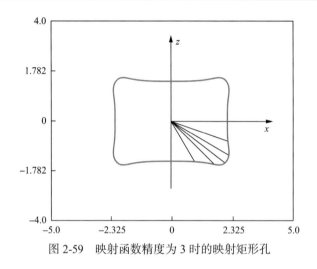

图 2-59　映射函数精度为 3 时的映射矩形孔

图 2-59 为映射函数 $Z=\omega(\zeta)$ 取前三项时的映射形状，与原矩形孔相比，映射函数取前三项时的映射形状和原矩形孔近似程度较高，能满足精度的要求，所以可取映射函数为

$$Z = \omega(\zeta) = 2.334\left[\frac{1}{\zeta} + 0.15\zeta - 0.163\zeta^3\right] \tag{2-262}$$

为研究不同巷道宽度对矩形巷道围岩应力的影响规律，并分析大断面巷道和小断面巷道的围岩应力分布特征，固定巷道高度为 3.0m，侧压系数 λ 分别取 1.2 和 1.8，宽高比 a/b 分别为 1.1、1.2、1.3、1.4、1.5、1.6、1.7 和 1.8，则巷道宽度选取 3.3m、3.6m、3.9m、4.2m、4.5m、4.8m、5.1m 和 5.4m。其模型对应的物理平面坐标见表 2-20。

由上节理论部分继续求得不同宽高比下映射函数的 R、c_1 和 c_3 值，见表 2-21。

将表 2-21 中对应数值代入式(2-252)、式(2-254)和式(2-255)，计算得到侧压系数为 1.2、1.8 时，不同宽高比的矩形巷道周边各点的应力值，见表 2-22 和表 2-23。

表 2-20　不同宽高比矩形巷道的映射圆角度与直角坐标对应关系

宽高比	坐标	0°	15°	30°	45°	60°	75°	90°
1.1	x	1.65	1.675	1.701	1.612	1.297	0.731	0
	z	0	−0.692	−1.222	−1.506	−1.572	−1.53	−1.5
1.2	x	1.801	1.824	1.844	1.737	1.392	0.783	0
	z	0	−0.705	−1.242	−1.525	−1.584	−1.535	−1.501
1.3	x	1.952	1.974	1.985	1.862	1.487	0.834	0
	z	0	−0.717	−1.261	−1.543	−1.595	−1.539	−1.502
1.4	x	2.103	2.123	2.127	1.985	1.58	0.885	0
	z	0	−0.729	−1.28	−1.561	−1.606	−1.542	−1.502
1.5	x	2.255	2.272	2.268	2.108	1.673	0.935	0
	z	0	−0.74	−1.297	−1.577	−1.617	−1.546	−1.503
1.6	x	2.407	2.422	2.408	2.231	1.764	0.984	0
	z	0	−0.75	−1.313	−1.592	−1.627	−1.55	−1.505
1.7	x	2.559	2.572	2.549	2.352	1.855	1.033	0
	z	0	−0.76	−1.328	−1.607	−1.636	−1.554	−1.506
1.8	x	2.712	2.721	2.689	2.473	1.945	1.081	0
	z	0	−0.769	−1.343	−1.621	−1.645	−1.557	−1.507

表 2-21　不同宽高比矩形巷道映射函数的关键参数

关键参数	1.1	1.2	1.3	1.4	1.5	1.6	1.7	1.8
R	1.89	1.979	2.067	0.228	2.243	2.33	2.416	2.502
c_1	0.04	0.076	0.109	0.139	0.168	0.194	0.218	0.241
c_3	−0.166	−0.166	−0.165	−0.163	−0.162	−0.16	−0.159	−0.157

表 2-22　侧压系数 $\lambda=1.2$ 时不同宽高比矩形巷道周边各点应力值（MPa）

宽高比	0°	15°	30°	45°	60°	75°	90°
1.1	9.277	13.232	46.278	47.506	31.294	9.949	4.11
1.2	9.816	14.283	46.93	43.951	29.307	9.475	3.706
1.3	10.406	15.378	47.108	40.877	27.499	9.061	3.391
1.4	11.055	16.519	46.907	38.28	25.886	8.706	3.156
1.5	11.632	17.597	46.633	35.814	24.395	8.336	2.894
1.6	12.271	18.712	46.104	33.774	23.088	8.026	2.705
1.7	12.806	19.707	45.575	31.9	21.928	7.72	2.501
1.8	13.442	20.803	44.858	30.245	20.843	7.445	2.345

表 2-23　侧压系数 $\lambda=1.8$ 时不同宽高比矩形巷道周边各点应力值（MPa）

宽高比	0°	15°	30°	45°	60°	75°	90°
1.1	17.554	23.986	60.723	51.166	31.079	7.175	−0.275
1.2	18.354	25.498	61.021	46.702	28.65	6.607	−0.686
1.3	19.236	27.074	60.775	42.9	26.47	6.103	−1.014
1.4	20.212	28.714	60.12	39.734	24.548	5.659	−1.268
1.5	21.075	30.259	59.352	36.707	22.767	5.212	−1.541
1.6	22.036	31.855	58.338	34.239	21.224	4.826	−1.748
1.7	22.837	33.275	57.326	31.953	19.847	4.457	−1.963
1.8	23.794	34.839	56.126	29.961	18.573	4.116	−2.136

　　为直观地说明巷道宽度改变对矩形巷道围岩应力的影响规律，给出了不同宽高比条件下矩形巷道围岩应力值的拟合曲线，如图 2-60、图 2-61 所示，并进行如下分析。

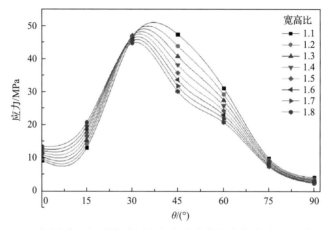

图 2-60　不同宽高比矩形巷道围岩各点应力值拟合曲线（侧压系数 $\lambda=1.2$）

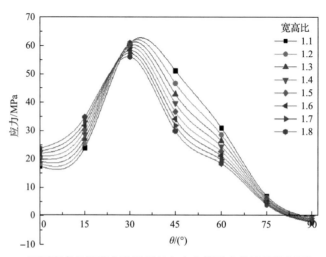

图 2-61　不同宽高比矩形巷道围岩各点应力值拟合曲线（侧压系数 $\lambda=1.8$）

如图 2-60、图 2-61 所示，侧压系数为 1.2 和 1.8 时，宽高比对矩形巷道围岩应力的影响如下，矩形巷道两帮及两帮与肩角、底角区域的应力变化幅度较大，而两帮中部与顶底板中部附近区域围岩应力变化幅度较小；且随着宽高比不同，对于矩形巷道两帮与肩角、底角区域变化影响较大，两帮影响次之，顶底板中部的变化量基本不变；两帮中部和两帮的应力随宽高比增大而增大，而肩角、底角区域随宽高比增大而减小，侧压系数为 1.8 时顶底板的应力随宽高比增大而增大。

根据应力值表 2-22、表 2-23，绘制出侧压系数为 1.2 和 1.8 时不同宽高比的矩形巷道围岩应力分布图，如图 2-62、图 2-63 所示。

如图 2-62 所示，侧压系数为 1.2 时，不同宽高比矩形巷道的围岩应力均为压应力，矩形巷道的肩角及底角受应力集中影响，所受压应力最大，随着宽高比增大，该处应力有所降低，但效果不明显；矩形巷道两帮的压应力次之，随着宽高比增大而增大，由图 2-60 可知，宽高比 1.1 时两帮压应力为 9.277MPa，低于原岩应力，而宽高比 1.8 时两帮压应力为 13.442MPa，明显高于原岩应力，增幅约为 45%；顶底板中部压应力最小，所受压应力只为原岩应力的 20% 左右。

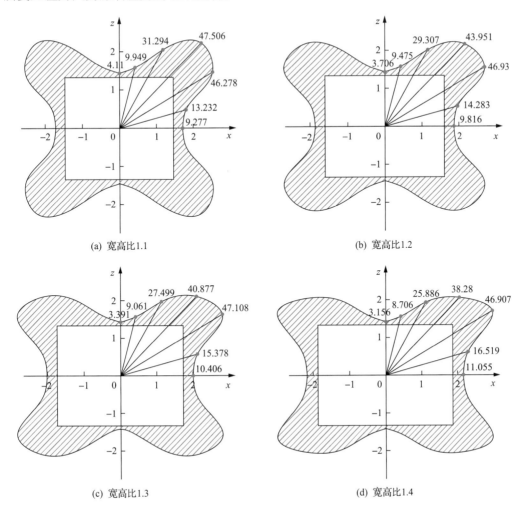

(a) 宽高比1.1　　　　　　　　　　　　(b) 宽高比1.2

(c) 宽高比1.3　　　　　　　　　　　　(d) 宽高比1.4

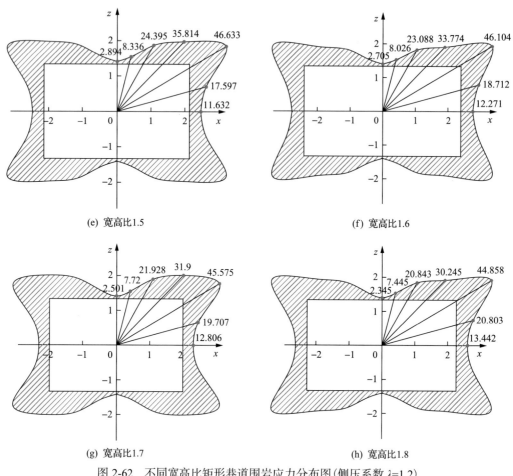

图 2-62 不同宽高比矩形巷道围岩应力分布图(侧压系数 λ=1.2)

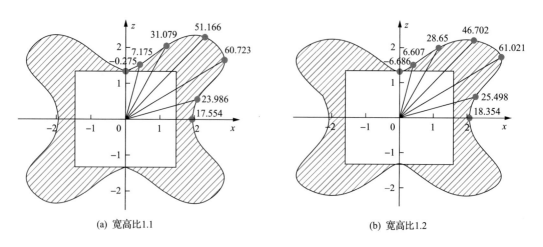

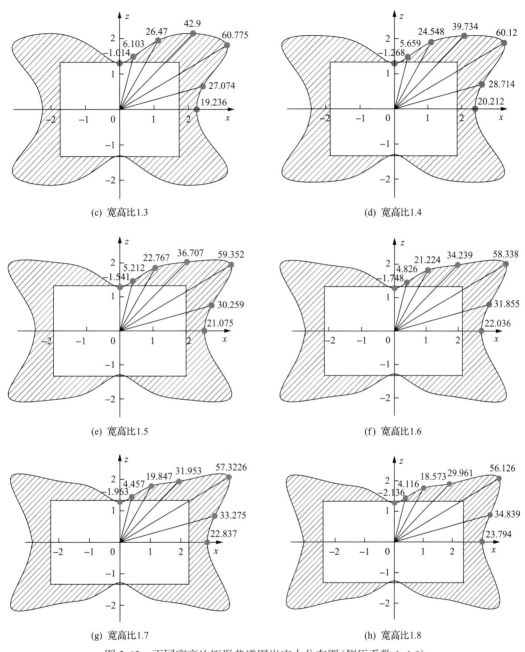

(c) 宽高比1.3

(d) 宽高比1.4

(e) 宽高比1.5

(f) 宽高比1.6

(g) 宽高比1.7

(h) 宽高比1.8

图 2-63　不同宽高比矩形巷道围岩应力分布图(侧压系数 λ=1.8)

如图 2-63 所示，侧压系数为 1.8 时，不同宽高比矩形巷道的围岩应力进一步增大，矩形巷道顶底板中部产生拉应力，表明此处易发生拉伸破坏，随着宽高比增大拉应力越大；肩角及底角、两帮处于受压状态，应力随宽高比的变化规律与侧压系数 1.2 时相同，肩角及底角受压应力集中影响大于两帮，两帮压应力均大于原岩应力，宽高比 1.1 时为 17.554MPa，宽高比 1.8 时为 23.794MPa，增幅 35.5%。

同时，侧压系数为 1.2 时巷道未出现拉应力状态，而侧压系数为 1.8 时顶底板出现拉应力，表明侧压系数是造成巷道顶底板破坏的决定因素。

进一步分析侧压系数为 1.2 和 1.8 时，不同宽高比矩形巷道的围岩各部位应力集中程度变化规律，由表 2-21 和表 2-22 计算出矩形巷道肩角及底角、两帮和顶底板中部的应力集中系数，并绘制其应力集中系数曲线，如图 2-64、图 2-65 所示。

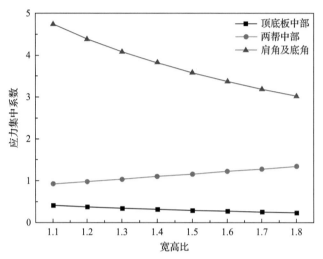

图 2-64　不同宽高比矩形巷道围岩应力集中系数曲线(侧压系数 $\lambda=1.2$)

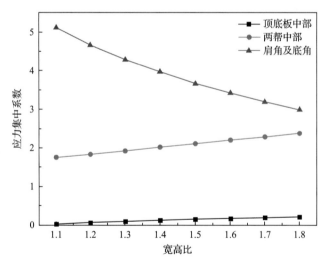

图 2-65　不同宽高比矩形巷道围岩应力集中系数曲线(侧压系数 $\lambda=1.8$)

由图 2-64 和图 2-65 可知，矩形巷道围岩应力集中程度肩角及底角＞两帮中部＞顶底板中部，矩形巷道围岩应力集中系数肩角及底角和顶底板中部处随巷道宽高比增大而降低，而两帮中部应力集中系数随宽高比增大而增大。

具体分析，侧压系数为 1.2 时，由曲线的斜率可知，巷道宽高比对肩角及底角应力集中程度的影响最为显著，其次两帮中部，而顶底板中部的应力集中程度影响最小；其中肩角及底角应力集中系数为 3～4.7，受力较大；顶底板中部应力集中系数为 0.2～0.4；两帮中部应力集中系数为 1.3～2.1。侧压系数为 1.8 时，由曲线的斜率可知，巷道宽高比对肩角及底角、两帮中部和顶底板中部应力集中程度的影响程度与侧压系数 1.2 时的规律基本相同，即显著性影响肩角及底角＞两帮中部＞顶底板中部；其中顶底板中部为拉应力状态，应力集中系数为 0.02~0.2，表明顶底板中部易发生张拉破坏，而且巷道宽高比越大，顶底板中部破坏越严重，肩角及底角应力集中系数为 3~5.1，两帮中部应力集中系数为 1.7~2.4，较侧压系数 1.2 时受力增大，肩角及底角应力集中程度小于顶底板中部，两帮中部应力集中程度较小。

综上所述，侧压系数决定矩形巷道顶底板的承载及稳定性，低围压时(λ=1.2)顶底板不承受拉应力，高围压时(λ=1.8)顶底板产生拉应力。巷道宽高比不同对围岩各部位应力变化规律不同，通过结合具体地质条件和实际的巷道破坏特征，从而确定合适的宽高比以期对破坏严重部位从根本上得到控制，降低破坏程度，有利于巷道的进一步支护。

3) 直墙拱巷道围岩应力分布

为研究不同巷道宽度对直墙拱巷道围岩应力的影响规律，并分析大断面巷道和小断面巷道的围岩应力分布特征，固定巷道高度为 3.0m，宽高比 h/b 分别为 0.6、0.8、1.0、1.2、1.4、1.6、1.8，则巷道宽度选取 1.8m、2.4m、3.0m、3.6m、4.2m、4.8m 和 5.4m，侧压系数 λ 为 1.2 和 1.8 两种。参照图 2-57，取 H=3m，将宽高比 h/b 代入式(2-227)解得 k 值，将具体数据代入式(2-256)、式(2-260)、式(2-261)，计算得到侧压系数为 1.2 和 1.8 时，不同宽高比直墙拱巷道围岩各点的应力值，见表 2-24、表 2-25。

表 2-24　侧压系数为 1.2 时不同宽高比直墙拱巷道围岩各点应力值(MPa)

$\theta/(°)$	0.6	0.8	1.0	1.2	1.4	1.6	1.8
0	56.206	55.023	54.137	53.053	51.124	47.2	39.458
15	29.493	22.46	13.682	6.984	5.333	7.431	10.762
30	14.945	13.982	14.31	15.743	17.708	19.699	21.46
45	19.309	20.464	21.945	23.59	25.206	26.643	27.831
60	23.046	24.439	25.953	27.537	29.106	30.566	31.836
75	24.229	25.284	26.427	27.676	29.035	30.492	32.021
90	24.681	25.789	26.522	26.997	25.525	26.122	26.801
105	22.91	22.636	22.377	22.142	21.94	21.783	21.686
120	23.433	22.653	22.044	21.653	21.508	21.613	21.942
135	26.379	25.127	24.373	24.155	24.4	24.967	25.706
150	33.152	30.679	29.239	28.92	29.401	30.264	31.213
165	47.965	33.872	39.949	37.417	37.043	37.973	39.189
180	48.877	45.092	41.612	38.061	34.311	30.685	28.669

表 2-25　侧压系数为 1.8 时不同宽高比直墙拱巷道围岩各点应力值(MPa)

$\theta/(°)$	0.6	0.8	1.0	1.2	1.4	1.6	1.8
0	70.309	68.534	67.205	65.58	62.686	56.8	45.187
15	30.24	19.689	6.523	−3.524	−6.001	−2.853	2.143
30	8.418	6.973	7.465	9.615	12.561	15.549	18.19
45	14.964	16.696	18.918	21.386	23.809	25.965	27.746
60	20.569	22.658	24.93	27.306	29.659	31.85	33.755

$\theta/(°)$	0.6	0.8	1.0	1.2	1.4	1.6	1.8
75	22.344	23.926	25.641	27.515	29.552	31.738	34.032
90	21.522	22.133	22.783	23.495	24.288	25.182	26.201
105	20.365	19.954	19.566	19.213	18.91	18.675	18.53
120	21.149	19.979	19.066	18.479	18.262	18.419	18.914
135	25.568	23.69	22.56	22.233	22.601	23.45	24.559
150	35.728	32.019	29.858	29.38	30.102	31.396	32.819
165	57.948	51.881	45.924	42.126	41.565	42.96	44.784
180	59.315	53.638	48.419	43.091	37.467	32.027	29.004

　　为直观地说明巷道宽度改变对围岩应力的影响规律，给出了不同宽高比条件下直墙拱巷道围岩应力的拟合曲线，如图 2-66、图 2-67 所示，并进行如下分析。

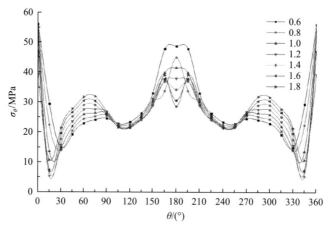

图 2-66　不同宽高比直墙拱巷道围岩各点应力值拟合曲线(侧压系数 λ=1.2)

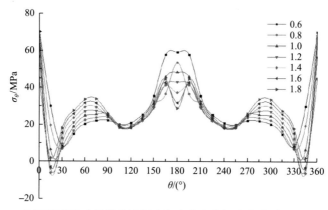

图 2-67　不同宽高比直墙拱巷道围岩各点应力值拟合曲线(侧压系数 λ=1.8)

　　由图 2-66 和图 2-67 可以看出，应力在 0°和 180°附近变化显著(即在拱顶和巷道底板附近)，特别是拱顶 0°～30°范围内，下降幅度较大，底角及两帮的应力随宽高比增大而增大；而巷道底板中部附近随宽高比增大呈现不同的变化，宽高比为 0.6～1.0 时，底板中部应力大于两侧应力，宽高比为 1.4～1.8 时，底板中部应力小于两侧应力，宽高比为 1.2 时，底板受力均匀，且应力较小；巷道直墙与拱交点(90°)处压应力变化较小，随巷道宽高比增大有小幅度增大，两帮(120°)应力变化同样较小，随宽高比增大稍降低。由图 2-68 可知，在高围压下，直墙拱巷道拱顶部分开始出现拉应力状态，宽高比为 0.6～1.0 时拱顶仍为压应力，当宽高比为 1.2～1.8 时拱顶产生拉应力。因此，直墙拱巷道拱顶更易出现张拉破坏，底板与两帮受压应力，但底板的应力集中系数高于两帮，最大为 5～6。

　　进一步分析侧压系数为 1.2 和 1.8 时，不同宽高比直墙拱巷道围岩各部位的应力集中程度变化规律，由表 2-24 和表 2-25 计算出直墙拱巷道顶板中部(0°)、顶板(15°)、直墙与拱交点(90°)、两帮(120°)和底板(165°)的应力集中系数，并绘制其应力集中系数曲线，如图 2-68、图 2-69 所示。

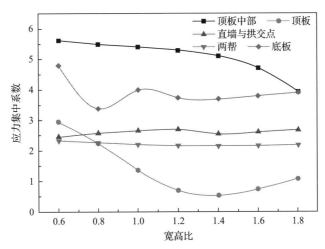

图 2-68　不同宽高比直墙拱巷道围岩应力集中系数曲线(侧压系数 λ=1.2)

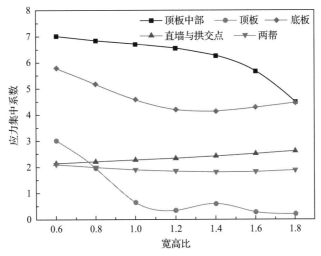

图 2-69　不同宽高比直墙拱巷道围岩应力集中系数曲线(侧压系数 λ=1.8)

由图 2-68 和图 2-69 可知，当直墙拱巷道宽高比大于 0.8 时，围岩应力集中程度为顶板中部＞底板＞直墙与拱交点＞两帮＞顶板，顶板中部应力集中系数随巷道宽高比增大而降低，直墙与拱交点应力集中系数随宽高比递增，幅度较小，两帮应力集中系数基本保持不变，而底板和顶板应力集中系数随宽高比增大呈先降低后增大的趋势。

具体分析，如图 2-68 所示，侧压系数为 1.2 时，由曲线斜率可知，巷道宽高比不同对顶板应力集中程度的影响最为显著，其次为顶板中部和底板，对直墙与拱交点影响最小，而对两帮的应力集中程度基本无影响；此时巷道未出现拉应力，但顶板中部与底板的应力集中系数较大，底板的应力集中系数在巷道宽高比为 1.2～1.4 时最小，为 3.7，直墙与拱交点的应力集中系数为 2.5～2.7，两帮的应力集中系数为 2.2～2.4。如图 2-69 所示，侧压系数为 1.8 时，由曲线斜率可知，巷道宽高比不同对顶板中部、两帮和顶底板应力集中程度与侧压系数 1.2 时的规律相同，即显著性影响为顶板＞顶板中部和底板＞直墙与拱交点＞两帮；其中巷道宽高比大于 1.1 时顶板为拉应力状态，应力集中系数为 0.35～0.28，表明顶底板已发生张拉破坏，当宽高比增至 1.8 时顶板又处于压应力状态，但应力集中系数仅为 0.2，顶板中部和底板依然受压应力，但应力集中系数大，底板的应力集中系数在巷道宽高比 1.2～1.4 时最小，为 4.2；两帮的应力集中系数仅为 2，直墙与拱交点的应力集中系数为 2～2.5，二者相对侧压系数 1.2 时应力集中程度有所降低。

同时可以发现，侧压系数增大，对直墙拱巷道的顶板和底板影响较大，顶板出现拉伸破坏，底板应力集中程度增加，而对两帮影响较小。

综上所述，侧压系数和巷道宽高比决定直墙拱巷道顶底板的破坏状态，低围压时（$\lambda=1.2$）顶板不发生拉伸破坏，但底板和顶板中部受力大，高围压下（$\lambda=1.8$），宽高比大于 1.1 时，顶板产生拉伸破坏，因此直墙拱巷道的顶板是最容易产生张拉破坏的部位，其次是底板压应力较大，稳定性差。巷道宽高比不同对直墙拱巷道顶底板的应力影响较大，对于底板破坏严重的巷道，宽高比为 1.2 较理想。

6. 对比不同断面形状巷道围岩载荷

综合上述计算结果，对于不同断面形状的巷道，侧压系数和宽高比都是影响巷道稳定性的重要因素，分述如下。

（1）圆形巷道围岩应力的一般分布规律为：①当侧压系数为 1.2 和 1.8 时，圆形巷道总处于压应力状态，表明圆形巷道未出现拉应力，巷道稳定性好；从顶底板到两帮，切向应力逐渐降低。②侧压系数对圆形巷道切向应力分布影响明显，围压低时（$\lambda=1.2$），巷道周边应力变化较平缓，围压高时（$\lambda=1.8$）变化急剧。③圆形巷道顶底板应力集中程度大于两帮，因此顶底板是圆形巷道的主要支护部位。

（2）矩形巷道围岩应力的一般分布规律为：①侧压系数为 1.2 时，矩形巷道围岩周边全部处于压应力状态，侧压系数增至 1.8 时，巷道顶底板开始承受拉应力影响，稳定性降低；两帮中部和两帮的应力随宽高比增大而增大，肩角及底角随宽高比增大而减小，顶底板的应力随宽高比增大而增大；应力集中程度为肩角及底角＞两帮＞顶底板，肩角及底角和顶底板处应力集中系数随巷道宽高比增大而降低，而两帮应力集中系数随宽高比增大而增大。②宽高比对于矩形巷道围岩应力影响的显著性顺序为肩角及底角区域＞

两帮中部＞顶底板中部；侧压系数对矩形巷道顶底板影响最大，当 $\lambda=1.8$ 时，顶底板受拉应力，两帮和肩角及底角区域影响次之，所受压应力进一步增大。③巷道破坏程度预估：侧压系数为 1.2，当宽高比为 1.4 时，顶底板和两帮应力集中都不大，围岩受力比较均匀；侧压系数为 1.8 时，此时巷道顶底板达到强度极限，发生拉伸破坏，需加强控制以防冒顶或底鼓出现，为减小破坏，矩形巷道为正方形时顶底板破坏最小，但效果有限，因此选择宽高比为 1.2 可同时改善顶底板与肩角及底角区域应力状态，此时巷道稳定性较好。

（3）直墙拱巷道围岩应力的一般分布规律为：①侧压系数为 1.2、1.8 时，直墙拱巷道底板、两帮和直墙与拱交点处均受压应力，而顶板在侧压系数为 1.8，宽高比为 1.1～1.8 条件下处于拉应力状态；当直墙拱巷道宽高比大于 0.8 时，巷道周边围岩应力集中程度为顶板中部＞底板＞直墙与拱交点＞两帮＞顶板，顶板中部的应力集中系数随巷道宽高比增大而降低，直墙与拱交点的应力集中系数随宽高比递增，幅度较小，两帮的应力集中系数基本保持不变，而底板和顶板的应力集中系数随宽高比增大呈先降低后增大的趋势。②巷道宽高比对直墙拱巷道围岩应力的影响显著性顺序为拱顶＞底板＞直墙与拱交点＞两帮及底角，宽高比越大，直墙拱巷道拱顶越容易出现张拉破坏；侧压系数对直墙拱巷道围岩应力的影响显著性顺序为拱顶＞顶板中部和底板＞直墙与拱交点＞两帮及底角，侧压系数越大，顶板越易产生拉应力，底板压应力越大。③直墙拱形巷道支护部位为顶板和底板，其余部位应力集中并不大，且随宽高比变化小，因此针对顶底板设计直墙拱巷道宽高比为 1.2 时围岩稳定性较好。

综合三种形状的巷道断面应力分布发现，圆形巷道稳定性最好；直墙拱巷道拱顶较易产生拉伸，进而发生破坏，但底板和两帮随侧压系数不同变化较小，且都处于压应力状态，稳定性次之；矩形巷道两帮与顶底板交点区域集中应力系数较大，最大达到 5～6，两帮受力也明显大于圆形巷道和直墙拱巷道，当侧压系数为 1.8 时，顶底板都极易产生拉应力，从而拉伸破坏，稳定性差。

综上，直墙拱巷道相较于矩形巷道，其巷道周边围岩应力更小，且较明显改善了肩角及两帮的应力集中程度，同时可避免底板处于拉应力状态。对于侧压系数较大且底板软弱的巷道，采用直墙拱巷道可更容易维护底板，且当直墙拱巷道宽高比在 1.2 左右时，巷道底板的受力最均匀，应力集中系数为 3.5～4，相较于宽高比 0.6 时所受应力集中程度（最大为 5～6）降幅较大，而相较宽高比 1.8 时巷道底板中部应力明显小于两帮应力，受力更均匀。因此宽高比为 1.2 的巷道稳定性最好，但直墙拱巷道底板所受应力集中程度较大，底板支护依然是整个巷道支护的重点。

2.9.2　巷道断面尺寸计算分析

前述得出三种基本断面及宽高比对巷道载荷的基本影响规律，认为圆形巷道为最优断面形式，而矩形巷道的断面形式最不利，为了适应不同煤层厚度下巷道稳定性的固有属性，此处暂不考虑围岩岩性、支护体等，仅以最优的圆形巷道断面尺寸进行计算分析。

矿井未经采动的岩体，在巷道开掘以前通常处于弹性变形状态，岩体的原始铅直应力等于覆岩重量 γH。巷道开挖之后，围岩应力重新分布，巷道内部出现应力集中现象。

当应力集中小于围岩极限强度时，巷道围岩处于弹性状态；当应力集中大于极限强度时，围岩处于塑形状态，甚至处于破裂松动状态。

巷道处于双向不等压条件下，铅垂方向的巷道承载为 σ_z，水平方向的巷道承载为 $\lambda\sigma_z$，巷道承载如图 2-70 所示。

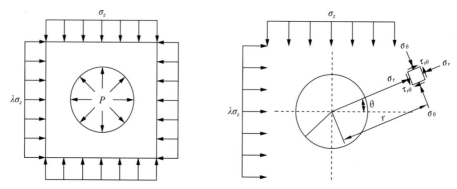

图 2-70　巷道应力状态图

根据极限平衡区内的应力平衡方程，可得

$$\frac{\mathrm{d}\sigma_r}{\mathrm{d}r} - \frac{\sigma_r - \sigma_\theta}{r} = 0 \tag{2-263}$$

其中：

$$\sigma_\theta = \frac{1 + \sin\varphi}{1 - \sin\varphi}\sigma_r + 2c\frac{\cos\varphi}{1 - \sin\varphi} \tag{2-264}$$

式中，c 为围岩黏聚力；φ 为围岩内摩擦角。

将式（2-264）代入式（2-263）得

$$\frac{\mathrm{d}\sigma_r}{\sigma_r + c\cot\varphi} = \frac{2\sin\varphi}{1 - \sin\varphi} \cdot \frac{\mathrm{d}r}{r} \tag{2-265}$$

式中，r 为极限平衡长度。

对式（2-265）进行积分，得到：

$$\ln\left(\sigma_r + c\cot\varphi\right) = \frac{2\sin\varphi}{1 - \sin\varphi}\ln r + \ln M$$

$$\sigma_r + c\cot\varphi = Mr^{\frac{2\sin\varphi}{1 - \sin\varphi}} \tag{2-266}$$

式中，M 为常数。

当 $r=R$ 时，$\sigma_r=0$，代入式（2-266），得到：

$$M = \frac{c\cot\varphi}{R^{\frac{2\sin\varphi}{1 - \sin\varphi}}}$$

式中，R 为巷道半径。

代入式(2-266)，得到：

$$\sigma_r = c\cot\varphi\left(\frac{r}{R}\right)^{\frac{2\sin\varphi}{1-\sin\varphi}} - c\cot\varphi$$

$$\sigma_\theta = \frac{1+\sin\varphi}{1-\sin\varphi}c\cot\varphi\left(\frac{r}{R}\right)^{\frac{2\sin\varphi}{1-\sin\varphi}} - c\cot\varphi \qquad (2\text{-}267)$$

结合式(2-228)，$\sigma_\theta = \sigma_z + \lambda\sigma_z - 2(\lambda\sigma_z - \sigma_z)(\cos2\theta + \sin2\theta)$，与式(2-267)相等，则

$$\frac{1+\sin\varphi}{1-\sin\varphi}c\cot\varphi\left(\frac{r}{R}\right)^{\frac{2\sin\varphi}{1-\sin\varphi}} - c\cot\varphi = \sigma_z[1 + \lambda - 2(\lambda-1)\cos2\theta]$$

得到：

$$r = \left|\{\sigma_z[1 + \lambda - 2(\lambda-1)\cos2\theta] + c\cot\varphi\}\frac{1-\sin\varphi}{(1+\sin\varphi)c\cot\varphi}\right|^{\frac{1-\sin\varphi}{2\sin\varphi}} \times R \qquad (2\text{-}268)$$

与前节保持一致，侧压系数取 1.8，黏聚力为 1.407MPa，内摩擦角为 27.67°，固定巷道围岩与坐标系统的夹角为 180°（垂直巷道底板方向），结合式(2-268)，改变巷道半径的大小，分析巷道半径对圆形巷道围岩塑性区范围的影响，如图 2-71 所示。

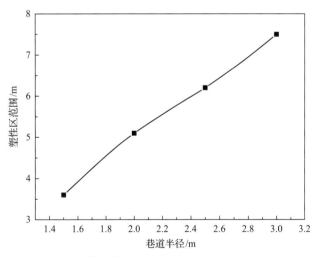

图 2-71　巷道半径对圆形巷道围岩塑性区范围的影响

由图 2-71 可知，在其他因素不变的情况下，塑性区范围随巷道半径的增加呈线性增加的趋势，巷道半径从 1.5m 增加至 3.0m 时，塑性区范围从 3.6m 增加至 7.52m，因此，在满足要求的前提下，应尽量选择小断面巷道，保证巷道围岩的稳定性。

2.10 本章小结

本章首先给出了我国井工煤矿采煤方法的选择原则与依据，确定地质条件等因素是采煤方法选择的最主要因素。

采煤方法与井下开拓、准备共同构成了井下的总体部署，同时与地质条件组合形成了地应力分布。地应力分布主要来源于埋深与构造，结合我国井工矿强矿压与动力频发现状，确定应该深挖产生应力的能量来源，因此引入了地下地质动力学。

作为来源于板块构造学说的地下地质动力学，本章给出了地质动力学的基本思想和划分方法，在此形成了综合地质、技术因素与动力断裂活化、演化的贝叶斯网络化方法，作者所在团队经过多年的工作，力图实现多因素的耦合，确定地质条件→井巷工程→井巷工程+地质条件+区域划分断裂→应力分布的思路，影响应力分布的因素包括开采范围（工作面长度、推进距离、采高）、开采顺序、保护层开采、巷道断面与形状、顶板管理、煤柱留设等因素。

在此基础上，首先立足于工作面长度这一最基本要素进行分析，逐渐深入分析各影响因素以及因素之间的相互关系，从而形成了基于工作面长度的覆岩三带分布、保护层开采、煤柱的矿压峰值点极限与留设、煤柱留设对顶板力学模型及应力分布的影响，并最终立足于煤柱侧巷道的承载与稳定性进行分析。

在这一过程中，发现了一个矛盾关系——工作面与煤柱，因为传统上我们把沿空掘巷与留巷视为无煤柱，无论是沿空掘巷还是留巷，实际上工作面之间存在煤柱或者充填柱，这个结构对于工作面开采来说起到一个"打断"的作用，即开采空间存在间隔，而这个阻隔体影响覆岩的运动，即覆岩力学模型、覆岩稳定性及三带分布等，覆岩运动与稳定性反过来会通过阻隔体作用到巷道上方，从而影响到巷道的承载与稳定性，因此，本章中发现了一个新的概念"连续开采空间"，总体而言，如能大范围连续开采，从而实现覆岩大范围的连续运动，对于地下开采来说是有利的，但是单一工作面长度受限，以及工作面之间必然存在煤柱或者充填柱，我们无法实现大范围连续开采的目标，因此，在这一思想下，我们在单一工作面长度受限条件下，总结与创新能够实现连续开采的新技术。

参 考 文 献

[1] 杜计平, 孟宪锐. 采矿学[M]. 徐州: 中国矿业大学出版社, 2015.

[2] Петухов И М, Батугина И М. Геодинамика недр[M]. Москва: Недра коммюникейшес ЛТД, 1999.

[3] 乔建永, 王志强, 赵景礼. 一种应用区域动力规划控制矿井动力能量来源的方法: ZL201210225910.0[P]. 2014-08-20.

[4] 张宏伟, 韩军, 宋卫华, 等. 地质动力区划[M]. 北京: 煤炭工业出版社, 2009.

[5] 张香山, 杨胜强, 郑瑞飞, 等. +528m水平超长综采工作面风量配备研究[J]. 矿业安全与环保, 2010, 37(2): 57-60.

[6] 李刚刚. 自燃约束条件下综放工作面合理长度分析[D]. 阜新: 辽宁工程技术大学, 2012.

[7] 钱鸣高, 石平五. 矿山压力与岩层控制[M]. 徐州: 中国矿业大学出版社, 2003.

[8] 崔芳鹏, 武强, 胡瑞林, 等. 断层防水煤岩柱安全宽度的计算与评价[J]. 辽宁工程技术大学学报: 自然科学版, 2011, 28(4): 517-520.

[9] 樊运策, 康立军, 康永华, 等. 综合机械化放顶煤开采技术[M]. 北京: 煤炭工业出版社, 2003.

[10] 煤炭科学研究院北京开采研究所. 煤矿地表移动与覆岩破坏规律及其应用[M]. 北京: 煤炭工业出版社, 1981.

[11] 付玉平, 宋选民, 邢平伟. 浅埋煤层大采高超长工作面垮落带高度的研究[J]. 采矿与安全工程学报, 2010, 27(2): 190-194.

[12] 宋选民, 顾铁凤, 闫志海. 浅埋煤层大采高工作面长度增加对矿压显现的影响规律研究[J]. 岩石力学与工程学报, 2007, 26(增刊): 4007-4013.

[13] 滕永海, 唐志新, 郑志刚. 综采放顶煤地表沉陷规律研究及应用[M]. 北京: 煤炭工业出版社, 2009.

[14] 许家林, 王晓振, 刘文涛. 覆岩主关键层位置对导水断裂带高度的影响[J]. 岩石力学与工程学报, 2009, 28(2): 380-385.

[15] 国家煤炭工业局. 建筑物、水体、铁路及主要井巷煤柱留设与压煤开采规程[M]. 北京: 煤炭工业出版社, 2000.

[16] 王晓振, 许家林, 朱卫兵. 主关键层结构稳定性对导水裂隙演化的影响研究[J]. 煤炭学报, 2012, 37(4): 606-612.

[17] 徐挺. 相似方法及其应用[M]. 北京: 机械工业出版社, 1972.

[18] 王志强, 李成武, 赵景礼. 采场垮落带高度的确定方法: CN102678118A[P]. 2012-09-19.

[19] 王志强. 厚煤层错层位相互搭接工作面矿压显现规律研究[D]. 北京: 中国矿业大学, 2009.

[20] 王志强, 朱晓丹, 王磊, 等. 厚煤层一次采全高三带划分的新方法及应用[J]. 辽宁工程技术大学学报(自然科学版), 2013, 32(4): 454-460.

[21] 史元伟. 采煤工作面围岩控制原理和技术[M]. 徐州: 中国矿业大学出版社, 2003.

[22] 钱鸣高, 缪协兴, 何富连. 采场"砌体梁"结构的关键块分析[J]. 煤炭学报, 1994, 19(6): 557-563.

[23] 钱鸣高, 何富连, 王作棠, 等. 再论采场矿山压力理论[J]. 中国矿业大学学报, 1994, 23(3): 1-12.

[24] 勾旭一, 陈荣华. 采场覆岩中三铰拱结构的稳定性[J]. 辽宁工程技术大学学报: 自然科学版, 2011, 30(S1): 70-73.

[25] 俞启香, 程远平, 蒋承林, 等. 高瓦斯特厚煤层煤与卸压瓦斯共采原理及实践[J]. 中国矿业大学学报, 2004, 33(2): 127-131.

[26] 程远平, 俞启香, 袁亮, 等. 煤与远程卸压瓦斯安全高效共采试验研究[J]. 中国矿业大学学报, 2004, 33(2): 132-136.

[27] 国家煤矿安全监察局. 国有煤矿瓦斯治理规定[M]. 北京: 煤炭工业出版社, 2005.

[28] 国家煤矿安全监察局. 防治煤与瓦斯突出规定[M]. 北京: 煤炭工业出版社, 2009.

[29] 刘洪永, 程远平, 赵长春, 等. 保护层的分类及判定方法研究[J]. 采矿与安全工程学报, 2010, 27(4): 468-474.

[30] 程远平, 俞启香, 袁亮. 上覆远程卸压岩体移动特性与瓦斯抽放技术研究[J]. 辽宁工程技术大学学报, 2003, 22(4): 483-486

[31] 付建华. 煤矿瓦斯灾害防治理论研究与工程实践[M]. 徐州: 中国矿业大学出版社, 2005.

[32] 石必明. 保护层开采覆岩变形移动特性及防突工程应用实践[M]. 北京: 煤炭工业出版社, 2008.

[33] 钱鸣高, 石平五, 邹喜正等. 矿山压力与岩层控制[M]. 徐州: 中国矿业大学出版社, 2003.

第3章 连续开采概念的提出与工作面间的典型方法

前两章中，综合我国井工矿开采现状，煤柱留设占比是影响井工开采回采率的关键要素，且煤柱是地下开采动力能量来源及传递的重要途径。结合贝叶斯网络，在开采范围、保护层开采与开采顺序、顶板管理、巷道布置(巷道断面形状与尺寸)、煤柱留设等因素综合作用下，应用地质动力区划方法挖掘隐含的地质动力断裂，自然因素与人工因素会形成井工开采应力的重新分布，而这些因素自身或者相互之间存在制约与影响，利用计算机可以计算出地下开采期间影响采掘活动的"应力三区"分布，从而为安全、高效与高回采率的开采提供参考。

综合上述子因素，分别对网络结构中三级因素进行分析，得到了具有普适性的结论，包括：连续开采范围增加对于提高采出率与降低动力能量传递具有显著的优势，但是工作面长度制约因素过多，不可能无限增加；通过增加连续开采范围一定程度上实现覆岩的充分运动、覆岩三带的充分发育，且降低覆岩断裂失稳对回采工作面的影响；保护层开采，特别是下保护层的应用，对于切断被保护层顶板应力传递是有效方法，但是受保护层开采范围与煤柱的影响，被保护层卸压范围有限，且煤柱对应被保护层区域甚至会出现应力集中现象；通过建立不同顶板力学模型，得到受煤柱等因素影响的解析解，发现顶板稳定性与连续开采范围之间的关系。

因此，在此可以简要地概括为：连续开采范围增加，煤柱尺寸降低，甚至是无煤柱对井工开采是有利的，但是单一工作面长度受众多制约因素影响，不可能无限增加，而出现的煤柱是不利因素，因此，本章将结合如何间接增加工作面长度，避免出现煤柱，甚至无煤柱开采，提出"连续开采"的概念[1]。

地下资源连续开采技术是指保证资源及周围地质环境连续形变的资源开采技术。这一技术把地下资源和周边地质环境看作一个有机整体，在开发过程中使用技术手段保证包括资源几何体、地应力场在内的数学模型在时间和空间维度上连续变化，从而为规避灾害、提高生产效率和智能化开采水平创造科学的工程环境。连续开采也是简化井工煤矿生产环节，提高生产集约化程度，实现绿色安全高效开采的有效途径[2-4]。

"连续开采"的内涵应包括两方面：第一，开采区域内部实现无煤柱化，这里无煤柱化应是"无煤—无柱"；第二，开采区域范围内，覆岩运动应该一体化。煤炭工业部于1996年组织的综采放顶煤专家组对"综放面无煤柱开采试验与研究"项目中关于"无煤柱"的"试验5m 小煤柱沿空掘巷"的成果进行了认定，无煤柱采煤法在经典教材中已经明确包括沿空掘巷与沿空留巷，在本著作的第1章已经介绍了两种采煤方法，这里不再赘述，本章基于传统长壁开采技术要点，介绍工作面之间的几项形成"连续开采"的发明专利技术。

3.1　传统长壁开采 121 工法及其关键理论

20 世纪 60～70 年代，钱鸣高院士提出砌体梁理论，首次完整论述了采空区上覆压力传递和平衡方法，通过留设区段大煤柱平衡顶板压力，形成了长壁开采的 121 开采体系(简称 121 工法)，即回采一个工作面，需掘进两条巷道、留设一个区段煤柱的常规长壁开采技术体系，如图 3-1 所示，此工法为目前我国长壁开采应用最广泛的开采体系，为我国矿业科学技术发展做出重要贡献。第二次技术变革以宋振骐院士的传递岩梁理论为主体，开始于 20 世纪 70～80 年代，进一步解释了采场上覆岩层压力传递路径，分析了高应力区矿压的分布方式，发现了区内存在内外应力场，提出了内应力场掘巷，留设小煤柱，减少巷道压力，进一步推进了长壁开采 121 工法，为提高煤炭回采率做出了重要贡献。

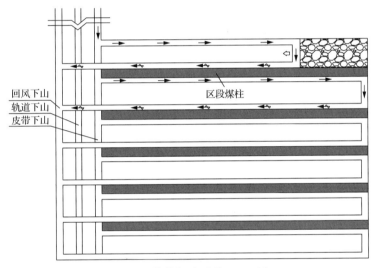

图 3-1　传统长壁开采 121 工法

3.1.1　砌体梁理论

钱鸣高院士等在 1962 年提出了"采场上覆岩层围岩运动力学关系"的思路，1979 年在大屯矿区孔庄矿现场测试中得到了验证，1981 年提出砌体梁理论，并于同年 8 月 21 日在我国"第一届煤矿采场矿压理论与实践讨论会"上报告，受到广泛认同。1982 年在英国纽卡斯尔大学的"国际岩层力学讨论会"上宣读了"岩壁开采上覆岩层活动规律及其在岩层控制中的应用"论文，把砌体梁理论推向国际。砌体梁理论认为：随着回采工作面推进，顶板岩梁将会周期性折断，断裂后的岩块在相互回转时形成挤压，由于岩块间的水平力及相互间形成的摩擦力作用，形成梁式砌体结构，结构模型和力学模型如图 3-2 和图 3-3 所示。在此基础上，提出了支护强度和顶板下沉量的计算方法，推导了计算公式(3-1)和式(3-2)。钱鸣高院士首次完整论述了采空区上覆压力传递和平衡方法，把"大煤柱—支架—矸石"视为支撑顶板承载体，通过留设区段大煤柱平衡顶板压力(图 3-4)，形成了长壁开采的 121 开采体系，为我国采矿科学技术发展奠定了基础。

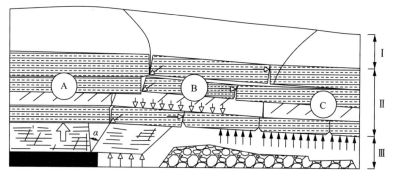

图 3-2　砌体梁结构模型

α-垮落角

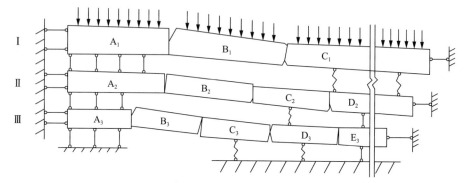

图 3-3　砌体梁力学模型

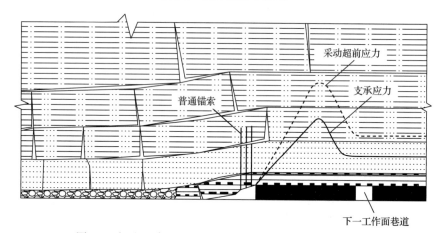

图 3-4　长壁开采 121(大煤柱)工法顶板岩层移动及受力图

$$P = \Sigma h\gamma R + nL_{c}(\gamma h_{c} + q) + \left[2 - \frac{L_{0}\tan(\varphi - \theta)}{2(h_{0} - S_{0})}\right]Q_{0} \qquad (3-1)$$

式中，P 为支护强度；Σh 为直接顶总厚度；R 为控顶距；n 为常数系数；q 为上覆岩层均布载荷；L_{0}、h_{0}、S_{0}、Q_{0} 分别为处于悬露状态岩块的破断长度、厚度、下沉量及重量；φ 为岩块的内摩擦角；θ 为破断面与垂直面的夹角；γ 为体积力，kN/m^{3}；L_{c} 为岩块 C 的长度；h_{c} 为岩块 C 的厚度。

$$\Delta s_{\mathrm{R}} = \frac{2R}{3L}[m - \Sigma h(K_{\mathrm{p}} - 1)] \tag{3-2}$$

式中，Δs_{R} 为顶板下沉量；L 为直接顶悬露岩块的长度；m 为采高；K_{p} 为岩层破断后的碎胀系数。

3.1.2　传递岩梁理论

宋振骐院士在 1979 年依据开滦赵各庄矿覆岩钻孔观测资料，首次论述了传递岩梁的基本属性，1981 年在美国摩根敦（Morgantown）召开的"第一届国际岩层控制大会"上进行了大会报告，并于 1981 年 8 月 21 日在我国"第一届煤矿采场矿压理论与实践讨论会"上了相关报告，得到了专家的普遍认可，1982 年在《山东矿业学院学报》上发表了"采场支承压力的显现规律及其应用"的文章，标志着传递岩梁理论正式形成。传递岩梁理论认为：随着回采工作的推进，基本顶发生周期性断裂，并形成一端由工作面前方煤体支承，另一端由采空区矸石支承的岩梁结构，其始终在推进方向上保持传递力的联系，即把顶板作用力传递到前方煤体或后方采空区矸石上，此结构的基本顶称为传递岩梁，结构和力学模型如图 3-5 和图 3-6 所示。

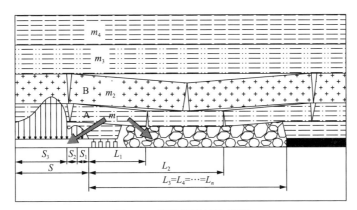

图 3-5　传递岩梁结构模型

A-第一层传递岩梁；B-第二层传递岩梁；m-岩梁厚度；S-支撑力影响区；L-断裂步距

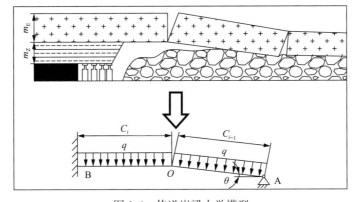

图 3-6　传递岩梁力学模型

q-载荷；C-步距

　　传递岩梁理论强调顶板运动状态对所需支护强度的影响，以及变形运动状态对煤体应力分布及采场支护结构的影响。进一步解释了采场上覆岩层压力传递路径，分析了高应力区内存在内外应力场，提出了在应力值较低的内应力场内掘进巷道，留设小煤柱护巷(图 3-7)，大大减少巷道压力，进一步推进了长壁开采 121 工法。该理论提出了顶板控制设计方法，即通过位态方程确定顶板支护强度，见式(3-3)。传递岩梁理论与实际紧密结合，为提高煤炭回采率做出了重要贡献。

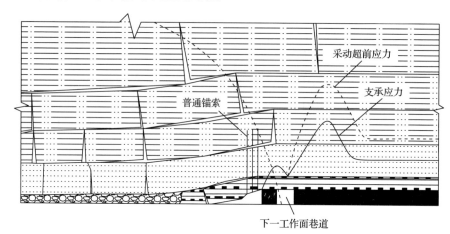

图 3-7　长壁开采 121(小煤柱)工法顶板岩层移动及受力图

$$P_\mathrm{T} = A + \frac{m_\mathrm{E}\gamma_\mathrm{E}c}{K_\mathrm{T}L_\mathrm{T}}\frac{\Delta h_\mathrm{A}}{\Delta h_\mathrm{i}} \tag{3-3}$$

式中，P_T 为支护强度；A 为直接顶作用力；m_E 为岩梁厚度；γ_E 为平均容量，$\mathrm{N/m^3}$；c 为黏聚力；Δh_A 为控顶末排顶板最大下沉量；Δh_i 为要控制的顶板下沉量；K_T 为岩重分配系数；L_T 为采场支护工作面宽度。

3.2　厚煤层错层位巷道布置采全厚采煤法及其关键理论

3.2.1　厚煤层错层位巷道布置采全厚采煤法

　　采煤方法包括回采巷道布置和回采工艺两项主要内容。回采巷道的掘进工作常规条件下是超前于回采工作进行的。回采巷道与回采工作之间在时间和空间上的相互配合和位置关系，称为回采巷道布置系统，简称巷道布置。在采煤方法的改革发展过程中，巷道布置与回采工艺总是交替向前发展、相互促进的。比如，我国自 20 世纪 50 年代起，主要采用和推广苏联建立的长壁式采煤体系，首先改革了巷道布置，在新的巷道布置系统下，迫切需要新的回采工艺，随着机械化水平的提高，逐步发展了长壁工作面爆破采煤工艺、普通机械化采煤工艺，直至综合机械化采煤工艺，这一时期走向长壁采煤法的发展主要体现在回采工艺方面。采煤方法发展的另一个典型例子是倾斜长壁采煤法，其本质特点是将工作面推进方向由沿走向改为沿倾斜推进，简化了巷道布置。该方法主要应用在近水平煤层中，工作面采用的设备、工艺过程与走向长壁采煤法是相同的。随着煤层倾角的增加，在现有设备条件下，工作面回采的困难逐渐增加，应用也随之减少。即倾斜长壁采煤法作为一种近年广泛推广的采煤方法，与走向长壁采煤法的根本区别在于巷道布置，而不是回采工艺。

对于既可以分层开采又可以一次采全高的厚煤层，可以采用厚煤层错层位巷道布置[5,6]。该技术属于厚煤层一次采全高的巷道布置，将构成回采系统的两条巷道沿着煤层的不同层位布置。这里首先介绍一种最具代表性的错层位巷道布置采全厚采煤法的巷道布置形式——错层位内错式巷道布置，如图 3-8 所示。

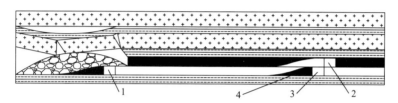

图 3-8　错层位内错式巷道布置示意图
1-区段进风巷；2-区段回风巷；3-接续工作面区段进风巷；4-三角煤损

如图 3-8 所示，将回采巷道 1 沿煤层底板布置，巷道 2 沿煤层顶板布置，接续工作面进风巷内错一巷沿上一工作面采空区下方布置，由于两工作面之间形成相互搭接的结构，因此，工作面之间不存在护巷煤柱，仅仅是由于上一工作面在形成起坡段过程中造成了三角底煤丢失。三角起坡段主要依靠溜槽的逐节抬升形成。另外，从图 3-8 中可以看出，巷道 3 沿上一工作面回风巷 2 内错一巷布置，从而巷道 3 以及靠近巷道 3 一侧的端头上方为采空区垮落矸石，而回风巷以巷道 2 为例，由于沿着煤层顶板布置，巷道及端头支架上方是煤层直接顶板，因此可以看出，改变了两相邻工作面之间的布置结构即可解决始终困扰综放开采的煤层巷道支护困难、巷道及端头上方不放顶煤的问题。因此，改革巷道布置在降低掘进与支护成本的前提下，还可以大大提高回采率，视其为提高回采率的绿色途径。

从图 3-8 中可以看出，与传统的厚煤层开采方法存在一个显著不同，即传统厚煤层开采构成生产系统的两回采巷道均沿煤层的同一层位布置，而错层位的两条回采巷道分别布置在煤层的不同层位，因此可以称为"立体化巷道布置"。进一步分析，两工作面之间的相邻巷道由于布置在煤层的不同层位，因此在实际应用中可以结合具体地质条件选择合理的巷道布置形式，如图 3-9 所示。

图 3-9(a)为错层位巷道布置最具代表性的形式，即错层位巷道内错式布置。这种布置方式已经成功应用于煤层倾角范围 0°～45°，煤质松软或中硬，自然发火期在 3～6 个月的地质条件下。这种布置方式的典型特点是工作面之间完全取消了护巷煤柱、工作面两端头以及两巷不放顶煤部分。并且，从支护的角度考虑，巷道顶部为煤层顶板，对支护的要求相对煤巷要低，因此巷道的掘进与维护较为有利；上一工作面采空区下方布置接续工作面相邻巷道，虽然巷道的顶板属于再生顶板或者人工假顶，从支护的角度考虑，对强度要求不高，因此仅仅采用 U 型棚等支护形式配合以金属网防止漏矸即可。该技术的这一特点，可为我国目前普遍面临的深部开采存在的动力灾害问题提供解决思路，即

从巷道布置方面进行改善。

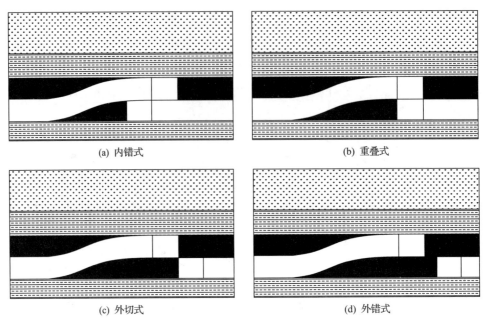

(a) 内错式　　　　　　　　　　　　　　(b) 重叠式

(c) 外切式　　　　　　　　　　　　　　(d) 外错式

图 3-9　相邻巷道布置的选择

图 3-9(b) 为错层位巷道重叠式布置示意图，这种布置方式主要针对工作面端头支架数目较少以及煤层厚度略低于两巷叠加高度的情况，这样就不利于实现接续工作面相邻巷道内错一巷的要求，因此可以考虑两巷重叠式布置，这样会造成部分端头支架上方顶煤损失，但是巷道上方不存在顶煤；回风巷不存在端头、巷道上方不放顶煤的问题。另外，为了实现重叠式布置，巷道需要破坏部分顶板或者部分底板，虽然增加了掘进出矸以及掘进成本，但是对巷道的维护有利。

图 3-9(c) 为错层位巷道外切式布置示意图，这种布置方式适用于煤层厚度不满足上下布置两巷，或者煤层厚度仅仅可以布置上下两巷，但是本工作面开采期间没有实施注浆等形成人工假顶以及铺网等工艺。这种布置方式与传统沿空掘巷相似，但由于相邻两巷上下错开，因此接续工作面的相邻巷道可利用上一巷道的支护体，在巷道顶部，甚至包括靠采空区的帮部形成剖面上的"#"形联合支护，可以改善沿煤层底板巷道的顶板支护与沿顶巷道的实体煤帮支护效果。

图 3-9(d) 为错层位巷道外错式布置示意图，与图 3-9(c) 相似，这种布置方式主要针对煤层厚度不足以布置上下两巷的情况，或者煤层厚度仅仅可以布置上下两巷，但是本工作面开采期间没有实施注浆等形成人工假顶以及铺网等工艺，为了减少接续工作面向采空区漏风，特别是为了实现工作面间的顺采，采用这种方式较为合适。

上述均为煤层厚度与上、下两巷叠加高度相近的情况，例如巷道高度 3m，煤层厚度在 6m 左右的情况；如果煤层厚度远远大于两巷叠加高度时，两巷之外会存在一定的煤皮，煤皮的最大厚度取决于煤层厚度与两巷叠加高度的差值，煤皮留设的方位可沿两巷中间或者沿煤层顶板。巷间留煤皮的布置如图 3-10 所示。

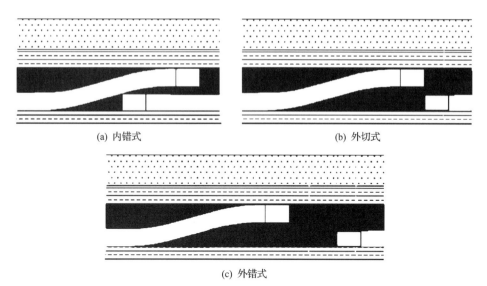

(a) 内错式 　　　　　　　　　　　(b) 外切式

(c) 外错式

图 3-10　煤层法线方向巷道布置的选择——巷间留煤皮

如图 3-10 所示，煤层厚度大于两巷叠加高度的情况下，在两巷间留煤皮，接续工作面相邻巷道同样存在内错式、重叠式、外切式与外错式几种布置方式。由于重叠式在煤层厚度大的情况下没有显著的特点，且回采率较低，因此简化为图 3-10 中的三种形式。

当煤层厚度大于两巷叠加高度时，还可以采用沿顶留煤皮的布置方式，如图 3-11 所示，这种布置方式包括内错式、重叠式、外切式与外错式四种，重叠式布置取决于端头支架数与巷道宽度，这里不再赘述这四种形式。

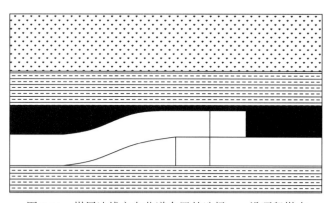

图 3-11　煤层法线方向巷道布置的选择——沿顶留煤皮

巷间留煤皮与沿顶留煤皮的区别在于，如果煤层自然发火倾向性级别较高，前者可减少向采空区漏风，安全上更为有利；如果煤层属于"三软"条件，沿顶留煤皮的接续工作面区段进风巷摆脱了"三软"的影响，接续工作面区段进风巷以维护防治漏矸为主，实施架棚等被动支护方式即可。

煤层倾角增大时，应用错层位巷道布置，如图 3-12 所示。从回采率与安全的角度出发区别这三种布置方式。

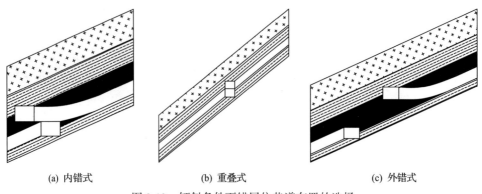

(a) 内错式   (b) 重叠式   (c) 外错式

图 3-12　倾斜条件下错层位巷道布置的选择

图 3-12(a)为接续工作面与采空区完全内错的情况,属于内错式布置方式,这种情况可以实现最高的回采率。

图 3-12(b)为两相邻巷道重叠式布置,利用煤层倾角形成的视厚度可显著降低错层位巷道布置对煤层厚度要求的下限,这里煤层厚度 m、倾角 α 与巷道高度 h 之间满足关系:$m=2h\cos\alpha$。

如图 3-12(c)所示,两工作面之间留有一定宽度的煤皮(煤柱),即由图 3-12(a)的位置沿倾斜向下滑动选择的位置。这种情况下回采率较图 3-12(a)略低,但是可以减少向采空区的漏风,并且不需要在上一工作面回采期间进行人工假顶等工艺。

3.2.2　覆岩运动一体化理论

1. 工作面布置形式对关键层稳定条件的影响

事实上,采高、工作面长度或工作面推进距离达到一定值时,其垮落带高度要高于基本顶岩层层位,此处主要考虑这种情况的关键层问题。第 2 章中阐明了按照弹性薄板进行计算分析的力学模型中,悬露的薄板边长是其上方弯矩分布的主要影响参数,因此,需要对采场上方的关键层在不同回采条件下的悬露状况进行分析。

传统留煤柱回采工作面采空区与上方关键层及接续工作面之间的关系如图 3-13 所示。

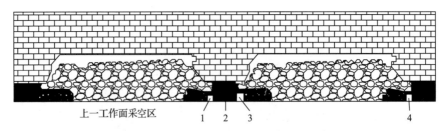

上一工作面采空区　　　1　2　3　　　　　4

图 3-13　厚煤层整层留煤柱护巷关键层示意图
1-已采工作面区段回风巷道;2-护巷煤柱;3-区段进风巷;4-区段回风巷

从图 3-13 中可以看出,工作面之间留有保护煤柱 2,其对上方的顶板有一定的支撑作用,因其提供的支撑力通过上覆岩层传递到上覆关键层,在多个工作面的上覆关键层中间出现一个支撑带，因而上覆关键层的悬露跨度是一个定值，与已采工作面长度有关，但与工作面个数无关。当接续工作面回采时，因相邻工作面之间支撑带的存在，因而对采空区上覆关键层的稳定性基本无影响。从图 3-13 中可以推断，回采结束，多个工作面各自形成独立稳定的结构，如果开采条件一致，每个工作面之间垮落的高度应该基本相同，即达到同一上覆关键层。

错层位巷道布置相邻工作面之间取消了护巷煤柱，因而其上覆岩层的运动呈现新特点，如图 3-14 所示。接续工作面回采后，区段进风巷 3 上方为采空区垮落的矸石，当接续工作面回采上覆岩层出现垮落开始，破碎垮落的矸石就与上一工作面形成一个整体垮落带，当接续工作面达到一定范围时，其上覆岩层垮落高度达到上一工作面回采结束时关键层的位置，导致原采空区关键层的悬露跨距不断增加，当达到一临界状态时，将会断裂并垮落，整个采空区垮落岩石的高度将上升，直至在更高处的关键层形成稳定状态为止。因此得出结论，当接续工作面达到一定的空间范围时，其顶板垮落达到首采工作面采空区上方稳定的关键层，并且相邻的多个工作面之间形成一个垮落带，垮落带高度到达上方更高层位的关键层，关键层的跨度与工作面的长度和工作面个数有关，体现出单一超长工作面的垮落特点。因而错层位完全无煤柱相互搭接工作面关键层的稳定特点可以简述如下。

(1) 错层位巷道布置首采工作面的垮落形式与传统工作面垮落形式相似，接续工作面回采后与首采工作面采空区垮落带形成一个"拱"型结构。

(2) 区段间不存在护巷煤柱，两个工作面的顶板形成一个整体，接续工作面推进，首采工作面稳定关键层的跨度不断增大并达到临界值时出现断裂，采场稳定结构向上方发展寻求新的平衡。

(3) 接续工作面回采工作结束后，"拱"型垮落带的高度由其上覆关键层的稳定条件所决定。

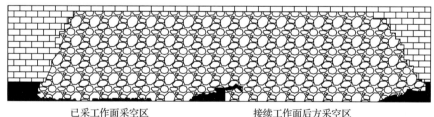

已采工作面采空区　　　　　　　　接续工作面后方采空区

图 3-14　错层位巷道布置关键层示意图

2. 不同工作面布置形式关键层的力学模型

按照前述分析，上覆关键层的层位是决定采场垮落带高度的主要因素之一，而垮落带对采场的支承压力具有重要影响。并且，前述理论分析已经表明，关键层的稳定只是相对的，受到很多因素的影响，当采场上方稳定的关键层发生断裂后，整个采场的结构将继续向地表方向发展寻求新的平衡，因而对上覆关键层的稳定性研究与地表沉陷研究具有密切关联。在研究不发生断裂垮落的关键层时，其四边始终由实体岩层支撑，因而与基本顶研究的区别在于只需考虑四边固支的情况。按照前述理论，建立上覆关键层力学结构示意图，如图 3-15 所示。

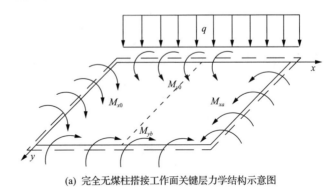

(a) 完全无煤柱搭接工作面关键层力学结构示意图

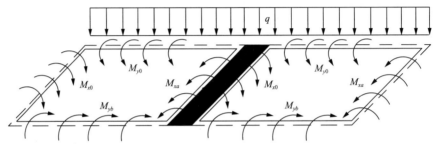

(b) 留煤柱开采厚煤层整层回采关键层力学结构示意图

图 3-15　工作面上覆关键层力学结构示意图

图 3-15(a) 为完全无煤柱搭接工作面关键层力学结构示意图。可以直观地发现，形成搭接的两个工作面关键层形成一个整体岩板，因其四周是固支在实体岩层上，因而以四边固支矩形板的力学模型对其进行描述。其外在的稳定条件取决于悬露板的边长 a 和 b，而对于板的长边 a 取决于工作面的长度及工作面的个数，短边 b 则取决于工作面的推进距离。

图 3-15(b) 为留煤柱开采厚煤层整层回采关键层力学结构示意图。相邻工作面之间因为区段煤柱的反作用力，决定了相邻工作面中部的支撑作用，因而相邻工作面的上覆关键层各自为一独立的四边固支矩形板，其稳定条件仅取决于单一工作面的长度和推进距离。

按照前述理论，采场垮落带上方关键层四边由下方的实体岩层支撑，因而将采场关键层力学模型按照四边固支矩形板[7]简化后计算如下：

$$\omega = \frac{7q}{128(a^4 + 7a^2b^2 + b^4)D}(x^2 - a^2)^2(y^2 - b^2)^2 \tag{3-4}$$

式中，q 为载荷；a、b 分别为上覆稳定岩层的长度和宽度；D 为板的抗弯刚度。

将板视为分条梁，沿 x 方向和 y 方向相应的弯矩为

$$M_x = D\frac{\mathrm{d}^2\omega}{\mathrm{d}x^2} = \frac{14q(y^2 - b^2)^2}{128\left(a^4 + b^4 + \frac{4}{7}a^2b^2\right)}(6x^2 - 2a^2) \tag{3-5}$$

$$M_y = D\frac{\mathrm{d}^2\omega}{\mathrm{d}y^2} = \frac{14q(x^2 - a^2)^2}{128\left(a^4 + b^4 + \frac{4}{7}a^2b^2\right)}(6y^2 - 2b^2) \tag{3-6}$$

事实上，薄板断裂的过程按挠度相等的原则，可得出：

$$M_x = M_y \tag{3-7}$$

由式(3-5)、式(3-6)可知，只有在 $x=y$ 时才能满足式(3-7)的要求，表现为"见方易垮"。当一个工作面回采时，多数条件下工作面的长度是一个常量不发生变化，而工作面的推进距离是一个变量。因而，将与工作面长度有关的 a 作为定值代入公式，$b=\lambda a$：

$$M_{\max} = \frac{7q\lambda^2 a^2}{16\left(1 + \frac{4}{7}\lambda^2 + \lambda^4\right)} \tag{3-8}$$

即

$$M_{\max} = \frac{7q\lambda^2 a^2}{16\left(1 + \frac{4}{7}\lambda^2 + \lambda^4\right)} \leqslant \frac{h^2}{6}[\sigma] \times 10^3 \tag{3-9}$$

在式(3-8)中代入相关的参数即可得到采场垮落带上方关键层的稳定条件，或依据表 2-16 给出覆岩弹性薄板力学模型稳定性的判据条件。

如图 3-16(a)所示，相似模拟实验表现为单一工作面长度 95m 时覆岩稳定结构，图片左右两侧存在较为明显的差异，左侧即切眼的位置，垮落带发育高度为 18m，右侧工作面发育高度较低，这也符合生产实践，可以认为垮落带发育高度 31m，裂隙带高度 31～42m，裂隙带上方为离层区域，再上方即可认为是三带中的弯曲下沉带。

如图 3-16(b)所示，直观表现为煤层的连续开采，按照经典矿压理论，认为接续工作面延续期间整个工作面长度由 95m 延长至 135m，覆岩垮落带高度依然为 31m，裂隙带高度 31～68m，整个裂隙带发育高度上升。图 3-16(b)表现出较为明显的特征，第一，裂隙带下方裂隙发育明显，上方体现出"随动"特征；第二，与图 3-16(a)一致，工作面开采覆岩结构以断裂角度向上延伸，悬露的关键层与工作面之间存在一定的空间结构。

为了对比，补充了如图 3-16(c)所示的离散开采示意图，工作面中部保留 20m 煤柱。从图 3-16(c)中可以清晰看出，受煤柱的"阻隔"作用，各个工作面之间覆岩三带发育高度相同，且煤柱支撑覆岩阻隔开各工作面形成的稳定结构。

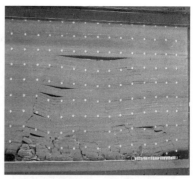

(a) 单一工作面覆岩稳定结构   (b) 错层位连续开采覆岩运动连续化

(c) 留煤柱开采覆岩运动离散化

图 3-16 覆岩运动连续化与离散化结构特征

3.2.3 错层位连续开采关键工艺参数及理论

错层位连续开采的巷道布置在煤层不同层位，因此，工作面并非沿着某一固定层位，而是存在一个顺着层位抬升的区域，会带来新的工艺特点，分别介绍如下。

1. 起坡段形成工艺特征

图 3-17 为错层位无煤柱连续开采巷道布置及其起坡段结构示意图。

如图 3-17(a) 所示，工作面大部分沿煤层底板布置，但是靠近回风巷道 2 一侧的工作面需要抬升，形成一个起坡段，其目的包括：第一，连接沿煤层顶板巷道与沿煤层底板工作面；第二，要保证回风巷道 2 下方能够布置完全无煤柱巷道 3。

如图 3-17(b) 所示，工作面溜槽起坡时一般按照相邻溜槽抬升角度 3°计算，从煤层底板工作面开始与水平面的角度依次抬升 3°、6°、9°、12°，接着至 15°并保持 n 节溜槽按照这一角度向上延伸，随后再逐渐从 15°降低至水平，整个抬升的高度按照溜槽宽度 1.5m 计算，需要抬升的高度计算如下：

$$1.5(\sin3°+\sin6°+\sin9°+\sin12°)+n1.5\sin15°+1.5(\sin3°+\sin6°+\sin9°+\sin12°)=h \quad (3\text{-}10)$$

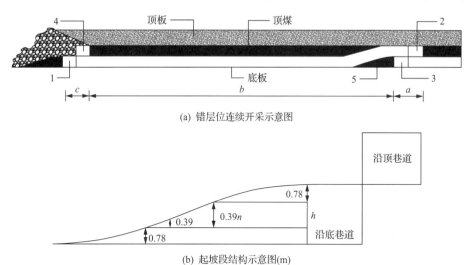

(a) 错层位连续开采示意图

(b) 起坡段结构示意图(m)

图 3-17　错层位无煤柱连续开采巷道布置及其起坡段结构示意图

1-本区段工作面进风巷道；2-本区段工作面回风巷道；3-下区段工作面运输巷道；4-上区段工作面回风巷道；
5-三角煤体；n-溜槽个数；a、b、c-三段式不同回采工艺；h-起坡段抬升高度

如仅考虑较薄厚煤层，为了布置接续工作面连续开采巷道，需要满足下式：$0.39n+1.56=h$，图 3-17 给出了近水平条件下起坡段结构，当煤层存在一定倾角时，起坡段结构如图 3-18 所示。

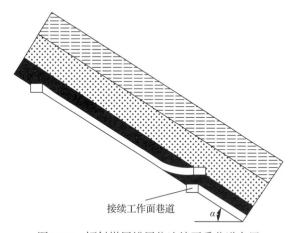

图 3-18　倾斜煤层错层位连续开采巷道布置

如图 3-18 所示，当煤层倾角 α 较大时，工作面从上至下到达适当位置后沿煤层底板开始逐节抬升，按照工作面角度每节可抬升 α/n，这样可在倾斜煤层工作面下端形成水平；实际应用中，综合考虑煤层厚度，存在多节溜槽保持水平或者破坏部分煤层顶板的情况。

可以看出，该方法在倾斜煤层发挥了减缓下滑力的作用，结合 2.4.6 节图 2-7，支架单架重量为 G，工作面液压支架共计 $m+n$ 架，下端逐节抬升 n 节溜槽出现至少 1 架支架保持水平，则工作面液压支架整体下滑力 F 为

$$F = m(G\sin\alpha - G\cos\alpha f - Nf) + [G\sin(\alpha - \alpha/n) - G\cos(\alpha - \alpha/n)f - Nf]$$
$$+ \cdots + [G\sin\alpha/n - Gf\cos\alpha/n - Nf] + (-Gf - Nf)$$
$$= G[m\sin\alpha + \sin(n-1)\alpha/n + \cdots + \sin\alpha/n] - Gf[m\cos\alpha + \cos(n-1)\alpha/n \quad (3\text{-}11)$$
$$+ \cdots + \cos\alpha/n + 1] - (m+n)Nf$$

式中，$N = G'\cos\alpha$，$G' \approx \gamma h$，h 为直接顶厚度，γ 为岩层容重。

当 $F \leqslant 0$ 时，认为设备不会发生下滑;

当 $F > 0$ 时，通过侧向支撑 N'，使得 $N' = F$，即可保证工作面设备的整体稳定性。

因此，在角度较大的煤层布置长壁工作面时，错层位巷道布置相对于传统长壁工作面对于设备的稳定性更为有利。

2. 工作面开采顺序

在 1.3 节中沿空掘巷(图 1-24)中提及该巷道布置方式的特征，由于接续工作面相邻巷道紧邻采空区布置，需要等待上一个工作面覆岩运动稳定后才能掘进巷道，因此一般情况下不能实现相邻工作面在时间和空间上的顺序开采，需要利用时间或者空间形成"跳采"，空间上的"跳采"最终会形成"孤岛"工作面，从而带来强矿压或者动力灾害问题。

错层位无煤柱连续开采技术的本质实际也是沿空掘巷的一种特殊形式，其区别在于沿空巷道位于采空区下方，水平上与采空区之间是一近似于三角煤体，因此其同样需要考虑时间与空间"跳采"的方案，如图 3-19 所示。

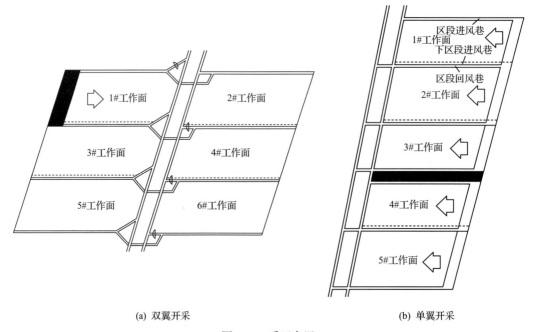

(a) 双翼开采　　　　　　　　　　　　　(b) 单翼开采

图 3-19　采区布置

当采用错层位无煤柱连续开采时，受矿井开拓/准备部署，存在双翼开采[图 3-19(a)]与单翼开采[图 3-19(b)]两种形式。

如图 3-19(a)所示，双翼开采无疑对工作面之间接续是较为有利的，工作面在上山或大巷两侧进行搬家，按照图中顺序，1#—2#—⋯—6#，从时间上看，1#工作面与 3#工作面开采之间存在时间上的间隔，间隔的时间与另一侧单个工作面开采时间加上搬家时间相同，概括起来为空间上"连续"、时间上"间隔"；但是受到上山或大巷影响，单个工作面推进距离较短，开采范围较小，上山或大巷两侧需要留设保护煤柱，形成工作面推进方向的离散开采。

如图 3-19(b)所示，单翼开采对工作面之间的接续影响较大，1#工作面开采期间无法掘进 2#工作面的沿空掘巷，这时需要合理安排工作面的接替顺序，如 1#→4#→2#→5#→3#或者 2#→4#→1#→5#→3#，相邻工作面之间概括起来均为空间与时间的"间隔"开采，且最终均需要开采 3#工作面，其两侧均为较大范围的采空区，3#工作面为典型的"孤岛"煤体，强矿压甚至动力灾害问题无法避免。

结合图 3-19(b)对煤柱留设问题进行分析。布置 3#孤岛工作面时，其进风巷依然内错到 2#工作面采空区原沿顶回风巷道下方，按照现布置方法，回风巷道与 4#工作面采空区之间要保留护巷煤柱，煤柱尺寸依据如下公式：

$$x = \frac{m}{2\varepsilon f}\ln\frac{K\gamma H + c\cot\varphi}{\varepsilon(p_1 + c\cot\varphi)} \tag{3-12}$$

式中，K 为应力集中系数；m 为岩层开采厚度；H 为煤层埋深；γ 为覆岩容重；c 为煤体内聚力；f 为摩擦因数；ε 为三轴应力系数；p_1 为煤帮侧护力；φ 为煤体内摩擦角。

从式(3-12)中不难发现，虽然错层位无煤柱连续开采技术受限于单翼开采，孤岛工作面不得不于采空区留设煤柱，但是因为 3#工作面回风巷一侧沿煤层顶板布置，即靠近 4#采空区一侧开采高度降低，因此按照极限平衡区作为留设煤柱尺寸的依据，相当于采高降低，按照形成上下交错的要求，煤柱尺寸至少能减少一半极限平衡区的范围，即应用错层位无煤柱连续开采技术，首先解决了孤岛工作面与采空区之间的煤柱尺寸问题。

3. 错层位无煤柱巷道布置理论与技术创新

如前所述，当采用错层位无煤柱连续开采技术时，双翼开采工作面之间可实现空间上的"顺序"开采，时间上的"间隔"开采；单翼开采时，工作面之间在空间和时间上均为"间隔"开采，虽然前述分析错层位巷道最终形成的孤岛工作面与采空区之间仅需要保留较小尺寸的煤柱，但是孤岛煤体依然存在强矿压，甚至动力灾害问题，而这一问题在巷道中表现得更为突出。因此，本节首先给出错层位无煤柱连续开采巷道布置理论，在此基础上试图解决错层位无煤柱连续开采在时间与空间上的"间隔"问题。

图 3-20 为一侧采空实体煤侧应力分布与分区情况示意图，在 2.7 节中已经给出了各分区的划分方法，在采空区实体煤内选择巷道位置时依据图 3-20，原留煤柱护巷一般是将巷道布置在Ⅲ区偏向Ⅳ区的位置，可避免高支承应力的影响；沿空掘巷一般是将巷道布置在Ⅱ区偏向Ⅰ区，即可避免高支承应力的影响，同时可以保证巷道围岩的稳定性，即使是完全无煤柱沿空掘巷技术，也贴着纵轴布置。沿空留巷与完全贴着采空区沿空掘

巷存在不同，利用充填体切断顶板沿着采空区布置，即坐标纵轴沿着充填体靠采空区一侧形成坐标系统。

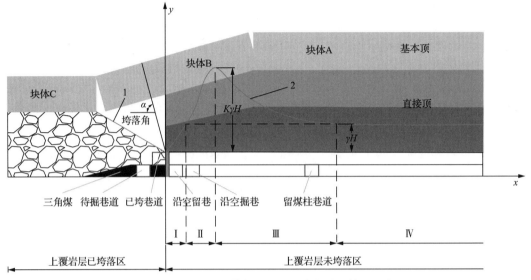

图 3-20　一侧采空实体煤侧应力分布与分区情况示意图

对比上述技术，错层位无煤柱连续开采巷道结合图 3-17(a)出现完全不同的位置，即沿着坐标系统布置在横轴的负轴，不包含在现有机理框架内，结合坐标系统确定错层位无煤柱连续开采回采巷道载荷以覆岩垮落矸石为主，受到覆岩结构 B 关键块体保护，考虑关键块体 B 失稳作用带来的动载 K，其载荷估算为

$$p = \Sigma h\gamma + K\Sigma h\gamma = (1 + K)\Sigma h\gamma \qquad (3\text{-}13)$$

考虑矿压较为剧烈的情况，K 取 2～3。

由于错层位无煤柱连续工作面相邻巷道上方采高较小，因此垮落矸石以直接顶重量为主，因此确定巷道承载较小，且覆岩运动首先作用到垮落矸石上，以吸收能量为主，传递能量较小。

上一节给出了错层位无煤柱连续开采巷道布置类似沿空掘巷，存在跳采的情况且最终形成孤岛。为了解决孤岛工作面带来的强矿压或者冲击地压问题，借鉴于错层位无煤柱连续开采巷道布置拓展的机理及其承载特点，给予我们新的启发，如图 3-21 所示。

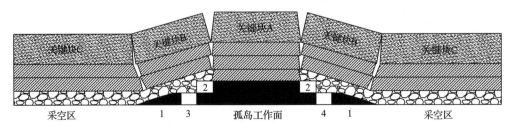

图 3-21　错层位跳采孤岛工作面优化布置

1-三角煤损；2-上区段回风巷；3-区段进风巷；4-区段回风巷

结合图 3-19(b)，为解决最终 3#孤岛工作面留设煤柱与显著的巷道强矿压甚至冲击地压问题，确定 1#工作面采用如图 3-17(a)所示典型的错层位巷道布置方式，开采 4#工作面时，其两巷均沿煤层顶板布置，靠近 3#工作面待采区域的巷道如图 3-21 所示，2#与 5#工作面均采用与 1#工作面相同的常规错层位巷道布置方式，那么形成了如图 3-21 所示的孤岛煤体状态，即其两端均是沿顶布置的巷道，这时为了解决巷道载荷大，易发生冲击地压等问题，3#工作面的两巷直接错位放入 2# 与 4# 沿顶巷道偏向采空区的位置（图 3-21 中巷道 3 与巷道 4），这样可保证 3#工作面两巷承载较小，且避免巷道冲击地压的发生。

上述技术解决了巷道承载与强矿压、动力灾害的问题，但是覆岩载荷不会消失，仅仅发生了转移，主要是向工作面两端头部分，虽然工作面液压支架对于覆岩载荷的适应能力强，但是为了避免工作面两侧出现严重的煤壁片帮、冒顶等问题，仍需切断覆岩载荷的传递路径，利用错层位相邻巷道一高、一低的空间位置关系，可形成网络化卸压方法，该项创新成果将在第 5 章中阐述。

当然，虽然上述方法可避免巷道载荷大且易发生冲击地压问题，但如果能够实现工作面间在时间和空间上的"顺序"开采，那么对于矿井高效、有序开采更为有利，因此，作者所在团队经过多年的理论与实践研究，形成了一种连续开采技术，详见第 5 章。

3.2.4 错层位巷道布置工程实例分析

1. 较薄厚煤层错层位连续开采工程实例

这里以镇城底煤矿 8#煤层为工程实例进行分析。

1) 地质条件与回采技术条件

镇城底煤矿 8#煤层厚度平均为 5.02m，煤层整体呈一单斜构造，倾角 6°~11°，平均 8°；试验工作面地质构造比较简单，瓦斯相对涌出量为 0.41m³/t；煤尘具有爆炸性，爆炸指数 22.31%；煤层易自然发火。

该矿原采用分层开采 8#煤层，因其效率较低，于 21 世纪初展开轻型支架放顶煤开采，但是因放顶煤开采存在回采率低与自然发火问题，遂于 2004 年开始采用错层位无煤柱连续开采技术，8#煤层试验工作面正巷与西下组皮带巷相交，副巷与西下组轨道巷相通。工作面巷道：副巷、切眼均沿煤层顶板掘进布置，正巷沿煤层底板掘进布置，属下分层巷道，工作面长度 120m。工作面布置如图 3-22 所示。

2) 巷道布置、支护方案与参数

按照起坡工艺，18111 工作面开采时，距离回采巷道约 20m 处开始起坡，起坡段每节溜槽抬升增加 3°，达到 15°时保持两节溜槽在这一角度，然后溜槽抬升角度逐渐降低，每节溜槽降低角度为 3°，直至水平，保持 3 节溜槽为水平状态布置端头支架，起坡段共计 13 节溜槽，并在工作面副巷端头 10m 范围铺设 10#金属网，为 18111-1 工作面正巷的掘进创造假顶条件，下区段进风巷按照高度布置在 12 节、13 节溜槽下方。

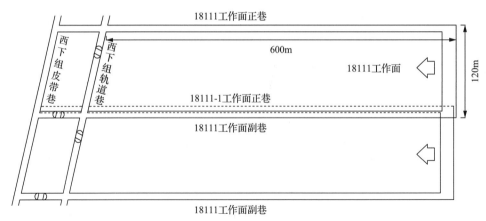

图 3-22 相邻试验工作面布置及巷道搭接示意图

18111-1 工作面正巷沿原 18111 工作面副巷向 18111 工作面内错 3.0m 掘进，顶板为金属网假顶，循环进尺 0.8m。巷道采用金属梯形棚式支护，金属棚用矿用 11#工字钢加工而成，棚腿长为 2700mm，金属棚梁长为 3100mm，棚间距为 800mm，两根棚腿分别向两帮外岔 10°。巷道上净宽 2.8m，下净宽 3.6m，净高 2.5m，如图 3-23 所示。

(a) 18111-1工作面区段进风巷顶板　　　　　(b) 工作面进风巷端头支架后方垮落矸石

图 3-23 接续工作面进风巷道顶板与端头支架后方垮落矸石

18111-1 工作面副巷沿顶板掘进。巷道采用矩形断面，巷道净宽 3.2m，净高 2.8m。顶板采用 Φ20mm×2200mm 的左旋螺纹钢锚杆与钢筋梯子梁进行支护，锚索补强。锚杆间排距为 1.0m×0.9m，呈"四·四"排矩形布置，锚杆垂直顶板打注，锚索间排距为 1.5m×3.6m。巷道两帮采用"锚杆+木托盘"进行支护，两帮每排各布置三根，帮锚杆采用 Φ18mm×1800mm 的左旋螺纹钢锚杆，帮锚杆间排距 0.9m×0.9m；木托盘规格为 200mm×300mm×50mm，如图 3-24 所示。

从图 3-23 中可以看出，错层位无煤柱巷道布置进风巷道顶板为上一工作面采空区垮落的矸石，仅仅依靠单体支柱、金属棚与金属网即可满足巷道支护的要求，即巷道承载不大，但是需要保证金属网的完整性，避免出现漏矸影响生产；端头支架后方同样存在矸石，证明了该方法不存在巷道和端头不放顶煤。

从图 3-24 中可以看出，错层位无煤柱巷道的回风巷道沿煤层顶板布置，巷道采用锚网/索主动支护方式，巷道维护状况良好，表明错层位无煤柱两巷易于支护的效果。

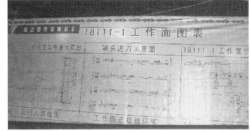

(a) 18111-1工作面区段回风巷沿顶板布置　　　　　(b) 18111-1工作面图表

图 3-24　接续工作面回风巷道情况

3）工作面液压支架工作阻力实测数据特征分析

为了掌握错层位无煤柱连续开采基本的矿压显现规律，对液压支架工作阻力进行现场实测，首采 18111 工作面液压支架工作阻力见表 3-1。

表 3-1　18111 工作面液压支架加权工作阻力实测统计

支架号	平均值/(kN/架)	均方差/(kN/架)	最大值/(kN/架)	平均值与额定值之比/%
5#	1156.68	368.38	2220.86	45.68
30#	1162.73	343.38	2109.79	45.92
59#	1167.65	311.84	2162.51	46.11
76#	1139.07	288.83	1913.26	44.98
平均	1156.53	328.11	2101.61	45.68

表 3-2　18111-1 接续工作面支架加权工作阻力实测统计

支架号	平均值/(kN/架)	均方差/(kN/架)	最大值/(kN/架)	平均值与额定值之比/%
5#	1276.47	377.43	2340.56	50.41
39#	1195.67	355.91	2213.46	47.22
76#	1024.32	265.35	1853.65	40.45
平均	1165.49	332.9	2135.9	46

工作面长度 120m，液压支架共计 80 台，首采工作面布置 4 条，从表 3-1 中可以看出，18111 首采工作面中部液压支架阻力略大于两端，这一实测结果与工作面中部载荷大于两端这一结论相符，也符合 2.8.3 节中得到的三边固支、采空区侧自由边弹性薄板的力学模型解析解相符。从表 3-2 中可以看出，18111-1 工作面从靠采空区侧的液压支架工作阻力向回风巷一侧逐渐降低，但是采空区侧的液压支架工作阻力大于首采工作面，这与传统长壁开采工作面液压支架工作阻力分布规律不同，但是符合 2.8.3 节中关于弹性薄板计算得到的两邻边固支、两邻边自由的力学模型解析解相符。

4）安全性分析

镇城底煤矿采用错层位无煤柱连续开采技术，为了进一步提高采出率，改变了原"见矸关门"等方式，实际放煤过程中直到见"完全矸石"才停止放顶，生产实践中形成了如图 3-25 所示的保证顶煤回收与煤质的设备创新。

(a) 后部溜槽改造图   (b) 筛矸设备

图 3-25 辅助回收顶煤与筛矸装置

如图 3-25 所示，为了充分实现顶煤的回收，该矿对放顶煤后部刮板输送机溜槽进行了改造，增加了一个侧向接煤板；同时，为了配合"完全矸石"关门工艺，避免过多的矸石升井增加运输与洗煤成本，井下采用筛矸设备进行大块矸石的筛选。

综合错层位无煤柱连续开采技术，可以概括为工作面之间取消了煤柱，取消了巷道及端头不放顶煤部分，再辅以充分回收顶煤设备与工艺，实现了该矿采出率的最大化，回采率增加，同时改善了原传统放顶煤回采期间易自然发火的现状，结合图 3-26 进行分析。

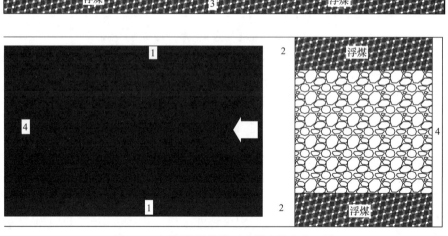

图 3-26 原厚煤层综放开采易自然发火区域

如图 3-26 所示，原厚煤层综放开采易自然发火区域包括：①端头不放顶煤部分；②巷道不放顶煤部分；③工作面之间煤柱；④开切眼与末采位置；⑤采空区放顶遗煤。同时，由于原厚煤层综放开采一般将巷道布置在煤层底板，开采过程中受支承应力影响，巷道顶煤易出现裂隙，在持续通风的条件下，巷道高冒区易自然发火。

综合自然发火的三个条件，遗煤的存在、通风及蓄热时间，结合错层位无煤柱连续开采技术，煤柱、巷道及端头不放顶煤部分取消，那么易自然发火区域①—③直接消除，另外，沿采空区下方与煤层顶板布置巷道，取消了巷道高冒区的存在，这部分发火在不完全统计中占矿井火灾的 2/3。因此，错层位无煤柱连续开采技术在提高回采率与降低自然发火两方面具有天然的技术属性。

结合镇城底煤矿实际应用效果，该方法与传统厚煤层放顶煤开采相比，具有如下优点。

(1)回采率高。该方法取消了煤柱与巷道、端头不放顶煤部分，这部分占比在《采矿学》中给出，煤柱占圈定储量的 7%～15%，巷道及端头不放顶煤部分占比 4%，即仅仅通过巷道位置的改革就可提高回采率 11%～19%。

(2)安全性好。传统放顶煤存在易燃的五个区域，包括煤柱、巷道及端头不放顶煤部分、沿底巷道高冒区、开切眼、末采与采空区遗煤，错层位无煤柱开采一并解决了煤柱、巷道与端头不放顶煤部分，直接消除了这两个区域的自然发火危险性；巷道分别沿上一工作面采空区下方布置和沿煤层顶板布置，因此解决了巷道高冒区问题。

(3)利于巷道支护与维护。巷道分别沿采空区下方布置与沿煤层顶板布置，采空区下方的巷道承载低，以维护为主；回风巷道沿煤层顶板布置，锚杆索主动支护方式深入顶板，易形成悬吊结构。

2. 极近距上残煤、下整层煤层错层位连续开采工程实例

以官地矿极近距 8#残煤下伏 9#煤层开采为工程实例进行分析。

1)8#、9#煤层地质与回采技术条件

官地矿 8#煤层厚度为 3.41m，属于 II 类自燃煤层，开采早期主要使用刀柱法，采 12m、留 6m 的煤柱支撑顶板，因此，在 8#煤采空区留下大量刀柱遗煤。刀柱法逐渐淘汰后，在 8#煤层开始应用分层开采，但是由于历史原因，在采完上分层后并没有进行下分层的开采。因此，除了刀柱遗煤外，还留有采完上分层后的 8#煤下分层呆滞煤量——上分层采高 2.5m，下分层 0.91m 的煤层仍保留，同时还有完全未采动的 8#煤原始煤层。8#与 9#煤层在首采工作面的赋存情况如图 3-27 所示。

如图 3-27 所示，设计的首采 29401 工作面长度为 150m，推进距离 571m，工作面距地表 221～280m。工作面井下位于中四区北翼，其中工作面切眼向外至 145m 处上部为

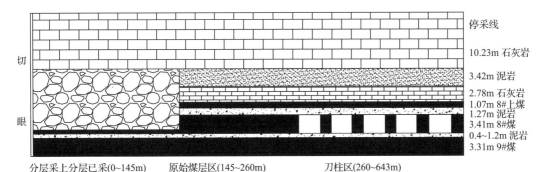

(a) 剖面图

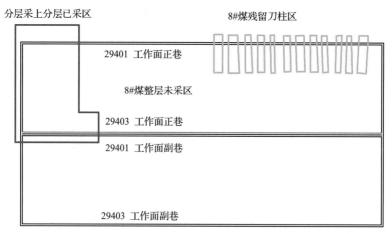

(b) 平面图

图 3-27 8#煤层残煤赋存示意图

28403 分层开采工作面采空区，工作面切眼向外 145m 至 260m 上部为 8#煤实体煤，工作面切眼向外 260m 至停采线上部为 18308 工作面刀柱式残留煤柱及采空区，9#煤与 8#煤层间距为 0.4～1.2m。

8#残煤与 9#煤层工业储量与可采储量见表 3-3。

表 3-3　8#煤层残留储量及 9#煤层储量情况表

煤层	工业/残留储量/万 t	回采率/%	可采储量/万 t
8#	22.3	95	21.2
9#	39.9		37.9

2) 开采技术方案

结合 8#残煤与 9#极近距离煤层群赋存条件，如仅回采 9#煤层，遗弃 8#煤层，则煤炭损失严重，且 8#残煤遗留在采空区增加自然发火危险性。

如考虑回收 8#煤层，存在开采技术方案的选择问题。

(1) 采用厚煤层分层开采技术，那么相对储量较少的 8#残煤巷道工程量多、单产低的问题突出。

(2) 采用传统的综放开采，如果 0.4～1.2m 夹层满足放顶煤要求，直接沿着 9#煤层布置回采巷道，采 9 放 8；反之，如果夹层不满足放顶煤要求，则需要重新在 8#煤层布置分层开采回采巷道，造成 9#已掘回采巷道长期维护。

综合上述问题，从安全与回采率的角度考虑，需要回采 8#残煤，但是需要对巷道布置，即采煤方法的选择展开研究。

为了解决极近距上残煤、下整层煤联合开采的技术难题，提出了如图 3-28 所示的巷道布置方案，步骤如下。

步骤 1：首先在 8#煤层布置巷道 1。巷道 1 掘进过程中，分段勘察底板夹层厚度，对夹层稳定性进行测试，计算分析，确定其对 8#煤层冒放性的影响。

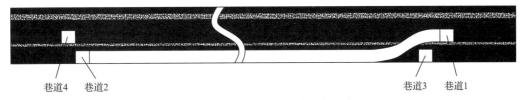

巷道4　巷道2　　　　　　　　　　　　　　巷道3　巷道1

图 3-28　极近距煤层开采技术思路

步骤 2：如步骤 1 勘察与计算结果确定夹层不满足 8#煤层放顶煤要求，则在 8#煤层中布置回采巷道 4，巷道 1 与巷道 4 构成 8#煤层单独开采的生产系统。

步骤 3：如步骤 1 勘察与计算结果确定夹层满足 8#煤层放顶煤要求，则在 9#煤层布置回采巷道 2，则巷道 1 与巷道 2 构成了错层位巷道布置系统。

步骤 4：接续工作面开采期间，巷道 3 与巷道 1 形成内错一巷布置，形成错层位无煤柱连续开采系统。

按照上述步骤，那么首先需要确定 0.4～1.2m 厚的夹层对于 8#残煤放顶煤的要求。

3）夹层对 8#煤层放顶煤的影响研究[8]

按照经典矿山压力理论中的梁理论，对 8#、9#煤层细粒砂岩夹层进行力学分析，在其发生初次断裂前，相当于两端固支梁，断裂步距为

$$L_{1T} = h\sqrt{\frac{2R_T}{q}} \tag{3-14}$$

式中，L_{1T} 为夹矸层的初次断裂步距；h 为夹矸层的厚度；R_T 为夹矸的抗拉强度；q 为夹矸层承载及自重。

夹矸层初次断裂后，由于工作面后方为 9#煤层采空区，因此此处夹矸层的力学模型认为是悬臂梁，其力学计算分析如下：

$$M_{max} = \frac{1}{2}(q-R)l^2 \tag{3-15}$$

$$\sigma_{max} = \frac{M_{max}}{W_z} \tag{3-16}$$

$$\sigma_{max} = \frac{3(q-R)l^2}{h^2} \tag{3-17}$$

式中，R 为支架阻力；l 为夹矸层断裂步距；M_{max} 为最大弯矩；W_z 为截面抵抗矩；σ_{max} 为夹矸极限承载应力，令最大为 $\sigma_{max} = R_T$，则：

$$l = \sqrt{\frac{R_T}{3(q-R)}} \times h \tag{3-18}$$

由式 (3-18) 可以看出：①夹矸层越厚，其垮落步距越大，对顶煤冒放性影响越大。垮落步距与夹矸层的厚度呈正比关系，特别是这种夹矸层厚度不等的情况，对其冒放性

有很大的影响作用。②R_T越大，即夹矸层越硬，则其垮落步距越大。所以在顶煤难冒地段应采取积极的回采工艺以及预处理措施，以降低夹矸强度，提高顶煤的冒放性。③支架的支撑力 R 也是一个影响因素，从式(3-14)中可以看出，R 越大，则夹矸的断裂步距越大，所以实际生产中，需要适当降低支架初撑力，以加快夹矸的破断。

图 3-29 为夹矸周期性断裂步距受夹矸厚度与承载的影响规律，随着夹矸厚度增加，其周期性断裂步距增大。随夹矸层上覆载荷与支架提供阻力差值的增加，其断裂步距减小。但总体来看，夹层周期性断裂步距最大为 3.5m，按照放顶煤要求悬臂长度不超过 1m，认为其会影响顶煤的回收。随着支护阻力的增加，当达到额定工作阻力后，夹层厚度不超过 0.9m 时，其断裂步距均小于 1m，因此在保证额定工作阻力的前提下，在分层采下分层区域从切眼至 73m 以静载为主的区域内夹层厚度不超过 0.9m 即满足合采要求。

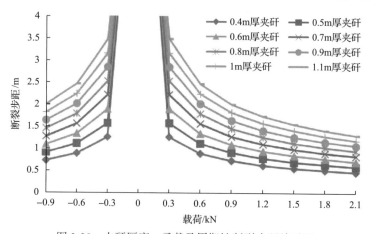

图 3-29　夹矸厚度、承载及周期性断裂步距关系图

综上，在此提出三个建议，第一，建议割煤时尽可能将 9# 煤层一次割出，使夹层直接坐落在支架顶梁上方；第二，建议移架时采用擦顶带压移架，保证支架给夹层提供足够大的反向阻力，利于夹矸在支架顶梁上方充分破坏；第三，对基本顶实施预裂技术，提前实现对夹层的破坏。

官地矿采用错层位开采技术，实现多回收 8# 残煤 21.2 万 t，且开采期间采空区残煤未发生自燃现象，表明该技术具有显著的安全、经济效益，同时也证明该技术对于一些复杂矿井具有更广泛的推广前景。

3.3　N00/110 工法及其关键理论

3.3.1　N00/110 工法概述

21 世纪初，随着开采深度的增加，采场巷道大变形问题愈加严重，传统长壁开采 121 工法受到挑战，尤其是巷道事故频发,据不完全统计，深部巷道事故占总事故的 80%～90%，沿空巷道事故占巷道事故的 80%～90%。2008 年何满潮院士提出切顶短壁梁理论，利用矿山压力，在采空区侧定向切顶，切断部分顶板的矿山压力传递，进而利用顶板岩层压力和顶板部分岩体，实现自动成巷和无煤柱开采，形成切顶卸压自动成巷无煤柱开采技术，并提出切顶卸压自动成巷技术工艺，实现了长壁开采 110 工法，即回采一个工作面，只需掘进一条巷道，另一条巷道自动形成，取消了护巷煤柱，实现了无煤柱开采，进而实现 N00 工法，即通过改变原来三条上山的布置方式和开采工艺布局，在一个采区内，不掘进巷道，通过切顶卸压自动成巷方法，边回采边形成巷道，实现采区内无巷道掘进[9-12]。长壁开采 110 工法和 N00 工法将是我国矿业大国向矿业强国发展的理论和技术基础，如图 3-30 所示。

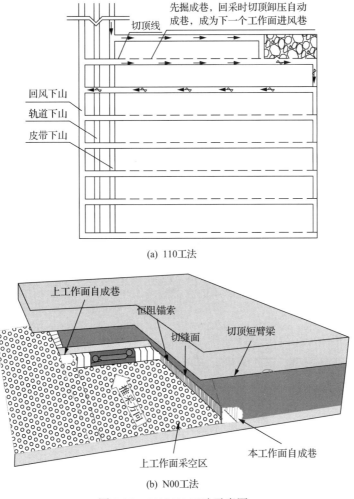

(a) 110工法

(b) N00工法

图 3-30   110/N00 工法示意图

3.3.2   切顶短壁梁理论及关键技术

何满潮院士于 2010 年在川煤集团白皎煤矿 2442 工作面首次现场成功应用切顶卸压自动成巷无煤柱开采。2011 年在《采矿与安全工程学报》发表的文章中正式提出"切顶卸压自动成巷无煤柱开采技术工艺"，通过在采空区侧定向切顶，切断部分顶板的矿山压力，进而利用顶板岩层压力和顶板部分岩体，实现自动成巷和无煤柱开采，消除或减弱了顶板的周期性压力，实现了 110 工法的无煤柱开采，开始了我国第三次矿业技术变革。

通过对切顶卸压自动成巷过程中采动应力场—支护—围岩相互作用规律的分析，建立了切顶短壁梁的结构模型(图 3-31)和力学模型(图 3-32)，得出了极限平衡条件下顶板最大剪应力计算方法[式(3-19)]，进而得出恒阻大变形锚索支护设计方法[式(3-20)]。

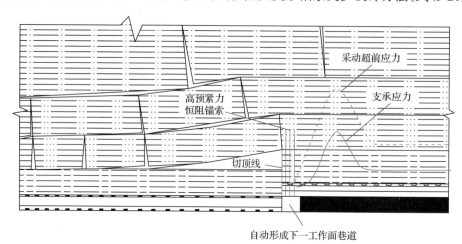

图 3-31　切顶短壁梁结构模型

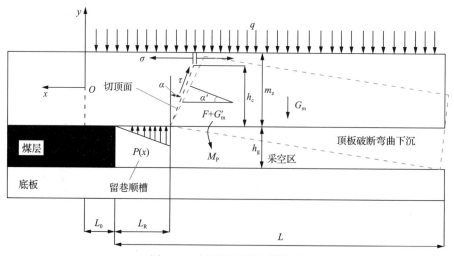

图 3-32　切顶短壁梁力学模型

$P(x)$-巷内切顶支柱反力集度；G_m-直接顶自重产生的重力；m_z-直接顶板悬臂梁的厚度；h_g-采高；L-直接顶悬臂梁的长度；h_c-预裂切顶高度；α-预裂切顶角度；α'-下沉角度；G'_m-切顶后自重；M_P-力矩

$$P_n = \frac{2W[\sigma]}{(L_0 + L_R)^2} + \frac{q(M_P - M)}{2Jg}(L_0 + L_R) + q \qquad (3-19)$$

式中，P_n 为极限平衡条件下切缝面最大剪应力；W 为顶板截面模量；q 为作用于坚硬顶板上的均部载荷；L_R 为巷道宽度；L_0 为基本顶断裂处深入煤帮长度；$[\sigma]$ 为顶板极限抗拉强度；J 为顶板岩块绕 O 点的转动惯量；M 为顶板载荷力矩。

$$N = \frac{P_n}{P_0} \tag{3-20}$$

式中，P_0 为恒阻大变形锚索设计恒阻值；P_n 为极限平衡条件下切缝面最大剪应力；N 为所需恒阻大变形锚索数量。

顶板预裂切缝高度需要考虑顶板切落后能够自动形成巷帮，即切缝高度下限（H_{min}）；同时，切落的顶板岩石垮落碎胀能够充填采空区，使基本顶沿走向和倾向均不产生破断，进而减少或取消基本顶周期性压力对巷道稳定性的影响，即切缝高度上限（H_{max}）。因此，切缝高度确定方法如下。

切缝高度下限：

$$H_{min} = H_H + 1.5 \tag{3-21}$$

式中，H_{min} 为切缝高度下限，m；H_H 为巷道高度，m。

切缝高度上限：

$$H_{max} = H_s + H_p \tag{3-22}$$

式中，H_s 为岩层垮落碎胀后的高度；H_p 为顶板岩层极限弯曲下沉量，m。

110 工法以顶板定向预裂切缝、负泊松效应（negative Poisson's ratio, NPR）恒阻大变形锚索支护和远程实时在线自动监控为主要关键技术，具体如下。

1) 顶板定向预裂切缝技术

利用岩体抗压怕拉特性，研发了聚能爆破顶板切缝装置，从而实现了爆破后在两个设定方向上形成聚能流，并产生集中拉张应力，使顶板按照设定方向拉张断裂形成预裂面。现场应用结果表明，该技术不仅能按设计位置及方向对顶板进行预裂切缝，而且使顶板按照设计高度沿预裂缝切落，解决了既能主动切顶又不破坏顶板的技术难题。

2) 顶板 NPR 恒阻大变形锚索支护技术

针对切顶卸压沿空自动成巷矿压显现特点，研发了具有负泊松效应的恒阻大变形锚索支护新材料。力学特性实验结果表明，恒阻大变形锚索具有超常力学特性，恒阻值及恒阻运行长度等物理力学参数均居国际领先地位，采用恒阻大变形支护材料可以实现在恒定支护阻力条件下的拉伸大变形，能够适应并有效控制动压影响下巷道顶板下沉所产生的大变形。室内冲击动力学特性实验结果表明，恒阻大变形锚索在多次冲击作用下不破断，能够实现切落顶板冲击过程中变形能量的控制性释放，有效保障巷道整体稳定及支护安全性。

3) 矿压远程实时监控技术

为了分析切顶卸压自动成巷全过程矿山压力变化过程，及时发现安全隐患，采用矿山压力远程实时监控技术。该技术能够自动、连续采集锚索载荷和顶板离层量，室内监控计算机自动接收现场数据，自动分析处理，实时判断监测现场巷道顶板的稳定状态，自动发出预警信号，提示现场及时采取针对性措施，防止事故发生。

结合现场实际生产特点，形成了 110 工法切顶卸压沿空成巷现场工艺(图 3-33)，具体工艺和过程如下。

步骤 1：按所设计的支护参数进行巷道掘进，施工顶板 NPR 恒阻大变形锚索加固巷道。

步骤 2：系统形成后或超前工作面 50m，按设计参数，采用专用超前切缝钻机施工双向聚能拉伸爆破孔。

步骤 3：按工作面推进方向，采用专用设备依次进行预裂爆破，形成切顶卸压预裂切缝线。

步骤 4：超前工作面 20m，按设计位置布置临时密集挡矸单体支柱。

步骤 5：待工作面推过后，及时在密集支柱的采空侧铺设复合网(钢筋网+塑料网)。

步骤 6：待周期来压后，顶板垮落并稳定后，整理巷道形状满足使用要求，并喷射混凝土封闭，保证巷道稳定。

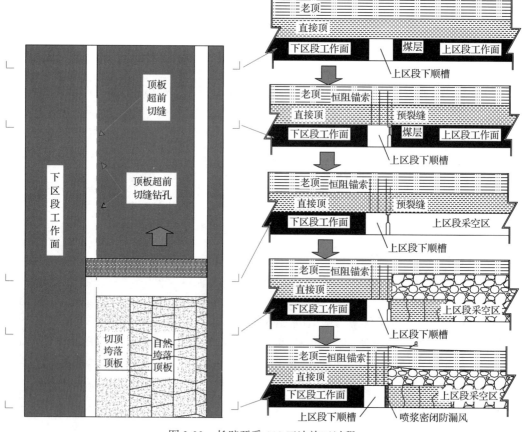

图 3-33　长壁开采 110 工法施工过程

步骤 7：撤除密集单体支柱。

3.3.3　110 工法顶板定向预裂切缝技术

1. 顶板定向预裂切缝技术原理

切顶卸压自动成巷技术是一项基于切顶悬臂梁理论的具有创新性的先进技术。顶板定向预裂切缝是切顶卸压自动成巷的基础。利用岩体抗压怕拉特性，何满潮院士研发了聚能爆破顶板切缝装置(ZL201210003666.3)，实现了爆破后在两个设定方向上形成聚能流，并产生集中拉张应力，在工作面回采前，采用顶板抗拉预裂爆破技术，在回采巷道沿将要形成的采空区侧形成定向预裂缝(图 3-34)，切断顶板应力传递路径。

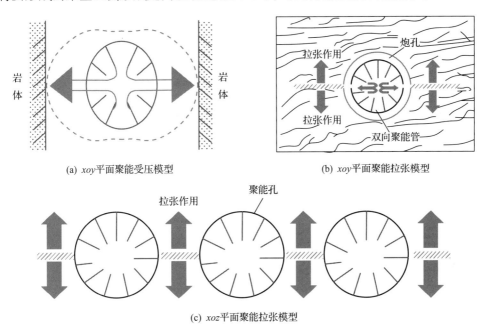

(a) *xoy* 平面聚能受压模型　　(b) *xoy* 平面聚能拉张模型

(c) *xoz* 平面聚能拉张模型

图 3-34　顶板定向预裂切缝技术原理

利用双向抗拉聚能装置装药进行聚能爆破，炸药爆炸后，冲击波首先直接作用于双向抗拉聚能装置开口对应的孔壁上，使其产生初始裂隙。随后，在爆生气体的作用下，炮孔及孔壁周围形成静应力场。在静应力场的作用下，炮孔径向受压应力作用(均匀受压)。在聚能孔的引导作用下，爆生气体涌入冲击波产生初始微裂隙，形成气楔作用，由此在垂直初始裂隙方向(控制方向)产生拉张作用力，并出现应力集中。正是在这部分集中拉张应力(xOy 平面拉张应力)，充分利用了岩石抗压怕拉的特性，致使岩体沿预裂隙方向失稳、断裂，从而促进裂隙(面)进一步扩展、延伸。在现场应用中，若几个炮孔同时起爆，爆生气体准静应力场在炮孔之间产生应力叠加效应，炮孔间的拉张应力作用增加，更易导致裂纹的产生与扩展；当相邻炮孔间距适当时，裂缝将得以贯通，形成光滑断裂面。此外，从聚能装置的每一个聚能孔中释放的能量流，除了对其对应的炮孔孔壁作用外，同时还会对聚能孔的孔壁四周产生均匀压力作用。同样，这部分均匀作用于聚能孔孔壁的压应力也将产生集中张拉应力，作用于垂直聚能孔连线方向的聚能装置壁上。在此过程中，双向抗拉聚能装置起着三个重要力学作用：对岩体的聚能压力作用，此时岩体局部集中受压；炮孔围岩整体均匀受压，设定方向上集中受拉，这种整体均匀受压产生局部集中受拉的前提为双向抗拉聚能装置必须有一定的强度；炮孔间围岩在 xOz 平面受拉张力作用。

现场应用结果(图 3-35)表明，该技术不仅能按设计位置及方向对顶板进行预裂切缝，而且使顶板按照设计高度沿预裂缝切落，解决了既能主动切顶又不破坏顶板的技术难题。

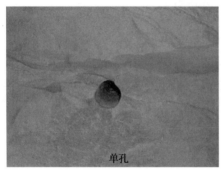

(a) 单孔预裂切缝　　　　　　　　　　　　(b) 顶板沿预裂缝切落

图 3-35　顶板定向切缝现场应用效果

与传统的炮孔切槽爆破、聚能药包爆破及切缝药包爆破等控制爆破技术相比，双向聚能拉张成型控制爆破具有以下优点。

(1)利用了岩体抗压怕拉的特性，相应加大了炮孔间距，在同等爆岩方量上减少了炮孔钻进工作量。

(2)最大限度地保护了围岩，减少了围岩受炮震、冲击波及爆生气体作用，大大减少了围岩损伤，利于工程岩体的支护和稳定。

(3)炸药单耗少，综合成本低，经济和社会效益显著。

(4)操作工艺简单，易于在现场推广使用。应用时不需改变原有钻爆操作工序，只需在周边眼中采用双向抗拉聚能装置装药即可，其他炮眼装药结构不变。

2. 顶板定向预裂切缝技术要求

顶板定向预裂切缝技术要求主要包括预裂钻孔和预裂切缝爆破两部分，具体技术要求如下。

1)顶板定向预裂钻孔

采用专用切顶钻机，按照专利技术(ZL201210003666.3)和设计方案要求，在工作面回采前，严格按照设计角度、间距、深度进行超前顶板预裂钻孔施工，每循环施工钻孔数量应与一次预裂爆破钻孔数一致。

2)顶板定向预裂切缝爆破

按设计方案要求，布置孔内专用聚能管，并采用配套固定和连接装置保证各聚能管张拉预裂线位置呈 180°，根据预裂爆破要求起爆，在回采巷道沿将要形成的采空区侧形成顶板预裂切缝，切断顶板应力传递路径。

3. 顶板定向预裂切缝关键参数设计方法

1) 顶板定向预裂钻孔角度设计

应在巷道通风系统形成后，安装支架时或超前工作面 50m 进行顶板预裂钻孔施工。根据煤层厚度 (H_m) 不同，顶板定向预裂钻孔角度 ($β$) 设计要求如下：①当 $H_m ≤ 1m$ 时，$β=20°$；②当 $1m < H_m ≤ 1.5m$ 时，$β=15°$；③当 $1.5m < H_m ≤ 2m$ 时，$β=10°$；④当 $2m < H_m ≤ 3m$ 时，$β=5°$。

2) 顶板定向预裂钻孔深度设计

切顶卸压预裂切缝钻孔深度与巷道高度 (H_h) 相关，一般通过如下方式确定：①钻孔深度下临界值，$H_{Fmin} = H_h + 1.5$。②钻孔深度上临界值，$H_{Fmax} = H_m/(K-1)$（K 为碎胀系数，一般为 1.2～1.4）。

3) 顶板定向预裂钻孔间距设计

顶板定向预裂钻孔直径一般为 46mm。根据岩性不同，设计不同的预裂钻孔间距，具体如下：①当顶板为页岩时，间距为 800mm；②当顶板为泥岩时，间距为 700mm；③当顶板为砂岩时，间距为 600mm；④当顶板为复合岩层或顶板破碎时，需结合现场试验结果综合确定合理间距。

4) 顶板定向预裂钻孔装药量设计

顶板定向预裂爆破装药量主要与岩性有关，根据顶板岩性不同，采用不同装药量和封孔长度，具体要求如下：①当顶板为页岩时，每米钻孔装药量长度为 200mm，封孔长度为 2000mm；②当顶板为泥岩时，每米钻孔装药量长度为 300mm，封孔长度为 1750mm；③当顶板为砂岩时，每米钻孔装药量长度为 400mm，封孔长度为 1500mm；④当顶板为复合岩层或顶板破碎时，需结合现场试验结果综合确定合理装药量和封孔长度。

4. 顶板定向预裂切缝施工过程

顶板定向预裂切缝施工过程如下。

第一步：系统形成后或超前工作面 50m，按设计参数，采用专用超前切缝钻机施工双向聚能拉伸爆破孔，并进行成孔质量检测。

第二步：按工作面推进方向，采用专用设备依次进行预裂爆破，形成切顶卸压预裂切缝线。

第三步：工作面回采前，按"技术要求"依次进行定向预裂切缝表面照相、钻孔内部和围岩深部探测，检测预裂切缝效果，保证现场切缝效果。

具体施工要求如下。

1) 顶板预裂钻孔施工

施工双向聚能拉伸爆破孔超前工作面 50m。预裂爆破孔施工采用专用切顶钻机和配

套 Φ46mm 的钻头按设计角度打眼。

2) 顶板预裂切缝施工

将三级煤矿许用乳化炸药依次装入聚能管(BTC1000 型或 BTC1500 型)内,利用专用定向器(ORI-5000 型)将聚能管装入爆破孔内,并用固定器(Fixer-42 型)将聚能管固定在孔内,要求最下方(孔口方)为起爆药卷。

聚能管安设于爆破孔底部,管口距孔口为 1.0m。聚能管孔口端装入水炮泥并固定,再将爆破孔下端所留位置用炮泥封孔。一次起爆 4 个爆破孔,正向爆破。

5. 顶板定向预裂切缝效果检测及评价方法

顶板定向预裂切缝是切顶卸压沿空自动成巷的基础和关键,因此,须对现场切缝效果实时检测,以保证切顶卸压和沿空自动成巷的成功。

顶板定向预裂切缝效果检测采用"表面—孔内—孔间探测三结合"方法,具体如下。

1) 检测仪器和设备

(1) 采用防爆相机进行巷道表面照相,检测定向预裂缝表面连通情况。

(2) 钻孔自动成像仪:钻孔内部探测成像,检测定向预裂缝孔内扩展情况。

(3) 围岩裂隙探测仪:深部围岩探测,检测孔间裂缝连通和扩展情况。

2) 检测步骤及评价指标

第一步:成孔后预裂爆破前,进行钻孔编号,采用钻孔自动成像仪探测钻孔成孔效果和裂隙发育情况,应达到如下要求:①角度误差率,$K_1=(\alpha_{设计}-\alpha_{实际})/\alpha_{设计}\leqslant10\%$;②钻孔平直率:$K_2=L_{坑洼}/L_{钻孔}\leqslant10\%$。

第二步:用防爆相机巷道进行表面照相,检测定向预裂缝表面连通情况,应达到如下要求:表面裂缝率,$K_3=L_{表面裂缝}/L_{孔间距}\geqslant90\%$。

第三步:用钻孔自动成像仪进行内部探测成像,检测定向预裂缝孔内扩展情况,应达到如下要求:孔内裂缝率,$K_4=L_{孔内裂缝}/L_{钻孔}\geqslant90\%$。

第四步:用围岩裂隙探测仪进行深部围岩探测,检测孔间裂缝连通和扩展情况,应达到如下要求:孔间裂缝率,$K_5=A_{孔间裂缝}/L_{钻孔}\times L_{孔间距}\geqslant90\%$。

第五步:成巷效果评估,检测垮落后半眼率情况,应达到如下要求:半眼率,$K_6=N_{半眼率孔数}/N_{孔数}\geqslant85\%$。

第六步:闭合临界距离评估,检测架后到完全垮落处距离,应达到如下要求:架后到完全垮落处距离,$K_7\leqslant20$m。

第七步:支架受力集中系数评估,应达到如下要求:支架受力集中系数,$K_8=P_{顶板破断极限力}/P_{平时受力}\varpropto1$。

3) 切缝效果检测及评价要求

(1) 成孔后预裂爆破前进行钻孔质量检测,定向预裂切缝后、回采前进行切缝效果检测,不合格钻孔须及时补充预裂切缝施工,垮落成巷后进行成巷效果和支架受力集中系数检测，具体要求如下：每条巷道初始 5 个爆破循环，必须对每个循环及时检测现场效果，评估设计参数是否合理，如不合理，需提交"现场定向预裂切缝效果检测报告"至设计研究组，并调整设计方案。

(2) 如遇顶板岩性变化，随时进行钻孔成孔质量和切缝效果检测，并检验设计参数的合理性。

(3) 正常施工阶段，每 50m 进行 1 个爆破循环检测，评估切缝效果，并记录相关数据，形成阶段检测及评价报告。

3.3.4　110 工法 NPR 恒阻大变形锚索支护技术

1. NPR 恒阻大变形锚索支护技术原理

随着采深的不断增加，各种工程灾害日益增多，如矿井冲击地压和软岩大变形等灾害对深部资源的安全高效开采造成了巨大威胁。冲击大变形是开采过程中诱发并伴有微震活动和弹性能突然释放的煤岩体结构破坏过程。应用传统锚杆支护的巷道远不能够抵抗岩爆产生的瞬时大变形冲击载荷，从而发生了锚杆断裂、巷道不同程度破坏的事故。在深部开采条件下，高地压、高地温、高渗透压及开采扰动严重影响着地下巷道围岩的稳定性，由于传统小变形锚杆允许巷道围岩的变形量一般均在 200mm 以下，传统支护技术已经不能够适应深部巷道围岩非线性大变形破坏特征，常出现因锚杆不能适应巷道围岩大变形破坏而被拉断失效，形成安全隐患。何满潮院士 2009 年研发出一种新型能量吸收支护材料，称为 NPR 恒阻大变形锚索(杆)，具有负泊松效应，不但可以提供较大的支护阻力和结构变形量，而且具有恒阻力学特性。

地下工程开挖后，破坏了原岩的力学平衡，一方面由于围岩应力重新调整，因岩体自身的力学属性承受不了应力集中，从而产生塑性区或拉力区；另一方面由于施工将引起围岩松弛，加上地质构造的影响，降低了围岩的稳定程度。因此，在巷道围岩尚未发生大变形破坏前，必须采取一定的支护措施，改变围岩本身的力学状态，提高围岩强度，从而在巷道围岩体内形成一个完整稳定的承载圈，与围岩共同作用，达到维护巷道稳定的目的。图 3-36 为 NPR 恒阻大变形锚索工作原理，锚索与围岩相互作用共分为三个阶段。

(1) 弹性变形阶段：巷道围岩的变形能通过托盘(外锚固段)和内锚固段施加到索体上。当围岩变形能较小时，施加于索体上的轴力小于 NPR 恒阻大变形锚索的设计恒阻力，恒阻装置不发生任何移动，此时，NPR 恒阻大变形锚索依靠材料的弹性变形来抵抗岩体的变形破坏。

(2) 结构变形阶段：随着巷道围岩变形能逐渐积累，施加于杆体上的轴力大于或等于 NPR 恒阻大变形锚杆的设计恒阻力时，恒阻装置内的恒阻体沿着套管内壁发生摩擦滑移，在滑移过程中保持恒阻特性，依靠恒阻装置的结构变形来抵抗岩体的变形破坏。

(3) 极限变形阶段：巷道围岩经过 NPR 恒阻大变形锚杆材料变形和结构变形后，变形能得到充分释放，由于外部载荷小于设计恒阻力值，恒阻装置内的恒阻体停止摩擦滑移，巷道围岩再次处于相对稳定状态。

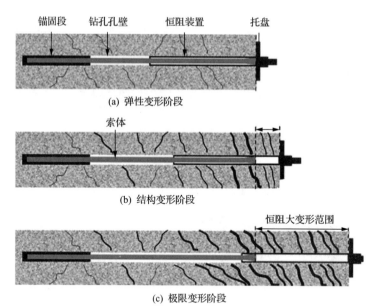

图 3-36　NPR 恒阻大变形锚索工作原理

　　因此，当围岩发生缓慢或瞬间大变形破坏时，NPR 恒阻大变形锚索可以吸收岩体变形能，使围岩中的能量得到释放，仍然能够保持恒定的工作阻力和稳定的变形量，从而实现了巷道围岩的稳定，大大降低冒顶、塌方、片帮、底鼓等安全隐患。

　　NPR 恒阻大变形锚索在巷道支护过程中与围岩作用主要有两种能量组成：抵抗变形能量 E_B 和吸收变形能量 E_D，可将能量模型进行简化，如图 3-37 所示，可得到支护和围岩相互作用能量方程为

$$\Delta E = \frac{n}{2} P_0 (U_c + 2\Delta U) \tag{3-23}$$

式中，ΔE 为 n 根锚索变形所吸收的能量；P_0 为 NPR 恒阻大变形锚索恒阻值；U_c 为弹性变形阶段锚索位移值；ΔU 为巷道平均变形值。

　　通过式(3-23)可得出恒阻力和围岩变形量的关系，并进行 NPR 恒阻大变形锚索支护参数设计。

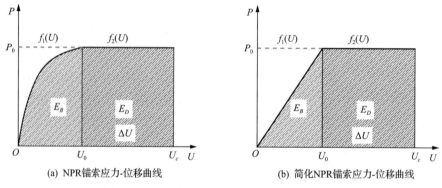

图 3-37　NPR 恒阻大变形锚索支护能量模型图

2. NPR 恒阻大变形锚索超常力学特性

1）NPR 恒阻大变形锚索的负泊松效应

NPR 恒阻大变形锚索拉伸过程中具有径向变粗的负泊松效应，测量直径时用十字法测量 a—a、b—b 两个垂直方向的直径，标注方法见图 3-38。图 3-39 为拉伸试验不同方向直径变形量，两个方向直径均增加，验证了 NPR 恒阻大变形锚索的负泊松效应。

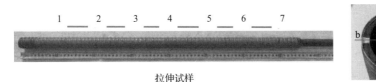

拉伸试样

图 3-38　NPR 恒阻大变形锚索径向标注示意图

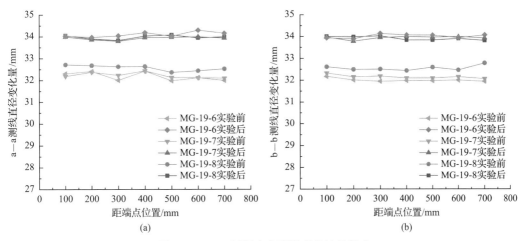

(a)　　　　　　　　　　　　(b)

图 3-39　NPR 恒阻大变形锚索负泊松效应

2）NPR 恒阻大变形锚索静力拉伸特性

为了检验 NPR 恒阻大变形锚索的最大静力拉伸长度及恒阻值，利用深部岩土力学与地下工程国家重点实验室（北京）自主研发的恒阻大变形锚杆索静力拉伸实验系统（图 3-40）对现场的 4 根锚索进行静力拉伸实验。

实验系统的基本参数如下：①最大载荷 500kN；②最大量程 1100mm；③加荷速率 0.1～20kN/min；④位移速率 0.5～100mm/min；⑤试样长度 3000mm。

采用位移控制的方法，对 4 组 NPR

图 3-40　恒阻大变形锚杆索静力拉伸实验系统

恒阻大变形锚索进行静力拉伸实验，测试其最大静力拉伸长度及恒阻力保持情况，通过实验得到其最大拉伸滑移变形量为 386～465mm，满足设计值，恒阻力平均值在 350kN 左右，表明其恒定阻力性能良好。实验数据见表 3-4，实验曲线如图 3-41 所示。

表 3-4　静力拉伸实验 NPR 恒阻大变形锚索参数

编号	长度/mm	最大拉伸力/kN	最大伸长量/mm	恒阻值范围/kN
MS3-2-1	1500	363.2	405.38	330～360
MS3-2-2	1500	388.0	386.37	330～360
MS3-2-3	1500	388.0	476.34	335～370
MS3-2-4	1500	388.0	482.83	325～375

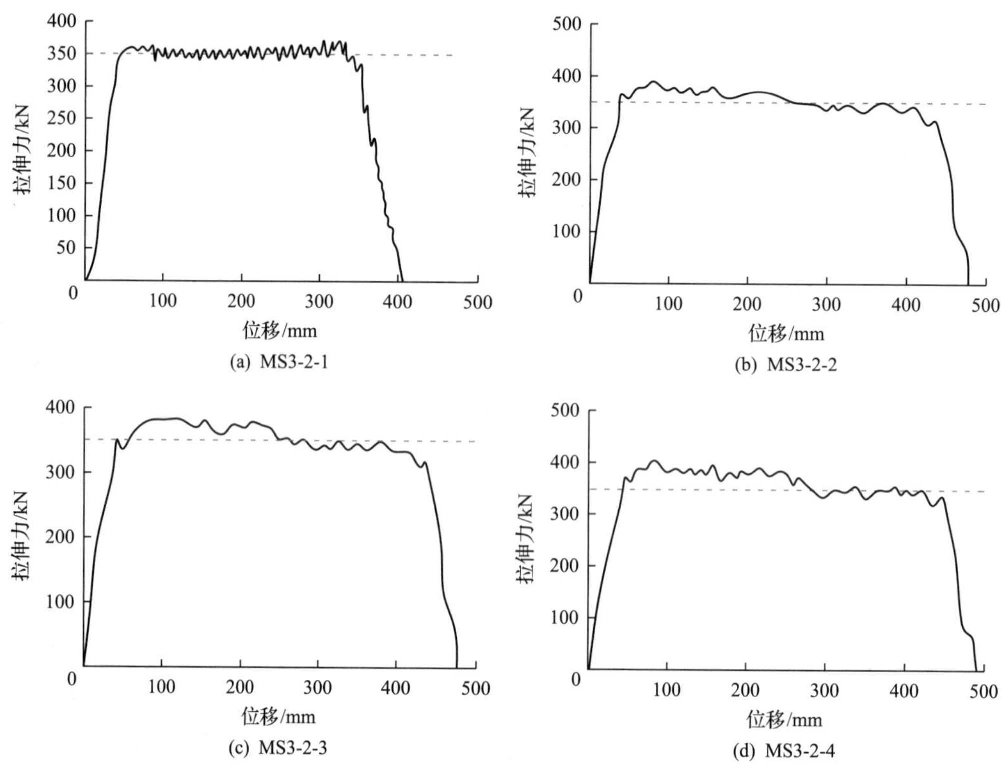

(a) MS3-2-1　　(b) MS3-2-2

(c) MS3-2-3　　(d) MS3-2-4

图 3-41　静力拉伸实验结果

3）NPR 恒阻大变形锚索动力冲击特性

采用深部岩土力学与地下工程国家重点实验室（北京）自主研发的恒阻大变形锚索动载冲击系统（图 3-42），对现场的 4 根锚索进行动力冲击实验研究。结果显示在冲击过程中锚索受力均在 350kN 附近，近似恒定，表现出较好的恒阻性能，实验参数见表 3-5，实验结果如图 3-43 所示。

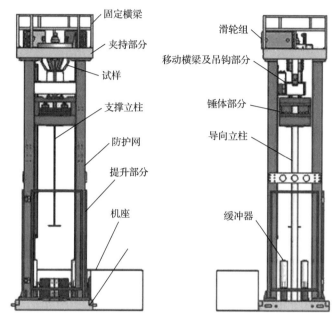

图 3-42　恒阻大变形锚索动载冲击系统

表 3-5　动力冲击实验用 NPR 恒阻大变形锚索参数

编号	锚索全长/mm	恒阻器长度/mm	恒阻器直径/mm	钢绞线直径/mm
HMS-13-12	2000	400	63	21.8
HMS-13-13	2000	400	63	21.8

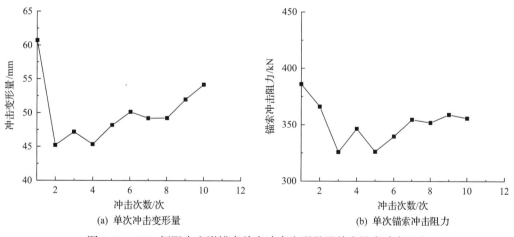

(a) 单次冲击变形量　　　　　　　　(b) 单次锚索冲击阻力

图 3-43　NPR 恒阻大变形锚索单次冲击变形量及单次锚索冲击阻力

3. NPR 恒阻大变形锚索支护设计方法

工作面回采后，在顶板周期压力作用下，顶板沿预裂缝自动切落过程中，采用 NPR 恒阻大变形锚索支护(ZL201010196197.2)能够适应并有效控制动压影响下巷道顶板下沉所产生的大变形，确保顶板稳定。为了保证切顶过程和周期来压期间巷道的稳定，在实施顶板预裂切缝前采用 NPR 恒阻大变形锚索支护巷道，具体设计要求如下。

1）NPR 恒阻大变形锚索材料参数

钢绞线直径为 21.8mm，恒阻器外径 68mm，恒阻值 35t。

2）NPR 恒阻大变形锚索长度（L_H）

$$L_H = H_F + 1.5$$

式中，H_F 为顶板预裂切缝深度，m。

3）NPR 恒阻大变形锚索间排距

当顶板完整时，间排距为 1000mm×2000mm，每排 3 根；

当顶板有节理时，间排距为 800mm×1600mm，每排 4～5 根。

4）NPR 恒阻大变形锚索预紧力

NPR 恒阻大变形锚索预紧力设计值为 30t±2t。

4. NPR 恒阻大变形锚索支护施工要求

（1）钻孔施工：采用锚索钻机按设计钻孔深度（LH-0.2m）钻孔，钻孔直径 28mm，采用专用直径 70mm 扩孔钻头扩孔。

（2）树脂锚固剂锚固：采用树脂锚固剂锚固，每根锚索使用 2 条 CK2360+1 条 K2360 锚固剂，搅拌时间不小于 30s。

（3）预紧力施加：锚索锚固好 1h 后安装托盘、锁具并拉紧，外露长度 200mm，锚索预紧力达到 30t±2t。

3.3.5 110 工法远程监控系统

1. 远程监控系统原理

为了掌握 110 工法在现场应用过程中的巷道围岩及支护体矿压显现情况，自主研发了远程监控系统。该系统通过对力和位移的监测，实现对沿空成巷过程中围岩稳定性及矿压显现规律的监控。远程监控系统能够自动、连续采集锚杆(索)载荷，并能自动存储、无线发射，远程工作室内监控计算机自动接收分析，数据远程无线传送和接收不受距离限制。远程监控系统原理图如图 3-44 所示，远程监控系统包括现场设备和室内设备。现场设备主要完成锚索载荷变化的自动感应、自动采集和向监控中心设备自动无线发射监控信息。室内设备主要完成现场远程数据的自动接收并把接收信号送入计算机进行自动处理，计算机可自动形成动态监控曲线，依据动态监控曲线准确、及时判断监测现场锚索受力变化情况，掌握巷道围岩的稳定状态。该技术具有自动、连续、及时的特点，能够准确、及时掌握巷道的稳定状态，为锚索的工作状态、参数优化和不稳定巷道顶板确定加固时机及采取安全措施等决策提供科学依据。

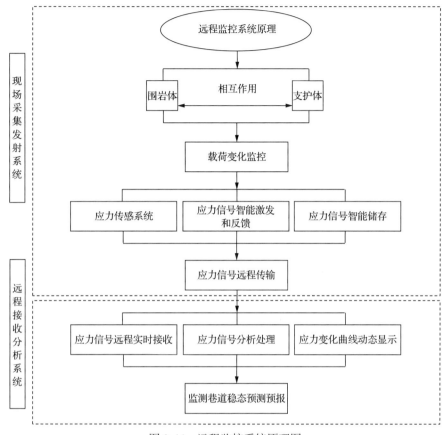

图 3-44　远程监控系统原理图

2. 远程监控系统特点

(1)本系统的分站及传感器可用手持采集器(遥控器)进行调零,操作方便,适合人员使用,以此保证现场的适用性。

(2)本系统采用 CAN 总线技术,单线传导,任何一个传感器发生故障,不妨碍整个系统的运行。

(3)本系统传感器采用三通道设计,用于测量前柱、后柱、前探梁(平衡千斤顶)。测量数据全面,灵活便利。

(4)本系统分站上都装有数据盒,如井上部分出现故障可将数据盒数据直接传输到计算机软件,保证数据的完整性。

(5)液晶屏显示,能实时观测支架受力状态,设有高低压报警功能。

(6)系统数据传输支持多种传输模式:DTMF 电话线模式;MGTSV 单模光纤传输模式;以太环网总线传输模式。其中 DTMF 电话线模式支持电话线路 20km 传送,可构成最经济的监测系统。

（7）丰富的软件功能。实时工作阻力上传功能，方便调整动态曲线图和柱状图的参数设置，并直观切换软件显示内容；实时在线故障报警功能，直观的树状结构设计能够形象地反映井下设备的运行情况；实时在线压力报警功能，通过形象的图形画面实时反映工作阻力的高、低压报警；历史数据、图形查询打印功能；初撑力和末阻力曲线图、压力分布柱状图和饼形图的显示、打印功能；通信故障查询功能；随时查看单个分机在某段时间内的通信故障。

3. 测站布置及数据分析

为掌握 110 工法在回采期间围岩应力在时间和空间上的动态分布规律，为沿空留巷支护设计和安全施工提供科学依据；掌握沿空护巷围岩应力与支护体的相互作用，研究应力变化与巷道变形、锚杆受力、顶板离层等关系，检验支护结构、设计参数及施工工艺的合理性，修改、优化支护参数提供科学依据；掌握巷道围岩各部分不同深度的位移、岩层弱化和破坏的范围(离层情况、塑性区、破碎区的分布等)，并判断支护体与围岩之间是否发生脱离，锚杆应变是否超过极限应变量，为修改支护设计提供依据。沿空留巷锚索受力和留巷顶板离层情况采用远程实时监测，监测系统布置原理如图 3-45 所示。

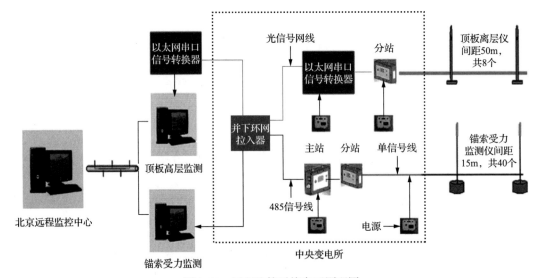

图 3-45　远程监控系统布置原理图

远程监控点布置和监测断面如图 3-46 和图 3-47 所示。远程监控系统现场安装效果如图 3-48 所示。远程监测曲线如图 3-49 所示，曲线最高点为采场初次来压时锚索受力最大值，曲线的每个台阶代表采场周期来压时锚索的受力值。监测结果表明，采用远程监控系统能够准确、快速监测切顶卸压过程中锚索受力情况。

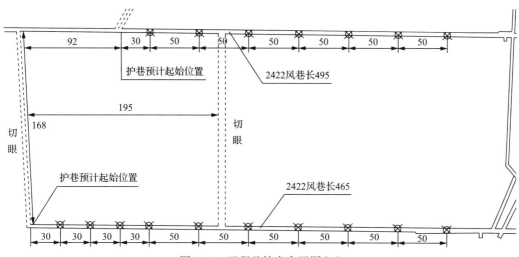

图 3-46   远程监控点布置图(m)

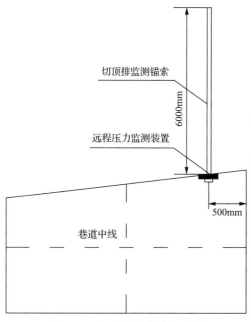

图 3-47   切顶排锚索受力远程
监测断面图

图 3-48   远程监控系统安装效果图

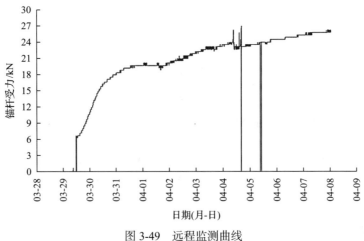

图 3-49　远程监测曲线

3.3.6　110 工法工程实例分析

1. 坚硬顶板 110 工法工程实例

1) 工程概况

白皎井田东端与珙泉井田相接，西与芙蓉井田毗邻，上至乡镇煤矿开采下限 (+700m)，下至原技术边界 (–50m)。开采煤层有 B₂、B₃、B₄ 共三层煤。井田东西长约 7.74km，南北宽约 4.82km，面积 26.35km²，矿井服务年限为 54.1 年。矿井采用平硐+暗斜井开拓方式，划分四个水平开采；一水平于 2004 年末开采殆尽，现全部转入二水平 (–450～–300m 标高)生产。二水平共设有 5 个采区，其中 20、21、22、24 区为生产采区，23 区为准备区，目前正进入西翼 24 采区进行开拓布置。

作为深部问题最严重的矿井之一，白皎煤矿在进入二水平主采煤层深部开拓时，直接面临煤层高瓦斯、高突出性和自然发火、近距离煤层群开采、地质构造复杂、高地应力(实测值达到 25.2MPa)、岩层软弱破碎等复杂不利条件，如果采用留煤柱"离散"开采将会不可避免地出现煤柱发火自燃、煤与瓦斯突出频发、邻近煤层开采高应力场、采准巷道维护困难等突出问题。为此，中国矿业大学(北京)和煤矿工程技术人员成立了科研攻关小组，针对–450m 水平 2422 工作面机巷的无煤柱开采实践进行了深井切顶卸压沿空成巷原理及其关键技术应用研究。

该试验巷道位于白皎煤矿 24 采区保护层 2422 工作面首采工作面机巷，煤层倾角8°～10°，工作面倾向长 165m，走向长 465m，埋深 482m，属石炭系—二叠系宣威组煤炭，采厚 2.1m。自重应力为 9MPa，南北方向水平应力为 15.3MPa；东西方向水平应力为 25.2MPa。其中机巷长 465m，机巷掘进期的原始巷道为异型断面，巷道中心高度 2.5m，巷宽 3.2～4.4m。

为了准确掌握煤层顶底板岩层状况，于 2009 年 10 月在 24 采区 2422 首采工作面机巷每隔 60m 布设钻孔，沿顶板向上钻孔，通过现场钻取岩心，探测地层组成并测定其物理力学参数。根据钻孔实测，得出 24 采区 2422 首采工作面顶板地层柱状图如图 3-50 所示。在煤层直接顶顶板普遍赋存有 1.0～1.2m 的坚硬泥质灰岩，往上是平均厚度为 2m 的砂质泥岩，容易破碎，基本顶为平均厚度为 10m 的坚硬粉砂岩，上覆岩层为 72m 的飞仙关组。

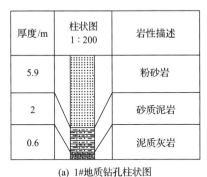
(a) 1#地质钻孔柱状图

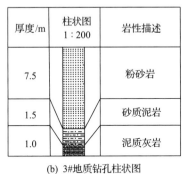
(b) 3#地质钻孔柱状图

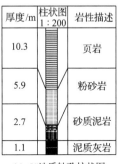
(c) 5#地质钻孔柱状图

图 3-50　试验巷道围岩柱状图

2) 顶板 NPR 恒阻大变形锚索加固设计

白皎煤矿切顶卸压沿空成巷支护设计分为"巷内基本支护"、"巷内加强支护"和"动压临时支护"，如图 3-51 所示。其中，巷内基本支护为巷道掘进期间进行的普通锚网索支护，巷内加强支护为 NPR 恒阻大变形锚索加固支护，动压临时支护为采动影响期间采用的单体液压支柱支护，恒阻锚索支护如图 3-52 所示。

3) 顶板定向预裂切缝设计

综合现场工程实际(表 3-6)，确定切顶卸压沿空留巷的顶板预裂切缝设计参数如下：①钻孔直径 48mm；②钻孔深度 3500～4000mm，间距 900mm(详见图 3-40)；③炸药用量 900～1200g/孔(详见表 3-6)；④炸药为 Φ30m 的 3 号岩石乳化炸药(煤矿三级许用炸药)；⑤含水纸板堵塞炮孔，堵塞长度 800～1200mm；⑥连孔爆破间距选择 0.5～1.35m，每次爆破 5 个连孔，炮孔布设成一条线，聚能管切缝方向对准预裂线装药，采用串联起爆(图 3-53)。

4) 应用效果

110 工法试验巷道经历了掘进阶段、回采阶段，在直接顶和基本顶周期来压后，机巷采空区侧顶板大部分沿定向预裂切顶缝以大块体切落成巷，成巷断面良好，巷宽均在 2.8～3.0m，留巷顶板完整未破坏，切落顶板以块状散体堆落到采空区侧形成留巷的侧帮。切顶垮落呈渐进过程，首次为工作面推进采空区直接顶坚硬灰岩垮落，然后垮落向留巷侧发展，直接顶沿切缝垮落成巷帮，高度一般在 1.7m 左右，第二次垮落为直接顶上覆泥岩垮落，不断充填巷帮，直至接顶，采后 70m 处仍可听见零星泥岩垮落声音，然后基本顶发生弯曲缓慢下沉变形，逐渐压实垮落矸石，直至基本顶变形停止，巷道实现稳定，如图 3-54 所示。

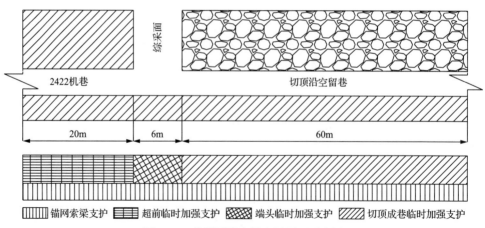

图 3-51　巷道围岩支护布置平面示意图

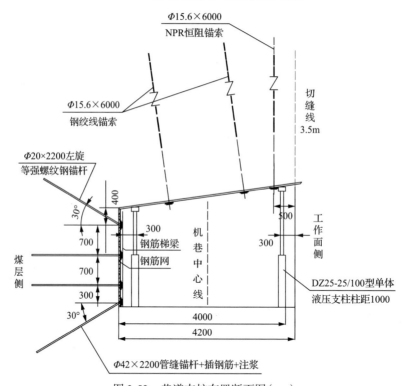

图 3-52　巷道支护布置断面图(mm)

表 3-6　2422 机巷顶板炮孔深度装药量取值表

炮孔深度	岩性	炮孔 Φ30mm 炸药用量/g	炮孔 Φ40mm 炸药用量/g	炮孔 Φ45mm 炸药用量/g	炮孔 Φ50mm 炸药用量/g
2m	1.1m 泥质灰岩 +0.9 砂质泥岩	403.9	451.2	470.9	490.7
3m	1.1m 泥质灰岩 +1.9 砂质泥岩	578.9	646.7	674.9	703.7

续表

炮孔深度	岩性	炮孔 Φ30mm 炸药用量/g	炮孔 Φ40mm 炸药用量/g	炮孔 Φ45mm 炸药用量/g	炮孔 Φ50mm 炸药用量/g
4m	1.1m 泥质灰岩 +2.7 砂质泥岩 +0.2m 粉砂岩	768.6	858.7	896.1	934.5
5m	1.1m 泥质灰岩 +2.7 砂质泥岩 +1.2m 粉砂岩	1017.5	1136.7	1186.1	1236.5

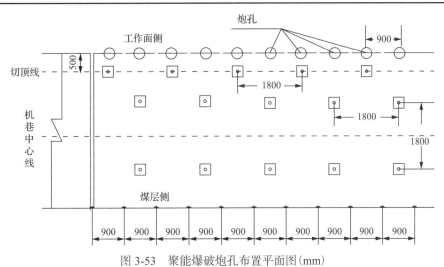

图 3-53　聚能爆破炮孔布置平面图(mm)

(a) 沿缝大块体切落　　　　　　　　(b) 沿缝散状块体切落

(c) 超前20m　　　　　　　　　　　(d) 采后20m

(e) 采后40m　　　　　　　　　　(f) 采后60m

(g) 采后70m　　　　　　　　　　(h) 采后90m

图 3-54　110 工法成巷效果图

2. 破碎复合顶板 110 工法工程实例

1) 工程概况

嘉阳煤矿采用传统的长壁开采方法，围岩性质差、顶板破碎，回采巷道在掘进、回采期间变形严重，巷道维护成本高，且留设煤柱影响回采率和效益。试验巷道为嘉阳煤矿 31 采区 31E182 工作面。31E182 工作面走向长度 850m，倾向长度 157m，煤层平均厚度 0.92m，平均倾角 2°。直接顶为泥质砂岩，平均厚度 7.1m，深灰色，富含植物化石；基本顶为石英砂岩，平均厚度 93m，灰白色，巨厚层状，交错波状层理；直接底为泥质砂岩，平均厚度 11.09m，上为泥质砂岩，下为粉砂岩；基本底为石英砂岩，平均厚度 30m，深灰色，中-细粒石英砂岩。

31E182 风巷实施切顶卸压自动成巷无煤柱开采新技术，在靠近工作面侧顶板，采用双向聚能爆破沿巷道走向预裂切顶，随工作面回采，顶板来压，使煤层顶板沿预裂切缝自动垮落，形成巷道另一帮，极大地减小了来自采空区的压力，使在下一工作面开采时可重复使用，真正实现无煤柱开采。31E182 风巷位于+260 水平 31 采区，东为采区保护煤柱，南为 31183 采面，西为 31W172 风巷，北为 31181 采面。工作面与地面最小高差 170m。地面标高+448～+587m，井下标高+243～+279m，巷道高 2.8m，巷道宽 3.0m，巷道净断面积 7.41m²，施工段位置是切眼至停采线之间 850m 巷道，巷道布置如图 3-55 所示。

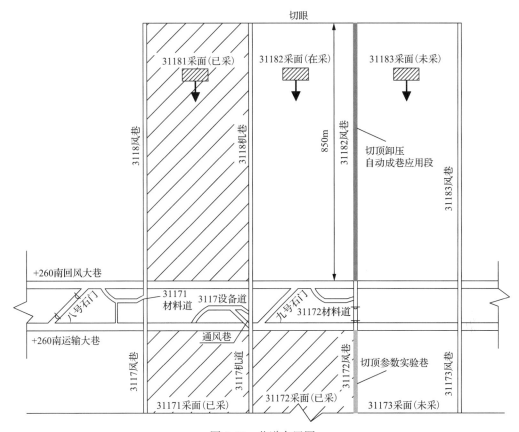

图 3-55　巷道布置图

2) 顶板 NPR 恒阻大变形锚索支护设计

结合现场实际，并经理论计算，在 31E182 风巷顶板采用三根恒阻值为 20t 的 NPR 恒阻大变形锚索支护，设计支护方式如下。

NPR 恒阻大变形锚索直径为 17.8mm，长度 7500mm，恒阻器直径为 65mm，恒阻值为 20t，恒阻器长度为 500mm。NPR 恒阻大变形锚索间排距为 750(600)mm×1600mm。其中，顶部锚索沿铅垂方向布置，靠近切缝处锚索沿与铅垂方向 20°布置，另一侧锚索与铅垂方向 45°布置，预紧力范围为 15～18t。

在两排恒阻大变形锚索中间打入工字钢托梁的锚索，其长度为 7.5m，排距为 1.6m，所打锚索与切缝侧的恒阻锚索形成一条直线，工字钢参数为 400mm×100mm。

顶板支护断面图和平面布置图如图 3-56 和图 3-57 所示。

3) 顶板定向预裂切缝设计

为了既保证切缝贯通效果并能确保围岩的完整性，保证切落顶板完整性与施工的便利性，采用与铅垂方向夹角为 20°，孔间距为 800mm，孔深为 4000mm。炮孔具体布置方式如图 3-58 和图 3-59 所示。

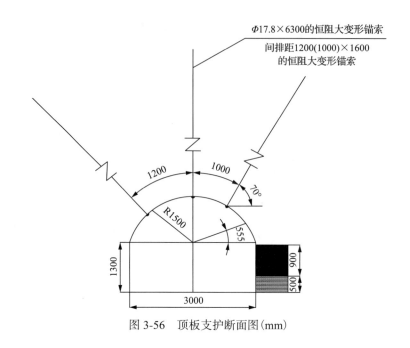

图 3-56　顶板支护断面图(mm)

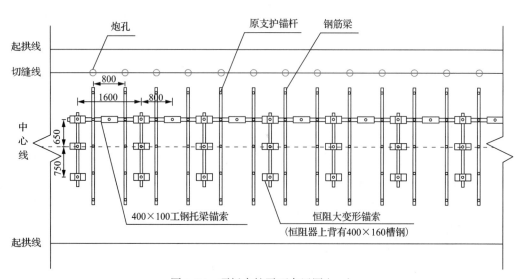

图 3-57　顶板支护平面布置图(mm)

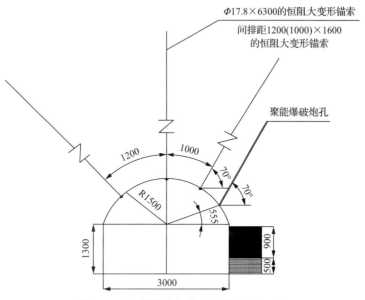

图 3-58　聚能爆破炮孔布置断面图(mm)

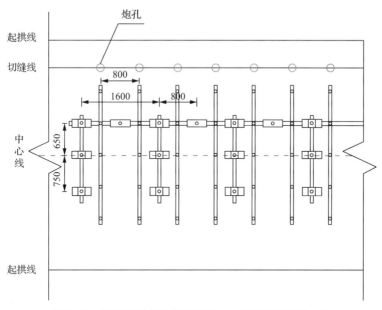

图 3-59　聚能爆破炮孔间距(800mm)布置平面图(mm)

根据巷道顶板岩性情况(图 3-60)，结合现场爆破试验，得出嘉阳煤矿切顶卸压现场实施具体参数，孔间距取 800mm，钻孔深 4000mm，聚能管长 2000mm，不同岩性的用药量和封孔长度见表 3-7。

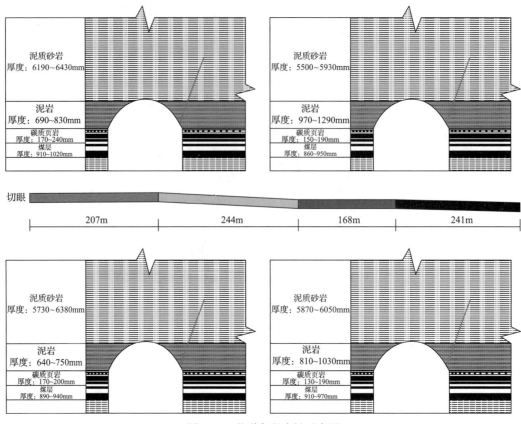

图 3-60　巷道各段岩性示意图

表 3-7　爆破参数设计表

距迎头位置/m	顶板岩性特点	用药量/卷	封孔长度/m
0~207	砂岩较厚，泥岩、炭质页岩较薄	3	1.5
207~451	砂岩较厚，泥岩较薄	2.5	1.8
451~619	泥岩较厚	2.5	2
619~850	泥岩较厚，局部裂隙	2	2

4) 防塌落冲矸支护设计

为防止预裂爆破后，切缝附近的顶板岩石垮落，在切缝侧超前工作面 34m 的切缝下方支设液压支柱，间距 0.8m。回采过后，切缝侧帮部支护采用工字钢支柱，间距 0.4m。对巷道加强支护后在挡矸工字钢支柱后面挂设金属网和高强度塑料网组成复合网，金属网采用直径 6mm 的高强焊接钢筋，网规格为 100mm×100mm，尺寸为 1500mm×1000mm，复合网与原支护的金属网搭接，挡矸布置如图 3-61 所示。

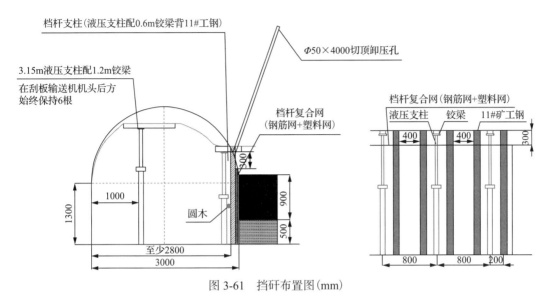

图 3-61　挡矸布置图(mm)

5) 矿压监测设计

矿压监测内容主要包括：巷道表面围岩位移和锚杆(索)受力监测，在巷道超前工作面 40m 开始依次间隔 20m 布置监测断面 1、监测断面 2、监测断面 3、监测断面 4、监测断面 5、监测断面 6，如图 3-62 所示。

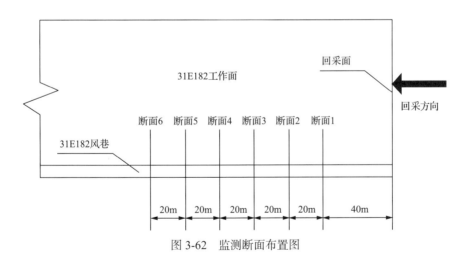

图 3-62　监测断面布置图

巷道围岩表面位移测站布置如图 3-63 所示。围岩移近量监测结果如图 3-64～图 3-66 所示。

锚索受力监测断面如图 3-67 所示，锚索受力监测结果如图 3-68～图 3-70 所示。

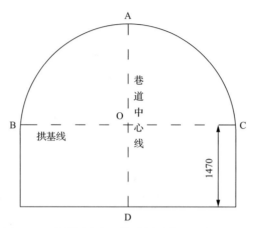

图 3-63　巷道围岩表面位移测站布置示意图（mm）

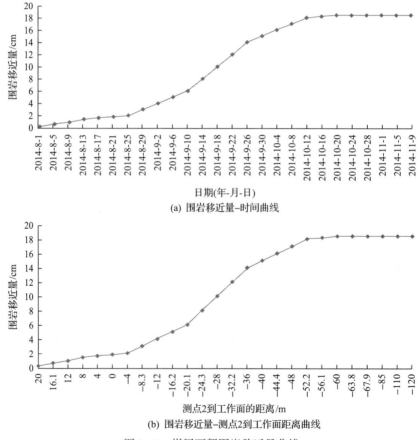

(a) 围岩移近量–时间曲线

(b) 围岩移近量–测点2到工作面距离曲线

图 3-64　煤层下帮围岩移近量曲线

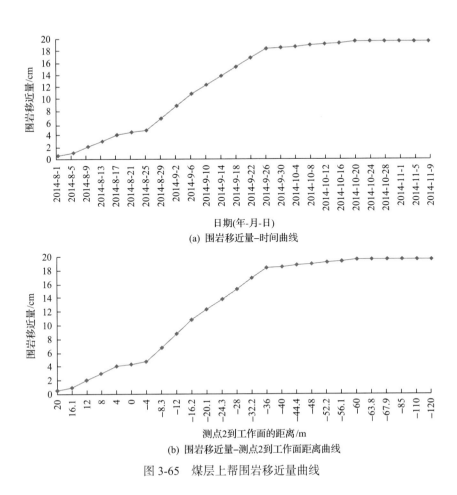

(a) 围岩移近量–时间曲线

(b) 围岩移近量–测点2到工作面距离曲线

图 3-65　煤层上帮围岩移近量曲线

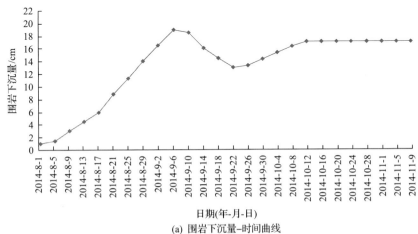

(a) 围岩下沉量–时间曲线

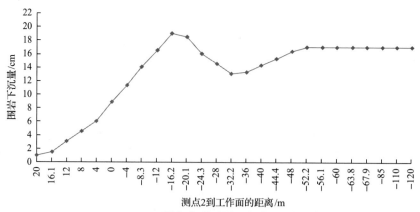

(b) 围岩下沉量–测点2到工作面距离曲线

图 3-66　顶板围岩下沉量曲线

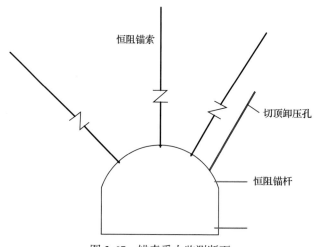

图 3-67　锚索受力监测断面

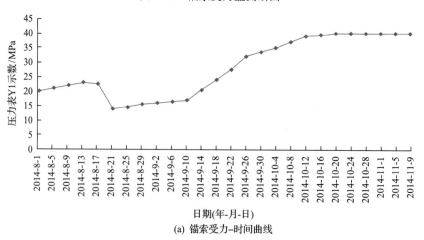

(a) 锚索受力–时间曲线

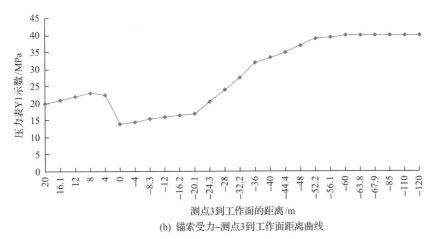

(b) 锚索受力–测点3到工作面距离曲线

图 3-68 煤层下帮锚索受力监测曲线

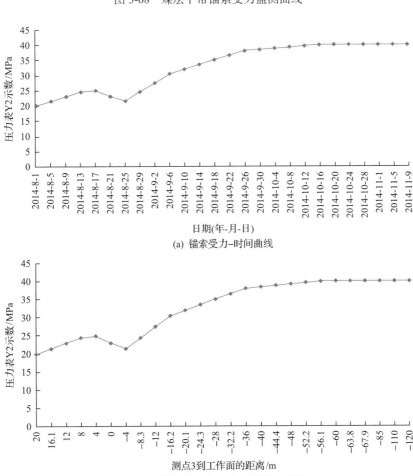

日期(年-月-日)

(a) 锚索受力–时间曲线

测点3到工作面的距离/m

(b) 锚索受力–测点3到工作面距离曲线

图 3-69 煤层上帮锚索受力监测曲线

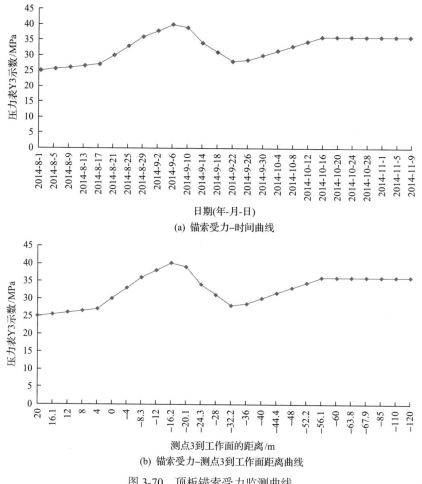

图 3-70 顶板锚索受力监测曲线

6) 施工过程设计

嘉阳煤矿 31E182 工作面切顶卸压沿空自动成巷主要施工过程如下。

第一步：超前预裂切缝 30～40m，按所设计的支护参数在巷道顶部每排施工恒阻大变形锚索三根，同时在两排恒阻大变形锚索中间切缝侧打一根上工字钢托梁的锚索，其排距为 1.6m，NPR 恒阻大变形锚索锚固前要用 $\Phi75mm$ 的钻头进行扩孔，扩孔深度不小于 600mm，锚索锚固前先上好钢筋梁、恒阻器和锁具，再利用搅拌器留好锚索尾长后进行一次锚固到底；工字钢托梁锚索无需进行扩孔施工，锚固前先上好钢筋梁、工字钢托梁、方形胶垫和锁具；每个锚索孔要求装入 3 条中速的 CK2360 锚固剂锚固，其凝固时间为 60s，施工时要充分搅拌。锚索锚固好后第二天再将恒阻器拉紧，预紧力范围为 15～18t。

第二步：NPR 恒阻大变形锚索处添加钢筋梁作为横撑，同时相邻两根工字钢托梁锚索和中间的恒阻大变形锚索要顺着巷道添加钢筋梁，相邻两架钢筋梁要相互搭接好并穿上锚索由工字钢托梁背好，形成整体联合支护。钢筋梁由 10mm 的圆钢加工而成，规格为 70mm×2100mm。

第三步：超前工作面 40～50m，按设计参数进行双向聚能拉伸爆破孔施工。聚能管长度为 2m，聚能管安设于爆破孔底部，管口距孔口为 2.0m，每个聚能管上的聚能孔要与巷道轴向方向一致，封孔长度要达到 2.0m，并尽量封实。聚能管内装入 2～4 条煤矿许用乳化炸药，其中最下方(孔口方)为一条起爆药卷，药卷要求装在聚能管中部并用铅丝固定，爆破时，一次性起爆 6～8 个爆破孔。爆破必须严格按照所定参数施工，装药量应根据岩性少量增减药卷，同时爆破应尽量避免破坏巷道表面。

第四步：超前工作面 20～40m，按设计位置布置密集挡矸单体支柱。挡矸工字钢支柱须掺直掺实，并掺成一条直线，保证巷道上宽、下宽不低于 2.8m；挡矸工字钢支柱主要使用 2.4m 长的 11#矿用工字钢。

第五步：待工作面推过后，及时在密集支柱的采空侧铺设复合网(钢筋网+塑料网)，并用铁丝将复合网与支柱绑扎固定。滞后工作面 5m 进行抬底工作，要求所成巷道高度为 2.4m。

第六步：在滞后工作面 60m 处及时用巷道内的块砂或碎砂充填采空区内未完全垮落的地方，要求充填必须填满填实并接顶至少 300mm 宽。重新张拉尾巷的锚索，预紧力为 15～18t。

第七步：滞后工作面 100m 以外，回撤 10～20m 范围内的支柱，复合网未接顶处须用钢筋网进行补网挂牢接顶，之后及时喷射混凝土支护，对采空区进行封闭处理，要求喷浆厚度不得低于 0.1m，局部垮落较为严重段可适当加厚。现场施工过程如图 3-71 所示。

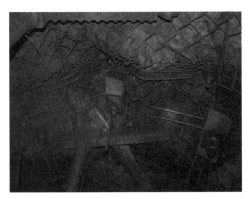
(a) 超前预裂切缝恒阻锚索+槽钢+钢筋梁支护

(b) 锚索钻机钻孔

(c) 双向聚能拉伸爆破切缝施工

(d) 密集支柱采空侧铺设复合网

图 3-71　现场施工过程

7) 工程应用效果

根据设计方案，在嘉阳煤矿 31E812 风巷进行切顶卸压自动成巷现场实施，取得了预期的效果，效果如图 3-72。

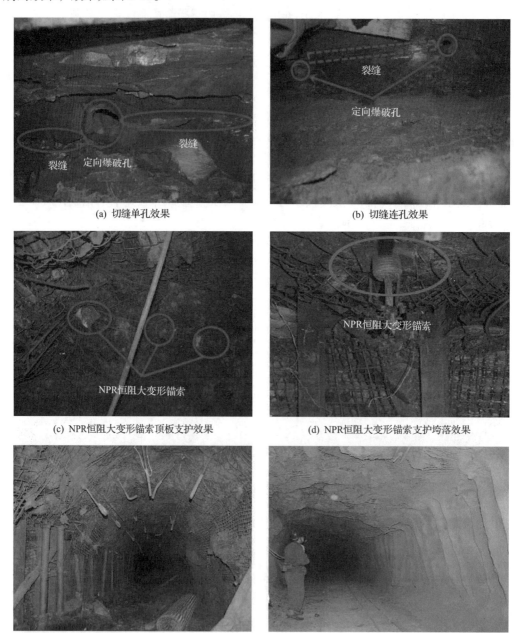

(a) 切缝单孔效果　　　　　　　　　　　　　　　(b) 切缝连孔效果

(c) NPR恒阻大变形锚索顶板支护效果　　　　　　(d) NPR恒阻大变形锚索支护垮落效果

(e) 自动成巷未喷浆修复段效果　　　　　　　　　(f) 自动成巷喷浆修复段效果

图 3-72　工程应用效果图

3.4 本 章 小 结

本章提出了"连续开采"理念并建立了相应的技术体系，包括工作面之间的无煤柱连续开采技术——"厚煤层错层位巷道布置采全厚采煤法"与 N00/110 工法，介绍了相应的关键技术与创新理论。

实际上，无论工作面之间煤柱留设还是未采煤柱留设问题，我们更为关注的是侧向巷道或超前巷道的承载、变形与破坏问题，因此，作为井下开采较为复杂的环境，在非连续开采条件下，巷道围岩从初始承载、发生弹塑性连续变化，以至于变化特征如何，需要我们基于数学思想逐步给出理论依据，在科学理论的基础上，做出相应的技术革新，从而形成更为全面的安全开采体系。

参 考 文 献

[1] 乔建永. 地下连续开采技术的动力学原理及应用研究[J]. 煤炭工程, 2022, 54(1): 1-10.

[2] 罗周全, 古德生. 地下矿山连续开采技术研究进展[J]. 湖南有色金属, 1995, (2): 10-12.

[3] 张帅. 薄煤层无煤柱连续开采技术[J]. 煤炭工程, 2015, 47(1): 18-21.

[4] 朱若军, 于智卓, 郭辉. 预掘巷道开采技术在区段内连续开采中的应用[J]. 煤炭工程, 2016, 48(7): 60-62.

[5] 赵景礼, 吴健. 厚煤层错层位巷道布置采全厚采煤法: ZL98100544.6[P]. 2002-01-23.

[6] 赵景礼. 厚煤层全高开采新论[M]. 北京: 煤炭工业出版社, 2004.

[7] S.铁木辛科. 板壳理论[M]. 北京: 科学出版社, 1977.

[8] 范新民. 官地矿近距煤层巷道布置及回采工艺技术措施研究[D]. 北京: 中国矿业大学(北京), 2014.

[9] 何满潮, 高玉兵, 杨军, 等. 无煤柱自成巷聚能切缝技术及其对围岩应力演化的影响研究[J]. 岩石力学与工程学报, 2017, 36(6): 1314-1325.

[10] 何满潮, 郭鹏飞. "一带一路"中的岩石力学与工程问题及对策探讨[J]. 绍兴文理学院学报(自然科学), 2018, 38(2): 1-9.

[11] 何满潮, 宋振骐, 王安, 等. 长壁开采切顶短壁梁理论及其 110 工法——第三次矿业科学技术变革[J]. 煤炭科技, 2017, (1): 1-9, 13.

[12] 何满潮, 王琦, 吴群英, 等. 采矿未来——智能化 5G N00 矿井建设思考[J]. 中国煤炭, 2020, 46(11): 1-9.

第 4 章 巷道围岩动力学及其规避致灾位移的连续末采技术

本章将在简要介绍巷道静力学经典理论方法的基础上，应用复动力系统的稳定性理论，给出巷道围岩动力学分析。采煤方法是采煤系统与采煤工艺的综合及其在时间、空间上的相互配合。根据煤炭资源的赋存条件，采煤方法可分为露天开采和井工开采两大类，我国 90%的煤矿为井工开采。简单而言，井工开采方法就是区段或采煤条带内的巷道布置方式和回采工艺及其相互配合的总称。毫无疑问，采煤系统是包括地面和井下生产系统的复杂的巨系统，而巷道线路及其设施等组成的系统是保障生产过程中的运输、通风、排水、人员安全进出、信息网络、材料设备上下井、矸石出运、供电、供气、供水等功能的关键系统。因此，巷道系统是破煤、装煤、运煤、支护、采空区处理等环节构成的采煤工艺的最为基本的系统。其中，确保巷道围岩稳定性是维护巷道安全的核心任务，也是巷道技术面临的重要科学问题。本章介绍巷道弹性形变的复分析解；巷道弹塑性围岩的 Kastner 方程；复动力系统基础；以及 Leau-Fatou 花瓣逆定理在巷道围岩稳定性方面的应用。

4.1 巷道弹性形变的复分析解

众所周知，巷道开挖前围岩处于静止平衡状态。开挖后由于卸载破坏了这种平衡，巷道周围各点产生位移，应力重新调整达到新的平衡。这种重新调整造成巷道围岩应力大小和主应力方向发生变化，我们把这种现象称为应力重分布，应力重分布后巷道进入围岩应力状态。本节假设巷道围岩应力和变形处于弹性状态，即围岩应力小于岩体弹性极限。我们在这里仅分析圆形巷道围岩的应力及变形，但在理论上具有普遍的指导意义。

4.1.1 巷道弹性形变基本方程

矿山压力理论认为，计算巷道围岩应力和变形，可采用内部加载方式或外部加载方式。记巷道开挖前围岩的原岩应力为 σ_1，开挖后由于卸载而产生的应力为 σ_2，如果把实际围岩应力记为二者之和，即 $\sigma=\sigma_1+\sigma_2$，这种加载方式就称为内部加载。外部加载方式是用无限大平板中的孔口问题来求解巷道围岩应力和变形，在无限大平板的周边作用有原岩应力 P 和 λP(λ 为侧压系数)。如果计算条件相同，那么上述两种加载方式所导出的应力结果应该相同。对于变形计算，采用外部加载时，必须扣除巷道开挖前岩体的变形量。当巷道在长度方向的尺寸远远大于横截面尺寸且不考虑掘进的影响时，我们可以用巷道横截面的平面变形来刻画围岩的变形规律，从而用平面复分析模型来研究巷道围岩的稳定性。

考虑完整均匀的巷道围岩，本节的内容应用于分析围岩的应力与变形、评定无支护巷道的稳定性，以及计算作用在支护上的围岩压力都是精确的。而对于成层的和裂隙较发育的围岩，如果层理或裂隙等不连续面的间距尺寸比较小，则连续化的假定对这类围岩同样有效，因此同样可以用本节的方法来研究应力和变形问题。对于裂隙切割特别发育的围岩，则必须更换为非连续介质力学模型。

取巷道的一个横截面作为研究对象，在其上建立平面直角坐标系 xOy，任取其上一点 (x, y)，作用在该点的法向应力和切向应力如图 4-1 所示，我们有如下方程。

(1)平衡方程：

$$\begin{cases} \dfrac{\partial \sigma_x}{\partial x} + \dfrac{\partial \tau_{xy}}{\partial y} + \gamma_x = 0 \\[3mm] \dfrac{\partial \tau_{xy}}{\partial x} + \dfrac{\partial \sigma_y}{\partial y} + \gamma_y = 0 \end{cases} \tag{4-1}$$

其中法向应力以压为正，拉为负；切向应力以作用面外法线与坐标轴指向一致，而应力方向与坐标轴指向相反为正。

(2)几何方程，位移分量 u、v 与应变分量 ε_x、ε_y、γ_{xy} 的关系如图 4-2 所示，在小变形范围内有如下几何方程：

$$\begin{cases} \varepsilon_x = \dfrac{\partial u}{\partial x} \\[3mm] \varepsilon_y = \dfrac{\partial v}{\partial y} \\[3mm] \gamma_{xy} = \dfrac{\partial u}{\partial y} + \dfrac{\partial v}{\partial x} \end{cases} \tag{4-2}$$

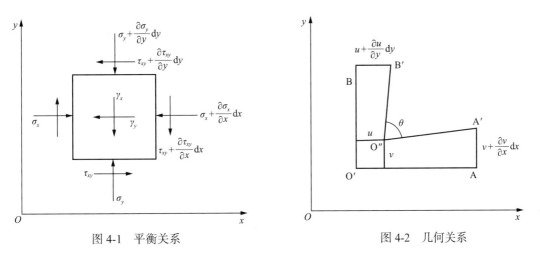

图 4-1　平衡关系　　　　　　　　图 4-2　几何关系

(3)物理方程，关于应力分量和应变分量的关系，在均匀各向同性岩体中，有

$$
\begin{cases}
\varepsilon_x = \dfrac{1-\mu^2}{E}\left(\sigma_x - \dfrac{\mu}{1-\mu}\sigma_y\right) \\[3mm]
\varepsilon_y = \dfrac{1-\mu^2}{E}\left(\sigma_y - \dfrac{\mu}{1-\mu}\sigma_x\right) \\[3mm]
\gamma_{xy} = \dfrac{1}{G}\tau_{xy}
\end{cases}
\tag{4-3}
$$

式中，E 为弹性模量，GPa；μ 为泊松比；G 为剪切模量，GPa。

故：

$$
G = \frac{E}{2(1+\mu)}
\tag{4-4}
$$

记

$$
\begin{cases}
E_1 = \dfrac{E}{1-\mu^2} \\[3mm]
\mu_1 = \dfrac{\mu}{1-\mu}
\end{cases}
\tag{4-5}
$$

则式(4-3)为

$$
\begin{cases}
\varepsilon_x = \dfrac{1}{E_1}\left(\sigma_x - \mu_1\sigma_y\right) \\[3mm]
\varepsilon_y = \dfrac{1}{E_1}\left(\sigma_y - \mu_1\sigma_x\right) \\[3mm]
\gamma_{xy} = \dfrac{1}{G}\tau_{xy}
\end{cases}
\tag{4-6}
$$

(4)将几何方程消去 u、v，即得协调方程：

$$
\frac{\partial^2 \varepsilon_x}{\partial y^2} + \frac{\partial^2 \varepsilon_y}{\partial x^2} = \frac{\partial^2 \gamma_{xy}}{\partial x \partial y}
\tag{4-7}
$$

将物理方程代入，便导出用应力分量表示的协调方程：

$$
\left(\frac{\partial^2}{\partial x^2} + \frac{\partial^2}{\partial y^2}\right)(\sigma_x + \sigma_y) = \frac{1}{1-\mu}\left(\frac{\partial \gamma_x}{\partial x} + \frac{\partial \gamma_y}{\partial y}\right)
\tag{4-8}
$$

在巷道静力学中，体积力 γ_x、γ_y 为重力，通常假定为常量，则式(4-8)为

$$
\left(\frac{\partial^2}{\partial x^2} + \frac{\partial^2}{\partial y^2}\right)(\sigma_x + \sigma_y) = \nabla^2(\sigma_x + \sigma_y) = 0
\tag{4-9}
$$

其中，$\nabla^2 = \dfrac{\partial^2}{\partial x^2} + \dfrac{\partial^2}{\partial y^2}$ 为拉普拉斯算子，式(4-9)称为拉普拉斯方程或调和方程。

(5)边界条件，边界上联系内应力和外力的关系如图 4-3 所示，故：

$$\begin{cases} x_n = \sigma_x \cos\alpha + \tau_{xy}\sin\alpha \\ y_n = \tau_{xy}\cos\alpha + \sigma_y\sin\alpha \end{cases} \tag{4-10}$$

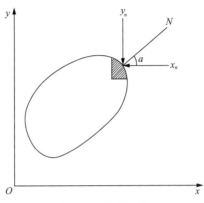

图 4-3　边界条件

记

$$\begin{cases} \sigma_x = \dfrac{\partial^2 U}{\partial y^2} + V = \sigma_x' + V \\[2mm] \sigma_y = \dfrac{\partial^2 U}{\partial x^2} + V = \sigma_y' + V \\[2mm] \tau_{xy} = -\dfrac{\partial^2 U}{\partial x \partial y} = \tau_{xy}' \end{cases} \tag{4-11}$$

其中，$U=U(x, y)$ 为艾里应力函数；V 为体力势函数；σ_x'、σ_y'、τ_{xy}' 为无体力时的应力。在自重作用下，$V = -\gamma y$，有 $\gamma_x = -\dfrac{\partial V}{\partial x} = 0$，$\gamma_y = -\dfrac{\partial V}{\partial y} = \gamma$。此时平衡方程式(4-1)自动满足，变形协调方程为

$$\nabla^2\left(\sigma_x + \sigma_y\right) = \nabla^2\nabla^2 U = 0 \tag{4-12}$$

式(4-12)称为双调和方程，$U(x, y)$ 为双调和函数。于是线弹性理论平面问题的求解就可归结为寻求满足边界条件的双调和函数 $U(x, y)$。对于地下巷道工程问题，在自重作用下，$V = -\gamma y$，$\gamma_x = 0$，$\gamma_y = \gamma$，边界条件为

$$\begin{cases} x_n' = x_n + \gamma y\cos\alpha = \sigma_x'\cos\alpha + \tau_{xy}'\sin\alpha \\ y_n' = y_n + \gamma y\sin\alpha = \tau_{xy}'\cos\alpha + \sigma_y'\sin\alpha \end{cases} \tag{4-13}$$

综合式(4-12)及式(4-13)可见，计体力与不计体力，基本方程相同，只需将边界载荷 x_n、y_n 更换为边界载荷 x'_n、y'_n 即可，这实际上是在边界载荷 x_n、y_n 上叠加一法向静水压力 V。求得 σ'_x、σ'_y、τ'_{xy} 后利用式(4-11)即可得到计体力时的应力 σ_x、σ_y、τ_{xy}。由于计体力的问题在求解上总可化为不计体力的形式，故以上将着重研究不计体力的情况。

现在考虑极坐标下的基本方程，应力分量关系如图 4-4 所示，有如下方程。

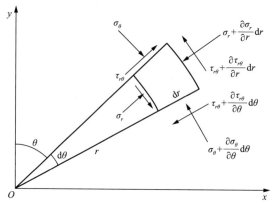

图 4-4　极坐标中的应力分量

平衡方程：

$$\begin{cases} \dfrac{\partial \sigma_r}{\partial r} + \dfrac{1}{r}\dfrac{\partial \tau_{r\theta}}{\partial \theta} + \dfrac{\sigma_r - \sigma_\theta}{r} = 0 \\[2mm] \dfrac{1}{r}\dfrac{\partial \sigma_\theta}{\partial \theta} + \dfrac{\partial \tau_{r\theta}}{\partial r} + \dfrac{2\tau_{r\theta}}{r} = 0 \end{cases} \tag{4-14}$$

几何方程：

$$\begin{cases} \varepsilon_r = \dfrac{\partial u}{\partial r} \\[2mm] \varepsilon_\theta = \dfrac{1}{r}\dfrac{\partial v}{\partial \theta} + \dfrac{u}{r} \\[2mm] \gamma_{r\theta} = \dfrac{1}{r}\dfrac{\partial u}{\partial \theta} + \dfrac{\partial v}{\partial r} - \dfrac{v}{r} \end{cases} \tag{4-15}$$

式中，u 和 v 为径向位移和环向位移。

物理方程：

$$\begin{cases} \varepsilon_r = \dfrac{1-\mu^2}{E}\left(\sigma_r - \dfrac{u}{1-u}\sigma_\theta\right) \\[2mm] \varepsilon_\theta = \dfrac{1-\mu^2}{E}\left(\sigma_\theta - \dfrac{u}{1-u}\sigma_r\right) \\[2mm] \gamma_{r\theta} = \dfrac{2(1+\mu)}{E}\tau_{r\theta} \end{cases} \tag{4-16}$$

变形协调方程：

$$\frac{1}{r^2}\frac{\partial^2 \varepsilon_r}{\partial \theta^2} - \frac{1}{r}\frac{\partial \varepsilon_r}{\partial r} + \frac{2}{r}\frac{\partial \varepsilon_\theta}{\partial r} + \frac{\partial^2 \varepsilon_\theta}{\partial r^2} - \frac{1}{r^2}\frac{\partial}{\partial r}\left(r\frac{\partial \gamma_{r\theta}}{\partial \theta}\right) = 0 \tag{4-17}$$

若引入应力函数 $U(r,\theta)$，令

$$\begin{cases} \sigma_r = \dfrac{1}{r}\dfrac{\partial U}{\partial r} + \dfrac{1}{r^2}\dfrac{\partial^2 U}{\partial \theta^2} \\[3mm] \sigma_\theta = \dfrac{\partial^2 U}{\partial r^2} \\[3mm] \tau_{r\theta} = -\dfrac{\partial}{\partial r}\left(\dfrac{1}{r}\dfrac{\partial U}{\partial \theta}\right) \end{cases} \tag{4-18}$$

则变形协调方程同样可写成

$$\nabla^2 \nabla^2 U = 0 \tag{4-19}$$

式中，∇^2 为拉普拉斯算子，在极坐标中有

$$\nabla^2 = \frac{\partial^2}{\partial r^2} + \frac{1}{r}\frac{\partial}{\partial r} + \frac{1}{r^2}\frac{\partial^2}{\partial \theta^2} \tag{4-20}$$

4.1.2　应力函数 $U(x, y)$ 在复平面上的表示

设

$$Z = x + iy，\ 其共轭 \ \overline{Z} = x - iy \tag{4-21}$$

对 x，y 求导数得

$$\begin{cases} \dfrac{\partial Z}{\partial x} = 1 \\[3mm] \dfrac{\partial Z}{\partial y} = i \\[3mm] \dfrac{\partial \overline{Z}}{\partial x} = 1 \\[3mm] \dfrac{\partial \overline{Z}}{\partial y} = -i \end{cases} \tag{4-22}$$

任意实变函数 $f(x,y)$ 均可由式（4-21）表示为复变函数 $f(Z,\overline{Z})$，其对 x，y 的导数为

$$\begin{cases} \dfrac{\partial f(Z,\overline{Z})}{\partial x} = \dfrac{\partial f}{\partial Z}\cdot\dfrac{\partial Z}{\partial x} + \dfrac{\partial f}{\partial \overline{Z}}\cdot\dfrac{\partial \overline{Z}}{\partial x} = \dfrac{\partial f}{\partial Z} + \dfrac{\partial f}{\partial \overline{Z}} \\[3mm] \dfrac{\partial f(Z,\overline{Z})}{\partial y} = \dfrac{\partial f}{\partial Z}\cdot\dfrac{\partial Z}{\partial y} + \dfrac{\partial f}{\partial \overline{Z}}\cdot\dfrac{\partial \overline{Z}}{\partial y} = i\left(\dfrac{\partial f}{\partial Z} - \dfrac{\partial f}{\partial \overline{Z}}\right) \end{cases} \tag{4-23}$$

$$\begin{cases} \dfrac{\partial^2 f(Z,\overline{Z})}{\partial x^2} = \dfrac{\partial^2 f}{\partial Z^2} + 2\dfrac{\partial^2 f}{\partial Z \partial \overline{Z}} + \dfrac{\partial^2 f}{\partial \overline{Z}^2} \\[3mm] \dfrac{\partial^2 f(Z,\overline{Z})}{\partial y^2} = -\dfrac{\partial^2 f}{\partial Z^2} + 2\dfrac{\partial^2 f}{\partial Z \partial \overline{Z}} - \dfrac{\partial^2 f}{\partial \overline{Z}^2} \end{cases} \tag{4-24}$$

则

$$\nabla^2 f = \frac{\partial^2 f(Z,\overline{Z})}{\partial x^2} + \frac{\partial^2 f(Z,\overline{Z})}{\partial y^2} = 4\frac{\partial^2 f}{\partial Z \partial \overline{Z}} \tag{4-25}$$

故用复变函数表示的调和方程 $\nabla^2 f = 0$ 为

$$\nabla^2 f = 4\frac{\partial^2 f}{\partial Z \partial \overline{Z}} = 0 \tag{4-26}$$

其通解为

$$f(Z,\overline{Z}) = f_1(Z) + f_2(\overline{Z}) \tag{4-27}$$

其中，$f_1(Z)$ 及 $f_2(\overline{Z})$ 分别为 Z 及 $\overline{Z}$ 的任意解析函数。若 $f(Z,\overline{Z})$ 为实变函数，则必有 $f_2(\overline{Z}) = \overline{f_1(Z)}$，即 $f_1(Z)$ 与 $f_2(\overline{Z})$ 互为共轭。

同样，可把双调和函数 $\nabla^2 \nabla^2 f = 0$ 用复变函数表示为

$$\frac{\partial^4 f}{\partial Z^2 \partial \overline{Z}^2} = 0 \tag{4-28}$$

其通解为

$$f(Z,\overline{Z}) = f_1(Z) + f_2(\overline{Z}) + Zf_3(\overline{Z}) + \overline{Z}f_4(Z) \tag{4-29}$$

若 $f(Z,\overline{Z})$ 是实变函数，则必有

$$\begin{cases} f_2(\overline{Z}) = \overline{f_1(Z)} \\[2mm] f_3(\overline{Z}) = \overline{f_4(Z)} \end{cases} \tag{4-30}$$

故

$$\begin{aligned} f(Z,\overline{Z}) &= f_1(Z) + \overline{f_1(Z)} + Z\overline{f_4(Z)} + \overline{Z}f_4(Z) \\ &= 2\mathrm{Re}\big[f_1(Z) + \overline{Z}f_4(Z) \big] \end{aligned} \tag{4-31}$$

其中，Re 代表函数的实部。

同理，对于满足双调和方程 $\nabla^2 \nabla^2 U = 0$ 的应力函数 $U(x, y)$ 也可用复变数表示为

$$\begin{aligned} 2U(x,y) &= 2U(Z,\overline{Z}) \\ &= \overline{Z}\varphi(Z) + Z\overline{\varphi(Z)} + \chi(Z) + \overline{\chi(Z)} \end{aligned} \tag{4-32}$$

等式左边的 2 是为了以后表达的方便引入的。

而

$$U(x,y) = U(Z, \overline{Z}) = \mathrm{Re}\left[\overline{Z}\varphi(Z) + \chi(Z)\right] \tag{4-33}$$

现在考虑直角坐标系中应力与位移的复数表示。

由式(4-32)及式(4-23)可得

$$\begin{cases} 2\dfrac{\partial U}{\partial x} = 2\left(\dfrac{\partial U}{\partial Z} + \dfrac{\partial U}{\partial \overline{Z}}\right) \\ \qquad = \varphi(Z) + \overline{Z}\varphi'(Z) + \overline{\varphi(Z)} + Z\overline{\varphi'Z} + \chi'(Z) + \overline{\chi'(Z)} \\ 2\dfrac{\partial U}{\partial y} = 2\,\mathrm{i}\left(\dfrac{\partial U}{\partial Z} - \dfrac{\partial U}{\partial \overline{Z}}\right) \\ \qquad = \mathrm{i}\left(-\varphi(Z) + \overline{Z}\varphi'(Z) + \overline{\varphi(Z)} - Z\overline{\varphi'(Z)} + \chi'(Z) - \overline{\chi'(Z)}\right) \end{cases} \tag{4-34}$$

$$\begin{cases} 2\dfrac{\partial^2 U}{\partial x^2} = 2\left[\dfrac{\partial}{\partial Z}\left(\dfrac{\partial U}{\partial x}\right) + \dfrac{\partial}{\partial \overline{Z}}\left(\dfrac{\partial U}{\partial x}\right)\right] \\ \qquad = \chi''(Z) + \overline{\chi''(Z)} + 2\varphi'(Z) + 2\overline{\varphi'(Z)} + Z\overline{\varphi''(Z)} + \overline{Z}\varphi''(Z) \\ 2\dfrac{\partial^2 U}{\partial y^2} = 2\mathrm{i}\left[\dfrac{\partial}{\partial Z}\left(\dfrac{\partial U}{\partial y}\right) - \dfrac{\partial}{\partial \overline{Z}}\left(\dfrac{\partial U}{\partial y}\right)\right] \\ \qquad = -\chi''(Z) - \overline{\chi''(Z)} + 2\varphi'(Z) + 2\overline{\varphi'(Z)} - Z\overline{\varphi''(Z)} - \overline{Z}\varphi''(Z) \\ 2\dfrac{\partial^2 U}{\partial x\partial y} = 2\mathrm{i}\left[\dfrac{\partial}{\partial Z}\left(\dfrac{\partial U}{\partial x}\right) - \dfrac{\partial}{\partial \overline{Z}}\left(\dfrac{\partial U}{\partial x}\right)\right] \\ \qquad = \mathrm{i}\left[\chi''(Z) - \overline{\chi''(Z)} + \overline{Z}\varphi''(Z) - Z\overline{\varphi''(Z)}\right] \end{cases} \tag{4-35}$$

当不计体积力时，有

$$\begin{cases} \sigma_x + \sigma_y = \dfrac{\partial^2 U}{\partial x^2} + \dfrac{\partial^2 U}{\partial y^2} = \nabla^2 U \\ \sigma_y - \sigma_x + 2\mathrm{i}\tau_{xy} = \dfrac{\partial^2 U}{\partial x^2} - \dfrac{\partial^2 U}{\partial y^2} - 2\mathrm{i}\dfrac{\partial^2 U}{\partial x\partial y} \end{cases} \tag{4-36}$$

将式(4-25)代入式(4-36)得

$$\begin{cases} \sigma_x + \sigma_y = 2\left(\varphi'(Z) + \overline{\varphi'(Z)}\right) = 4\,\mathrm{Re}\,\varphi'(Z) \\ \qquad = 2\left(\varPhi(Z) + \overline{\varPhi(Z)}\right) \\ \sigma_y - \sigma_x + 2\mathrm{i}\tau_{xy} = 2\left(\overline{Z}\varphi''(Z) + \psi'(Z)\right) \\ \qquad = 2\left(\overline{Z}\varPhi'(Z) + \varPsi(Z)\right) \end{cases} \tag{4-37}$$

其中，

$$\begin{cases} \varPhi(Z) = \varphi'(Z) \\ \psi(Z) = \chi'(Z) \\ \varPsi(Z) = \psi'(Z) = \chi''(Z) \end{cases} \tag{4-38}$$

式(4-37)为应力分量的复变函数表达式。利用式(4-37)并分解实部与虚部可得应力分量 σ_x、σ_y、τ_{xy}。

将应力函数代入式(4-10)，并注意：

$$\begin{cases} \cos\alpha = \dfrac{\mathrm{d}y}{\mathrm{d}s} \\ \sin\alpha = -\dfrac{\mathrm{d}x}{\mathrm{d}s} \end{cases} \tag{4-39}$$

则边界条件可写为

$$\begin{cases} x_n = \dfrac{\partial^2 U}{\partial y^2}\dfrac{\mathrm{d}y}{\mathrm{d}s} + \dfrac{\partial^2 U}{\partial x \partial y}\dfrac{\mathrm{d}x}{\mathrm{d}s} = \dfrac{\mathrm{d}}{\mathrm{d}s}\left(\dfrac{\partial U}{\partial y}\right) \\ y_n = -\left(\dfrac{\partial^2 U}{\partial x \partial y}\dfrac{\mathrm{d}y}{\mathrm{d}s} + \dfrac{\partial^2 U}{\partial x^2}\dfrac{\mathrm{d}x}{\mathrm{d}s}\right) = -\dfrac{\mathrm{d}}{\mathrm{d}s}\left(\dfrac{\partial U}{\partial x}\right) \end{cases} \tag{4-40}$$

作复积分，在边界上则有

$$\begin{aligned} x + \mathrm{i}y &= \int_s (x_n + \mathrm{i}y_n)\mathrm{d}s \\ &= -\mathrm{i} \times \left[\dfrac{\partial U}{\partial x} + \mathrm{i}\dfrac{\partial U}{\partial y}\right]_A^B = -\mathrm{i}\left[\varphi(Z) + Z\overline{\varphi'(Z)} + \overline{\phi(Z)}\right]_A^B \\ &= f_1 + \mathrm{i}f_2 + \mathrm{const} \end{aligned} \tag{4-41}$$

在边界 L 上，将应力函数代入物理方程，式(4-23)可写为

$$\begin{cases} \varepsilon_x = \dfrac{\partial u}{\partial x} = \dfrac{1-\mu^2}{E}\left[\dfrac{\partial^2 U}{\partial y^2} - \dfrac{\mu}{1-\mu}\dfrac{\partial^2 U}{\partial x^2}\right] \\ \varepsilon_y = \dfrac{\partial v}{\partial y} = \dfrac{1-\mu^2}{E}\left[\dfrac{\partial^2 U}{\partial x^2} - \dfrac{\mu}{1-\mu}\dfrac{\partial^2 U}{\partial y^2}\right] \\ \gamma_{xy} = \dfrac{\partial u}{\partial y} + \dfrac{\partial v}{\partial x} = -\dfrac{1}{G}\dfrac{\partial^2 U}{\partial x \partial y} \end{cases} \tag{4-42}$$

将第一式 $\dfrac{\partial^2 U}{\partial y^2}$ 代以 $\nabla^2 U - \dfrac{\partial^2 U}{\partial x^2}$，第二式 $\dfrac{\partial^2 U}{\partial x^2}$ 代以 $\nabla^2 U - \dfrac{\partial^2 U}{\partial y^2}$，并注意到 $G = \dfrac{E}{2(1+\mu)}$，则前两式为

$$
\begin{cases}
2G\dfrac{\partial u}{\partial x} = -\dfrac{\partial^2 U}{\partial x^2} + (1-\mu)\nabla^2 U \\[3mm]
2G\dfrac{\partial v}{\partial y} = -\dfrac{\partial^2 U}{\partial y^2} + (1-\mu)\nabla^2 U
\end{cases}
\tag{4-43}
$$

将式(4-37)中第一式代入式(4-43)有

$$
\begin{cases}
2G\dfrac{\partial u}{\partial x} = -\dfrac{\partial^2 U}{\partial x^2} + 4(1-\mu)\operatorname{Re}\varphi'(Z) \\[3mm]
2G\dfrac{\partial v}{\partial y} = -\dfrac{\partial^2 U}{\partial y^2} + 4(1-\mu)\operatorname{Re}\varphi'(Z)
\end{cases}
\tag{4-44}
$$

设 $\varphi(Z)$ 的实部为 p，虚部为 q，则有

$$
\varphi(Z) = p + \mathrm{i}q ，\quad \text{其共轭为} \quad \overline{\varphi(Z)} = p - \mathrm{i}q
\tag{4-45}
$$

由于：

$$
\begin{cases}
\dfrac{\partial \varphi(Z)}{\partial x} = \dfrac{\partial \varphi}{\partial Z}\dfrac{\partial Z}{\partial x} = \varphi'(Z) = \dfrac{\partial p}{\partial x} + \mathrm{i}\dfrac{\partial q}{\partial x} \\[3mm]
\dfrac{\partial \varphi(Z)}{\partial y} = \dfrac{\partial \varphi}{\partial Z}\dfrac{\partial Z}{\partial y} = \mathrm{i}\varphi'(Z) = \dfrac{\partial p}{\partial y} + \mathrm{i}\dfrac{\partial q}{\partial y}
\end{cases}
$$

故：

$$
\begin{cases}
\varphi'(Z) = \dfrac{\partial p}{\partial x} + \mathrm{i}\dfrac{\partial q}{\partial x} = \dfrac{\partial q}{\partial y} - \mathrm{i}\dfrac{\partial p}{\partial y} \\[3mm]
\dfrac{\partial p}{\partial x} = \dfrac{\partial q}{\partial y}, \quad \dfrac{\partial p}{\partial y} = -\dfrac{\partial q}{\partial x}
\end{cases}
\tag{4-46}
$$

于是式(4-44)为

$$
\begin{cases}
2G\dfrac{\partial u}{\partial x} = -\dfrac{\partial^2 U}{\partial x^2} + 4(1-\mu)\dfrac{\partial p}{\partial x} \\[3mm]
2G\dfrac{\partial v}{\partial x} = -\dfrac{\partial^2 U}{\partial y^2} + 4(1-\mu)\dfrac{\partial q}{\partial y}
\end{cases}
\tag{4-47}
$$

积分后得

$$
\begin{cases}
2Gu = -\dfrac{\partial U}{\partial x} + 4(1-\mu)p + f_1(y) \\[3mm]
2Gv = -\dfrac{\partial U}{\partial x} + 4(1-\mu)q + f_2(x)
\end{cases}
\tag{4-48}
$$

其中，$f_1(y)$ 和 $f_2(x)$ 分别为 y 和 x 的函数。将式(4-48)代入式(4-42)中的第三式，并注意 $\dfrac{\partial p}{\partial y}+\dfrac{\partial q}{\partial x}=0$，有

$$f_1'(y)+f_2'(x)=0 \tag{4-49}$$

式(4-49)意味着 $f_1(y)$ 和 $f_2(x)$ 仅表示物体的刚性移动，由于物体刚性移动不影响变形与内力，故一般可略去不计，因而有

$$\begin{cases} 2Gu=-\dfrac{\partial U}{\partial x}+4(1-\mu)p \\[3mm] 2Gv=-\dfrac{\partial U}{\partial y}+4(1-\mu)q \end{cases} \tag{4-50}$$

其复数形式为

$$2G(u+\mathrm{i}v)=-\left(\dfrac{\partial U}{\partial x}+\mathrm{i}\dfrac{\partial U}{\partial y}\right)+4(1-\mu)(p+\mathrm{i}q) \tag{4-51}$$

将式(4-14)和式(4-33)代入式(4-51)，有

$$\begin{aligned} 2G(u+\mathrm{i}v)&=-\left(\varphi(Z)+Z\overline{\varphi'(Z)}+\overline{\varPsi'(Z)}\right)+4(1-\mu)\varphi(Z) \\ &=\kappa\varphi(Z)-Z\overline{\varphi'(Z)}-\overline{\varPsi'(Z)} \end{aligned} \tag{4-52}$$

其中，

$$\begin{cases} \kappa=3-4\mu \\[2mm] G=\dfrac{E}{2(1+\mu)} \end{cases} \tag{4-53}$$

式(4-52)为位移分量的复数表达形式。利用式(4-52)并分解实部和虚部，即可得位移分量 u、v。

类似地，我们可以考虑极坐标系中应力与位移的复数表示。

记

$$Z=x+\mathrm{i}y=r\mathrm{e}^{\mathrm{i}\alpha} \tag{4-54}$$

若用 u_r 和 v_θ 分别代表极坐标系中某一点的径向位移和环向位移，则 u_r、v_θ 与同一点在直角坐标系中的位移分量 u、v 有如下关系：

$$\begin{cases} u=u_r\cos\alpha-v_\theta\sin\alpha \\ v=u_r\sin\alpha-v_\theta\cos\alpha \end{cases} \tag{4-55}$$

由欧拉公式：

$$e^{i\alpha} = \cos\alpha + i\sin\alpha \tag{4-56}$$

可得

$$
\begin{aligned}
u + iv &= u_r(\cos\alpha + i\sin\alpha) + v_\theta i(\cos\alpha + i\sin\alpha) \\
&= (u_r + iv_\theta)e^{i\alpha}
\end{aligned}
\tag{4-57}
$$

故：

$$2G\left(u_r + iv_\theta\right) = e^{-i\alpha}\left[\kappa\varphi(Z) - Z\overline{\varphi'(Z)} - \overline{\Psi(Z)}\right] \tag{4-58}$$

事实上，在直角坐标系中应力分量 σ_x、σ_y、τ_{xy} 与同一应力状态在极坐标系中的分量 σ_r、σ_θ、$\tau_{r\theta}$ 有如下关系：

$$\sigma_r - i\tau_{i\theta} = \Phi(Z) + \overline{\Phi(Z)} - e^{2i\alpha}\left[\overline{Z}\Phi'(Z) + \Psi(Z)\right] \tag{4-59}$$

4.1.3　复分析解

由于应力和位移是单值的，由式 (4-37) 第一式可知，$\Phi(Z)$ 的实部也应是单值的，但是其虚部不一定单值。根据复分析理论，当绕围线 L_k 的任何闭围线 L_k' 一周时，此虚部可能得到 $2\pi A_k i$ 形式的增量，其中 A_k 为实常数，故 $\Phi(Z)$ 应有如下形式：

$$\Phi(Z) = \Phi^*(Z) + A_k\ln(Z - Z_k) \tag{4-60}$$

式中，$\Phi^*(Z)$ 为单值解析函数；Z_k 为围绕 L_k 中任一点，绕行 L_k 一周时，$\ln(Z - Z_k)$ 的增量为 $2\pi i$。

由式 (4-38) 积分得

$$
\begin{aligned}
\varphi(Z) &= \int_{Z_0}^{Z}\Phi(Z)dZ + \text{const} \\
&= A_k\left[(Z - Z_k)\ln(Z - Z_k) - (Z - Z_k)\right] + \int_{Z_0}^{Z}\Phi^*(Z)dZ + \text{const}
\end{aligned}
\tag{4-61}
$$

由于 $\Phi^*(Z)$ 仍是复变量 Z 的函数，故绕 L_k 一周，仍要得到增量 $2\pi i c_k$，即有

$$\int_{Z_0}^{Z}\Phi^*(Z)dZ = c_k\ln(Z - Z_k) + \varphi^*(Z) \tag{4-62}$$

式中，$\varphi^*(Z)$ 为解析，c_k 为复常数。结合式 (4-61) 和式 (4-62) 可得

$$\varphi(Z) = A_k Z\ln(Z - Z_k) + \gamma_k\ln(Z - Z_k) + \varphi^*(Z) \tag{4-63}$$

同样由式 (4-37) 第二式有

$$\sigma_y - \sigma_x + 2\mathrm{i}\tau_{xy} = 2\left(\bar{Z}\varPhi'(Z) + \psi(Z)\right)$$

可得

$$\psi(Z) = \gamma_k' \ln(Z - Z_k) + \psi^*(Z) \tag{4-64}$$

式中, $\psi^*(Z)$ 为解析, γ_k' 为复常数。将 $\varphi(Z)$ 及 $\psi(Z)$ 代入位移表达式(4-52), 不难看出, 当 $2G(u + \mathrm{i}v)$ 绕 L_k' 一周时, 有增量:

$$2G\left[(u + \mathrm{i}v)\right]L_k' = 2\pi\mathrm{i}\left[(\kappa + 1)A_k Z + \kappa\gamma_k + \bar{\gamma}_k\right] \tag{4-65}$$

由于实际位移是单值的, 故必有

$$\begin{cases} A_k = 0 \\ \kappa\gamma_k + \overline{\gamma_k'} = 0 \end{cases} \tag{4-66}$$

另外, 闭围线 L_k' 上的合力应与边界围线 L_k 上的外合力 x_k、y_k 大小相等, 方向相反, 故由式(4-41)得

$$\begin{aligned} x_k + \mathrm{i}y_k &= \mathrm{i}\left[\varphi(Z) + Z\overline{\varphi'(Z)} + \overline{\psi(Z)}\right]L_k' \\ &= \mathrm{i}\left\{2\pi\mathrm{i}\left[ZA_k + \gamma_k - ZA_k - \overline{\gamma_k'}\right]\right\} \\ &= -2\pi\left(\gamma_k - \overline{\gamma_k'}\right) \end{aligned} \tag{4-67}$$

由式(4-66)及式(4-67)得

$$\begin{cases} \gamma_k = -\dfrac{x_k + \mathrm{i}y_k}{2\pi(1 + \kappa)} \\ \gamma_k' = \dfrac{\kappa(x_k - \mathrm{i}y_k)}{2\pi(1 + \kappa)} \end{cases} \tag{4-68}$$

式(4-68)代入式(4-63)及式(4-64)得解析函数 $\varphi(Z)$ 及 $\psi(Z)$ 的表达式如下:

$$\begin{cases} \varphi(Z) = -\dfrac{x_k + \mathrm{i}y_k}{2\pi(1 + \kappa)} \ln(Z + Z_k) + \varphi^*(Z) \\ \psi(Z) = \dfrac{\kappa(x_k - \mathrm{i}y_k)}{2\pi(1 + \kappa)} \ln(Z - Z_k) + \psi^*(Z) \end{cases} \tag{4-69}$$

式中, $\varphi^*(Z)$ 及 $\psi^*(Z)$ 为解析函数。

4.1.4　圆形巷孔围岩应力与形变

我们用图 4-5 所示的简图来分析圆形巷孔围岩应力及形变。在计算变形时应扣除巷道开挖前岩体在原岩应力 P 和 λP 作用下所产生的形变。

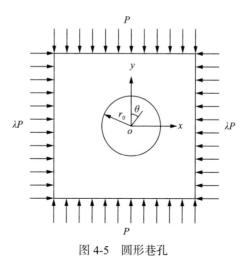

图 4-5　圆形巷孔

由于图 4-5 所示的无限域内外边界上外力之合力为零，故解析函数式(4-69)可简化为

$$
\begin{cases}
\varphi(Z) = \sum_{k=-\infty}^{\infty} a_k Z^k \\
\psi(Z) = \sum_{k=-\infty}^{\infty} b_k Z^k
\end{cases}
\tag{4-70}
$$

将式(4-70)代入应力表达式(4-37)，注意到应力在整个无限域内有限，不难证明：

$$
\begin{cases}
a_n = 0, & n \geqslant 2 \\
b_n = 0, & n \geqslant 2
\end{cases}
\tag{4-71}
$$

因而：

$$
\begin{cases}
\varphi(Z) = a_0 + \varGamma Z + \sum_{k=1}^{\infty} a_k Z^{-k} \\
\psi(Z) = b_0 + \varGamma' Z + \sum_{k=1}^{\infty} b_k Z^{-k}
\end{cases}
\tag{4-72}
$$

由于常数项 a_0、b_0 不影响应力分布，故可令 $a_0 = b_0 = 0$，故：

$$
\begin{cases}
\varphi(Z) = \varGamma Z + \sum_{k=1}^{\infty} a_k Z^{-k} \\
\psi(Z) = \varGamma' Z + \sum_{k=1}^{\infty} b_k Z^{-k}
\end{cases}
\tag{4-73}
$$

式(4-73)代入应力表达式(4-37)，并由边界条件 $r = r_0$，有

$$
\begin{cases}
\sigma_r = 0 \\
\tau_{r\theta} = 0
\end{cases}
\tag{4-74}
$$

及 $r = \infty$ ，故：

$$
\begin{cases}
\sigma_r = \dfrac{1}{2}(1+\lambda)P + \dfrac{1}{2}(1-\lambda)P\cos 2\theta \\[2mm]
\sigma_\theta = \dfrac{1}{2}(1+\lambda)P - \dfrac{1}{2}(1-\lambda)P\cos 2\theta \\[2mm]
\tau_{r\theta} = -\dfrac{1}{2}(1-\lambda)P\sin 2\theta
\end{cases}
\tag{4-75}
$$

求解可得

$$
\begin{cases}
\varGamma = \dfrac{1}{4}(1+\lambda)P \\[2mm]
\varGamma' = -\dfrac{1}{2}(1-\lambda)P
\end{cases}
$$

$$
\begin{cases}
a_1 = \dfrac{1}{2}(1-\lambda)Pr_0^2 \\[2mm]
b_1 = -\dfrac{1}{2}(1+\lambda)Pr_0^2 \\[2mm]
a_n = 0, \quad n \geqslant 2 \\[2mm]
b_2 = 0 \\[2mm]
b_3 = \dfrac{1}{2}(1-\lambda)Pr_0^4 \\[2mm]
b_n = 0, \quad n \geqslant 4
\end{cases}
\tag{4-76}
$$

从而：

$$
\begin{cases}
\varphi(Z) = \dfrac{1}{4}(1+\lambda)PZ + \dfrac{1}{2}(1-\lambda)Pr_0^2 Z^{-1} \\[2mm]
\psi(Z) = -\dfrac{1}{2}(1-\lambda)PZ - \dfrac{1}{2}(1+\lambda)Pr_0^2 Z^{-1} + \dfrac{1}{2}(1-\lambda)Pr_0^4 Z^{-3}
\end{cases}
\tag{4-77}
$$

将式(4-77)代入式(4-37)及式(4-52)，可导出圆形巷孔围岩应力及位移为

$$
\begin{cases}
\sigma_r = \dfrac{P}{2}[(1+\lambda)(1-\alpha^2) + (1-\lambda)(1-4\alpha^2+3\alpha^4)\cos 2\theta] \\[2mm]
\sigma_\theta = \dfrac{P}{2}\left[(1+\lambda)(1+\alpha^2) - (1-\lambda)(1+3\alpha^4)\cos 2\theta\right] \\[2mm]
\tau_{r\theta} = -\dfrac{P}{2}(1-\lambda)(1+2\alpha^2-3\alpha^4)\sin 2\theta
\end{cases}
\tag{4-78}
$$

$$
\begin{cases}
u = \dfrac{P\alpha r_0}{4G}\left\{(1+\lambda) + (1-\lambda)\left[(\kappa+1)-\alpha^2\right]\cos 2\theta\right\} \\[2mm]
v = -\dfrac{P\alpha r_0}{4G}(1-\lambda)\left[(\kappa-1)+\alpha^2\right]\sin 2\theta
\end{cases}
\tag{4-79}
$$

其中，$\alpha = \dfrac{r_0}{r}$。

由于在孔洞周边 $r = r_0$ 处，有

$$\begin{cases} \sigma_r = 0 \\ \sigma_\theta = P\big[(1+\lambda) - 2(1-\lambda)\cos 2\theta\big] \\ \tau_{r\theta} = 0 \end{cases} \tag{4-80}$$

$$\begin{cases} u = \dfrac{Pr_0}{4G}\big[(1+\lambda) + (1-\lambda)(v)\cos 2\theta\big] \\ v = -\dfrac{Pr_0}{4G}(1-\lambda)(3-4\mu)\sin 2\theta \end{cases} \tag{4-81}$$

当 $\theta = 0°$ 时，有

$$\sigma_\theta = (3\lambda - 1)P \tag{4-82}$$

当 $\lambda = \dfrac{1}{3}$ 时，$\sigma_\theta = 0$；当 $\lambda < \dfrac{1}{3}$ 时，$\sigma_\theta < 0$，即出现拉应力。

当 $\lambda = 1$ 时，围岩初始应力为轴对称分布，有

$$\begin{cases} \sigma_r = P\left(1 - \dfrac{r_0^2}{r^2}\right) \\ \sigma_\theta = P\left(1 + \dfrac{r_0^2}{r^2}\right) \\ \tau_{r\theta} = 0 \end{cases} \tag{4-83}$$

$$\begin{cases} u = \dfrac{Pr_0^2}{2G} \cdot \dfrac{1}{r} \\ v = 0 \end{cases} \tag{4-84}$$

图 4-6 是 $\lambda = 1$ 时径向应力 σ_r 和切向应力 σ_θ 沿径向的分布图。

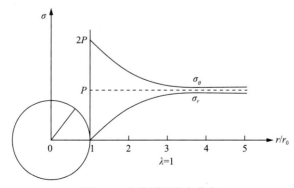

图 4-6 巷孔周围应力分布

由于应力是与 $\left(\dfrac{r_0^2}{r^2}\right)$ 成比例，故随着 $\dfrac{r_0}{r}$ 的增加，σ_r 和 σ_θ 均迅速接近初始应力 P_0 在 $r = 5r_0$ 处，σ_r、σ_θ 与初始应力 P 之差小于 4%。

以上内容及相关内容参见文献[1]。

4.2 巷道弹塑性围岩的 Kastner 方程

4.1 节论述了巷道开挖后出现的围岩应力重分布现象。如果应力重分布后仍小于岩体强度，则围岩仍处于弹性状态。而当围岩局部区域的重分布应力超过岩体强度，则巷道围岩物理状态发生改变，进入塑性或者破坏状态。一般认为，围岩的塑性或破坏状态有两种：一是围岩局部区域的拉应力达到了抗拉强度，产生局部受拉分离破坏；二是局部区域的剪应力达到岩体抗剪强度，从而使这部分围岩进入塑性状态，但其余部分围岩仍处于弹性状态。

4.2.1 巷道围岩弹塑性区域划分

在无支护情况下，可以应用式(4-80)给出如下围岩状态判据。

当巷道周边切向应力 σ_θ 满足：

$$\sigma_\theta = P\left[(1+\lambda) - 2(1-\lambda)\cos 2\theta\right] \geqslant R_c$$

时，围岩进入塑性状态。

当满足：

$$-\sigma_\theta = -P\left[(1+\lambda) - 2(1-\lambda)\cos 2\theta\right] \geqslant R_t$$

时，围岩中出现拉裂破坏。式中，λ 为侧压系数；R_c 为岩石抗压强度；R_t 为岩石抗拉强度。当 $\lambda < 1$ 时，受剪破坏发生在巷道两侧，受拉破坏则发生在巷道顶部和底部。围岩内塑性区的出现，一方面使应力不断地向围岩深部转移；另一方面又不断地向巷道方向变形并逐渐解除塑性区的应力。Talober、Kastner 等给出了塑性围岩中的应力分布（图 4-7）。

此观点认为，巷道围岩中的塑性区应力分布可划分为两部分：塑性区外圈的应力高于开挖前的初始应力，它与围岩弹性区中应力升高部分合在一起称为围岩承载区；塑性区内圈的应力低于初始应力的区域称为松动区。松动区内的应力和强度都有明显下降，裂隙扩张增多，容积扩张的塑性区内应力逐渐解除不同于未破坏岩体的应力卸载。第一部分伴随塑性变形而被迫产生，为强度降低的体现；第二部分是应力的消失，并不影响岩体强度。当岩体应力达到岩体极限强度后，强度并未完全消失，而是随着变形增大，逐渐降低，直至降到残余强度为止[1,2]。

毫无疑问，在小变形状态下塑性区平衡方程和几何方程与弹性区可视为相同，但物理方程已不再符合胡克定律，而是描述塑性变形规律的本构方程。一般而言，围岩内任一点的应力状态由九个应力分量表示，即 σ_x、σ_y、σ_z、σ_{xy}、σ_{yx}、σ_{yz}、σ_{zy}、σ_{xz}、

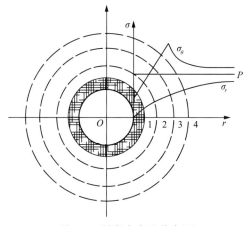

图 4-7　围岩应力重分布图

1、2-塑性区；3、4-弹性区

σ_{zx}，九个应力分量总体称为应力张量 $\boldsymbol{T}_\sigma$，可分解为

$$\boldsymbol{T}_\sigma = \sigma \boldsymbol{T}_1 + \boldsymbol{D}_\sigma$$

式中，$\boldsymbol{T}_1$ 为单位矩阵；$\sigma = 1/3(\sigma_x + \sigma_y + \sigma_z)$，为该点的平均应力；$\sigma \boldsymbol{T}_1$ 是应力球张量，表示体积变形；$\boldsymbol{D}_\sigma$ 为应力偏张量，表示形状变形。文献[1]指出，应力偏张量的不变量 J_1、J_2、J_3 和应力张量的不变量 I_1、I_2、I_3 之间有一定关系。所以一点的应力状态可以用不变量 I_1、I_2、I_3 表示，也可以用不变量 J_1、J_2、J_3 表示。其中表示剪应力强度的应力偏张量第二不变量 J_2 和表示平均应力的应力张量第一不变量 I_1，在塑性理论中具有重要作用。

4.2.2　围岩塑性准则

所谓塑性准则，就是物体内一点发现塑性变形时应力所应当满足的充分必要条件。这是同材料的屈服相联系的，故塑性准则又称为屈服准则。必须指出，在工程研究中不可能给出"充分必要"的塑性准则，但在实验基础上还是有一系列反映材料塑性变形性质的规律性发现。以下介绍几种常用的塑性准则。

1. Tresca 准则

Tresca 根据金属挤压试验提出如下塑性准则：当最大剪应力达到一定数值时，材料开始进入塑性状态。它通常写成（$\sigma_1 \geqslant \sigma_2 \geqslant \sigma_3$ 时）：

$$F = \sigma_1 - \sigma_3 = 2K_f \tag{4-85}$$

式中，K_f 为一个试验常数。

2. Mises R.Von 准则

这个准则可表达如下：当应力偏张量的第二不变量应力强度达到一定数值后，材料开始进入塑性状态，即

$$\sqrt{J_2} = K_f \tag{4-86}$$

或

$$F = (\sigma_1 - \sigma_2)^2 + (\sigma_2 - \sigma_3)^2 + (\sigma_3 - \sigma_1)^2 = 6K_f^2 \tag{4-87}$$

如果把上述常数 K_f 替换成 $I_1 = \sigma_1 + \sigma_2 + \sigma_3$ 的函数，就可得到一个广义准则。因为岩石的破坏条件与 I_1 有很大关系，所以这样的广义准则可用到岩石上。但文献[1]指出岩石破坏条件还是以通用的 Mohr-Coulomb 准则较合适。

3. Mohr-Coulomb 准则

$$\tau = c - \sigma_n \tan\varphi$$

或

$$\frac{\sigma_1 - \sigma_3}{2} = \frac{\sigma_1 + \sigma_2}{2}\sin\varphi + c\cos\varphi \tag{4-88}$$

式中，c 为黏聚力；φ 为内摩擦角；σ_n 为剪切面上的法向应力，本节规定以拉为正。若以不变量 σ、J_2、θ_σ 来表示 Mohr-Coulomb 准则，则由洛德角和主应力关系及式(4-88)可得

$$F = \sigma\sin\varphi + \cos\theta_\sigma - \frac{\sin\theta_\sigma\sin\varphi}{\sqrt{3}}\sqrt{J_2} - c\cos\varphi = 0 \tag{4-89}$$

式中，$-30° \leqslant \theta_\sigma = \dfrac{1}{3}\sin^{-1}\left(\dfrac{-3\sqrt{3}}{2} \cdot \dfrac{J_3}{J_2^{3/2}}\right) \leqslant 30°$。

4. Drucker-Prager 准则

$$F = \beta I_1 + \sqrt{J_2} = K_f \tag{4-90}$$

式中，$\beta = \dfrac{\sqrt{3}\sin\varphi}{3\sqrt{3 + \sin^2\varphi}}$；$K_f = \dfrac{\sqrt{3}c\cos\varphi}{\sqrt{3 + \sin^2\varphi}}$。

这一准则不仅是式(4-89)的近似，且当 $I_1 = 0$ 时，即为 Mises 准则。

4.2.3 塑性应力与应变关系

关于塑性阶段的应力与应变关系，有两种理论，一种称为全量理论或变形理论，另一种称为增量理论或流动理论，本节介绍第一种理论。

全量理论的应力与应变关系，在问题的提法上和弹性理论相似。对照弹性理论，在小变形情况下，有如下假定。

(1)平均应变(或体积变化)是弹性的，且与平均应力成正比：

$$\sigma = \frac{E}{1 - 2\mu}\varepsilon \tag{4-91}$$

这个假定意味着：应变球张量是弹性的，且与应力球张量成正比：

$$(\sigma) = \frac{E}{1-2\mu}(\varepsilon) \tag{4-92}$$

（2）应变偏张量与应力偏张量相似，即两者的主轴重合，且成正比，即

$$D_\varepsilon = \psi(D_\sigma) \tag{4-93}$$

（3）应力强度 σ_i 是应变强度 ε_i 的确定函数，即

$$\sigma_i = \Phi(\varepsilon_i) \tag{4-94}$$

此关系为在全量理论中采用的材料硬化条件，它与物体的应力状态无关，而仅决定于材料性质，不同的材料有不同的函数 Φ。

在岩土力学中，应用较广泛的是 Mohr-Coulomb 准则。全部引用全量理论的情况并不多。

4.2.4　圆形巷道围岩应力及变形的弹塑性分析

如前所述，巷道开挖后由于应力重分布，巷孔局部区域应力有可能超过岩体弹性极限而进入塑性状态，处于塑性状态的岩体在巷孔周围形成一个塑性区，塑性区外的围岩则仍处于弹性状态。本节仅讨论平面变形条件下静止侧压系数 $\lambda = 1$ 时，圆形巷道围岩应力及变形的弹塑性解。因此无论是弹性区还是塑性区，应力及变形均仅是 r 的函数，而与 θ 无关。如图 4-8 所示，由于塑性区中应力状态是非均匀的，因此作为应力状态函数的塑性区岩体强度、内摩擦角也应是变数。

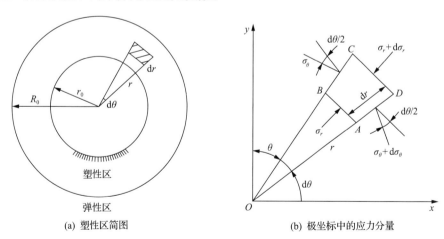

(a) 塑性区简图　　　　　　　(b) 极坐标中的应力分量

图 4-8　塑性区简图及极坐标中的应力分量

首先假定塑性区的岩体强度和内摩擦角为常数。当不考虑体力时，平衡方程为

$$\frac{\partial \sigma_r}{\partial r} + \frac{\sigma_r - \sigma_\theta}{r} = 0 \tag{4-95}$$

除此之外，还需满足塑性条件。这里我们取 Mohr-Coulomb 准则为塑性条件，即

$$\frac{\sigma_r^P + c\cot\varphi}{\sigma_\theta^P + c\cot\varphi} = \frac{1-\sin\varphi}{1+\sin\varphi} \tag{4-96}$$

P 表示塑性区的分量。由式(4-95)及式(4-96)可得

$$\ln\left(\sigma_r^P + c\cot\varphi\right) = \frac{2\sin\varphi}{1-\sin\varphi}\ln r + C_1 \tag{4-97}$$

式中，C_1 为积分常数。

当有支护时，支护与围岩界面$(r=r_0)$上的应力边界条件为 $\sigma_r^P = P_i$，P_i 为支护阻力，解得积分常数：

$$C_1 = \ln(P_i + c\cot\varphi) - \frac{2\sin\varphi}{1-\sin\varphi}\ln r_0 \tag{4-98}$$

式(4-98)代入式(4-97)及式(4-96)有

$$\begin{cases} \sigma_r^P = P_i + c\cot\varphi\left(\frac{r}{r_0}\right)^{\frac{2\sin\varphi}{1-\sin\varphi}} - c\cot\varphi \\[4mm] \sigma_\theta^P = P_i + c\cot\varphi\left(\frac{1+\sin\varphi}{1-\sin\varphi}\right)\left(\frac{r}{r_0}\right)^{\frac{2\sin\varphi}{1-\sin\varphi}} - c\cot\varphi \end{cases} \tag{4-99}$$

由式(4-99)可见，塑性应力将随着 c、φ 及 P_i 的增大而增大，而与原岩应力 P 无关。为求得塑性区半径，需应用塑性区和弹性区交界面上的应力协调条件。若令塑性区半径为 R_0，则当$r=R_0$时，有

$$\begin{cases} \sigma_r^e = \sigma_r^P = \sigma_{R_0} \\[2mm] \sigma_\theta^e = \sigma_\theta^P \end{cases} \tag{4-100}$$

式中，e 表示弹性区的分量。

对于弹性区 $(r \geqslant R_0)$，围岩的应力及变形为

$$\begin{cases} \sigma_r^e = P\left(1-\frac{R_0^2}{r^2}\right) + \sigma_{R_0}\frac{R_0^2}{r^2} = P\left(1-\gamma'\frac{R_0^2}{r^2}\right) \\[3mm] \sigma_\theta^e = P\left(1-\frac{R_0^2}{r^2}\right) - \sigma_{R_0}\frac{R_0^2}{r^2} = P\left(1-\gamma'\frac{R_0^2}{r^2}\right) \\[3mm] u^e = \frac{(P-\sigma_{R_0})R_0^2}{2G_{Rr}} = \gamma'\frac{PR_0^2}{2G_r} \end{cases} \tag{4-101}$$

式中，σ_{R_0} 为弹塑性区交界面上的径向应力；

$$\gamma' = 1 - \frac{\sigma_{R_0}}{P}$$

将式(4-101)中第 1 式、第 2 式相加，得

$$\sigma_r^{\mathrm{e}} + \sigma_\theta^{\mathrm{e}} = 2P \tag{4-102}$$

因而在弹塑性界面$(r=R_0)$上也有

$$\sigma_r^{\mathrm{P}} + \sigma_\theta^{\mathrm{P}} = 2P \tag{4-103}$$

将式(4-103)代入塑性条件式(4-96)中，得到$r=R_0$处的应力：

$$\begin{cases} \sigma_r = P(1-\sin\varphi) - c\cos\varphi = \sigma_{R_0} \\ \sigma_\theta = P(1+\sin\varphi) + c\cos\varphi = 2P - \sigma_{R_0} \end{cases} \tag{4-104}$$

式(4-104)表明弹塑性界面上的应力是一个取决于 P、C、φ 的函数，而与 P_i 无关。

将 $r = R_0$ 代入式(4-99)，并注意式(4-104)，便可导出塑性区半径 R_0 与 P_i 的关系：

$$R_0 = r_0 \left[\frac{(P + c\cot\varphi)(1 - \sin\varphi)}{P_i + c\cot\varphi} \right]^{\frac{1-\sin\varphi}{2\sin\varphi}} \tag{4-105}$$

式(4-105)称为修正的芬纳公式。

Fenner 曾假设 $c=0$，得到：

$$R_0 = r_0 \left[\frac{c\cot\varphi + P(1 - \sin\varphi)}{P_i + c\cot\varphi} \right]^{\frac{1-\sin\varphi}{2\sin\varphi}} \tag{4-106}$$

比较式(4-105)和式(4-106)可见，在同样 R_0 情况下，P_i 将有如下误差：

$$c\cos\varphi \left(\frac{r_0}{R_0} \right)^{\frac{2\sin\varphi}{1-\sin\varphi}}$$

c 值越大，增大越多，而 φ 的情况则相反。

若令

$$\begin{cases} R_{\mathrm{c}} = \dfrac{2c}{\tan\left(45° - \dfrac{\varphi}{2}\right)} \\ \varepsilon = \dfrac{1+\sin\varphi}{1-\sin\varphi} \end{cases} \tag{4-107}$$

式中，R_{c} 为围岩单轴抗压强度(图 4-9)。塑性区围岩应力、支护阻力及塑性区半径的关系为

$$\begin{cases} \sigma_r^{\mathrm{P}} = \left(P_i + \dfrac{R_{\mathrm{c}}}{\varepsilon-1} \right)\left(\dfrac{r}{r_0} \right)^{\varepsilon-1} - \dfrac{R_{\mathrm{c}}}{\varepsilon-1} \\ \sigma_\theta^{\mathrm{P}} = \left(P_i + \dfrac{R_{\mathrm{c}}}{\varepsilon-1} \right)\varepsilon\left(\dfrac{r}{r_0} \right)^{\varepsilon-1} - \dfrac{R_{\mathrm{c}}}{\varepsilon-1} \end{cases} \tag{4-108}$$

故：

$$R_0 = r_0 \left[\frac{2}{\varepsilon + 1} \cdot \frac{R_c + P(\varepsilon - 1)}{R_c + P_i(\varepsilon - 1)} \right]^{\frac{1}{\varepsilon - 1}}$$
(4-109)

此即 Kastner 的计算公式。

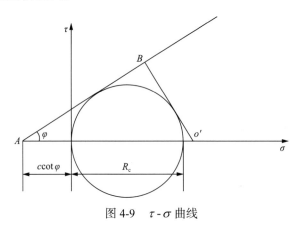

图 4-9 τ-σ 曲线

4.2.5 围岩塑性区域边界线

Kastner 提出过一种计算塑性区边界线的近似方法[2]，这一方法是将弹性应力代入塑性表达公式：

$$\sin \varphi = \frac{\sqrt{\left(\sigma_\theta^e - \sigma_r^e \right)^2 + \left(2\tau_{r\theta}^e \right)^2}}{\sigma_\theta^e + \sigma_r^e + 2c \cot \varphi}$$
(4-110)

由此获得塑性区边界方程如下：

$$\cos^2 2\theta + \frac{2}{\omega} \left[\frac{1+\lambda}{4(1-\lambda)} \left(1 - 2\alpha^2 + 3\alpha^4 \right) - \frac{\left(1 + \lambda + \frac{2x}{P} \right) \sin^2 \varphi}{2(1-\lambda)} \right]$$

$$\times \cos 2\theta - \frac{1}{\omega} \frac{(1+\lambda)^2 \alpha^2}{4(1-\lambda)^2} - \frac{1}{\omega} \frac{\left(1 + 2\alpha^2 - 3\alpha^4 \right)^2}{4\alpha^2}$$
(4-111)

$$+ \frac{1}{\omega} \frac{\left(1 + \lambda + \frac{2x}{P} \right)^2 \sin^2 \varphi}{4\alpha^2 (1-\lambda)^2} = 0$$

式中，$\omega = \alpha^2 \sin^2 \varphi + 2 - 3\alpha^2$；$x = c \cot \varphi$；$\alpha = \dfrac{r_0}{R_0}$，$R_0$ 为所求点塑性区半径。

必须指出，按式(4-111)描绘的塑性区没有考虑塑性应力重分布，只能是塑性区的第一次近似。实际上由于应力重分布，塑性区会不断变化。

为了获得更准确的塑性区边界线，文献[1]提出一种考虑塑性区重分布的近似计算方法。这种方法先由 Kastner 方法初次计算得到塑性区半径，然后按塑性区应力方程求得所求点的应力值 σ_r^{P} 和 $\tau_{r\theta}^{\mathrm{P}}$，并假定塑性区为一圆形(按所求点的塑性区半径作圆)，在 σ_r^{P} 和 $\tau_{r\theta}^{\mathrm{P}}$ 作用下再次用 Kastner 方法导出新的塑性区边界线方程，这样就能获得更为准确的塑性区半径。

为推导围岩硐壁上作用有 σ_r^{P} 和 $\tau_{r\theta}^{\mathrm{P}}$ 时的塑性区边界线方程，先要写出以 σ_r^{P} 和 $\tau_{r\theta}^{\mathrm{P}}$ 为硐壁作用力 P_{i} 和 τ_{i} 时的弹性应力场公式：

$$\begin{cases} \sigma_r^{\mathrm{e}} = \dfrac{P}{2}\left\{(1+\lambda)(1-\alpha^2) + (1-\lambda)(1+3\alpha^4 - 4\alpha^2)\cos 2\theta + \mu\alpha^2\right\} \\[2mm] \sigma_r^{\bar{\mathrm{e}}} = \dfrac{P}{2}\left\{(1+\lambda')(1+\alpha^2) - (1-\lambda)(1+3\alpha^4)\cos 2\theta - \mu\alpha^2\right\} \\[2mm] \tau_{r\theta}^{\bar{\mathrm{e}}} = \dfrac{P}{2}\left\{(1+2\alpha^2 - 3\alpha^4)(1-\lambda)\sin 2\theta + \mu'\alpha^2\right\} \end{cases} \tag{4-112}$$

式中，$\mu = \dfrac{2P_{\mathrm{i}}}{P}$；$\mu' = \dfrac{2\tau_{\mathrm{i}}}{P}$；$P_{\mathrm{i}}$ 和 τ_{i} 为作用在硐壁上的径向力和剪切力。

将式(4-112)代入塑性条件式(4-110)中，便可导出围岩孔壁上作用有 P_{i} 和 τ_{i} 时的塑性区边界线方程：

$$\begin{aligned} &\cos^2 2\theta + 2\left[\frac{1+\lambda-\mu}{4(1-\lambda)}\frac{1-2\alpha^2+3\alpha^4}{\omega} - \frac{\left(1+\lambda+\dfrac{2x}{P}\right)\sin^2\varphi}{2(1-\lambda)\omega}\right] \times \cos 2\theta \\[2mm] &- \frac{(1+\lambda-\mu)^2\alpha^2}{4(1-\lambda)^2\omega} - \frac{(1+2\alpha^2-3\alpha^4)^2}{4\alpha^2\omega} + \frac{\left(1+\lambda+\dfrac{2x}{P}\right)^2 \sin^2\varphi}{4(1-\lambda)^2\omega\alpha^2} \\[2mm] &- \frac{\alpha^2\mu'^2}{4(1-\lambda)^2\omega} - \frac{\mu'(1+2\alpha^2-3\alpha^4)\sin 2\theta}{2(1-\lambda)\omega} = 0 \end{aligned} \tag{4-113}$$

这就是为刻画塑性区边界线而改进的 Kastner 方程。

图 4-10 是按 Kastner 方程描绘的塑性区边界线。

本节内容和更系统的内容参见文献[1,2]。注意，上述改进的 Kastner 方程是 Kastner 方法的迭代。因此，这种方法的不断迭代将会更加精确地逼近工程实际。如果把位移变换记为 R，那么，这种精确逼近就是 R 的迭代序列产生的实际效果。4.3 节，我们简要介绍复变换迭代的基本理论。

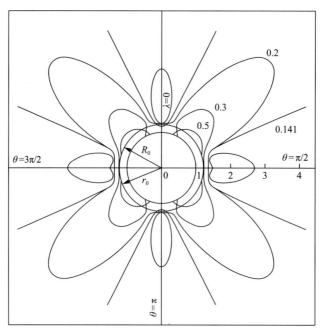

图 4-10　Kastner 方程描绘的塑性区边界线

4.3　复动力系统简介

复动力系统是研究复解析映照迭代生成的动力系统。这一理论起源于 1920 年前后 Fatou 和 Julia 的研究工作。20 世纪 80 年代伴随着非线性科学的崛起，复动力系统蓬勃发展起来，其与双曲几何、方形几何、现代分析和混沌学等学科相互促进的同时，它本身也获得了划时代的巨大发展。

4.3.1　基本概念

设 R 为 Riemann 球面 $\hat{C}$ 到自身的有理映照，以下恒设其映照度 $\deg R \geqslant 2$。任取一点 $z_0 \in \hat{C}$，我们称序列：

$$\left\{ z_0 = R_{(z_0)}^0, z_1 = R_{(z_0)}^1, z_2 = z_{(z_0)}^2, \cdots, z_n = R_{(z_0)}^n, \cdots \right\}$$

为 R 在点 z_0 的轨道或前向轨道，其中 R^n 表示 n 个 R 的复合映照。为简便计算，我们把 R 在 z_0 的前向轨道记为 $O_R^+(z_0)$ 或 $O^+(z_0)$。一般而言，对于不同的初始点 z_0，$O_R^+(z_0)$ 的性态是千差万别的。为了对迭代轨道的复杂性加以区分和刻画，以下首先引进解析映照正规族的概念。

定义 4.3.1　设 D 为 Riemann 球面 $\hat{C}$ 上的一个区域，$\mathcal{F}$ 为区域 D 上的一族解析映照。如果对于 $\mathcal{F}$ 中任一无穷序列 $\{f_n\}$，总存在其子序列 $\{f_n\}$，在 D 内任一有界闭域上一致收敛到极限函数(这个极限函数的值可以为无穷)，则称 $\mathcal{F}$ 是 D 上的正规族。

下述定理在正规族理论中称为 Montel 定则，它的美妙之处在于把解析映照族的正规性同解析映照族像点的取值情况联系起来。Montel 定则是 Fatou-Julia 理论的主要工具之一。

定理 4.3.1　设 $\mathcal{F}$ 是区域 D 到 Riemann 球面 $\hat{\mathcal{C}}$ 的解析映照族，如果 $\mathcal{F}$ 中每个映照 f 均不取三个固定 $p_1, p_2, p_3 \in \hat{\mathcal{C}}$，那么 $\mathcal{F}$ 必为正规族。

在复动力系统理论中，区分和描述迭代轨道复杂性的基本概念是 Fatou 集和 Julia 集，以下给出它们的定义。

定义 4.3.2　设 R 为 Riemann 球面 $\hat{\mathcal{C}}$ 上的有理映照，其映照度 $\deg R \geqslant 2$，如果迭代序列 $\{R^n\}$ 在一点 $z_0 \in \hat{\mathcal{C}}$ 的某个邻域里为正规族，则称 z_0 为 $\{R^n\}$ 的正规点，我们把 $\{R^n\}$ 的正规点集称为 Fatou 集，记为 $F(R)$。Fatou 集的余集称为 Julia 集，记为 $J(R)$。

从上述定义可见，Fatou 集是开集，而 Julia 集是闭集。由定义 4.3.1 易见，在 Fatou 集上迭代轨道具有较好的稳定性，而在 Julia 集上迭代轨道稳定性较差。因此，人们常把 Fatou 集称为复动力系统的稳定集。给定一个 Fatou 集，显然它由若干个连通分支组成。我们把 Fatou 集的每一个连通分支称为 Fatou 分支。下述结论是明显的，称为 Fatou 集和 Julia 集的完全不变性。

定理 4.3.2　$R(F(R)) = R^{-1}(F(R)) = F(R)$，$R(J(R)) = R^{-1}(J(R)) = J(R)$，这里 R^{-1} 表示 R 的逆映照。

4.3.2　周期轨道

一般而言，有理映照 R 的前向迭代轨道 $O_R^+(z_0)$ 是一个无穷序列，其复杂性是复动力系统理论所要解决的中心问题之一。然而，对于特定的初始点 z_0，当 $O_R^+(z_0)$ 为有穷点集时，这个轨道更加值得关注。

定义 4.3.3　如果存在自然数 p，使得 $R^p(z_0) = z_0$，则称 z_0 为 R 的周期点。我们把具有上述性质的最小的自然数 p 称为 z_0 的周期，称 z_0 为 p 阶周期点。这时，$O_R^+(z_0) = \left\{z_0, z_1 = R(z_0), \cdots, z_{p-1} = R^{p-1}(z_0)\right\}$ 称为一条周期轨道，或周期循环。特别地，当 $p=1$ 时，称 z_0 为 R 的一个不动点。

定义 4.3.4　设 $z_0 \in \hat{\mathcal{C}}$ 为有理映照 R 的周期为 p 的周期点。$\lambda = (R^p)'(z_0)$ 称为 z_0 的特征值。进一步，如果 $0 < |\lambda| < 1$，则称 z_0 为吸性周期点；如果 $\lambda = 0$，则称 z_0 为超吸性周期点；如果 $|\lambda| > 1$，则称 z_0 为斥性周期点；如果 $|\lambda| = 1$，则称 z_0 为中性周期点。对于中性周期点的情况，易见，存在 $\theta \in [0,1)$，使得 $\lambda = e^{i2\pi\theta}$，如果 θ 为有理数，则称 z_0 为有理中性周期点；如果 θ 为无理数，则称 z_0 为无理中性周期点。

注：同一条周期轨道上的不同周期点具有相同的特征值。设 M 为 $\hat{\mathcal{C}}$ 上非退化的 Möbius 变换（即映照度为 1 的有理映照），对于有理映照 R，我们称 $M^{-1} \circ R \circ M$ 为 R 的共轭映照，其中符号 "$\circ$" 表示映照的复合。如果 z_0 为 R 的 p 阶周期点，易验证 $M^{-1}(z_0)$ 也为 $M^{-1} \circ R \circ M$ 的 p 阶周期点，且对应的特征值相等。在定义 4.3.4 中，当 $z_0 = \infty$ 时，特

征值 λ 的计算事实上正是借助共轭变换来完成的。

定理 4.3.3　吸性和超吸性周期点属于 Fatou 集，斥性周期点属于 Julia 集。

证明：设 z_0 为 R 的 p 阶吸性周期点，故 $|\lambda|=\left|(R^p)'(z_0)\right|<1$。从而，存在 z_0 的邻域 D，使得 $R^p(D)\subset D$。所以，$\{R^n\}$ 在 D 上仅取 D，$R(D)$，$R^2(D)$，$\cdots$，$R^{p-1}(D)$ 上的值，由定理 4.3.1，$\{R^n\}$ 在 D 上正规，故 $z_0\in F(R)$。如果 z_0 为 R 的 p 阶斥性周期点，故 $|\lambda|=\left|(R^p)'(z_0)\right|>1$。假设 $z_0\in F(R)$，则存在 z_0 的邻域 D 以及子序列 $\{R^{pn_j}\}$，使得它在 D 内局部一致收敛于一个解析映照 f，显然 $f(z_0)=z_0$。此时，$(R^{pn_j})'(z_0)\to f'(z_0)(j\to\infty)$，但是 $(R^{Pn_j})'(z_0)=\lambda^{n_j}\to\infty$，矛盾。证毕。

4.3.3　基本性质

定理 4.3.4　设 R 是映照度 $\deg R\geqslant 2$ 的有理映照，则 $J(R)\neq\varnothing$。

证明：假设 $J(R)\neq\varnothing$，则 $\{R^n\}$ 在 Riemann 球面 $\hat{C}$ 上正规。故存在子序列 $\{R^{n_j}\}$，使得其在 $\hat{C}$ 上一致收敛于解析映照 f。易见 f 必为有理映照，且 f 不为常值映照。当 j 充分大时，R^{n_j} 必与 f 具有相同个数的零点(考虑参数)，所以 $\deg R^{n_j}=\deg f$。另外，$\deg R^{n_j}=(\deg R)^{n_j}\to\infty(j\to\infty)$，此为矛盾。证毕。

定理 4.3.5　对于任意自然数 p，$F(R^p)=F(R)$。

证明：首先，任取 $z\in F(R)$，$\{R^n\}$ 在 z 点正规，所以作为 $\{R^n\}$ 子序列的 $\{R^{pn}\}$ 一样也在 z 点正规，这说明 $z\in F(R^p)$，故 $F(R)\subset F(R^p)$。另外，任取 $z\in F(R^p)$，考虑 p 个子序列 $\{R^{pn}\}$，$\{R^{pn+1}\}$，$\{R^{pn+2}\}$，$\cdots$，$\{R^{pn+p-1}\}$。对于 $\{R^n\}$ 的任一子序列，易见它必有一无穷子序列包含于某个序列 $\{R^{pn+k}\}(0\leqslant k\leqslant p-1)$ 中。由于 $\{R^{pn+k}\}=R^k\circ R^{pn}$，故 $\{R^n\}$ 在 z 点也正规，即 $z\in F(R)$。这说明 $F(R^p)\subset F(R)$，证毕。

任取点 $z_0\in\hat{C}$，如果序列 $\{z_0,z_{-1},z_{-2},\cdots,z_{-n},\cdots\}$ 满足 $R(z_{-n})=z_{-n+1}$ $(n=1,2,3,\cdots)$，则称该序列为 R 在 z_0 点的一条后向轨道。如果 R 在 z_0 点的所有后向轨道点集 $O_R^-(z_0)$ 是一个有限集，则称 z_0 为例外点。我们把 R 的例外点集记为 E_R，易见 E_R 是一个充分不变的集合，即 $E_R=R(E_R)=R^{-1}(E_R)$。

定理 4.3.6　E_R 至多由两个点组成，每个点均为超吸性周期点。

证明：任取 $a\in E_R$，定义 $B_n=\underset{z\geqslant n}{U}R^{-z}(a)$，易见 $R^{-1}(B_n)=B_{n+1}$，且 $B_0\supset B_1\supset B_2\supset\cdots$。由于 $a\in E_R$，故存在自然数 m，使得 $B_m=B_{m+1}$。这说明 B_m 是完全不变的，即 $R^{-1}(B_m)=R(B_m)=B_m$。所以，B_m 是一条周期轨道，$a\in B_m$，这样，$R^{-1}(a)$ 只有一个点，从而 a 是 R 的临界性，故 a 是超吸性周期点。$E_R\subset F(R)$，注意 E_R 是完全不变的，进一步由定理 4.3.4 及定理 4.3.1 可知，E_R 至多包含两个点，证毕。

定理 4.3.7　任取点 $z_0\in\hat{C}\setminus E_R$，$R$ 的后向轨迹 $O_R^-(z_0)$ 的极限点集必包含 Julia 集

$J(R)$。进一步，如果 $z_0 \in J(R)$，必有 $O_R^-(z_0) = J(R)$。

证明：任取一点 $z \in J(R)$ 及 z 的一个小邻域 D_0，记 $D = \overset{\infty}{\underset{z=0}{\cup}} R^z(D_0)$，显然 $R(D) \subset D$，所以，$R^{-1}(\hat{C} \setminus D) \subset \hat{C} \setminus D$。由定理 4.3.1，$\hat{C} \setminus D$ 至多包含两个点。这说明 $\hat{C} \setminus D$ 任一点的后向轨道有限，从而 $\hat{C} \setminus D \subset E_R$。所以有 $D \supset \hat{C} \setminus E_R$。因为 $z_0 \in \hat{C} \setminus E_R$，所以 $z_0 \in D$，故存在 $z_1 \in D_0$ 及自然数 j，使得 $R^j(z_1) = z_0$，即 $z_1 \in O_R^-(z_0)$。这就证明了 z 点有 $O_R^-(z_0)$ 的极限点。所以，$O_R^-(z_0)$ 的极限点集包含 $J(R)$。进一步，如果 $z_0 \in J(R)$，则由 $J(R)$ 的完全不变性知，$O_R^-(z_0) \subset J(R)$。故 $O_R^-(z_0) \subset J(R)$。证毕。

定理 4.3.8　$J(R)$ 是完全集，即 $J(R)$ 不含孤立点。

证明：首先由 Julia 集的非线性完全不变性和定理 4.3.6 知，$J(R)$ 是一个无限集，故至少由一个极限点。由定理 4.3.7，$J(R)$ 上的每个点均是极限点。证毕。

定理 4.3.9　如果 Julia 集 $J(R)$ 包含内点，则 $J(R) = \hat{C}$。

证明：设 $z_0 \in J(R)$ 为 $J(R)$ 的内点，则存在 z_0 的邻域 $D_0 \subset J(R)$。任取 $a \in \hat{C} \setminus E_R$，则 z_0 是 $O_R^-(a)$ 的极限点，故存在 $a_1 \in O_R^-(a)$，使得 $a_1 \in D_0 \subset J(R)$，由 $J(R)$ 的完全不变性，$a \in J(R)$，这说明 $\hat{C} \setminus E_R J(R)$。由于 $J(R)$ 是闭集，故 $J(R) = \hat{C}$。证毕。

定理 4.3.10　存在 $J(R)$ 的稠密的 G_δ 集的子集 J_1，使得任取 $z \in J_1$，z 的前向轨道 $O_R(z)$ 在 $J(R)$ 上稠密。这里 G_δ 集意指可数多个开集的交集。

证明：取可数开集族 $\{C_j\}$，它做为 $\hat{C}$ 的拓扑基。对任一同 $J(R)$ 相交的 C_j，$D_j = \overset{\infty}{\underset{n=0}{\cup}} R^{-n}(C_j)$ 是开集。由定理 4.3.1，$D_j \cap J(R)$ 在 $J(R)$ 上稠密。记 $G = \underset{j}{\cap}\big(D_j \cap J(R)\big)$，则 G 在 $J(R)$ 上稠密，且为 G_δ 集。任取 $z \in G$，$O_R(z)$ 必与某个 B_j 相交，故 $O_R(z)$ 在 $J(R)$ 上稠密。证毕。

4.3.4　周期点附近动力学性态

解析映照在周期点附近的迭代性态的研究起源与 1884 年 Koenigs 的工作，以及 1897 年 Leau 的工作和 1903 年 Böttcher 的工作。如果 z_0 是有理映照 R 的一个 p 阶周期点，易见，可以通过一个 Mötbius 变换将 R^p 共轭于以 0 为不动点的有理映照 f，且在 $z=0$ 附近 f 具有如下展开式：

$$f(z) = \lambda z + a_2 z^2 + a_3 z^3 + \cdots \tag{4-114}$$

以下研究 f 在 0 点的局部迭代动力学性质。

首先介绍关于吸性不动点的 Koenigs 定理。

定理 4.3.11　设 f 由式 (4-114) 表示，$0 < |\lambda| < 1$，则存在 $z=0$ 的一个邻域及唯一一个共形映照 $\varphi : U \to \Delta_r = \{z \mid |z| < r\}$，使得 $\varphi(0) = 0$，$\varphi'(0) = 1$，且满足 Schröder 方程：

$$\varphi \circ f(z) = \lambda \varphi(z)$$

证明：考虑辅助函数 $\varphi_n(z) = \dfrac{1}{\lambda_n} f^n(z)$，它定义在 $z=0$ 附近。首先证明 φ_n 在 $z=0$ 某个邻域一致收敛。取常数 $c>0$ 使得 $c^2 < |\lambda| < c < 1$，再取 $z=0$ 的一个小邻域 $D_0 = \{z \mid |z| < \delta\}$，只要在 $z>0$ 充分小，易见当 $z \in D_0$ 时有 $|f(z)| < c|z|$，故 $f(D_0) \subset D_0$。所以，对任意自然数 n 有

$$\left| f^n(z) \right| < c^n |z| < \delta c^n$$

又由式(4-114)可见，当 δ 充分小时，存在常数 $K>0$，使得 $z \in D_0$ 时有

$$\left| f(z) - \lambda z \right| < K |z|^2$$

故 $z \in D_0$ 时：

$$\left| f^{n+1}(z) - \lambda f^n(z) \right| < K \left| f^n(z) \right|^2 < K \delta^2 c^{2n}$$

从而 $z \in D_0$ 时：

$$\left| \varphi_{n+1}(z) - \varphi_n(z) \right| = \frac{1}{|\lambda|^{n+1}} \left| f^{n+1}(z) - \lambda f^n(z) \right| < \frac{K\delta^2}{|\lambda|} \left(\frac{c^2}{|\lambda|} \right)^n$$

由 $\dfrac{c^2}{|\lambda|} < 1$ 知，φ_n 在 D_0 内是一致收敛的 Cauchy 序列。记 φ_n 的极限函数为 φ，取 $U = \varphi^{-1}(\Delta_r)$，其中 Δ_r 为充分小的圆基，使得 φ^{-1} 在其上为共形映照。易见 $\varphi(0) = 0$，$\varphi'(0) = 1$，且满足 Schröder 方程。φ 的唯一性是显然的。证毕。

还有关于超吸性周期点的 Böttcher 定理。

1903 年 Böttcher 研究解析映照在超吸性不动点附近的局部动力学性态。不妨设解析映照 f 以 $z=0$ 为超吸性不动点，即 f 在 $z=0$ 附近具有如下展开式：

$$f(z) = z^k + a_{k+1} z^{k+1} + \cdots, \quad k \geqslant 2 \tag{4-115}$$

Böttcher 证明了如下定理。

定理 4.3.12　设 f 由式(4-115)表示，则存在 $z=0$ 的一个邻域 U 和唯一一个共形映照 $\varphi: U \to \Delta_r (0 < r < 1)$，使得 $\varphi(0) = 0$，$\varphi'(0) = 1$，且满足 Böttcher 方程：

$$\varphi \circ f(z) = \varphi(z)^k$$

证明：取 $z=0$ 的邻域 $D_0 = \{z \mid |z| < \delta\}$ 充分小，使得 $f(\overline{D}_0) \subset D_0$，且 f 在 D_0 内仅以 $z=0$ 为零点。由此可见，f 在 D_0 内的映照度为 k，f^n 在 D_0 内的映照度为 k^n。所以，我们可以取定 $(f^n(z))^{\frac{1}{k^n}}$ 的一个分支记为 ϕ_n，又是 D_0 上的单值解析映照，$\varphi_n(0) = 0$，$\varphi_n'(0) = 1$。下证 φ_n 在 D_0 内一致收敛。考虑：

$$h_n(z) = \lg_+ |\varphi_n(z)| = \frac{1}{k^n} \lg_+ |f^n(z)|$$

这里 $\lg_+ x = \max(\lg x, 0)$ ，当 D_0 充分小时，对于 $z \in D_0$ 有

$$\left| \frac{f(z)}{z^k} \right| = |1 + a_{k+1}z + \cdots| < 2$$

且 $f^n(\bar{D}_0) \subset D_0$ ，所以有

$$h_n(z) \leqslant \sum_{j=0}^{n} \frac{1}{k^{z+1}} \lg_+ \left| \frac{f(f^j(z))}{(f^j(z))^h} \right| + \lg_+ |z| \leqslant \lg 2 \cdot \sum_{j=0}^{\infty} \frac{1}{k^{j+1}} < \infty$$

这说明 $|\varphi_n(z)|$ 在 D_0 上一致有界，故 $\{\varphi_n(z)\}$ 为 D_0 上的正规族。

任取 $\{\varphi_n\}$ 的一个收敛子序列 $\{\varphi_{n_j}\}$ ，由于

$$\left| \varphi_{n_j} \circ f(z) - (\varphi_{n_j}(z))^k \right| = \left| \varphi_{n_j}(z) \right|^k \left| 1 - \left[\frac{f(f^{n_j}(z))}{(f^{n_j}(z))^k} \right]^{\frac{1}{k^{n_j}}} \right|$$

且在 D_0 内 $\frac{f(z)}{z^k} \to 1$ $(z \to 0)$ ， $f^n(z) \to 0$ $(n \to \infty)$ ， $|\varphi_n(z)|$ 一致有界，故 $\varphi_{nj} \circ f(z) - \varphi_{n_j}(z)^k \to 0$ $(j \to \infty)$ 。这说明 $\{\varphi_{n_j}\}$ 的极限函数满足 Böttcher 方程。将式 (4-115) 代入 Böttcher 方程，比较两边系数即可导出 φ 的唯一性。故 $\{\varphi_n\}$ 在 D_0 上一致收敛于极限函数 φ 。证毕。

关于有理中性不动点，我们介绍 Leau-Fatou 花瓣定理。

首先考虑一种特殊情况，f 为具有下述表示的解析映照：

$$f(z) = z + az^{k+1} + O\left(|z|^{k+2}\right) \tag{4-116}$$

这里 $a \neq 0$ ， $k \geqslant 1$ 。这时 f 以 $z = 0$ 为不动点，且 $\lambda = f'(0) = 1$ 。因此，f 在 $z = 0$ 的充分小的邻域 D_0 内是单叶的。记 $\zeta = h(z) = -\frac{1}{kaz^k}$ ，那么 $z = h^{-1}(\zeta)$ 便为 ∞ 邻域 $D_R = \{\zeta | |\zeta| > R\}$ 内的 k 值解析函数。定义 $g(\zeta) = h \circ f \circ h^{-1}(\zeta)$ ，则 g 也为 D_R 内的 k 值解析函数。取实数 x_0 充分大，以及 $\theta_0 \in \left(\frac{\pi}{2}, \pi \right]$ ，记 $S = S(x_0, \theta_0) = \{z = x_0 + re^{i\theta} | r > 0, -\theta_0 < \theta < \theta_0\}$ 。只要 x_0 充分大，可使 $S \subset D_R$ 。因此，h^{-1} 在 S 上可分解为 k 个单值解析分支 $h_j^{-1}(j = 1, 2, \cdots, k)$ ，记 $L_j = h_j^{-1}(S)$ ，它们是 k 个互不相交的单连通区域，以原点 $h_j^{-1}(\infty) = 0$ 为公共边界点，每个区域 L_j 在原点的张角为 $\frac{2\theta_0}{k}$ ，在 L_j 内 h 是一个共形映照。f 在 L_j 内

共形共轭与 S 内的解析映照，$g_j(\zeta) = h \circ f \circ h_j^{-1}(\zeta)$。易见 $g_j(j = 1, 2, \cdots, k)$ 是 g 在 S 内的 k 个单值解析分支。进一步：

$$
\begin{aligned}
g_j(\zeta) = h \circ f \circ h_j^{-1}(\zeta) &= -\frac{1}{kaz^k}\left(1 + az^k + O\left(|z|^{k+1}\right)\right)^{-k} \\
&= \zeta\left(1 + kaz^k + O\left(|z|^{k+1}\right)\right) \\
&= \zeta + 1 + o(1)
\end{aligned}
\tag{4-117}
$$

由于 $g_j(\overline{S}) \subset S \cup \{\infty\}$ 且 $g_j^n(\zeta) \to \infty$（$\zeta \in S, n \to \infty$），故 $f(\overline{L}_j) \subset L_j \cup \{0\}$ 且 $f^n(z) \to 0$（$z \in L_j, n \to \infty$）。我们称 L_j 为 f 在不动点 $z = 0$ 处的一个吸性花瓣。这 k 个吸性花瓣 $L_j(j = 1, 2, \cdots, k)$ 均匀排列在不动点 $z = 0$ 周围，相邻两个花瓣 L_j 和 L_{j+1} 在 $\delta = 0$ 点的夹角为 $\dfrac{2(\pi - \theta_0)}{k}$。故只要取 $\theta_0 = \pi$，便可得到一组在不动点处两两相切的花瓣。

注意，以上讨论的全是 f 在不动点 $z = 0$ 处的局部性态，这种讨论可以完全移植到 f 在 $z = 0$ 处的逆映照 f^{-1} 上。由于 $f^{-1}(z) = z - az^{k+1} + O\left(|z|^{k+2}\right)$（$|z| \to 0$），可知 f^{-1} 在不动点 $z = 0$ 处也有 k 个吸性花瓣 $L_j'(j = 1, 2, \cdots, k)$，每个 L_j' 在 $z = 0$ 处的张角也为 $\dfrac{2\theta_0}{k}$，且位于两个相邻的 L_j 和 L_{j+1} 的正中间。在 L_j' 上，$f^{-1}(\overline{L}_j') \subset \overline{L}_j' \cup \{0\}$ 且 $f^{-n}(z) \to 0$（$\delta \in L_j'$，$n \to \infty$）。我们称 L_j' 为 f 的一个斥性花瓣。易见 $\overset{k}{\underset{j=1}{\cup}}\left(L_j \cup L_j'\right) \cup \{0\}$ 是不动点 $z = 0$ 的一个邻域。

以下我们给出 Leau-Fatou 花瓣定理。

定理 4.3.13　设 f 由式（4-116）表示，任给 $x \in \left(\dfrac{\pi}{k}, \dfrac{2\pi}{k}\right]$，则存在 $2k$ 个单连通区域 L_j 与 L_j'，我们以不动点 $z = 0$ 为公共边界，在 0 点具有张角 α，围绕 $z = 0$ 交替排列，且存在共形映照 $\varphi_j : Lj \to S$, $\varphi_j' \to S$, $\varphi_j(0) = \varphi_j'(0) = \infty$（$j = 1, 2, \cdots, k$）使得：在 L_j 内 $\phi_j \circ f(z) = \varphi_j(z) + 1$；在 L_j' 内 $\varphi_j' \circ f(z) = \varphi_j'(z) - 1$。

证明：吸性花瓣和斥性花瓣的存在性及相关几何性质已在前面详细阐述。以下证明共形映照 φ_j 的存在性。首先，由式（4-117），在 L_j 内 $h \circ f(z) = h(z) + 1 + o(1)$，$h$ 把 L_j 共形映照为 S。为简便计算，我们把 h 的逆映照记为 $\beta(\zeta)$。故 $\beta(\zeta)$ 为 S 上的共形映照，且 $\beta(\zeta) = \zeta + 1 + \eta(\zeta)$，$\eta(\zeta) = \dfrac{a_1}{\zeta} + \dfrac{a_2}{\zeta^2} + \cdots$。考虑变换：

$$
\zeta \to \gamma_1(\zeta) = \int \frac{d\zeta}{1 + \eta(\zeta)} \approx \zeta - \lg \zeta + o(1)
$$

这里积分为 S 内的逆路积分。易验证 $\gamma_1(\infty) = \infty$，$\dfrac{\gamma_1(\zeta)}{\zeta} \to 1$（$\zeta \to \infty$）　利用 Cauchy

积分公式，$\left|\eta'(\zeta)\right| = o\left(\dfrac{1}{|\zeta|}\right)$，故 $\gamma_1''(\zeta) = o\left(\dfrac{1}{|\zeta|}\right)(|\zeta| \to \infty)$，于是

$$\gamma_1 \circ \beta(\zeta) = \gamma_1(\zeta + 1 + \eta(\zeta))$$
$$= \gamma_1(\zeta) + \gamma_1'(\zeta)(1 + \eta(\zeta)) + o\left(\dfrac{1}{|\zeta|}\right)$$
$$= \gamma_1(\zeta) + 1 + o\left(\dfrac{1}{|\zeta|}\right)$$

即 β 在 S 内共形共轭于 β_1：$\zeta \to \gamma_1 \circ \beta \circ \gamma_1^{-1}(\zeta) = \zeta + 1 + o\left(\dfrac{1}{|\zeta|}\right)$。

对 β_1 进行上述同样的共轭变换，存在 γ_2，使得 β_1 共轭于 $\beta_2(\zeta) = \gamma_2 \circ \beta_1 \circ \gamma_2^{-1}(\zeta) = \zeta + 1 + o\left(\dfrac{1}{|\zeta|^2}\right)$。故 $|\zeta|$ 充分大时有

$$\left|\beta_2(\zeta) - \zeta - 1\right| < \dfrac{1}{|\zeta|^2} \tag{4-118}$$

另外，当 $\mathrm{Re}\,\zeta$ 充分大时：

$$\left|\beta_2(\zeta)\right| > |\zeta| + \dfrac{1}{2} \tag{4-119}$$

面对任意一点 $\zeta \in S$ 存在 $N = N(\zeta)$，当 $n \geqslant N$ 时，$\mathrm{Re}\,\beta_2^n(\zeta) > x_0$，因此，当 $n > N$ 时，$\left|\beta_2^n(\zeta)\right| > \left|\beta_2^{n-1}(\zeta)\right| + \dfrac{1}{2} > \left|\beta_2^N(\zeta)\right| + \dfrac{1}{2}(n - N)$。考虑函数序列 $\psi_n(\zeta) = \beta_2^n(\zeta) - n$。

如果 φ_n 在 S 内局部一致收敛于 φ，则易见 $\psi \circ \beta_2(\zeta) = \psi(\zeta) + 1$，$\psi(\zeta) = \zeta + 1 + o(1)$ $(|\zeta| \to \infty)$。令 $\varphi = \psi \circ \gamma_2 \circ \gamma_1$，即可导出定理 4.3.13 的结论。事实上，由式 (4-118) 和式 (4-119) 可知，对任意 $K>0$，及 $n>N$ 有

$$\left|\psi_{n+k}(\zeta) - \psi_n(\zeta)\right| \leqslant \sum_{j=n}^{n+k-1} \dfrac{1}{\left|\beta_2^j(\zeta)\right|^2} < \sum_{j=n}^{\infty} \dfrac{1}{\left(2\left|\beta_2^N(\zeta)\right| + j - N\right)^2}$$

当 $n \to \infty$ 时趋于 0。因此，ψ_n 是 Cauchy 序列，即其在 S 内局部一致收敛。证毕。

现在考虑较为一般的情况，设 f 为具有式 (4-114) 表示的解析映照，其中 $\lambda = \mathrm{e}^{2\sin\theta}$，$\theta = \dfrac{p}{q}$，$q$ 和 p 为互素的自然数。这时：

$$f^q(z) = z + bz^{k+1} + O(z^{k+2}), \quad |z| \to 0$$

由定理 4.3.13，f^q 在不动点 $z=0$ 处有 k 个吸性花瓣 $L_j(j = 1, 2, \cdots, k)$。取 L_j 充分小，可使每个 $f^i(1 \leqslant i < q)$ 在 L_j 上共形。固定某个 L_j，考虑 $f^i(L_j)$，它近似于将 L_{j_1} 旋转一个

角度 $\dfrac{2\pi pi}{q}$。适当调整花瓣大小，可使 $f^i(L_j)$ 也是 f^q 的一个吸性花瓣。这样，我们从 L_{j_1} 出发可以得到一个吸性花瓣循环：

$$L_{j_1},L_{j_2},\cdots,L_{j_{q-1}}, f\left(L_{j_i}\right)=L_{j_{i+1}}, f\left(L_{j_{p-1}}\right)=L_{j_1}$$

这样，我们得到如下结论。

定理 4.3.14 设 f 由式(4.114)表示 $\lambda=\mathrm{e}^{2\pi i\theta}$，$\theta=\dfrac{p}{q}$，$p$ 和 q 为互素的自然数，则 f 在不动点 $z=0$ 处存在 sq 个吸性花瓣，构成 s 组吸性花瓣循环。同样，f 在 $z=0$ 处也有 sq 个斥性花瓣，构成 s 组斥性花瓣循环，这里 s 为某个自然数。

给定有理映照 R 的一条有理中性周期轨道 $\{z_0,z_1,\cdots,z_{p-1}\}$，则 $z_j(j=0,1,\cdots,p-1)$ 全为 R^p 的有理中性不动点。由 Leau-Fatou 花瓣定理可见，$z_j\in J(R)(j=0,1,\cdots,p-1)$。即有理中性周期点属于 Julia 集。而无理中性周期点可能属于 Julia 集，也可能属于 Fatou 集。我们把属于 Julia 集的无理中性周期点称为 Cremer 点，而把属于 Fatou 集的无理中性周期点称为 Siegel 点。这两类周期点具有深刻的动力学性态。Cremer 点附近的动力学性态是复解析动力系统研究的重要内容之一。

这一节内容及更系统的内容见参考文献[3]。

4.4 Leau-Fatou 花瓣逆定理及巷道围岩稳定性

在 4.3 节我们介绍了 Kastner 方程迭代得到的更为精确的弹塑性边界，由此引发复平面上位移变换的迭代问题。在 4.4 节我们简要介绍复解析映照的迭代动力系统，其中 Leau-Fatou 花瓣定理给出了有理中性周期点附近 Julia 集的分布特点，它同 Kastner 方程式(4-113)及图 4-10 的联系是直观的。本节将深入研究这两者之间的理论研究。

4.4.1 花瓣逆定理

我们首先提出如下逆问题：Leau-Fatou 花瓣逆问题。如果 Julia 集在其上一点 z_0 处按花瓣特征分布，我们称此点 z_0 为花瓣点，那么，花瓣点最终要进入有理中性周期轨道吗？

为了回答上述问题，我们需要对花瓣点更为精确的刻画。对于 Julia 集 $J(R)$ 上一点 α，如果存在 $p(<\infty)$ 对互不相同的光滑弧 $\gamma_j(t),\gamma_j^*(t)(0\le t\le\Delta)$，它们仅在 $\alpha=\gamma_j(0)=\gamma_j^*(0)$ $(j=1,2,\cdots,p)$，γ_j 与 γ_j^* 在 α 点相切，而 $i\ne j$ 时，γ_j 与 γ_j^* 在 α 点不相切。当 $\delta>0$ 充分小时，我们把 $\Delta_\delta(\alpha)\backslash\left(\gamma_j\cup\gamma_j^*\right)$ 较小的那个分支记为 $L_j(\delta)$，称为 γ_j 与 γ_j^* 的尖角域。如果 δ 充分小时：

$$J(R)\cap(\Delta_\delta(\alpha)\backslash\{\alpha\})\subset\bigcup_{j=1}^{p}L_j(\delta)$$
$$L_j(\delta)\cap J(R)\ne\phi,\quad j=1,2,\cdots,p$$

则称 α 为具有 p 个花瓣的花瓣点。仅有一个花瓣的花瓣点其实就是 Julia 集 $J(R)$ 的一个尖点。记

$$\Lambda(R) = \{\alpha \in J(R) | \alpha \text{是一个花瓣点}\}$$

再记

$$\Lambda(R) = \{z_0 \in J(R) | \text{对某个} n \in IN, \ R^n(z_0) \text{为} R \text{的有理中性周期点}\}$$

由 Leau-Fatou 花瓣定理(定理 4.3.13)易见，$\Lambda(R) \supset \Lambda_0(R)$。逆问题是：是否有 $\Lambda(R) = \Lambda_0(R)$？

定理 4.4.1　设 R 是临界非回归的有理映照，则 $\Lambda(R) \neq \Lambda_0(R)$ 当且仅当 $J(R)$ 为圆周、圆弧，或者有限条互不相交解析弧上的 Cantor 集。

为了证明定理 4.4.1，我们需要 Fatou 的下述结果[3]。

引理 4.4.1　如果有理映照 R 的不变分支 D 的边界 ∂D 是一条解析曲线，则 ∂D 只能是圆周或者圆弧。

定理 4.4.1 的证明：首先，如果 $J(R)$ 是圆周、圆弧，或者有限条不相交的解析曲线上的 Cantor 集，显然，$\Lambda(R) = J(R)$，从而 $\Lambda(R) \neq \Lambda_0(R)$。

以下假设 $\Lambda(R) \neq \Lambda_0(R)$，取一点 $\alpha \in \Lambda(R) \setminus \Lambda_0(R)$。我们分两种情况讨论。

(1)设存在 $m \in IN$，使得 $R^m(\alpha)$ 为 R 的周期点。对某一自然数 p，R^p 在 $R^m(\alpha)$ 的小邻域内有如下展开式：

$$R^p(z) = R^m(\alpha) + (R^p)'(R^m(\alpha))(z - R^m(\alpha)) + \cdots \tag{4-120}$$

易见，$R^m(\alpha)$ 也为一个花核点，由式(4-120)可知，$R^m(\alpha)$ 不可能为 Cermer 点，故 $R^m(\alpha)$ 为斥性周期点。由局部线性化定理(定理 4.3.11)，存在共性映照 ϕ，它把 $R^m(\alpha)$ 的一个领域 U 映为原点 O 的一个和领域 V，使得

$$\phi \circ R^p \circ \phi^{-1}(z) = (R^p)'(R^m(\alpha)) \cdot z, \ z \in V$$

由此易知，$\phi(J(R) \cap U)$ 位于有限多条射线 $L_j : \arg z = \theta_j (j = 1, 2, \cdots, q)$ 上。这说明，$J(R) \cap U$ 简单解析弧 $\phi^{-1}(L_j)$ $(j = 1, 2, \cdots, q)$ 上。

如果 $J(R)$ 不是 Cantor 集，则存在开圆盘 U。使得对某个 L_j，$U_o \cap \phi^{-1}(L_j) \cap J(R)$ 为一条解析弧。由局部齐性定理[3]得，$J(R)$ 为解析曲线。$F(R)$ 至多有两个分支，再由引理 4.4.1 可知，$J(R)$ 是圆周或者圆弧。

如果 $J(R)$ 是 Cantor 集，任取 $z_o \in J(R)$，由于 $\{R^{-j}(z_0) | j \in IN\}$ 在 $J(R)$ 上稠密，故存在 z_0 的领域 B_0，及 $R^{-n}(B_0)$ 的某个分支 A_0 (这里 n 为某个自然数)，使得 $A_0 \cap J(R)$ 位于某个 $\phi^{-1}(L_j)$ 的内部。由 $J(R)$ 的完全不变性易见，当 $\Delta_\varepsilon(z_0) \subset B_0$ 充分小时，$J(R) \cap \Delta_\varepsilon(z_0)$

一定位于一条简单的解析弧上。所以，存在有限个区域 $N_1, N_2, \cdots, N_k$，使得

$$\bigcup_{j=1}^{k} N_j \supset J(R)$$

$$\partial N_j \cap J(R) = \phi, \quad j = 1, 2, \cdots, k$$

且每个 $J(R) \cap N_j$ 位于一条简单的解析弧上。显然，集合

$$\left(\bigcup_{j=1}^{k} V_j \right) \backslash \left(\bigcup_{j=1}^{k} \partial N \right)$$

仅有有限多个连通分支 $V_j (j = 1, 2, \cdots, \zeta)$，它们满足：

$$\bigcup_{j=1}^{s} V_j \supset J(R)$$

$$V_i \cap V_j = \phi, \quad i \neq j$$

且每个 $J(R) \cap V_j$ 位于一条简单解析弧上。

(2)设 $R^j(\alpha)$ 对一切 $j \in IN$ 均不是周期点。由于 R 仅有有限个临界点，故存在 $j_0 \in IN$，使得 $j \geqslant j_0$ 时，$R^j(\alpha)$ 均不是临界点。记 $\alpha_0 = R^{j_0}(\alpha)$，则 $\alpha_0 \in \Lambda(R) \backslash \Lambda_0(R)$。假设 $\{R^{j_0}(\alpha)\}$ 的某个子列趋于一个抛物线周期点 β，在 β 的小邻域里有

$$R^p(z) = \beta + a_{t+1}(z - \beta)^{t+1} + \cdots, \quad a_{t+1} \neq 0$$

这里 $\beta, t \in IN$。进一步，在 β 点存在 t 个尖角域 $D_j (1 \leqslant j \leqslant t)$，使得对某个 $r > 0$，$B = \Delta_{3r}(\beta)$ 仅包含一个抛物周期点 β，且

$$J(R) \cap B \subset \bigcup_{j=1}^{t} D_j$$

$$|z - \beta| < |R^{\phi(z)} - \beta| < 2|z - \beta|, \quad z \in D_j \cap B$$

由此可知，圆环 $\{z | r < |z| < 2r\}$ 中至少包含 $\{R^j(\alpha_0)\}$ 一个极限点。这说明 ω 的一极限集 $\omega(\alpha_0)$ 不能被包含于 R 抛物周期点集。

下面用 Urbánski 的方法，可以证明：存在点 $\beta_0 \in \omega(\alpha_0)$ 使得 $\beta_0 \notin \omega(G)$，且 β_0 不是抛物周期点，这里 G 是 R 的所有包含于 $\omega(\alpha_0)$ 的临界点的集合[3]。事实上，若不然，即这样的点 β_0 不存在，则 $G \neq \phi$。设 $c_1 \in G$，因为 R 没有回归临界点，故存在 $c_2 \in G$，$c_2 \neq c_1$，使得 $c_1 \in \omega(c_2)$。同样，存在 $c_3 \in G$，$c_3 \neq c_1$，$c_3 \neq c_2$，使得 $c_2 \in \omega(c_3)$。一直讨论下去，我们可以导出，$\omega(\alpha_0)$ 包含 R 无穷多个临界点，矛盾。

从而，我们可以选取一个具有上述性质的点 β_0。取 $\delta_0 > 0$ 充分小，使得 $\Delta_{3\delta_0}(\beta_0)$ 不含抛物周期点，且 $\Delta_{3\delta_0}(\beta_0)$ 与 $\omega(G)$ 不交。故存在 $M \in IN$，使得 $\Delta_{2\delta_0}(\beta_0)$ 与 $\bigcup_{j=M} R^j(G)$ 不

交。从而，对于收敛于 β_0 的子序列 $R^{k_j}(\alpha_0) \subset \Delta_{\delta_0}(\beta_0)$，每个圆盘 $\Delta_{\delta_0}\left(R^{k_j}(\alpha_0)\right)$ 均与 $\underset{j=M}{U} R^j(G)$ 不交。

记 $R^{-M}\left(\Delta_{\delta_0}\left(R^{k_j}(\alpha_0)\right)\right)$ 的包含 $R^{k_j-M}(\alpha_0)$ 的分支为 W_j，从以上讨论我们知道，$R^{-n}(W_j)$ $(n=1,2,\cdots)$ 均与 G 不交。由 Mañé 定理[3]，存在 $\delta_1 > 0$，使得

$$\Delta_{2\delta_1}\left(R^{k_j-M}(\alpha_0)\right) \subset W_j$$

且 $R^{-n}\left(\Delta_{2\delta_1}\left(R^{k_j-M}(\alpha_0)\right)\right)$ $(n \in IN)$ 的每个分支的直径小于 $\varepsilon_0 / 2$，这里 ε_0 取为集合 $\left\{R^n(\alpha_0) \mid n \in IN\right\}$ 与 G 外的临界点集之间的距离。这说明，$R^{-n}\left(\Delta_{2\delta_1}\left(R^{k_j-M}(\alpha_0)\right)\right)(n \leqslant k_j - M)$ 的每个分支均不含 R 的临界点。

选取 $\{R^{k_j-M}(\alpha_0)\}$ 的子列 $\{R^{m_j}(\alpha_0)\}$，使其收敛于一点 β_1。记 Ω_j 为 $R^{m_j}(\Delta_{\delta_1}(\beta_1))$ 的包含 α_0 的分支，则 j 充分大时：

$$R^{m_j}: \Omega_j \to \Delta_{\delta_1}(\beta_1)$$

为单叶映照，记其逆映照为 $g_j: \Delta_{\delta_1}(\beta_1) \to \Omega_j$。

不难证明，$\{g_j\}$ 是 $\Delta_{\delta_1}(\beta_1)$ 上的正规族。不失一般性，不妨设 g_j 在 $\Delta_{\delta_1}(\beta_1)$ 上趋于一个常数。由于 $g_j\left(R^{m_j}(\alpha_0)\right) = \alpha_0$，故 $g_j(z) \to \alpha_0$，从而 $\lambda_j = g_j'\left(R^{m_j}(\alpha_0)\right) \to 0$ $(j \to \infty)$。又对充分大的 j 时，$\left|R^{m_j}(\alpha_0) - \beta_1\right| < \dfrac{\delta_1}{4}$。

故：

$$\phi_j(\eta) = \left(g_j\left(R^{m_j}(\alpha_0) + \frac{1}{2}\delta_1\eta\right) - \alpha_0\right)\frac{2}{\delta_1\lambda_j}$$

在 $\{\eta \| \eta | < 1\}$ 上单叶，$\phi_j(0) = 0$ 且 $\phi_j'(0) = 1$。

取 $\{\phi_j\}$ 一个适当的子列 $\{\phi_{j_k}\}$，可使 $\arg\lambda_{j_k}$ 趋于某个常数 θ。不妨设 $\arg\lambda_j \to \theta$ $(j \to \infty)$。又 ϕ_j 局部一致趋于单位圆盘上的单叶函数 ϕ，$\phi(0) = 0$ 且 $\phi'(0) = 1$，故

$$\phi(\eta) = \frac{2}{\delta_1\lambda_j}\left(g_j\left(R^{m_j}(\alpha_0) + \frac{1}{2}\delta_1\eta\right) - \alpha_0\right) + \zeta_j(\eta) \tag{4-121}$$

其中，$\zeta_j(\eta) = \phi(\eta) - \phi_j(\eta)$，且在单位圆盘上 $\zeta_j(\eta)$ 局部一致趋于 0。任取 $z \in J(R) \cap \Delta_{\delta_1/4}(\beta_1)$，记 $z = R^{m_j}(\alpha_0) + \delta_1\eta/2$，由式 (4-121) 可知：

$$\Phi\left(\frac{2}{\delta_1}\left(z - R^{m_j}(\alpha_0)\right)\right) = \frac{2}{\delta_1\lambda_j}\left(g_j(z) - \alpha_0\right) + \zeta_j(\eta) \tag{4-122}$$

由于 α_0 是花核点，存在 $\{g_j(z)\}$ 的无穷序列 $\{g_{j_v}(z)\}$，使得 $j_v \to \infty$ 时，$\arg\left(g_{j_v}(z) - \alpha_0\right)$ 趋于某一常数 θ_1。由式(4-122)可知：

$$\varPhi\left(\frac{2}{\delta_1}(z - \beta_1)\right) = t\mathrm{e}^{i(\theta_1 - \theta)}, \quad t > 0$$

这说明 $J(R) \cap \Delta_{\delta_1/4}(\beta_1)$ 位于有限条解析弧上。同(1)中讨论，便可导出定理的结论。证毕。

以上内容参见文献[4]。

4.4.2　基于花瓣逆定理的围岩稳定性

在 4.3 节中我们看到 Kastner 方程给出了巷道横截面岩土的弹塑性曲线的刻画，但没有考虑反复来压的迭代作用，该方程在工程上往往存在一定误差。我们考虑 Kastner 方程的反问题，求解其位移变换，研究其迭代的极限，从而把弹塑性区域的确定问题转化为巷道围岩位移变换的复动力系统的稳定性问题。在 4.4.1 节，我们在临界不回归的条件下证明了花瓣逆定理。

这个逆定理表明：可以通过观察花瓣点(图 4-11)来判断动力系统簇连续演化的奇点。Efendiev 在 Zbl MATH 上评价上述逆定理为：给出了 Julia 集几何性质与动力学性质之间的关系。现在考虑巷道围岩位移变换簇的 Julia 集随各种地质和人为参数的演化，由于具有有理中性周期点的 Julia 集可能是这簇 Julia 集连续性的奇点[5]，基于上述逆定理我们可以给出围岩稳定性预警判据：具有有理中性不动点的位移变换为致灾位移；花瓣弹塑性曲线为安全临界曲线(图 4-12)。工程实践表明：蝶形塑性区对于冲击地压的发生极为敏感，完全符合这一复动力系统不稳定性论断[6]。进一步，我们还可以以此为理论基础，研究更大范围的地质缺陷问题[7-9]。

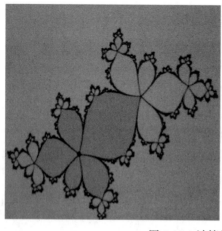 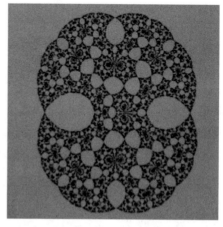

图 4-11　计算机绘制的花瓣点

为了验证上述预警的可靠性和重要性，我们研发了基于贝叶斯网络预测方法的矿井巷道动力能量搜索方法[10,11]，开发了应用软硬件系统，证实了致灾位移的显著危害性。

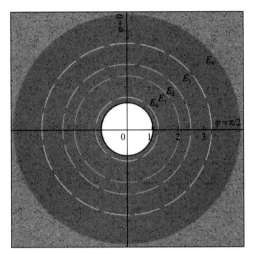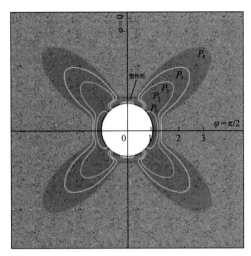

图 4-12　花瓣弹塑性曲线为安全临界曲线示意图

具体流程分为三个步骤：一是综合地质区域动力规划、采矿工程、贝叶斯网络理论中的各种因素，生成巷道动力能量来源因果关系网络图；二是借助自主研发的采矿和地质数据采集、判别软件系统对网络节点作分级先验概率赋值，生成贝叶斯网络；三是迭代网络，生成最优贝叶斯概率分布表，聚焦动力能量来源。该方法证实，在影响巷道安全性的八大因素中，致灾位移因素是影响安全最重要的因素。2020 年 *Science* 刊文（"Recommendations for Scientific Breakthroughs of Chinese Universities in 2020"）将上述应用成果评价为：首次发现了 Kastner 方程与复动力系统理论中 Leau-Fatou 花瓣定理逆问题的联系，为隧道动力学研究开辟了一条全新的途径。

　　毫无疑问，上述花瓣点对应的巷道围岩位移可看作致灾位移。既然从动力学原理上看，致灾位移因素如此重要，那么在地下资源开采过程中，为了确保巷道安全，就要把规避这种位移当作从始至终的重点任务。本节的内容及更为系统的研究见参考文献[3],[5],[12]。

4.5　规避动态应力峰值的连续末采技术

　　如前所述花瓣点对应的巷道围岩位移可看作致灾位移，因此从安全的角度要求我们在工程实践中尽可能规避，事实也如此，譬如采空区侧向固定支承应力长时间作用于煤柱上方，易造成相邻巷道的强矿压，甚至冲击地压；工作面在推进过程中到达停采线后（回撤通道位置），按照设计与上山或大巷保留一定宽度尺寸的煤柱不采，煤柱留设的本意是保护前方的上山或者大巷（与回采巷道不同，上山或者大巷服务年限更久），可事实并不如此。第一，如煤柱尺寸过大，势必影响矿井采出率；第二，煤柱留设较小，煤柱受到工作面推进方向采空区长时间的超前应力影响，内部应力与能量积聚，直接造成前方上山或者大巷维护难，甚至发生冲击地压危险。

　　在第 3 章，我们给出工作面间连续开采的几种方法，那么结合本章前述"规避致灾位移"的思路，需要我们依据现有技术，创新性地从致灾位移发生的主体——末采煤柱的角度出发，以形成推进方向"连续开采"的致灾位移规避机理。

4.5.1 传统末采技术

随着回撤工艺不断发展，我国煤矿先后设计并应用了不同的末采回撤搬家工艺，其中应用较广泛的有三种，分别是无预掘回撤通道、预掘单回撤通道、预掘双回撤通道。

无预掘回撤通道技术[13]，是指在工作面到达距离上山或大巷一定距离的停采线时，利用采煤机形成回撤通道，同时充分利用工作面已有采煤空间及设备组成工作面搬家系统，利用工作面生产系统及外加绞车作为传动及动力系统，完成工作面设备回撤工作。无预掘回撤通道技术的优点包括：工艺简单，节约设备耗材；回撤过程中围岩压力较小，有利于围岩保持稳定性。同时，无预掘回撤通道技术也存在缺点：支架回撤周期长，巷道维护成本增加；工作面前方顶板易冒落，煤壁易片帮，安全性较差；回撤空间狭小，搬家速度受到限制，管理难度大。由于上述原因，对于采高较小、支架尺寸较小的综采工作面可以考虑使用。

预掘单回撤通道技术[14]，是指在停采线处沿工作面倾斜方向预先设计并施工一条巷道，在工作面贯通之后与工作面空间共同作为搬家空间。预掘单回撤通道技术具有其他两种技术的优点，但这种方式需要较大的通道断面，在采动影响下，维护难度较大。

预掘双回撤通道技术[15]，是指在停采线处沿工作面倾向方向设计两条巷道，即主回撤通道与辅助回撤通道。靠近工作面一侧称为主回撤通道，其主要作用是在工作面贯通之后为支架转向、移动提供空间；靠近外部辅巷是液压支架的专用运输通道。在两条回撤通道之间由若干条联络巷贯通，一般联络巷之间的间距在 50m 左右。由两条回撤通道、联络巷以及贯通后的工作面空间共同组成了搬家系统。两条辅巷的间距一般为 20~25m；它们之间的联巷是工作面多头作业、分段放顶的安全出口。与无预掘回撤通道技术相比，这种技术有了预掘好的调向空间，无需在架前花费时间切割煤壁，能够及时对刮板输送机、采煤机及液压支架进行回撤，也有利于工作面顶板管理，从而达到快速搬家的目的。两辅巷间的联络巷形成了"多通道"回撤。联巷长度只有 10~20m，一方面给工人带来便于撤出的安全感，另一方面提高了工作效率，缩短了回撤时间。这种回撤方式在神府—东胜煤田广泛使用。其缺点有：预先开掘两条回撤巷道和多条联络巷，工程量大，材料消耗最多；需要留煤柱，浪费大量资源，回撤巷道经受动压影响难以维护。

目前大多数综采工作面采用预掘单回撤通道或预掘双回撤通道的方式，尤其是大采高工作面，普遍采用预掘双回撤通道，如图 4-13 所示。

Oyler 和 Frith 在多个国家收集了 131 个预掘回撤通道应用案例[16]，其中包括 13 个不成功的案例，这 13 个不成功案例中，6 次为液压支架前方的顶板局部冒落，7 次为顶板整体下沉，压死液压支架。在试验预掘回撤通道时，我国的神东矿区和平朔矿区都曾经发生顶板压死支架的情况[17,18]。

但是双回撤通道确实具有显著的高效模式，最快搬家记录仅 5d，该模式需预先掘出两条平行于回采工作面、宽度约 5m、间距 20~25m 的主回撤通道和辅助回撤通道，两通道由 4、5 条联络巷沟通[19-21]，如图 4-14 所示。

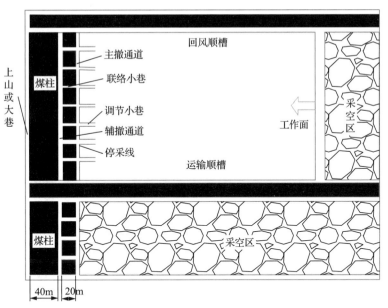

图 4-13 具有高效模式的双回撤通道示意图

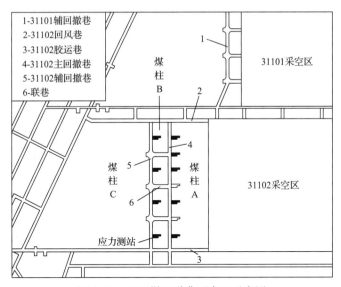

图 4-14 双回撤通道典型布置示意图

　　文献[22]通过采取加强矿压观测、预注马丽散、确定合理的挂网位置、提高支架支护性能、缩短挂网时间等预防措施，可确保 7m 大采高工作面安全顺利贯通。

　　文献[23]针对孔庄煤矿典型深部开采中采区上山保护煤柱的蠕变变形及长期稳定性问题展开研究，发现开采工作面超前支承应力明显影响范围为 73m，在此基础上对煤柱的蠕变特性及长期稳定性进行研究，发现煤柱宽度大于 85m 时，再增加煤柱宽度，趋于稳定的时间及蠕变变形量不大；煤柱宽度小于 85m 时，随着煤柱宽度减小，煤柱趋于稳定的时间越来越长，变形量也逐渐增大，最终确定上山保护煤柱的合理宽度为 85m。

　　文献[24]针对综采面在末采阶段回撤通道易出现支架压死和围岩变形量过大的问

题，提出了末采阶段通道间保护煤柱载荷转移的力学机理，结果确定张家峁煤矿末采阶段的让压位置为 6m，保护煤柱宽度 25m，末采阶段未出现压架事故。

文献[25]以鄂尔多斯某矿综采面末采段近双回撤通道为背景，基于覆岩理论对通道冲击机理进行研究，表明采用双巷回撤方案的综采面末采阶段主回撤巷与工作面之间的煤柱将承载较高的集中应力，当承载能力达到极限时煤柱冲击危险性最高，在此基础上形成冲击地压控制方案包括：确定合理的卸压参数，通过施工大直径钻孔释放煤体集中应力，补强锚杆支护密度以减少围岩结构破坏程度，同时加强危险区域的监测预警，确保巷道围岩处于"低应力、强支护"状态。

文献[26]为避免工作面贯通及回撤过程中顶板再次来压，保证回撤通道围岩稳定，分析贯通前不同矿压调整措施的适用条件，建立了末采剩余煤柱力学分析模型，求解出末采煤柱临界宽度稳定性的影响因素包括基本顶断裂位置、工作面埋深、岩层性质及采煤高度等。

文献[27]针对神东矿区综采面末采阶段回撤过程中发生压架事故的问题，就让压开采的原理及适用性进行了研究，发现让压开采是一种通过在综采面回撤前适当位置停采来避免贯通回撤时工作面受顶板来压威胁的有效技术措施，运用停采让压，降低推进速度，可改变周期来压位置和减小来压持续长度，实现贯通时顶板无来压的目标。

文献[28]为实现大采高工作面末采期间回撤通道快速顺利贯通，以万利一矿大采高工作面为背景，在避开周期来压的基础上，对挂网工艺进行优化，贯通过程用时 32h，贯通期间工作面顶底板高差满足要求。

文献[29]为了确保综放工作面末采期间支架顺利回撤，基于不连沟煤矿工作面的开采技术条件，研究了综放工作面末采期间矿压显现规律，表明末采停止放顶煤后，工作面来压步距增大，但强度降低；随着采深的增加，顶板破断由滑落失稳向回转失稳转变，矿压显现程度降低；通过提高主回撤巷道内支架的工作阻力，可减小顶底板围岩的变形和失稳破坏，利于巷道围岩的稳定和支架的顺利回撤。

文献[30]针对寺河矿大采高工作面末采阶段矿压显现剧烈，易出现片帮、冒顶，进而影响液压支架顺利撤出的问题，采用新型无机注浆材料对距主撤架通道后 40m 范围煤体进行超前预加固，并在撤架通道开采侧煤体局部地区补注少量有机注浆材料的联合注浆加固技术，有效解决了大采高工作面末采阶段存在的片帮等问题，实现了安全快速贯通。

文献[31]为解决 7m 大采高综采工作面末采压架事故，基于大柳塔煤矿 52304 工作面支架压死和冒顶事故的原因，探索了工作面压力显现强烈的机理，分析了末采阶段矿压显现规律，提出了处理支架压死的技术方案。

文献[32]为保证末采期间回撤通道的稳定性，以布尔台煤矿综采工作面为工程背景，对回撤通道围岩加固技术进行研究，建立了末采期间剩余煤柱力学模型，得到煤柱极限稳定时剩余煤柱宽度计算方法，确定最佳注浆时机对应位置为剩余煤柱宽度 10.1m。

文献[33]针对重型综采面回撤通道在采深大于 300m 后易出现底鼓、冒顶、片帮甚至冲击等问题，以鄂尔多斯某矿为例进行研究，发现当埋深达到 272～322m 时，双通道撤架方案的主回撤通道围岩易出现冒顶和片帮等问题，若煤体具有冲击倾向性且埋深超过

465m，具备冲击地压发生的条件。为此，提出并实施了深部重型综采面长距离多联巷快速回撤技术。

文献[34]针对神东矿区补连塔煤矿实际工作面在回撤阶段调节巷易诱发工作面端面冒顶的问题，对调节巷交叉点围岩稳定的影响展开计算研究，结果表明基于煤体稳定时调节巷适用的极限埋深为 213～318m，基于围岩变形可控时调节巷适用的极限埋深为165～229m，最终确定神东矿区调节巷适用的合理埋深应小于 165m。

文献[35]为了实现特殊条件下大采高工作面设备快速安全回撤，以赵庄矿实际回撤通道为工程背景，研究了基本顶不同断裂位置和周期来压步距对回撤通道的影响，进而确定合理的回撤通道位置，并根据通道赋存特征和围岩条件，坚持"顶帮协同控制"的原则，在提高支架初撑力的基础上，顶板采用全锚索支护，煤帮采用锚网索联合支护。

文献[36]分析了影响预掘回撤通道稳定性的主要因素，提出了工作面剩余煤柱力学分析模型，揭示了工作面剩余煤柱动态力学变化特征，发现回撤通道两侧煤柱存在明显的应力转移现象。

综合工作面末采留设保护煤柱现状，目前研究成果重点放在如何保证末采煤柱的稳定、避免出现突然失稳造成回撤通道与工作面矿压失控。生产实践表明，留煤柱末采一般带来几个方面的问题：①煤柱留设尺寸过大，回采率显著降低；煤柱尺寸过小，大巷或上山受到较高载荷作用，难以维护，甚至引发冲击地压问题。②大巷或上山服务年限较长，末采煤柱要起到长期"保护"的作用，那么必然长期存在应力集中的问题，不仅对本煤层井巷工程存在应力影响，对邻近煤层井巷工程与部署同样产生长期影响。

按照围岩花瓣形成致灾位移这一科学结论，启示我们解决末采这一问题最有效的方法——无煤柱贯通上山或大巷，再次利用非常规的方法将上山或大巷贯通段保留下来，形成上山或大巷的"沿空留巷"技术，保证设备回撤、甚至回采期间留巷的稳定性。

实际上，末采工艺本身也给了我们实践启发，末采中工作面需要贯通回撤通道，实践表明回撤通道的有效维护是能够实现的。统计数据中，仅仅 13 次不成功的案例，而造成严重事故的仅仅 7 次压架事故，与工作面的数量相比，这一数据甚至可以忽略，那么如果一旦形成末采工作面与上山或大巷贯通，所有煤柱带来的"离散"开采问题均可得到解决。

4.5.2　末采无煤柱连续开采技术

为了实现地下"连续开采"这一目标，在第 3 章中工作面之间取消煤柱形成"连续开采"的基础上，作者团队对工作面推进方向的无煤柱"连续开采"技术展开进一步的研究，形成了包括"实现工作面末采无专用通道、煤柱与快速回撤设备的方法"（专利号：CN201910271708.3）在内的 9 项发明专利技术[37-45]，在本著作中，将具有代表性的几项介绍如下。

1. 实现工作面末采无专用通道、煤柱与快速回撤设备的方法

1) 背景技术

结合前述回撤通道的问题展开详细分析：①回采率问题。一般在工作面上山或大巷

一侧至少留设 20～40m 宽的保护煤柱,这种回撤方式的双回撤通道之间保留 20～25m 煤柱,即工作面末采进行设备回撤后,仅单一工作面在上山或大巷一侧即需要留设 40～65m 保护煤柱无法回收,一般在矿井设计时要考虑工作面连续推进一年的长度,按日进 3m 计算,工作面推进距离大约 1000m,那么仅单一工作面在上山或大巷一侧留设煤柱占比即达 4%～6.5%,这也是造成我国矿井采出率低的原因之一。②巷道工程量大,支护成本高。以图 3-60 中(前面双回撤通道的示意图)所示双回撤通道为代表,假如工作面长度 200m,那么双回撤通道长度即为 400m,联络巷长 20m,每隔 25m 布置一条,共计需要 7 条联络巷总计 140m,即为了实现设备回撤,需要提前布置共计 540m 长的巷道,巷道掘进与维护费用保守按 5000 元/m 计算,单一工作面即需要费用 270 万元。③设备搬家周期时间长。一般采用回撤通道进行搬家时间需要 20～30d,最高纪录是我国神东地质条件特别简单、不具代表性的矿井为 5～9d,在搬家周期内,设备不能发挥作用,即没有产量指标。

综述,现有的工作面末采设备回撤技术存在回采率低、巷道工程量大与成本高、搬家倒面时间长的问题。

2) 发明内容

针对上述技术问题,本发明的目的在于提出了实现工作面末采无专用通道、煤柱与快速回撤设备的方法,以解决现有技术存在的回采率低、巷道工程量大与成本高、搬家倒面时间长的问题。为实现上述目的,本发明采用以下技术方案。

第一步,工作面末采无专用回撤通道与不留煤柱,直接与上山或大巷贯通。

第二步,工作面末采时,调整采高、速度等控制工作面与上山或大巷之间煤柱发生提前破坏,并在工作面进行挂绳、铺网等控制顶板发生冒顶,在煤柱发生突然破坏之前,对上山或大巷采取补强支护措施,直至贯通。

第三步,工作面贯通上山或大巷时,利用停采线上的液压支架切顶,并辅以锚索等材料强化支护,对工作面两巷进行密闭,支架靠近采空区侧进行铺网、挂绳、喷浆,并辅以风筒布进行漏风控制,从而形成新型沿空留巷技术。

第四步,利用形成的上山沿空留巷,从上至下依次对沿采空区布置的液压支架进行回撤,液压支架可直接装车、外撤。

3) 技术优势

工作面末采不需要布置专用回撤通道,节省巷道工程量与维护成本。

工作面末采在上山或大巷一侧不留设保护煤柱,提高了矿井采出率。

设备直接停在断面更大的上山或者大巷边缘,利用已有的轨道或无轨胶轮车等辅助运输设备,直接装车回撤,取消了原布置回撤通道搬家需要经过的两个拐点,搬家速度更快。

图 4-15 给出了最基础的末采贯通与设备回撤技术,基于核心技术,结合井下开采的多样性与复杂性,又衍生出多项发明专利。

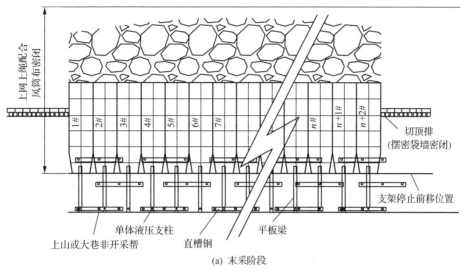

(a) 末采阶段

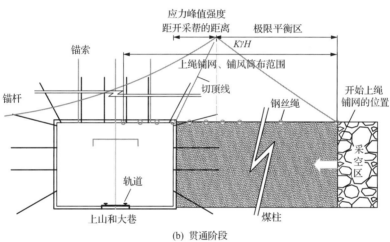

(b) 贯通阶段

图 4-15　末采无专用通道、煤柱与快速回撤设备的方法

2. 实现工作面回采、留巷、搬家与煤柱回收的协调作业方法

1) 背景技术

在上一小节新技术的基础上，除了末采带来的诸如回采率、巷道工程量与搬家时间长几个主要问题，实际上还涉及煤炭工业上山或大巷保护煤柱的回收问题。上山或大巷保护煤柱或者不回收；或者在采用特定的工作面开采顺序时，如采区内工作面的上行式开采或者带区的前进式开采，总之是最后一个设计工作面开采结束后才能对上山或大巷保护煤柱进行回收，在较为普遍的下行式开采或者带区后退式开采时无法回收保护煤柱。而最后一个工作面与保护煤柱回收工作面之间存在一个衔接问题，如采用常见的末采预掘回撤通道设备搬家后再回收煤柱，则存在的问题包括：第一，煤柱损失依然存在，回撤通道之间的煤柱隔离采空区，无法全部回收。第二，搬家倒面时间长，需要从末采回撤通道处搬家至煤柱回收工作面，或者最后一个工作面采用旋转 90°回收保护煤柱的方

式，但该方式同样存在一定的问题，包括：①工作面旋转时间长，顶板稳定性差且采空区遗煤易自然发火；②旋转工艺存在边角煤损失；③旋转工作面圆心一端原地旋转，顶板破碎严重难以控制，设备磨损严重；④工艺实施复杂，圆心一端原地旋转，工作面另一端最大以 0.6m 或者 0.8m 的进尺前进，工作面中部支架移动步距难以掌握。

综述，现有的煤柱回收工作与采区或带区工作面在衔接上局限性强，仅最后一个工作面开采完毕才能进行煤柱回收工作，且要求采用上行式或者前进式开采模式，不具普遍性，而煤柱回收工作与采区或带区工作面之间的两种衔接方式存在的共性问题包括回采率低、采区或带区的回采工作向煤柱回收工作的过渡时间长、上山或大巷围岩控制问题等。

2) 发明内容

针对上述技术问题，本发明的目的在于实现工作面回采、留巷、搬家与煤柱回收工作面的协调作业，如图 4-16 所示，以解决现有技术存在的回采率低、上山或大巷顶板控制与工作面之间衔接时间长的问题，为实现上述目的，本发明采用以下技术方案。

第一步，采区或带区工作面正常开采期间，即布置上山或大巷保护煤柱回收工作面进行开采，实现采区或带区回采工作面与上山或大巷保护煤柱回收工作面的协同开采。

第二步，采区或带区工作面末采与上山或大巷之间不留煤柱、不布置专用回撤通道，工作面直接与上山或大巷贯通，贯通位置即为停采线。

第三步，工作面贯通上山或大巷后，从保护煤柱回收工作面侧逐架搬家液压支架至接续工作面开切眼内安装。

第四步，随着支架回撤，在支架原位置进行上山或大巷的巷旁充填，形成沿空留巷，继续作为煤柱回收工作面的回采巷道使用。

第五步，煤柱回收工作面继续推进，采区或带区内的接续工作面设备安装完毕后进行回采，重复上述贯通上山或大巷、液压支架搬家与巷旁充填工艺，形成上山或大巷在采空区一侧的新型充填沿空留巷、搬家与煤柱回收工作的协调作业方法。

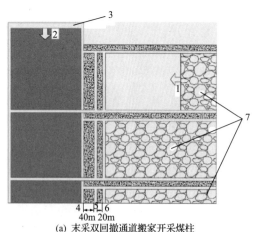
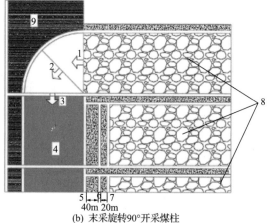

(a) 末采双回撤通道搬家开采煤柱　　　　　　(b) 末采旋转90°开采煤柱

1-采区或带区工作面；2-回收煤柱(倾斜)工作面；3-开切眼；
4-上山或大巷；5-辅撤通道；6-主撤通道；7-采空区

1-原工作面位置；2-旋转45°的工作面位置；3-旋转90°的
工作面位置；4-煤柱回收工作面；5-上山或大巷；6-辅撤通道；
7-主撤通道；8-采空区；9-丢失煤柱

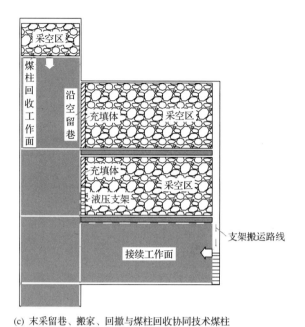

(c) 末采留巷、搬家、回撤与煤柱回收协同技术煤柱

图 4-16　末采留巷、搬家、回撤与煤柱回收协同技术对比

3) 技术优势

(1) 采区或带区回采工作面与煤柱回收工作面协同开采，矿井生产效率高。

(2) 采区或带区回采工作面末采与上山或大巷之间不留保护煤柱，矿井回采率高。

(3) 采区或带区回采工作面与上山或大巷贯通，撤架过程中进行充填，形成沿空留巷作为煤柱回收工作面回采巷道，同时作为支架回撤通道，巷道利用率高。

(4) 液压支架搬家与巷旁充填同时进行，速度快、效率高。

3. 实现双翼布置工作面的采区或带区完全无煤柱的方法

1) 背景技术

采区或带区布置时，需要留设保护煤柱，即使回收也存在着工作面之间的衔接与回采率问题，在此基础上，提出了"末采留巷、搬家、回撤与煤柱回收协同技术"，其中一个关键点即沿着上山或大巷在采空区一侧布置充填体，形成上山或大巷的沿空留巷技术。在这里考虑的工程背景以上山或大巷单翼开采为主，聚焦于上山或大巷保护煤柱，实际上还忽略了工作面之间的煤柱留设问题，在 3.2 节与 3.3 节中给出了工作面间无煤柱开采技术，这里进一步以错层位内错式巷道布置方式，借鉴其在双翼开采的优点(图 4-17)，在大巷或上山两侧进行跳采，为人工假顶或者再生顶板创造条件，从而实现更大范围的区段间或者带区内完全无煤柱、顺序开采的新技术。

2) 发明内容

针对上述技术问题，本发明的目的在于实现双翼布置工作面的采区或带区完全无煤柱，如图 4-18 所示，以解决现有技术局限问题。为实现上述目的，本发明采用以下技术方案。

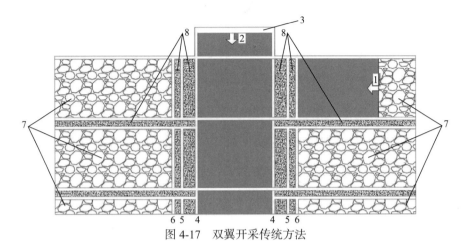

图 4-17　双翼开采传统方法

1-采区或带区工作面；2-回收煤柱(倾斜)工作面；3-开切眼；4-上山或大巷；
5-辅撤通道；6-主撤通道；7-采空区；8-损失煤柱

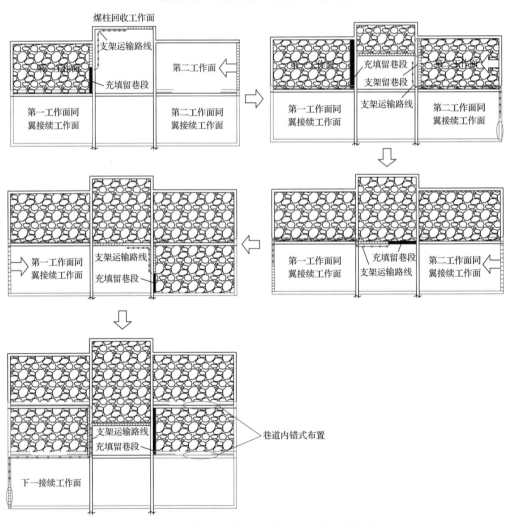

图 4-18　采区/带区双翼布置工作面的完全无煤柱方法

第一步，采区或带区在上山或大巷的两翼开采。

第二步，回采巷道采用错层位内错式布置方法，进风巷沿煤层底板布置，回风巷沿煤层顶板布置，接续工作面的进风巷布置在上一工作面回风巷与底板之间的三角煤体内，即与上一工作面的回风巷内错式布置。

第三步，在上山或大巷一侧开采第一个工作面，开采结束后，工作面直接与上山或大巷贯通，贯通位置为停采线，从停采线位置向上山或大巷保护煤柱最外侧开切眼逐架搬迁液压支架，在工作面停采线随着支架逐架外运进行充填形成沿空留巷。

第四步，在第一个工作面开采、设备回撤及充填期间，另一翼第二个工作面正常进行开采，开采至上山或大巷位置时，实现无煤柱贯通，利用液压支架作为巷旁强化支护体，形成新型沿空留巷。

第五步，上山或大巷保护煤柱开切眼设备安装结束后，待另一翼的液压支架强化支护沿空留巷形成后，开始进行煤柱回收工作。

第六步，煤柱回收工作面推至液压支架强化支护沿空留巷时，第二个工作面从上至下逐架撤出液压支架，搬至第二个工作面同翼接续工作面开切眼。

第七步，煤柱回收工作面推至接续工作面靠采空区侧停止开采，设备搬家至第一个工作面同翼接续工作面。

第八步，第二个工作面同翼接续工作面末采贯通上山或大巷后，设备搬至原上山保护煤柱回采工作面停采位置，而撤架位置重复进行充填沿空留巷工艺。

第九步，第一个工作面同翼接续工作面末采贯通上山或大巷后，重复液压支架作为强化支护的沿空留巷技术，待煤柱回收工作面推过逐架回撤至同翼下一个接续工作面。

第十步，重复以上的工艺流程，形成充填沿空留巷与液压支架切顶沿空留巷的双翼交替协同回采工艺。

3) 技术优势

本发明提供的实现双翼布置工作面的采区或带区完全无煤柱的方法，具有以下优点。

(1) 上山或大巷两翼均不存在保护煤柱，且相邻工作面之间不必留设护巷煤柱，矿井回采率高。

(2) 保护煤柱回收工作面与上山或大巷两翼回采工作面交替进行，内错式巷道布置的工作面不必跳采，矿井顺序衔接，避免出现孤岛工作面引发动力灾害事故。

(3) 设备直接从上山或大巷搬至煤柱工作面或开切眼，搬家速度快。

(4) 改善了目前采区上行式或带区前进式最后一个工作面回采结束后回收上山或大巷保护煤柱的限定模式，也改良了传统错层位内错式巷道布置回采方式中工作面需要跳采的开采顺序，可应用于更常用的采区下行式与带区后退式，且不受工作面开采顺序的限定。

本节中，给出了无煤柱贯通上山/大巷的三种典型方法，与传统末采技术相同的是工作面进入末采阶段时，需要制定针对性的工艺或措施，如调整速度、逐渐降低采高、挂网上绳、与上山/大巷贯通前控制其围岩稳定性等。

但是所列三项新技术中，后两项依然存在一定的不足，如部分需要充填，这与追求的"无煤—无柱"理念相悖，因此需要后续进一步拓展。

4.5.3　无煤柱末采应用工程实例

以图 4-15 所示的"实现工作面末采无专用通道、煤柱与快速回撤设备的方法"为例，2018 年为了解决以峰峰集团梧桐庄矿为典型工程背景的末采留煤柱、回撤时间过长与上山保护煤柱回收等问题，综合性考虑我国井下采区/带区不同开采类型与条件，作者及科研团队研发了一系列发明专利技术，首先在该矿进行了针对性的工业性试验。该矿 18312 工作面(以下简称 312 工作面)主采 2 号煤层，平均厚度 3.4m，倾角平均为 11°，埋深约为 500m，本层煤的容重为 1.35t/m³，煤质为肥煤，工作面布置情况如图 4-19 所示。

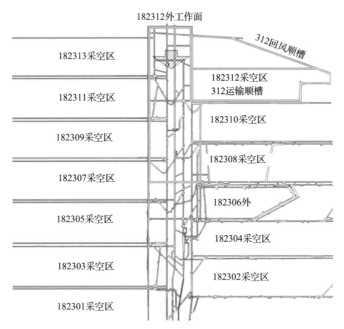

图 4-19　工作面平面布置图

312 工作面位于三采区北部，是三采区最后一个回采工作面。其紧靠三采右翼出煤大巷，周围为采区边界和 182310 工作面采空区，该工作面推进长度 572m，倾向长度由 34m 逐渐增加，最终达到 260m 标准长度工作面。

本采区采用区段上行开采，原设计工作面回采结束后进行设备搬迁，从采区上山顶部边界布置倾向长壁 182312 外工作面(以下简称 312 外工作面)对上山保护煤柱进行回采。如等待 312 工作面设备全部回撤，至少需要 42d，另外，现有设备回撤需要留设上山保护煤柱并布置专用回撤设备通道，因此，存在的问题包括：①采区停采时间长；②上山一侧保护煤柱损失大，影响采区以及矿井回采率；③巷道工程量大，维护费用高；④从回撤通道搬家的周期长。

1. 基于矿压峰值点极限理论的技术要点

末采期间对靠近工作面一侧大巷的维护是贯通之前支护工程的重中之重。根据 2.7 节给出的矿压峰值点极限模型，在此调整为工作面推进方向的超前移动支承应力分布特征，在工程上要重点把握以下三个要点。

第一，工作面回采时，前方支承应力随着工作面开采向前不断移动，大巷与工作面之间的距离为 x_3 时，见如下公式：

$$x_3 = x_2 - \frac{1}{\alpha} \arctan \frac{\sqrt[4]{\frac{k_u}{k_s}} + 1}{\sqrt[4]{\frac{k_u}{k_s}} - 1} = -\frac{h\varepsilon}{2f} \ln \frac{f\tau + k_t}{k_t[1 + f(1/\varepsilon - 1)c\tan\varphi]} - \frac{1}{\alpha} \arctan \frac{\sqrt[4]{\frac{k_u}{k_s}} + 1}{\sqrt[4]{\frac{k_u}{k_s}} - 1} \quad (4\text{-}123)$$

满足式(4-123)意味着大巷已经受到超前采动影响，那么从大巷围岩动力学的角度讲，其承载发生变化，可以认为进入到末采阶段，这一时期需要重点关注大巷围岩的变形、破坏与支护效果。

第二，工作面回采过程中，前方支承应力不断前移，当工作面与上山或大巷之间距离为 x_2 时，如式：

$$x_2 = -\frac{h\varepsilon}{2f} \ln \frac{f\tau + k_t}{k_t[1 + f(1/\varepsilon - 1)c\tan\varphi]} \quad (4\text{-}124)$$

表明超前支承应力峰值靠近大巷在工作面一侧的帮部位置，结合超前支承应力分布特征，如下式：

$$\sigma_y = \left[\frac{1}{f} + \left(\frac{1}{\varepsilon} - 1 \right) c\tan\varphi \right] k_t e^{\frac{-2f}{h\varepsilon}x} - \frac{k_t}{f} \quad (4\text{-}125)$$

发现支承应力峰值与内摩擦角相关参数 ε、煤层界面黏聚力 k_t、采高 h 和摩擦因数 f 均相关，分析如下。

(1)采高降低，超前支承应力降低，从保护大巷围岩稳定性与支护的有效性考虑，工作面末采期间降低采高是常用的措施。

(2)内摩擦角和黏聚力增加，支承应力增加，这一点给我们重要启示，实际上在动态的超前或者侧向巷道支护实践中，为了控制围岩变形与破坏，经常增加支护密度以提高煤岩物理力学参数，即内摩擦角和黏聚力，而在采动影响下，支护密度增加实际造成了巷道围岩载荷的加大，当一点发生破坏而产生连锁反应，造成较大范围支护的失效，因此，在超前应力峰值点极限理论的指导下，应以"让压或卸载"作为首要措施，即实现无煤柱的连续开采，避免因煤柱形成的"致灾位移"造成上山或大巷反复加强支护而带来长时承载与存在失效的危险。

(3)工作面是动态的开采过程，进入末采开始，工作面在推进过程中应力值先趋向于支承应力峰值，然后逐渐降低至塑性区的原岩应力大小，最终进入破坏状态直至最终的应力趋向于 0，实际上这就是"连续开采"理论中卸载的过程，而之前无论是接续工作面回采巷道还是留煤柱末采的大巷，都属于固定点，即处于长时固定承载的状态。

结合理论与实践，巷道处于工作面超前极限应力状态是常见的情况，通过加强支护

(一般 20m 超前支护)可以保证生产, 如按照实践对比末采留设煤柱, 那么大巷最终固定在工作面前方的坐标 t 点, 而煤柱留设需要保证中部有弹性核的存在, 一方面增加丢煤量, 另一方面大巷长期处在高应力作用下, 在复杂的地下开采空间中(顶板运动的延续、巷道支护点失效或者风化等), 其难以长期保持稳定, 也是井工开采常见的上山或大巷持续变形与反复维修问题。

第三, 在工作面逐渐推进过程中, 前方任一点经历原岩应力—应力升高—峰值点—原岩应力—0, 其整个过程为先加载后卸载, 那么在这个动态过程中, 可以通过力学平衡条件保证前方巷道的维护效果, 如图 4-20 所示。

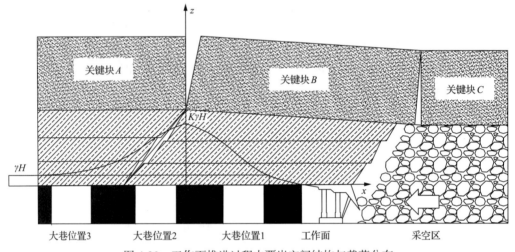

图 4-20 工作面推进过程中覆岩空间结构与载荷分布

结合图 4-20, 上山或者大巷与断裂线之间的关系有三种情况, 位置 1 处于关键块 B 的下方, 位置 2 处于断裂线下方, 位置 3 处于断裂线以外, 这三种情况进行对比, 显然位置 3 最为有利, 其次位置 1, 最不利的情况是位置 2, 位置 2 在井工开采中是要回避掉的, 比如末采停采让压、限高开采等, 对较为不利的位置 1 进行重点分析。

如果大巷处于位置 1, 那么由煤体、大巷、工作面支架与采空区垮落矸石共同承担关键块 B 带来的载荷, 这里考虑对大巷最不利的因素, 即已经贯通, 液压支架撤出, 仅有大巷与断裂线之间的实体煤、后方矸石共同承担关键块 B 施加的载荷与弯矩, 如下:

$$P_D L = P_m + P_h + P_g$$
$$P_D L^2 / 2 = P_h x + P_g L \tag{4-126}$$
$$P_g = G\Sigma h(C' - C)$$

式中, P_D 为关键块承载及其自重, $MN \cdot m^{-3}$; L 为关键块 B 的断裂步距, m; P_m 为实体煤承载, MPa; P_h 为巷道顶板支护强度, MPa; P_g 为矸石承载, MPa; x 为大巷位置与断裂线之间实体煤宽度, m; G 为矸石刚度, $MN \cdot m^{-3}$; Σh 为垮落矸石原厚度, m; C 为碎胀系数; C' 为残余碎胀系数。这里可以考虑换成 K_p 和 K_p'。

(1)结合式(4-126), 首先可以确定大巷所需的支护强度, 从而设计相应的支护方案与参数。

(2)关键块 B 施加的载荷可按照常数考虑，对式(4-126)进行分析，块体断裂步距越大，巷道承载越大；断裂线与大巷之间煤柱尺寸 x 越大，巷道载荷越小；矸石承载越大，巷道载荷越小；垮落在采空区的厚度越大，矸石承载越大，巷道载荷越小。

(3)结合末采力学模型，在工作面向大巷推进即 t 趋于 0 的过程中，如果在覆岩载荷特别强烈的工程背景下，可以考虑从根源消除，即对关键块 B 进行人工切断，从大巷向顶板布置预裂钻孔，切断基本顶，减少关键块 B 的长度，其次大巷位置相对于向采空区一侧转移而增加了 x 所占比例；同时，末采时通过控制采高、增加顶板的垮落充填效果，而形成对覆岩有效的支撑，同样是大巷维护的重要工程保障。

2. 参数分析与计算

312 工作面埋深 H=500m，平均采高 h=3.4m，煤层界面内摩擦角 φ=17°，煤层界面黏聚力 k_t=106kPa，应力集中系数 K=2.6，上覆岩层平均重度 γ=25kN/m³，煤体内摩擦角 φ=19°，煤体黏聚力 c=3.7MPa，顶板弹性模量 E=15.7～26.2GPa，顶板泊松比 μ=0.26，顶板厚度 $h_{顶}$=3.78m，破碎区地基系数 k_u=4230MPa/m³，弹性区地基系数 k_s=15700～26200MPa/m³，f=tanφ'=tan17°=0.3，ε=1−sinφ/1+sinφ=0.5。

将相关系数代入下列公式：

$$\begin{cases} \alpha = \sqrt[4]{\dfrac{k_u}{4EJ}} \\[2mm] \beta = \sqrt[4]{\dfrac{k_s}{4EJ}} \\[2mm] D = \dfrac{Eh_{顶}^3}{12(1-\mu^2)} \end{cases} \tag{4-127}$$

$$x_3 = x_2 - \frac{1}{\alpha}\arctan\frac{\sqrt[4]{\dfrac{k_u}{k_s}}+1}{\sqrt[4]{\dfrac{k_u}{k_s}}-1} = -\frac{h\varepsilon}{2f}\ln\frac{f\tau+k_t}{k_t[1+f(1/\varepsilon-1)c\tan\varphi]} - \frac{1}{\alpha}\arctan\frac{\sqrt[4]{\dfrac{k_u}{k_s}}+1}{\sqrt[4]{\dfrac{k_u}{k_s}}-1} \tag{4-128}$$

可以求得 312 工作面超前支承应力影响范围 45.81～49.48m，则在实际生产过程中，在工作面距上山 50m 前，对巷内完成补强支护，即进入末采阶段。

312 工作面在贯通轨道上山时，需要在最后阶段计算窄煤柱的宽度，采取合理的推进速度及支护方式，实现安全贯通，将相关系数代入公式：

$$x_2 - \frac{h\varepsilon}{2f}\ln\frac{f\tau+k_t}{k_t[1+f(1/\varepsilon-1)c\tan\varphi]} \tag{4-129}$$

从而得到单侧开采，即 312 工作面开采期间一侧实体煤极限平衡状态的范围达到 3.97m。

当工作面剩余煤柱不断减小，直至工作面前方超前支承应力与上山侧向支承应力峰值叠加时，煤柱应力达到最大值，此时 x_0 与 x'_0 相等，均为 3.97m。此时工作面剩余煤柱的宽度约为 7.94m，在此阶段需要关注上山变形与破坏情况，及时补强，且采用挂网与上绳措施。

3. 312 工作面末采工艺

从该采区开采情况来看，涉及采区常规工作面与上山保护煤柱回收工作面两个工程目标，且该矿提前已经部署好 312 外煤柱回收工作面，因此，结合"连续开采"机理，312 常规工作面末采不再实施预掘回撤通道、留设保护煤柱的开采方案，而是采用针对性的"实现工作面回采、留巷、搬家与煤柱回收的协调作业方法"，具体应用情况如下。

1) 超前采动巷内补强支护技术

312 工作面超前影响范围超过 50m，在工作面距离上山前 50m 对上山进行加强支护，加固方式采用锚网索支护，加固上山长度与工作面末采段长度相同，为 270m，如图 4-21 所示。

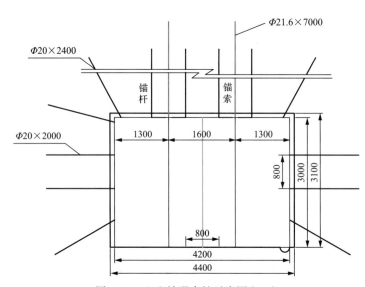

图 4-21　上山补强支护示意图(mm)

2) 末采巷道位移监测

工作面在末采阶段，采用"十字布点法"，对工作面贯通对应的上山位置变形量进行实时监测，对应工作面布置 3 个测站，监测结果如图 4-22 所示。

由图 4-22 可知，巷道变形量随着工作面与上山距离的减小而变大，在距离 7.5m 处，出现拐点，变形量突增，可推断在 7.5m 处，上山与工作面应力峰值开始叠加，整个煤柱应力达到峰值，开始进入塑性状态，导致上山变形量明显增加，这与前述参数分析计算结果相符，且工作面中部巷道变形量大于其他两个测站的变形量，说明工作面中部应力对巷道影响最严重。进入到末采阶段，顶底板及两帮最大移近量分别为 0.312m 和 0.408m，变形量均在巷道尺寸的 10% 以内，且煤柱侧帮变形量大于顶底板，未出现强烈矿压显现，整个贯通阶段上山比较稳定。

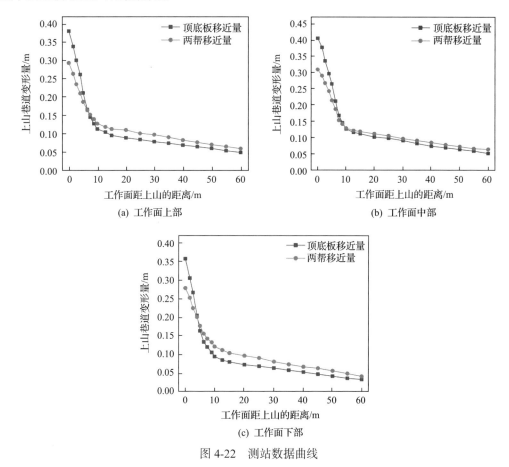

图 4-22　测站数据曲线

3）液压支架切顶留巷方案

312 工作面在回采结束时，与原三采右翼出煤巷推进，用支架进行沿空留巷，作为 312 外工作面的进风巷，同时作为设备的回撤通道，回撤支架共 174 架；当 312 外工作面推进至支架沿空留巷段后，随着工作面的推进控制 312 外工作面端头同时进行支架拆除作业。沿空留巷段如图 4-23 所示，沿空留巷补强支护如图 4-24 所示。

4）防漏风方案

312 工作面结束后，上、下端头通过在切顶排处摆设密袋墙的方式进行密闭。中间支架段采取上网上绳，支架铺设四层网，上下各两层，中间布置一层特制 2m×10m 的风筒布，将支架从前梁开始至采空区用风筒布进行密闭，防止风流漏入采空区，挂绳铺网工艺如图 4-25 所示。

5）支架回撤方案

312 外工作面推进至沿空留巷时，将 312 工作面上端头 3 个支架并入 312 外工作面，并且与推进方向一致，作为掩护支架控制工作面端头顶板。掩护支架采空区侧使用单体液压支柱与铰接顶梁控顶。每出一个支架，靠采空区侧的支架拉移 1.5m，并紧随待出支架，靠采空区侧第二个支架滞后第一个支架不大于 1.5m，第三个支架滞后第二个支架不大于 1.5m。支架回撤工艺如图 4-26 所示。

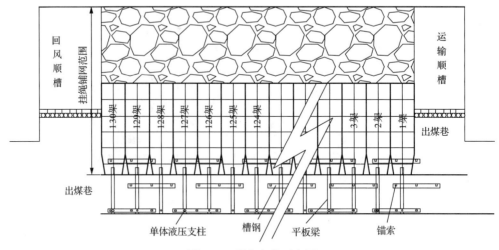

图 4-23　沿空留巷示意图

(a) 喷浆作业

(b) 打设单体支柱

图 4-24　补强支护现场施工图

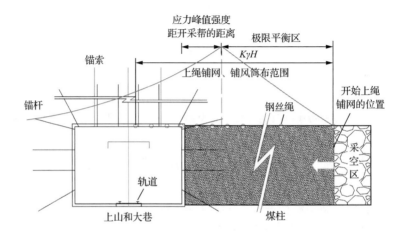

图 4-25　挂绳上网配合风筒布施工图

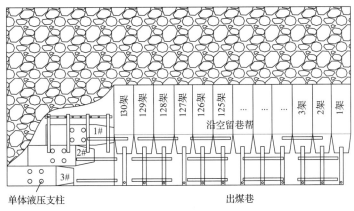

图 4-26　支架回撤工艺示意图

应用该技术后，多采出煤炭 5.67 万 t，节省回撤通道 600m，节省巷道成本 180 万元，时间上共计节省了 103 个工作日，专利应用的技术、经济效益显著，具体工程应用将在第 6 章详细给出。

4.6　本 章 小 结

本章中，结合一侧采空对实体煤内形成的固定支承应力及其带来的巷道变形、破坏的问题，工作面推进方向的移动支承应力形成的超前动态峰值点极限理论及其带来的前方巷道稳定性问题，先后引出了巷道弹性形变的复分析方法与巷道弹塑性 Kastner 方程的巷道塑形区域边界线，得到了巷道围岩在先弹性、后塑性的演化过程，建立了复动力系统，得到巷道围岩花瓣形破坏的特征，提出消除"致灾位移"的"连续开采"思想。

结合"连续开采"思想，建立末采煤柱压缩过程的复动力系统，工作面前方大巷需要经历原岩应力—载荷升高弹性—极限平衡塑性—破坏四个动态连续发展的形态，在四种状态之间存在着对应的映照关系，从而能够最终形成大巷的无煤柱连续末采的"先加载后卸载"力学特征。反之，现有的留煤柱末采，这一连续性会终止在前三个形态的某一点上，即大巷会长时间保持高应力、大变形状态。

再次利用共形数学模型，从而将原大巷静态的"一侧采空范围固定、实体煤处于侧向固定应力分布与分区"力学模型转化为大巷动态的"一侧采空范围增加、大巷承受超前移动应力分布与分区转化"的力学模型，并确定最终大巷靠工作面侧承载先增加，后减小，最后趋于 0 的力学特性。

在大巷超前共形数学、力学模型的基础上，对其在末采阶段与工作面之间空间关系 t 的变化过程中给出了相应的技术要点，进入末采阶段要重点观测大巷围岩稳定性与支护状况；当进入极限平衡区要控制开采高度，适当地进行相应的巷道补强工作。从力学特征来看，以巷道内被动支护、避免增加巷道围岩力学参数的方案较为有利；末采即将贯通阶段，确定大巷最终补强支护方案与参数，如在矿压剧烈的矿井，可考虑切断顶板、改善巷道在断裂顶板下的相对位置。

结合消除"致灾位移"等思想，在解决实际工程问题的基础上，为了实现工作面推进方向的无煤柱连续开采，作者基于地下开采复杂的设计、生产环境，提出了多项连续开采无煤柱贯通大巷或上山的方法，给出了其技术要点。

但是，涵盖所有方法，此处依然存在一个不足，在常规设计与生产中，广泛应用的分区式开采，工作面一侧与回风大巷要留有煤柱，另一侧与运输大巷留有煤柱；推进方向上，我们给出了一种末采无煤柱贯通且不需要砌筑墙体的新技术，即实现"连续开采"，但井下受环境的局限，上山之间或大巷之间保留煤柱还是必要的，这就无法形成追求的最大化"连续开采"，上山或大巷依然承受煤柱传递的载荷，甚至会传递给较近煤层井巷工程，为了解决这一问题，在此创新性地将"连续开采"技术进一步优化，如图 4-27 所示。

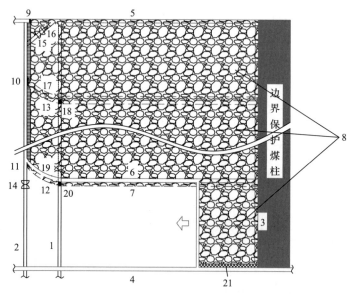

图 4-27　地下圈定区域完全"连续化"技术

1-运输上山；2-轨道上山；3-切眼；4-运输大巷；5-回风大巷；6-区段回风平巷；7-上区段运输平巷；8-采空区；
9、10、11、12、13-密闭墙；14、15-风门；16-采区上部车场；17、18、19、20-采区中部车场；21-切顶或充填墙体

如图 4-27 所示，涵盖现有所有技术的基础上，拟定进一步完善"连续化"开采体系，依据传统沿空留巷、错层位巷道布置与末采无煤柱贯通上山或大巷为基本技术特征，形

成"地下煤炭资源时间与空间连续开采的完全无煤柱的方法"[46]首先，利用开拓巷道—回风大巷 5 作为首采工作面的回风平巷，下部沿煤层顶板布置进风巷道，形成开采系统，首采工作面向上山方向推进，直至贯通轨道上山 2，工作面风流路线：运输上山 1→首采工作面运输平巷→工作面→回风大巷 5→风井排出，这里当工作面逐渐向轨道上山 2 贯通时，采空区侧的回风大巷有 2 种处理方式，如果矿井采用的是对角式通风(风井布置在两翼)，那么需要沿空留巷保留回风大巷 4 在采空区一段，如果矿井采用的是中央边界式(风井布置在采区中央或者井田走向中央)，那么采空区侧的回风大巷可按照传统回采巷道随采随废。

采区中部工作面应用3.2节错层位内错式巷道布置方案或者3.3节切顶卸压成巷工艺形成工作面间搭接，并重复应用，但是最后一个工作面需要利用运输大巷 4 作为工作面的进风、运输巷道；工作面回采过程中，利用沿空留巷工艺将采空区侧运输大巷保留下来，继续为矿井服务。

这样，我们综合利用现有的沿空留巷技术、错层位或者切顶卸压成巷、末采无煤柱贯通上山等传统与创新技术，在时间上与空间上均实现连续开采，包括平行工作面推进方向大巷两侧保护煤柱、上山之间保护煤柱、工作面间保护煤柱与末采煤柱，彻底实现开采区域内部完全无煤柱。

结合图 4-27，需要给出全面的技术特征，如下。

1) 应用步骤

第一步，按照井田划分的普遍模式，利用运输大巷与回风大巷形成井田内的阶段划分。

第二步，在阶段内，利用上山(2 条或者 3 条均可以，不受限制)，圈定出采区范围。

第三步，在采区上部第一个区段位置，顺着运输上山向采区边界掘进首采工作面运输巷道，利用回风大巷作为首采工作面回风平巷，在采区边界贯通运输巷道与回风大巷，形成切眼。

第四步，从切眼开始进行回采，向上山方向推进，推进过程中不留煤柱直接与运输上山贯通，过运输上山，利用回风大巷侧的上部车场、运输巷道向下卧底连通轨道上山，工作面直至推至轨道上山、贯通，形成轨道上山留巷。

第五步，如果风井位于采区中部，采空区侧回风大巷可报废，通过轨道上山与运输上山中部打密闭进行处理。

第六步，如果风井位于采区边界一侧，那么首采工作面回采期间需要对回风大巷进行沿空留巷。

第七步，首采工作面回采结束后，轨道上山形成无煤柱末采技术的沿空留巷，为后续工作面开采的回风服务。

第八步，首采工作面开采期间，接续工作面下巷首先掘进，到达边界位置后向首采工作面采空区侧开切眼，到达负煤柱巷道位置后，追首采工作面推进方向布置接续工作面回风巷道，直至与轨道上山贯通。

第九步，接续工作面切眼形成后，即可对首采工作面轨道上山沿空留巷位置的设备进行回撤、搬家至开切眼。

第十步，接续工作面开始回采，采区中部的其余工作面重复第八步、第九步，直至最后一个工作面。

第十一步，最后一个工作面开采前，利用运输大巷作为运输平巷，向采空区一侧布置开切眼，反向掘进回风平巷与轨道上山贯通，末采工作面开采期间，可采用切顶卸压或者布置充填体保留运输大巷采空区侧，形成沿空留巷。

2）技术优势

（1）实现井下阶段内的彻底"连续"化，矿井回采率最高。在采区范围内，无大巷保护煤柱、无工作面间保护煤柱、无上山保护煤柱。

（2）巷道利用率高。回风大巷与运输大巷兼做回采巷道，节省井巷工程量；运输上山随工作面接替，分段报废，节省维护工程量；轨道上山分段沿空留巷，实现连续开采的同时，可为其余区段继续服务；采区车场与工作面回风巷道相连，工作面由运输上山向轨道上山推进过程中，作为回采巷道继续服务。

接续工作面回风巷道承载低。采用图4-27中所述方式，其上覆为采空区垮落。

实现了工作面间连续开采与覆岩运动一体化，巷道载荷小，特别对于动力灾害矿井，避免接续工作面相邻巷道应力集中。

在此需要说明的是，图4-27中给出的是错层位"负煤柱"连续开采系统，该方法如果不考虑破岩的前提，要求煤层较厚；虽然该方式有其局限性，实际应用中我们可以灵活布置，如更改错层位为切顶卸压留巷的110/N00工法，同样可形成如图4-27所示的系统。概括地说，该方法没有技术局限性。

参 考 文 献

[1] 于学馥, 郑颖人, 刘怀恒, 等. 地下工程稳定性分析[M]. 北京: 煤炭工业出版社, 1983.

[2] Kastner H. Static des Tunne-und Stollenbaues[M]. Berlin: Springer, 1971.

[3] 乔建永. 重整化变换的复动力学[M]. 北京: 科学出版社, 2010.

[4] Qiao J Y. On the preimages of parabolic points[J]. Nonlinearity, 2000, 13: 813-818.

[5] 乔建永. 地下连续开采技术的动力学原理及应用研究[J]. 煤炭工程, 2022, 54(1): 1-10.

[6] 马念杰, 赵希栋, 赵志强, 等. 掘进巷道蝶型煤与瓦斯突出机理猜想[J]. 矿业科学学报, 2017, (2): 137-149.

[7] 乔建永, 马念杰, 马骥, 等. 基于动力系统结构稳定性的共轭剪切破裂-地震复合模型[J]. 煤炭学报, 2019, 44(6): 1637-1646.

[8] 马念杰, 马骥, 赵志强, 等. X型共轭剪切破裂-地震产生的力学机理及其演化规律[J]. 煤炭学报, 2019, 44(6): 1647-1653.

[9] 马骥, 赵志强, 师皓宇, 等. 基于蝶形破坏理论的地震能量来源[J]. 煤炭学报, 2019, 44(6): 1654-1665.

[10] 王志强, 乔建永, 武超, 等. 基于负煤柱巷道布置的煤矿冲击地压防治技术研究[J]. 煤炭科学技术, 2019, 47(1): 74-83.

[11] 乔建永, 王志强, 赵景礼. 一种应用区域动力规划控制矿井动力能量来源的方法: CN102777179A[P]. 2012-11-14.

[12] 乔建永, 王志强, 罗健侨, 等. 基于贝叶斯神经网络的冲击地压预测与影响因素权重分析[J]. 中国矿业, 2022, 31(5): 1-17.

[13] 吴吉南, 冯学武, 刘保宽. 重型综放工作面无预回撤通道快速撤出技术[J]. 煤炭科学技术, 2008, (5): 14-17.

[14] 张国祥. 大采高综采工作面单通道搬家技术[J]. 煤炭科学技术, 2008, (9): 17-18.

[15] 王根厚. 神东矿区综采工作面回撤通道快速搬家简介[J]. 江西煤炭科技, 2003, (3): 27-28.

[16] Oyler D C, Frith R C, Dolinar D R, et al. International experience with longwall mining into pre-driven rooms[C]//Proceedings of the 17th International Conference on Ground Control in Mining. Morgantown: WV Univ., 1998: 44-52.

[17] 吴吉南, 冯学武, 刘保宽. 重型综放工作面无预回撤通道快速撤出技术[J]. 煤炭科学技术, 2008, 36(5): 14-17.

[18] 贺安民. 综采工作面回撤"辅巷多通道"工艺设计的应用[J]. 煤炭工程, 2007, (10): 5-6.

[19] 李胜利, 姚选智, 杨君堂. 综采设备多通道回撤在高产高效矿井的应用[J]. 煤炭工程, 2008, (6): 30-31.

[20] 李永生, 刘彦昌. 锚网支护在综采工作面回撤通道中的应用[J]. 煤炭科学技术, 2010, 38(4): 35-37.

[21] 高登云. 7m 大采高综采工作面末采期间顶板控制技术[J]. 煤炭科学技术, 2014, 42(10): 121-124.

[22] 王宗贵. 大采高工作面收尾回撤通道注浆加固研究[J]. 煤矿现代化, 2020, 159(6): 198-199, 203.

[23] 杨永杰, 段会强, 刘传孝, 等. 考虑长期稳定性的深井采区上山保护煤柱合理留设[J]. 采矿与安全工程学报, 2017, 34(5): 921-928.

[24] 谷拴成, 王博楠, 黄荣宾, 等. 综采面末采段回撤通道煤柱荷载与宽度确定方法[J]. 中国矿业大学学报, 2015, 44(6): 990-995.

[25] 张寅, 李皓, 张翔, 等. 基于覆岩理论的综采面双回撤通道冲击机理研究[J]. 地下空间与工程学报, 2022, 18(1): 305-312.

[26] 谷拴成, 黄荣宾, 李金华, 等. 工作面贯通前矿压调整时剩余煤柱稳定性分析[J]. 采矿与安全工程学报, 2017, 34(1): 60-66.

[27] 王晓振, 鞠金峰, 许家林. 神东浅埋综采面末采段让压开采原理及应用[J]. 采矿与安全工程学报, 2012, 29(2): 151-156.

[28] 单永泉. 大采高工作面末采期间快速贯通技术研究[J]. 煤炭科学技术, 2014, 42(11): 121-123, 89.

[29] 徐青云, 黄庆国, 李永明. 不连沟煤矿综放工作面末采期矿压显现规律[J]. 煤炭科学技术, 2013, 41(6): 33-36, 49.

[30] 马赛, 陶广美, 史中刚. 大采高工作面末采阶段联合注浆加固技术[J]. 煤炭工程, 2019, 51(4): 49-53.

[31] 罗文. 浅埋大采高综采工作面末采压架冒顶处理技术[J]. 煤炭科学技术, 2013, 41(9): 122-125, 142.

[32] 李国良, 李瑞群. 强矿压工作面回撤通道失稳机理与注浆加固技术[J]. 煤炭工程, 2021, 53(8): 61-64.

[33] 舒凑先, 姜福兴, 韩跃勇, 等. 深部重型综采面长距离多联巷快速回撤技术研究[J]. 采矿与安全工程学报, 2018, 35(3): 473-480.

[34] 朱卫兵, 任冬冬, 陈梦. 神东矿区回撤阶段调节巷适用的合理埋深研究[J]. 采矿与安全工程学报, 2015, 32(2): 279-284.

[35] 杨仁树, 李永亮, 朱晔, 等. 特殊条件下大采高工作面回撤通道稳定性控制研究[J]. 煤炭科学技术, 2017, 45(1): 10-15.

[36] 吕华文. 预掘回撤通道稳定性机理分析及应用[J]. 煤炭学报, 2014, 39(S1): 50-56.

[37] 乔建永, 王志强, 范新民, 等. 实现工作面末采无专用通道、煤柱与快速回撤设备的方法: CN111779514A[P]. 2020-10-16.

[38] 乔建永, 王志强, 范新民, 等. 实现工作面回采、留巷、搬家与煤柱回收的协调作业方法: CN109882177A[P]. 2019-06-14.

[39] 乔建永, 王志强, 王树帅, 等. 实现双翼布置工作面的采区或带区完全无煤柱的方法: CN109798116B[P]. 2022-04-01.

[40] 乔建永, 王志强, 范新民, 等. 实现工作面开采与保护煤柱回收的协同作业方法: CN109869151A[P]. 2019-06-11.

[41] 乔建永, 王志强, 范新民, 等. 末采充填及液压支架切顶沿空留巷双翼交替协同回采方法: CN109882176A[P]. 2019-06-14.

[42] 乔建永, 王志强, 范新民, 等. 工作面旋转开采上山煤柱与贯通上山交替协同开采方法: CN109882174B[P]. 2022-04-01.

[43] 乔建永, 王志强, 范新民, 等. 充填与旋转交替协同作业的两翼开采方法: CN109973144B[P]. 2022-04-12.

[44] 王志强, 乔建永, 张焦, 等. 一种减小末采煤柱的预充填方法: CN113482711B[P]. 2022-04-12.

[45] 王志强, 乔建永, 王鹏, 等. 一种随支架撤出进行充填加固实现减小保护煤柱的方法: CN113513345A[P]. 2021-10-19.

[46] 乔建永, 王志强, 林陆, 等. 地下煤炭资源时间与空间连续开采的完全无煤柱的方法: CN115199278A[P]. 2022-10-18.

第 5 章　地下煤岩体连续开采的保障体系

前述，作者结合我国井工矿开采现状针对性地提出以影响井巷工程最为重要的问题——支承应力的形成作为出发点，确定了自然因素与技术因素相互影响、制约且共同形成了井工矿支承应力的分布，在此基础上，提出以贝叶斯网络为基础，建立了三级因素群，并对重要因素进行了研究分析，发现了一个普适性的问题——开采范围与煤柱尺寸之间的矛盾，是地下开采应力分布最重要的因素，在此基础上首先给出了工作面之间连续开采的几种方法。在第 4 章中，建立复动力系统并提出消除"致灾位移"的思想，阐述并给出了无煤柱末采创新技术，基于已有技术与创新技术最终形成了"地下煤炭资源时间与空间连续开采的完全无煤柱的方法"，为了实现地下开采复杂环境的这一目标，本章将建立全套的保障体系。

5.1　覆岩连续运动

第 2 章给出了覆岩三带分布、保护层开采与开采范围之间的关系，第 3 章发现了与留煤柱"离散"化开采及覆岩运动"独立"特征相反的错层位连续开采覆岩三带划分的新特征，因此，首先需要给出错层位连续开采覆岩三带划分的方法[1]，在此基础上，对"连续开采"带来的覆岩"连续运动"起到的卸压效果进行分析。

5.1.1　覆岩连续运动特征

为了确定"连续开采"覆岩运动及三带分布特征，首先进行一组相似模拟实验。本实验采用二维实验台，实验台尺寸为：长×宽×高=1620mm×160mm×1300mm，采用平面应力模型。设几何相似比为 $\alpha_L=100:1$，设容重比为 $\alpha_\gamma=1.5:1$，时间比 $\alpha_t=\sqrt{\alpha_L}=10$。

由于实验台属于二维模拟，因此在建模过程中，设计工作面倾角为 32°，将实验内容分为两部分，第一部分研究沿走向即工作面连续推进对上覆岩层运动的影响；第二部分研究沿倾向-工作面之间相互搭接结构对上覆岩层运动的影响。

1. 模拟岩石的力学性质

根据现场实测的地质资料，详细地整理了煤层顶、底板各岩层物理力学性质的实测数据，详细情况见表 5-1。

对表 5-1 中的上覆岩层进行判定，得到：煤层上方 7.65m 厚的中细砂岩、5.4m 厚的细砂岩、6.62m 厚的细砂岩以及 6m 厚的中砂岩均体现了关键层的特点。因此，这几层关键层将是实验研究的主要对象。为了简化，按照距采场的距离从近到远依次命名为关键层 1、关键层 2、关键层 3 和关键层 4。

表 5-1　煤层顶、底板岩层厚度及物理力学性质

岩层	厚度/m	密度/(kg/m³)	弹性模量/MPa	泊松比	内摩擦角/(°)	抗拉强度/MPa	黏聚力/MPa	抗压强度/MPa
中砂岩	6	2500	23000	0.23	32	6	6.4	66
细砂岩	6.62	2500	22000	0.22	24	7	5.2	73.6
粉砂岩	3.4	2570	35000	0.22	35	2.3	2.8	39
细砂岩	5.4	2500	22000	0.22	24	7	5.2	73.6
粉砂岩	4	2570	35000	0.22	35	2.3	2.8	39
砂泥岩	5.5	2300	9120	0.26	34	4	1.2	52.2
粉砂岩	6	2570	35000	0.22	35	2.3	2.8	39
中细砂岩	7.65	2650	37882	0.19	45	7	2.6	68
粉砂岩	5.5	2570	35000	0.22	35	2.3	2.8	39
砂泥岩	2.5	2300	9120	0.26	34	4	1.2	52.2
煤层	5.5	1450	3100	0.3	35	1.2	0.8	15
粉砂岩	5	2570	35000	0.22	35	2.3	2.8	39

2. 沿走向采空区岩层运动特点分析

从图 5-1 中可以看出，当工作面推进距离达到 30m 左右时，直接顶板出现断裂垮落，其断裂步距为 25m，并且可以发现，上方 5.5m 的粉砂岩出现裂缝，认为同时达到了其断裂步距，其断裂角大约为 63°。

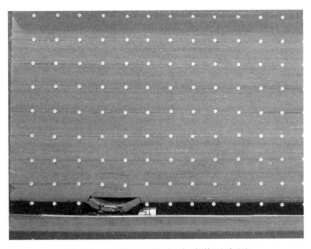

图 5-1　工作面顶板初次垮落示意图

从图 5-2 中可以看出，当工作面推进到 38m 时，煤层上方的顶板初次垮落后，基本上随采随冒。工作面上方整个垮落带高度达到约 8m，此时上覆岩层的断裂角平均为 55°。垮落带上方关键层 1 的悬露步距达到 20m，暂时尚无断裂的迹象，显现出关键层的特点。

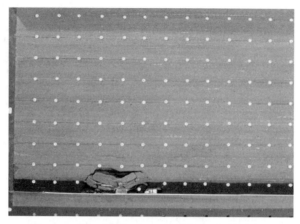

图 5-2　工作面推进到 38m 上覆岩层垮落示意图

从图 5-3 中可以看出，工作面推进到 50m 时上覆垮落带高度没有变化，而保持稳定的关键层 1 的悬露步距从之前的 20m 增加至 30m。

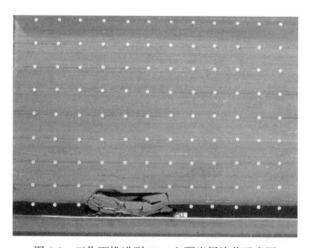

图 5-3　工作面推进到 50m 上覆岩层垮落示意图

从图 5-4 中可以看出，当工作面推进到 75m 时，关键层 1 断裂后垮落到采空区，其

图 5-4　工作面推进到 75m 时上覆岩层垮落示意图

断裂步距大约为 62m。关键层 1 断裂失稳后，其上覆直到 5.4m 细砂岩下方的岩层均作为随动层与之协调运动。因此，认为整个垮落带的高度达到约 31m。而上方稳定关键层悬露步距超过 40m 尚未发生断裂，上覆岩层的平均断裂角约 65°。

如图 5-5 所示，工作面推进到 90m 时，关键层 2 及其上方 3.4m 的粉砂岩同时断裂并下沉，其断裂步距达到 62m，由于其断裂步距较大，断裂后形成铰接结构并且较为规则的裂隙带，此时裂隙带高度延伸到煤层上方约 42m，上覆岩层平均断裂角为 68°。

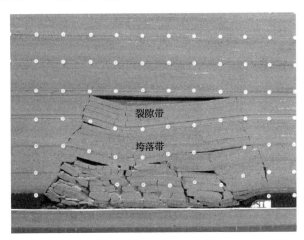

图 5-5　工作面推进到 90m 上覆岩层垮落示意图

如图 5-6 所示，工作面推进到 120m 时，关键层 3 的悬露步距达到约 83m 时发生断裂，整个裂隙带随着开采范围的增加以及垮落带逐步压实而显得较为规则。断裂角度平均为 65°。同时，可以预计如果继续推进，由于采空区上方空洞的存在，关键层 4 会同样发生断裂，裂隙带的高度会继续上升。

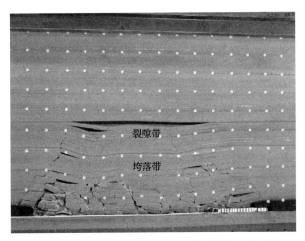

图 5-6　工作面推进到 120m 上覆岩层垮落示意图

3. 沿倾向采空区岩层运动特点分析

在前面的实验中，进行了采场范围对关键层及其影响下三带的实验研究，由于研究的目标是确定错层位内错式巷道布置三带的划分方法，因此在此进一步研究工作面不同搭接形式下采场上覆岩层的运动特点，如图 5-7～图 5-9 所示，给出相同条件下，首采工作面回采结束后采用错层位内错式连续式开采与传统留煤柱护巷离散式开采两种形式上覆岩层的结构示意图。

对比图 5-8 与图 5-9 发现，图 5-8 中接续工作面采用错层位内错式搭接结构，由于完全取消区段煤柱，因此接续工作面上覆岩层的运动与首采工作面形成一个整体。

作为对比，如图 5-9 所示，由于存在区段护巷煤柱，因此接续工作面开采期间，受到煤柱支撑作用的影响，其上覆岩层将相邻两工作面稳定的结构阻隔开，因此各个工作面形成独立的三带结构。

因此，从这三张图片中确定，采用错层位内错式连续开采时，在研究采场范围对三带的影响时，需要结合形成搭接的多个工作面作为一个整体考虑，而传统留煤柱护巷条件下，仅仅按照单个工作面考虑即可。

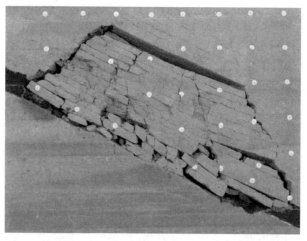

图 5-7　首采工作面上覆岩层结构示意图

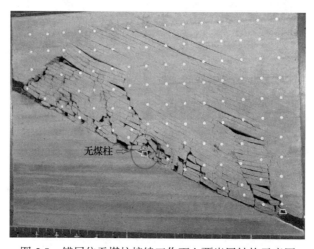

图 5-8　错层位无煤柱接续工作面上覆岩层结构示意图

图 5-9　留煤柱护巷上覆岩层结构示意图

4. 实验结论

结合实验内容得到两方面结论：第一，覆岩运动受关键层稳定性影响，而关键层稳定性取决于回采范围大小，这一范围应该包括开采高度、推进距离与工作面长度方向范围；第二，错层位无煤柱搭接工作面之间覆岩运动体现出单一工作面特点。对前述实验数据进行整理，汇总见表 5-2。

表 5-2　实验数据汇总

关键层	断裂步距/m	工作面推进距离/m	断裂角/(°)	垮落带高度/m	裂隙带高度/m
1	62	50	65	31	—
2	62	90	68	31	8.8
3	83	120	65	31	15.42

结合实验现象并分析数据得到如下结论。

(1)从实验数据中发现，关键层 1 和 2 的强度条件不满足 $L_下 < L_上$，从实验现象来看，原因主要是二者之间存在夹层，并且夹层的断裂是以一定角度向上延伸。

(2)开采过程中，上覆岩层的断裂是以一定角度向上延伸，根据岩层的厚度以及断裂角度可以建立采场与研究关键层以及更高层位关键层之间的关系。

(3)开采过程中，垮落带随着开采范围增加其高度上升，当开采范围造成关键层 1 破坏后，垮落带高度达到 31m；并且，在继续推进过程中，关键层 2 断裂后形成铰接结构，因此关键层 2 对于划分采场垮落带与裂隙带具有决定性作用。

(4)继续推进过程中，由于采空区上方空洞始终存在，因此当回采达到一定范围时，关键层 3 也属于裂隙带；同样，当工作面继续推进，关键层 4 将会进入裂隙带范围，裂隙带高度是一个变量。

(5)沿工作面方向的实验发现，采用错层位内错式巷道布置，形成搭接工作面的上覆岩层形成一个整体；留煤柱时，由于煤柱的支撑作用，多个工作面之间上覆岩层的运动是独立的。

(6)采场三带的决定因素不仅取决于采出高度,而且包括采场几何尺寸、采场与关键层的距离以及二者之间岩层的断裂角、关键层本身的物理力学性质及厚度、关键层的承载等多因素,这与2.5节内容相对应。

5.1.2 覆岩连续运动三带划分方法

1. 确定方法

按照前述理论分析与实验现象,以关键层作为基础理论,建立错层位巷道内错式布置三带的确定方法。具体如下。

第一步:确定采场上方全部关键层层位。由采场上方地质资料给出的综合柱状图或者钻孔资料经过实验室力学分析确定。

第二步:根据设计参数对第一关键层(基本顶)进行判定,依据弹性薄板力学模型,按照2.5节力学模型确定第一关键层是否会断裂,如果第一关键层不会断裂,则第一关键层下方为垮落带,即仅直接顶为垮落带。按照式(2-37)可以估算出当工作面推进至何距离时,第一关键层发生断裂。

但是,这里需要说明的是,由于多个形成搭接的错层位工作面上覆岩层形成整体式运动,因此推进距离与累加的工作面长度均为变量,具体计算时依据哪条边作为薄板的长边,需要结合实际开采情况判定。例如,设计采区推进长度为1000m,工作面长度为200m,那么首采工作面推进距离小于200m时,长边是沿着工作面倾斜方向,推过200m时,长边即转化为沿推进方向;以此类推,当形成$n(n<5)$个搭接工作面后,关键层悬露的长边将会以$200n(m)$为临界点进行转化;如果$n>5$,则长边始终是沿工作面倾向方向。

第三步:如果根据第二步判定的结果第一关键层断裂,依据2.5节式(2-39)和式(2-40)对断裂后的第一关键层(基本顶)进行进一步的判定,以确定断裂后的第一关键层是成为裂隙带还是垮落带,当断裂后的第一关键层成为裂隙带,则第一关键层下方为垮落带。

第四步:如果根据第三步判定第一关键层断裂后成为垮落带,当不存在下一个关键层时,则从采场上方一直延伸到地表均为垮落带,浅埋深煤层即属于这种矿压显现特点。

第五步:当存在下一个关键层时,则返回第二步重新对下一个关键层进行判定,直到判定出第一个不会断裂的关键层或断裂后成为裂隙带的关键层时,该第一个不会断裂的关键层或断裂后成为裂隙带的关键层以下为垮落带。

2. 适用条件

由于本方法是基于关键层理论确定的,因此需要对使用情况进行限定,如下。

(1)所采煤层属于厚煤层一次采全高的条件,即依靠岩石的碎胀系数无法充填满采空区的情况。

(2)采场上方有关键层的存在。

(3)确定方法主要是针对错层位内错式巷道布置的采煤方法,相邻两工作面之间完全取消了区段护巷煤柱,即相邻两工作面之间没有对上覆岩层起支撑作用的煤柱、充填柱的存在。

5.2 保护层连续卸压开采技术特征

在 2.6 节中，发现留煤柱"离散开采"下保护层应用中存在的问题，提出尽可能增加保护层开采长度，并制定了相应的措施，需要部署辅助巷道。在本章中发现了"连续开采"覆岩"连续运动"与三带分布特征，因此提出下保护层中布置完全无煤柱连续回采工作面，以实现对被保护层倾斜方向的连续、充分卸压效果[2]，如图 5-10 所示。

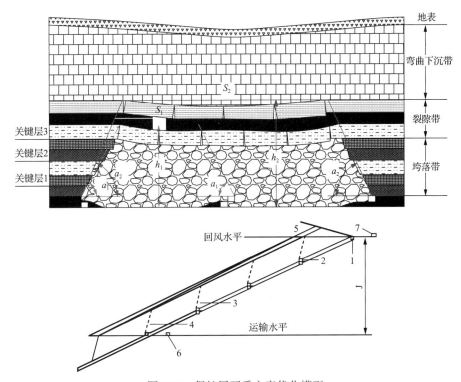

图 5-10 保护层开采方案优化模型

a-垮落角；S-采空区范围；h-垮落高度；下角 1、2 表示首采工作面和接续工作面。1-区段回风巷；2-区段进风巷；3-上山方向临时卸压边界线；4-上山方向最终卸压边界线；5-下山方向卸压边界线；6-运输大巷；7-回风大巷

图 5-10 为保护层中各工作面的布置形式，这里工作面之间可采用 3.2 节与 3.3 节所述的错层位无煤柱或者 110/N00 "连续开采技术"，即在相邻工作面之间实现完全无煤柱搭接。

前述分析了此种布置方式接续工作面上覆岩层的运动特点，认为由于取消了区段护巷煤柱，接续工作面回采到一定范围后，其顶板运动与首采工作面将会形成一个整体，体现出单一超长工作面的运动特点。因此，结合覆岩三带划分与保护层的应用效果认为这种搭接方式开采保护层时具有如下特点。

(1)多个工作面覆岩形成了整体运动，采场覆岩导水断裂带高度上升，为实现远距离被保护层的卸压提供可行性。

(2)搭接工作面覆岩的整体性运动随着接续工作面个数的增加可对被保护层形成反复采动影响，卸压效果更有利。如图 5-10 所示，完全无煤柱布置，当本工作面开采期间存在上山方向的边界卸压线，在与接续工作面形成完全无煤柱搭接后，对被保护层的影响消失，因此称其为临时卸压边界线，在被保护层开采期间，不会受到临时卸压边界线的影响，即在被保护层中可以实现连续卸压。

(3)对被保护层工作面沿倾向的卸压效果更充分，其卸压充分程度可依据经验公式 (5-1)：

$$\sum L = (1.2 \sim 1.4) H_0 \tag{5-1}$$

式中，$\sum L$ 为保护层开采的多个连续开采工作面累加计算的倾斜长度，m；$1.2 \sim 1.4$ 为借鉴地表下沉达到充分采动的经验系数；H_0 为保护层与被保护层之间的距离。

(4)从开采时间上来看，在保护层完成两个工作面的开采后即可进行被保护层的开采。但是，考虑被保护层随着完全无煤柱搭接工作面个数的增加会产生反复卸压，因此，建议当整个采区保护层开采结束后再进行被保护层的开采，安全上更有利。

为了实现图 5-10 中煤 1 在倾斜方向的连续、充分卸压效果，在煤 2 中采用了错层位无煤柱开采，如图 5-11 所示。采用无煤柱连续开采方案，形成搭接的工作面上覆岩层在接续工作面开采期间形成整体运动，首采工作面上山方向的卸压边界在接续工作面开采时消失，煤 2 对煤 1 的保护范围仅仅受到首采工作面下山方向的卸压边界与正在回采的接续工作面上山方向的卸压边界临时影响。因此，煤 1 处于连续卸压状态，即在卸压边界内不存在未受保护区域。同时，接续工作面与首采工作面形成整体，裂隙带高度升高，因此上一工作面开采期间煤 1 的受保护区域经历二次卸压，并且煤 1 在裂隙带中的相对层位逐渐降低，认为卸压更加充分，可以推断，当形成多个搭接工作面时，煤 1 受保护范围连续增加，并且被保护范围从上到下经历多次卸压。相对于留煤柱开采方案，体现出卸压范围连续、卸压效果更充分的特点，可实现被保护层的安全、经济开采。

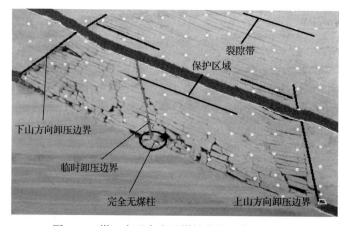

图 5-11 煤 2 实现完全无煤柱搭接工作面示意图

上述实验是在对实际工程背景条件下进行了一般化调整的基础上发现的近距下保护层开采对被保护层的采动影响，从图 5-11 中可以看出，形成多个搭接工作面后，裂隙带高度上升，认为可改善留煤柱开采保护层无法对远距离被保护层实现卸压的现状，为了进一步验证，补充图 5-12 与图 5-13 进一步对远距离被保护层卸压效果进行分析。

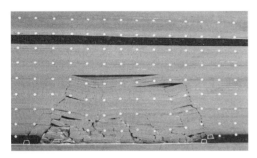 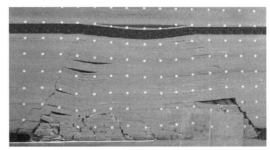

图 5-12　单一工作面对被保护层的卸压效果　　图 5-13　连续开采工作面对被保护层的卸压效果

　　如图 5-12、图 5-13 所示，首采工作面覆岩裂隙带高度可达到 42m，未达到距离 63m 的被保护层高度，可认为对被保护层没有卸压效果；当完全无煤柱连续开采搭接工作面开采后，覆岩运动形成一个整体，裂隙带高度上升到 78m，并且工作面之间不存在卸压边界线，实现了对被保护层的连续卸压。同时，可以看出，裂隙带上方仍然存在较大的离层，认为接续工作面继续开采会造成裂隙带高度进一步上升，可相对降低被保护层在裂隙带中的层位，卸压效果通过工作面的连续搭接与开采可进一步提高。

　　按照实际工程背景的《初步设计》，在开采水平内的煤 2 中布置 4 个长度为 150m 的工作面，如图 2-27 所示。

　　图 2-27 中由于卸压边界影响，煤 2 中工作面长度 150m，煤 1 中受保护的倾向长度不到 100m，而煤 2 所留单个煤柱在煤 1 中形成的未受保护区域达到 52m，同时，由于煤 2 倾向的上部未实现保护的作用，在煤 1 中沿倾向仅仅可布置 3 个工作面。为了改善这一现状，对《初步设计》进行了修改，将煤 2 的开采水平下延，布置了辅助水平，煤 2 中工作面长度为 175m，区段之间留设 5m 护巷煤柱，经计算，煤 1 中沿倾向不可采的长度减少，但是增加了岩巷掘进量。同时，水平划分与垂直划分采区边界同时存在，管理上存在困难。

　　为进一步改善开采现状，在煤 2 中采用完全无煤柱工作面布置并结合大巷联合布置跨巷开采后，煤 1 中沿倾向在水平内均属于连续卸压全区可采，并且煤 1 经多次卸压作用，安全性好。综合煤 1 与煤 2 技术经济指标对几种方案进行对比，见表 5-3。

表 5-3　单个采区不同方案技术经济对比情况

方案	煤炭损失/Mt	附加岩巷掘进/m³	是否连续卸压	安全性评价
原设计	1.421	—	否	不好
小煤柱	0.7	1200	否	一般
无煤柱	—	—	是	好

　　按表 5-3，仅综合回采率和巷道工程量考虑，吨煤利润按照 200 元计算，采用无煤柱开采方案比原设计方案增加回采利润 2.84 亿元；岩巷掘进与维护延米按照 5000 元计算，

无煤柱方案比小煤柱开采方案减少岩巷工程费用计 600 万元，增加回采利润 1.4 亿元。因此，无煤柱方案的应用体现出显著的技术、经济效果。

5.3　无煤柱连续开采端头应力的连续卸压技术特征

工作面间无煤柱连续开采技术可实现工作面之间完全无煤柱开采，可显著改善煤柱应力集中造成的巷道强矿压甚至动力灾害问题，但是在埋深与构造综合作用下，应力不会凭空消失，而是向周围发生转移，从采场来看，我们消除了巷道与煤柱的应力集中问题，但是其势必要向工作面端头发生转移，为此，在具有动力灾害的矿井，需要对端头应力进行卸压。

5.3.1　钻孔卸压的基本原理

卸压钻孔技术是冲击地压或动力灾害矿井广泛采用的一种有效的解危措施，是指在煤岩体应力集中区域实施钻孔，从而使钻孔周围一定区域范围内煤岩体的应力集中程度下降，或者高应力转移到煤岩体的深处或远离高应力区，使可能发生的煤体不稳定破坏过程变为稳定破坏过程，实现对局部煤岩体进行解危，或起到预卸压的作用。此方法基于施工钻屑法钻孔时产生的冲击现象，钻进越接近高应力带，煤体积聚能量越多，钻孔冲击频度越高，强度也越大。钻孔可以起到破裂和软化煤体的作用，当在应力煤体内进行卸压钻进时，在钻孔周围的高应力作用下，其钻出的煤粉量较平常有很大的增加，因此每一个钻孔周围形成一定范围的破碎区，当这些破碎区互相连通后，就会在煤层中形成一条破碎带，这条破碎带便能使相邻钻孔之间的煤岩体全部破裂，从而降低了煤层的应力集中程度，使靠近煤壁处的支承应力向深部转移，起到卸压作用。

图 5-14 为煤体中钻孔卸压的原理。钻孔卸压的本质是利用煤层中的高应力条件，使

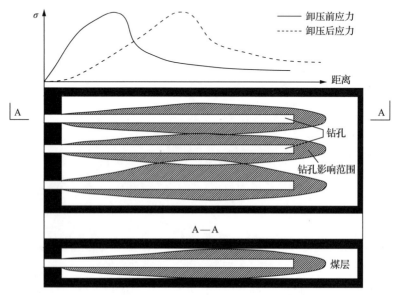

图 5-14　煤体中钻孔卸压的原理

钻孔周围煤岩体破坏，降低了煤层的脆性和煤层存储弹性能的能力，使煤层中弹性能释放，从而起到卸压的作用，消除冲击地压危险。

5.3.2　钻孔周围煤岩体破坏机理分析

钻孔施工完成后，钻孔周边煤体的三向应力状态转向双向受力或者单向受力状态，其强度降低(图 5-15)。靠近孔壁的煤体侧向应力为零，处于单轴压缩状态，首先遭到破坏，由弹性状态转变成塑性状态，随着破坏向深部发展，煤体的抗压强度逐渐增加，直到某一半径处，岩块又处于弹性状态，在这个半径 R 范围内岩体就处于极限平衡区范围。

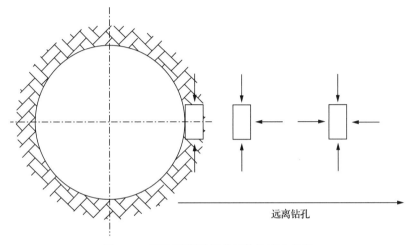

图 5-15　钻孔两侧围岩单元体的应力状态

极限平衡区内的静力平衡方程为

$$r\frac{\mathrm{d}\sigma_r}{\mathrm{d}r} + \sigma_r - \sigma_t = 0 \tag{5-2}$$

极限平衡区内的静力平衡方程满足 Mohr-Coulomb 准则，把切向应力 σ_t 看作最大主应力，径向应力 σ_r 看作最小主应力，得到极限平衡的条件：

$$\sigma_t = \varepsilon\sigma_r + \sigma_{\mathrm{c}} \tag{5-3}$$

式中，$\varepsilon = \dfrac{1+\sin\varphi}{1-\sin\varphi}$；$\sigma_{\mathrm{c}} = \dfrac{2c\cos\varphi}{1-\sin\varphi}$。

式(5-3)可表示为

$$\sigma_t = \frac{1+\sin\varphi}{1-\sin\varphi}\sigma_r + \frac{2c\cos\varphi}{1-\sin\varphi} \tag{5-4}$$

式中，σ_t、σ_r 为极限平衡区内的切向应力和径向应力，MPa；c 为岩体的黏聚力，MPa；φ 为岩体的内摩擦角，(°)。

化简得到极限平衡区内的应力表达式：

$$\sigma_r = c \cot \varphi \left[\left(\frac{r}{r_1} \right)^{\frac{2\sin\varphi}{1-\sin\varphi}} - 1 \right] \tag{5-5}$$

$$\sigma_t = c \cot \varphi \left[\frac{1+\sin\varphi}{1-\sin\varphi} \left(\frac{r}{r_1} \right)^{\frac{2\sin\varphi}{1-\sin\varphi}} - 1 \right] \tag{5-6}$$

根据式(5-5)和式(5-6)，可以做出钻孔两侧煤岩体的应力分布图，如图 5-16 所示。

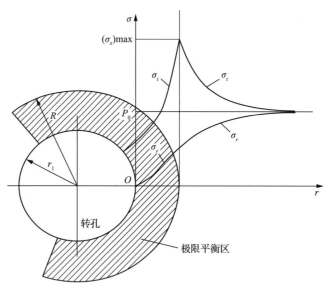

图 5-16　钻孔两侧的支承应力分布

由图 5-16 可知，高应力煤体中的钻孔，在集中应力条件下，孔壁周围的煤体首先由弹性状态转变为塑性状态，应力降低，形成一定范围的极限平衡区。极限平衡区由破裂区和塑性区构成，塑性区的煤体变形量达到极限时，煤体破裂形成破裂区。极限平衡区内的煤体切向应力小于原岩应力，在极限平衡区的边界处，切向应力达到最大。最终，钻孔由内而外形成破裂区、塑性区和弹性区。钻孔引起的卸压区主要集中在破裂区范围内。

随着塑性区及破裂区的煤体变形量不断增加，破裂区煤体的强度进一步降低，当煤块之间的摩擦力不足以抵抗内部围岩压力和自重时，将发生塌孔，钻孔周围破裂的煤体向自由空间内坍塌。裸露的孔壁由于再一次失去塌落煤体的挤压力，强度再次降低，同时，这将导致新孔周围应力重新分布，孔壁再一次应力集中使得煤体再一次变形破裂，承压能力下降，高应力向深部转移，塑性区继续扩大。如此反复，卸压区的范围也不断扩大，最终的成孔内壁与塌落的煤块接触，受到后者的支撑作用，钻孔不再继续塌落，形成最终的破裂区和塑性区，成为最终的应力降低区，如图 5-17 所示。

多个钻孔时，每一个钻孔周边形成的应力降低区相连，在煤层中间形成一条减压带，降低了煤体中的应力集中程度，释放积聚的弹性能，降低煤体再次积聚弹性能的能力，使高应力区向煤体深部转移，这是钻孔卸压的根本原因。

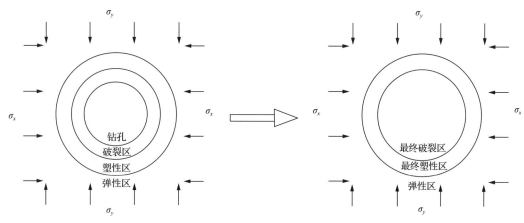

图 5-17　钻孔围岩破坏过程

5.3.3　孔不塌落的塑性区半径计算

假设钻孔壁破裂煤体块相互挤压自稳而没有塌落，实际所形成的钻孔直径接近于钻头直径，可根据弹塑性理论计算塑性区半径。

$$R_p = R_0 \left\{ \frac{\left[\sigma_y(1+\lambda) + 2c\cot\varphi \right](1-\sin\varphi)}{c\cot\varphi} \right\}^{\frac{1-\sin\varphi}{2\sin\varphi}} \times \left\{ 1 + \frac{\sigma_y(1-\lambda)(1-\sin\varphi)\cos 2\theta}{\left[\sigma_y(1+\lambda) + 2c\cot\varphi \right]\sin\varphi} \right\} \quad (5\text{-}7)$$

式中，R_p 为钻孔塑性区半径，m；R_0 为钻孔半径，m；σ_y 为垂直应力，MPa；λ 为侧压系数；θ 为环向角度，(°)。

由式 (5-7) 可得出以下几点结论。

(1) 钻孔所在煤体的垂直应力越大，塑性区就越大。

(2) 反映煤体强度的两个指标 c 和 φ 越小，也就是煤体强度越低，则塑性区越大。

(3) 钻孔的半径 R_0 越大，塑性区半径就越大，二者呈正比关系。

5.3.4　孔塌落的塑性区半径计算

在实际工程中，在煤体高应力区域施工卸压钻孔后，一般都会出现塌孔现象。当钻孔塌落后，实际的钻孔直径就不是钻头的直径，而是最终孔壁塌落煤体填满自由空间后，各区域整体受力平衡保持稳定所形成的新的钻孔直径，如图 5-18 所示。

根据图 5-18 所示模型，由体积相等原则可得塌落区(最终成孔)半径 R_b 和原始钻孔半径 R_0 之间的关系：

$$\pi(R_b^2 - R_0^2) \times K_p = \pi R_b^2 \quad (5\text{-}8)$$

式中，K_p 为塌落区煤体的碎胀系数。

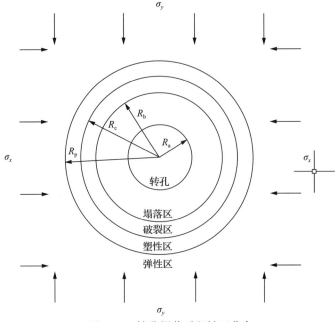

图 5-18　钻孔塌落后塑性区分布

$$R_b = \sqrt{\frac{K_p}{K_p - 1}} R_0 \tag{5-9}$$

若取煤体的碎胀系数为 1.2～1.5，则 $\omega = \sqrt{\dfrac{K_p}{K_p - 1}} = 1.73～2.45$，此参数 ω 称为扩孔系数。

综上所述，可得出孔塌落的塑性区半径计算公式：

$$R_p = \omega R_0 \left\{ \frac{\left[\sigma_y(1+\lambda) + 2c\cot\varphi\right](1-\sin\varphi)}{c\cot\varphi} \right\}^{\frac{1-\sin\varphi}{2\sin\varphi}} \times \left\{ 1 + \frac{\sigma_y(1-\lambda)(1-\sin\varphi)\cos 2\theta}{\left[\sigma_y(1+\lambda) + 2c\cot\varphi\right]\sin\varphi} \right\} \tag{5-10}$$

5.3.5　孔径确定

很多研究表明，卸压孔的孔径越大，卸压效果越好，但大孔径钻孔增加了施工难度，降低了施工效率，而且在高应力区域施工容易诱发冲击地压。直径不同的钻孔所需要的钻机的型号也不尽相同，相对较小的钻孔所需要的钻机功率小，体积小，质量轻，在需要近距离施工大量卸压孔的情况下，钻机移动方便，提高了打卸压孔的效率。

表 5-4 为我国部分冲击地压矿井采用钻孔卸压防冲时，选取的卸压孔直径。由表 5-4 可知，冲击地压矿井卸压孔直径多数在 90～130mm，经过长期实践都取得良好的效果。

表 5-4　部分冲击地压矿井卸压钻孔直径

矿井	东滩矿	古山矿	老虎台矿	张集矿	千秋矿	跃进矿	新义矿	枣庄矿
卸压孔直径/mm	115	130	113	89	100	133	96	110

5.3.6　钻孔间距确定

根据上一节推出的卸压孔塑性区半径计算公式(5-10)确定孔间距，由于煤岩体处于高应力区，并非理想弹塑性体，其中含有大量随机裂隙，因此实际塑性区半径要比理论计算更大一些，这里对于塑性区半径进行修正：

$$R'_p = mR_p \tag{5-11}$$

式中，m 为修正系数，取 1.5～2.5。

5.3.7　孔深度确定

大孔径钻孔卸压深度要大于或等于支承应力区峰值距离煤壁的长度。支承应力区峰值位置可以通过理论计算、钻屑法、应力在线监测系统或便携式微震探测法获得。

极限平衡区的宽度依据 2.8 节可进行理论计算，弯矩分布最大值按照 2.7 节可以计算得出，钻孔深度超过极限平衡区或者弯矩最大值范围即可。

5.3.8　压钻孔方案

依据 5.3.5 节、5.3.6 节与 5.3.7 节，结合具体地质条件，可以得到相应的钻孔直径、钻孔深度与钻孔间距几个基本参数。图 5-19 为我国普遍应用的卸压钻孔布置方式。

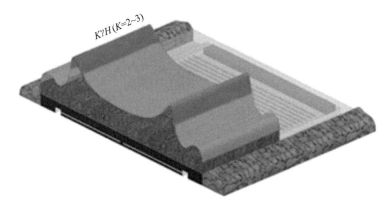

图 5-19　卸压钻孔布置方式

如图 5-19 所示，在留煤柱"离散式"开采中，一般两巷布置在煤层同一层位，可由两巷相向布置卸压钻孔。

这里以开滦唐山矿孤岛工作面为例，唐山矿双侧采空孤岛工作面 8、9#煤层厚度10.5m，单轴抗压强度 σ_c=20MPa，碎胀系数 K_p=1.2，扩孔系数 ω=2.45，钻孔半径 R_0=0.045～0.065m，垂直应力取 σ_y=18.25MPa，侧压系数 λ=0.25，煤体黏聚力 c=1.2MPa，煤体内摩擦角 φ=28°，环向角度 θ=0°，工作面长度 170～209m，将参数代入式(5-10)得到单个卸压钻孔塑性区半径 R_p=0.457～0.66m，再次利用式(5-11)得到修正后的单个钻孔塑性区半径 R'_p=0.68～1.65m，所以，孔间距 B=0.68～1.65m。

再次利用公式：

$$x_2 = -\frac{M\varepsilon}{2f}\ln\frac{f\tau+k_t}{k_t[1+f(1/\varepsilon-1)c\tan\varphi]} \tag{5-12}$$

计算得到极限平衡区尺寸为 12.6m，那么钻孔深度应该超过 12.6m；卸压孔直径依据表 5.4，取 100～200mm；孔间距取 1～2m。

再次结合图 5-19 进行分析，确定的参数中，钻孔间距主要解决的是水平间距，以唐山矿煤层进行分析，其厚度为 10.5m，巷道高度为 3m，最多能布置双排钻孔，而其对煤层纵向的卸压效果有限，部分端头区域处于盲点，甚至是受卸压钻孔影响而出现应力集中的现象。

为了解决工作面端头应力集中问题，弥补传统端头卸压钻孔布置的不足，提出了"一种实现厚煤层充分卸压的立体网络化卸压钻孔布置方法"，如图 5-20 所示。

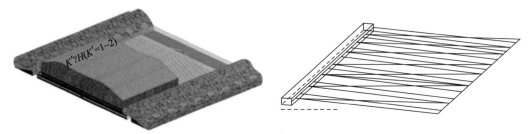

图 5-20　立体网络化卸压钻孔布置方法

K'-应力集中系数

本发明提供的一种实现厚煤层充分卸压的立体网络化卸压钻孔布置方法，结合实施步骤图分述如下。

第一步，首先厚煤层开采过程中，布置立体化回采巷道，即工作面间相邻两巷形成错层位"一高、一低"立体化的布置方式，如图 5-21 所示。

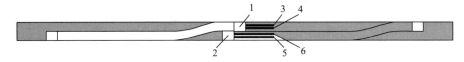

图 5-21　错层位内错式巷道布置示意图

1-上区段回风巷；2-下区段进风巷；3-上区段回风巷上排钻孔；4-上区段回风巷下排钻孔；
5-下区段进风巷上排钻孔；6-下区段进风巷下排钻孔

第二步，依据煤体赋存性质，确定全煤厚范围内的孔径、深度与间距等参数。

第三步，相邻两巷中，先在靠近实体煤一侧的上区段回风巷内布置上、下两排水平卸压钻孔，上、下两排钻孔排距 b 选取范围与间距 a 相同，可按实际情况进行调整。上、下两排钻孔分别以煤壁法线为轴，分别向左、右以一定角度旋转，旋转角度 β 为 15°～20°，钻孔施工过程应尽量与巷道掘进同时进行，如图 5-22 所示。

第四步，在下区段进风巷中，向实体煤一侧布置上、下两排水平钻孔，与煤壁保持法线垂直，间距 a 和排距 b 的取值与第三步相同。上、下两排钻孔交错布置，上、下两排钻孔交错距离为钻孔间距的一半,钻孔施工过程应尽量与巷道掘进同时进行,如图 5-23 所示。

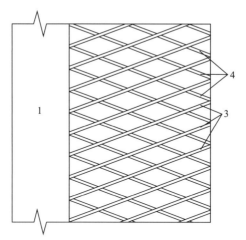

图 5-22　上区段回风巷侧钻孔布置平面图

1-沿顶巷道；3、4-网络交叉钻孔

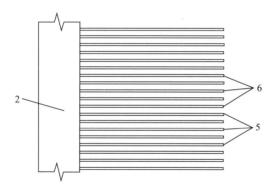

图 5-23　下区段进风巷侧钻孔布置图

2-沿底巷道；5、6-水平钻孔

最终,形成错层位相邻两巷"一高、一低"特征的立体网络化卸压钻孔布置示意图(图 5-24)。

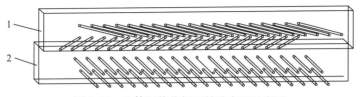

图 5-24　立体网络化卸压钻孔布置示意图

其技术优势如下[3]。

(1)利用"一高、一低"立体化巷道布置特征,可实现接续工作面端头一侧全厚的卸压效果。

(2)如果钻孔长度足够,那么可实现开采区段全长、全厚的全覆盖卸压效果。

5.3.9 卸压效果计算分析

1. 煤层概况

以唐山矿 8、9#煤层为工程背景，煤层埋深 690～790m，厚度 9.5～14m，平均厚度 10.5m，煤层厚度相对稳定。煤层倾角 4°～21°，平均倾角 16°。

顶板：岩性变化很大，即使同一区域的不同部位，其岩性亦可能不同。总的说，一般为灰色砂质泥岩，在合并区一般有 0.2～2m 的深灰色碳质泥岩伪顶，往上岩性变粗，粒级由粉砂岩到粗砂岩不等。

底板：直接底板为深灰-黑灰色泥岩，含植物根化石，厚 1～1.5m，往下为含有大量透镜状菱铁质结核的深灰色泥岩。

根据 8、9#煤层顶底板岩石物理力学参数测试结果做一般化调整，确定数值模拟中各岩层物理力学参数，见表 5-5。

表 5-5 工作面覆岩物理力学参数

岩层	单轴抗压强度/MPa	弹性模量/MPa	黏聚力/MPa	内摩擦角/(°)
砂质泥岩	38	16	1.6	36
泥岩	100	10	3.2	42
中砂岩	25	10	1.8	32
粉砂岩	142	18	2.6	35
砂质泥岩	38	15	1.6	38
粉砂岩	38	16	1.6	38
煤层	20	5	1.2	28

依据唐山矿 8、9#煤层基本地质情况和顶底板岩层物理力学参数建立 FLAC3D 数值模拟模型，模拟常规工作面以及孤岛工作面条件下，传统钻孔卸压技术以及网络化钻孔卸压技术的卸压效果。

2. 常规工作面钻孔卸压效果对比

结合前述网络化卸压钻孔卸压理论分析和卸压技术方案设计，对比研究传统钻孔卸压技术与网络化钻孔卸压技术对煤层卸压的效果。

布置钻孔孔径 200mm，孔深 20m，孔间距 2m，分析相同条件下，传统钻孔卸压（图 5-19）与网络化钻孔卸压（图 5-20）超前工作面的应力变化情况及卸压范围，综合评价卸压效果。

由图 5-25、图 5-26 可知，网络化钻孔卸压方式的卸压效果显著优于传统钻孔卸压方式。网络钻孔卸压技术上、下两排钻孔交错布置，卸压区域呈现梯形卸压形态，卸压范围相比传统钻孔布置更大。工作面前方未卸压时，巷道实体煤侧 0～8m 内垂直应力高达

18.7MPa，向煤层实施卸压钻孔后，巷道实体煤侧应力峰值向深部转移，巷道浅部围岩普遍处于低应力区。

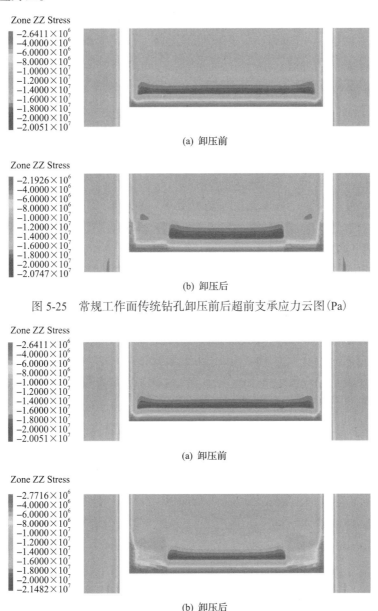

(a) 卸压前

(b) 卸压后

图 5-25　常规工作面传统钻孔卸压前后超前支承应力云图(Pa)

(a) 卸压前

(b) 卸压后

图 5-26　常规工作面网络化钻孔卸压前后超前支承应力云图(Pa)

通过图 5-27、图 5-28 可定量分析常规工作面条件下，采用不同钻孔卸压技术与未采取任何卸压技术时，工作面前方应力变化与巷道应力峰值位置的转移距离。

由图 5-27 可知，对煤层实施传统钻孔卸压后，巷道实体煤侧支承应力峰值由巷道围岩浅部 7.5m 范围向煤层深部转移至距离其 25m 处；巷道围岩浅部应力由原来 18.8MPa降低至 13.4MPa 左右。由图 5-28 可知，采用网络化钻孔卸压后，巷道实体煤侧支承应力同样向煤层深部转移至距离其 25m 处；巷道围岩浅部应力由原来的 18.8MPa 降低至 10.5MPa 左右，相比于传统钻孔卸压方式进一步降低了巷道周围围岩的应力集中程度，使应力得到有效释放。

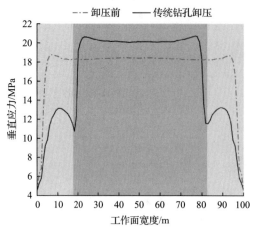

图 5-27　常规工作面传统钻孔卸压前后超前
支承应力曲线图

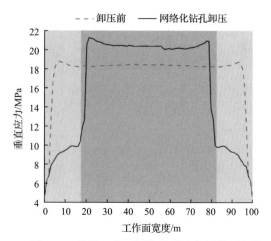

图 5-28　常规工作面网络化钻孔卸压前后超前
支承应力曲线图

从图 5-29 可以看出，通过对比不同钻孔卸压方式的卸压效果，传统钻孔卸压技术的卸压范围内应力峰值为 13.4MPa，相比卸压前，应力峰值降低 28.7%。网络化钻孔卸压技术的卸压范围内应力峰值为 10.2MPa，相比卸压前，应力峰值降低 45.7%。由此可知，网络化钻孔卸压方式相较于传统钻孔卸压方式巷道围岩应力峰值还可进一步降低 17%，使巷道应力得到进一步有效释放，处于应力降低区，利于巷道维护。

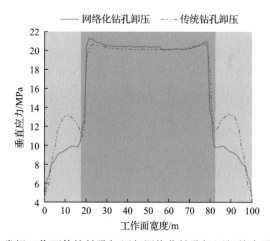

图 5-29　常规工作面传统钻孔卸压与网络化钻孔卸压超前支承应力对比

由图 5-30、图 5-31 可知，网络化钻孔卸压技术由于巷道上、下两排卸压钻孔分别以煤壁法线为轴，向左、右以一定角度旋转钻孔施工，上、下两排钻孔交错布置，在钻孔参数一致的情况下，网络化钻孔卸压范围更大、更广，卸压效果也更加显著。

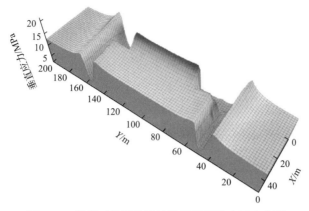

图 5-30　常规工作面传统钻孔卸压超前支承应力图

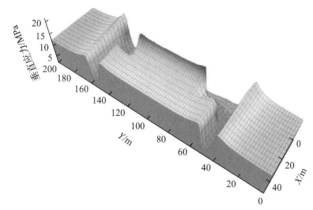

图 5-31　常规工作面网络化钻孔卸压超前支承应力图

3. 孤岛工作面钻孔卸压效果对比

结合网络化卸压钻孔理论分析和卸压技术方案设计，对比研究孤岛工作面传统钻孔卸压技术与网络化钻孔卸压技术对煤层的卸压效果。

布置钻孔孔径 200mm，孔深 20m，孔间距 2m，分析相同条件下，传统卸压钻孔与网络化卸压钻孔超前工作面的应力变化情况及卸压范围，综合评价卸压效果。

由图 5-32、图 5-33 可知，在孤岛工作面条件下，网络化钻孔卸压方式的卸压效果依

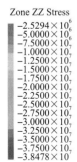

(a) 卸压前

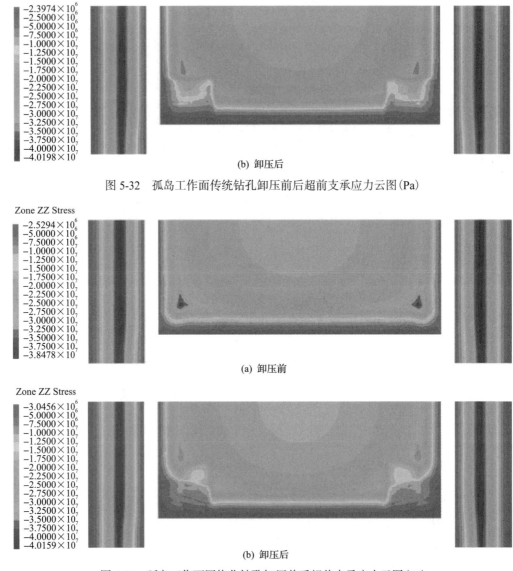

图 5-32 孤岛工作面传统钻孔卸压前后超前支承应力云图(Pa)

图 5-33 孤岛工作面网络化钻孔卸压前后超前支承应力云图(Pa)

旧显著优于传统钻孔卸压方式。网络化钻孔卸压技术上、下两排钻孔交错布置,卸压区域呈现梯形卸压形态,卸压范围相比传统钻孔布置更大。工作面前方未卸压时,巷道处于高应力环境中,巷道实体煤侧 0~8m 内垂直应力高达 31MPa,向煤层实施卸压钻孔后,巷道实体煤侧应力峰值向深部转移,巷道围岩应力得到释放。

通过图 5-34、图 5-35 可定量分析孤岛工作面条件下,采用不同钻孔卸压技术与未采取任何卸压技术时,工作面前方应力变化与巷道应力峰值位置的转移距离。

由图 5-34 可知,对煤层实施传统钻孔卸压后,巷道实体煤侧支承应力峰值由巷道围岩浅部 8m 范围内向煤层深部转移至距离其 22m 处;巷道围岩浅部应力峰值由原来 31MPa 降低至 14.7MPa 左右。由图 5-35 可知,采用网络化钻孔卸压后,巷道实体煤侧支承应力同样向煤层深部转移至距离其 22m 处，巷道围岩浅部应力由原来 31MPa 降低至 10.9MPa 左右，相比于传统钻孔卸压方式进一步降低了巷道围岩的应力集中程度，使应力得到有效释放。

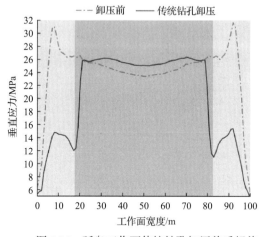

图 5-34　孤岛工作面传统钻孔卸压前后超前　　　图 5-35　孤岛工作面网络化钻孔卸压前后超前
　　　　　　支承应力曲线图　　　　　　　　　　　　　　　　支承应力曲线图

从图 5-36 可知，通过对比不同钻孔卸压方式卸压效果，传统钻孔卸压技术的卸压范围内应力峰值为 14.7MPa，相比卸压前，应力峰值降低 52.5%。网络化钻孔卸压技术的卸压范围内应力峰值为 10.9MPa，相比卸压前，应力峰值降低 64.8%。由此可知，网络化钻孔卸压方式相较于传统钻孔卸压方式巷道围岩应力峰值可进一步降低 12.3%，使巷道围岩应力得到了更加有效的释放，其应力值显著降低，巷道以及实体煤处于应力降低区，不仅有利于巷道维护，而且有助于动力灾害的治理。

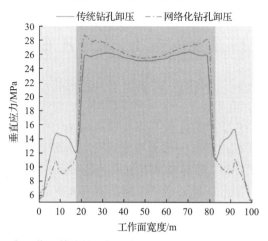

图 5-36　孤岛工作面传统钻孔卸压与网络化钻孔卸压超前支承应力对比

由图 5-37、图 5-38 可知，孤岛工作面条件下，传统钻孔卸压技术与网络化钻孔卸压技术布置方案一致的情况相比较，依旧是网络化钻孔卸压范围更大、更广，卸压效果也更加显著。

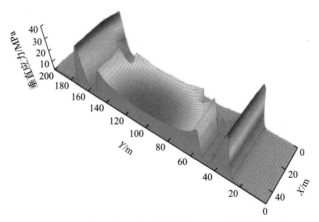

图 5-37　孤岛工作面传统钻孔卸压超前支承应力图

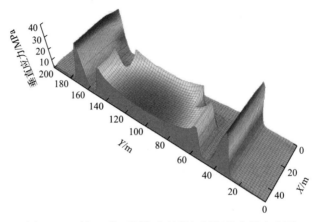

图 5-38　孤岛工作面网络化钻孔卸压超前支承应力图

5.4　实现工作面间连续、顺序开采的技术特征

本著作中，截止到 5.3 节，我们一直围绕"连续开采"及其带来的覆岩"连续运动"展开，但是一直存在一个问题没有交代，之前我们一切内容和成果均是围绕"单巷布置与掘进"展开，包括错层位无煤柱连续开采技术与 N00/110 工法，实际上在我国现代化矿井基地，如神东矿区等，由于其开采大型化的发展，其工作面推进距离具有"超长"特征，而超长推进距离工作面为保证通风与辅助运输要求"双巷布置与掘进"，这样凸显了著作核心内容的一个盲点，因此，我们从常规双巷布置与掘进开始，针对实现超长推进距离的连续、顺序开采展开逐步分析与研究。

5.4.1　超长推进距离双巷掘进技术要点

图 5-39 是典型的超长推进距离双巷布置与掘进方案。

如图 5-39 所示，结合我国西部开采现状，占有很大比重的新建矿井都具有高强度(大采高、超长工作面与推进速度快)与超长推进距离的特点，本技术研究的工程背景为

31503 工作面正在开采 5#煤层，工作面长度 300m，日进尺最快达到 20m，平均在 10m以上，采高 5.7m，连续推进距离超过 3000m，设计留设 40m 护巷煤柱的接续 31505 工作面推进距离将达到 5200m，仅双巷间的煤柱损失就已超过 162 万 t，已经足够一个大型矿井一年的产量。

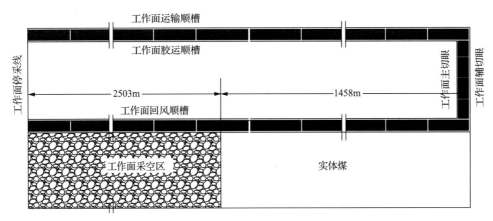

图 5-39　31503 工作面巷道布置图

即使超长推进距离工作面相邻巷道可采用单巷掘进，且能够满足运输与通风要求，但在采用沿空掘巷技术时，为保证沿空巷道的稳定性，需要采空区覆岩运动稳定后才能掘进，为满足采掘接续要求，必然需要跳采，最终会造成孤岛工作面的出现，易引发动力灾害。

因此，结合高强度、超长推进距离工作面回采特点与沿空掘巷技术现状，存在的问题概括如下：①工作面长、采高大，双巷间需留设大尺寸煤柱，资源浪费极其严重；②受高强度带来的支承应力影响，工作面外侧辅助巷道在一次采动影响时维护已困难，难以再承受二次采动影响；③在双巷掘进的前提下，现有技术已无法实现沿空掘巷；④在单翼采区布置的前提下，沿空掘巷需要跳采，最终会形成孤岛工作面，易引发动力灾害。

针对上述四个问题展开研究，作者所在团队结合实际工程背景，拟针对超长推进距离双巷布置，实现无煤柱"连续""顺序"开采。

1. 工程背景与存在的问题

31503 大采高综采工作面主采 5#煤层，煤层厚度 5.45～7.15m，平均厚度 6.14m，采高为 5.7m，倾角为 1°～3°，煤层瓦斯含量低，绝对瓦斯涌出量为 0.35m³/min；煤尘具有爆炸性；自然发火倾向性为 I 类，容易自燃，最短自然发火期为 39 天，地温与地热正常。工作面推进长度 4227.92m（后期调整为 4000m），宽 300.58m，采用双巷布置方式，即辅运巷道与胶运巷道同时掘出，设计巷道间煤柱尺寸为 40m，31503 工作面巷道布置如图 5-39 所示。

结合图 5-39，对其现有技术进行分析，存在的问题包括：①资源浪费严重，仅考虑一侧双巷间丢失的煤柱储量就达到一个大型矿井的年产量 162 万 t；②在首采工作面开采期间，接续工作面回风巷道(31501 工作面的辅运巷道)变形与破坏十分严重，如图 5-40 所示；③自然发火威胁大，现场实测发现回风巷道片帮最深达到 4～4.5m，煤帮破碎严重，易在深部形成蓄热条件，而工作面推进距离长，回风巷道一侧破碎煤体暴露时间长，具有持续的供氧与蓄热时间，自然发火危险性增大。

| (a) 巷道底鼓开裂 | (b) 副帮挤压平移 |

图 5-40　巷道变形与破坏示意图

结合现有研究成果，上述三个问题均可以通过采用沿空掘巷技术解决。但是由于工作面推进距离长，达到 4000m，下一个接续工作面将会达到 5200m，掘进中为满足通风与运输要求必须采用双巷掘进，现有的沿空掘巷技术无法直接实施，因此提出"一种超长推进距离工作面的沿空掘巷开采方法"[4]。

2. 高强度、超长推进距离工作面双巷掘进的顺序开采技术

针对 31503 工作面超长推进距离双巷掘进造成的丢煤严重、回风巷道变形与破坏严重以及自然发火危险性高等几个问题，另外现有超长推进距离无法实现沿空掘巷以及在高速推进的前提下采用沿空掘巷需要跳采的现状，提出超长推进距离双巷掘进的沿空顺采技术，如图 5-41 所示。

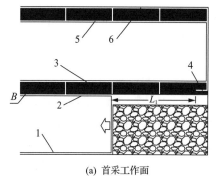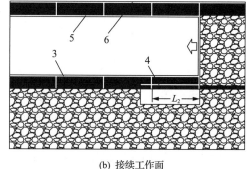

| (a) 首采工作面 | (b) 接续工作面 |

图 5-41　超长推进距离双巷布置的沿空掘巷顺采技术示意图

1-首采工作面回风巷；2-首采工作面运输巷；3-首采工作面辅助运输巷；4-接续工作面沿空掘巷；5-接续工作面运输巷；
6-接续工作面辅助运输巷；B-双巷掘进煤柱尺寸；L_1-沿空掘巷滞后工作面距离；L_2-掘进工作面超前回采工作面距离

如图 5-41(a)所示，为实现超长推进距离双巷布置的沿空掘巷顺序开采，在首采工作面回采期间即掘进接续工作面两条回采巷道 5 与 6，到开切眼位置向首采工作面采空区方向掘进，过巷道 3 到达沿空掘巷 4 的位置，随着首采工作面不断向前开采，分段掘出巷道 4，利用上一工作面双巷之间的联络巷进行通风与运输。

由于工作面推进距离长，首采工作面开采期间，后方远处的采空区覆岩运动逐渐趋于稳定状态，为沿空掘巷创造了条件，沿空掘巷与首采工作面推进方向的距离为 L_1。接续工作面开采期间不必考虑巷道 3 承受二次采动影响，而巷道 4 沿空掘巷，利于巷道的掘进与维护，因此其整体优点概括为：①提高回采率，将原留设的煤柱大部分回采，仅仅丢失沿空掘巷必要的窄煤柱；②初期留设的大煤柱可保护巷道 3，且巷道 3 仅受一次采动影响，降低其支护难度；③巷道 4 布置在煤柱的破裂区范围，即提高了回采率，又杜绝了破裂煤体蓄热的可能性，利于自然发火的防治；④实现了工作面之间的顺序开采，避免后期出现孤岛工作面。

当接续工作面投产后，相邻两工作面与巷道之间的关系如图 5-41(b) 所示，当沿空巷道 4 已掘出 L_2 长度，设备安装完毕后即可进行回采，实现掘、采同时作业。

该种方法适用于超长推进距离工作面，特别是高强度工作面。需要解决的关键问题在于：①沿空掘巷 4 与首采工作面之间需要留设窄煤柱尺寸；②掘进巷道 4 滞后于上一开采工作面之间的距离 L_1；③掘进巷道 4 时为了避免与本工作面采动影响叠加，需要超前本工作面的距离 L_2。

3. 关键参数的确定

如前所述，该技术的关键参数包括煤柱留设尺寸(留煤柱与沿空掘巷)、掘进工作面滞后上一回采工作面距离以及本工作面回采超前采动影响距离三个参数。

1) 大煤柱尺寸

一侧采空实体煤支承应力与四区分布是确定合理煤柱的主要依据，结合前述提出的技术，此处需要计算的煤柱尺寸包括两部分，一为双巷掘进之间煤柱的尺寸，二是沿空掘巷窄煤柱的确定，一侧采空实体煤的极限平衡区与破碎区宽度见 2.7 节。

极限平衡区尺寸的计算依据下列公式：

$$x_0 = \frac{h\lambda}{2\tan\varphi_0} \ln\left[\frac{K\gamma H + \dfrac{c_0}{\tan\varphi_0}}{\dfrac{c_0}{\tan\varphi_0} + \dfrac{P_x}{\lambda}} \right] \tag{5-13}$$

式中，h 为采高，取 5.7m；λ 为侧压系数，

$$\lambda = \frac{1 + \sin\varphi_0}{1 - \sin\varphi_0} \tag{5-14}$$

φ_0 为煤层内摩擦角，取 30°；H 为开采深度，取 440m；c_0 为黏聚力，取 2.4MPa；P_x 为实体煤帮支护强度，这里取 0；K 为最大应力集中系数，按照经验取 2~3；γ 为上覆岩层平均容重，取 25kN/m³。

按照式(5-13)得到极限平衡区尺寸为 32.5～37.8m。

双巷间留设煤柱的尺寸依据 $B=x_0+2h+x_1$ 计算，式中，x_1 为巷道一侧支护长度，取锚杆长度 2.2m，计算得到仅考虑一侧采动影响的双巷掘进煤柱尺寸 $B=46.1～51.4$m，双巷间设计与实际留设煤柱尺寸为 40m，结合极限平衡区范围与需要留设的煤柱尺寸计算结果来看，31503 回风巷正好处于高支承应力的影响范围内，即设计与实际留设的煤柱尺寸偏小，这也是一次采动时回风巷道发生大变形与破坏的原因。

2) 沿空掘巷窄煤柱尺寸

当实体煤帮支承应力超过煤体极限强度时，煤帮浅部煤体将发生破坏，形成一定宽度的破碎区，破碎区宽度 L_s 为

$$L_s = \frac{h\lambda}{2\tan\varphi_0}\ln\left[\frac{\gamma H + \dfrac{c_0}{\tan\varphi_0}}{\dfrac{c_0}{\tan\varphi_0}+\dfrac{P_x}{\lambda}}\right] \tag{5-15}$$

代入上述参数，得到破碎区宽度为 12m。

按照沿空掘巷窄煤柱的留设原理，将巷道布置在此区域即可保证处于较低应力，另外考虑回风巷道发生的 4～4.5m 深度的片帮情况，可将沿空掘巷布置在靠采空区一侧 12m 的位置，巷道宽度为 5m，整个巷道均处于低应力区域，利于巷道支护。

为了验证煤柱尺寸留设的客观性，采用现场实测方案进行作证，31501 工作面开采初期即造成 31503 工作面回风巷(原辅助运输巷)出现大变形与破坏，因此，在 31501 工作面距离切眼 2000m 位置布置测点对煤柱支承应力分布情况与巷道变形情况进行观测，观测结果对本工作面后续开采及接续工作面煤柱留设与巷道支护等提供基础参数。煤柱内支承应力的监测采用 KJ624 煤矿顶板动态监测系统，为了解决钻孔长度与煤柱尺寸相匹配的问题，在 31501 工作面运输巷道与 31503 回风巷道中相向打钻，由于现场施工中，钻孔深度超过 12m 后无法保证成形并影响生产，因此只能监测煤柱两侧各 12m 范围内的应力分布情况，测点编号为 1～10，测点间隔为 1m，深度依次为 12m、10m、8m、6m、4m，钻孔位置距离巷道底板高度为 1.5m，钻孔直径为 45mm，测站布置距离开切眼 2000m。测站布置如图 5-42 所示。

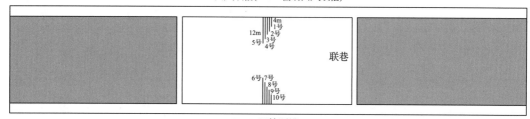

图 5-42　侧向支承应力测站布置

当 31501 工作面推至测站附近时，得到实体煤一侧钻孔应力计数据分布曲线，如

图 5-43 所示。

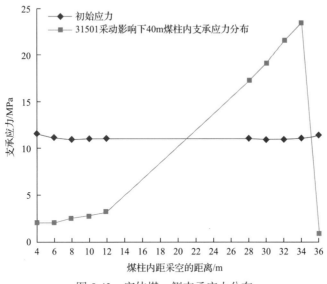

图 5-43　实体煤一侧支承应力分布

如图 5-43 所示，图中近线水平线代表应力计的最初读数，从数据中发现，煤柱中部承载基本相同，读数约为 11MPa，而靠两巷侧略有升高，分析是受到了开挖巷道的影响。

当 31501 工作面开采至测站附近后，在煤柱内形成了支承应力，在距离工作面一侧煤壁近 12m 处的支承应力仅仅超过 3MPa，与原始数据对比，认为煤柱靠采空区的 12m 范围均发生破坏，即属于破裂区范围；煤柱的另一侧，除了 4m 钻孔外，应力值均较大，从距离采空区 28m 的 17.3MPa 升高到到距离采空区 34m 的 23.4MPa，而 4m 钻孔仅仅承受 0.8MPa 的载荷，认为其受另一侧巷道空洞的影响，已经发生完全破裂，即认为现场在高强度、超长推进距离工作面留设 40m 煤柱对 31503 回风巷道维护不利，同样与前述理论需要留设 46.1～51.4m 宽煤柱及现场实测 31503 回风巷一侧出现 4～4.5m 片帮的实际情况相符。

另外，由于煤柱中部 16m 宽的范围没有取到读数，而距采空区 12m 范围内处于破碎区，考虑 4～4.5m 片帮深度，结合安全系数，确定以 12m 作为沿空掘巷的窄煤柱宽度。

3）覆岩运动稳定的判定分析

工作面后方采空区覆岩运动稳定时间或压实稳定岩层与工作面之间的距离可通过对工作面后方在辅助运输巷内布置的巷道位移测点实测得出，如图 5-44 所示。

在对 31503 回风巷道的变形观测中，布置了 9 个测站，从中找出滞后影响距离最远且最具代表性的一组数据。从图 5-44 中可以看出，在经历连续观测后，与工作面之间距离超过近 1200m 后巷道变形才趋于稳定，认为工作面后方采空区覆岩运动已经稳定，巷道顶底板移近量累计达到 600mm，两帮移近量达到 90mm。从另一个角度来看，在 40m 煤柱保护下，一次采动即造成 31503 回风巷道出现较大变形，那么在二次采动时，该巷必然会出现更大范围的变形与破坏，现有支护方案与参数是否能够满足二次采动影响值得商榷。

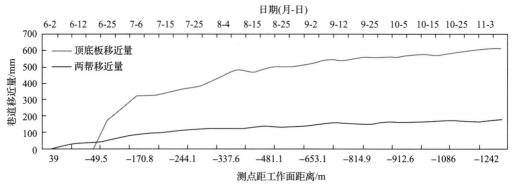

图 5-44　巷道变形示意图(4#测站)

这里确定滞后工作面 1200m 后覆岩运动稳定,要求接续工作面的沿空掘巷与本工作面之间保持错距 $L_1 \geqslant 1200\text{m}$,即可保证掘进工作面不受本工作面的影响。

4) 工作面开采超前采动影响距离

工作面开采超前采动影响范围依然以巷道变形量为主,通过对 31501 工作面主运巷道内的位移观测数据进行分析,如图 5-45 所示。

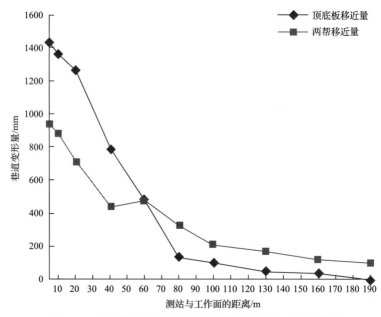

图 5-45　受巷道超前采动影响的巷道表面位移变化折线图

如图 5-45 所示,受工作面超前采动显著影响的距离为 190m,剧烈影响范围为 80m,随着工作面推进,巷道顶底板与两帮的移近量急剧增加,当工作面到达测点附近时,顶底板累计移近量达到 1400mm,两帮移近量达到 935mm,从数据来看,受高强工作面超前影响,巷道变形量大、维护困难。

结合前述所提新技术,确定 $L_2 > 190\text{m}$,即沿空掘巷工作面要超前回采工作面 190m 以上。

4. 工程实际应用状况

受采掘接续与实际情况所限,该矿 31503 工作面仍采用与 31501 工作面之间保留 40m 护巷煤柱的方式进行生产,生产中为了预防巷道顶板事故与煤柱自燃,采取了多种安全技术措施,其中,回风巷道在原支护方案与参数的基础上进行了补强支护,如图 5-46 所示。

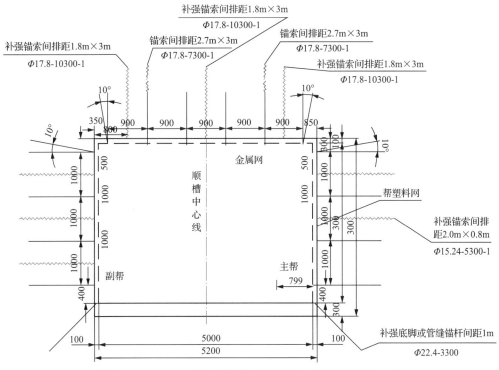

图 5-46　31503 工作面回风巷支护方案与参数示意图(mm)

从实际情况看,经历第二次采动影响的 31503 回风巷道在强采动影响下,其支护发生较大变形与破坏,如图 5-47 所示。

(a) 顶板网兜下沉与顶网裂开　　　　　　　　(b) 帮部断网与支护失效

图 5-47　回风巷道二次采动影响现场图

如图 5-47 所示工作面仅仅推进 650m 时回风巷道即出现大范围的变形与破坏，虽然现场对经受二次采动影响的回风巷进行了补强支护，但效果有限，顶板普遍出现网兜下沉、锚固失效与断网现象，帮部普遍存在锚固失效、断网与巷帮外移的现象。其超前范围顶底板与两帮的移近情况如图 5-48 所示。

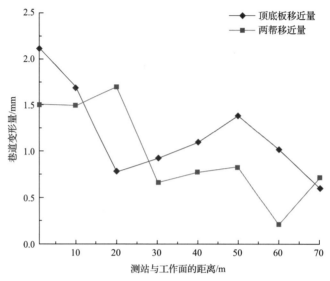

图 5-48　二次采动超前影响下回风巷变形示意图

如图 5-48 所示，受二次采动超前影响，回风巷在超前 70m 范围内出现了难控的顶底板与两帮变形，超前 20m 范围内，顶底板移近量已经达到 0.77m，两帮移近量达到 1.7m；工作面端头范围内，顶底板移近量达到 2.1m，两帮移近量达到 1.5m。

由于巷道变形已经严重影响到正常生产，因此，在经过多方论证后，决定更改工序，沿着与采空区相距 12m 的位置形成沿空掘巷，对工作面前方 200m 范围的原回风平巷进行封闭处理，利用远处的沿空巷道 4 与原回风巷道 3 之间的联络巷进行运输与回风，与原通风路线相比，通风距离略有增加，最长增加距离 56m，从现场来看，没有对过风量产生明显影响，各项监测指标均未发生变化。

在采用沿空掘巷技术后，从现场实施情况看，首采的 31501 工作面已经回采完毕，而掘巷开始的位置距离末采线 3300m，满足滞后要求；采用连采机进行掘进，日进尺保持 30m 以上，掘进 6 天后即可开始正常回采，工作面回采速度最快为 20m/d，因此沿空掘巷与 31503 工作面的错距始终满足要求。

从巷道维护效果来看，在没有改变回风巷补强支护方案与参数的情况下，巷道的变形量大幅减小，能够满足使用要求。

对其经济性进行分析，采用沿空掘巷后，每米巷道支护成本约为 4000 元，剩余的 3300m 累计增加支护投入 1320 万元；而从回采经济来看，累计多回收煤柱尺寸 28m，回收产量 72.15 万 t，按照吨煤利润 100 元计算，回采利润达到 7215 万元，与支护成本相抵，单个工作面可创利润达到 5895 万元，在连续推进长度达到 5200m 的 31505 工作面，经济效益将会更加突出。

综合本节研究内容，为了进一步增加"连续开采""顺序开采"的普适性，针对现代化大型矿井普遍存在的超长推进距离双巷布置与掘进的问题，通过技术改革，实现了顺序开采的沿空掘巷技术，但是，依然有煤柱的存在，因此，我们进一步技术创新，逐步向"连续""顺序"开采目标贴近。

5.4.2　实现双巷布置的沿空掘巷一体化支护与一巷多用回采方法

如图 5-49 所示，为了实现连续开采与顺序开采，首先对图 5-41 所示的具有专利属性的系统再次进行革新，形成"实现双巷布置的沿空掘巷一体化支护与一巷多用回采方法"[5]。

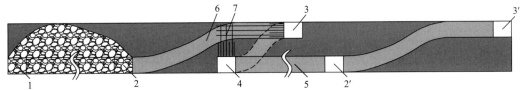

图 5-49　实现双巷布置的沿空掘巷一体化支护与一巷多用回采方法

1、2-工作面回采巷道；2′-连续工作面回采巷道；3、3′-辅助巷道；4-沿空掘巷；5-接续工作面切眼；6-联络斜巷；7-联合锚固区

1. 应用步骤

第一步，首采工作面一侧布置双巷 2、3，巷道 2 与巷道 3 布置在煤层的不同层位，利用联络斜巷 6 贯通。

第二步，巷道 2 与巷道 3 之间保留大尺寸煤柱，避免巷道 1 与巷道 2 构成的首采工作面对巷道 3 产生强矿压影响。

第三步，联络斜巷 6 按照溜槽与水平面角度 3°、6°、9°、12°、15°（n 节）、12°、9°、6°、3°直至水平布置，n 的取值依据煤层厚度与沿顶巷道高度之差选择。

第四步，掘巷期间利用巷道 2 进风，过联络斜巷 6，由巷道 3 进行回风。

第五步，掘巷期间巷道 2 用于出煤，巷道 3 用于进料。

第六步，巷道 1 与巷道 2 构成的工作面生产期间，在另一侧同样的方式布置巷道 2′与巷道 3′，巷道到达开采边界后，向首采工作面一侧开切眼 5，直至巷道 4 位置。

第七步，借鉴 5.4.1 节技术要点，巷道 4 滞后于首采工作面掘进，与首采工作面距离要保证巷道 4 避免出现强矿压影响，掘进期间巷道 4 顶板锚杆/索与沿顶巷道 3 靠首采工作面一侧巷帮的支护体形成联合锚固。

第八步，巷道 4 掘进过程中，在巷道 4 与巷道 3 之间形成联络巷，巷道 4 掘出部分，联络巷与巷道 3 共同形成巷道 4 掘进，以及接续工作面回采期间回风系统。

第九步，巷道 4 与巷道 2′形成的工作面开采期间，巷道 3 可作为措施巷继续使用，如瓦斯抽采巷、顶煤弱化或卸压巷，从而形成巷道 3 的"一巷多用"效果。

2. 适用条件

依据图 5-49 的"连续""顺序"开采目标与创新内容，确定适用条件包括：①超长推进距离，需要采用"双巷布置与掘进"以保证通风与辅助运输的要求；②煤层厚度较大，能够实现纵向上"一高、一低"布置回采巷道；③煤质较硬、瓦斯含量较高、煤层及其顶板具有动力灾害问题，可充分实现"一巷多用"功能。

3. 技术优势

与传统双巷布置与掘进技术相比，新技术具备以下综合技术优势。

(1)回采率高。最终工作面之间形成沿空掘巷技术，煤柱尺寸显著高于传统双巷布置与掘进；利用 5.3.8 节卸压方案将沿顶辅助巷作为"顶煤卸压"工艺巷应用，可显著提高顶煤的采出率，放顶煤采出率丢煤在《采矿学》中给出的数据占圈定储量的 7%～11%。

(2)利于巷道支护。利用沿空掘巷与沿顶辅助巷道之间的空间关系，可实现沿顶巷道一帮与沿底巷道顶板联合支护，显著优于沿底布置巷道的顶板维护效果。

(3)安全性好。利用沿顶措施巷，可超前对端头、顶煤进行卸压；在高瓦斯矿井，该巷可作为瓦斯抽采巷，该技术可综合解决具有动力灾害、高瓦斯等问题煤层的安全开采难题。

5.4.3　实现双巷布置的"负煤柱"连续、顺序开采技术

在 5.4.2 节的基础上，为了实现"连续""顺序"开采目标，进一步进行技术革新，形成"实现双巷布置的'负煤柱'连续、顺序开采技术"[6]，如图 5-50 所示。

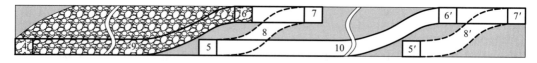

图 5-50　实现双巷布置的"负煤柱"连续、顺序开采技术

4-首采工作面进风巷道；5、5′-沿空掘巷；6、6′-首采工作面回风巷道；7、7′-掘进措施巷道；8、8′-联络斜巷；
9-首采工作面切眼；10-连续工作面切眼

1. 应用步骤

第一步，首采工作面开采期间，沿着煤层顶板布置巷道 6 与巷道 7，形成双巷布置，巷道之间依靠联络巷进行相连。

第二步，巷道 4 与巷道 6 之间构成的生产系统，沿着工作面底板向巷道 6 存在一个起坡段，可按照 3°、6°、9°、12°、n 节 15°、12°、9°、6°、3°、0°进行起坡，起坡段高度关键参数 n 取决于煤厚与巷道 6 之间的高差。

第三步，首采工作面开采期间，在接续工作面另一侧布置巷道 6′与巷道 7′，双巷 6′、7′到达开采边界后，向首采工作面采空区侧开切眼，到达"负煤柱"巷道 5 所在位置。

第四步，巷道 5 滞后巷道 4 与巷道 6 构成的首采工作面一定距离同向掘进，滞后距离保证巷道 5 避免承受首采工作面开采期间覆岩运动带来的强矿压影响，掘进过程中间隔一定距离按照第二步起坡工艺与巷道 7 形成联络斜巷。

第五步，利用巷道 5、巷道 7 形成部分、切眼与巷道 6′、7′可形成巷道 5 掘进与接续工作面回采期间的通风与运输系统。

第六步，巷道 5 与巷道 6′形成的工作面开采期间，巷道 7 可作为措施巷继续使用，

如瓦斯抽采巷、顶煤弱化或卸压巷，从而形成巷道 7 的"一巷多用"效果。

2. 适用条件

(1)煤层厚度大，工作面超长推进距离条件下，需要采用双巷布置与掘进，且沿着纵向能够布置上、下两巷。

(2)巷道 5 可完全沿着采空区布置，形成"负煤柱"系统，要求涌水量较小，避免接续工作面开采期间造成大量涌水。

(3)巷道 7 可作为工艺措施巷，因此，对于具有动力灾害、煤质硬与高瓦斯的煤层更具技术、经济优势。

3. 技术优势

(1)回采率高。巷道 5 完全沿着采空区布置，工作面之间形成无煤柱"连续"开采，且利用措施巷 7 可预先松动顶煤，实现回采率最大化。

(2)利于巷道维护。巷道 3 沿着煤层顶板布置，顶板相较于煤层底板布置巷道更加稳定，且易发挥锚杆/索的主动支护作用；巷道 5 形成"负煤柱"布置系统，顶部为上一工作面采空区垮落矸石，承载小，对支护要求较低。

(3)安全性好。巷道 5 与采空区之间完全无煤柱、无端头与不放顶煤部分，取消了厚煤层开采期间这两部分造成的自然发火危险性；措施巷 7 可改善高瓦斯、强矿压，甚至动力灾害等危险性。

5.4.4　双巷布置辅助巷转"负煤柱"单巷连续、顺序开采方法

在图 5-50 的基础上，从节省巷道工程量的角度，进一步建立"双巷布置辅助巷转'负煤柱'单巷连续、顺序开采方法"[7]，如图 5-51 所示。

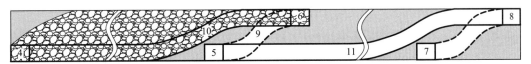

图 5-51　双巷布置辅助巷转"负煤柱"单巷连续、顺序开采方法

4-首采工作面进风巷道；5-辅助运输巷道；6-首采工作面回风巷道；7-掘进进风巷道；8-掘进回风巷道；9-联络斜巷；

10-首采工作面切眼；11-连续工作面切眼

1. 应用步骤

第一步，首采工作面一侧布置巷道 5 与巷道 6，形成超长推进距离的双巷布置方式。

第二步，巷道 5 与巷道 6 之间按照一定间距利用联络斜巷贯通，斜巷按照 3°、6°、9°、12°、n 节 15°、12°、9°、6°、3°、0°进行起坡，起坡段高度关键参数 n 取决于煤厚与巷道 6 之间的高差，掘进期间巷道 6 进风、运煤，巷道 5 回风、进料。

第三步，首采工作面开切眼时，工作面沿底板部分按照第二步的溜槽抬升工艺，直接与巷道 6 贯通，巷道 4 与巷道 6 形成的工作面与巷道 5 之间形成跨巷道的空间关系。

第四步，首采工作面开采期间，在接续工作面另一侧布置双巷 7 与 8，到达边界后

向首采工作面采空区侧开切眼，直至与首采工作面辅助巷 5 贯通。

第五步，接续工作面利用巷道 5 与巷道 8 构成开切眼 11。

2. 适用条件

(1)工作面超长推进距离回采厚煤层，需要双巷布置与掘进，且煤层纵向能满足上、下两巷的布置条件。

(2)水文地质条件简单，避免由采空区向接续工作面出现大量涌水。

3. 技术优势

(1)回采率高。辅助巷道 5 可实现完全沿着采空区布置，取消煤柱、巷道及端头不放顶煤部分，实现"连续""顺序"开采；利用巷道 6 对顶煤进行预先松动，解决放顶煤回采率低的问题，可实现回采率的最大化。

(2)巷道利用率高。巷道 6 可预先对接续工作面顶煤进行卸压、松动，具有工艺措施巷的特征；首采工作面辅助巷道 5 继续作为接续工作面回采巷道使用，与传统"双巷布置与掘进"体现出不同的空间布局，但是辅助巷道作为接续工作面的回采巷道，实现了重大突破。

(3)安全性高。沿顶板布置的巷道 6 可作为接续工作面的工艺措施巷预先进行瓦斯抽排、顶煤松动与卸压等；辅助巷道 5 作为回采巷道结合巷道 6 功能，可实现最大的采出率，对于自然发火的预防有利。

综合来看，创新性的系列技术"实现双巷布置的沿空掘巷一体化支护与一巷多用回采方法"、"实现双巷布置的'负煤柱'连续、顺序开采技术"、"双巷布置辅助巷转'负煤柱'单巷连续、顺序开采方法"在解决传统双巷布置与掘进存在问题的同时，一步一步趋近于实现工作面间"连续""顺序"开采，普遍体现出回采率较高/高、利于巷道支护与维护、安全性好等优点，但是方法的特点还需要实验验证，关注的重点在于辅助巷道、接续工作面采空区侧回采巷道在掘进与生产期间巷道围岩应力与破坏情况，将在下一节中进行计算分析，研究的工程背景依然以 5.4.1 节为主，以方便对比。

5.4.5　巷道维护的效果分析

以 31503 工作面地质条件为背景，进一步创新性地提出"实现双巷布置的沿空掘巷一体化支护与一巷多用回采方法"、"实现双巷布置的'负煤柱'连续、顺序开采技术"、"双巷布置辅助巷转'负煤柱'单巷连续、顺序开采方法"，这里进一步展开计算机数值模拟研究，模拟内容包括：①首采工作面开采期间辅助运输巷道围岩破坏情况及维护效果；②沿空巷道滞后首采工作面掘进围岩应力与变形效果；③接续工作面开采期间，"前掘后采"条件下沿空巷道应力分布变化规律。模型尺寸长、宽、高分别为 300m、400m、80m，y 轴方向为工作面走向方向，工作面走向方向前后各留设 50m 保护煤柱，避免边界效应对模拟结果的影响。模型除顶部边界条件不施加约束，其余五个面均设置为固支状态，模型顶部施加 11MPa 应力，如图 5-52 所示。

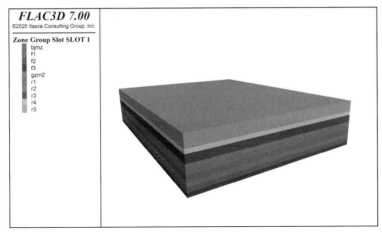

图 5-52　数值模拟模型

为保证模拟效果较真实地反映采场周围岩体和巷道受力破坏情况，结合 31503 工作面主采 5#煤层顶底板岩石物理力学参数测试结果，确定数值模拟模型中各岩层物理力学参数，见表 5-6。模型采用 Mohr-Coulomb 屈服准则进行计算。

表 5-6　数值模拟模型的岩层物理力学参数

岩层	密度/(kg/m³)	体积模量/GPa	剪切模量/GPa	黏聚力/MPa	抗拉强度/MPa	内摩擦角/(°)
细砂岩	2500	21.3	11.0	2.64	5.14	26
粗粒砂岩	2650	14.7	10.1	8.25	5.14	33
泥岩	2650	9.38	4.58	8.7	3.34	25
细粒砂岩	2320	6.43	4.01	2.05	2.17	224
煤	1360	1.25	1.21	1.2	1.2	21
泥岩	2650	9.38	4.58	3.34	3.34	23
砂质泥岩	2500	8.21	3.22	2.82	2.7	25

1. 实现双巷布置的沿空掘巷一体化支护与一巷多用回采方法

塑性区大小和形态是影响巷道围岩破坏程度的主要因素，本小节具体分析首采工作面开采期间辅助运输巷道 3 的应力环境变化和塑性区形成与发展规律；滞后首采工作面及接续工作面开采期间沿空巷道 4 应力环境变化规律。

为更加准确分析工作面开采期间辅助运输巷道 3 与巷道 4 的应力环境与围岩破坏规律，在数值模拟首采工作面和接续工作面开采过程中，将距开切眼 100m 位置处设置监测面，每推进 20m 提取应力和围岩塑性区，系统分析巷道 3 围岩破坏过程与沿空巷道 4 应力变化规律。

1）辅助运输巷道围岩塑性变化

结合 31503 工作面地质条件和极限平衡区宽度理论计算可知辅助运输巷道 3 与巷道

4 之间留设 30m 大尺寸宽煤柱较为合理，可避免首采工作面回采过程中强矿压对巷道 4 的剧烈影响，保证巷道 4 的稳定性。

由图 5-53 可知，采用实现双巷布置的沿空掘巷一体化支护与一巷多用回采方法，首采工作面由开切眼推进 20～40m 时，辅助运输巷道监测面距离工作面前方 60～80m 范围内，双巷均处于初期调整阶段。工作面推进过程中采动超前支承应力范围约为工作面前方 100m，巷道距工作面较远受超前支承应力影响较小。与掘进阶段相比，巷道围岩塑性区没有发生明显变化，主要受掘进期间巷道扰动而导致围岩出现一定程度塑性破坏，顶底板塑性区最大破坏深度为 1m，两帮塑性区破坏深度为 1.5m。

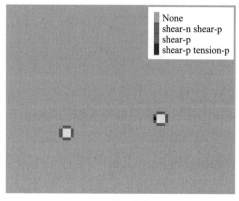

(a) 工作面推进20m　　　　　　　　　　　　(b) 工作面推进40m

图 5-53　超前工作面辅助运输巷道围岩塑性区

由图 5-54 可知，随着工作面推进，监测面滞后首采工作面 20～80m 范围，巷道处于围岩塑性区影响阶段，辅助运输巷道围岩塑性区范围和形态都发生了显著变化。巷道顶底板和两帮塑性区都产生了一定程度的扩展，顶板塑性区偏向实体煤侧发育扩展；底板塑性区偏向煤柱侧发育扩展；煤柱侧塑性区则向巷道底板发育扩展；实体煤侧塑性区则向巷道顶板发育扩展，巷道围岩塑性区形态呈现明显不对称分布特征。巷道围岩塑性区深度也发生了明显改变，顶底板及两帮塑性区深度均有所增加，顶板塑性区深度增加了 1.5m；底板塑性区深度增加了 1.5m；实体煤侧塑性区深度增加了 1m；煤柱侧塑性

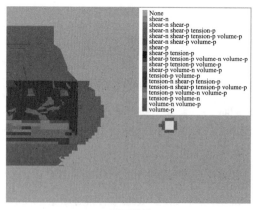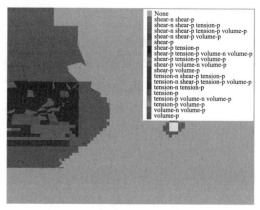

(a) 工作面推进120m　　　　　　　　　　　　(b) 工作面推进140m

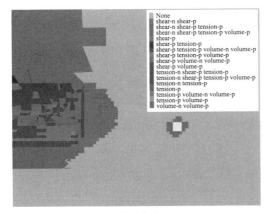

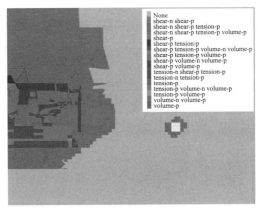

(c) 工作面推进160m　　　　　　　　　(d) 工作面推进180m

图 5-54　滞后工作面辅助运输巷道围岩塑性区

区深度增加了 1.5m。首采工作面采空区与巷道 4 之间仍存在较宽的弹性核区域，围岩未发生塑性破坏，巷道 4 受首采工作面采空区侧向支承应力和采动影响较小。

工作面后方 200m 左右，辅助运输巷道塑性区处于稳定阶段，该阶段分布情况如图 5-55 所示。顶底板中部破坏范围较大，顶板两帮破坏范围较小，其中煤柱侧破坏范围大于实体煤侧。但巷道周围围岩整体塑性区范围和形态相比围岩塑性区影响阶段没有明显变化，塑性区依旧呈现显著的非对称性。

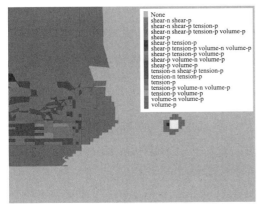

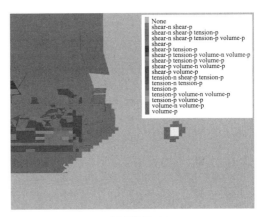

(a) 工作面推进260m　　　　　　　　　(b) 工作面推进280m

图 5-55　滞后工作面辅助运输巷道围岩塑性区(工作面推进 260m、280m)

2) 沿空巷道应力变化规律

首采工作面不断推进，采空区后方垮落带逐渐压实稳定，因此滞后工作面距离越远，采空区内垂直应力则逐渐增加。由图 5-56 可知，滞后首采工作面 200m 左右，采空区应力恢复至 6.6MPa 左右，约为初始地应力的 60%，可认为首采工作面采空区覆岩运动基本稳定。按照沿空掘巷窄煤柱布置原理，留设 6m 窄煤柱，将巷道布置于此可避开宽煤柱内应力峰值区域，且窄煤柱峰值应力为 21.3MPa，具有较强承载能力，利于沿空巷道掘进期间支护与维护。

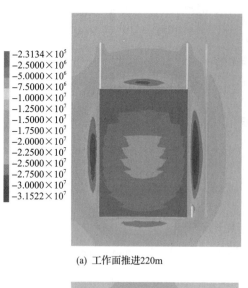

(a) 工作面推进220m

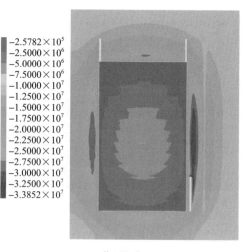

(b) 工作面推进260m

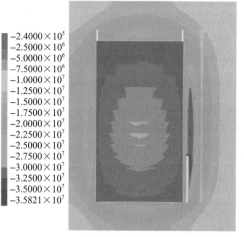

(c) 工作面推进280m

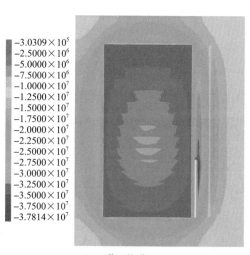

(d) 工作面推进300m

图 5-56　沿空巷道滞后首采工作面掘进应力变化图（Pa）

首采工作面回采期间，超前支承应力影响范围约为100m，因此巷道4掘进面与接续工作面须保持至少100m错距。由图5-57可知，沿空巷道4掘进面位于接续工作面超前支承应力强扰动范围外，基本不会影响巷道4的掘进工作，避免了采掘叠加支承应力对沿空巷道的影响，利于沿空巷道掘进与服务期间维护。

2. 实现双巷布置的"负煤柱"连续、顺序开采技术

1）辅助运输巷道围岩塑性变化

结合31503工作面地质条件和极限平衡区宽度理论计算，首采工作面回风巷道6与巷道7之间留设30m宽煤柱较为合理，可避免首采工作面回采期间强矿压对巷道7的剧烈影响，可保证巷道7的稳定性。

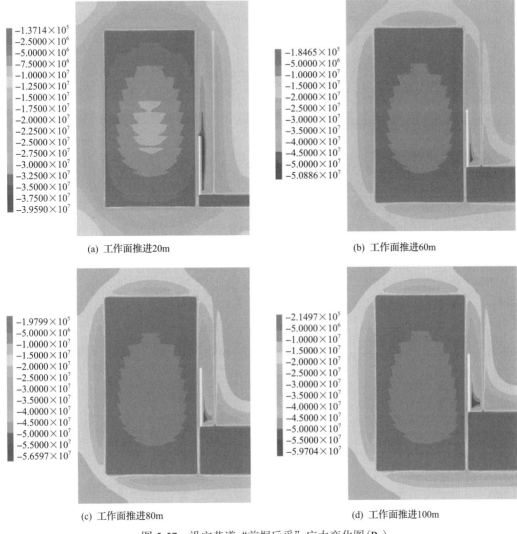

(a) 工作面推进20m　　　　　　　　　(b) 工作面推进60m

(c) 工作面推进80m　　　　　　　　　(d) 工作面推进100m

图 5-57　沿空巷道"前掘后采"应力变化图(Pa)

　　由图 5-58 可知，采用实现双巷布置的"负煤柱"连续、顺序开采技术，首采工作面由开切眼推进 20～40m 时，辅助运输巷道监测面距离工作面前方 60～80m 范围内，此时双巷处于超前工作面初期调整阶段。首采工作面推进过程中采动超前支承应力范围约为工作面前方 100m，巷道距工作面较远受超前支承应力影响较小。与双巷掘进阶段相比，巷道围岩塑性区没有发生明显变化，主要受掘进期间巷道扰动而导致围岩出现一定程度的塑性破坏，顶底板塑性区最大破坏深度为 1m，两帮塑性区破坏深度为 1m。

　　由图 5-59 可知，随着工作面不断推进，监测面滞后首采工作面 20～80m 范围，此时巷道处于围岩塑性区影响阶段，辅助运输巷道围岩塑性区范围和形态都发生了显著变化，巷道顶底板和两帮塑性区都产生了一定程度的扩展，巷道两帮先发生塑性破坏，紧跟着底板塑性破坏最大深度增加，随后顶板塑性破坏范围也逐渐增加，并且破坏呈现顶板塑性区偏向实体煤侧发育扩展；底板塑性区偏向煤柱侧发育扩展；煤柱侧塑性区则向巷道

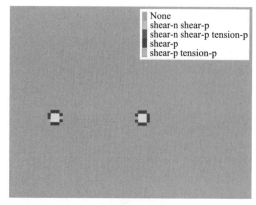

(a) 工作面推进20m

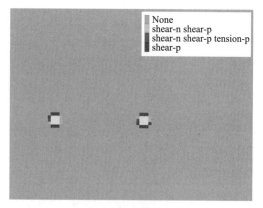

(b) 工作面推进40m

图 5-58 超前工作面初期调整阶段辅助运输巷道围岩塑性区

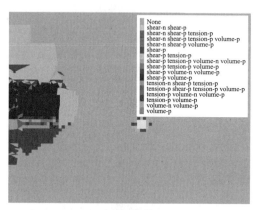

(a) 工作面推进120m

(b) 工作面推进140m

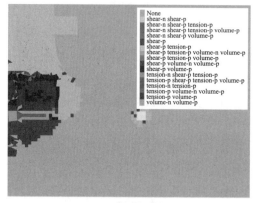

(c) 工作面推进160m

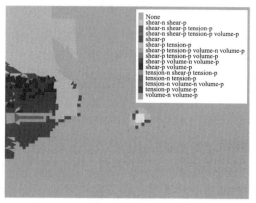

(d) 工作面推进180m

图 5-59 滞后工作面影响阶段辅助运输巷道围岩塑性区

底板发育扩展；实体煤侧塑性区则向巷道顶板发育扩展。巷道围岩塑性区形态呈现明显不对称分布特征，巷道围岩塑性区深度也发生了明显改变，顶底板及两帮塑性区深度均有所增加，顶板塑性区深度增加了 1.5m，底板塑性区深度增加了 1.5m，实体煤侧塑性区深度增加了 1m，煤柱侧塑性区深度增加了 1.5m。首采工作面采空区与辅助运输巷道 7

之间留设的 30m 宽煤柱未完全破坏，仍存在较宽的弹性核区域，围岩未发生塑性破坏，巷道受首采工作面采空区侧向支承应力和采动影响较小。

工作面后方 200m 左右，辅助运输巷道塑性区处于稳定阶段，该阶段分布情况如图 5-60 所示。顶底板中部破坏范围较大，顶板两帮破坏范围较小，其中煤柱侧破坏范围大于实体煤侧。但巷道围岩整体塑性区范围和形态相比围岩塑性区影响阶段没有明显变化，总体塑性区依旧呈现显著的非对称性。

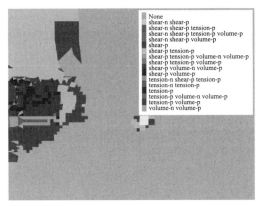 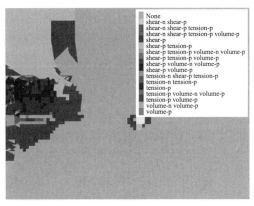

(a) 工作面推进260m　　　　　　　　　　　　(b) 工作面推进280m

图 5-60　滞后工作面稳定阶段辅助运输巷道围岩塑性区

综上所述，由于首采工作面运输平巷与其辅助运输巷之间留设了大尺寸煤柱，使辅助运输巷避开了首采工作面侧向支承应力剧烈的影响，从巷道掘进至首采工作面回采期间都避开了高应力的影响，有效减轻了工作面回采扰动，有利于辅助运输巷道稳定与维护，相比双巷布置的沿空掘巷一体化支护与一巷多用回采方法，保证了巷道稳定可靠情况下，进一步提高了煤炭资源回采率。

2) 沿空巷道应力变化规律

首采工作面不断推进，采空区后方垮落带逐渐压实稳定，因此滞后工作面距离越远，采空区内垂直应力则逐渐增加。由图 5-61 可知，滞后首采工作面 200m 左右，采空区应力恢复至 6MPa 左右，约为初始低应力的 60%，可认为首采工作面采空区覆岩运动基本稳定。此时既可以避免沿空巷道承受首采工作面开采期间上覆岩层运动带来的强矿压影响，同时处于首采工作面稳定矸石之下，巷道整体应力环境处于免压区，沿空巷道在滞后首采工作面 200m 同向掘进。巷道掘进过程中，始终处于极低的应力环境中，与双巷布置的沿空掘巷一体化支护与一巷多用回采方法中沿空巷道相比较，应力显著降低，更加利于巷道掘进与维护。

首采工作面回采期间工作面超前支承应力范围约为100m，因此巷道 6 掘进须保证沿空巷道位于接续工作面超前支承应力范围之外，由图 5-62 可知，沿空巷道与接续工作面保持 100m 错距大于接续工作面超前支承应力强扰动距离，避免了采掘叠加支承应力对沿空巷道的影响。同时沿空巷道处于首采工作面压实稳定的矸石下方，即使位于接续工作面超前支承应力范围内，巷道也处于极低的应力环境中，利于巷道维护。

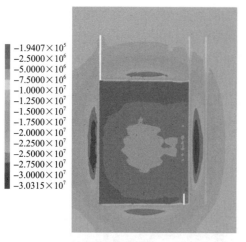

(a) 工作面推进220m

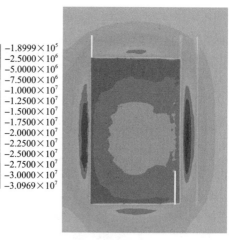

(b) 工作面推进260m

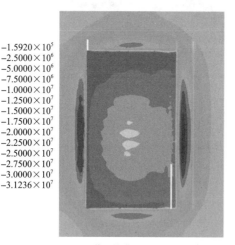

(c) 工作面推进280m

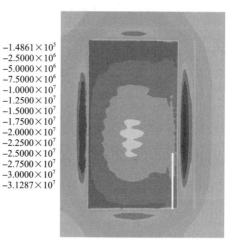

(d) 工作面推进300m

图 5-61　沿空巷道滞后首采工作面掘进应力变化图(Pa)

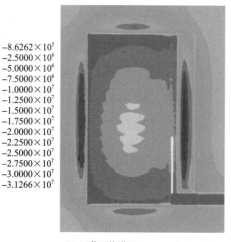

(a) 工作面推进20m

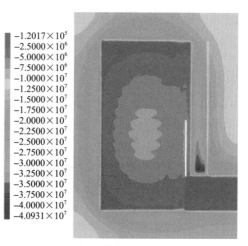

(b) 工作面推进60m

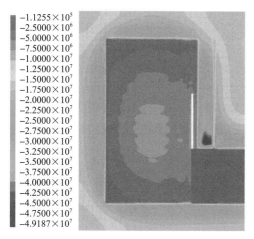
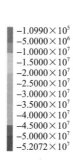
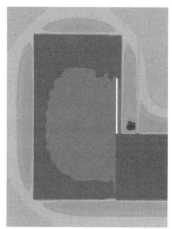

(c) 工作面推进80m　　　　　　　　　　(d) 工作面推进100m

图 5-62　沿空巷道"前掘后采"应力变化图(Pa)

实现双巷布置的沿空掘巷一体化支护与一巷多用回采方法中沿空巷道与首采工作面之间留有小煤柱,煤柱帮侧应力较低,但接续工作面回采一侧应力较高,尤其当沿空巷道处于接续工作面超前支承应力强扰动范围内,巷道回采侧处于较高应力环境,维护难度较大。而实现双巷布置的"负煤柱"连续、顺序开采技术中采用错层位巷道布置,沿空巷道布置在首采工作面稳定矸石下方,处于免压区,即使在接续工作面回采期间,处于强应力扰动范围内的巷道顶部仅承受稳定压实矸石的重量,而非整个上覆岩层的重量。

该技术相比实现双巷布置的沿空掘巷一体化支护与一巷多用回采方法,沿空巷道在掘进与生产服务期间始终处于较低的应力环境,更加有利于巷道的维护和稳定,同时可进一步提高煤炭资源回采率。

3. 双巷布置辅助巷转"负煤柱"单巷连续、顺序开采方法

如图 5-63 所示,首采工作面回采期间,运输巷道、回风巷道形成的工作面与沿空巷

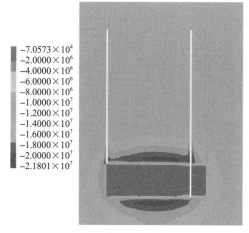
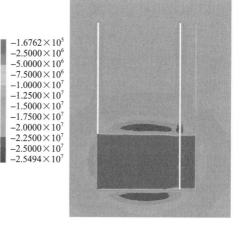

(a) 工作面推进60m　　　　　　　　　　(b) 工作面推进80m

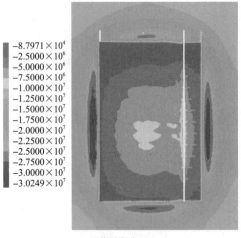

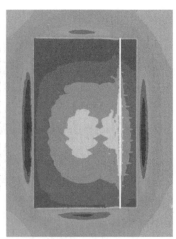

(c) 工作面推进280m　　　　　　　　　(d) 工作面推进300m

图 5-63　首采工作面沿空巷道应力分布图(Pa)

道(辅助巷道)之间形成跨巷道空间关系,沿空巷道在首采工作面开采初期承受较大应力作用,当首采工作面开采范围继续增加,沿空巷道开始处于卸载状态,对于巷道维护较为有利。而实现双巷布置的"负煤柱"连续、顺序开采技术中沿空巷道虽然能够始终处于低应力环境,但巷道需等待首采工作面采空区稳定压实后再开始掘进,需要综合利用沿空巷道与辅助巷道之间的联络巷等构成生产系统。如图 5-63 所示,首采工作面开采结束后可直接利用沿空巷道进行生产,系统相对简单。

　　如图 5-64 所示,接续工作面回采期间,沿空巷道始终处于首采工作面稳定压实的采空区之下,利于接续工作面回采服务期间的巷道维护。在双巷布置辅助巷转"负煤柱"单巷连续、顺序开采方法中,沿空巷道与接续工作面超前支承应力峰值侧向距离远大于实现双巷布置的"负煤柱"连续、顺序开采技术中沿空巷道与接续工作面超前支承应力峰值侧向距离,进一步降低巷道维护程度,更有利于巷道维持稳定性。

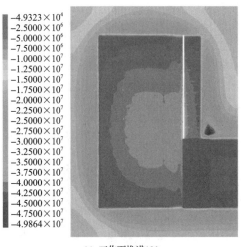

(a) 工作面推进120m　　　　　　　　　(b) 工作面推进140m

图 5-64　接续工作面沿空巷道应力分布图(Pa)

5.5　覆岩离层注浆连续减沉技术

5.5.1　覆岩离层分区注浆减沉技术概括

20 世纪 80 年代，覆岩离层充填技术首次在抚顺矿务局老虎台矿进行工业性试验并取得了成功[8]。随后此项技术在大屯徐庄矿、开滦唐山矿、新汶华丰矿、兖州东滩矿等数十个矿井进行了离层充填减沉的工业性试验[9-13]。

覆岩注浆减沉的基本原理是利用岩移过程中覆岩内形成的离层空间，通过地面钻孔向离层空间充填材料以支撑覆岩，从而减缓覆岩移动向地表的传播。覆岩注浆减沉技术应用的前提是煤层开采后在覆岩内部能形成较大的离层，技术关键是合理布置注浆钻孔，但对离层的动态分布规律缺乏深入研究，为此，国内多位学者就覆岩离层产生的条件进行了探讨[9-11]。

文献[9]基于岩移关键层理论，通过试验与理论研究证明了采动覆岩离层主要出现在主关键层下，并揭示了离层分布的动态规律。在此基础上论述了覆岩离层注浆减沉钻孔布置的原则，为注浆减沉钻孔设计提供了基础理论依据。

文献[10]、文献[11]通过试验与理论分析，对岩层移动过程中的离层位置与离层量、离层动态发育特征及其影响因素进行了深入研究。结果表明：覆岩离层主要出现在各关键层下方，覆岩离层最大发育高度止于覆岩主关键层。关键层初次破断后的离层区长度和最大离层量仅为关键层初次破断前的 25%～33%。因此，离层区充填应在关键层初次破断前进行，并保持关键层不破断，因此提出了离层区充填与留设煤柱相结合的"覆岩离层分区隔离充填减沉法"，该技术已先后在抚顺、大屯、新汶和兖州等矿区进行了工业性试验，如图 5-65 所示。

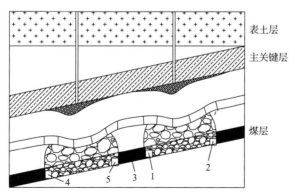

图 5-65　覆岩离层分区隔离充填减沉法原理

1-上一工作面区段进风巷；2-上一工作面区段回风巷；3-区段间护巷煤柱；4-接续工作面区段进风巷；5-接续工作面区段回风巷

关于注浆减沉效果，文献[14]对采动覆岩离层发展的时空规律、离层带注浆减沉效果评价方法和离层带注浆减缓地表下沉在建筑物下采煤中的应用等问题进行了探讨。认为：在相同地质采矿条件下，离层带高度随采空区尺寸变化而变化，当采空区尺寸达到充分采动尺寸后，离层带高度达到该条件下的最大值；准确地评价注浆效果应该根据同一采区实施注浆后的实测地表下沉盆地体积与未实施注浆的实测下沉盆地体积比较而定。并且认为倾斜方向工作面的长度多介于 100～200m，尽管一般在走向方向上开采范围可以达到充分采动尺寸，但由于开采深度多超过 400m，所以在倾斜方向上一般都达不到充分采动，甚至是极不充分采动。在这种情况下，覆岩内部破坏达不到充分采动情况下的最大破坏高度，离层裂缝得不到充分发展，达不到最大离层空间，地表下沉达不到最大值。因此，评价离层注浆效果时必须考虑这种影响。

文献[15]在肯定采动覆岩离层注浆减沉技术思想的前提下，深入探讨了该技术的理论本质；通过对采动覆岩离层发生、发展时空规律的物理模拟和分析，认为可注浆离层即"潜在下沉"的空间体积总量很小，即使注入充填物，最大限度地保持其离层状态，减沉效果也有限；在对极不充分开采条件下的下沉系数进行修正后，经重新计算得出已进行的现场试验的实际减沉效果应为 15%～20%，而不会更高。

文献[16]提出的采空区"活化"机理对于离层注浆充填效果具有重要意义，其间接证明了随采空区的活化程度增加，会降低离层注浆减沉的效果，因此，在对离层进行注浆前，其下方岩层是否达到充分采动对充填效果具有重要意义。

综合现有研究成果，一种观点认为离层注浆可以取得较大的地表减沉效果，如"我国采用覆岩离层注浆技术，地表减沉 36%～65%，在唐山矿达到了 83%"[17]，而相反的观点则认为实际注浆减沉效果仅仅在 15%～20%，不理想的原因是采动程度对地表下沉的控制作用，特别是当采动程度为极不充分($n<1/3$)时，地表最大下沉远远小于该地质条件下充分采动时的最大下沉值[18]。并提出离层注浆减沉的真正作用应该在采动充分程度较大时才能得到充分体现。

结合离层分区注浆充填理论发展现状，认为现采用离层注浆技术存在几个问题，包括：①工作面长度短，沿倾斜方向的覆岩采动程度不充分，离层充填体对覆岩的支撑效果有限；②倾斜方向的钻孔布置，为了实现离层分区注浆，按照覆岩移动角范围考虑，工作面之间需留设大尺寸煤柱，远远大于开采期间所需留煤柱，显然，这对于我国井工矿开采现状是不能允许的。

因此，如何在倾斜方向尽可能实现覆岩的充分采动，将是井工矿通过覆岩离层注浆充填降低地表沉陷的关键因素。

5.5.2　覆岩倾向离层连续注浆技术

结合前述剖析认为在应用覆岩离层分区隔离充填减沉法中存在如下几个问题：①井工开采工作面长度较短，受煤柱作用，开采期间上覆岩层无法实现充分采动，覆岩的后续断裂、压实运动必然会影响到前期的注浆充填减沉效果。②工作面间留设的护巷煤柱要实现覆岩离层的分区，以便在每个工作面覆岩离层区进行注浆充填，从而实现地表减沉。但护巷煤柱的存在带来两个问题，其一，离层分区注浆要求煤柱两侧的移动角不能相交，这样工作面之间需要留设大尺寸的护巷煤柱；其二，煤柱的变形、失稳只是一个时间问题，因此最终会造成采场覆岩的"活化"，会影响到先期注浆充填的减沉效果、甚至失效。③通过隔离煤柱实现的分区隔离注浆充填，要求每个工作面单独布置注浆钻孔，在离层区尺寸小的情况下，显然造成注浆系统投入大，而钻孔的注浆效率不高[19]。

综上，增加工作面倾斜方向的连续开采尺寸，使覆岩在注浆充填之前实现充分采动，避免或减少充填后覆岩的"活化"，是关系到注浆充填减沉应用效果的关键性问题。针对覆岩离层注浆充填的研究现状，提出如图 5-66 所示的技术优化方案。

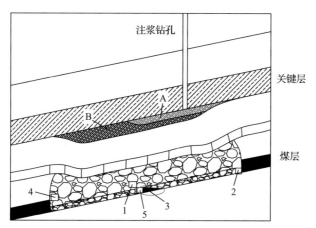

图 5-66　覆岩倾向离层连续注浆技术示意图

1-上一工作面区段进风巷；2-上一工作面区段回风巷；3-工作面之间三角煤损；4-接续工作面区段进风巷；

5-接续工作面区段回风巷；A-首采工作面离层区域；B-持续工作面离层区域

如图 5-66 所示，在开采中，将工作面区段进风巷沿煤层顶板布置，回风巷沿煤层底板布置；接续工作面开采时，区段进风巷依然沿顶板布置，回风巷布置在上一工作面采空区的下方[20]，相邻两工作面之间可完全取消区段护巷煤柱。按照文献[21]和文献[22]的研究结论，认为当工作面采用图 5-66 中的布置方式时，相邻工作面上覆岩层的运动形成一个整体，体现出单一工作面的连续开采特点，对图 5-66 中所示覆岩离层区域进行注浆充填减沉具有如下特点。

（1）采动更充分，充填效果更好。如 5.1 节所述，由于形成搭接的多个工作面体现出单一工作面连续开采的特点，接续工作面开采时，沿倾向对覆岩的采动影响需要累加相互搭接的多个工作面，工作面倾向覆岩是否达到充分采动的判定方法依然借鉴经验公式[23]：

$$\Sigma L = (1.2 \sim 1.4) H_0$$

式中，ΣL 为工作面倾斜方向累计长度，取决于形成相互搭接工作面的个数；H_0 为工作面与离层注浆充填层位之间的高度。

注浆充填效果的评价可依据弹性薄板法的计算公式(5-16)[24]：

$$\rho = \frac{\Omega a_m^4 b_m^4}{\pi^4 D(a_m^2 + b_m^2)^2 + \Omega a_m^4 b_m^4} \times 100\% \tag{5-16}$$

式中，Ω 为 Winkler 地基系数，$\Omega = (E_0/h_0) - 2$，E_0 为地基的弹性模量，h_0 为垫层厚度；D 为抗弯刚度，$D = Eh^3/12(1-\mu^2)$，μ 为泊松比；a_m、b_m 为岩板的极限尺寸：

$$\begin{cases} a_m = ab_m / b \\ b_m = \sqrt{\dfrac{[\sigma_t]\delta^2}{6\eta q}} \end{cases} \tag{5-17}$$

其中，a、b 为工作面的走向长度和倾斜长度；$[\sigma_t]$ 为极限抗拉强度；δ 为岩板厚度；q 为岩板承受的载荷，$q=\gamma\delta$，γ 为岩板容重；η 为岩板形状系数，$\eta=0.00302(a/b)^3-0.03567(a/b)^2+0.13953(a/b)-0.05859$。

从式(5-16)可以看出，工作面沿倾斜方向越长，采动程度越充分，取得的充填效果越好。如图 5-66 所示，完全无煤柱相互搭接工作面个数的增加，相当于增加了工作面倾斜方向的长度。显然，该技术覆岩的采动更充分，充填效果更好。

(2)采动影响与注浆工作的衔接更合理。如图 5-66 所示，首采工作面开采期间，受采动充分程度以及关键层与工作面之间距离的影响，离层初始体积 A 很小，甚至可能不会出现；当接续工作面开采后，覆岩经历再次采动，离层体积逐渐增加，在达到充分采动之前，离层区处于发展阶段，这时通过注浆钻孔可以实现沿倾斜方向连续注浆，离层区处于始动—发展—注浆充填—始动—发展—注浆充填的循环中，随着已采空区覆岩的采动程度逐渐达到充分，而注浆工艺持续进行，因此充填效果较好。

(3)钻孔工程量小。与图 5-64 所示的覆岩离层分区注浆充填相比，由于取消护巷煤柱形成连续的离层区域，因此图 5-65 中沿倾向的注浆钻孔数少于离层分区注浆系统，煤层埋深越大，钻孔工程量的优势越明显。

覆岩离层区域的分布与注浆钻孔对比情况如图 5-67 所示。

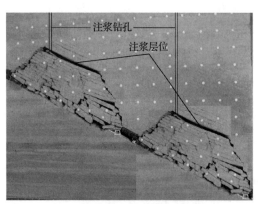 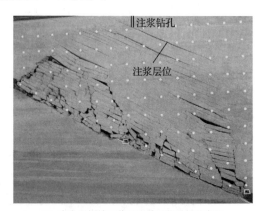

(a) 留煤柱护巷注浆层位及钻孔布置　　　　　　　(b) 完全无煤柱工作面注浆层位及钻孔布置

图 5-67　倾斜煤层注浆层位及钻孔布置

如图 5-67(a)所示，采用的是覆岩离层分区隔离注浆充填法。留设煤柱护巷工作面之间覆岩受采动影响高度基本相同并且被煤柱的覆岩隔断，两工作面均需要布置注浆钻孔，按照离层比较发育的情况，确定每个工作面注浆层位基本相同，在煤层上方约 30m 的位置。

如图 5-67(b)所示，采用的是覆岩倾向离层连续一体化注浆减沉法。由于工作面之间完全取消护巷煤柱，因此接续工作面开采期间与首采工作面上覆岩层形成一个整体结构，即三带的划分应结合形成搭接的多个工作面考虑。由于多个工作面体现出单一工作面开采的特点，接续工作面个数的增加造成裂隙带升高，可注浆离层位置升高，在采场上方连续分布，因此，可以对多个工作面的离层区域实现连续注浆充填。

5.6　本 章 小 结

为了实现前述工作面间与推进方向的"连续开采"目标，本章以消除"致灾位移"为目标，发现并提出了一系列创新成果。

(1)结合开采空间尺寸，发现工作面间连续开采与离散开采覆岩运动特征，在此基础上，提出了工作面间连续开采覆岩三带划分方法。

(2)在发现连续开采覆岩运动特征的基础上，进一步提出动力灾害矿井保护层的大范围的"连续开采"，可实现被保护层的连续、充分卸压。

(3)基于连续开采过程中引起的应力由采场向周围实体煤转移的本质，为了保证采场的安全，在钻孔卸压的基础上，形成了立体网络化卸压技术，计算表明，其对工作面端部卸压效果显著优于传统方案。另外，这种卸压方案也可由工作面两巷旋转90°应用于末采上山或大巷与工作面推进之间不断压缩的煤柱中。

(4)在开采工艺方面，为了解决沿空巷道"采掘"接续问题，以及超长推进距离双巷布置煤柱留设、辅助巷道二次采动的承载与大变形问题，结合实际工程背景，首先提出"高强度"、超长推进距离双巷布置的沿空顺采技术，并且为了实现"连续开采"，本著作中首次提出基于双巷布置的三种创新性方法，通过计算机实验验证，三种方法均体现出辅助巷道与接续工作面回采巷道承载相对较低的特点，且可充分利用已有巷道，形成"一巷多用"。

(5)针对离散开采形成的覆岩运动的离散化，提出了"连续开采"条件下的覆岩离层分区连续注浆充填新技术，确定了在离层发育充分性、工艺衔接与工程量几个方面的优势。

本章围绕"连续开采"与消除"致灾位移"给出了一系列发明专利技术，以理论和计算分析为主，具体的工程应用方面，将在第6章中给出。

参 考 文 献

[1] 王志强, 赵景礼, 李成武. 错层位内错式巷道布置采场垮落带高度的确定方法: CN102654054B[P]. 2015-07-15.

[2] 乔建永, 王志强, 赵景礼. 无煤柱采煤方法在下保护层开采中的应用: CN103266893B[P]. 2015-08-12.

[3] 乔建永, 王志强, 李成武, 等. 一种实现厚煤层充分卸压的立体网络化卸压钻孔布置方法: CN110219592B[P]. 2022-04-26.

[4] 王志强, 张俊文, 李良红, 等. 一种超长推进距离工作面的沿空掘巷开采方法: CN105065001A[P]. 2015-11-18.

[5] 乔建永, 王志强, 林陆, 等. 实现双巷布置的沿空掘巷一体化支护与一巷多用回采方法: CN115163187A[P]. 2022-10-11.

[6] 乔建永, 王志强, 林陆, 等. 实现双巷布置的"负煤柱"连续、顺序开采技术: CN115163188A[P]. 2022-10-11.

[7] 乔建永, 王志强, 李廷照, 等. 双巷布置辅助巷转"负煤柱"单巷连续、顺序开采方法: CN115163189A[P]. 2022-10-11.

[8] 范学理. 中国东北煤矿区开采损害防治理论与实践[M]. 北京: 煤炭工业出版社, 1998.

[9] 孟以猛, 吕振先. 高压注浆减缓地表沉陷技术在大屯矿区的应用[J]. 世界煤炭技术, 1993,(4): 24-26.

[10] 钟亚平, 高延法. 唐山矿覆岩注浆减沉的工程实践[J]. 矿山压力与顶板管理, 2001,(4): 75-76.

[11] 郭惟嘉, 沈光寒. 华丰煤矿采动覆岩移动变形与治理的研究[J]. 山东矿业学院学报, 1995, 14(4): 359-364.

[12] 张东俭, 郭恒庆. 覆岩离层注浆技术在济宁矿区的应用[J]. 矿山测量, 1999, (3): 34-36.

[13] 张华兴, 魏遵义. 离层带注浆的实践与认识[J]. 煤炭科学技术, 2000, 28(9): 11-13.

[14] 王金庄, 康建荣, 吴立新. 煤矿覆岩离层注浆减缓地表沉降机理与应用探讨[J]. 中国矿业大学学报, 1999, 28(4): 331-334.

[15] 杨伦. 对采动覆岩离层注浆减沉技术的再认识[J]. 煤炭学报, 2002, 27(4): 352-356.

[16] 卢正, 邓喀中, 靳永强. 长壁开采老采空区注浆充填范围确定方法[J]. 采矿与安全工程学报, 2008, 25(4): 499-501.

[17] 赵德深. 煤矿区采动覆岩离层分布规律与地表沉陷控制研究[D]. 阜新: 辽宁工程技术大学, 2000.

[18] 郭增长. 极不充分开采地表移动设计方法及建筑物深部压煤开采技术的研究[D]. 徐州: 中国矿业大学, 2000.

[19] 王志强, 范新民, 赵景礼. 一种采场覆岩离层的注浆减沉方法: CN103216236B[P]. 2015-05-06.

[20] 赵景礼, 吴健. 厚煤层错层位巷道布置采全厚采煤法: ZL98100544. 6[P]. 2002-01-23.

[21] 王志强. 厚煤层错层位相互搭接工作面矿压显现规律研究[D]. 北京: 中国矿业大学(北京), 2009.

[22] 王志强, 赵景礼, 张宝优, 等. 错层位巷道布置放顶煤开采关键层的稳定特征[J]. 煤炭学报, 2008, 33(9): 961-965.

[23] 滕永海, 唐志新, 郑志刚. 综采放顶煤地表沉陷规律研究及应用[M]. 北京: 煤炭工业出版社, 2009.

[24] 刘金海, 冯涛, 万文. 煤矿离层注浆减沉效果评价的弹性薄板法[J]. 工程力学, 2009, 26(11): 252-256.

第 6 章　地下连续开采的三种典型应用模式

6.1　华丰煤矿工作面间连续开采技术及效果

6.1.1　华丰煤矿地质条件与动力区划条件

1. 地质条件与回采技术条件

1）地质条件

华丰煤矿主采 4#煤层，平均厚度 6.2m，煤层结构简单，倾角 32°，煤层普氏系数为 1.5～2.5，气煤，整体煤层较稳定。煤层相对瓦斯含量 0.0606m³/t；煤尘具有爆炸性，爆炸指数 35.5%，自然发火期 3 个月，最短 42 天，工作面开采时温度在 24°左右，顶底板情况见表 6-1。煤炭科学研究总院北京开采研究所进行的 4#煤层冲击倾向性试验结果表明，华丰煤矿 4#煤层具有冲击倾向性，其直接顶具有中等冲击倾向性，见表 6-2，4#煤层工作面曾发生过多次破坏性冲击地压。

表 6-1　煤层顶底板

名称	岩石名称	厚度/m	分类	底板比压/MPa	特征
基本顶	中砂岩	20	无	68.8	灰白色，厚层状、层理发育
直接顶	粉砂岩	2.6	IIa	39	灰黑色，下部层理不发育
伪顶					灰黑色，层理发育，易冒落
直接底	粉砂岩	2.1	IIIb	14.81	灰黑色，层理发育
基本底	粉细砂岩	2.6			灰黑色，层理发育

表 6-2　煤及顶板冲击地压倾向性

4#煤			直接顶	
动态破坏时间	弹性能量指数	冲击能量指数	弯曲强度	弯曲能量指数
33.3ms	13.05	5.1	22.2MPa	49.5
强烈冲击倾向			中等冲击倾向	

从水文地质情况来看，影响 4#煤层工作面的直接充水含水层为 4#煤层顶板古近系砾岩和山西组砂岩。其中古近系砾岩直接覆盖于奥灰岩层之上，由西南向东北厚度逐渐增加，钻孔揭露最大厚度 1008m。表 6-3 中统计的 4#煤层冲击地压发生的能量来源于砾岩运动、埋深与断层，传递的路径包括顶板与煤柱。按一次采全高，4#煤层整层开采后导水断裂带高度虽不能直接达到砾岩含水层，但能达到 4#煤层顶板的砂岩直接充水含水层，砾岩和砂岩又联系强烈，引起砂砾岩联合出水，造成砂砾岩由下而上发生断裂。在

考虑采厚、工作面开采长度、顶板岩性组合、开采深度等主要因素下，华丰煤矿深部 4# 煤层开采时导水断裂带最大高度可达 130m。类比回采结束的工作面可知，顶板突水量受到矿山压力的影响，从初次来压到周期来压完成一个循环，煤层开采过程中造成的顶板岩梁离层、斑裂线是构成各含水层之间水力联系的主要通道，也是造成上部砾岩水进入工作面的主要原因。

表 6-3　华丰煤矿 1410 工作面部分冲击地压情况统计表

时间	地点	破坏情况	原因分析	震级
2006-05-01	回风巷	1 棵超前支柱折断，上端头 8m 范围内煤壁发生片帮，开关列车倾斜、掉道	初次来压	1
2006-05-29	回风巷	下帮水沟严重变形，煤壁有碎煤抛出，下帮移近量明显增大	砾岩运动	1.6
2006-06-10	回风巷	1 棵超前支柱折断，上端头 8m 范围内片帮，开关列车全部倾倒、掉道，巷道 66m 范围内底鼓，两帮移近量达到 500mm，密闭墙被冲倒	周期来压砾岩运动	2
2006-07-09	回风巷	巷道顶板掉渣，两帮移近量增大，上端头近 30m 煤壁片帮	周期来压	1.9
2006-07-16	回风巷	超前巷道 6～102m 范围底鼓，达到 300mm，5 根超前支柱歪倒	砾岩运动	1.7
2006-07-28	回风巷	超前 7～42m 范围底鼓，底鼓量达到 300mm，煤壁出现网兜状，移近量明显增大 400mm，12 根锚杆折断	侧向压力	1.9
2006-08-13	回风巷	超前 20m 范围底鼓，最大底鼓量为 250mm	侧向压力	1.7
2006-08-16	回风巷	超前 30m 范围围岩变形严重，顶板破碎下沉最大 1.0～1.5m	侧向压力	2.0
2006-08-24	回风巷	超前 12～80m 围岩变形，顶板下沉 1.0～1.2m，底鼓量约 600mm	断层影响	1.9
2006-08-28	回风巷	超前 18m 围岩变形，顶板破碎下沉 1.0～1.2m，底鼓量 500mm，两帮移近量最大 800mm，6 根锚杆被拉断	断层影响	2.0
2006-09-09	回风巷	摧毁巷道 71m，巷道顶板收缩 1.4～2.5m，两帮收缩 1.0～2.3m，超前 30m 巷道高度仅 0.5m，2 人死亡，2 人重伤	砾岩运动	2.0

从统计的 1410 工作面冲击地压发生记录来看，华丰煤矿整层开采条件下，冲击地压现象发生地点以上平巷位置为主，以 2006 年 9 月 9 日冲击地压为例，上午 10:30 在 1410 上平巷发生一起冲击地压事故，震级 2 级，能量 2.2×10^7J。该巷道全长 498m，已经掘进 480m，剩余 18m 发生预透，如图 6-1 所示。

2）回采技术条件

华丰煤矿 4#煤层采用综合机械化放顶煤开采技术，1410 工作面布置如图 6-2 所示，1410 工作面地面标高+120m，井下标高−920～−840m，埋深已达 960～1040m，工作面倾斜长度 142m，走向长度 2160m，与采空区之间留设 20m 护巷煤柱。

因此，从统计数据初步确定以华丰煤矿地质条件与回采技术条件为特征，冲击地压的防治重点区域在工作面上巷。

2. 华丰煤矿地质动力区域影响分析

华丰煤矿位于两个全球性大断裂——郯庐断裂和昆仑断裂的影响区。此外，北纬 35° 影响区也穿过矿区，该纬度被认为是临界纬度，因为它与地球自转速度的改变有关。

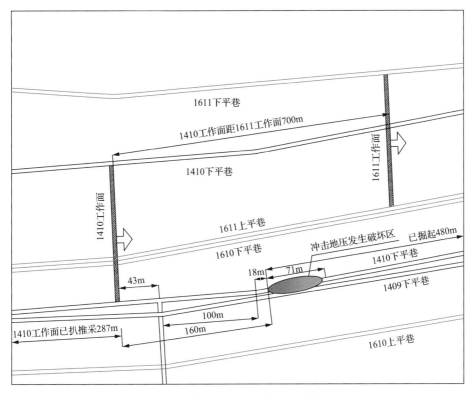

图 6-1　华丰煤矿 "9·9" 冲击地压事故平面图

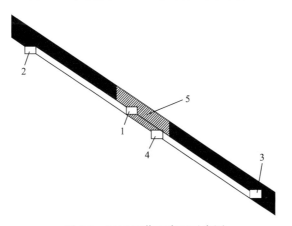

图 6-2　1410 工作面布置示意图

1-1409 工作面运输巷；2-1409 工作面回风巷；3-1410 工作面运输巷；4-1410 工作面回风巷；5-工作面间保护煤柱

1）郯庐断裂在华丰煤矿岩体地质动力状态中的作用

郯庐断裂是一条走向为 15°～25° 的平移断层。地质动力区划数据显示郯庐断裂向北东和西南有很大的延展。

地质动力区划结果表明，"地质动力"郯庐断裂明显超过了"地质"上郯庐断裂的范围。如果地质断裂从北纬 35° 开始延伸 750km，那么地质动力断裂就延伸 1550km。如果地震有助于断裂的形成，那么要形成地质断裂，将会在地质动力断裂的部分发生地震。

北纬 35°以南地质动力断裂郯庐和地质断裂郯庐重合并绵延 530km(AB 部分)。根据地质资料, 郯庐断裂表现为平移断层, 该断层在其发展变化过程中改变平移的方向(变左移为右移或者相反), 在华丰煤矿该断裂的一部分表现为逆时针平移。

郯庐断裂属于郯庐构造系, 而该系统属于晚华夏构造系, 它主要的形式表现为一系列由北东走向的断裂组成巨大构造。该系统的主要断裂包括: 抬升断裂, 东海—中国台湾—菲律宾(西部); 安平—开平断裂, 依兰—伊通断裂, 郯城—庐江断裂, 赣江—北江断裂; 塌陷断裂, 大西洋—太行—绥芬, 银川—成都等。

①郯庐构造系统的特点

(1)断裂的每一个区域都比较广, 长度有时候达到数百公里, 断裂带间的距离基本一样。

(2)主断裂东边的规模最大, 连贯性较好, 划分性较强, 在地质关系上有较大的差异。

(3)它们具有不同级别的平移、上升和下降运动, 形成了具有间隔的上升和下降断层。

(4)形成于晚中生代。

(5)能控制岩层、矿体和地震。

②晚华夏系与新华夏系的相似性

这两个体系出现在中生代中国东部的同一个地区, 都在东北—西南象限内, 它们轴向构造参数的力学性质都一样, 结构形式也相似。

晚华夏系与新华夏系的区别在于: ①新华夏系有褶皱结构, 而晚华夏系—郯庐断裂主要是线性结构; ②新华夏系的北东轴向角比晚华夏系大; ③当新华夏系遇到纬向的构造系时, 它就表现为明显的"S"形或岛弧形, 而晚华夏系表现为积分号"∫"形; ④新华夏系分布在所有区域, 而晚华夏系则集中在一些确定的区域。

2)昆仑断裂在华丰煤矿岩体地质动力状态中的作用

昆仑—祁连山断裂的走向方位角为 85°, 长度超过 3000km, 并表现为逆断层。在 I 级地质动力区划图上, 该断裂是以类似方向的板块边界确定的。

地质动力区划研究结果表明, "地质上"的昆仑断裂与地质动力上的断裂一致。在东部, 进入郯庐断裂的影响范围后该断裂分叉, 并且其中一个分支断裂穿过华丰煤矿。地质资料显示, 昆仑断裂为逆掩断层, 那么在地质断裂与地质动力断裂基本一致的基础上, 可以认为地质动力的昆仑断裂也同样是逆掩断层。

据分析, 原先的昆仑断裂和北昆仑断裂是逆掩断层。在过去 500 年间发生了超过 12 次 7 级以上的地震, 其中一些地震达到 8 级。

第一级别的断裂基本由 7 段构成, 这些区段的长度达到 50~270km。这些一级区段又可以划分为二级和三级区段, 划分为拉伸构造和碰撞抬起构造。

除此昆仑断裂带还平行于临界纬度 35°, 并与其影响区重合。

I 级断块边界的精确度为 2.5km, 所以, 用地质动力区划法划分出的郯庐断裂和昆仑断裂的精确度也为 2.5km。

3)临界纬度对华丰煤矿区域地质动力状态的影响

从地球内部结构模型[图 6-3(a)]中发现, 从内核到上地幔与地壳的单独各层都有不同的密度。地球自转的角速度到处都一样，线速度却不同，赤道处线速度最大。在密度曲线的最大曲率处［图 6-3(b)］观察到相对于中心部分出现"顶帽"的切向应力，指出的最大曲率大概位于纬度 35°附近，气流拐点和气流方向变化点与该纬度相符，靠近这个纬度也是地震和矿产地冲击危险的活跃带。

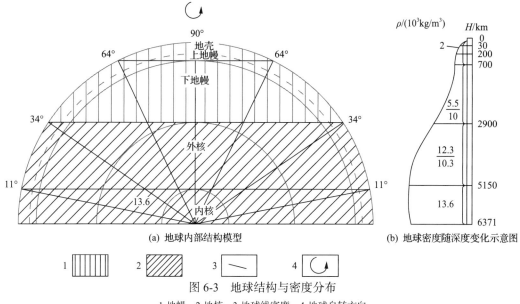

(a) 地球内部结构模型　　　　　　　　　(b) 地球密度随深度变化示意图

图 6-3　地球结构与密度分布

1-地幔；2-地核；3-地球线密度；4-地球自转方向

由于地壳中旋转体密度的不均匀而产生切向应力，这个力可以在大陆断裂中确定。

在地球旋转中产生的这个切割力靠近北纬 35°，这个纬度称为临界纬度，因为靠近该纬度分布着应力分布带(据地震资料)［图 6-4(a)］、最大构造运动［图 6-4(b)］和全球气流［图 6-4(c)］，地球按左平移规律沿该临界纬度旋转。

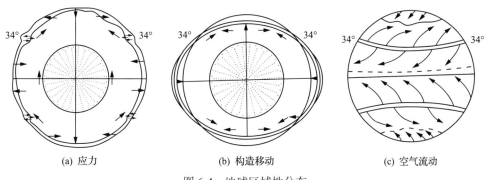

(a) 应力　　　　　　　　(b) 构造移动　　　　　　　　(c) 空气流动

图 6-4　地球区域性分布

在评估分布在断裂区的矿床岩体应力状态时，应该考虑切割力。

结论：从周边环境情况看，华丰煤矿一方面受郯庐断裂左平移破坏的影响，另一方面受昆仑断裂逆掩移动的破坏，同时受北纬 35°临界纬度的影响。即包括华丰煤矿在内的岩体遭受经纬方向上平移断层的破坏，并且在经纬方向上的力叠加后，平移破坏的合力指向东北。

3. 华丰煤矿的环形构造分析

随着从太空对地球研究的广泛发展,对环形构造的兴趣产生于 20 世纪 70 年代中期。通过对地球表面的太空研究和地表地质研究,在短时间内发现了大量的地球环形构造,它们按起源、年龄和大小划分。环形构造尺寸的范围在几百米至 2～3km 范围内。

当代认为环形构造在地球和太阳系岩石圈结构中起着巨大的作用,并发现了环形构造和地震的联系。

环形构造的作用表现在有用矿产地的布局中,其中包括煤矿。所以,用地质动力区划方法查明华丰煤矿的环形构造不是偶然的,而是合乎规律的。如果是那样,这个规律将能帮助更深刻地了解发生冲击地压的本质和建立深部开采的安全性预测。

从按照地震资料划分出的地球环形构造图上可以看到,新汶煤田(包括华丰煤矿)分布在一个巨大的印度—中国环形构造中,这个环形构造同时也包括在一个更大的印度—澳大利亚环形构造中。这些环形构造的痕迹在采掘工程平面图上也可以发现。

当然,在研究环形构造中还有很多没有解决的问题。例如,在地质文献中至今也没有统一的专业术语来确定环形构造。虽然专业术语不一致,但术语"环形构造"却应用的较为广泛。

这样就会出现一个新的复杂问题,即这个构造究竟最早如何被发现以及如何被定义的? 在著名英国地质学家 Холмса 的《物理地质学基础》这本书中只提到了环形岩脉——充填了环形裂隙的矿脉,以及有关形成这种力学机制的推断。同时在 Хаина 与 Михайлова 的《普通地质构造》一书中针对环形构造有一个单独的章节介绍。可惜的是,众多文献中没有一本记载了有关这个术语的来源。在两卷《地质词典》(1978 年)中也没能找到"环形构造"的相关信息。不同的作者以不同的方式描述环形构造的起源和年龄,在地质时空中的发展过程,以及与地球上其他罕见构造的联系:轮廓线等。今后对地球及其他星球环形构造更全面深入研究不只是我们了解它们的本质,也能明确我们关于地壳形成与发展机理的设想和与有用矿物的联系。

4. 华丰煤矿自然环境的区域性研究

在对华丰煤矿进行区域地质动力状态研究中,收集并整理了以下资料。

(1) 中国岩石圈动力学地图集。

(2) 新汶煤田资料。

(3) 矿方提供的 1∶50000 地质图。

(4) 山东省地震构造地图。

(5) 抬升结构简图。

(6) 不同比例尺的地形图。

根据资料可以确定,华丰煤矿位于新泰—汶口盆地,并与隆起边界相邻。通过分析山东省地震构造地图(图 6-5)可以得出以下结论:山东省被一系列相邻的断裂(郯郚—葛沟断裂、沂水—汤头断裂、安丘—莒县断裂、昌邑—大店断裂)分成两部分,它们沿着这些断裂发生彼此相互的错动，且呈左旋平移。因此这里是对矿上提出全球性的左旋平移之后，第二次提到具有左旋平移的特性。

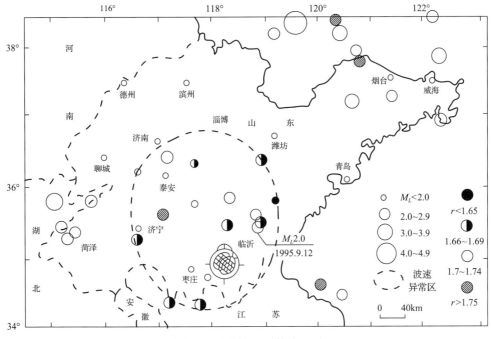

图 6-5　山东省地震构造地图

根据地质图(图 6-6)，矿区岩体在东部与左旋断裂(南故城断裂)相邻，该断裂把煤层向北移动了将近 1500m，南故城断裂的垂直幅度大于 500m。

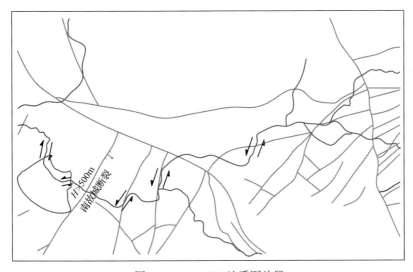

图 6-6　1∶50000 地质图片段

从区域图上看，包括井田在内区域的岩体受到左旋平移的破坏。

在华丰煤矿的地质关系中，还应注意一个具有实际意义的特征，发现了喀斯特地貌的发展。浅部岩溶地貌发育于古近系中，含水性较强，该地貌没有向深部发展，并且含水性减弱（涌水量 q：0.09～1.29L/S·m）。再深便是红色砾岩、泥岩，且断裂成了煤系水的通道。

石炭系薄层灰岩：主要有四层，在煤田南部有出露。浅部岩溶发育，含水性强，直接接受大气降水、地表水和第四系水的补给并汇到地下。垂深 400m 下溶洞较弱并且属于弱含水性。其中，一层灰岩厚 2～7m，q:0.01～0.51L/S·m。四层灰岩厚 4～7m，q:0.01～5.50L/S·m。徐灰厚 5～17m，草灰厚 5～20m，q:0.04～2.24L/S·m。

奥陶系灰岩：露头于煤田南部，厚度大，岩溶发育。直接从大气补充水分，并且含水量 q:0.03～2.40L/S·m，在深部有一系列的溶洞。

在比较了华丰煤矿所在的全球与区域自然环境后，可以确定区域环境与全球环境一样有着复杂的构造。这主要是因为地球旋转速度的变换带——北纬 35°穿过矿区。

考虑到矿井位于两个活动断裂的交汇处，在地球旋转速度变化引起的应力作用下，这里会形成扭转区，在这个区域会出现单独的环形构造。中国著名学者李四光在中国领土上不止一次发现环形（旋扭）构造。这样的扭转既有左平移的特点，又有右平移的特点。

总结上述关于岩体区域情况的资料，发现环形构造的旋扭特性是左平移的。因此，在这里垂直移动服从于水平移动，这将由以下事实证明。

在山东省现代构造运动控制着矿山岩体，在这种情况下，弧形断裂和沂水断裂的垂直变形速度在山东省西部的隆起区相对低，且大部分速度低于每年 0.1mm。得出以下结论，这些断裂的现代构造运动主要特点是水平旋扭，垂直运动很小。根据山东省地震震中分布情况和地质资料，山东省被轴向为北东东-南西西的应力场所控制。

从该地区（包括矿井）的东部开始，分布着沿汶河的左平移结构，并且在接近井田时规模变小了，到井田中部后变为右平移结构。因此，左平移和右平移在井田中部实现了交汇，而地层的分布表现为半圆形结构。

山东省地震发生的深度通常为 20km。从华丰煤矿自然区域地质动力研究中发现，它被北东走向的左旋断裂所制约。

图 6-7 为接近矿区相邻的上升区域，抬升区的外部边界是由沿河系标出的大牙齿表

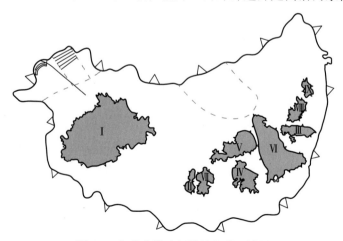

图 6-7　与华丰煤矿相邻的上升区域图

明的，水系又被标有小牙齿的小上升区域环绕。小上升区域的最大标高是 1028m，基础上升区符合该标高。表 6-4 给出了小上升区域的参数，共有 9 个小上升区域，将它们用罗马数字标出。

表 6-4　小上升区域的参数

组编号	定位	长	宽	面积/m²
I	110	16050	10350	166117500
II	166	4250	1650	7012500
III	174	5000	3100	15500000
IV	114	8800	2350	20680000
V	27	6500	4500	29250000
VI	28	11500	4800	55200000
VII	84	6500	1900	12350000
VIII	146	4350	1750	7612500
IX	19	2750	1150	3162500

对于每一个小的抬升由长和宽相互关系确定挤压系数，见表 6-5。

表 6-5　挤压系数

编号	结构编号	挤压系数	偏移
1	I	0.64	−0.18
2	II	0.39	0.07
3	III	0.62	−0.16
4	IV	0.27	0.19
5	V	0.69	−0.23
6	VI	0.42	0.04
7	VII	0.29	0.17
8	VIII	0.40	0.06
9	IX	0.42	0.04

从表 6.5 中可以得出，平均挤压系数为 0.46。东部的小结构VI、VIII、IX挤压系数相近，约为 0.4。

小的挤压结构和矿区东北部相邻。它们划分为两区，一部分离矿区近，挤压方向定位 45°，高 1028m，第二部分离矿区的距离约两倍多，可能不会影响矿区周围的岩体。很明显，第一部分挤压结构影响矿区岩体，该结构高 1028m，挤压系数为 0.64。该结构本身被活断裂分为两部分，该断裂穿越矿区，与矿区呈斜对角关系。

该断裂是左平移断层。开采煤田时，一个决定性因素是回采方向。很明显，为了安全开采应该是当前工作面的回采方向与板块构造运动方向和挤压系数一致。

5. 华丰煤矿块体结构的划分

1）一级板块结构的划分

山东省和华丰煤矿位于黄海东部沿岸，以与海岸线重复的断裂为边界。按照前面提及的矿井坐落于两个全球性的郯庐断裂和昆仑断裂的交点处。郯庐断裂和昆仑断裂表现为一级的区域地质动力基础。

更为主要的是，华丰煤矿同其他所有类似的工程条件的主要区别在于北纬 35°线穿过矿井。因此，这个切线横穿了地球的整个周长并且表现为地壳各部分不同速度的分界线，毫无疑问，这个结构在控制这个区域地质动力情况是主要的。由于地球从西向东旋转，那么这个结构在这个地区形成左平移特点的北半球左平移旋转运动。

2）二级板块结构的划分

图 6-8 为二级区域地质动力规划图。由图 6-8 可知，还有一些二级断裂穿过矿井区域，其中包括 7 条北东方向的和 5 条南西方向的，整个省的区域包括华丰煤矿的运动相对于周围地区是上升的。它的轮廓由外部的断裂构成。在矿井位置可以确定三角突出部分的顶部，以断裂为边界。二级断裂以 0.1km 精度出现。

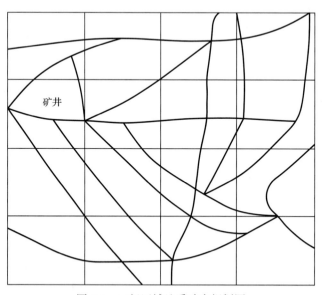

图 6-8　二级区域地质动力规划图

3）三级板块结构的划分

图 6-9 为三级区域地质动力规划图，矿井处于从北向南延伸的板块上，并且在这个板块边界条件下确认了环状结构。

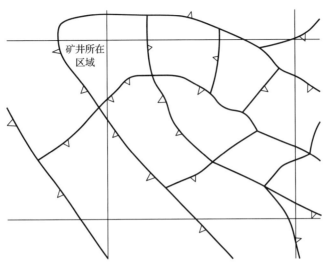

图 6-9　三级区域地质动力规划图

4) 四级板块结构的划分

图 6-10 为四级区域地质动力规划的最初结果(1∶50000 比例),矿井范围分为 9 个块体结构,而且在四级板块边界条件下证实了环状形式的旋转结构。

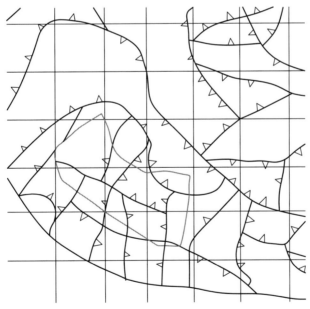

图 6-10　四级区域地质动力规划图

5) 五级板块结构的划分

由于绘制五级板块结构的地图原因,该比例尺的地图信息缺失。

6) 六级板块结构的划分

图 6-11 为六级区域地质动力规划的结果(1∶10000 比例)。在井田开拓平面图上将

1411 工作面开采期间地质动力划分结果进行标注，发现在 1411 工作面开采范围内存在 6 条断裂，这 6 条断裂是采掘工程冲击地压防治的重点地质因素。

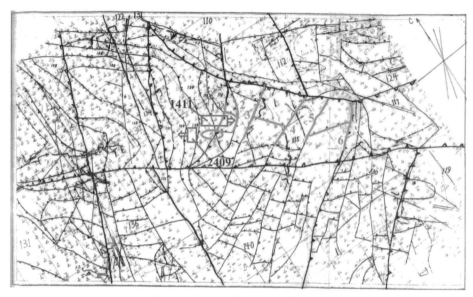

图 6-11　六级区域地质动力规划图

6. 井下及野外考察结果

井田断块结构如图 6-12 所示，井田位于一个二级断块内。有一走向为 310°～320° 的二级断块边界 1-1 穿过井田北部。在地形上这个边界从井田开始向东南方向延展并和蒙山断裂连接起来。蒙山断裂穿过蒙山山脉，在中国的地质文献里有记载，例如，在《中国岩石圈动力学地图集》中的山东省构造图中对于该断裂有记录。同时在矿田构造简图中该断裂由井田指向东南方向。从井田向东南方蒙山断裂确实存在，而向西北方靠近矿区这里是推断断裂。根据地质动力区划资料推断，该断裂或者它的一个分支在岩体中继续向西北发展一直到大汶河。在 1-1 断块边界区，在煤矿地表及其东南方向进行了野外考察。图 6-13 给出了井田上一些野外考察点的分布。同样还有一些考察点分布在矿井的东南部沿着蒙山断裂，还有的在矿井南部的露天建材矿场上。

1) 采煤工作面裂隙的研究

2010 年 12 月 13 日在 4#煤层 1411 工作面进行了观测。这里回采工作揭露了正断层破坏，落差为 3.5m，由西向东移动。曲线型的、不均匀的破坏裂缝，以不大的露头揭露出来，其中一个具有 200°的方位角(由罗盘确定)和 60°下沉角，以及有 105°滑落的痕迹和垄沟(在时针下壁测量)。

2010 年 12 月 16 日在 2409 工作面进行了观察，2409 工作面向西推进，分 3 层回采 4#煤层，正开采第二分层。拉伸裂缝在工作面揭露为工作面的倾斜方向：揭露的张性裂隙指向工作面，具体产状如下。

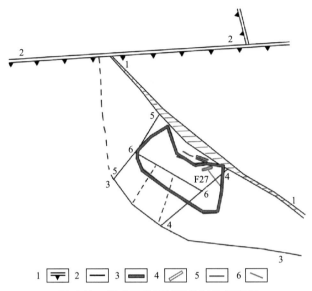

图 6-12 华丰煤矿区域块体结构示意图

1-三级块体边界；2-四级块体边界；3-井田边界；4-冲击危险区域；5-地表裂缝；6-F27 断层

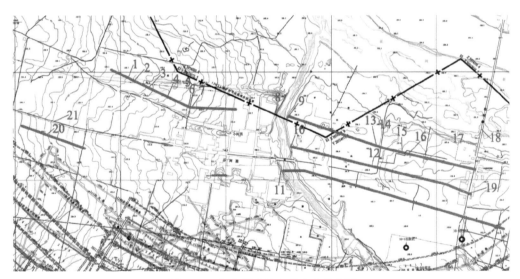

图 6-13 华丰煤矿地表考察点分布图

(1)方位角 220°，下沉角 65°，工作面和裂缝的夹角–15°。裂缝倾向指向工作面。

(2)方位角 240°，下沉角 45°～55°，指向工作面方向。

(3)方位角 240°，下沉角 18°，指向工作面方向。

2) 井田地表野外考察结果

对井田地表斑裂的研究表明，这里存在两种类型的裂缝。

第一种裂缝在平面图上是等轴的，长(半径)达 1m，这些裂缝可能与地质动力危险区交汇处的喀斯特活化有关(图 6-14)。

图 6-14　井田地表的第一种类型的裂缝——塌陷坑

煤层顶板主要是泥质和钙质石灰石组成的砾岩，这种岩体易形成溶洞，在地质勘探时即发现了现有溶洞。

因此，提出相应建议，即开采时排除上覆砾岩中的水分。比如，在掘进主巷道时，向顶板中打长度大于 100m 的钻孔以排除砾岩水。

排水工作会使地下水水位下降以及潜蚀的发生。潜蚀过程会在裂缝区更强烈地发展，这些裂缝区正对应着断块边界与其交汇处。

第二种裂缝是线性的，带有几十米的直线区段，张开宽度超过 1m，深度超过 10m（图 6-15）。这些裂缝的结构都是分段的，在采掘平面图上有一些裂缝片段连接成连续的直线时，方位角是 280°～290°，对应于采矿工作的推进方向。但是这些裂缝的每一段都有共同的走向 300°～310°，在图 6-16 中可以清楚看到这一现象。这个关于裂缝方向的结论对解释在采动影响下岩体的变形机制有很重要的意义。

在进行野外考察时发现了沟渠网的错动，这个移动是左旋的。初步可以确定，自然岩体遭受了平移的破坏，这是矿井原岩应力变形的主要特点之一。

3）断块边界 1-1（蒙山断裂）的野外研究结果

在岩体中可以发现蒙山断裂的以下特征：从井田北侧开始断块边界 1-1 沿着柴汶河的阶地和其河床被拉直的区段延展，走向方位角为 300°～310°。就是说在这个已经进入平移区的断块边界里，近期发现了产生张开的裂缝。

在井田西南 40km 处的野外研究表明，沿着断裂方向（方位角 315°）观察到深度为 5m 的冲沟延展，其垂直阶地高度为 3m，在其两侧多处有岩石出露，在裸露岩石中确定陡峭裂缝的走向为 320°～330°（图 6-17）。

图 6-15　第二种类型深裂缝的片段

图 6-16　井田地表裂缝片段

1-裂缝带的发展方向(280°)；2-裂缝片段的方向(300°～310°)

在建材露天矿场的野外考察同样也表明，岩体中有发育较好的走向 310°～315° 的陡峭裂缝(图 6-18)。IV—V 级更小一级的断块边界在井田地表的冲沟和灌溉渠上有表现。

这样，可以得出结论，1-1 断块边界(蒙山断裂)在地形上表现为倾斜的山麓，亚平行于两侧的冲沟——柴汶河河床被拉直的部分。在岩体中断裂表现为走向 310°～320°的裂

图 6-17　井田东南蒙山断裂区域的方位角为 300°的裂缝区

图 6-18　井田南部建材露天矿场处出现方位角为 310°～315°的裂缝区

缝系统。在岩体错动的情况下，该系统的裂缝被激活并参与错动过程。蒙山断裂带在这里表现为很深的冲沟，宽为 100～200m，深达 5m（图 6-19）。

图 6-19　蒙山断裂带局部表现方位角为 315°的深冲沟

7. 岩体采动与冲击危险情况的产生

对采掘工程平面图的分析得出，井田地表张开的深裂缝出现在移动盆地的变形区，在采矿工作推进前方出现的裂缝沿走向分布。裂缝的发展有增加趋势，特别是 2008 年以后。2004 年矿上出现了一些独立的较短的裂缝。在 2003 年以前，6m 厚的 4#煤是分 3 层开采的，每层开采间隔 1～1.5 年。2003 年以后，4#煤进行全厚开采，工作面推进速度一昼夜为 1.5～2m，开采工艺的改变与激活裂缝的形成过程是紧密相关的。

根据地质动力区划资料，从 2006 年以后，移动盆地边界开始向井田的北边界靠近，并且移动盆地出现在 1-1 断块边界的影响区内。如前所述，裂缝结构是一段一段的，裂缝片段的方向与断裂走向一致，这就指出了错动过程与岩体中自然裂缝方向之间的联系。采矿工作推进方向与断裂 1-1 走向之间的夹角为 15°～20°，观察到的裂缝张开达到 1m，可以得出结论，由于表层巨厚砾岩的高强度，水平变形止于较弱的地段——沿着 1-1 断块边界，从而导致断块的相对移动，并在地表形成裂缝。

按采矿工作推进方向(向西—向东)，通过分析冲击地压的破坏能级得出，冲击地压总的能级向西为 145 级，向东为 187 级，向西较好。

如图 6-20 所示，带有断裂和冲击地压发源地的采掘工程平面图，大部分冲击地压发生在断裂分布位置或者它们交点的位置。

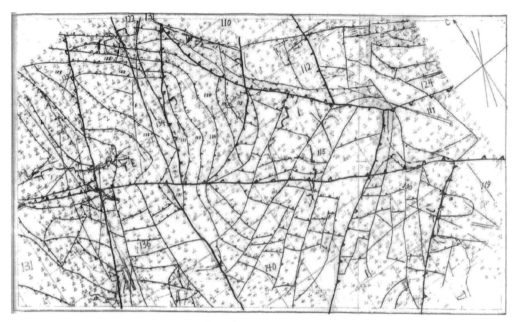

图 6-20　华丰煤矿冲击地压与区域动力划分关系图

更大级别的冲击地压发生在靠近井田中部的位置，这个证明了一个事实，经过井田范围的中间发生了从左平移断裂破坏到右平移断裂破坏情况的线性转折点。矿上最大的冲击地压危险区出现在 F27 断裂的闭合区，在 1-1 断块边界区并沿其走向分布。在井田可以观察到，断裂 F27 是边界 1-1 的地质构造表现。根据采矿工作结果，断裂 F27 没到工作面便消失了。因为断裂 F27 是断裂 1-1 的一部分，那么在断裂消失的地方形成了构造应力区，即岩体中的高应力区。

8. 地表移动与冲击危险

在华丰煤矿，移动角 β 为 57°～58°，断裂角(形成斑裂区)为 66°～68.5°。在斑裂区不止一次发现长度达数百米的张裂缝，同时也发现了等轴的塌陷坑。通常矿区同时出现几个等距的线性塌陷坑，这些塌陷坑是沿着回采工作前方的线(沿斑裂区)生长的。

例如，2010 年秋季出现的一组等距塌陷坑。塌陷坑侧边是坚固的灰质砾岩且深度很大。2010 年 5 月在矿区北部边界外出现了拉伸斑裂的一些片段，到 12 月该斑裂的长度已超 600m，可见深度达 10m，地表张开达 1m 宽。该段的表土层厚为 5～20m，土壤下方便是构成斑裂侧帮的砾岩，这是矿区出现最长的斑裂。

除地表移动盆地的斑裂外，回采工作推进的前方同样出现大量建筑的变形。

这样，裂缝的形成和塌陷过程与采矿工作之间的联系是毫无疑问的，且地表裂缝的产生与岩体的错动过程有关。

裂缝沿着断块边界 1-1 不断张开，降低了断块之间的接触，且断块沿裂缝的错动使得矿山压力不断上升，应力的增长又为冲击地压的发生提供了力学条件。最强烈的冲击地压(10^6～10^7J)会导致岩体的震动和颤动，从而促使裂缝继续发展，其结果是断块沿着断裂 1-1 渐渐地从相邻断块上分离，并且把应力加载到采区。应力提高，就容易发生冲击地压，冲击地压又会促使裂缝快速增长，并沿着边界 1-1 断块继续错动，导致采区矿压上升，并造成冲击地压危险性升高，即人为因素与技术因素造成构造活化，而构造活化反过来影响井下工程。因此，大规模的采矿工作会促使断裂 1-1 错动和活化，岩体中应力的积累和释放本身是相互关联的，造成采矿工作的高冲击危险性，并给生态地质环境造成不良影响。

因此，在华丰煤矿发现了由断裂 1-1 划分出的地壳板块相互作用现象。采动下南部断块在移动，在地表形成了宽的张裂缝，并把应力加载到采区，促使发生冲击地压。

综上，本节重点结合"地下地质动力学"学科，从自然的角度，对华丰煤矿所处的全球、区域及局部自然条件进行研究，得到华丰煤矿冲击地压的动力能量来源于对巨厚砾岩在 1∶1000000 比例尺图纸划分出的二级板块结构，而对于华丰煤矿 1411 工作面还具有潜在危害的为 1∶10000 比例尺图纸划分出的 6 条巨厚砾岩断裂，应该是华丰煤矿采掘活动应当关注的重要能量来源，即可认定华丰煤矿冲击地压一定具有构造属性。

为了验证地质动力划分断裂的客观性，在野外及井下对井田范围内断裂进行验证，确认了二级板块结构 1-1 断裂的存在，从而可认定 1411 工作面开采期间 6 条断裂及交叉点存在潜在危险的客观性，并得到巨厚砾岩断裂的特点如下。

(1)巨厚砾岩随着平均倾角 32°煤层向深部延伸体现出三角棱锥的几何结构，其断裂步距不具规律性，其断裂尺寸可依据采动影响形成的六级断裂块体尺寸计算分析。

(2)采动影响造成巨厚三角棱锥砾岩的移动角为 57°～58°，断裂角(形成斑裂区)为66°～68.5°。

(3)控制巨厚砾岩运动或避开巨厚砾岩断裂后的巨大能量是改善华丰煤矿冲击地压频发、破坏严重的根本性方法，需要结合采矿工程展开进一步研究。

(4)揭示了华丰煤矿冲击地压的产生与本矿区的环形结构的稳定性有关，这一结论解释了与相邻矿井外部条件几乎一致而唯独华丰煤矿冲击地压更为严重。

6.1.2　华丰煤矿冲击地压影响因素及主动防治技术

前述采用"地下地质动力学"对华丰煤矿所处自然环境进行了综合分析，得到具有环形结构特征的巨厚砾岩是华丰煤矿冲击地压发生的动力能量来源，且对华丰煤矿进行了划分，得到 1411 工作面开采期间面临 6 条潜在断裂的危险性，并给出了断裂的一般性特征。但是最终的冲击地压发生在采、掘活动中，且华丰煤矿倾斜工作面上巷是发生冲击地压的重点区域，因此，本章对华丰煤矿冲击地压发生的地质与回采技术因素展开综合性分析，并提出主动、全面的防治方法。

依据国内外的研究结果，将冲击地压的发生归结为八个因素，分别为活动构造、最大主应力、应力梯度、顶板岩性、煤体结构、煤层倾角变化、煤层厚度及开采深度。其中，应力分布来源于构造、埋藏深度，因此，可将八个因素简化为构造、埋藏深度、顶板岩性、煤体结构、倾角与厚度。

华丰煤矿开采 4#煤层，煤层平均厚度 6.2m，平均倾角 32°，需要重点关注的因素包括：1411 工作面埋藏深度达到 1200m，煤层具有强冲击倾向性，顶板具有弱冲击倾向性，煤层具有自然发火危险性，最短为 42 天；主采 1410 及接续工作面均采用一次放顶煤开采，工作面间原留设煤柱尺寸为 20m，工作面日进尺约为 1m。4#煤层下方存在 6#煤层，平均厚度 1.1m，层间距为 36～46m，平均 40.35m，其作为 4#煤层工作面保护层先期开采。

1. 巨厚砾岩对冲击地压发生的影响研究

钻孔揭露巨厚砾岩厚度为 1008m，应用"地下地质动力学"学科，对巨厚砾岩进行了区域动力划分，并在井上下进行了验证，确定巨厚砾岩运动是华丰煤矿冲击地压发生的主要动力能量来源之一。由于巨厚砾岩厚度大、强度高，当其破断运动时，影响范围大、释放能量多，会引发强烈的冲击地压动力灾害。砾岩发生断裂时，内部聚积的两种弹性能依据式(6-1)计算：

$$\begin{cases} U_{\mathrm{w0}} = \dfrac{q^2 L_0^5}{576EJ} \\ U_{\mathrm{wp}} = \dfrac{q^2 L_{\mathrm{p}}^5}{8EJ} \end{cases} \tag{6-1}$$

式中，q 为砾岩承载及自重，取 γh；单位断面矩 $J=h_3/12$，h 为砾岩厚度；L_0、L_{p} 为砾岩的初次与周期断裂长度；E 为弹性模量，取 $4.92 \times 10^4 \mathrm{MPa}$。

从式(6-1)可以看出，砾岩积聚的弯曲弹性能与本身容重的平方成正比，与其厚度、弹性模量成反比，与其断裂步距的 5 次方成正比。

当砾岩发生破断时，上述能量就会以震动、地震波的形式释放出来。从砾岩的破断处开始，在长度为 $\mathrm{d}l$ 的范围内，能量的变化值为 $\mathrm{d}U$。在通过距离 L 后，有一定比例的能量损失，其变化情况见式(6-2)：

$$-\mathrm{d}U = \lambda U \mathrm{d}l \tag{6-2}$$

式中，$-\mathrm{d}U$ 为能量的负增长，或者说是能量的损失。

因此，砾岩破断产生的能量到达巷道或工作面时，由于部分能量的损失，其剩余能量为

$$U_{\mathrm{f}} = U_{\mathrm{w}} - \lambda l \tag{6-3}$$

式中，U_{w} 为 $l=0$ 时的震动能量；λ 为能量的衰减系数，与巷道和工作面类型、震中释放能量的大小有关，震中释放的能量越大，λ 也越大，一般取 0.012～0.039。

图 6-21 为传播到巷道和工作面的能量与震中释放能量、传播距离之间的关系(M_{L} 表示里氏震级)。由此可知，砾岩破断释放的震动能量 U_{w} 越大，传播到巷道或工作面的能量 U_{f}(单位 J)也越大，越容易发生冲击矿压；砾岩破断的位置距巷道或工作面越近，传播到巷道或工作面的能量 U_{f} 也越大，也越容易发生冲击地压。

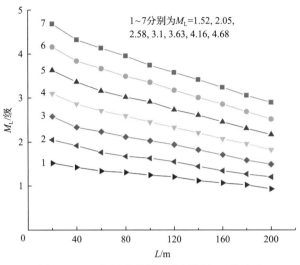

图 6-21　U_f 与震中能量、传播距离 L 的关系

从图 6-21 中可以看出，受采动影响，距离工作面 232m、377m、551m、899m、1189m、1566m 时，砾岩发生断裂，按照前述公式确定砾岩发生断裂时聚积的弹性能分别为 $1.78 \times 10^5 J$、$1.22 \times 10^6 J$、$1.46 \times 10^6 J$、$2.93 \times 10^6 J$、$2.44 \times 10^6 J$、$3.17 \times 10^6 J$。由于砾岩与煤层之间的距离平均为 150m，工作面前方的断裂角取 67°，确定砾岩断裂时到达工作面的能量分别为 $(1.4 \sim 8.3) \times 10^4 J$、$(1 \sim 5.7) \times 10^5 J$、$(1.2 \sim 6.8) \times 10^5 J$、$(2.4 \sim 13.7) \times 10^5 J$、$(2 \sim 11.4) \times 10^5 J$、$(2.6 \sim 14.8) \times 10^5 J$。从能量级别来看，砾岩发生断裂对采场影响的震级在 1.5～2.5 级之间，处于冲击地压发生的危险级别之内。因此，计算结果证实了砾岩断裂运动对工作面冲击地压发生的影响。

2. 埋藏深度对冲击地压发生的影响研究

随着开采深度的增加，煤层中的自重应力增加，煤岩体中积聚的弹性能也增加，假设煤层采深为 H，其应力为

$$\begin{cases} \sigma_1 = \gamma H \\ \sigma_2 = \sigma_3 = \dfrac{\mu}{1-\mu} \gamma H \end{cases} \tag{6-4}$$

则煤体中用于破坏煤和使其运动的体积变形聚集的弹性能为

$$U_v = \frac{(1-2\mu)(1+\mu)^2}{6E(1-\mu)^2} \gamma^2 H^2 \tag{6-5}$$

假设煤的单轴抗压强度为 R_c，则破碎单位体积煤块所需能量 U_1 为

$$U_1 = \frac{R_c^2}{2E} \tag{6-6}$$

如 $U_v > U_1$，则存在理论上冲击地压发生的可能性，结合华丰煤矿实际情况，埋深取1200m，覆岩体积力取25kN，泊松比取0.42，弹性模量取18GPa，4#煤层单轴抗压取25MPa，则 $U_v = 0.026 > U_1 = 0.017$，认为埋藏深度是造成华丰煤矿冲击地压的又一根本因素。

另外，对巷道周围应力分布展开进一步计算分析，见下式：

$$\begin{cases} \sigma_r = \gamma H\left(1 - \dfrac{r_1^2}{r^2}\right) \\ \sigma_t = \gamma H\left(1 + \dfrac{r_1^2}{r^2}\right) \end{cases} \tag{6-7}$$

式中，r_1 为孔的半径。代入华丰煤矿 4#煤层相关参数，则深埋巷道最大切向应力达到60MPa，远远超过现有支护结构的承载能力。

因此，结合冲击地压发生机理与深埋巷道承载，认为华丰煤矿 4#煤层超过 1200m 埋深，是华丰煤矿 4#煤层冲击地压发生与巷道支护困难的又一原因。

综上，确定了巨厚砾岩断裂与埋深作为能量来源的前提下，如能切断路径，即增加传递过程的能量损失，对冲击地压的防治起到主动作用。

3. 煤层厚度与采高对冲击地压发生的影响研究

4#煤层厚度 6.2m，按照 4#煤层厚度，可采用分层开采与厚煤层综合机械化放顶煤两种方法。华丰煤矿在一采区 1409、1410 工作面采用综合机械化放顶煤开采，而在二采区为避免冲击地压影响，布置了包括 2409 工作面在内的分层开采工作面，现对不同开采高度工作面载荷分布进行对比研究。

如图 6-22 所示，采用分层开采，当顶分层达到充分采动后，沿倾斜方向的应力集中系数为 1.8～2.2，在靠近上巷的应力集中区域存在显著的高应力情况，应力最大集中系数达到 2.2；从稳定性情况来看，两巷及工作面前方一定深度的煤体均出现破坏，倾斜方向上端的破坏范围大于下端。

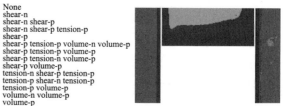

(a) 煤体内应力分布示意图　　　　　　　　(b) 煤体塑性破坏示意图

图 6-22　顶分层工作面应力与稳定性情况

图 6-23 为分层开采下分层应力与稳定性情况。

如图 6-23 所示，采用分层开采，下分层工作面上、下两巷均处于低应力区，应力集中系数仅为 0.2，沿工作面倾斜方向，基本处于卸压状态，且整个煤体均处于塑性破坏的状态，证实了分层开采下分层对于动力灾害的防治有利。

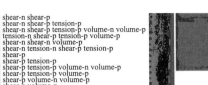

(a) 煤体内应力分布示意图　　　　　　　　　　　　　　(b) 煤体塑性破坏示意图

图 6-23　下分层工作面应力与稳定性情况

图 6-24 为放顶煤开采的应力分布与围岩稳定性情况。

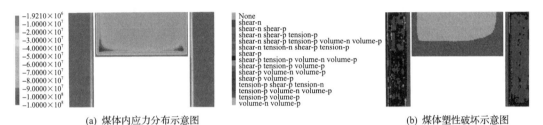

(a) 煤体内应力分布示意图　　　　　　　　　　　　　　(b) 煤体塑性破坏示意图

图 6-24　放顶煤开采工作面应力与稳定性情况

如图 6-24 所示，采用放顶煤开采时，工作面倾斜方向应力集中系数为 1.6～2.0，两侧回采巷道应力值分布相似，支承应力集中系数为 1.8～2.0；从稳定性情况来看，两巷及工作面前方一定深度煤体均出现破坏，倾斜方向上端的破坏范围大于下端。

从应力分布的波动情况来看，采用放顶煤开采应力分布较分层开采顶分层小，分布范围较为集中，分析其原因认为分层开采的顶分层直接受顶板的影响，认为采用放顶煤开采要优于分层开采顶分层的情况。

因此，综合考虑分层开采顶分层应力分布、工作面产量与效率等因素，确定 4#煤层采用一次综合机械化放顶煤采全高较为有利。

4. 煤层倾角对冲击地压发生的影响研究

4#煤层平均倾角为 32°，属于大倾角煤层，国内外研究表明，30°～35°是冒落矸石的自然安息角，超过该角度时，冒落的顶板将沿倾斜向下滚落，形成工作面倾斜方向下端充填满，上部悬空的特点，如图 6-25 所示。

如图 6-25 所示，大倾角煤层开采过程中，当顶板发生运动、垮落后，受倾角影响，垮落的矸石向工作面下端滑移，在工作面上、中、下形成不同的充填状况，工作面下端充填较好，且上覆较为坚硬的顶板与实体岩层一侧形成铰接结构；工作面中部充填与压实均较好；工作面上部呈现悬空状态，采空区与煤柱上方岩层力学联系较弱，容易发生失稳，且煤柱受双侧采动影响，在相似模拟实验条件下已发生失稳。

从煤层倾角形成的工作面三区对冲击地压发生的影响进行分析，工作面下部充填较好，且坚硬顶板与下方实体岩层之间形成铰接结构，这两种条件对其下方工作面下巷起到保护作用，巷道承受动压较小，这也可以解释为什么华丰煤矿 4#煤层上巷冲击地压发生相对较多。

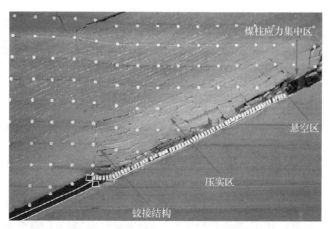

图 6-25　4#煤层工作面覆岩运动特征

工作面上巷侧处于悬空状态，且顶板坚硬岩层易发生失稳，当顶板发生失稳，易对工作面上巷造成强大动载影响，当上覆存在如华丰煤矿巨厚砾岩时，强大的动力作用在工作面上巷，是上巷易发生冲击地压的一个主要原因。

5. 巷道布置—煤柱留设对冲击地压发生的影响研究

传统上，在实体煤内部选择接续工作面相邻巷道依据一侧采空、实体煤内支承应力分布与分区机理，如图 6-26 所示。

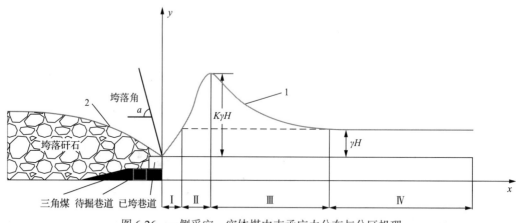

图 6-26　一侧采空、实体煤内支承应力分布与分区机理

在布置接续工作面相邻巷道时，分为留煤柱与沿空掘巷，其中留煤柱要求布置在 x 正轴右侧Ⅲ区靠近Ⅳ区的位置，即可避免支承应力曲线 1 的峰值，巷道围岩又处于弹性状态，便于掘进与维护；而沿空掘巷则要求将巷道布置在Ⅱ区靠近Ⅰ区位置，即可提高采出率，又可避开支承应力曲线 1 的峰值，极限平衡区尺寸计算依据如下公式：

$$x_0 = \frac{m}{2\varepsilon f}\ln\frac{K\gamma H + c\cot\varphi}{\varepsilon(p_1 + c\cot\varphi)} \tag{6-8}$$

式中，K 为应力集中系数；p_1 为巷道煤帮的支护阻力；m 为开采厚度；c 为煤体黏聚力，

1MPa；φ 为煤体的内摩擦角，24°；f 为煤层与顶底板接触面的摩擦因数；ε 为三轴应力系数，$\varepsilon = \dfrac{1 + \sin\varphi}{1 - \sin\varphi}$。

华丰煤矿在开采具有冲击地压危险性的 4#煤层时，留设的煤柱尺寸先后为 20m 和 7m，结合图 6-26 可以看出，受双侧采空条件煤柱承受的载荷估算为

$$P = \left[(B + D) \times H - \frac{D^2 \cot\delta}{4} \right] \gamma \tag{6-9}$$

式中，B 为煤柱宽度；D 为采空区宽度；H 为巷道埋深；δ 为采空区上覆岩层垮落角，取 60°；γ 为上覆岩层平均体积力。

煤柱单位面积上的应力为

$$\sigma = \frac{P}{B} = \frac{\left[(B + D) \times H - \dfrac{D^2 \cot\delta}{4} \right] \gamma}{B} \tag{6-10}$$

结合华丰煤矿地质与回采技术参数，假设 20m 煤柱中部仍处于弹性状态，即完全承担上覆岩层载荷，结合式 (6-9) 和式 (6-10) 得到煤柱单位载荷为 239.3MPa，考虑单侧采动以及 1200m 埋深的 30MPa 原岩应力，则 $K=4$，将应力集中系数代入极限平衡表达式，得到 $x_0 = 9.4m$。

按照《煤矿安全规程》第三编"井工煤矿"中第五章"冲击地压防治"，第一节"一般规定"，第二百三十一条"严重冲击地压厚煤层中的巷道应当布置在应力集中区外"的要求，原留设 20m 护巷煤柱满足要求，但又与第二百三十一条"在采空区内不得留有煤柱"相矛盾，且 20m 煤柱承载较大，由构造型与压力型形成的应力集中又导致煤柱型冲击地压的发生，这里我们将煤柱视为应力传递路径。

为改善留 20m 煤柱冲击地压频发的现象，在 4#煤层曾采用留设 7m 护巷煤柱，计算得到极限平衡区为 9.4m 范围，巷道正好处于应力峰值下方，因此原 1410 工作面冲击地压事故频发。

再进一步对巷道整体结构进行分析，在支架与围岩体系的组成中，基本顶为厚而坚硬的中砂岩，而且其回转变形为给定变形，可视基本顶岩层为刚性体，而且是支架围岩体系的上部边界。因此，支架与围岩体系可视为由具有一定刚度的直接顶、支撑体和底板组成，对 4#煤层工作面上巷建立刚度模型，见式 (6-11)：

$$\frac{1}{K} = \frac{1}{K_r} + \frac{1}{K_s} + \frac{1}{K_f} \tag{6-11}$$

式中，K_s 为支撑体的刚度；直接顶的刚度 $K_r = E/m$，E 为直接顶的弹性模量，m 为直接顶的高度。直接顶不同，其刚度也不同，进而对支架围岩体系产生的影响也不同。底板刚度 K_f 可通过分析底板抗压特性来获得，通过对底板比压的调整，可忽略其影响，因此

式(6-11)可简化为

$$\frac{1}{K} = \frac{1}{K_r} + \frac{1}{K_s} \tag{6-12}$$

由于 7m 煤柱正处于双侧采动应力峰值下方，暂不考虑破坏后的承载，其承载为 239.3MPa，直接顶为 2.6m 厚粉砂岩，弹性模量取 36GPa，可得到巷道刚度与变形之间的关系为

$$K_s = \frac{239.3}{S - 0.0173} \tag{6-13}$$

式中，S 为巷道变形量。

对巷道支护形成的刚度与巷道变形之间的关系进行分析，发现在 4#煤层留煤柱条件下，如保证巷道发生较小变形量，必然需要大刚度；反之，如巷道支护刚度较小，巷道必然发生大变形，二者是一对矛盾体，现有支护材料条件下，在支护体刚度与巷道变形之间很难达到平衡，这里即证明了顶板与煤柱是冲击地压诱发应力的传递路径。

6. 保护层开采对冲击地压发生的影响研究

《煤矿安全规程》第三编"井工煤矿"中第五章"冲击地压防治"，第三节"区域与局部防冲措施"，第二百三十八条"具备开采保护层条件的冲击地压煤层，应当开采保护层。"经验条件下保护层的开采间距见表 6-6。

表 6-6 经验条件下保护层开采间距

煤层类型	上保护层/m	下保护层/m
急倾斜	40	50
缓倾斜、倾斜	30	80

华丰煤矿 6#煤层，平均厚度 1.1m，与 4#煤层间距为 36～46m，平均 40.35m，满足表 6-6 中对倾斜下保护层 80m 范围内的要求。在开采 6#煤层对 4#煤层进行卸压时，其卸压效果简化如图 6-27 所示。

1410 工作面回风巷侧为已开采的 1409 工作面，其下方 43m 为已开采的 1611 工作面，作为 1410 工作面的保护层，如图 6-28 所示，煤柱边缘距离 4#煤层工作面回风巷的水平距离 5～15m 不等，煤柱倾向长度平均为 20m。

以 1409 工作面为例，以 6#残留煤柱对 4#煤层的影响进行计算分析，残留煤柱区位置的埋深达到 1030m，按岩体平均容重 $\gamma = 25kN/m^3$，则岩体自重应力 $\sigma' = H\gamma = 25.75MPa$。根据矿方已掌握数据，孤岛煤柱的垂直应力集中系数 $\alpha = 1.93～6.5$，此处取 $\alpha = 3.3$，则此处煤体应力 $\sigma = \alpha\sigma' = 84.98MPa$，已经远大于煤体单向抗压强度 20～25MPa。煤柱受力形变过程可以分为两个阶段：①弹性转塑性阶段，即周围煤体开采导致残留煤柱上的支承应力增大，直至发生塑性破坏；②应力恢复阶段，即煤体发生塑性变形后呈三向应力状

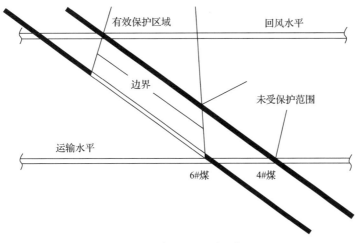

图 6-27　下保护层开采示意图

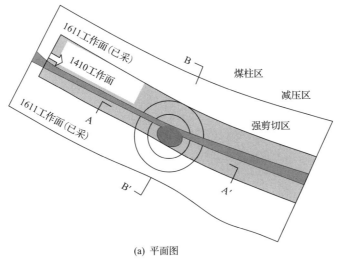

(a) 平面图

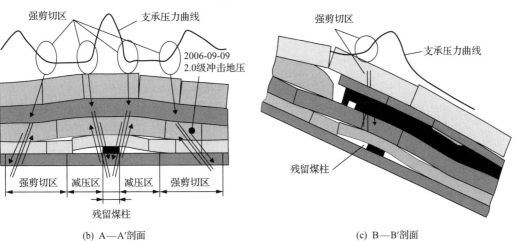

(b) A—A′剖面　　　　　　　　　　　　(c) B—B′剖面

图 6-28　6#煤层开采

态，在高支承应力作用下逐渐密实，应力恢复至开采前的静水压力，因此，可以判断此处煤体应力可达 84.98MPa。

残留煤柱区正上方的 4#煤层应力没有释放，受残留煤柱形成的"孤岛"效应影响在该区域产生应力集中，应力集中系数 $\alpha'=3$，静水压力 $\sigma'=H\gamma=24.68$MPa，该处集中应力达到 $\sigma=74.04$MPa。残留煤柱上方 4#煤层其他位置已经受保护层的开采而发生应力释放，根据相关研究取应力松弛系数 $\beta=0.8$，由于靠近工作面回风巷，考虑受侧向支承应力影响，应力集中系数 $\alpha''=1.5$，则残留煤柱周边煤体应力 $\sigma=\beta\alpha''\sigma'=29.62$MPa。

在 4#煤层中由于残留煤柱区与周围区域的应力差达到：$\Delta\sigma=74.04-29.62=44.42$MPa，强大的应力差导致残留煤柱区边缘的煤体具有很大的不稳定性。

图 6-29 为微震监测结果，揭示了工作面推进过程中残留煤柱区高应力的特征。2006-07-13～2006-08-13 微震平面分布结果发现，随着工作面推进，破裂点整体位置并没有按照一定规律向前发展，而是在工作面前方"停滞不前"，超前破裂区逐渐缩小，形成了微震事件的"分区现象"。煤柱西面 30～50m 以远，是破裂点集中的区域，说明煤柱的影响范围为 30～50m。根据岩石破裂过程中应力与微震事件的关系，即微震事件产生于岩石全应力-应变曲线峰后区，微震事件"停止线"附近煤柱两侧 50m 范围是支承压力高峰位置。

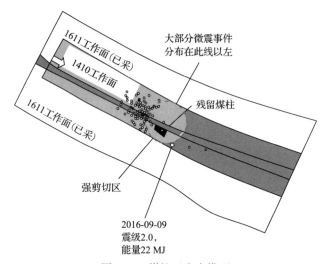

图 6-29　煤柱区应力模型

对华丰煤矿开采 6#煤层对 4#煤层的卸压效果进行分析，在应用中存在如下问题。

（1）受卸压边界线与煤柱的影响，保护层 6#煤层开采对被保护层 4#煤层的保护范围有限，如图 6-30 所示，保护范围见式（6-14）：

$$a = L - H_0(\cot\beta + \cot\gamma) \tag{6-14}$$

式中，a 为被保护层可安全开采范围；L 为煤 2 中工作面开采长度；β 为下山卸压角；γ 为上山卸压角；H_0 为煤层层间距。

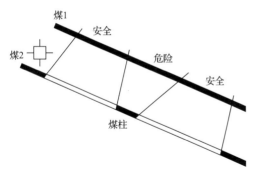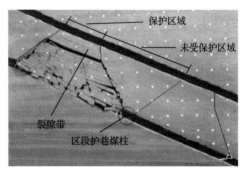

图 6-30　保护层煤柱及卸压边界线对被保护层的影响

(2)考虑 6#煤层的卸压边界，认为 4#煤层沿倾向下端存在近 50m 的倾斜长度不在保护范围内；同时，由于煤柱、卸压边界以及煤层层间距的综合因素，同水平内保护层与被保护层工作面无法一一对应，并且被保护层实现充分卸压工作面的长度小于保护层工作面。

至此我们确认，华丰煤矿 4#煤层冲击地压能量来源于巨厚砾岩的断裂与失稳、煤层埋深、煤层倾角。造成 4#煤层上巷冲击地压危险性高于下巷，无论是 4#煤还是 6#煤，留煤柱开采积聚能量，是冲击地压发生的一个"导火索"，从下保护层开采对顶板的切断效果来说，因为工作面长度有限，留煤柱对 4#煤层反而不利，这些将是我们制定防治措施的出发点。

但是，包括以华丰煤矿冲击地压在内的矿井来说，各矿冲击地压发生的原因与诱因是不同的，且各因素之间存在一定的关联性，因此需要结合贝叶斯网络化进行综合计算分析，力图给各冲击地压矿井确定防治的主、次提供一个参考方法。

6.1.3　贝叶斯网络化主动防治冲击地压方法

近年来，我国在冲击地压监测预警技术方面取得了一些长足进展，一些先进的、具有自主知识产权的监测设备被用于冲击地压的监测预警中。目前，我国用于煤矿冲击地压监测预警的主要方法有直接接触式监测法和地球物理方法两类，能够根据微震事件和围岩变形量等特征对冲击地压进行监测预警[1]。但是综合分析多影响因素耦合作用关系对工作面冲击地压启动传递过程的影响机理仍需要深入的探索。本节以华丰煤矿 4#煤层工作面的典型冲击地压现场条件为案例，重点分析其冲击地压发生力源条件的影响因素对冲击能量的影响关系，并通过引入深度学习方法对冲击地压的启动与显现状况进行预测，弥补了综合指数法预测冲击的一些缺陷。

贝叶斯网络理论是现代人工智能大发展的重要数学基础。本课题组综合运用贝叶斯网络理论、区域动力规划方法、矿压理论与开采技术，发明了一种控制矿井动力能量来源的方法，获得了国家技术发明专利。这一方法的中心思想是把治理冲击地压的每一项措施同探寻矿井动力能量来源的过程统一起来，运用贝叶斯网络理论，通过动态统筹规划影响矿井冲击地压发生的"二因素群"，建立贝叶斯网络，实现对冲击地压的主动性防治。

通过模拟实验和构建的采场力学模型解析式计算发现，对基本顶岩层的水力压裂弱化[2]或水射流切割弱化悬臂梁结构对实体煤载荷的方法是一种行之有效的降低1411工作面前方煤体力源，减小冲击启动风险的防冲措施。综上考虑多种冲击地压影响因素之间的互相量变作用，并且最终对冲击地压的启动和显现产生质的影响作用。以往的打分和综合指数方法并不能很好地考虑各因素变化相互影响的特点，因此利用神经网络方法进行分析，并且为了解决以往用来实现预测的BP神经网络(Back Propagation Network)遇到局部最优、过拟合及梯度扩散等问题[3]，改进连接函数使网络结构能够实现贝叶斯概率分析以及预测功能[4]。

本节以华丰煤矿为工程背景进行神经网络建模及分析其影响因素权重，拟进一步实现贝叶斯网络结构的模型和计算方法在其他工况条件上的应用，并且随着输入集向量样本的增加和深入学习，神经网络结构的预测分析效果也会更加具有理论指导意义[5]，研究成果可为类似地质生产条件的工作面安全生产作业提供理论指导和技术支持。

本节中为了实现贝叶斯神经网络对各因素的影响进行综合分析与评价，因此有必要对工程背景、地质与回采技术条件进行一般化调整。

1. 工程背景

1)工作面地质条件

华丰煤矿4#煤层1411综放工作面位于井田−1000水平一采区三区段，下为尚未开采的1412工作面。1411工作面已于2012年停产结束回采。华丰煤矿位于两个全球性大断裂——郯庐断裂和昆仑断裂交点处，另外，根据区域动力规划方法研究得出，1411工作面开采范围内存在的6条断裂也是采掘过程中导致冲击地压发生的重要地质因素。4#煤层平均煤厚6.2m，倾角32°，具有强烈冲击倾向性，其粉砂岩直接顶板具有中等冲击倾向性。1411工作面范围内煤层节理裂隙较发育，表现为单轴抗拉强度与单轴抗压强度之比较小(约为0.05)，易在支承压力和覆岩弯曲回转作用下产生破坏。图6-31为1411工作面综合柱状图。

前述分析了华丰煤矿冲击地压发生的影响因素，且分为两大类：一是自然地质类因素，二是回采技术类因素[6]。埋深、巨厚砾岩、煤层倾角等属于华丰煤矿4#煤层发生冲击地压的自然地质条件，因此需要进一步展开回采技术类因素的研究。

2)工作面回采技术条件

1411工作面采用长壁后退式综放开采技术，全部垮落法管理顶板，采2.2～2.4m，放3.8～4.2m，正常割煤倾斜长度143m，采用错层位巷道布置方式的1411工作面日推进速度由1m增加到2.4m。上方1410工作面整层开采条件下(与1409工作面留有煤柱)所有动力现象几乎集中发生在上平巷位置，结合数据统计与理论分析表明煤层存在倾角是冲击地压在工作面上巷频发的主要因素。

以华丰煤矿冲击地压为代表的防治技术表明，通过优化采煤方法与工艺可以实现安全生产，其最显著因素来源于改变原实体煤巷道布置在采空区下方，这一特征实际是改善了巷道围岩扰动的影响，即改善了动静载荷的作用特征[7]，因此，分析静载荷导致的弹性应变能量来源、动载扰动的诱发位置成为优化工作面开采技术参数、降低冲击风险

岩石名称	岩性描述	厚度/m
中粒砂岩	灰色，成分以石英为主，长石次之	13.5
砂质泥岩与中粒砂岩	灰色，胶结致密	3.5
中粒砂岩	中硬，具有强冲击倾向性	13.45
砂质泥岩	深灰色，细腻，断口平坦	12.2
煤层	平均厚度5.42m，基本无夹矸	5.42
砂质泥岩	浅灰色，坚硬致密	5.38
中粒砂岩	灰色，含有少量暗色矿物	7.45

图 6-31　1411 工作面综合柱状图

的必要途径。

2. 工作面冲击启动机理与传递方式

工作面前方较近处煤体受超前支承应力的作用发生塑性破坏后，所受应力逐渐降低至原岩应力以下，这部分煤体不会聚积弹性应变能。而煤壁深处的弹性区应力升高位置，容易积聚大量的体变和形变弹性能量，在煤体强度处于极限平衡临界状态时，煤体中聚集的弹性能量也处于极限平衡状态。这部分煤体受三向载荷，由于尚未超过煤体抗压强度，应力在加载方向做功全部转化为煤体的形状改变和体积压缩。这部分能量，在受到上覆直接顶或基本顶岩块下沉、回转、滑落、搭接过程中对煤体的铅直载荷缓慢、突然地增大或水平约束力突然地减小都有可能会导致其猛烈的释放。

根据煤壁前方煤体的应力及储能状态将其分为冲击能量释放—传递—显现过程的三个区域，分别为冲击启动区、冲击阻力区和冲击显现区，如图 6-32 所示。

根据最小能量理论中对三维应力状态下煤岩体发生破坏的条件描述[8]，当启动后岩体破坏应力发生调整，应力状态迅速转变为双向，最终转变为单向应力状态，三维状态下储存在岩体中的大量弹性能仅需消耗一维压缩或剪切所需的部分能量，其余能量则用于破坏或大变形塑性破坏；冲击地压启动理论[9]认为集中静载荷可以独立导致冲击启动，而集中动载荷必须通过静载荷集中区完成。认为工作面煤壁前方位于冲击启动区的煤体由于三向承载，选取其中任一单元煤体 A 进行分析，其内部聚积储存大量弹性应变能，处于满足冲击启动能量准则和强度准则的临界状态，此时外力做功对 A 输入的弹性应变能 U 为

$$U = \frac{1}{2E}[\sigma_1^2 + \sigma_2^2 + \sigma_3^2 - 2\mu(\sigma_1\sigma_2 + \sigma_2\sigma_3 + \sigma_1\sigma_3)] \tag{6-15}$$

式中，σ_1、σ_2、σ_3分别为最大、中间和最小主应力；E和μ分别为储能煤体的弹性模量和泊松比。当其承受最大主应力超过三轴强度极限，则单元煤体将发生破坏，储存在煤体内部的一部分弹性应变能 $U_d=U-U_e$ 将在破坏过程中耗散；另一部分可释放弹性能 U_e 将对相邻煤体 B 做功，能量以做机械功的形式传递，如图 6-33 所示。

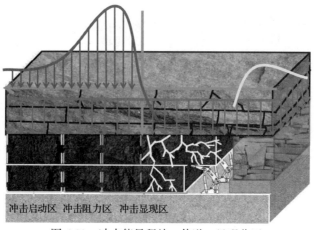

图 6-32　冲击能量释放—传递—显现分区

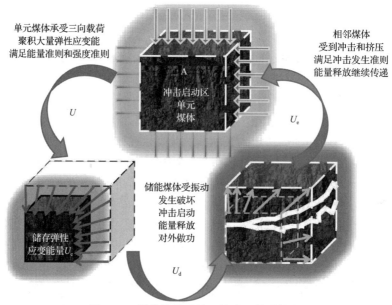

图 6-33　煤体能量释放"链式"传递做功

此时相邻单元煤体 B 在原有储存弹性应变能量 U' 的基础上继续受到单元煤体 A 破坏释放的部分能量 U_e，当输入能量 U_e 和做功方向上的应力满足煤体 B 冲击破坏的能量和强度准则时，相邻煤体 B 也将发生破坏，释放能量并瞬时传递至下一相邻单元煤体，则冲击启动—传递—显现过程从冲击启动区某一单元煤体 A 开始依次传递，经过冲击阻力区能量逐渐衰减再到并不能储存弹性应变能的破碎区煤体能量传递过程结束，最终的能量做功将破碎煤体猛烈抛向采出空间。由冲击启动区到冲击阻力区结束，整个能量传递过程形成一个破坏释能—衰减传递—能量叠加连续传递的链式过程，如图 6-34 所示。

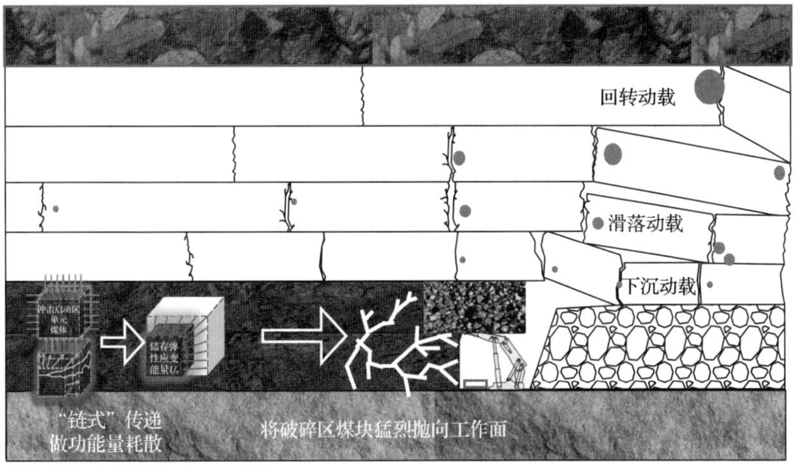

图 6-34　冲击能量"链式"传递做功力学模型

因此，研究工作面前方实体煤中的主应力分布和弹性应变能量场随天然地质因素和回采技术因素变化的演化规律对工作面冲击的预测、防治和机理研究有着重要意义[10]。

3. 冲击启动区主应力计算模型

为求出工作面前方冲击启动区域单元体实体煤受到主应力情况和应变能分布，根据弹塑性理论和叠加原理[11]，将弹性状态占绝大部分的工作面前方煤层视为理想状态的均质、各向同性体，并由弹性力学方法给出该半无限体数学模型。

用 $(0, q_1-\gamma H)$、$(x_0, K\gamma H)$ 和 $(L_2, 0)$ 求解两段直线斜截式后得到直线与坐标轴围成的三部分区域下任一点 $M(x, z)$ 处的应力分量。并取无限多段长度为 $\mathrm{d}\xi$ 高度为斜截式 y 值的微元面积，求解 $M(x, z)$ 处的三向应力增量[12]如下式：

$$
\begin{cases}
\Delta\sigma_{zi} = -\dfrac{k_i x + b_i}{\pi}\left[\arctan\dfrac{x}{z} - \arctan\dfrac{x-L_i}{z} + \dfrac{zx}{x^2+z^2} - \dfrac{z(x-L_i)}{(x-L_i)^2+z^2}\right] \\
\qquad - \dfrac{k_i z^3}{\pi}\left[\dfrac{1}{x^2+z^2} - \dfrac{1}{(x-L_i)^2+z^2}\right] \\[4pt]
\Delta\sigma_{xi} = -\dfrac{k_i x + b_i}{\pi}\left[3\arctan\dfrac{x}{z} - 3\arctan\dfrac{x-L_i}{z} + \dfrac{zx}{x^2+z^2} - \dfrac{z(x-L_i)}{(x-L_i)^2+z^2}\right] \\
\qquad - \dfrac{k_i z^3}{\pi}\left[\dfrac{1}{x^2+z^2} - \dfrac{1}{(x-L_i)^2+z^2}\right] + \dfrac{k_1 z}{\pi}\left\{\ln(x^2+z^2) - \ln[(x-L_i)^2+z^2]\right\} \\[4pt]
\Delta\tau_{xzi} = \dfrac{k_i z}{\pi}\left[\dfrac{zx}{x^2+z^2} - \dfrac{z(x-L_i)}{(x-L_i)^2+z^2} - \left(\arctan\dfrac{x}{z} - \arctan\dfrac{x-L_i}{z}\right)\right] \\
\qquad + \dfrac{(k_i x + b_i)z^2}{\pi}\left[\dfrac{1}{x^2+z^2} - \dfrac{1}{(x-L_i)^2+z^2}\right]
\end{cases}
\tag{6-16}
$$

式中，k_1 和 b_1 为破碎区和冲击阻力区直线斜率和截距；k_2 和 b_2 为冲击启动区直线斜率和截距；L_1 和 L_2 为破碎区与冲击阻力区宽度、弹性区影响范围。计算结果如下：

$$\begin{cases} k_1 = \dfrac{(1+K)\gamma H - q_1}{x_0} \\[2mm] k_2 = \dfrac{K\gamma H}{(x_0 - L_2)} \\[2mm] L_1 = x_0 = \dfrac{m}{2\varepsilon f} \cdot \ln \dfrac{K\gamma H + c\cot\varphi}{\varepsilon(p_1 + c\cot\varphi)} \\[2mm] L_2 = \dfrac{m}{2f} \cdot \left(\dfrac{1+\sin\varphi}{1-\sin\varphi}\right) \cdot \ln\left[\dfrac{K\gamma H}{\tau_0 \cot\varphi}\left(\dfrac{1-\sin\varphi}{1+\sin\varphi}\right)\right] + \dfrac{m\beta}{2f} \cdot \ln K \\[2mm] b_1 = q_1 - \gamma H \\[2mm] b_2 = \dfrac{K\gamma H L_2}{L_2 - L_1} \end{cases} \tag{6-17}$$

式中，γ 为体积力，kN/m^3；H 为埋深，m；m 为采厚，m；$\varepsilon = (1-\sin\varphi)/(1+\sin\varphi)$；$p_1$ 为支护强度，MPa；c 为黏聚力，MPa；φ 为内摩擦角，(°)；f 为顶底板摩擦因数；K 为应力集中系数；β 为侧压系数；$\tau_0\cot\varphi$ 为煤体的自撑力[13]，τ_0 取 5MPa。

由式(6-16)和式(6-17)得到三向应力计算结果为

$$\begin{cases} \sigma_z = \displaystyle\sum_{i=1}^{n} \Delta\sigma_{zi} + \gamma H \\[2mm] \sigma_x = \displaystyle\sum_{i=1}^{n} \Delta\sigma_{xi} + \gamma H \\[2mm] \tau_{xz} = \displaystyle\sum_{i=1}^{n} \Delta\tau_{xzi} + \gamma H \end{cases} \tag{6-18}$$

根据现场地应力测量结果将三向应力计算结果代入应力主轴偏转式(6-19)中：

$$\sigma_i = (\sigma_j + \Delta\sigma_j \cos\alpha)\sin\theta + (\sigma_k + \Delta\sigma_k \sin\alpha)\cos\theta \tag{6-19}$$

式中，α 为最大主应力与水平方向夹角，(°)；θ 为煤层倾角，(°)；σ_i 为最大、中间和最小主应力，MPa；σ_j 和 σ_k 为单元煤体所受铅直、水平和切向方向的载荷，MPa。将式(6-18)计算得到的最大、最小和中间主应力 σ_1、σ_2 和 σ_3 代入式(6-15)中，得到工作面前方非塑性区煤体内任意一点的弹性应变能量计算公式(6-20)：

$$U = \frac{1}{2E}[((\sigma_x + \sigma_z \cos\alpha)\sin\theta + (\tau_{xy} + \sigma_z \sin\alpha)\cos\theta)^2 + ((\sigma_x + \sigma_z \cos\alpha)\cos\theta$$
$$+ (\tau_{xy} + \sigma_z \sin\alpha)\sin\theta)^2 + (\Delta\tau_{xy1} + \Delta\tau_{xy2} + \gamma H)^2 - 2\mu((\sigma_x + \sigma_z \cos\alpha)\sin\theta$$
$$+ (\tau_{xy} + \sigma_z \sin\alpha)\cos\theta)(\sigma_x + \sigma_z \cos\alpha)\cos\theta + (\tau_{xy} + \sigma_z \sin\alpha)\sin\theta) \quad (6\text{-}20)$$
$$+ (\sigma_x + \sigma_z \cos\alpha)\cos\theta + (\tau_{xy} + \sigma_z \sin\alpha)\sin\theta)(\Delta\tau_{xy1} + \Delta\tau_{xy2} + \gamma H)$$
$$+ (\Delta\tau_{xy1} + \Delta\tau_{xy2} + \gamma H)(\sigma_x + \sigma_z \cos\alpha)\sin\theta + (\tau_{xy} + \sigma_z \sin\alpha)\cos\theta))]$$

分析上述表达式得知，工作面前方冲击阻力区和冲击启动区单元煤体所受应力和聚积弹性应变能量的数值解大小除了与埋深、煤岩体物理力学性质、采厚、煤层倾角和峰值应力集中系数等经典因素有关外，还与计算选取位置与工作面水平距离、与顶板垂直距离以及顶底板岩层对煤层的层间力学性质等因素有关。

4. 冲击启动区最大主应力和能量分布规律

以 1411 工作面实际生产地质参数条件进行理论数值分析，埋深为 900～1100m，采厚为 6.2m 左右，4#煤层弹性模量为 2.2GPa，黏聚力为 1.88MPa，内摩擦角为 38°，采用控制变量法在对一项影响因素进行研究时，其他影响因素参数值始终控制为中间组方案大小，并且为验证解析公式是否具有针对华丰煤矿的冲击现象普遍适应性，根据 1407、1409 和 1410 工作面的相关参数，调整参数的上下阈值，并利用 FLAC3D 软件对应力和能量的分布演化规律辅以佐证。

1) 埋深对主应力和应变能的影响

根据经验公式估算破碎 4#煤层的单元煤体需要的能量不小于 0.142MJ，华丰煤矿 1411 工作面地质条件下发生冲击的临界深度处需约 1.57×10^5 倍 0.142MJ 的能量来破坏双向受力状态下的单元煤体，显然与实际情况相差较大。将实际具体参数代入式(6-20)，计算得出埋深逐渐增加对工作面前方煤壁不同位置处最大主应力和弹性应变能的影响规律如图 6-35 所示。

随着计算选取位置埋深的增加，最大主应力和弹性应变能基本上与埋深呈一定比例增大，在 1000m 以深的 1411 工作面前方，冲击启动区实体煤处所受最大主应力基本为上覆直至地表的岩体重量(图 6-36)[14]。

将相同参数代入 FLAC3D 模型中进行计算，发现随着埋深的增加，应力和应变能与理论数值解析解也具有类似的变化规律，如图 6-37 所示。

最大主应力和主应力差值是影响弹性应变能聚积的主要因素之一，分析图 6-38 中不同埋深对应不同的最大主应力场分布方式以及阈值可以得出，随着埋深的增加煤壁前方同一位置的最大主应力值随之增大，从 21.5MPa 增大至 31.5MPa，弹性应变能峰值也从 4.8×10^5J 增大到 1.2×10^6J。最大主应力位置也随埋深的增加而靠近工作面，使得冲击启动区所受扰动载荷更容易达到临界值，且在冲击能量传递做功时阻力区长度更短，塑性破坏更严重，从而削弱对冲击能量的阻碍作用。

结合能量聚积—储存—链式传递做功力学模型分析图 6-36 和图 6-37 中埋深对 1411 工作面前方实体煤中的应力和储存能量的影响规律发现，上覆岩层累重使冲击启动区煤

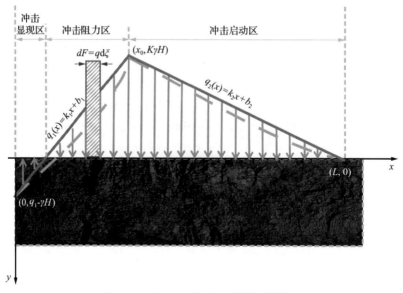

图 6-35　冲击启动区应力计算力学模型

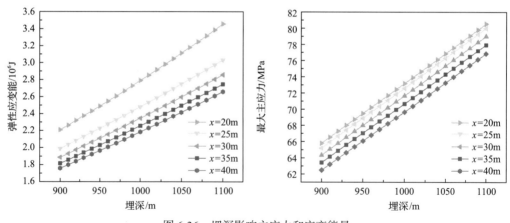

图 6-36　埋深影响主应力和应变能量

体处于高地应力作用下，巨大的围压使连续的单元煤体屈服应力呈正二阶导数式增长，可以储存更多促进冲击破坏的弹性应变能。随着埋深的增加，诱导冲击启动区煤体发生破坏、释放冲击能量的临界扰动载荷也更小[15]。

2) 覆岩力学性质对主应力和应变能的影响

图 6-38 中计算结果说明随着关键层的抗拉强度 R_t 和黏聚力 c 增大，岩层对上覆巨厚砾岩的承载能力变强，传递到下方煤层中的应力也随之减小，单元煤体内聚积的弹性应变能量也减小，而且可以看出，抗拉强度和黏聚力对最大主应力和应变能量的影响效果在数值上显著小于覆岩重量的影响，结合前述研究成果分析表明，关键层对上覆 500～960m 巨厚砾岩层的重量承载效果相对有限，巨厚砾岩层对工作面前方煤体施加的静载荷也是 1411 工作面冲击启动的重要影响因素之一。

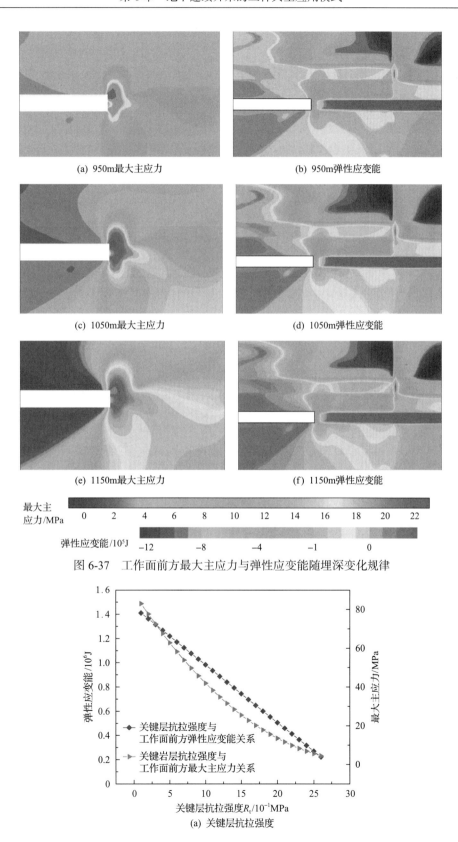

(a) 950m最大主应力　　　　　　　　(b) 950m弹性应变能

(c) 1050m最大主应力　　　　　　　(d) 1050m弹性应变能

(e) 1150m最大主应力　　　　　　　(f) 1150m弹性应变能

图 6-37　工作面前方最大主应力与弹性应变能随埋深变化规律

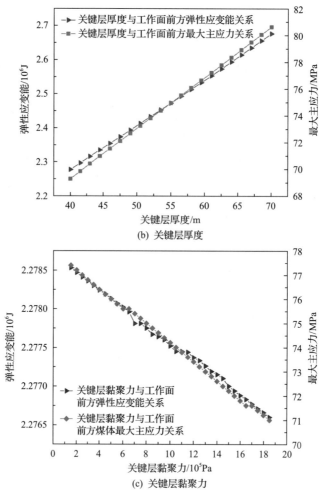

(b) 关键层厚度

(c) 关键层黏聚力

图 6-38　关键层物理力学性质与最大主应力和弹性应变能的动态变化关系

　　覆岩关键层中细砂岩层厚度由 40m 增大至 70m 时，弹性应变能从 2.279×10^6J 增大至 2.663×10^6J；抗拉强度增大至 25MPa 时，弹性应变能从 4.9×10^6J 减小至 2.3×10^5J；同时可以看出关键层的黏聚力变化对弹性应变能的影响并不显著。在数值模拟模型中表现出对最大主应力和弹性应变能的影响效果如图 6-39 所示。

(a) 最小覆岩力学强度

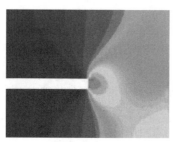

(b) 中间覆岩力学强度

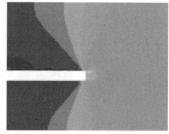

(c) 最大覆岩力学强度

图 6-39　顶板岩石力学性质对工作面前方最大主应力的影响

可以看出，随着覆岩强度的增高对上覆直至地表岩层的支撑能力越强，因此煤层承受的铅直应力也显著减小，最大主应力峰值从 78.96MPa 减小至 69.21MPa。但当基本顶发生周期性破断时，作用在煤层上的动载荷也会更加明显。因此应该从减小工作面前方煤体应力集中程度和增加动载扰动输入能量两个方面综合考虑顶板覆岩对冲击地压启动与传递的影响。

3) 冲击启动区中心位置与工作面距离对主应力和应变能的影响

针对 1411 工作面前方煤体的储能状态进行分区讨论以及解析式数值计算，发现冲击启动区中心位置与工作面选取计算位置 $M(x, z)$ 的最大主应力和弹性应变能之间有明显动态变化关系(图 6-40)。

分析可以发现，随着 x 值的增大，最大主应力 σ_1 先增大至峰值 71.2MPa，随后逐渐减小，直至距离在 30m 左右恢复到与原岩应力相近的 40MPa，与工作面前方铅直应力分布规律类似，弹性应变能呈现先增大至最大主应力约 4.5×10^6 J 后趋于稳定，这是因为应力峰值位置的煤体处于极限平衡状态，储能效果差，冲击启动区煤体处于弹性受载状态，随着应力趋于原岩应力状态，能量增量逐渐放缓，最终减小，直至趋于稳定。

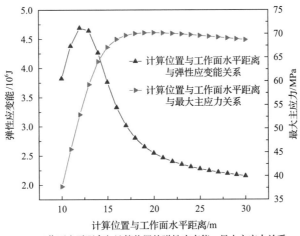

(a) 工作面水平距离与计算位置的弹性应变能、最大主应力关系

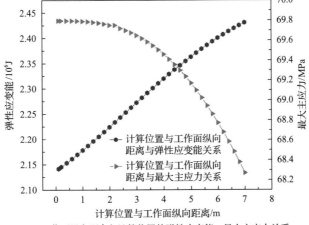

(b) 工作面纵向距离与计算位置的弹性应变能、最大主应力关系

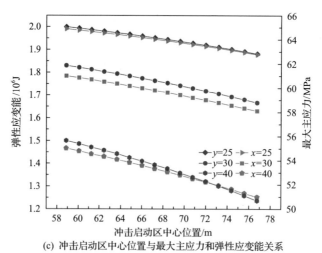

(c) 冲击启动区中心位置与最大主应力和弹性应变能关系

图 6-40　工作面距离与计算位置的弹性应变能、最大主应力关系

如图 6-41 所示，随冲击启动区与工作面距离的增加，最大主应力与弹性应变能的峰

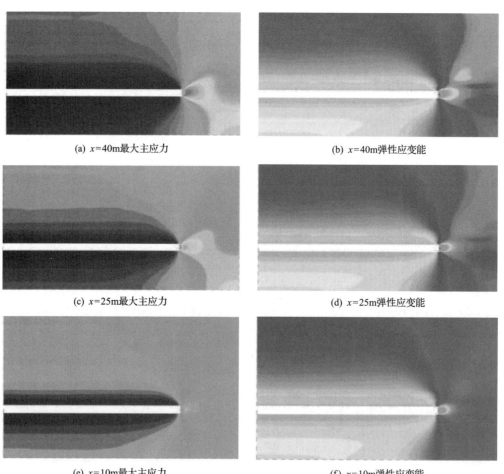

图 6-41　冲击启动区距离对最大主应力和弹性应变能的影响

值大小和分布范围也减小。据此规律可以认为，通过增大冲击启动区与工作面之间的水平距离，即增大冲击阻力区的长度，可以降低工作面冲击风险，通过钻孔卸压、煤层注水或水压致裂切割顶板来实现增大冲击阻力区范围以降低对工作面发生冲击风险的影响。

4) 煤体力学性质对主应力和应变能的影响

煤岩体从受载聚积储存能量到破坏释放能量都与单元体的力学参数密切相关，选取解析式中的煤体黏聚力和内摩擦角与最大主应力和弹性应变能的关系进行研究，如图 6-42 所示。

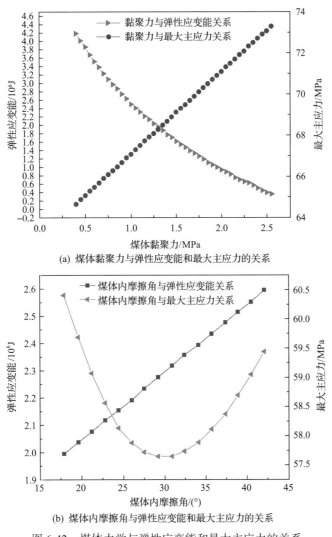

(a) 煤体黏聚力与弹性应变能和最大主应力的关系

(b) 煤体内摩擦角与弹性应变能和最大主应力的关系

图 6-42　煤体力学与弹性应变能和最大主应力的关系

可以看出，随着煤体黏聚力增大，单元煤体承受的最大主应力一定程度上减小但并不显著；而单元煤体储存弹性应变能量的能力随煤体黏聚力的增加显著提高，当黏聚力达到 2.5MPa 时，单元煤体能够储存约 4.4×10^6J 的弹性应变能。

内摩擦角与黏聚力增加，弹性应变能均增加，这给我们以启发，对于冲击煤层可以采用提前卸压的措施，降低其能量聚积。

5）保护层开采对主应力和应变能的影响

综合分析 1411 工作面所处顶底板赋存条件，应优先选择无冲击危险性的下方 6#煤层作为保护层开采。开采保护层后，在被保护层中卸压的地区，可按无冲击地压煤层进行采掘工作。6#煤层开采对 1411 工作面前方煤体弹性应变能分布规律的影响如图 6-43所示。

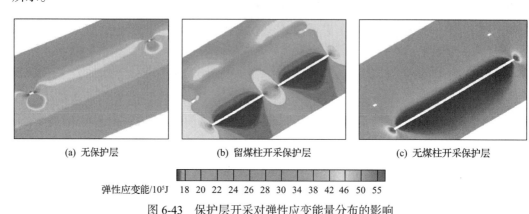

(a) 无保护层　　　　　　(b) 留煤柱开采保护层　　　　　　(c) 无煤柱开采保护层

弹性应变能/10⁵J　18　20　22　24　26　28　30　34　38　42　46　50　55

图 6-43　保护层开采对弹性应变能量分布的影响

开采保护层对于上方 4#煤层的应力集中程度和弹性应变能的减小十分明显，弹性应变能峰值从 5.752×10^6J 降低至 3.22×10^6J。

6）回采速度对主应力和应变能的影响

工作面回采速度对采场前方煤体能量转移和释放的速率，以及应变能量场的聚积程度均有影响[16]，不论是从顶板回转滑落失稳带来的动载扰动还是采动影响的微震事件总量显著增加的现象，较高或者过低的回采速度对于冲击地压防控均属不利因素。保持合理的工作面回采速度需要结合采场前方应变能和微震事件扰动两个方面综合考量。

如图 6-44 所示，随着工作面推进速度的加快，当由 0.5m/d 增加到 3m/d 时，工作面

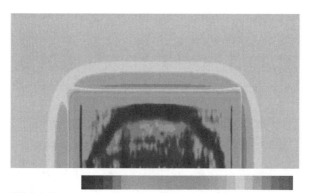

弹性应变能/kJ　−320　−260　−200　−140　−80　−20　−2.03450　0.574097

(a) 工作面推进速度2m/d

弹性应变能/kJ　−320　−260　−200　−140　−80　−20　−2.03450 0.574097

(b) 工作面推进速度2.5m/d

弹性应变能/kJ　−320　−260　−200　−140　−80　−20　−2.03450 0.574097

(c) 工作面推进速度3m/d

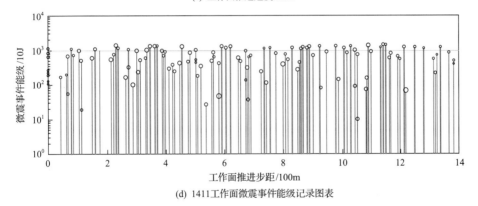

(d) 1411工作面微震事件能级记录图表

图 6-44　工作面推进速度对工作面前方弹性应变能分布和微震事件能级的影响

前方弹性应变能峰值从 2.14×10^5J 增大到 3.17×10^5J，峰值位置分布范围也增大，且根据微震事件发生的频次和能级，当工作面推进至前方和周期来压时，微震呈现成簇的规律性发生。

7) 开采厚度对主应力和应变能的影响

随着采厚从 2m 增大到 7m，弹性应变能由 3.45×10^5J 显著增加至 1.697×10^6J，最大主应力也显著增大，由于采厚的增加，支承应力峰值位置前移，应力集中程度增高(图 6-45、图 6-46)。对照数值模拟得出的结果可以看出，随着开采厚度的增大，工作面前方应力集

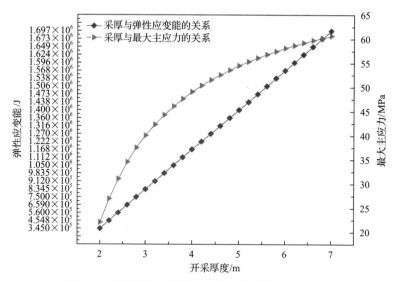

图 6-45　开采厚度与弹性应变能和最大主应力的关系

(a) 2.4m采厚工作面前方弹性应变能分布

(b) 4.4m采厚工作面前方弹性应变能分布

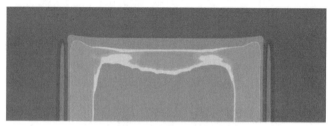

(c) 6.4m采厚工作面前方弹性应变能分布

图 6-46　不同采厚工作面前方弹性应变能分布云图

中程度和分布范围也都显著增大，而且工作面后方覆岩能量集中程度也增大，聚集更大弹性应变能量的覆岩在发生滞后破断时会以机械波的形式将衰减后残存的能量传递至巷道围岩或工作面前方煤体，并在满足动载扰动最大能承应力(maximum allowable disturbance)时诱发冲击[17]。

6.1.4　贝叶斯神经网络分析与预测

在动静载叠加启动和分源防治力学结构下[18]进行冲击力源能量的分析预测过程中，冲击启动的弹性应变能判据和动载扰动传递临界能量判据受距离和地质条件因素影响有量级上的差距，难以利用指数或打分方式统一判断冲击是否发生。因此建立贝叶斯前向神经网络结构结合前述应力与应变能解析式，对 1411 工作面冲击地压的影响因素权重和任一位置的冲击启动区能量进行计算，并预测冲击是否可能发生。

1. 反馈贝叶斯神经网络影响因素权重分析

根据谷歌 Deep Mind 团队在深度学习领域的研究进展[19]，通常利用贝叶斯公式作为激活函数推论神经网络所需要的训练量非常大，并且极难求解，此类神经网络并不适合进行精确推导和权值求解。取而代之的是使用精确贝叶斯的近似变分求解方法进行深入学习，通过改变激活函数的概率模型和权值计算方法，改进得到适用于多参量归一化分析预测学习的反向贝叶斯神经网络(Bayes by backprop net, BBN)代入前述建立的影响因素与冲击启动区弹性应变能量的量化联系，对各因素权重进行分析。BBN 模型结构如图 6-47 所示。

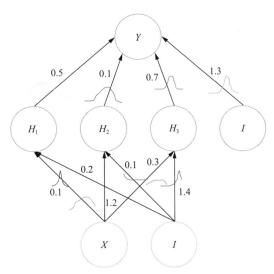

图 6-47　BBN 模型结构图

图 6-48 展示了通过经典后向传递过程求得权重修正值的方式和改进后通过 BNN 方法求得权值分布的方法。可以明显看出，每个连接函数求解过程中的权值都有独立的分布方式，相比直接赋予定值更加灵活，学习的精度更高，弥补了普通前向神经网络的缺陷，使其更加适用于对多因素的冲击影响源耦合训练与分析。

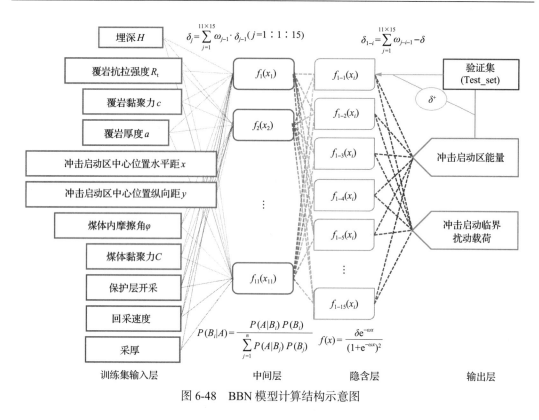

图 6-48　BBN 模型计算结构示意图

　　将前述解析公式计算得到的数据作为贝叶斯神经网络训练的训练集（Practice_set），数值模拟运算结果作为验证集（Validation_set），现场实测数据作为网络结构的测试集（Test_set）。验证集用于对网络结构训练过程的矫正、连接函数参数迭代修正赋值及计算得到权值的独立分布；测试集用于校验每次训练结果是否满足精度、噪声、迭代次数等要求，满足则结束迭代过程[20]，见表 6-7。

表 6-7　贝叶斯优化算法过程

初始数据集 $D_0=\{(\theta_0,\ \tau_0),\ \cdots,\ (\theta_N,\ \tau_N)\}$ for $t \in [1,\ T]$do
使用 D_t 拟合替代模型 M
内部优化问题求解
$\theta_{t+1} = \arg\ \max_\theta \alpha(\theta \| M, D_t)$
评价指标
$\tau_{t+1} \sim T_{\text{total}}(\text{practice\_set}_{\theta+1})$
更新数据集
$D_{t+1} \leftarrow D_{t+1} \bigcup (\theta \| \tau)$
结束

　　现场实测值给出的后验预测密度为

$$P(z \mid \overline{x}) = \int\limits_{-\infty}^{+\infty} g(z \mid \theta)\pi(\theta \mid \overline{x})\,\mathrm{d}\theta$$

$$= \frac{1}{2\pi\eta_1\sigma_2} \int\limits_{-\infty}^{+\infty} \exp\left\{-\frac{1}{2}\left[\left(\frac{1}{\sigma_2^2}+\frac{1}{\eta_1^2}\right)\theta^2 - 2\theta\left(\frac{z}{\sigma_2^2}+\frac{\mu_1}{\eta_1^2}\right)+\frac{z^2}{\sigma_2^2}+\frac{\mu_1^2}{\eta_1^2}\right]\right\} \tag{6-21}$$

取预测分布的均值作为实测结果 z 的预测值则：

$$\hat{z} = \mu_1 = \frac{\tau^2}{\sigma_1^2/n+\tau^2}\overline{x} + \frac{\sigma_1^2/n}{\sigma_1^2/n+\tau^2}\mu \tag{6-22}$$

BBN 结构进行前向深度学习训练的过程相当于利用连接函数中的权值计算调整输入层与输出层间的量化关系，一定程度弥补了解析公式和数值模拟方法上的不足。后向反馈反复迭代的过程即改变权值从属的分布方式以及连接函数的常系数以优化网络结构使训练结果精度满足要求。

由于建立的冲击影响因素权重的网络结构有 11 个父节点、2 个子节点，节点数量较多，连接结构比较复杂，为了学习的最终结果足够精确，训练过程可能需要 $1.00\mathrm{e}^7$ 次量级的迭代，因此学习过程中的数值计算可由 Matlab 软件实现。输入层训练集数据为 11×200 的矩阵数表，由于篇幅限制仅列出冲击启动能量的上下限阈值和一组较有代表性的中间组实验数据，见表 6-8。

表 6-8 神经网络输入层训练集数据记录表

序号	影响因素	第 1 组	中间组	……	第 200 组
1	埋深 H/m	900	960		1100
2	覆岩抗拉强度 R_t/MPa	0.2	1.5		2.75
3	覆岩黏聚力 c/MPa	0.2	2.2		2.5
4	覆岩关键层厚度/m	40	55		70
5	冲击启动区中心位置水平距 x/m	32.5	37.5		22.5
6	冲击启动区中心位置纵向距 y/m	0.1	3.1		7
7	煤体内摩擦角 φ/(°)	18	32		42.5
8	煤体黏聚力 C/MPa	0.25	1.88		2.5
9	保护层开采	是	是		否
10	回采速度/(m/d)	1	2.4		5
11	采厚 m/m	2	6.2		7
12	冲击启动区弹性应变能/J	3.55×10^5	1.596×10^6		7.446×10^6
13	冲击启动临界扰动载荷/J	1.302×10^6	3.55×10^5		1.747×10^4

BBN 计算后验概率选择利用贝叶斯正则化(Bayesian regularization)方法，则连接函

数适于处理输入值在(0，1)或(–1，1)区间内的数据组，而 11 项影响因素参数大小存在量级上的较大差异，因此需要利用归一化公式处理数据：

$$P(\theta|S) = \frac{\left(\prod_{i=1}^{m} p\left(y^{(i)}\middle|x^{(i)},\theta\right)\right)p(\theta)}{\int_{\theta}\left(\prod_{i=1}^{m} p\left(y^{(i)}\middle|x^{(i)},\theta\right)p(\theta)\right)\mathrm{d}\theta} \qquad (6\text{-}23)$$

$$x = \frac{x-\min}{\max-\min} \qquad (6\text{-}24)$$

式中，θ 与 S 分别为用于连接神经元的树突上的条件事件和概率；x 为输入向量参数；y 为输出向量参数；min 为某种影响因素输入集的下限阈值；max 为某种影响因素输入集的上限阈值。

经过 6 小时 43 秒的 1000 次迭代过程，BNN 输出数据的总体精度达到 $R=0.85439$，结果相关性置信程度较高，同时可以通过图 6-49(b) 看出输出集置信水平较高，而且根据较集中的置信区间宽度认为输入集样本数量足够大。根据图 6-49(d)、(e)、(f)可以看出，贝叶斯神经网络的训练学习精确度较高，误差较小且总体分布在 0.1 附近，拟合程度达到 0.75464，且认为用于预测趋势的网络结构精确程度达到 0.85439。综合上述贝叶斯神经网络的学习训练效果认为，训练结果得到的连接函数结构、隐含层层数、中间层层数、函数的选择以及修正权值的独立分布均能满足对输入层数据进行分析和趋势预测的要求。根据 Matlab 软件中自带的 NNtool 功能，直接输出各输入层神经元的权重(weight)见表 6-9。

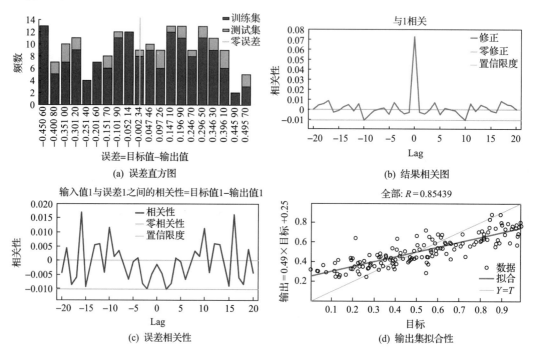

(a) 误差直方图

(b) 结果相关图

(c) 误差相关性

(d) 输出集拟合性

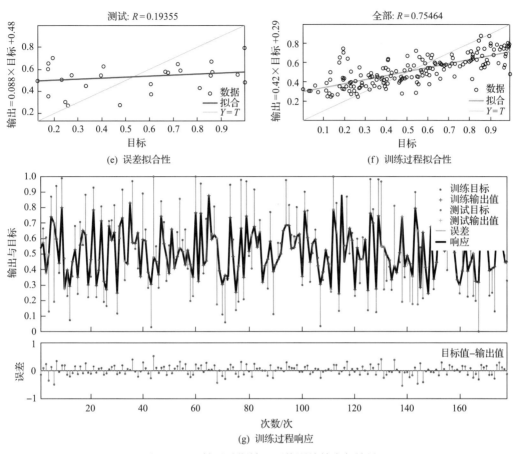

图 6-49　反馈贝叶斯神经网络训练精度与效果

表 6-9　冲击地压影响因素权重计算结果

序号	影响因素	权重
1	埋深	0.21976
2	覆岩厚度	0.1488
3	覆岩抗拉强度	0.0948
4	保护层开采	0.0908
5	煤体黏聚力	0.07533
6	回采速度	0.07331
7	采厚	0.0702
8	冲击启动区中心位置水平距 x	0.067
9	覆岩黏聚力	0.062
10	煤体内摩擦角	0.049
11	冲击启动区中心位置纵向距 y	0.049

分析 BNN 训练结果得到的权重数值以及排序情况可以得到，1411 工作面前方煤体

中储存着可以释放做功的弹性应变能力源主要来自覆岩重量，埋深占到弹性应变能聚积来源的 22%左右。工作面超过千米的深埋条件是井巷工程挖出后前方峰值应力集中系数 K 较大，顶底板高应力集中程度以及顶底板岩层和煤层冲击倾向性较强的先决条件之一。因此在理论解析式的计算结果中，埋深与冲击启动区弹性应变能的直接关系虽并没有达到 22%，但由于埋深间接影响着近水平方向主应力、冲击启动区中心位置水平距 x 及其他并未被解析计算公式考量在内的因素，因此通过贝叶斯神经网络方法发现埋深是 1411 工作面弹性应变能聚积和影响冲击地压启动的最重要因素，那么结合华丰煤矿 4#煤层工作面上巷冲击地压频发的现状，首先需要切断巷道承受覆岩重量影响的路径，如采空区下布置回采巷道、保护层开采等。

根据煤层柱状图，工作面上方关键层是否能良好承担上覆直至地表的巨厚砾岩层同样也决定着煤层中的应力分布和弹性应变能聚积情况。当关键层岩梁力学模型足够长时，抗拉强度对描述抵抗上覆岩层载荷的层间错动以及铅直方向位移的力学性质比较直观，并且当关键层自身厚度较大时，传递到煤层的载荷也会增大，关键层的物理力学性质以及巨厚砾岩施载对工作面前方冲击启动区煤体的主应力和应变能分布的影响属于相互作用、相互影响的关系，在贝叶斯神经网络训练分析后得到各因素的独立权重分布，其中上覆巨厚砾岩的厚度权重约为 14.88%；关键层抗拉强度权重约为 9.48%；而关键层黏聚力权重为 6.2%，这三项之和为 30.56%，这里隐含着两方面的问题，第一，覆岩自身作为埋深的部分岩层，直接施加载荷给煤层；第二，覆岩同时作为路径，是传递更高层位岩层的路径，结合这一分析结果，提示我们如能切断覆岩的整体性，利用岩体破坏的吸能效果，阻断力的传递路径，对于冲击地压的防治同样具有重要意义。

结合数值模拟实验结果，6#煤层保护层是否开采的试验方案在全部影响因素中对弹性应变能的影响达到了 9.08%，即证明了保护层开采对于冲击地压防治是最有利的方式；工作面不同的推进速度对冲击启动区弹性应变能的影响达到 7.331%，其次为采厚的影响，占比超过 7%；另外通过理论公式计算和模拟结果发现，冲击启动区中心位置的水平以及纵向距离对冲击启动也有着 6.7%左右的影响，将 11 项影响因素权重分别统计，如图 6-50 所示。

图 6-50 中，地质类因素占 76.57%，回采技术类因素占 23.43%。地质类因素的成因是力源，来自自然条件，并非无法调控，各因素之间存在相互制约的关系，结合 6.1.2 节单因素分析，包括如下关系。

埋深与覆岩的影响。存在保护层，通过保护层开采实现被保护层顶板发生预先断裂，切断顶板应力传递路径以释放部分能量；无保护层，可通过工作面超前实体煤内钻孔卸压解决埋深与覆岩带来的工作面前方支承应力诱发动力灾害的问题。

巷道冲击地压防治。可以取消煤柱、彻底消除煤体自身结构对巷道顶板与侧帮的动力影响；巷道掘进期间的前方，通过预先卸压改善其煤层物理力学性质实现防治。

覆岩断裂带来的动力问题。可以通过切顶或者注浆控制顶板发生失稳而造成的动力灾害。

回采速度。如预先实现了能量—路径—对象的切断效果，回采速度不受影响；反之，可降低回采速度。

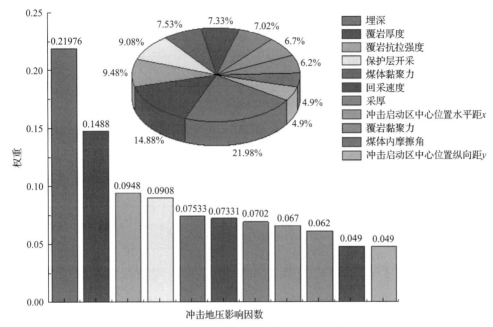

图 6-50　冲击地压贝叶斯神经网络各影响因素权重占比

煤层厚度。如预先实现了能量—路径—对象的切断效果，开采厚度不受影响；反之，可人工分层或在危险区域降低采高。

综合贝叶斯神经网络，我们建立了各子因素的影响权重，结合上述相互影响关系，给予两点重要提示：①依据数学方法，我们能够辨识包括冲击地压的能量来源与传递路径，为冲击地压等动力灾害防治的重点给予指导。②通过子因素的调整，可以改变自然因素带来的不利影响，建立起能量来源—传递路径—作用对象，采用避开能源、切断路径、维护对象的一系列技术措施，能够解决冲击地压在内的动力灾害问题。

2. 贝叶斯神经网络冲击能量与启动预测

相比于对多因素影响的权重占比求值，BNN 对于训练组数据处理的逻辑过程更为快速可靠，在前述建立成功的贝叶斯神经网络的基础上，将归一化后的训练组数据正向迭代拟合，贝叶斯神经网络逻辑流程、预测结果分别如图 6-51、图 6-52 所示。

对采区有记录发生冲击能级的 15 处位置进行预测检验，结果发现 BNN 成功预测了 14 处冲击能量与显现程度，认为对华丰煤矿一采区相近地质条件与开采工艺下的冲击启动显现预测准确程度达到 93.3%。但是对于其他煤层工作面或其他采区的预测，该训练完成的 BNN 并不具备准确预测的功能，需要根据上述过程重新计算输入集数据并训练新的 BNN。

3. 对于巷道冲击地压预测的研究展望

冲击地压事故 90%以上发生于巷道之中[21]，近 5 年来有记录的冲击地压事故均发生在工作面超前回采巷道。华丰煤矿采用错层位负煤柱式巷道布置方法，使得巷道在回采

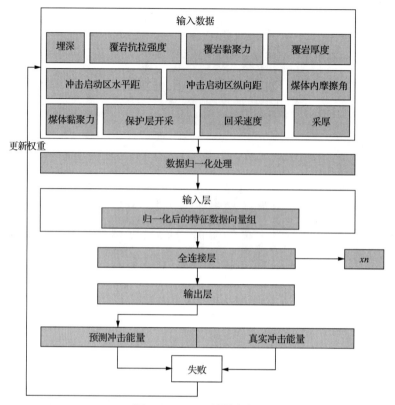

图 6-51　BNN 逻辑流程

序号	地点	弹性应变能预测值/kJ	冲击级数	实际情况
1	1区-950m，石门	37.522	Ⅱ级	中等冲击
2	1411工作面，切眼	52.25	Ⅲ级	强冲击
3	水平-1000m，石门	39.4	Ⅱ级	中等冲击
4	1411工作面，下巷	39.76	Ⅱ级	中等冲击
5	1411工作面，上巷	27.12	Ⅰ级	弱冲击
6	1410工作面，上巷	47.83	Ⅱ级	中等冲击
7	1410工作面，下巷	28.075	Ⅲ级	弱冲击
8	1407工作面，上巷	43.3	Ⅱ级	中等冲击
9	1407工作面，切眼巷	51.7	Ⅲ级	强冲击
10	1407工作面，下巷	38.9	Ⅱ级	中等冲击
11	1411工作面，采面	14.423	Ⅰ级	无冲击
12	1411面，18m溜子道	44.9	Ⅱ级	中等冲击
13	1411工作面，临上区段煤柱	45.8	Ⅱ级	中等冲击
14	1411工作面，采面前方40m	44.125	Ⅱ级	中等冲击
15	1411工作面，临下区段煤柱	49.28	Ⅲ级	强冲击

图 6-52　BNN 预测结果

期间"有震无灾"，因此并未对巷道围岩稳定性和冲击启动发生情况深入讨论。在此为全面评价冲击地压的预测以及影响因素权重分析的方法，不仅能对工作面的冲击预测防治起到作用，同时也可以充分考虑巷道与采场其他条件的综合作用对采出空间远近场围岩冲击能量聚集、启动、传递和显现的影响(图 6-53)，第 4 章中引入了巷道蝶形冲击地压理论[22]，对巷道掘进时与掘出后出现的蝶形塑性区及其增量进行了描述。

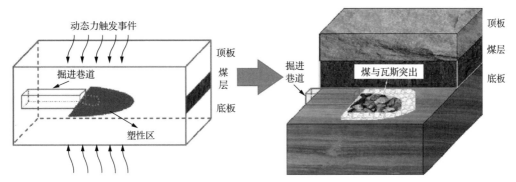

图 6-53　掘进巷道冲击地压发生机理模型

巷道蝶形冲击地压理论是以巷道横截面蝶形塑性区边界为安全临界曲线，给出巷道围岩稳定性复动力学预警量化解析方法。为量化巷道围岩应力、应变场分布范围，乔建永将塑性区域边界称为位移变换的最小不变子集(Julia 集)[23]，并根据著名的 Kastner 方程[24]刻画了巷道横截面岩土的弹塑区域的解析规律。

根据上述理论方法将蝶形冲击地压理论对巷道围岩冲击能量及分布范围的定量刻画与贝叶斯神经网络方法相结合，实现对巷道冲击发生的时空预测和能级预测。

6.1.5　华丰煤矿贝叶斯神经网络化防冲技术的应用

本章前述分析了冲击地压各影响因素，结合华丰煤矿，确定埋深、覆岩为能量来源，覆岩与煤体(柱)是传递路径，确定了避开能量、切断路径、维护巷道的基本防冲思路，本节即依据上述内容结合华丰煤矿实际情况进行介绍。

1. 巷道布置与煤柱留设

前述表明，华丰煤矿 4#煤层地质与回采技术条件下，无论留设 20m 还是 7m 煤柱，受构造、埋深提供的动力，在 32°大倾角影响下，煤柱均存在向下工作面巷道发生煤柱型冲击地压的危险性；另外，4#煤层顶板具有弱冲击倾向性，需要把煤柱与巷道顶板岩层的问题一并提出解决方案。结合煤层倾角，华丰煤矿首先改变工作面下巷在煤层中的层位，如图 6-54 所示，即采用错层位采煤方法。

1) 设备稳定性的计算分析

华丰煤矿为综合解决煤层倾角带来的设备稳定性问题，首先将图 6-54(a)的巷道布置方案改变为错层位外错式巷道布置，工作面进风巷沿煤层顶板布置，如图 6-54(b)所示，从煤层底板工作面按照相邻溜槽 3°进行抬升，直至巷道 1 的位置，如图 6-55 所示。

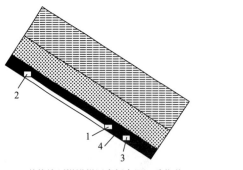 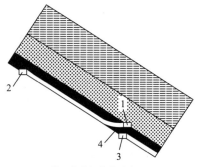

(a) 传统放顶煤沿煤层底板布置回采巷道　　　　　　　　(b) 错层位小煤柱巷道布置方式

图 6-54　华丰煤矿巷道布置方案

1-工作面进风巷(下巷)；2-工作面回风巷(上巷)；3-接续工作面回风巷；4-煤柱

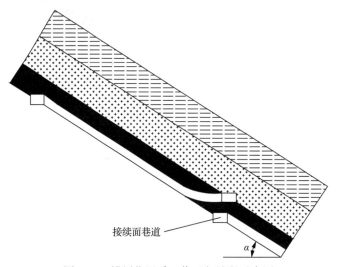

接续面巷道

图 6-55　错层位回采工作面起坡段示意图

如图 6-55 所示，沿着煤层底板按照 3°逐节抬升溜槽，考虑煤层厚度 6.2m，沿着煤层顶板布置巷道 1，溜槽抬升个数、角度与高度之间的关系满足：

$$6.2=1.5\times[\sin3°+\cdots+\sin(3n)°]\cos32°+2.6\times\cos32° \tag{6-25}$$

式中，1.5 为溜槽宽度，m；n 为起坡段支架个数；2.6 为巷道高度，m。

计算得出，综合考虑煤层厚度、巷道高度、支架宽度与个数等因素，起坡段共布置 11 节支架，即下巷端头侧支架形成水平布置，工作面共设计布置 95 架支架，沿 32°真倾角 84 架，起坡段对大倾角煤层工作面的防滑效果计算分析如下。

由于是放顶煤开采，考虑放煤后支架与顶板无接触，即最不利的情况，不考虑顶板压力及形成的阻力条件，液压支架自身保持临界平衡角度：

$$G\sin\alpha =G\cos\alpha\times f \tag{6-26}$$

式中，G 为液压支架重力，17kN；f 为摩擦因数，取 0.15。

计算得到单架液压支架保持平衡的临界角度为 9°，即在支架与水平面 9°以下（4 架）的支架不仅能够保持自身稳定性，而且能为工作面上部的支架（91 架，其中 32°角 84 架）提供反力，另外，工作面采用伪斜布置，降低煤层真倾角大约在 3°，整个工作面上部下滑设备需要提供的侧护力计算如下：

$$F = 84 \times 170 \times (\sin 29° - \cos 29° \times 0.15) + 170 \times [\sin 26° + \cdots + \sin 11° \\ - (\cos 26° + \cdots \cos 11°) \times 0.15] = 4871.8 \text{kN} \tag{6-27}$$

由于工作面下端布置 4 架端头液压支架，不放顶煤，且正好与起坡段能够提供反力支架个数相同，支架下部提供的反力仅需考虑支护简化计算：

$$F' = (2P + 4 \times 170) \times 0.15 = 0.3P + 102 \tag{6-28}$$

式中，P 为端头支架对顶板的支护阻力，kN。

比较 F 与 F' 大小，如 $F'>F$，$P>15900$kN，即可保持工作面设备的稳定，由于端头布置 4 架支架，因此要求每架支护阻力不低于 4000kN 即可保证全工作面设备的稳定。华丰煤矿放顶煤液压支架 ZY6400/18/28 工作阻力为 6400kN，初撑力为 5236kN，也就是在移架过程中，至少要保证 3 台支架的工作阻力，在不需要防滑措施的基础上，即可解决设备稳定性问题。

反之，如工作面按照如图 6-54（a）所示的沿煤层倾斜布置，仍按 4 架端头支架计算，需要约 21400kN 的阻力，考虑移架过程中，每架支架需提供至少 7134kN 的阻力，显然，华丰煤矿 4#煤层液压支架不满足要求，即需要采取防滑措施保证工作面设备的稳定性。

2）"负煤柱"连续开采效果分析

华丰煤矿无论留 20m 煤柱还是留 7m 煤柱，冲击地压问题一直存在，且巷道维护难度大，综合大倾角煤层开采首先提出如图 6-54（b）所示的错层位巷道布置小煤柱形式，但由于工作面间仍留有煤柱，因此，冲击地压问题未得到明显改善，在此基础上，进一步提出采用错层位巷道"负煤柱"布置，如图 6-56 所示。

为了改善图 6-54（b）错层位外错式小煤柱仍留有区段护巷煤柱从而造成煤柱型冲击地压与巷道载荷大的现状，进一步提出采用错层位"负煤柱"巷道布置方式，结合图 6-57 对错层位"负煤柱"巷道布置效果进行分析。

如图 6-57 所示，错层位内错式巷道布置在采空区下方，即 x 坐标轴负轴的位置，与布置在原点右侧 x 正轴相比形成"负煤柱"，从煤柱的实际留设上来看，形成了"无煤柱"。

另外，可以看出内错式巷道布置类似于分层开采—下分层内错式布置。即采用厚煤层错层位内错式巷道布置，在一次全高开采厚煤层的同时，其上覆承受载荷仅仅为受垮落线 2 保护下的矸石重量，既摆脱了 x 正轴布置巷道载荷、围岩性质与煤炭损失之间的矛盾，又摆脱了巷道受埋深影响带来的承载问题，对于我国深部开采巷道难维护现状具有积极意义。

错层位内错式（"负煤柱"或"零煤柱"）布置与留煤柱开采相比，实验照片如图 6-58

所示。

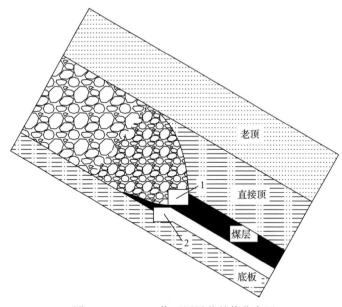

图 6-56　1411 工作面回风巷的优化布置

1-工作面进风巷；2-工作面回风巷

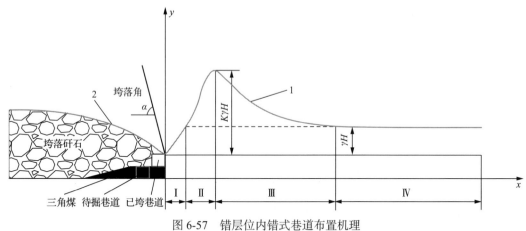

图 6-57　错层位内错式巷道布置机理

(a) 首采工作面

(b) "负煤柱" 接续工作面

(c) 留煤柱接续工作面

图 6-58　不同巷道布置实验对比图

图 6-58(a)为大倾角单一工作面开采覆岩运动特征,工作面上部顶板断裂与周边岩层没有力学联系,呈现出悬空状态,工作面上部实体岩层为"悬臂梁"力学模型;工作面下部顶板与周边岩层形成铰接结构,在工作面下巷内错位置将要布置接续工作面相邻巷道位置,正处于铰接岩梁保护位置,此处巷道承载小。

图 6-58(b)为错层位"负煤柱"布置接续工作面相邻巷道与覆岩运动。从图 6-58(b)中可以看出,接续工作面开采期间工作面上巷受首采工作面铰接岩梁的保护,仅仅承担小部分垮落矸石的重量,证明了前述机理分析摆脱了埋深的影响;且接续工作面开采后,由于"负煤柱"布置,相邻两工作面覆岩运动形成一个整体,这是错层位"负煤柱"与传统留煤柱开采在岩层运动的显著区别,也为后续保护层开采与覆岩离层注浆控制巨厚砾岩方案的实施提供依据。

作为对比,补充图 6-58(c)留煤柱开采覆岩运动。从图 6-58(c)中可以看出,上一工作面开采结束后,在倾斜下方岩层形成铰接结构,给煤柱上方岩层提供一个较大的侧向支撑,因此改变了近水平煤层条件下一侧自由的状态,覆岩与煤柱更易积聚大量的弹性能;从巷道布置位置来看,受一侧采空影响,接续工作面相邻巷道位置不仅承受上覆岩层重量,同时采空区上覆岩层重量也要由接续工作面相邻巷道一侧承担,即留煤柱开采巷道承载不仅与埋深有关,且受采空区侧向支承应力影响。

前述给出了巷道选择位置机理与巷道载荷的特点,由于华丰煤矿受埋深与巨厚砾岩双重载荷影响,在考虑采空区侧向支承应力时,巷道载荷巨大,难以维护,且具有强烈的冲击地压发生危险性,如 6.1.2.5 节中得出留煤柱巷道支护刚度与巷道变形之间不可调和,现结合错层位"负煤柱"巷道布置,对其冲击地压发生机理再次进行分析。

由于采用"负煤柱"布置,其顶板是上一工作面采空区的垮落岩石,相邻工作面之间覆岩运动形成整体,覆岩垮落带高度增加,顶板的刚度计算公式为

$$K=E/\Sigma h \tag{6-29}$$

由于错层位"负煤柱"与留煤柱巷道顶板岩层不同,属于破碎矸石,相同高度破坏后的围岩刚度为破碎前的 24.6%,如果进一步考虑垮落带高度的增加,顶板岩层的刚度进一步降低,在此取衰减系数 η,将式(6-12)调整为式(6-30):

$$\begin{cases} \dfrac{1}{K'} = \dfrac{1}{\eta K_r} + \dfrac{1}{K_s} \\ K' = \dfrac{\eta K_r K_s}{\eta K_r + K_s} \end{cases} \tag{6-30}$$

与留煤柱开采的式(6-12)相比,采用错层位内错式巷道布置显著降低了巷道及围岩的刚度,进一步对巷道围岩系统的刚度与围岩变形进行分析,见式(6-31):

$$\sigma = K'S \tag{6-31}$$

式中,σ 为巷道及围岩系统承受载荷;S 为巷道及围岩系统的变形量。

结合华丰煤矿 4#煤层地质与回采技术条件,得到"负煤柱"巷道受 60°角垮落线保

护，巷道覆岩厚度 11.78m，巷道承载 0.294MPa，不考虑巷道自身，仅考虑巷道顶板垮落矸石压实的变形量为

$$S = 11.78 \times (K_p - K_p')$$
　　　　　　　　　　　　　　　　　　　　　　　　　　　　　　　　（6-32）

式中，K_p 为岩石碎胀系数，取 1.3；K_p' 为岩石残余碎胀系数，取 1.05，则 S=2.95m。

　　式(6-32)代入式(6-31)中，考虑"负煤柱"巷道破碎矸石压实，则 K_s 仅为 76.1MPa，与留煤柱开采相比，几乎可以忽略，因此，错层位"负煤柱"巷道支护刚度在冲击地压防治的机理上与留煤柱开采相比出现重大变化，对巷道刚度的要求出现 10^2 数量级的降低，这对于冲击地压矿井具有重要的参考意义。

　　为进一步确定错层位"负煤柱"巷道承载与围岩特点，如图 6-59 所示。

　　如图 6-59(a)所示，首采工作面上巷应力大于下巷应力，上巷应力集中系数为 1.73，下巷应力集中系数为 1.6。

　　如图 6-59(b)所示，当工作面间留 5m 煤柱时，接续工作面上巷应力集中系数为 1.55，低于首采工作面，与图 6-59(a)对比，表明双侧采动影响下 5m 煤柱最终会发生破坏，这也是接续工作面煤柱型冲击地压的主要原因。

　　如图 6-59(c)所示，当采用错层位"负煤柱"时，接续工作面上巷应力集中系数仅为 0.33，甚至低于原岩应力；分析工作面间三角煤体，发现三角煤体仍保持稳定，即错层位"负煤柱"巷道不仅承载低，巷道围岩稳定性也较好，利于巷道的掘进与维护。

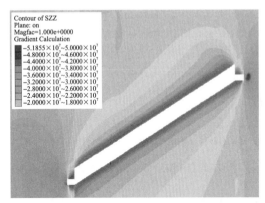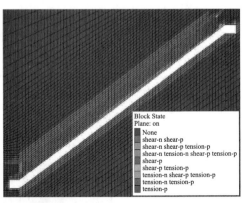

(a) 首采工作面应力分布与围岩破坏示意图

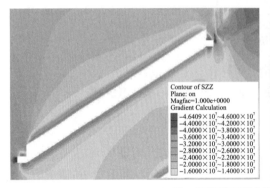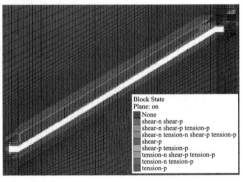

(b) 留5m接续工作面应力分布与围岩破坏示意图

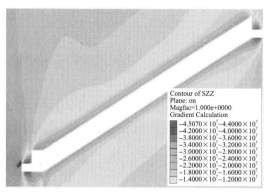 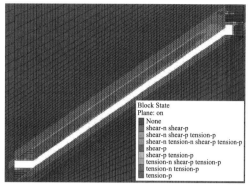

(c)"负煤柱"布置接续工作面应力分布与围岩破坏示意图

图 6-59　不同工作面应力分布与围岩破坏示意图

综合华丰煤矿 4#煤层开采历程，为了解决上巷冲击地压频发的问题，经历了 20m 煤柱—7m 煤柱—无煤柱连续开采，如图 6-60 所示，即为了解决冲击地压问题，最终在工作面之间形成了连续开采技术，利用负煤柱顶板破碎矸石特性与无煤柱，实现了切断埋深形成应力来源的传播路径。

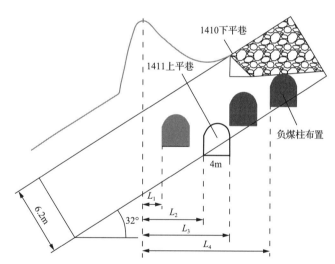

图 6-60　华丰煤矿 4#煤层开采工作面间煤柱留设历史

L_1、L_2、L_3、L_4-巷道距侧向支承力峰值的距离

2. 控制巨厚砾岩能量来源的方法研究

1)华丰煤矿地表移动与冲击地压之间的关系分析

区域动力规划研究发现，地表移动与冲击地压之间存在一定的关联性，特别是华丰煤矿地质条件下，4#煤层上覆存在超千米的巨厚砾岩，第四系松散层厚度仅几米，因此地表移动实际反映了巨厚砾岩的运动特征，为验证相互的关联性，华丰煤矿曾进行过相关研究。

如图 6-61 所示，华丰煤矿东 23#观测站是 4#煤层开采的地表下沉观测站。该观测站设置两条倾向观测线，一条走向观测线。东倾向观测线 1900m，距开切眼 450m，西倾向观测线 2000m，距停采线 220m，走向观测线受地面环境的限制，布置于 1408 面下平巷外侧 120～150m，测线长 1700m，测点间距 20～50m。现 1405、1406、2405、2406 面已开采完毕，仅余 1407、1408 面一部分待采。

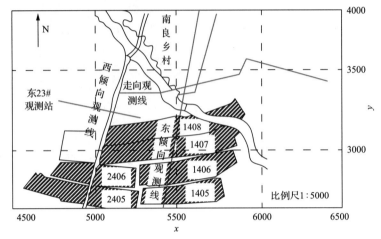

图 6-61　华丰煤矿东 23#观测站平面布置图

由监测结果发现，图 6-62 中下沉速度变化与发生冲击地压时间上具有某种对应关系。

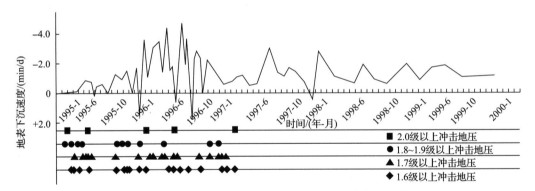

图 6-62　东 23#观测站地表下沉速度变化与发生冲击地压关系图

研究华丰煤矿 1995 年 1 月～2000 年 2 月下沉速度变化情况得出如下结论。

(1)地表下沉速度变化与冲击地压发生有基本对应关系，具有规律性。开采初期，下沉速度逐渐增大，冲击地压开始有所显现。当下沉速度发生反弹时，即预告着冲击地压活跃期的开始；接着，再次发生反弹时冲击地压将处于高发和高强阶段，震级大、破坏性大，具有集中性；此后速度的反弹将预示冲击地压的衰落期，强度和频率逐渐减小，直至下一个周期。1995 年 11 月～1996 年 9 月此规律极其明显。

(2)地表下沉速度的反弹处(即地表下沉速度突变为负值时刻)极其危险，常伴有震级较大的冲击地压发生，具有反弹效应。反弹变化越大，则震级越大。例如，1996 年 4 月 27 日对应地表下沉速度的反弹处发生 2.9 级强震。统计表明反弹处发生强震(2 级以上)

的比例为 50%。

（3）地表下沉速度变化具有周期性，恰与冲击地压的周期性对应。如图 6-63 所示，地表下沉速度变化大处，冲击地压发生频率就高，反之就低。

（4）地表下沉速度的最大值曲线有正态分布特征，即地表下沉速度的变化有周期内对称性。

（5）地表下沉速度变化与冲击地压发生的对应关系具有提前性和滞后性。提前或滞后 20 天左右的可能性较大，占 70%左右。

（6）地表下沉速度变化与冲击地压发生的对应关系更有力地说明冲击地压是一个储能和卸能的过程。

另外，通过现场实测验证了与区域动力规划的结果，即巨厚砾岩运动直接影响地表下沉，同时又是 4#煤层冲击地压发生的力学根源，因此，如能对巨厚砾岩运动进行控制，即可控制地表沉陷，又可降低 4#煤层冲击地压灾害的发生，即控制动力能量来源的传播路径。

2) 控制覆岩运动的离层注浆方法

华丰煤矿为了综合防治矿井冲击地压并控制地表斑裂，采用覆岩离层注浆充填减沉法，沿倾向布置钻孔如图 6-63 所示。沿走向布置了 3 个地面注浆减沉钻孔，注浆层位选择在巨厚砾岩层下，按照计算得到的巨厚砾岩的断裂步距，沿走向布置的 1、2、3 号钻孔距开切眼的距离分别为 400m、780m、980m。

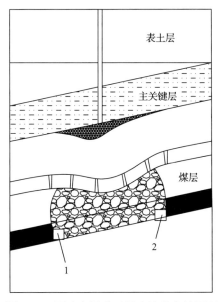

图 6-63　覆岩离层分区隔离注浆充填原理
1-上一工作面区段进风巷；2-上一工作面区段回风巷

通过地面观测站实测表明，注浆充填减沉效果并不理想，由于没有阻止上覆巨厚砾岩断裂运动造成的地表下沉，因此地表受采动影响依然出现斑裂，并且受到冲击地压的影响。结合华丰煤矿地质与开采技术条件，认为图 6-63 的覆岩离层注浆技术存在几个问题，包括：①工作面倾斜长度短，沿倾斜方向的覆岩采动程度不充分，离层充填体对上覆砾岩的支撑效果有限；②注浆钻孔沿走向布置方式将巨厚砾岩作为主关键层分析其断裂步距并提出相应钻孔布置方式，但通过钻孔揭露资料来看，砾岩随着开采范围的增加，其厚度向巨厚发展，不能按照常规的方法确定其断裂步距；③倾斜方向的钻孔布置，为了实现离层分区注浆，按照实测覆岩移动角 55° 和 70° 计算，工作面之间需留设 170m 左右宽的永久煤柱，显然，华丰煤矿资源储量的现状无法满足要求。

因此，如何合理在华丰煤矿 4#煤层划分断裂的基础上，尽可能实现倾斜方向覆岩的充分采动，通过钻孔向覆岩离层进行注浆以降低砾岩发生断裂造成的冲击地压与地表沉陷的不利影响。

针对覆岩离层注浆充填的研究现状，结合巷道布置的优化，提出按照 5.5 节中"覆岩离层连续注浆技术"，如图 6-64 所示。

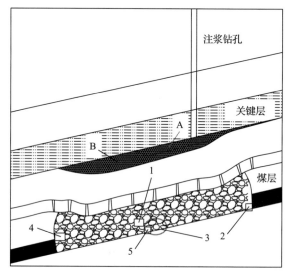

图 6-64　覆岩离层连续注浆技术示意图

1-上一工作面区段进风巷；2-上一工作面区段回风巷；3-三角煤；4-接续工作面区段进风巷；
5-接续工作面区段回风巷；A-首采工作面覆岩离层区域；B-接续工作面开采覆岩离层区域

如图 6-65 所示，首采工作面开采时，受覆岩运动影响而产生离层区，其影响因素包括覆岩岩性与结构、开采尺寸、一次采出高度等，沿倾向会逐渐形成覆岩离层区 A，通过预先布置的注浆钻孔向逐渐形成并发展的离层区 A 进行注浆，始终控制 A 沿倾向的尺寸小于砾岩的倾斜方向的断裂步距，保证其稳定性。当工作面采用"负煤柱"巷道布置时，相邻工作面上覆岩层的运动形成一个整体，体现出单一工作面的开采特点，因此，接续工作面开采期间，如在不考虑充填的前提下将会形成倾向的离层区 B，接续工作面开采时，随着离层区 B 出现即通过钻孔进行注浆，始终保证砾岩倾斜方向的悬露步距小于其极限断裂步距。对覆岩离层区域进行注浆充填减沉具有如下特点，包括：①采动更充分，充填效果更好；②采动影响与注浆工作的衔接更合理；③注浆量大；④钻孔工程量小。

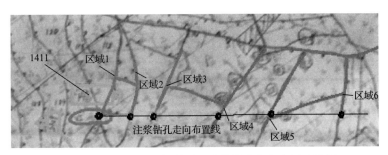

图 6-65　区域动力规划结果及注浆钻孔走向布置示意图

为了实现有效控制巨厚砾岩运动，尽可能避免发生断裂，结合区域动力规划断裂布置走向注浆钻孔，如图 6-65 所示。

如图 6-65 所示，划分板块边界后，沿煤层推进方向上提出注浆钻孔走向布置，即在区域动力划分断裂的基础上，采用钻孔进行注浆，对巨厚砾岩块体边界进行支撑。考虑到砾岩距离煤层 150m 以及上覆岩层移动角 55°的影响，在工作面上巷外侧 80m 处沿走向划分出的断裂边界布置 6 个注浆钻孔。工作面推进过程中，当断裂下方出现离层即进行注浆，从而保证砾岩的稳定性。

作者及课题组建议沿走向按照图 6-65 所示在巨厚砾岩的断裂下方布置 6 个注浆钻孔，沿倾向采用覆岩离层连续注浆技术，对工程类比联合开采的工作面 1407、1408 进行注浆效果评价，二者的地质与开采技术条件均相似，仅仅是工作面埋深相对较浅，其综合柱状图如图 6-66 所示。

1407、1408 联合工作面，开采时间为 1995 年 1 月～1999 年 12 月，采出厚度 6.4m，煤层倾角 30°，倾斜宽 292m，走向长 1100m，平均采深 787m。由于联合开采两工作面之间不存在护巷煤柱，因此，对于采空区覆岩的运动体现出单一超长工作面的特点，按照前述分析，覆岩离层区的分布是连续的。

华丰煤矿将注浆钻孔布置在巨厚砾岩的下方，在 1407、1408 工作面中、上部沿走向共布置 3 个孔，注浆半径 150～200m，最东面的 94-1 号钻孔距 1408 工作面开切眼 400m，95-1 号和 94-1 号孔间距 370m，95-1 号和 95-2 号孔间距 260m，其中 94-1 和 95-1 号钻孔布置在联合工作面的中上部，95-2 号钻孔布置在联合工作面的中部，工作面及其注浆钻孔布置的平面图、剖面图如图 6-67 所示。

华丰煤矿的钻孔均布置在巨厚砾岩下方，对 1407、1408 联合工作面的覆岩离层连续注浆效果分析如下。

(1) 减沉效果方面。1407、1408 工作面覆岩离层连续注浆充填条件下倾向主断面观测线上最大下沉值(开采范围条件、实际岩移观测曲线已达充分采动)为 2640mm。根据岩移资料，1406 工作面回采结束两年后采空区才能稳定，其间地表下沉约 410mm，因此 1407、1408 工作面注浆充填开采条件下地表最大下沉值为 2640−410=2230mm，即离层带注浆条件下，地表下沉系数为

$$q = \frac{w_{cm}}{\Sigma h \times \cos\alpha} = \frac{2230}{6400 \times \cos 30°} = 0.35 \qquad (6\text{-}33)$$

式中，w_{cm} 为最大下沉值；α 为煤层倾角；h 为采高。

地质年代	岩石名称	岩性描述	厚度/m	柱状图
Q	表土层	无岩心	0~9	
Q	砾岩层	2.52~30.72m取心，砖红色，砾岩层成分为石灰，较坚硬	500~960	
R	红层	砖红色，含砾粉砂岩，较松软	50~54	
P	杂色泥岩	紫色，较细滑	19	
	中细砂岩	紫色，以石英为主，较致密坚硬	56	
	中粗砂岩	灰白色，以石英为主	12	
	粉砂岩	深灰色	3.74	
	中细砂岩	灰白色，有细裂隙	5.97	
	细砂岩	无心	9.45	
	4#煤		6.4~6.7	
	细砂岩	深灰色，细腻，断口平坦	18	
	粉细砂岩	以细砂岩为主，夹粉砂岩条带	15	
	6#煤		1.0~1.6	
C	粉砂岩	深灰色，节理及裂隙均十分发育	13.27	

图 6-66　1407、1408 工作面综合柱状图

结合现场观测数据，认为 1407、1408 工作面开采地表下沉率降低为

（正常开采下沉系数－注浆开采下沉系数）×100%/正常开采下沉系数＝(0.62–0.35)×100%/0.62=43.5%。

(2)注浆量方面。1407、1408 工作面的 94-1 钻孔持续注浆时间近 6 年，累计注入浆体 79.92 万 m³，注入固体(粉煤灰)12.25 万 m³；95-1 钻孔持续注浆时间 4 年半，累计注

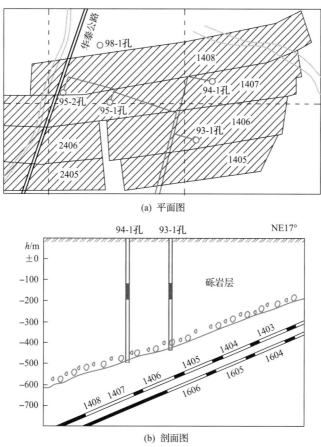

(a) 平面图

(b) 剖面图

图 6-67　工作面及注浆钻孔示意图

入浆体 30.65 万 m³，注入固体 2.96 万 m³；95-2 钻孔持续注浆时间两年半，累计注入浆体 7.9 万 m³，注入固体 0.69 万 m³。1406 工作面唯一的 93-1 钻孔持续注浆时间仅 1 年 2 个月，注入浆体 5.2 万 m³，注入固体 0.47 万 m³。对注浆量进行对比分析，认为 94-1 钻孔布置在工作面倾斜方向上部，并且距离 95-1 钻孔较远，因此注浆效率得到充分发挥，注浆时间与注浆量均较为理想；95-1 钻孔虽然也布置在倾斜方向的上部，但是由于距离 95-2 钻孔较近，在注浆半径影响范围之内，因此降低了其效率；而 95-2 钻孔由于布置在工作面中部，受岩层倾角影响，其极易使下部填满，因此充填时间与充填量均最少。1406 工作面的长度及推进度均较短，其采动程度低，离层的体积较小，因此 93-1 钻孔的充填时间与注浆量最少。

（3）钻孔工程量方面。如果 1407、1408 工作面单独开采，中间留有煤柱，按照 1406 工作面钻孔布置情况，至少还需要布置 1 个钻孔，参照 95-2 钻孔，需要增加钻孔工程量达到 614m。

综合实际情况，认为采用覆岩离层连续注浆技术具有显著提高充填减沉效率，增加离层的注浆量以及降低钻孔工程量的技术与经济效果。

在冲击地压矿井，覆岩离层注浆是避免构造形成、同时避免地表下沉较为有利的方法。在华丰煤矿，因为砾岩厚度近 1000m，在未发生失稳的前提下，4#煤层工作面仅仅承担巨厚砾岩下伏岩层的运动影响，相对容易控制。但是，巨厚砾岩一旦发生断裂，其释放的能量对工作面会造成巨大的影响，因此，覆岩离层注浆控制巨厚砾岩发生地质动力断裂，是有效切断冲击地压能量传递路径的一种方式。

3. 无煤柱采煤方法在下保护层开采中的应用

在 6.1.2.6 节得到，4#煤层下伏 6#煤层保护层先期开采，由于 6#煤层开采期间留煤柱开采，因此每一个 6#煤层工作面对应一个 4#煤层被保护区域，而煤柱对应区域应力集中，增加发生冲击地压的概率，即现有保护层开采对被保护层卸压范围与效果有限，且卸压区之间属于煤柱对应为高应力区，具有冲击地压发生的强烈危险性。按照《煤矿安全规程》第二百四十条规定"（一）采用钻孔卸压措施时，必须制定防止诱发冲击伤人的安全防护措施。（二）采用煤层爆破措施时，应当根据实际情况选取超前松动爆破、卸压爆破等方法，确定合理的爆破参数，起爆点到爆破地点的距离不得小于 300m。（三）采用煤层注水措施时，应当根据煤层条件，确定合理的注水参数，并检验注水效果。（四）采用底板卸压、顶板预裂、水力压裂等措施时，应当根据煤岩层条件，确定合理的参数。"即现有保护层开采方法不仅不能充分、连续实现被保护层卸压，且需要辅以其他工序。

针对上述问题，提出在保护层中布置完全无煤柱回采工作面，以实现对远距离被保护层的卸压，并保证对被保护层的充分、连续卸压效果，如图 6-68 所示。

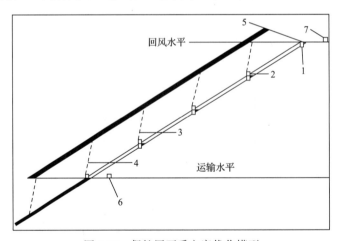

图 6-68 保护层开采方案优化模型

1-区段回风巷；2-区段进风巷；3-上山方向临时卸压边界线；4-上山方向最终卸压边界线；
5-下山方向卸压边界线；6-运输大巷；7-回风大巷

图 6-68 为保护层中各工作面的布置形式。区段进风巷 2 沿煤层顶板布置，回风巷沿煤层底板布置，接续工作面区段回风巷布置在上一工作面区段进风巷 2 的下方，这样在相邻工作面之间实现了错层位"负煤柱"搭接。

由于取消了区段护巷煤柱，接续工作面回采到一定范围后，其顶板运动与首采工作面将会形成一个整体，体现出单一超长工作面的运动特点。因此，结合覆岩三带划分与保护层的应用效果认为，这种搭接方式存在如下特点。

(1)多个工作面覆岩的整体运动，采场覆岩导水断裂带高度上升，为实现远距离被保护层的卸压提供可行性。

(2)搭接工作面覆岩的整体性运动随着接续工作面个数的增加可对被保护层形成反复采动影响，卸压效果更有利。如图 6-68 所示，完全无煤柱布置，当本工作面开采期间存在上山方向的边界卸压线，在与接续工作面形成完全无煤柱搭接后，对被保护层的影响消失，因此称其为临时卸压边界线，在被保护层开采期间，不会受到临时卸压边界线的影响，即在被保护层中可以实现连续卸压。

(3)对被保护层工作面沿倾向的卸压效果更充分。其卸压充分程度借鉴与开采范围有关的经验公式：

$$\Sigma L=(1.2\sim1.4)H_0 \tag{6-34}$$

式中，ΣL 为保护层开采的多个无煤柱工作面累加计算的倾斜长度，m；1.2～1.4 为地表下沉达到充分采动的经验系数。

(4)从开采时间来看，在保护层完成两个工作面的开采后即可进行被保护层的开采。但是，考虑被保护层随着完全无煤柱搭接接续工作面个数的增加会产生反复卸压，因此，建议当整个采区保护层开采结束后再进行被保护层的开采，在安全上更有利。

错层位"负煤柱"开采保护层对被保护层的卸压效果实验图片如图 6-69 所示，实验中，模拟 6#煤层开采对 4#煤层的影响，具体实验模型及过程如图 6-69～图 6-71 所示。

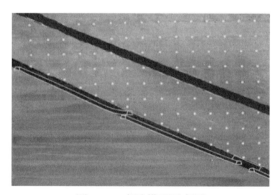

图 6-69　实验模型示意图

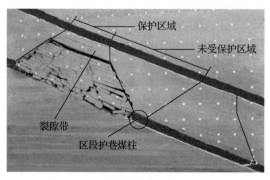

图 6-70　6#煤层首采工作面示意图

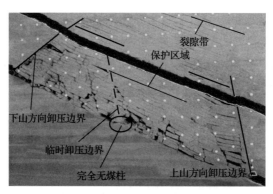

图 6-71　6#煤层完全无煤柱搭接工作面示意图

如图 6-70 所示，4#煤层处于 6#煤层开采后形成裂隙带的中上部，认为卸压效果有限。另外，在图 6-70 中发现，在 4#煤层开采中，工作面倾向方向上存在着上山和下山两个方向的卸压边界，在卸压边界的影响下，造成 4#煤层受到保护的区域明显小于 6#煤层的开采范围。同时，对 6#煤层中采用留煤柱护巷开采接续工作面对 4#煤层的保护区域进行了划分，发现 4#煤层在 6#煤层留煤柱开采的影响下，没有实现连续卸压。

认为 4#煤层未实现倾斜方向的充分、连续卸压以及卸压范围小的主要影响因素包括保护层倾斜方向开采范围、卸压边界线、层间距及护巷煤柱。

图 6-71 为 6#煤层中采用完全无煤柱开采。从图 6-71 中可以看出，采用完全无煤柱开采方案，形成搭接的工作面上覆岩层在接续工作面开采期间形成整体运动，原本每个工作面均存在的上山方向的卸压边界在接续工作面开采时消失，6#煤层对 4#煤层的保护范围仅仅受到首采面下山方向的卸压边界与正在回采的接续工作面上山方向的卸压边界。因此，4#煤层处于连续卸压状态，即在卸压边界内不存在未受保护区域。同时，接续工作面与首采工作面形成整体，裂隙带高度上升，因此上一工作面开采期间 4#煤层的受保护区域经历二次卸压，并且 4#煤层在裂隙带中的相对层位逐渐降低，认为卸压更加充分，可以推断，当形成多个搭接工作面时，4#煤层受保护范围逐渐连续扩大，并且保护范围从上到下经历多次卸压。相对于留煤柱开采方案，体现出卸压范围连续、卸压效果更充分，可实现被保护层的安全、经济开采。

图 6-72 为华丰煤矿 6#煤层作为保护层开采与 4#煤层之间的空间关系及应力分布的写实图。从图 6-72 中可以看出，华丰煤矿在开采保护层的过程中也经历了留煤柱到无煤柱连续开采，从应力分布来看，受保护层开采的影响，4#煤层采空区载荷有所增加，可以认为大范围连续开采造成覆岩破坏范围加大，而以静载形式作用在采空区上。

受到 6#煤层无煤柱搭接工作面卸压效果，在 4#煤层最下方巷道倾斜向下一侧均处于低载状态下，这一结论首先确定了无煤柱开采保护层对上覆被保护层的卸压效果；其次在 4#煤层无煤柱连续开采的巷道位置，其载荷远低于原岩应力，表明保护层、被保护层均无煤柱连续开采的条件下，对动力灾害煤层工作面卸压充分有效性；最后，6#煤层未采区域，对应的 4#煤层出现高集中应力，也证实了下保护层留煤柱开采对上覆被保护层的不利影响。

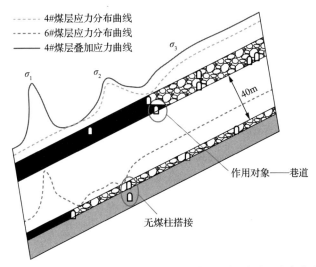

图 6-72　保护层 6#煤层开采与上覆 4#煤层空间关系及应力分布

　　同时也可以预测，如果 6#煤层继续向下连续开采两个工作面，再开采 4#煤层工作面，即 4#煤层工作面滞后 6#煤层工作面 2～3 个工作面，4#煤层处于连续、充分卸压状态。

　　本节也充分证实了保护层无煤柱连续开采对上覆被保护层切断应力传递路径的有效性，至此，华丰煤矿形成了主采煤层无煤柱连续开采、保护层无煤柱连续开采以及覆岩离层注浆技术，形成了切断顶板传递路径、消除煤柱传递路径，因此工作面上巷的载荷远低于原岩应力。

6.1.6　经济、社会效益与研究成果

1. 经济效益

　　华丰煤矿为了控制地表出现斑裂与冲击地压发生，在区域动力规划的基础上，采用错层位内错式无煤柱连续开采技术。从实际生产情况来看，2012 年 6 月之前，1411 工作面与 1410 工作面之间留 7m 小煤柱，工作面平均日推进速度 1m，并且在上巷仍然有较大影响的冲击地压事件发生；2012 年 6 月，工作面开始采用错层位内错式"负煤柱"巷道布置回采，日推进速度可达 2.4m，且上巷没有发生影响生产的冲击地压事件，并且通过井下实际观测，采空区下布置的 1411 工作面进风巷的维护状况要好于之前留 7m 煤柱的情况，在采用 U 型钢被动支护的情况下，巷道几乎没有出现变形。

　　整个经济效益包括四方面：第一，工作面日推进速度由 1m 增加到 2.4m；第二，工作面间"零煤柱"增加回采经济；第三，巷道支护采用 U 型钢重复应用可降低支护成本；第四，降低卸压成本等。

　　(1)增产效益。华丰煤矿为防治冲击地压，原日进尺为 1m，在采用全套防治技术后，日进尺为 2.4m，由开机率带来的经济效益计算依据为

$$M_1 = L \times h \times D \times \gamma \times C \times 330 \times R \qquad (6\text{-}35)$$

式中，M_1 为增产效益；L 为工作面长度，142m；h 为煤层厚度，6.2m；D 为日进尺，这

里取差值 1.4m；γ 为密度，1.35t/m³；C 为回采率，93%；330 为年工作天数；R 为售价，2016～2018 年分别为 550 元/t、650 元/t、700 元/t。

计算得到 M_1=97026.9 万元。

（2）回采效益。"负煤柱"布置共计可减少煤柱损失面积 124m²/m，端头与巷道不放顶煤损失 67.2m²/m，共计 191.2m²/m，即在不采取任何额外投入的情况下，获得回采经济为

$$M_2 = S \times D \times \gamma \times C \times 330 \times R \tag{6-36}$$

式中，M_2 为回采经济；D 为 2.4m/d；S 为多回收煤炭资源单位面积；R 为售价，统计 2016～2018 三年间，分别为 550 元/t、650 元/t、700 元/t。

计算得到 M_2=36122.9 万元。

（3）降低支护成本。依据现场数据，1412 工作面上巷长 2150m，节约支护成本 400余万元，则三年间累计节省支护成本约 442 万元。

（4）节省钻孔费用。依据现场数据，1412 工作面节省钻孔 2200 个，节约钻孔费用 543.4万元，则三年间累计节省钻孔费用 587 万元。

综上，在不考虑冲击地压全套被动防治投入、巷道破坏返修成本、降低自然发火防治投入与设备防滑措施等内容，2016～2018 年在增产效益、回采效益、降低支护成本与节省钻孔费用取得的效益为 134178.8 万元。

2. 社会效益

我国煤炭工业长期存在回采率低、大倾角工作面设备稳定性差等问题，且以目前的延深速度，东部矿区普遍面临深部开采现状，冲击地压事故频发是不可回避的重大问题。

对于回采率及其带来的自然发火问题，特别是厚煤层开采，长期作为主导的"放顶煤开采"始终未得到有效解决，国内煤炭工业整体回采率不到 50%；大倾角工作面回采一般通过较为落后的方式解决设备稳定性问题；而冲击地压的防治目前整体处于被动阶段，没有任何一种方式能够有效解决我国所面临的冲击地压问题。

本著作核心技术的应用，通过将传统二维巷道布置系统转变为三维巷道布置系统，改变了中国矿业大学出版社"十五"普通高等教育本科国家级规划教材《采矿学》原采煤系统，工作面间形成"负煤柱""零煤柱"采煤系统，突破了煤炭工业部于 1996 年组织的综采放顶煤专家组对"综放面无煤柱开采试验与研究"项目，对"试验 5m 小煤柱沿空掘巷"取得的"无煤柱"成果认定，回采率得到极大程度提升。我国能源消费结构以化石能源为主，2017 年我国原煤产量 34.45 亿 t，煤炭消费占比为 64%，井工开采占比达 95%，井工开采中长壁式占比达 95%，厚煤层占比达 44%，即厚煤层长壁工作面开采占我国能源消费总值的 25.4%，占我国整个煤炭工业的 39.7%，目前厚煤层开采以综合机械化放顶煤为主导采煤方法，如采用错层位三维巷道布置，提高回采率按照保守 10%计算，在不增加任何额外投入的前提下，原煤年产量可直接增加近 1.4 亿 t，直接增加年收入 800 多亿元，可延长我国煤炭的储采比近 3 年。

本著作核心技术的三维巷道布置系统，实现了工作面自身的稳定性，突破了《综合机械化放顶煤开采技术暂行规定》中第二章"倾角大于 35°的倾斜、急倾斜煤层应采用水平分层综放开采"的规定，目前国内大倾角长壁式综放面无一例外应用本技术，解决了世界性难题。

在矿山压力与围岩控制方面，针对深部、构造型、留煤柱开采工作面上巷冲击地压频发与破坏严重的问题，创造性地提出了贝叶斯网络化主动防治冲击地压方法，将区域动力规划与采矿工程有机结合，对人为技术因素中巷道布置优化与保护层开采等进行重点研究，综合传统二维巷道布置系统与错层位三维巷道布置系统丰富与发展了巷道布置机理，形成"负煤柱""零煤柱"的新概念，摆脱了深埋回采巷道必然受高应力影响的常识性束缚，同时避免了传统开采受构造与高应力而形成的煤柱型冲击地压的发生，实现了《煤矿安全规程》："冲击地压煤层应当严格按顺序开采，不得留孤岛煤柱"的规定。突破了《煤矿安全规程》"严重冲击地压厚煤层中的巷道应当布置在应力集中区外"实际要求留设大煤柱尺寸的规定；提出了保护层开采的新方法，从根本上改善了因保护层留煤柱开采造成的被保护层卸压不充分与不连续、煤柱形成高危险区的现状，实现被保护层充分、连续卸压，突破了《煤矿安全规程》"在未受保护的地区，必须采取放顶卸压、煤层注水、打卸压钻孔、超前爆破松动煤体或其他防治措施"的规定。研究成果实现了包括构造等地质条件、深部煤层开采技术条件与保护层卸压效果等因素在内的"两方法、一优化"立体化主动防治技术，既避开了构造与埋深综合作用的高应力，又根治了煤柱型冲击地压问题。大规模工程实践表明，在无任何额外投入的前提下，该技术根治了以华丰煤矿为典型的具有深部、构造、煤柱型特点的冲击地压灾害的历史性难题，实现了具有严重冲击地压危险矿井的安全、经济与高效开采。

在华丰煤矿项目进行期间，解决的问题包括回采率、倾斜煤层设备稳定性与冲击地压等，核心技术也被写入"十一五""十二五"普通高等教育本科国家级规划教材《采矿学》中，表明核心技术具有重要的社会效益与广泛的应用前景。

3. 研究结论

针对华丰煤矿"构造""压力""顶板""煤柱"型大倾角冲击地压煤层的安全、经济与高效开采展开研究，拟解决其工作面上巷冲击地压频发、破坏严重的历史性难题，综合贝叶斯神经网络模型—卸压开采—连续开采一体化技术，实施的具体措施包括将原留设 20m 以上煤柱尺寸缩小至 7m，到最终形成"负煤柱"；巷道由原异形调整为拱形，采用 U 型钢支护；保护层无煤柱开采；将原日推进 1m、预测危险区停采调整为日匀速推进 2.4m，有效解决了华丰煤矿原上巷冲击地压频发、破坏严重的问题，研究前后的巷道支护效果如图 6-73 所示。华丰煤矿自实行区域动力划分、"负煤柱"布置、下保护层无煤柱连续开采方法等措施至今未发生冲击地压破坏巷道事故，在 2010 年 12 月，作者所在团队驻矿期间，井下发生构造运动，震级为 2.4 级，地面震感强烈，但巷道未受影响，实现了"有震无害"。

作者提出的贝叶斯神经网络模型—卸压开采—连续开采一体化技术，结合华丰煤矿

(a) 原巷道支护效果图　　　　　　　　　　(b) 现巷道支护效果图

图 6-73　巷道布置与冲击地压防治前后巷道支护效果对比图

实际情况改善了部分冲击地压发生的子因素，根治了深部开采、构造型冲击地压灾害为典型代表的历史性难题，证明了其方法的科学与实用价值。

从连续开采的角度，华丰煤矿实现了工作面之间的无煤柱连续开采，从而取得了显著的效果，但是地下开采区域除了工作面之间，还有工作面推进方向的"离散开采"，因此，作者基于工作面推进方向展开了连续开采技术的应用研究。

6.2　梧桐庄矿无煤柱连续末采贯通上山技术及效果

6.2.1　梧桐庄矿地质与回采技术条件

梧桐庄矿井采用立井开拓方式，工业场地内布置主井、副井和中央风井三个井筒，采用中央并列式通风系统。生产水平为–470m，以南北翼两个采区(一、二采区)、两个综采工作面保证矿井设计生产能力。2003 年 10 月投产并达到矿井设计生产能力 1.2Mt/a，矿井主采 2#煤层。

1. 地质条件

1)煤层条件

2#煤层厚度 3.32～3.48m，平均厚度 3.4m，走向 N25°E～N49°W，倾向 NE，倾角 0°～26°，平均 11°，埋深约 500m，本层煤的容重为 1.35t/m^3；煤质较好，煤化程度中等、黏结性极强，胶质层较厚，属于肥煤类。

2)顶底板条件

工作面直接顶板为砂质页岩，厚 3.78m，灰黑色，性脆，致密；基本顶为砂泥岩互层，厚 12.85m，深灰色，具平行层理。直接底板为砂质页岩，厚 3.64m，灰黑色，性脆，致密。基本底为细粒砂岩，厚 8.55m，深灰色，以石英为主，其次为长石、暗色矿物，发育斜层理及波状层理，具方解石脉，见表 6-10。

表 6-10　顶底板概况

顶底板类别	岩石名称	厚度/m	岩性特征
基本顶	砂泥岩互层	12.85	深灰色，具平行层理
直接顶	砂质页岩	3.78	灰黑色，性脆，致密
直接底	砂质页岩	3.64	灰黑色，性脆，致密
基本底	细粒砂岩	8.55	深灰色，以石英为主，其次为长石、暗色矿物，发育斜层理及波状层理，具方解石脉

3）煤层瓦斯及自然发火条件

工作面瓦斯绝对涌出量为 $0.16m^3/min$，工作面二氧化碳绝对涌出量为 $0.32m^3/min$。煤尘具有爆炸性，爆炸指数为 12.18%。煤的自燃倾向性为Ⅲ类不易自燃，地温为 32～36℃。

4）水文地质

在工作面回采过程中，采动影响范围内的顶板砂岩裂隙水将涌入开采空间，预计正常涌水量 $6.4m^3/h$；在断层附近，涌水量可能增大，预计最大涌水量 $19.3m^3/h$。

2. 182312 工作面生产技术条件

1）工作面位置

182312 工作面(以下简称 312 工作面)位于三采区北部，是三采区最后一个回采工作面。其紧靠三采右翼出煤巷，周围为采区边界和 182310 工作面采空区(图 6-74)。

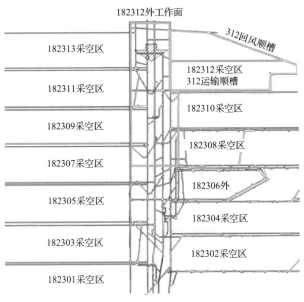

图 6-74　312 工作面布置图

2）工作面巷道布置

312 工作面由于开采原因，并非规则的长壁工作面，其推进长度 572m，倾向长度由

34m 变为 147.46m，而后逐步增加，最后达到 260m。

3）切眼及两巷情况

切眼尺寸 6.0m×3.0m，掘进尺寸 6.2m×3.1m，顶板采用 Φ20mm×2400mm 锚杆 9 根，间排距 760mm×800mm，两侧的锚杆向巷帮侧倾斜 15°。锚索采用 Φ21.6mm×7000mm 左旋钢绞线，间排距 1300mm×2400mm；帮部安设 Φ18mm×2000mm 锚杆 4 根，间排距 800mm×800mm，最上部锚杆距离顶板 0.2m，向顶板侧旋转 15°，最下部锚杆向底板侧旋转 30°。有两根点柱，距离两帮分别为 2m 和 2.5m。

回风顺槽尺寸 4.2m×3.0m，掘进尺寸 4.4m×3.1m，顶板采用 Φ20mm×2400mm 锚杆 6 根，间排距 800mm×800mm，两侧的锚杆向巷帮侧倾斜 15°。锚索采用 Φ21.6mm×7000mm 左旋钢绞线，间排距 1300mm×2400mm；帮部安设 Φ18mm×2000mm 锚杆 4 根，间排距 800mm×800mm，最上部锚杆距离顶板 0.2m，向顶板侧旋转 15°，最下部锚杆向底板侧旋转 30°。

运输顺槽尺寸为 4.2m×3.0m，掘进尺寸 4.4m×3.1m，顶板采用 Φ20mm×2400mm 锚杆 6 根，间排距 800mm×800mm，两侧的锚杆向巷帮侧倾斜 15°。锚索采用 Φ21.6mm×7000mm 左旋钢绞线，间排距 1300mm×2400mm；帮部安设 Φ18mm×2000mm 锚杆 4 根，间排距 800mm×800mm，最上部锚杆距离顶板 0.2m，向顶板侧旋转 15°，最下部锚杆向底板侧旋转 30°。

4）工作面超前支护情况

312 运输巷超前工作面煤壁不少于 30m 加强支护。使用一趟 1m 双楔铰接顶梁和两趟 1m 铰接顶梁配合单体液压点柱支护顶板，一梁一柱。靠煤帮一趟使用 1.0m 双楔铰接顶梁。布置方式由煤帮至空帮依次为：第一趟距煤帮煤壁 0.3m；第二趟距第一趟 2.4m；第三趟距第二趟 1.2m；第三趟距空帮煤壁 0.3m。

312 回风巷超前工作面煤壁不少于 30m 加强支护。使用一趟 1m 双楔铰接顶梁和液压支架支护顶板。靠煤帮一趟使用 1.0m 双楔铰接顶梁，距离煤帮 0.3m。液压支架沿着工作面推进方向布置，中线与巷道前进方向相同。沿着巷道另一侧 0.3m 头尾依次布置。

5）工作面生产系统

运煤路线：312 工作面→312 运输顺槽里段→312 外切眼→312 运输顺槽外段→三采集中第二联巷→三采集中回风巷→三采区胶带巷→南翼主运胶带巷。

运料路线：副井→-470 南翼运输大巷→三采轨道巷→三采轨道上山→三采右翼出煤巷→312 回风顺槽→312 工作面。

新鲜风流：地面→井筒→-470 南翼运输大巷→三采轨道巷→三采区轨道上山→三采右翼出煤巷→312 运输顺槽→312 工作面外切眼→312 运输配巷→312 工作面里切眼。

乏风流：312 工作面里切眼→312 回风顺槽、西风井回风巷→312 回风顺槽外段→三采集中回风巷→104 回风顺槽→三采回风巷→南翼总回风副巷→中央风井→地面。

6）采煤方法

工作面采用走向长壁后退式采煤法，一次采全高，全部垮落法处理采空区。采用端部割三角煤斜切进刀，截深 0.6m。工作面平均长度 201m，平均采高 3.4m，每天循环 8 次，平均日生产能力 4627.9t，服务天数 233 天。

采用"三八"工作制，两采一准，中、夜班出煤，早班准备检修。

7) 工作面设备情况

工作面采用 ZZ4800/18/39 型支撑掩护式液压支架 140 架，工作面最小控顶距 3.95m，最大控顶距 4.55m，宽度 1410～1580(1.5m)，初撑力 24MPa，工作面配套设备见表 6-11。

表 6-11 312 工作面设备表

312 工作面设备	型号	数量	位置
液压支架	ZZ4800/18/39	175	312 工作面及回风顺槽
采煤机	MG300/700-WD	1	312 工作面
刮板输送机	SGZ-764/500	2	312 工作面
转载机	SZZ-764/200	1	312 工作面运输顺槽
破碎机	PCM-132	1	312 工作面运输顺槽
乳化液泵站	RX315/25N	2	312 工作面运输顺槽
一部皮带	DSJ100/63/2×75	1	312 工作面运输顺槽
一部溜子	SGZ-630/2×132	1	312 工作面运输顺槽
二部皮带	DSJ100/80/2×125	1	312 工作面运输顺槽
三部皮带	DSJ100/63/2×75	1	312 工作面运输联巷
二部溜子	SGZ-620/2×75	1	312 工作面运输联巷

8) 工作面矿压显现基本参数

依据已采工作面矿压显现情况，预计 312 工作面矿压显现参数见表 6-12。

表 6-12 312 工作面矿压显现参数

项目	单位	指标
直接顶初次垮落步距	m	14
老顶初次来压步距	m	42
周期来压步距	m	20
老顶初次来压强度	MPa	0.67
周期来压强度	MPa	0.5

3. 312 外上山煤柱回收工作面生产技术条件

1) 312 外上山煤柱回收工作面基本参数

312 外工作面推进距离为 1189m，工作面长度最小为 174m，最大为 210m。工作面出煤巷为三采集中回风巷，预计推进长度 1189m。工作面进风巷为三采集中出煤巷。

工作面开采面积 238915m²；工业储量为 1135304t；可采储量为 1078538.8t。工作面基本参数见表 6-13。

表 6-13 312 工作面基本参数

项目	最小值	最大值	平均
工作面走向长度/m	1189	1189	1189
工作面倾向长度/m	174	210	201
煤层厚度/m	3.32	3.48	3.4
倾角/(°)	0	26	11
地面标高/m	+178.8	+237.2	+193.3
工作面底板标高/m	−560	−325.6	−302.8
变异指数/%			5
稳定指数			稳定

2) 采煤方法

工作面采用倾向长壁后退式采煤法，一次采全高，全部垮落法处理采空区。采用端部割三角煤斜切进刀，截深 0.6m。工作面平均长度 201m，平均采高 3.4m，每天循环 8 次，平均日生产能力 4627.9t，服务天数 233 天。

采用"三八"工作制，两采一准，中、夜班出煤，早班准备检修。

3) 工作面设备情况

工作面采用 ZZ4800/18/39 型支撑掩护式液压支架 140 架，工作面最小控顶距 3.95m，最大控顶距 4.55m，宽度 1410～1580(1.5m)，初撑力 24MPa，其余设备见表 6-14。

表 6-14 工作面设备表

312 外工作面设备	型号	数量	位置
液压支架	ZZ4800/18/39	140	工作面里、外切眼
采煤机	MG300/700-WD	1	工作面切眼
刮板输送机	SGZ-764/2×250	1	工作面里切眼
转载机	SZZ-764/200	1	三采集中回风巷
破碎机	PCM-132	1	三采集中回风巷
胶带输送机	DSJ100/80/2×125	3	三采集中回风巷
胶带输送机	DSJ100/63/2×75	1	三采集中回风巷
乳化液泵站	RX315/25N	2	310 回风顺槽
调度绞车	JD-1.6(25kw)	3	三采集中回风巷
双速绞车	JD-3(45kw)	2	三采集中回风巷
卡轨车	KWGP—90/600	1	三采轨道坡
潜水泵	BQS-100-100-75/N	2	三采集中回风巷

4) 工作面生产系统

新鲜风流：地面→井筒→-470 南翼运输大巷→三采轨道巷→三采轨道上山、三采右翼出煤巷、三采集中出煤巷→312 外工作面；

乏风流：312 外工作面→三采集中回风巷→104 回风顺槽→三采回风巷南翼总回风副巷→中央风井→地面；

运煤路线：312 外工作面→三采集中回风巷→三采胶带巷→南翼主运胶带巷；

运料路线：副井→-470 南翼运输大巷→三采轨道巷→三采轨道上山→三采右翼出煤巷→312 外工作面。

5) 切眼及两巷情况

三采集中回风巷、三采右翼出煤巷、工作面切眼支护方式为锚网索槽钢梯子梁支护，切眼断面如图 6-75 所示。

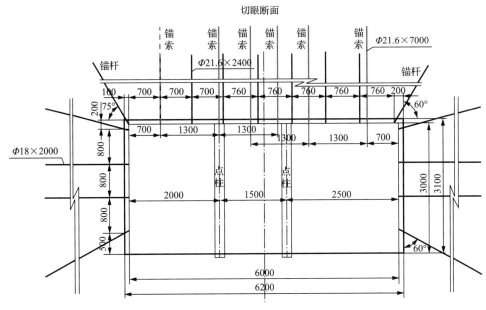

图 6-75　切眼断面示意图(mm)

切眼尺寸 6.0m×3.0m，掘进尺寸 6.2m×3.1m，上区段工作面回风巷顶板采用 Φ20mm×2400mm 锚杆 9 根，间排距 760mm×800mm，两侧的锚杆向巷帮侧倾斜 15°。锚索采用 Φ 21.6mm×7000mm 左旋钢绞线，间排距 1300mm×2400mm；帮部安设 Φ18mm×2000mm 锚杆 4 根，间排距 800mm×800mm，最上部锚杆距离顶板 0.2m，向顶板侧旋转 15°，最下部锚杆向底板侧旋转 30°。有两根点柱，距离两帮分别为 2m 和 2.5m。

如图 6-76 所示，三采集中回风巷尺寸为 4.2m×3.0m，掘进尺寸 4.4m×3.1m，上区段工作面回风巷顶板采用 Φ20mm×2400mm 锚杆 6 根，间排距 800mm×800mm，两侧的锚杆向巷帮侧倾斜 15°。锚索采用 Φ21.6mm×7000mm 左旋钢绞线，间排距 1300mm×2400mm；帮部安设 Φ18mm×2000mm 锚杆 4 根，间排距 800mm×800mm，最上部锚杆距离顶板 0.2m，向顶板侧旋转 15°，最下部锚杆向底板侧旋转 30°。

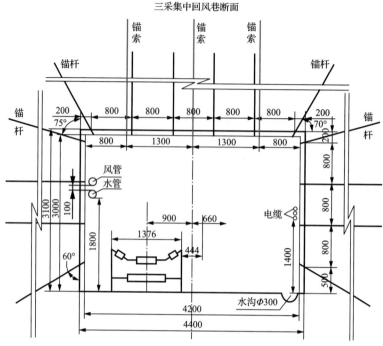

图 6-76 三采集中回风巷断面示意图(mm)

　　如图 6-77 所示，三采右翼出煤巷尺寸为 4.2m×3.0m，掘进尺寸 4.4m×3.1m，上区段工作面回风巷顶板采用 Φ20mm×2400mm 锚杆 6 根，间排距 800mm×800mm，两

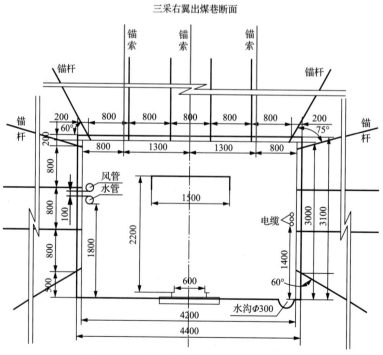

图 6-77 三采右翼出煤巷断面示意图(mm)

侧的锚杆向巷帮侧倾斜 15°。锚索采用 Φ 21.6mm×7000mm 左旋钢绞线，间排距 1300mm×2400mm；帮部安设 Φ 18mm×2000mm 锚杆 4 根，间排距 800mm×800mm，最上部锚杆距离顶板 0.2m，向顶板侧旋转 15°，最下部锚杆向底板侧旋转 30°。

4. 连续开采解决的目标

综合采区整体部署，存在以下问题。

(1)煤柱损失量大。该采区在原上山一侧均留设 20m 护巷煤柱，按照现有成熟设备回撤技术，布置双回撤通道，通道之间保留 20~25m 护巷煤柱，则累计煤炭损失在上山一侧达到 40~45m，约占采区的 7.8%。

(2)回撤通道工程量大。从回撤通道工程量来看，双回撤通道需要布置 520m，按照 20~30m 布置一条联络巷来看，共计需要联络巷长度为 300m,井巷工程与支护成本较高。

(3)搬家时间长。从该矿搬家速度来看，以往一个工作面的设备回撤需要 60 余天。

综合来看，在 312 工作面采用末采留煤柱、布置回撤通道的"离散化"开采技术，存在回采率低、巷道工程量大及设备回撤速度慢等问题，因此，拟结合 4.3 节~4.5 节连续推进末采无煤柱的科学方法进行研究。

6.2.2　工作面末采贯通回撤通道关键因素研究

综采工作面贯通前，一般根据顶板预断裂形式采取合理的措施对矿压进行最后一次调整，使基本顶在合理位置断裂，从而避免工作面贯通及回撤过程中顶板再次来压，保证回撤通道围岩的稳定性。改变采煤速率(当采煤速率降为零时，即变为停采调整工艺)是常用的矿压调整措施，应用停采调整工艺能使基本顶充分移动变形，压力得到提前释放。要实现上述目标，停采位置的选择尤为重要，而在现场往往仅靠经验，很容易造成停采位置不合理，最终造成剩余煤柱发生脆性破坏而引起压架事故，严重影响工作人员及设备安全。

因此，本章首先分析不同基本顶断裂形式对回撤通道稳定性的影响特点，并分析不同调整措施的适用条件。在此基础上建立末采阶段窄煤柱的力学分析模型，进而确定工作面贯通前停采调整的合理位置。

1. 剩余煤柱力学模型建立

1)贯通前矿压调整机理

工作面与回撤通道贯通后，巷道顶板岩层的结构特点对巷道稳定性有重要影响。在工作面贯通前，根据基本顶不同的断裂形式，一般采用改变采煤速率或停采调整的措施对矿压进行最后一次调整，其原理是通过改变基本顶断裂变形时间调整基本顶周期来压的位置及来压持续长度，使基本顶在合理位置断裂，避免工作面贯通后再次来压对巷道回撤造成不利影响。

如图 6-78 所示，根据顶板岩梁最后一次断裂与回撤通道相对位置，将基本顶断裂分为三种形式。当基本顶在预断裂位置 1 处断裂时，即基本顶在辅回撤通道与主回撤通道间的煤柱上方断裂，由于巷间煤柱的支撑作用，贯通后基本顶移动变形得到一定程度的控制；但是受到基本顶发生的挠度及回转变形影响，工作面支架及垛架工作阻力维持在较高水平，给回撤工作带来一定危险和困难。当基本顶在预断裂位置 2 处断裂时，巷道上部顶板岩体平衡状态被破坏，断裂岩梁处于显著运动状态，基本顶一端由支架及垛架支撑，使得支架工作阻力及压缩量显著增大，同时回撤工作会对回撤通道围岩产生进一步扰动，在上述因素综合作用下极易引发压架事故，不仅增加了回撤难度，而且工作人员人身安全受到极大威胁。当基本顶在预断裂位置 3 处断裂时，巷道上部顶板承受上覆岩体载荷，由于未发生断裂，垛架及工作面支架工作阻力维持在较低水平，同时支架压缩量较小，综采面支架一般都能顺利撤出。

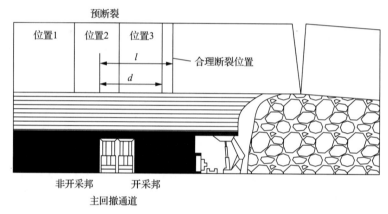

图 6-78   基本顶断裂形式

l-合理断裂位置距开采帮距离；d-预测断裂位置距开采帮距离

上述分析说明第 3 种断裂形式对巷道稳定性最为有利，经过进一步分析，贯通前基本顶合理断裂位置为

$$l=w_1+w_2+w_3 \tag{6-37}$$

式中，l 为断裂位置距巷道非开采帮距离；w_1 为主回撤通道宽度；w_2 为工作面支架控顶距；w_3 为贯通后支架与垛架间距，也可视为采煤机超出支架控顶范围。

当贯通前基本顶发生前两种断裂形式时，可通过提高采煤速率，使基本顶断裂位置向非开采帮煤柱移动，以此减小基本顶移动变形对巷道的影响；当贯通前基本顶发生第 3 种断裂形式且预计断裂位置 $d>1$，此时可适当提高采煤速率，使断裂位置向后移动；当贯通前基本顶发生第 3 种断裂形式且基本顶未发生完全断裂或者断裂位置 $d<1$，此时通过降低采煤速率或者停采使基本顶提前断裂，控制基本顶移动变形，达到减小支架支护作用力的目的。

2) 力学模型

由上述分析看出，通过改变采煤速率可以实现基本顶断裂位置及来压强度的控制，当采取降低采煤速率或者停采调整的措施进行控制时，基本顶的充分变形会增加工作面与回撤通道之间剩余煤柱的应力水平，此时如果剩余煤柱由于承载力不足发生脆性破坏，极易导致上方顶板整体下沉，最终造成压架事故。本章建立贯通前剩余煤柱力学分析模型，通过对煤柱稳定性进行研究，确定剩余煤柱保持稳定的临界宽度。

当剩余煤柱宽度为 w 时，基本顶断裂形式及对应的力学分析模型如图 6-79 所示。R_1 为帮部破碎区宽度；w_0 为剩余煤柱压力承载宽度；d 为基本顶断裂位置与非开采帮距离；h 为采煤高度。在断裂位置前方一定范围内，基本顶受上覆岩层自重及工作面采空区转移载荷作用而形成应力增高区，在该区域中基本顶受到集中系数 K 的超前支承应力 $q_1(x)$ 作用。在断裂位置后方一定范围内，基本顶承受上部垮落带岩层自重 q_2 作用，对于浅埋煤层 q_2 可以近似为上覆岩层重量。

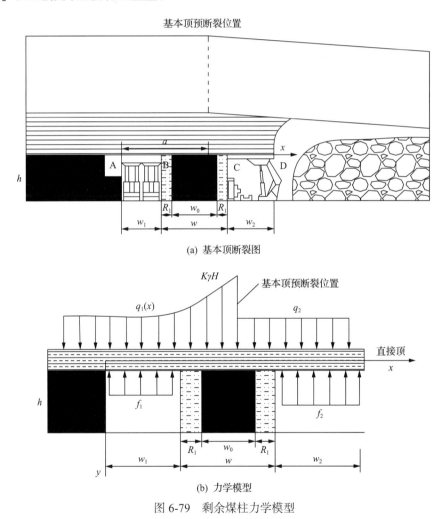

(a) 基本顶断裂图

(b) 力学模型

图 6-79　剩余煤柱力学模型

2. 力学模型分析

如图 6-79 所示，末采阶段剩余煤柱除受到上覆岩层 P_1 作用外，还受回撤通道顶板及工作面顶板转移载荷 P_2、P_3 作用。回撤通道顶板可视为两端固支梁，由此可得

$$P_2 = \frac{\int_0^{w_1} q_1(x)t\mathrm{d}x - f_1 w_1 t}{2} \tag{6-38}$$

式中，$q_1(x)$ 为断裂前方超前支承应力，kPa；t 为倾向长度，取 t=1m；f_1 为垛架工作阻力，也可视为回撤通道顶板支护阻力，kPa；w_1 为回撤通道宽度，取 4.2m。

工作面顶板视为悬臂梁，与剩余煤柱固结，则：

$$P_3 = \int_{w_1+w}^{w_1+w+w_2} q_2 t\mathrm{d}x - f_2 w_2 \tag{6-39}$$

式中，q_2 为断裂后方支承应力，kPa；f_2 为工作面支架工作阻力，kPa；w_2 为支架控顶距，即工作面开采空间。

根据上覆岩层矿压显现规律，可以用式(6-40)表示超前支承应力分布：

$$q_1(x) = (K-1)\gamma H \mathrm{e}^{\frac{2f}{h\beta}(d-x)} + \gamma H \tag{6-40}$$

式中，K 为应力集中系数；H 为上覆岩层厚度；γ 为上覆岩层平均重度；f 为摩擦因数；h 为采高；β=1/λ，λ 为侧压系数。

对于破断后的基本顶对直接顶的作用力 q_2、回撤通道阻力 f_1 及工作面液压支架工作阻力 f_2 可以视为均布力，则剩余煤柱受上覆岩层载荷：

$$P_1 = \int_{w_1}^d q_1(x)t\mathrm{d}x + \int_d^{w_1+w} q_2 t\mathrm{d}x = \int_{w_1}^d \left[(K-1)\gamma H \mathrm{e}^{\frac{2f(d-x)}{h\beta}} + \gamma H \right] t\mathrm{d}x + \int_d^{w_1+w} \gamma H t\mathrm{d}x$$

$$= \frac{(K-1)t\gamma H h\beta}{2f}\left(1 - \mathrm{e}^{-\frac{2f(d-w_1)}{h\beta}} \right) + w\gamma H t \tag{6-41}$$

剩余煤柱受回撤通道传递载荷：

$$P_2 = \frac{\int_0^{w_1} q_1(x)t\mathrm{d}x - f_1 w_1 t}{2} = \frac{\int_0^{w_1} \left[(K-1)\gamma H \mathrm{e}^{\frac{2f}{h\beta}(d-x)} + \gamma H \right]\mathrm{d}x}{2} - \frac{f_1 w_1 t}{2}$$

$$= \frac{(K-1)t\gamma H h\beta}{4f}\left(\mathrm{e}^{-\frac{2f(d-w_1)}{h\beta}} - \mathrm{e}^{\frac{2fd}{h\beta}} \right) - \frac{f_1 w_1 t}{2} + \frac{w_1 \gamma H}{2} \tag{6-42}$$

剩余煤柱受工作面传递载荷：

$$P_3 = \int_{w_1+w}^{w_1+w+w_2} q_2 t\mathrm{d}x - f_2 w_2 t = (\gamma H - f_2)w_2 t \tag{6-43}$$

则工作面剩余煤柱总载荷为

$$P_c = P_1 + P_2 + P_3 = \frac{(K-1)t\gamma Hh\beta}{2f}\left[1 - e^{-\frac{2f(d-w_1)}{h\beta}}\right] + w\gamma Ht$$

$$+ \frac{(K-1)t\gamma Hh\beta}{4f}\left[e^{-\frac{2f(d-w_1)}{h\beta}} - e^{-\frac{2fd}{h\beta}}\right] - \frac{f_1 w_1 t}{2} + \frac{w_1 \gamma Ht}{2} + (\lambda H - f_2)tw_2 \qquad (6\text{-}44)$$

$$= \frac{(K-1)t\gamma Hh\beta}{4f}\left[2 - e^{-\frac{2f(d-w_1)}{h\beta}} - e^{-\frac{2fd}{h\beta}}\right] + \gamma Ht\left(\frac{w_1}{2} + w + w_2\right) - \frac{f_1 w_1 t + 2f_2 w_2 t}{2}$$

剩余煤柱两帮出现破碎区，根据 Mohr-Coulomb 破坏准则，可以求得破碎区宽度为

$$R_1 = \frac{\lambda h}{2\tan\varphi}\ln\left(\frac{\gamma H\tan\varphi + c}{c}\right) \qquad (6\text{-}45)$$

式中，c 为煤体黏聚力，kPa；φ 为煤体内摩擦角。

由于破碎区受到严重破坏，计算煤柱承载力时可忽略该区域贡献值，即工作面剩余煤柱上的平均应力：

$$\sigma_a = \frac{P_c}{w_0 t} = \frac{P_c}{(w - 2R_1)t} \qquad (6\text{-}46)$$

根据 Bieniaski 公式计算煤柱强度为

$$\sigma_p = \sigma_1\left(0.64 + 0.54\frac{w_e}{h}\right) \qquad (6\text{-}47)$$

式中，σ_p 为煤柱强度；σ_1 为立方体煤样单轴抗压强度。

令 $\sigma_a = \sigma_p$，代入式(6-46)及式(6-47)可以解出剩余煤柱保持稳定性的临界宽度 w。在工作面贯通前采取停采调整工艺进行矿压调整时，剩余煤柱宽度应大于 w，以保证停采时剩余煤柱的稳定性，避免煤柱发生脆性破坏而引发压架等工程事故。

3. 工作面末采关键因素分析

利用式(6-45)，代入相关参数采高 $h=3.4$m，侧压系数 $\lambda=1/3$，内摩擦角 $\varphi=19°$，埋深 $H=500$m，黏聚力 $c=3.7$MPa，得到 $R_1=1.27$m。

结合式(6-45)与式(6-46)可知，工作面与回撤通道之间的煤柱稳定性取决于如下因素，包括：①超前支承应力集中系数 K。随着超前支承应力集中系数增加，煤柱稳定性降低，发生破坏失稳概率增大。②埋藏深度 H。随着埋藏深度增加，煤柱稳定性降低，发生破坏失稳概率增大。③采高 h。随着采高增加，煤柱承载增加，且煤柱本身稳定性降低，发生破坏失稳概率增大。④侧压系数 λ。随着侧压系数增加，煤柱承载降低，煤柱稳定性增强。⑤摩擦因数 f。随着摩擦因数增加，煤柱承载降低，煤柱稳定性增强。⑥回撤通道宽度 w_1、工作面开采空间 w_2 和煤柱尺寸 w。回撤通道宽度与开采空间增加，

煤柱承载增大，稳定性降低；随着煤柱尺寸增加，煤柱承载增大，但煤柱自身稳定性增强。⑦断裂线距离回撤通道非开采帮距离 d。随着断裂线距离回撤通道非开采帮距离增加，煤柱承载降低，利于稳定。⑧回撤通道阻力 f_1 与工作面液压支架工作阻力 f_2。随着回撤通道阻力与工作面液压支架工作阻力增加，煤柱承载降低，利于稳定。

在上述因素中，埋藏深度 H、侧压系数 λ、摩擦因数 f、断裂线距离回撤通道非开采帮距离 d 属于地质因素，确定为不变因素；而超前支承应力集中系数 K、采高 h、回撤通道宽度 w_1 和煤柱尺寸 w、回撤通道阻力 f_1 和工作面液压支架工作阻力 f_2 等属于可变因素，在末采中，需要综合考虑调整这些因素，以寻求最佳末采效果。

4. 末采关键技术研究

前述研究发现可调整超前支承应力集中系数 K、采高 h、回撤通道宽度 w_1 和煤柱尺寸 w、回撤通道阻力 f_1 和工作面液压支架工作阻力 f_2 等因素改善工作面末采贯通前煤柱的承载并保持其稳定，因此，需要对工作面开采过程中矿山压力显现规律展开研究。

1) 312 走向长壁工作面前方支承应力分布计算

对工作面前方煤体建立极限平衡方程，见式(6-48)：

$$h(\sigma_x + \mathrm{d}\sigma_x) - h\sigma_x - 2\sigma_y f \mathrm{d}x = 0 \tag{6-48}$$

式中，σ_x 为水平应力；σ_y 为竖直应力；f 为摩擦因数。

平衡区的条件有

$$\sigma_y = R_c + \frac{1+\sin\varphi}{1-\sin\varphi}\sigma_x \tag{6-49}$$

式中，R_c 为单轴抗压强度；φ 为内摩擦角。

由此

$$\frac{\mathrm{d}\sigma_y}{\mathrm{d}\sigma_x} = \frac{1+\sin\varphi}{1-\sin\varphi} \tag{6-50}$$

将式(6-50)代入极限平衡方程中，求解得到：

$$\ln\sigma_y = \frac{2f_x}{h}\left(\frac{1+\sin\varphi}{1-\sin\varphi}\right) + C \tag{6-51}$$

推导得出：

$$\sigma_y = Ce^{\frac{2f_x}{h}\left(\frac{1+\sin\varphi}{1-\sin\varphi}\right)} \tag{6-52}$$

式中，C 为常数。

超前支承应力在工作面前方破碎区与塑性区分界线和原岩应力相等，即 12.5MPa，破碎区尺寸为 1.27m，代入式(6-52)，得到 $C=7.57$，即

$$\sigma_y = 7.57\mathrm{e}^{\frac{2f_x}{h}\left(\frac{1+\sin\varphi}{1-\sin\varphi}\right)} \tag{6-53}$$

通过式(6-53)可以看出，利用极限平衡理论得出的超前支承应力分布值与超前距离 x、煤层采高 h 有关，即采高越大，超前支承应力峰值距离工作面煤壁越远，仅从回撤通道与煤柱稳定性考虑，可针对采高进行适当调整。

2) 工作面推进期间基本顶力学模型研究

工作面末采期间，基本顶的断裂是影响工作面、剩余煤柱与回撤巷道支护稳定性的主要因素，而基本顶的稳定反过来又受到这三个因素的影响，因此在分析基本顶与采场之间力学模型的基础上，提出针对性的回撤技术。首先需要建立基本顶与工作面、煤柱等之间的力学模型，如图 6-80 所示。

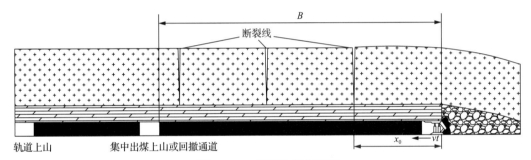

图 6-80　工作面末采剖面图

B-煤柱宽度；x_0-极限平衡宽度；v-工作面推进速度；t-时间

工作面在逐渐推进过程中，首先影响的是基本顶稳定性，因此，首先建立工作面、实体煤与基本顶之间的力学模型，如图 6-81 所示。

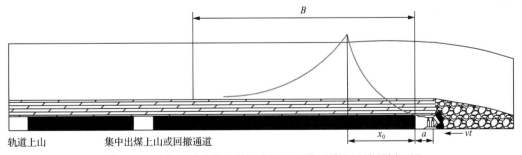

图 6-81　工作面采动影响与基本顶断裂线、采空区关系剖面图

a-支架支护宽度

如图 6-81 所示，工作面向前推进过程中，基本顶断裂步距保持不变，工作面与基本顶断裂线逐渐靠近，在断裂线靠近采空区侧依次为原岩应力区、超前支承应力影响区、工作面液压支架支护区与采空区压实矸石阻力区，对其建立力学模型，如图 6-82 所示。

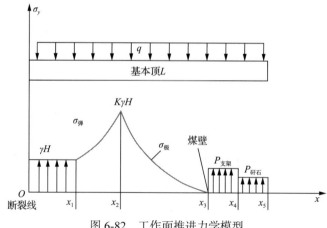

图 6-82　工作面推进力学模型

如图 6-82 所示，工作面沿基本顶上一断裂线推进 vt 过程，将预计下一次发生周期性断裂位置设为原点 O，与工作面超前采动支承应力距离 x_1，此处煤体承受载荷为原岩应力，即 γH；与断裂线距离 (x_1,x_3) 为工作面采动超前支承应力影响区，其中 (x_1,x_2) 为超前采动弹性区应力升高部分，(x_2,x_3) 为超前采动极限平衡区；与断裂线距离 (x_3,x_4) 为工作面液压支架控顶区；与断裂线距离 (x_4,x_5) 为工作面基本顶悬吊部分的采空区，取决于工作面推进速度。

结合前述分析，对基本顶与煤层之间建立平衡方程，包括力的平衡与弯矩平衡：

$$\sum F=0,\quad qL=\gamma Hx_1+\int_{x_1}^{x_2}\sigma_{弹}\mathrm{d}x+\int_{x_2}^{x_3}\sigma_{极}\mathrm{d}x+P_{支架}(x_4-x_3)+P_{矸}(x_5-x_4) \tag{6-54}$$

$$\sum M=0,\quad q\frac{L^2}{2}=\gamma H\frac{x_1^2}{2}+\int_{x_1}^{x_2}\sigma_{弹}\mathrm{d}x\frac{x_1+x_2}{2}+\int_{x_2}^{x_3}\sigma_{极}\mathrm{d}x\frac{x_2+x_3}{2}+P_{支架}\frac{(x_4+x_3)}{2}+P_{矸}\frac{(x_5+x_4)}{2}$$

$$\tag{6-55}$$

对式 (6-54) 与式 (6-55) 展开综合性分析，(x_3-x_1) 为工作面超前采动距离，现场实测较易得出该数据。(x_3-x_2) 为工作面采动超前极限平衡区，即满足极限平衡区分计算；(x_4-x_3) 为支架控顶区长度，即液压支架长度；(x_5-x_4) 为支架悬臂侧下方采空区长度，与工作面推进速度有关，近似认为 $(x_5-x_4)=vt$；$P_{支架}$ 为液压支架阻力；$P_{矸石}$ 为采空区矸石对基本顶阻力；$\sigma_{极}$ 为超前采动极限平衡区内应力分布，与前述 σ_y 相同；$\sigma_{弹}$ 为超前采动支承应力弹性区应力降低部分。

其中，$P_{矸石}$ 为矸石对基本顶提供的阻力，可考虑弹性模量与应变的关系，即满足：

$$P_{矸石}=E_{矸石}\varepsilon \tag{6-56}$$

式中，$E_{矸石}$ 为矸石、直接顶破坏后的弹性模量，取直接顶的 24.6%；ε 为垮落矸石的应变，$\varepsilon=(K_p-K_p')/K_p$，$K_p$、$K_p'$ 分别为直接顶垮落后碎胀系数与残余碎胀系数。

$$P_{矸石} = 24.6\%E_{直接顶} \times (K_p - K_p')/K_p \tag{6-57}$$

由于超前采动距离支承应力峰值较远，因此对于 $\sigma_{弹}$ 可近似为线性分布，按照图 6-84 所示，得到：

$$\begin{cases} \sigma_{弹} = \dfrac{(K-1)\gamma H}{x_2 - x_1}(x - x_1) + \gamma H \\ P_{矸石} = 24.6\%E_{直接顶} \times (K_p - K_p')/K_p \end{cases} \tag{6-58}$$

对于 $\sigma_{极}$ 采用极限平衡理论对其进行公式推导，取一单元体，如图 6-83 所示。

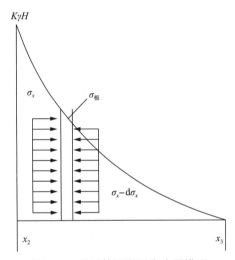

图 6-83　单元体极限平衡力学模型

如图 6-83 所示，在工作面超前采动极限平衡区建立以断裂线为坐标原点的单元体极限平衡力学模型，取一单元体，沿 x 轴坐标受力分别为 σ_x、$\sigma_x - \mathrm{d}\sigma_x$；另外，单元体受到 $\sigma_{极}$ 产生的摩擦力与黏聚力 k_t 的综合作用，其平衡满足方程：

$$\sigma_x h = (\sigma_x - \mathrm{d}\sigma_x)h + 2\sigma_{极}f\mathrm{d}x + k_t h\mathrm{d}x \tag{6-59}$$

整理得到：

$$h\mathrm{d}\sigma_x = 2\sigma_{极}f\mathrm{d}x + k_t h\mathrm{d}x \tag{6-60}$$

$$\frac{\sigma_{极} + k_t c\tan\varphi}{\sigma_x + k_t c\tan\varphi} = \frac{1 + \sin\varphi}{1 - \sin\varphi} = \frac{1}{\varepsilon} \tag{6-61}$$

将式(6-61)代入式(6-60)并进行微分，得到：

$$\sigma_{极} = Ce^{\frac{2f}{h\varepsilon}(x_3 - x)} - \frac{k_t h}{2f} \tag{6-62}$$

在 $x=x_3$ 处，$\sigma_{极}=0$，则 $C=\dfrac{k_t h}{2f}$，解得

$$\sigma_{极} = \frac{k_t h}{2f}\left[e^{\frac{2f}{h\varepsilon}(x_3-x)} - 1 \right], \quad x \in [x_2, x_3] \tag{6-63}$$

将式(6-57)、式(6-58)与式(6-63)代入式(6-54)、式(6-55)得到：

$$\sum F = 0, \quad qL = \gamma H x_1 + \int_{x_1}^{x_2}\left[\frac{(K-1)\gamma H}{x_2-x_1}(x-x_1) + \gamma H \right]dx + \int_{x_2}^{x_3}\left\{ \frac{k_t h}{2f}\left[e^{\frac{2f}{h\varepsilon}(x_3-x)} - 1 \right] \right\}dx$$

$$+ P_{支架}(x_4-x_3) + 24.6\% E_{直接顶}\frac{K_p - K_p'}{K_p}vt \tag{6-64}$$

即

$$qL = \frac{\gamma H}{2}\left[(1-K)x_z + (1+K)x_2 \right] - \frac{k_t \varepsilon h^2}{4f^2}\left[1 - e^{\frac{2f}{h\varepsilon}(x_3-x_2)} \right]$$

$$- \frac{k_t h}{2f}(x_3-x_2) + P_{支}(x_4-x_3) + 24.6\% E_{直接顶}\frac{K_p - K_p'}{K_p}vt \tag{6-65}$$

$$\sum M = 0, \quad q\frac{L^2}{2} = \frac{(K+1)\gamma H x_2^2 - (K-1)\gamma H x_1^2}{4} - \frac{k_t \varepsilon h^2}{8f^2}(x_2+x_3)\left[1 - e^{\frac{2f}{h\varepsilon}(x_3-x_2)} \right]$$

$$- \frac{k_t h}{4f}(x_3^2-x_2^2) + P_{支架}\frac{(x_4+x_3)}{2} + 24.6\% E_{直接顶}\frac{K_p - K_p'}{K_p}\frac{(x_5+x_4)}{2} \tag{6-66}$$

对式(6-65)与式(6-66)进行分析，采高 h、支架工作阻力 $P_{支}$、工作面推进速度 v 及与坐标原点之间的距离 x 均属于可变因素，这里做简化分析，随着采高 h 增加，公式右侧数值降低，如保持恒定值，要求提高支架工作阻力或提高工作面推进速度；如支架工作阻力增加，则工作面推进速度可适当降低或增加采高；如推进速度增加，则采高可适当增加或支架工作阻力略微降低。这与已有研究结论基本一致，即采高、支架工作阻力与工作面推进速度之间属于相互制约关系。

结合实际参数与式(6-65)、式(6-66)进行综合分析，基本顶承载 q 可按初次断裂步距 42m 反推，得到 $q=1.745$MPa，$L=20$m，埋藏深度近 500m，则 $\gamma H=12.5$MPa，$k_t=3.7$MPa，$\varepsilon=0.5$，$f=0.15$，$E_{直接顶}=26.2$GPa，$K_p=1.3$，$K_p'=1.05$，$v=4.8$m，超前影响范围即 $x_3-x_1=40$m；极限平衡区尺寸即 $x_3-x_2=10$m。

利用公式：

$$\sigma_p = \sigma_1\left(0.64 + 0.54\frac{x_3-x_2}{h} \right) \tag{6-67}$$

式中，σ_p 为煤柱强度；σ_1 为立方体煤样单轴抗压强度。

反推得到 K=2.22，控顶距 l=4.5m，由于超前支承应力影响范围为 40m，而基本顶周期断裂步距仅为 20m，极限平衡区尺寸 10m，因此认为断裂线出现在工作面前方 10m 范围内。支架 4.5m，工作面后方采空区悬顶 5.5m，由于断裂块体厚度为 12.85m，因此认为其处于悬顶状态，即采空区垮落矸石对基本顶支撑作用有限，对式(6-65)和式(6-66)进行计算，得到：

$$\begin{cases} 735.3\text{MPa} > qL = 34.9\text{MPa} \\ 3669\text{MPa} > \dfrac{qL^2}{2} = 349\text{MPa} \end{cases}$$

现有工作面回采与地质条件下，工作面推进过程中，煤体、支架能够保证基本顶断裂块体保持平衡，在综合考虑末采回撤，重点需要考虑断裂线与回撤通道之间的关系，即确定回撤通道的支护方案与末采技术。

综合前述研究成果，得到 312 工作面正常回采下，前方支承应力集中系数 K=2.22，另外发现控制基本顶前提下的采高、支架工作阻力与工作面推进速度之间的关系，即较大采高前提下，需要提高支架工作阻力或加快工作面推进速度。

5. 312 工作面末采对上山影响的计算分析

因为涉及顶板运动与煤柱、上山巷道的变形与应力分布综合性问题，这里计算采用3DEC(3 Dimension Distinct Element Code)进行计算，根据发明专利技术在梧桐庄矿的具体实施，拟模拟内容包括：①模拟梧桐庄矿工作面推进至距离上山巷道 20m、15m、10m、5m、0m 的不同位置，得到上山巷道顶底板移近量曲线，分析工作面推进距离对上山巷道的变形影响及煤柱破碎位置，为上山巷道加强支护方案提供依据。②模拟梧桐庄矿末采基本顶不同破断位置，包括煤壁内、煤壁上和煤壁外三种情况，得到末采巷道破坏变形情况、覆岩运动区别及煤壁、巷道受应力集中情况，为上山巷道加强支护方案提供依据。③模拟梧桐庄矿工作面末采不同推进速度下，由最后 20 m 推进至 5 m 过程中，其覆岩运动情况及巷道破坏情况，为上山巷道加强支护方案提供依据。

1) 建立模型

根据工作面地质条件，参照梧桐庄矿综合钻孔柱状图，以 182312 综放工作面末采为原型，此时工作面围岩已经具备连续推进较长距离时的围岩活动破坏特征，可作为梧桐庄矿综采推进至上山巷道围岩活动的代表模型研究，在工作面前方距离工作面 20m 处布置上山巷道，待开挖后覆岩运动稳定后，每次工作面开挖 5m 逐渐接近上山巷道，模型左右各取 56m 和 20m 的边界影响区域，模型尺寸长、宽、高为 400m、2m、90m，如图 6-84 所示。

基于 2#煤层顶底板岩石力学参数测试结果，确定数值计算模型中各岩层力学参数，见表 6-15。模拟岩层节理特性要考虑采动影响，围岩本构关系采用 Mohr-Coulomb 模型。

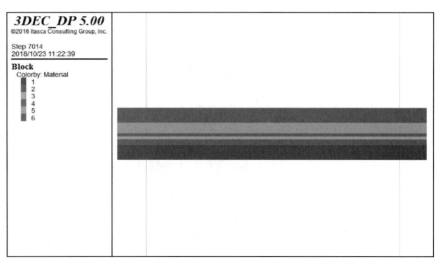

图 6-84　综采工作面推进至上山巷道模型

表 6-15　数值模拟计算模型的岩体力学参数

位置	单轴抗拉强度/MPa	弹性模量/GPa	泊松比	密度/(kg/m³)	内摩擦角/(°)	黏聚力/MPa
直接顶	4.66	26.2	0.26	2.542×10^3	50.8	10.82
直接底	1.92	24.0	0.30	2.589×10^3	41.4	11.94
老顶	2.37	29.9	0.33	2.594×10^3	26.9	15.1
老底	7.33	39.0	0.32	2.603×10^3	47.3	33.77
煤层	0.81	3.68	0.25	1.240×10^3	19	3.7

　　根据所模拟的地质条件，模型的边界条件如下：对模型的左边界和右边界进行加载，取水平位移约束，模型边界水平方向的速度矢量和位移均为零；对模型下部边界在水平和竖直方向固定，模型边界水平和垂直方向的速度矢量和位移均为零；模型上边界为自由边界。计算上覆岩层自重，并通过边界载荷加载在模型上，施加 12.5MPa 的均布压应力。

　　2) 开挖方案及测点布置

　　工作面前方距离工作面 20m 处布置 4m 宽的上山巷道，待开挖后覆岩运动稳定后，按照 5m 推进步距，待围岩活动稳定后向前依次推进，直至距离空巷 5m；待围岩活动稳定后继续向前推进至距离空巷 2.5m；待围岩活动稳定后继续向前推进至距离空巷 0m，分别记录不同推进位置的煤柱破坏情况和上山巷道顶底板垂直位移情况。

　　在上山巷道顶板底板及两帮布置垂直位移监测点，监测工作面推进过程中对上山巷道的顶底板影响，得到工作面不断推进过程中的顶底板移近量变化曲线。尽管数值模拟分析过程的时步并不能全部与实际开采影响的时间过程相一致，但数值分析应力、位移结果与实际开采过程中岩层位移和应力的变化过程相似。

　　3) 工作面推进不同位置上山巷道变形规律的计算分析

　　取模型中部已经连续推进 300m 的工作面为模型起点，模型左右各取 56m 和 20m 的边界影响区域。工作面前方距离工作面 20m 处布置 4m 上山巷道，待开挖后覆岩运动稳定后，工作面继续推进至距离空巷 15m；待围岩活动稳定后继续向前推进至距离空巷 10m；待围岩活动稳定后继续向前推进至距离空巷 5m；待围岩活动稳定后继续向前推进至距离空巷 2.5m；待围岩活动稳定后继续向前推进至距离空巷 0m，分别记录不同推进位置的上山巷道顶底板垂直位移情况，如图 6-85 所示。

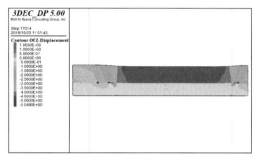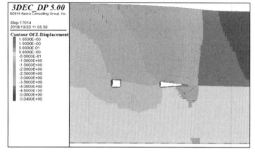

(a) 距离上山巷道20m

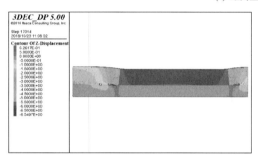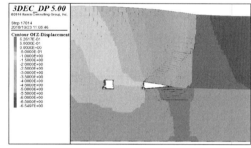

(b) 距离上山巷道15m

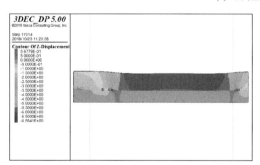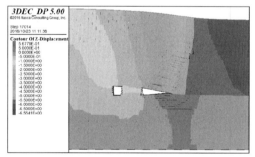

(c) 距离上山巷道10m

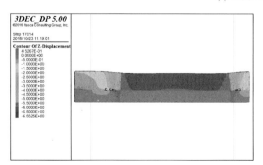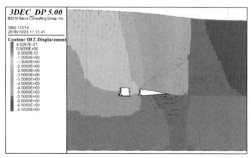

(d) 距离上山巷道5m

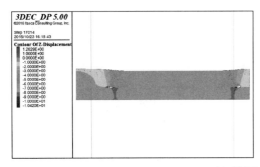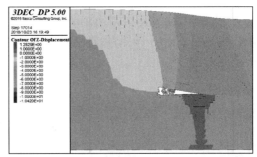

(e) 距离上山巷道2.5m

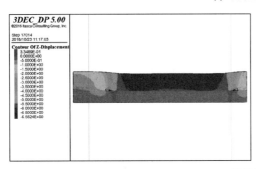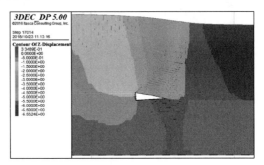

(f) 距离上山巷道0m

图 6-85　工作面推进至贯通上山巷道垂直位移图

工作面推进至距离上山巷道 20m 时,待覆岩稳定后上山巷道的垂直位移如图 6-85(a)所示,上山巷道基本未受到工作面开采的影响,顶底板与两帮移近量很小;工作面推进至距离上山巷道 15m 时,待覆岩稳定后得到其垂直位移图,如图 6-85(b)所示,上山巷道受到工作面开采影响,出现轻微片帮现象,工作面同样出现轻微片帮现象,顶底板移近量不大,但两帮移近量增大,巷道宽度变小;工作面推进至距离上山巷道 10m,待覆岩稳定后得到其垂直位移图,如图 6-85(c)所示,上山巷道及工作面还是存在轻微片帮现象,巷道顶底板移近量依然增长不大,两帮移近量继续增大,巷道宽度进一步变小;工作面推进至距离上山巷道 5m,待覆岩稳定后得到其垂直位移图,如图 6-85(d)所示,上山巷道及工作面片帮现象明显,巷道顶底板移近量出现较明显增大,两帮移近量继续增大,巷道宽度变小;工作面推进至距离上山巷道 2.5m,待覆岩稳定后得到其垂直位移图,如图 6-85(e)所示,此时 2.5m 宽的煤柱已经完全破碎,受到顶板压迫,破碎煤柱主要向上山巷道方向崩裂,煤柱失去承载能力,顶底板移近量明显增大;工作面推进至距离上山巷道 0m,待覆岩稳定后得到其垂直位移图,如图 6-85(f)所示,上山巷道顶底板移近量达到最大值,上山巷道仅受一侧实体煤承压,覆岩稳定后,上覆岩层形成搭接结构,对上山巷道形成保护作用。

顶底板移近量是指巷道顶板下沉量和底板底鼓量之和,通过 3DEC 模拟上山顶底板和两帮测线数据得到梧桐庄矿工作面推进不同位置的上山顶底板垂直位移数据和两帮水平位移数据,绘制上山顶底板移近量和两帮移近量曲线,如图 6-86、图 6-87 所示。

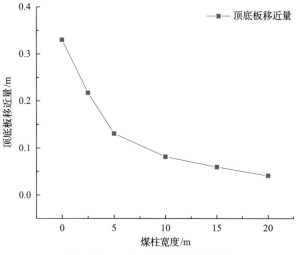

图 6-86　上山巷道顶底板移近量

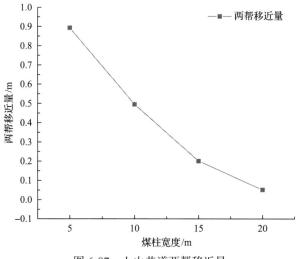

图 6-87　上山巷道两帮移近量

分析上山顶底板移近量，工作面推进至距离上山巷道 20m 至 5m 时，顶底板移近量曲线斜率不大，在工作面推进至距离上山巷道 5m 至 2.5m 时，顶底板移近量曲线斜率出现突然增大的现象，结合煤柱破坏情况，说明顶底板移近量主要受到承载煤柱破坏的影响，煤柱在 2.5m 至 5m 之间出现完全破碎失去承压能力的现象，直接导致上覆岩层失去一侧煤柱的支撑效果，故顶板大幅垮落，顶底板移近量突增。

分析上山两帮移近量，因工作面推进至距离上山巷道 2.5m 时煤柱直接发生破碎，故仅有工作面推进至距离上山巷道 5m、10m、15m、20m 的数据支持，上山两帮移近量曲线斜率基本保持稳定，未出现大幅增大的情况，说明上山两帮移近量与工作面的推进距离呈现正相关。

综合分析梧桐庄矿 3DEC 模拟工作面推进至距离上山巷道不同距离的煤柱破坏情况，上山巷道顶底板移近量曲线、上山巷道两帮移近量曲线得到以下结论。

（1）上山巷道顶底板移近量在煤柱完全破坏失去承压能力时出现大幅增大的现象，煤柱在2.5m至5m时发生完全破坏，故在梧桐庄矿工作面推进至距离上山巷道2.5m至5m时，应加强巷道维护强度和支护强度，但是从上山巷道顶底板移近量来看，其数据相对较小，对巷道断面影响不大，这里进一步证明前述末采研究结论，末采期间应以让压一卸压为主，在这个过程中应给予巷道被动支护，避免出现大变形即可。

（2）上山巷道两帮移近量与工作面推进距离呈正相关，故工作面推进距离对上山巷道两帮移近量的影响是确定的，结合理论可认为因为煤柱发生失稳，从而向巷道一侧发生较大的水平移动，因此，这里给予我们一点思考，即末采阶段，应考虑控制煤柱顶板施载，以及在大巷内部需要给予靠工作面巷帮一侧的位移控制措施。

4）工作面推进不同位置煤柱破坏的计算分析

取模型中部已经连续推进300m的工作面为模型起点，模型左右各取56m和20m的边界影响区域。工作面前方距离工作面20m处布置4m上山巷道，待开挖后覆岩运动稳定后，工作面继续推进至距离空巷15m；待围岩活动稳定后继续向前推进至距离空巷10m；待围岩活动稳定后继续向前推进至距离空巷5m；待围岩活动稳定后继续向前推进至距离空巷2.5m；待围岩活动稳定后继续向前推进至距离空巷0m，分别记录不同推进位置的煤柱破坏情况，如图6-88所示。

工作面推进至距离上山巷道20m，待覆岩稳定后得到其煤柱破碎图，如图6-88（a）所示，20m煤柱基本未发生破坏，煤柱处于稳定状态；工作面推进至距离上山巷道15m，待覆岩稳定后得到其煤柱破碎图，如图6-88（b）所示，15m煤柱两侧出现轻微片帮现象，煤柱处于稳定状态；工作面推进至距离上山巷道10m，待覆岩稳定后得到其煤柱破碎图，

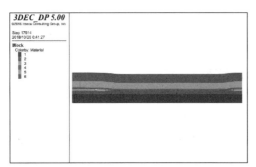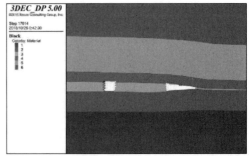

(a) 距离上山巷道20m

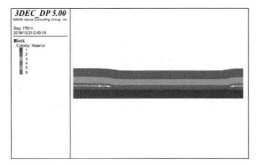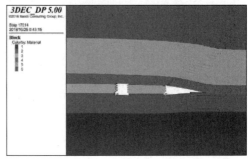

(b) 距离上山巷道15m

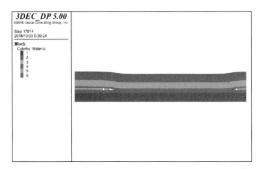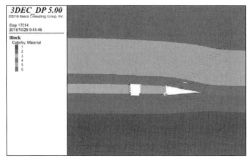

(c) 距离上山巷道10m

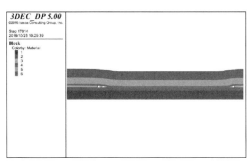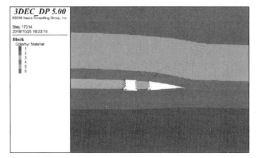

(d) 距离上山巷道5m

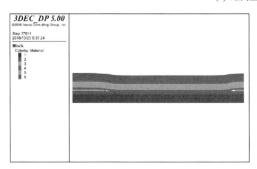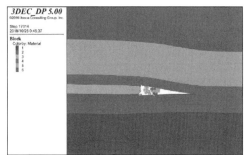

(e) 距离上山巷道2.5m

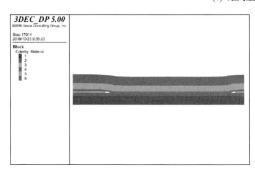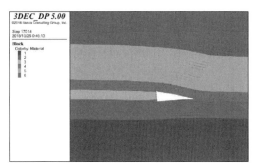

(f) 距离上山巷道0m

图 6-88　工作面推进煤柱破坏图

如图 6-88(c)所示，10m 煤柱两侧还是存在轻微片帮现象，煤柱较稳定；工作面推进至距离上山巷道 5m，待覆岩稳定后得到其煤柱破碎图，如图 6-88(d)所示，5m 煤柱两侧片帮现象明显,煤柱出现较明显变形,煤柱稳定性较差;工作面推进至距离上山巷道 2.5m,待覆岩稳定后得到其煤柱破碎图,如图 6-88(e)所示,此时 2.5m 煤柱已经完全破碎,受到顶板压迫,破碎煤柱主要向上山巷道方向崩裂,煤柱失去承载能力;工作面推进至距离上山巷道 0m,待覆岩稳定后得到其煤柱破碎图,如图 6-88(f)所示,煤柱回收开采完毕,上山巷道仅受一侧实体煤承压。

综合分析梧桐庄矿 3DEC 模拟工作面推进至距离上山巷道不同距离的煤柱破坏情况得到以下结论。

(1)梧桐庄矿工作面推进至距离上山巷道 10~20m 时,煤柱开始出现片帮现象,煤柱在工作面推进至 15m 过程中受到的垂直应力峰值逐渐增大,此时应对煤柱两侧塑性区加强支护,防止发生片帮等事故。

(2)梧桐庄矿工作面推进至距离上山巷道 5~10m 时,煤柱开始出现较严重变形现象,煤柱在 5~10m 时处于垂直应力曲线峰值区域,此时若煤柱破碎失稳可能会发生较严重的动力灾害,应加大对煤柱的支护强度,增强煤柱自身强度,遏制煤柱变形发展。

(3)梧桐庄矿工作面推进至距离上山巷道 2.5~5m 时,煤柱发生完全破碎,煤柱在 2.5~5m 时处于应力曲线的应力降低区,此时煤柱发生破碎失稳,发生动力灾害的可能性较小,但应及时采取加强巷道维护、停采等压等手段,防止破碎煤体向上山巷道崩落,最终实现上山巷道的维护。

5)不同工作面推进速度的计算分析

本部分采用 3DEC 数值模拟研究,进一步分析不同推进速度对上山巷道末采破坏的影响。

取模型中部已经连续推进 300m 的工作面为模型起点,模型左右各取 56m 和 20m 的边界影响区域,工作面前方距离工作面 20m 处布置 4m 上山巷道。工作面推进速度采用快速和慢速分别推进距离上山巷道 20m、15m、10m、5m 位置,待其覆岩运动稳定后,分析不同推进速度对末采巷道的破坏和应力集中的影响。

工作面推进速度为快速的情况下,工作面推进至距离上山巷道 20m 位置,待其覆岩稳定后,其巷道破坏情况及位移云图情况如图 6-89(b)、图 6-90(b)所示,覆岩无严重破坏,煤柱稳定,巷道容易维护;工作面推进至距离上山巷道 15m 位置,待其覆岩稳定后,其巷道破坏情况及垂直位移云图如图 6-89(d)、6-90(d)所示,覆岩开始出现破坏,煤柱稳定,巷道容易维护;工作面推进至距离上山巷道 10m 位置,待其覆岩稳定后,其巷道破坏情况及位移云图如图 6-89(f)、图 6-90(f)所示,覆岩破坏较严重,煤柱稳定,巷道容易维护;工作面推进至距离上山巷道 5m 位置,待其覆岩稳定后,其巷道破坏情况及位移云图如图 6-89(h)、图 6-90(h)所示,覆岩破坏较严重,煤柱较稳定,巷道较易维护。

工作面推进速度为慢速的情况下,工作面推进至距离上山巷道 20m 位置,待其覆岩稳定后,其巷道破坏情况及位移云图如图 6-89(a)、图 6-90(a)所示,覆岩破坏较大,煤柱稳定,巷道容易维护;工作面推进至距离上山巷道 15m 位置,待其覆岩稳定后,其巷道破坏情况及位移云图如图 6-89(c)、图 6-90(c)所示,覆岩破坏较严重,煤柱较稳定,巷道容易维护;工作面推进至距离上山巷道 10m 位置,待其覆岩稳定后,其巷道破坏情况及位移云图如图 6-89(e)、图 6-90(e)所示，覆岩破坏严重，煤柱较稳定，巷道较易维护；工作面推进至距离上山巷道 5m 位置，待其覆岩稳定后，其巷道破坏情况及位移云图如图 6-89(g)、图 6-90(g)所示，覆岩破坏严重，煤柱不稳定，巷道不易维护。

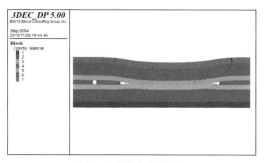

(a) 慢速，距离上山巷道20m

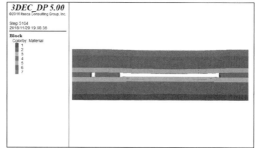

(b) 快速，距离上山巷道20m

(c) 慢速，距离上山巷道15m

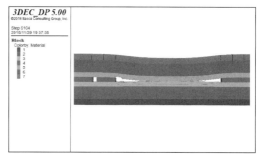

(d) 快速，距离上山巷道15m

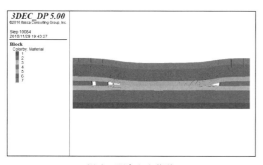

(e) 慢速，距离上山巷道10m

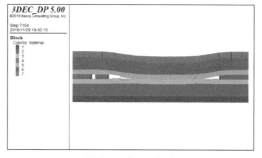

(f) 快速，距离上山巷道10m

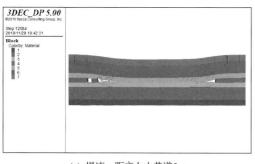

(g) 慢速，距离上山巷道5m

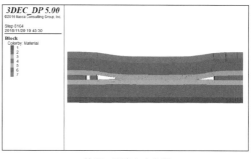

(h) 快速，距离上山巷道5m

图 6-89　不同推进速度下的巷道破坏情况

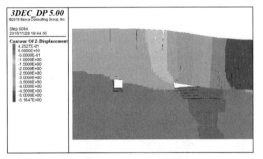

(a) 慢速，距离上山巷道20m

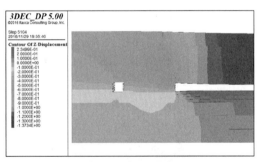

(b) 快速，距离上山巷道20m

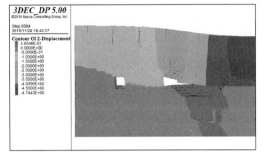

(c) 慢速，距离上山巷道15m

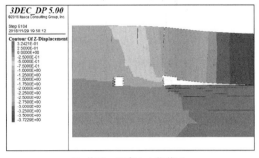

(d) 快速，距离上山巷道15m

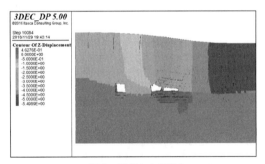

(e) 慢速，距离上山巷道10m

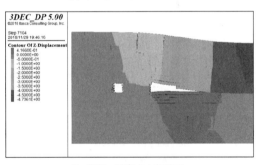

(f) 快速，距离上山巷道10m

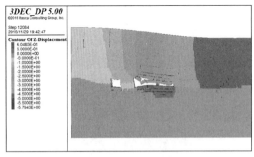

(g) 慢速，距离上山巷道5m

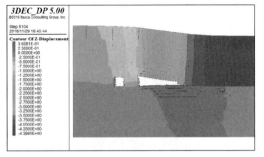

(h) 快速，距离上山巷道5m

图 6-90　不同推进速度下的巷道垂直位移云图

综合分析梧桐庄矿 3DEC 模拟不同工作面推进速度情况得到以下结论。

(1)工作面快速推进情况下，覆岩不易破坏，工作面与上山巷道间煤柱稳定性好，煤柱容易维护，有利于上山巷道的支护和稳定；工作面慢速推进，煤柱稳定性很差，对上山巷道支护十分不利。

（2）工作面快速推进情况下，能够有效避免工作面和上山巷道受应力集中情况，有利于上山巷道的维护；工作面慢速推进，上山巷道受应力集中现象明显，不利于巷道支护。

6）312 工作面不同采高的计算分析

在前述计算基础上，进一步研究不同采高（分别为 3.4m、3m、2.5m）在推进过程中支承应力峰值距工作面煤壁的距离，得出：采高为 3.4m 时，支承应力峰值距工作面煤壁的距离为 12m；采高为 3m 时，支承应力峰值距工作面煤壁的距离为 10m；采高为 2.5m 时，支承应力峰值距工作面煤壁的距离为 8m。

因此，在工作面正常推进阶段，可采用采全高；末采阶段，应该适当降低采高为 2.5～3m，为工作面实际生产提供技术支持。

至此，结合前述理论与计算研究，得到了梧桐庄矿 312 工作面末采期间关键参数与因素。

（1）312 工作面开采期间应力集中系数 K=2.22，基本顶断裂线位于工作面停采线前方 10m 范围，在梧桐庄矿 312 工作面地质与回采条件下，在采用较大采高的前提下，需要提高工作面液压支架工作阻力或加快工作面推进速度。

（2）工作面推进至距离上山巷道 10～20m 时，煤柱开始出现片帮现象，煤柱在工作面推进至 15m 过程中受到的垂直应力峰值逐渐增大，此时应对煤柱上山巷道侧帮加强支护，防止发生片帮等事故。

（3）工作面推进至距离上山巷道 5～10m 时，煤柱开始出现较严重变形现象，煤柱在 5～10m 时处于垂直应力曲线峰值区域，此时应加大对煤柱两侧的支护强度，必要时增强煤柱自身强度，遏制煤柱横向变形的发展。

（4）梧桐庄矿工作面推进至距离上山巷道 2.5～5m 时，煤柱发生完全破碎，煤柱在 2.5～5m 时处于应力曲线的应力降低区，此时煤柱破碎失稳发生动力灾害的可能性较小，但应及时采取加强巷道维护、停采等压等手段，防止破碎煤体向上山巷道崩落，最终实现上山巷道的维护。

（5）上山巷道顶底板移近量在煤柱完全破坏失去承压能力时出现大幅增大的现象，煤柱在 2.5～5m 时发生完全破坏，故在工作面推进至距离上山巷道 2.5～5m 时，应加强巷道支护强度和工作面液压支架工作阻力、停采等压等必要措施避免煤柱突然破坏失稳，导致上山顶板突然来压。

（6）上山巷道两帮移近量与工作面的距离呈正相关，故工作面推进距离对上山巷道两帮移近量的影响是确定的，应考虑采取技术手段加强煤柱强度，采取主动手段减少顶板来压对煤柱的影响，从而达到减少两帮移近量的目的。

（7）工作面快速推进情况下，工作面与上山巷道间煤柱稳定性好，煤柱容易维护，利于上山巷道的支护和稳定；工作面慢速推进，煤柱稳定性较差，对上山巷道支护十分不利。

（8）对不同采高（分别为 3.4m、3m、2.5m）的计算得出：采高为 3.4m 时，支承应力峰值距工作面煤壁的距离为 12m；采高为 3m 时，支承应力峰值距工作面煤壁的距离为 10m；采高为 2.5m 时，支承应力峰值距工作面煤壁的距离为 8m。

因此，确定末采 2.5～10m 是关键时期，10～15m 需要控制煤壁片帮。在工作面正常推进阶段，可采用采全高；末采阶段，应该适当降低采高为 2.5～3m，且需要加快推进速度，因为计算中无法精确到与工程实践相符的具体数值，因此我们以现场工作面实际情况作为参考。

6.2.3 末采工艺与支架切顶沿空留巷技术

1. 312 工作面末采施工工艺

312 工作面推至停采位置时，进行上网上绳工作，为保证施工期间的安全，特制定如下安全技术措施。

1)施工顺序及工程量

(1)工作面停采位置：直至推至三采集中出煤巷。

(2)施工顺序：工作面推进到距停采线位置 14m 时上第一道钢丝绳→铺顶网→共上钢丝绳 16 道→支架停止前移→使用采煤机对工作面至煤帮卧底→支架上板梁。

(3)工程量：距停采线位置 14m 铺顶网，上钢丝绳 16 道。

2)技术要求及施工方法

①工作面技术要求

上网上绳前必须摸顶摸底推进，通过调斜使工作面方向与停采线平行，采高控制在 3.0m。工作面自铺顶网开始，必须平行推进，不得调斜。

②上钢丝绳

工作面距停采位置 14m 上第一道钢丝绳，第一道钢丝绳与第二道钢丝绳间距为 2m，第二道钢丝绳与第三道钢丝绳间距为 1.2m，第三道钢丝绳与第四道钢丝绳间距为 1.2m，其余每道钢丝绳间隔 0.6m。第一道钢丝绳绳径不小于 18.5mm，其余钢丝绳绳径不小于 22mm，长度为 280m。每道绳必须拉展，每道钢丝绳必须用端头槽钢将钢丝绳固定。钢丝绳严禁分段使用。

在工作面上、下端头顺巷道方向在顶板上分别打设两根锚杆，锚杆间距 300mm，并与长 500mm 的 16#槽钢配合使用。将钢丝绳穿过两根锚杆之间，并用绳卡(各不少于 3 个)将绳头固定在槽钢上，保证钢丝绳平顺、拉直。锚杆采用 $\Phi20mm×2.4m$ 左旋无纵筋螺纹钢锚杆。槽钢采用长 500mm 的 16#槽钢，打设间距为 0.6m。槽钢上钻孔 2 个，孔距为 300mm。

上第一道绳时，每间隔 10 架在顶板上打一根锚杆，顶板倾向变坡点或顶板破碎处多打设一根锚杆。锚杆采用 $\Phi20mm×2.4m$ 左旋无纵筋螺纹钢锚杆。锚杆打在绳的煤帮侧，圆钢托盘要压紧钢丝绳，保证绳能够托到支架上。

锚杆外露螺母外长度 15～50mm，每根锚杆使用 K2335、CK2335 树脂药卷各一支。

③铺设顶网

铺设顶网时，如图 6-91 所示。为加强维护工作面顶板，距离停采线 2.4～14m 范围内顶板铺设 4 层网，距离停采线 2.4m 范围内铺设单层。四层网每两层网成组重叠使用，第一排两组网重叠铺设，第二排两组网错开 500mm 与第一排网连接。顶网使用"双抗"

塑料网，规格为长×宽=10m×1m，塑料网连接方式为长边对接、短边搭接的方式，搭接长度 500mm。使用塑料绳将网联在一起，联网点间距 200mm。

图 6-91　铺网现场施工图

在铺设顶网期间，在距离停采线 2.4～13m 范围内(共 10.6m)铺设风筒布，规格为长×宽=11m×1.96m；风筒布铺设在两组塑料网之间，连接时长短边均采用搭接的方式，短边下(机头侧)压上(机尾侧)，长边里(采空区侧)压外(煤帮侧)，搭接长度为 200mm，搭接后，采用缝合配合胶水粘的方式将两个风筒布连接在一起。

连接钢丝绳前，必须确保钢丝绳沿工作面倾向拉的平直，将钢丝绳联在外层塑料网上，每 200mm 联一道 12#铁丝。铁丝联成双股，结成死扣。第一道绳联好后，将钢丝绳和塑料网用特制的长杆托到支架前梁上，并升紧前梁将其挑在顶板上。铺设钢丝绳要避开网与网的连接处。

铺网后，严格控制采高，要求必须摸顶开采。断层处割煤应保持顶板平顺，支架顶梁不得出现错差，不得出现挤架、咬架现象。

割煤前，顺工作面每隔 3m 在网上拴一道尼龙绳，绳的一端拴在网边，绳的另一端拴在支架护帮板上。采煤机割煤时，提前 15m 将护帮板收回，将塑料网拉向空帮。待采煤机过后 10m，再将网放开，升紧护帮板，同时配合人工用特制长杆将网挑到顶板上。

3)结束前最后四刀

工作面推至距停采线 2.4m 时，支架停止前移，采煤机割第一刀煤卧底；割煤后，正常推移输送机。割第 2 刀煤卧底前，将支架推移块与输送机连接头拆开，使用单体支柱的柱跟顶在输送机的连接头处，柱头顶在支架底座处平整位置，支柱两头垫好木垫，并拴好防滑绳，利用单体支柱将输送机顶到煤帮进行割煤，人员躲开点柱易滑脱方向。随后按照同样的方式推移输送机，进行第 3 刀、第 4 刀卧底工作。

在每个支架上方使用一根长 2.8m 直径不小于 20cm 的圆木去 1/5 一面平板梁支护顶板，板梁一端担在支架前梁上，一端顶住煤帮，然后在煤帮板梁梁头下支设单体液压点柱，点柱距梁头 200mm。在进行上板梁工作时，前后 15m 范围内不得有人通过、作业，将本支架升紧后，方可进行下一架的上板梁工作，如图 6-92 所示。

2. 312 工作面沿空留巷方案

正常工作面开采时支架为 173 架，末采贯通时为 174 架。该工作面结束时与原三采右翼出煤巷推透，用支架进行沿空留巷，作为 312 外工作面的进风巷，长度 270m。

图 6-92　末采三采右翼出煤巷加强支护示意图

1) 顶板加固

312 工作面推进至原三采右翼出煤巷之前,提前对巷道进行加固。加固方式采用锚网索支护,锚索采用直径 21.6m,长度 7m,配合 3m 的 16#钢带顺巷道打设进行加固,间排距 1.3m×1.5m,沿巷中布置一排,两侧对称布置,加固长度 270m。

2) 防漏风方案

312 工作面结束后,上下端头通过在切顶排处摆设密袋墙的方式进行密闭。中间支架段采取上网上绳期间支架铺设四层网,上下各两层,中间布置一层特制 2m×10m 的风筒布,将支架从前梁开始至采空区用风筒布进行密闭,防止风流漏入采空区(图 6-93)。

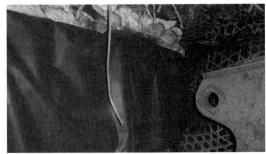

图 6-93　铺设风筒布现场施工图

如前所述,结合现场工程经验,按照制定的工艺完成了末采—贯通—留巷全套流程,在此过程中,为了确保发明专利技术的实施,全程进行了矿压监测,监测数据及分析详见 6.2.4 节。

6.2.4　现场监测

1. 走向长壁工作面回采期间上山变形监测

为了确保 312 工作面末采期间上山的稳定性,确定监测三采右翼出煤巷的位移变形,根据变形量的大小及变形规律,及时有效地对三采右翼出煤巷进行加强支护。对巷道表面位移的监测采用分段布置,即在三采右翼出煤巷布设第 1、2、3 组测站,每个测站布设一个测量断面,如图 6-94 所示。

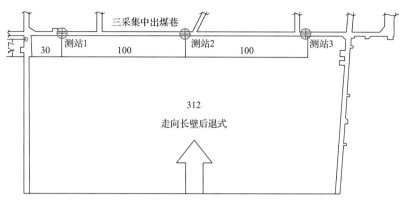

图 6-94　巷道表面位移观测站布置图

对测站 1 巷道表面位移进行观测，记录数据见表 6-16。

表 6-16　测站 1 巷道表面位移观测数据

工作面与上山的距离/m	顶底距离/m	顶底移近量/m	两帮距离/m	两帮移近量/m	底鼓量/m
0	2.702	0.298	3.777	0.423	0.173
2.5	2.767	0.233	3.862	0.338	0.147
5	2.824	0.176	3.939	0.261	0.109
7.5	2.892	0.108	4.007	0.193	0.076
10	2.901	0.099	4.042	0.158	0.069
20	2.908	0.092	4.066	0.134	0.057
30	2.924	0.076	4.081	0.119	0.048
40	2.939	0.061	4.098	0.102	0.037
50	2.948	0.052	4.105	0.095	0.031
60	2.961	0.039	4.129	0.071	0.028

测站 1 巷道表面移近量变化情况如图 6-95 所示。

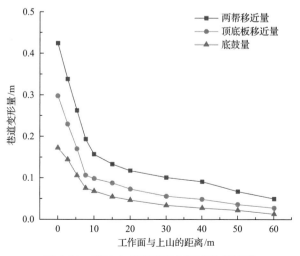

图 6-95　测站 1 巷道表面位移变化折线图

由表 6-16 和图 6-95 可知，在距离运输顺槽 30m 的测站 1，顶底板最终移近量为 0.298m，两帮最终移近量为 0.423m，底鼓量最终为 0.173m。

对测站 2 巷道表面位移进行观测，记录数据见表 6-17。

表 6-17　测站 2 巷道表面位移观测数据

工作面距上山的距离/m	顶底距离/m	顶底移近量/m	两帮距离/m	两帮移近量/m	底鼓量/m
0	2.676	0.324	3.752	0.448	0.186
2.5	2.738	0.262	3.831	0.369	0.152
5	2.799	0.201	3.907	0.293	0.127
7.5	2.867	0.133	3.986	0.214	0.083
10	2.888	0.112	4.018	0.182	0.078
20	2.902	0.098	4.036	0.164	0.071
30	2.918	0.082	4.058	0.142	0.065
40	2.932	0.068	4.074	0.126	0.052
50	2.945	0.055	4.096	0.104	0.039
60	2.957	0.043	4.107	0.093	0.028

测站 2 巷道表面移近量变化情况如图 6-96 所示。

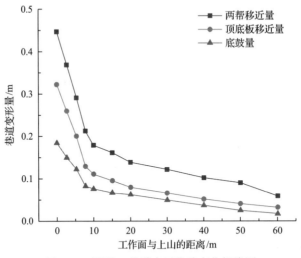

图 6-96　测站 2 巷道表面位移变化折线图

由表 6-17 和图 6-96 可知，在距离运输顺槽 130m 的测站 2，顶底板最终移近量为 0.324m，两帮最终移近量为 0.448m，底鼓量最终为 0.186m。

对测站 3 巷道表面位移进行观测，记录数据见表 6-18。

由表 6-18 和图 6-97 可知，在距离运输顺槽 230m 的测站，顶底板最终移近量为 0.272m，两帮最终移近量为 0.396m，底鼓量最终为 0.152m。

巷道变形量随着工作面与上山的距离减小而变大，在距离约 7.5m 处出现拐点，变形量突大，可推断距离 7.5m 时，应力峰值在上山巷道靠工作面侧进行了逼近与收敛，此阶段现场对上山进行了加强支护。

表 6-18　测站 3 巷道表面位移观测数据

工作面距上山的距离/m	顶底距离/m	顶底移近量/m	两帮距离/m	两帮移近量/m	底鼓量/m
0	2.728	0.272	3.804	0.396	0.152
2.5	2.797	0.203	3.843	0.357	0.132
5	2.868	0.132	3.962	0.238	0.095
7.5	2.914	0.086	4.039	0.161	0.069
10	2.933	0.067	4.074	0.126	0.061
20	2.941	0.059	4.093	0.107	0.042
30	2.954	0.046	4.111	0.089	0.032
40	2.971	0.029	4.128	0.072	0.028
50	2.976	0.024	4.132	0.068	0.019
60	2.979	0.021	4.153	0.047	0.015

测站 3 巷道表面移近量变化情况如图 6-97 所示。

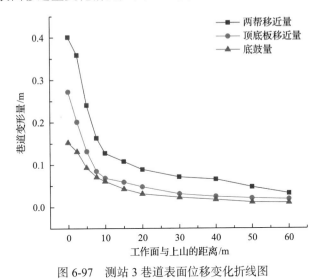

图 6-97　测站 3 巷道表面位移变化折线图

2. 走向工作面超前支承应力影响范围

为了得到 312 工作面在推进过程中对三采集中出煤巷产生的超前支承应力的大小及规律，设置了超前支承应力测站，如图 6-98 所示。

测站布置在三采集中出煤巷内，位于 312 走向长壁工作面中间的位置，即 1#测站距 Y7 为 130m；测站内布置 4 个测点，布置 4 个钻孔应力计，测点编号靠近 Y7 侧为 1#，向外侧依次为 2#、3# 与 4#，测点间隔 1m，深度依次为 4m、6m、8m、10m，钻孔位置距离巷道底板高度为 1.5m。数据采集结果如图 6-99 所示。

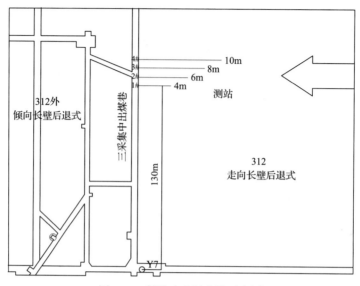

图 6-98　钻孔应力计布设示意图

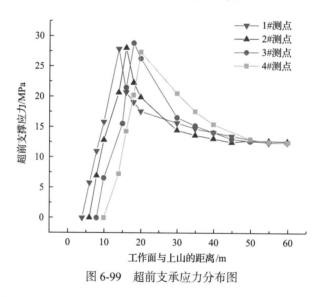

图 6-99　超前支承应力分布图

由图 6-99 可知，4 个测点的峰值均在 27～30MPa，平均应力峰值为 28MPa，应力集中系数 K 为 2.24。超前支承应力影响范围为 38～42m，应力峰值距煤壁的距离为 8～10m。因此，应该在峰值到达前，对巷道进行加强支护，即在工作面到达上山 10m 前，完成对上山的补强支护。

6.2.5　沿空留巷液压支架回撤工艺

312 外工作面推进至支架沿空留巷段后，采取随着工作面的推进进行支架拆除作业。

312 外工作面推进至沿空留巷时，将 312 工作面上端头 3 个支架并入 312 外工作面，并且与推进方向一致，作为掩护支架。掩护支架采空区侧使用单体液压支柱、1m 双楔铰接顶梁配合直径不小于 20cm、2.8m 长去 1/5 的一面平板梁进行支护。每出一个支架，靠采空区侧的支架拉移 1.5m，并紧跟待出支架，靠采空区侧第二个支架滞后第一个支架不大于 1.5m，第三个支架滞后第二个支架不大于 1.5m，如图 6-100 所示。

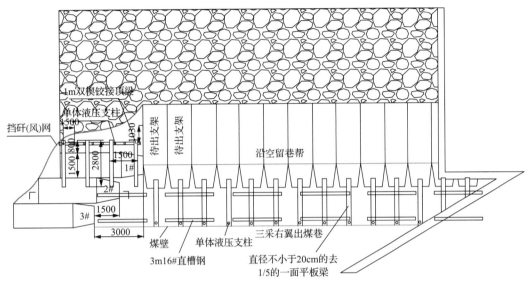

图 6-100　新型沿空留巷与快速回撤设备技术（mm）

6.2.6　实施效果

在梧桐庄矿 2#煤层三采区 312 走向工作面和 312 外倾向工作面展开协同高效开采关键技术的工业性试验，实现了 312 走向工作面无煤柱贯通上山技术、312 走向工作面停采液压支架切顶自动成巷的新型沿空留巷技术与倾向长壁工作面回采和上山巷道液压支架回撤的协同作业。

在末采阶段，走向长壁工作面适当加大了推进速度，由 4.8m/d 增加为 6m/d。对 312 走向长壁工作面的矿压显现规律、312 工作面推进过程中三采右翼出煤巷的超前支承应力和巷道变形量进行观测，对三采集中出煤巷采取加强支护方案。

在回收 312 外倾向长壁工作面的过程中，推进速度为 9m/d，边回采，边对 312 工作面的支架进行快速回撤，实现快速回撤支架的目标。

通过以梧桐庄矿三采区 312 走向长壁工作面和 312 外倾斜长壁工作面为背景的协同高效开采技术进行研究，实现了走向工作面无煤柱贯通上山技术，与传统留设 40m 左右的保护煤柱相比，多回采煤炭量 4.8 万 t，多得收益 4320 万元；此技术利用上山作为支架的回撤通道，不必另外掘进专用回撤通道，可节省掘进维护及人工费用 318 万元；相比传统通道回撤技术，可节省巷道掘进工时和支架回撤工时，由原来的 60 天降低为 30 天，总计可产生 4.4 亿元时间效益。

因此，本研究具有较大的经济与社会效益，可为我国广泛存在的工作面末采、设备回撤与保护煤柱的回收提供借鉴意义。

6.3 东欢坨矿上覆采空区孤岛煤柱"连续开采"技术及效果

综合前述两个工程实践，代表着我国普遍存在的两种情况，以华丰煤矿为代表的受构造、埋深影响的冲击地压问题，我们首先实现了主采煤层、保护煤层工作面间的连续开采，并形成了覆岩运动的一体化，结合科学思想，建立了动力能量来源—传播路径—对象的动态链，实现了规避能量、切断路径、维护对象的新构想。以梧桐庄矿为代表的末采留设保护煤柱、布置回撤通道在我国占比接近 100%，为了解决末采煤炭损失、回撤通道工程量大与回撤时间长的问题，实现了沿工作面推进方向连续开采的贯通上山新技术。

工作面间或者末采留煤柱开采不仅对本煤层开采带来安全、技术与采出率的问题，还会影响到邻近煤层，而煤层群的开采对我国矿井来说是广泛存在的。

开滦矿区东欢坨矿成立于 1988 年，目前矿井的年产量为 3Mt。开拓方式为立井结合多水平阶段石门，该矿井有不同开采水平，分别为–500m 水平、–690m 水平、–950m 水平和–1200m 水平，现正开采–500m 水平，–690m 水平为延深水平。目前主采 8#、9#、11#和 12-2#煤层。

东欢坨矿采用近距 8#、9#、11#与 12#煤层集中开拓部署，在–500m 水平布置运输大巷和轨道大巷，上方 50m 位置残留有 8#煤层采空区孤岛煤柱，受孤岛煤柱集中应力的长期作用，大巷变形严重、维护困难，多次返修仍难以满足使用要求，如图 6-101 所示。

(a) 大巷围岩破裂状况　　(b) 巷道卧底量大

图 6-101　–480m 水平轨道大巷围岩变形破坏状况

因此，如能将上覆孤岛煤柱采出，形成"连续开采"体系，不仅可延缓向深部的开采速度、延长矿井服务年限、提高采出率，且可降低或避免深部开采时受上覆孤岛煤柱造成的下伏大巷维护难等问题。

6.3.1 残留煤体地质与回采技术特征

1. 煤层赋存地质条件

1)煤层顶底板岩层赋存状况

由于待采残留孤岛煤柱与 2089 下工作面相邻，这里借鉴 2089 下工作面顶底板岩层赋存状况进行类比，工作面埋藏深度范围为 485.2～528.7m，伪顶为深灰色粉砂岩，厚度 0.2～0.5m，局部缺失，泥质胶结，水平层理发育；直接顶为灰白色粉砂岩，厚度 3.7m 左右，泥质胶结，水平层理发育；老顶灰白色细砂岩，厚度为 5.0m 左右；直接底为深灰色及褐灰色粉砂岩，厚度为 1.5m 左右，泥质胶结；老底为浅灰色细砂岩，厚度为 5.54m，泥质及凝灰质胶结，其顶底板岩层情况如图 6-102 所示。

柱状	岩石名称	厚度/m	主要岩性特征
	灰色粉砂岩	8	泥质胶结，水平层理，质纯，岩性统一
	碳质黏土岩	2	致密，细腻，含植物碎屑，层间夹薄层煤线
	灰色细砂岩	5	成分以石英为主，其次为暗色矿物，含植物化石，中下部含薄层碳质泥岩及煤线
	深灰色粉砂岩	4.5	质地均一，细腻，含植物化石
	8#煤	3.5	以亮煤为主，夹暗煤条带，碎块状
	深灰色黏土岩	2	致密，细腻，含植物碎屑，层间夹薄层煤线
	深灰色细砂岩	5.5	质地均一，泥质胶结，平坦状新口，含植物化石
	深灰色粉砂岩	6	质地均一，细腻，含植物化石
	9#煤	3	亮煤为主，质硬
	灰色细砂岩	10	凝灰色胶结，见风遇水易膨胀、变软
	11#煤	2	亮煤为主，块状，煤中含黄铁矿结核
	深灰色粉砂岩	11.5	质地均一，细腻，含植物化石
	12-1#煤	3.5	结构松散，呈粉末状
	灰色黏土岩	2.5	致密，细腻，含植物碎屑，层间夹薄层煤线
	深灰色粉砂岩	10	质地均一，细腻，含植物化石

图 6-102　8#孤岛煤柱工作面柱状图

2) 煤岩力学性质

该矿采用点载荷方法对工作面围岩进行力学性质测试，8#煤层直接顶抗拉强度为 5.7MPa，抗压强度为 38.2MPa；基本顶抗拉强度为 4.75MPa，抗压强度为 25.6MPa；直接底抗拉强度为 0.63MPa，抗压强度为 3.16MPa；基本底抗拉强度为 0.69MPa，抗压强度为 5.64MPa。

3) 地应力分布

该矿采用应力解除法及声发射法对地应力进行测量。对–500m 水平测站采用应力解除法进行测量，钻孔层位在 5#煤层顶板，岩性为页岩，测点埋深 530m，孔深 8.45m，方位角 220°，倾角 5°，测点详细位置如图 6-103 所示，–500m 水平测点钻孔具体状况见表 6-19，在–500m 水平井底车场附近布置 2#测点。

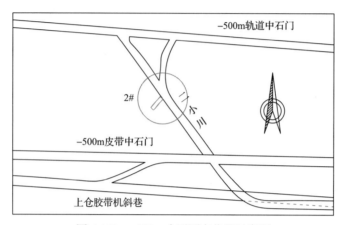

图 6-103　　–500m 水平测点位置示意图

表 6-19　–500m 水平 2#测点钻孔状况表

岩性	埋深/m	直径/mm	深度/m	方位角/(°)	倾角/(°)
页岩	530	130	8.45	220	5

测试结果见表 6-20。

表 6-20　–500m 水平测点实测地应力值

主应力类别		主应力/MPa	方向角/(°)	倾角/(°)
最大主应力 σ_1	水平应力	23.86	272	8.36
中间主应力 σ_2	垂直应力	13.19		83.9
最小主应力 σ_3	水平应力	7.42	157	9.76

2. 8#煤层孤岛保护煤柱回采情况

1) 工作面概况

8#煤层孤岛工作面位于–500m 水平中央采区，9#煤层的 3093 采煤工作面及 8#煤层的 2089 工作面及其接续工作面都在水平大巷的西北侧，8#煤层的 2087 工作面及 2087 南 采煤工作面则在水平的东北侧，上方无采掘工程。工作面标高–452～–420m，地面标高 16.9m，该区域冲积层厚 226.7m。工作面走向长 1816.1m，倾斜长 75～105m，可采储量 83.5 万 t，该面为 8#煤层孤岛煤柱所形成的工作面，目前还没有进行回采。周边工作面全部采完，其位置关系如图 6-104 所示。

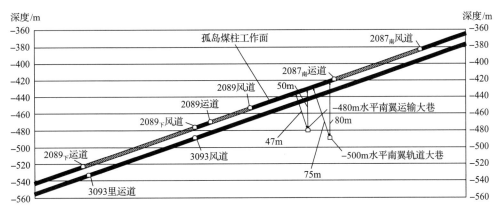

图 6-104　采掘剖面图

2) 煤岩层概况

8#孤岛煤柱工作面煤厚 2.2~4m，平均 3.3m，煤层倾角 18°~24°，平均 20°。可采指数 1.0，煤厚变异系数 5.25%，为稳定煤层，结构简单，仅局部有 0.1m 的夹矸，位于煤层中部。物理特征为光亮型煤，以亮煤为主，煤层呈块状结构。煤层抗压强度 3.18~3.36MPa，灰分 18.08%，发热量 27.07mJ/kJ，工业牌号为气煤。

3) 大巷支护情况

现要开采 8#煤层中孤岛煤柱所形成的工作面，在其下方有–480m 水平南翼运输大巷和–500m 水平南翼轨道大巷。目前大巷部分区段已发生严重变形，如果强行开采孤岛工作面将会导致大巷变形严重，甚至无法使用，现要设计一种方案在开采孤岛工作面的同时尽量减小其对大巷的影响，工作面与大巷位置关系如图 6-104 所示。

–480m 水平南翼运输大巷布置在 12-1#煤层顶板岩层中，巷道根据中平线掘进，大巷断面为半圆拱形，净断面规格为 4.8m×3.2m，使用锚网喷联合支护，锚杆直径采用 20mm 等强右旋螺纹钢，锚杆长 2200mm，间排距布置 800mm×800mm；当采用锚索支护时，锚索沿巷道顶部中央布置一根，间距 2.4m，锚索采用 Φ15.24×5500mm，深度 5m；混凝土厚度 100mm，针对围岩地质情况发生变化，施工过程中如遇煤层或顶板破碎及淋水较大地段则改为网架喷支护方式，架棚支护棚距为 650mm，如图 6-105 所示。12-1#煤顶板为灰色粉砂岩，泥质胶结，水平层理、质纯、岩性单一、裂隙发育，易发生片帮、冒顶，但岩石较坚硬，底板为深灰色粉砂岩，含植物化石碎屑，可见铁质结核，层理发育，老底为沉凝灰岩，为膨胀性岩石，有遇水膨胀、变软的特点。

3. 工作面采动影响范围研究结果

1) 超前支承应力

在 2089 下工作面前方设一条超前支承应力监测线，监测线标高–490m，监测得到工作面超前支承应力的分布情况，如图 6-106 所示。

根据图 6-106 可以得到如下结论：2089 下工作面超前支承应力曲线呈现出塑性区分布状态，其向煤体内部深处发展过程中先增大至最大值后逐渐降低到原始应力状态，且支承应力最大值位于弹塑性区交界处，峰值点距离工作面 15~18m，受支承应力影响的范围是 70～75m。

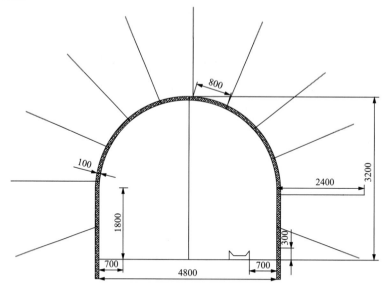

图 6-105　–480m 水平南翼运输大巷断面图（mm）

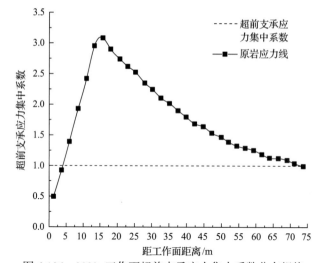

图 6-106　2089下工作面超前支承应力集中系数分布规律

2) 侧向支承应力

根据布设在 2089下工作面煤层倾向方向的监测点监测到的数据，绘制距工作面不同距离时，支承应力集中系数的分布规律曲线，如图 6-107 所示。

对图 6-107 进行分析，可以得到如下结论。

(1) 回风巷道侧较运输巷道侧支承应力较大，而且支承应力峰值区域距回采工作面较近，最大支承应力集中系数为 5.85，支承应力影响范围为 80～85m，峰值点距工作面的侧向距离为 12～18m。

(2) 运输巷道侧最大支承应力集中系数为 4.18，支承应力影响范围为 85～90m，峰值点距工作面的侧向距离为 20～25m。

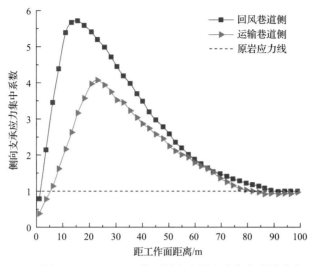

图 6-107　2089下工作面侧向支承应力集中系数分布

综合孤岛煤柱残留情况,孤岛煤体聚集了大量的应力,借鉴其下方的半孤岛工作面的应力分布情况,其支承应力集中系数 K 一定超过 4,正因为如此,造成下方 50m 距离的水平大巷破坏严重,反复维修依然无法根治的技术难题。

因此,基于"连续开采"具有的"连续卸压"的内涵,确定如何把孤岛煤柱采出,从而实现对下伏大巷的卸压,提高采出率的同时彻底改善大巷的维护难题。

6.3.2　残留孤岛煤柱采动影响与下伏大巷应力耦合

1. 采动支承应力在底板中的传播规律研究

1)采场底板支承应力分布规律研究

工作面开采过程中,采空区的上部岩层由周围实体煤承担其载荷,从而在采空区边缘出现不同支承应力影响,在工作面前方形成超前支承应力影响,随着工作面的回采而不断移动,工作面开采周围的支承应力影响情况如图 6-108 所示。

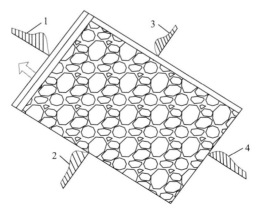

图 6-108　采空区应力重新分布概况

1-工作面超前支承应力;2、3-工作面侧向支承应力;4-工作面后方采空区支承应力

2) 底板应力状态及破坏分析

在岩体开采过程中，围岩会发生失稳，导致原有应力重新分布。在因采动引起的围岩应力重新分布过程中，底板的岩体会产生变形和破坏，同时，将引起底板巷道的围岩变形。

对底板任一点应力分布建立力学模型，如图 6-109 所示。

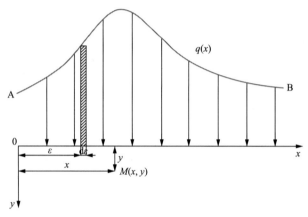

图 6-109　底板任一点力学模型

$q(x)$-载荷

在距离坐标原点 ε 处，取宽度为 $\mathrm{d}\varepsilon$ 的区域，将此段上所受的力 $\mathrm{d}p=q(\varepsilon)\mathrm{d}\varepsilon$ 可视为一个极小单元的力，依据弹性力学理论，得出底板任意一点 $M(x,y)$ 处所引起的力为

$$\begin{cases} \mathrm{d}\sigma_x = \dfrac{2y(x-\varepsilon)^2 q(\varepsilon)\mathrm{d}\varepsilon}{\pi[(x-\varepsilon)^2 + y^2]^2} \\[3mm] \mathrm{d}\sigma_y = \dfrac{2y^3 q(\varepsilon)\mathrm{d}\varepsilon}{\pi[(x-\varepsilon)^2 + y^2]^2} \\[3mm] \mathrm{d}\tau_{xy} = \dfrac{2(x-\varepsilon)y^2 q(\varepsilon)\mathrm{d}\varepsilon}{\pi[(x-\varepsilon)^2 + y^2]^2} \end{cases} \tag{6-68}$$

把式 (6-68) 所得解积分，可以得到 $q(x)$ 在边界下部任意一点 $M(x, y)$ 处引起的应力，即

$$\begin{cases} \sigma_x = \dfrac{2}{\pi}\displaystyle\int_{x_1}^{x_2} \dfrac{y(x-\varepsilon)^2 q(\varepsilon)\mathrm{d}\varepsilon}{[(x-\varepsilon)^2 + y^2]^2} \\[3mm] \sigma_y = \dfrac{2}{\pi}\displaystyle\int_{x_1}^{x_2} \dfrac{y^3 q(\varepsilon)\mathrm{d}\varepsilon}{[(x-\varepsilon)^2 + y^2]^2} \\[3mm] \tau_{xy} = \dfrac{2}{\pi}\displaystyle\int_{x_1}^{x_2} \dfrac{(x-\varepsilon)y^2 q(\varepsilon)\mathrm{d}\varepsilon}{[(x-\varepsilon)^2 + y^2]^2} \end{cases} \tag{6-69}$$

由于孤岛煤柱两侧已采，可近似认为两侧引起的应力变化对称，如图 6-110 所示。

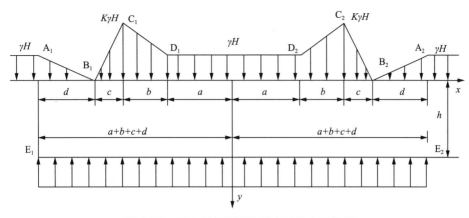

图 6-110　孤岛工作面两边采空后的力学模型

沿煤层走向方向,将底板载荷分为 10 个区域,依次是第一区域 A_1B_1、第二区域 B_1C_1、第三区域 C_1D_1、第四区域 D_1D_2、第五区域 D_2C_2、第六区域 C_2B_2、第七区域 B_2A_2、第八区域 E_1E_2、第九区域 $A_1-\infty$、第十区域 $A_2-\infty$ 段,其中第四区域 D_1D_2、第八区域 E_1E_2、第九区域 $A_1-\infty$、第十区域 $A_2-\infty$ 段为均布载荷,第一区域 A_1B_1、第二区域 B_1C_1、第三区域 C_1D_1、第四区域 D_1D_2、第五区域 D_2C_2、第六区域 C_2B_2 的支承应力分别是 $q_1(\varepsilon)$、$q_2(\varepsilon)$、$q_3(\varepsilon)$、$q_4(\varepsilon)$、$q_5(\varepsilon)$、$q_6(\varepsilon)$,表达式如式(6-70):

$$
\begin{cases}
q_1(\varepsilon) = \dfrac{-\gamma H}{d}\varepsilon_1 - \dfrac{(a+b+c)}{d}\gamma H \\[2mm]
q_2(\varepsilon) = \dfrac{K\gamma H}{c}\varepsilon_2 + \dfrac{(a+b+c)}{c}K\gamma H \\[2mm]
q_3(\varepsilon) = \dfrac{(1-K)\gamma H}{b}\varepsilon_3 + \dfrac{a(1-K)\gamma H}{b} + \gamma H \\[2mm]
q_4(\varepsilon) = \dfrac{(K-1)\gamma H}{b}\varepsilon_4 + \dfrac{a(1-K)\gamma H}{b} + \gamma H \\[2mm]
q_5(\varepsilon) = -\dfrac{K\gamma H}{c}\varepsilon_5 + \dfrac{(a+b+c)}{c}K\gamma H \\[2mm]
q_6(\varepsilon) = \dfrac{-\gamma H}{d}\varepsilon_6 - \dfrac{(a+b+c)}{d}\gamma H
\end{cases}
\tag{6-70}
$$

$$
\begin{cases}
\varepsilon_1 \in [-(a+b+c+d), -(a+b+c)] \\
\varepsilon_2 \in [-(a+b+c), -(a+b)] \\
\varepsilon_3 \in [-(a+b), -a] \\
\varepsilon_4 \in [a, a+b] \\
\varepsilon_5 \in [a+b, a+b+c] \\
\varepsilon_6 \in [a+b+c, a+b+c+d]
\end{cases}
\tag{6-71}
$$

将式(6-70)代入式(6-69)可得底板任一点应力的表达式。

第一区域 A_1B_1 段分布力对底板应力影响分析:

$$\begin{cases} \sigma_{xA_1B_1} = \dfrac{y\gamma H}{d\pi}\left[1 - \dfrac{(x-M)(x-L)+y^2}{(x-L)^2+y^2} + \dfrac{(x-M)}{y}\left(\arctan\dfrac{-x+M}{y} - \arctan\dfrac{-x+L}{y}\right)\right. \\ \qquad\qquad \left. + \lg\dfrac{(x-M)^2+y^2}{(x-L)^2+y^2}\right] \\ \sigma_{yA_1B_1} = \dfrac{y\gamma H}{d\pi}\left[\dfrac{(x-M)(x-L)+y^2}{(x-L)^2+y^2} + \dfrac{(x-M)}{y}\left(\arctan\dfrac{-x+M}{y} - \arctan\dfrac{-x+L}{y}\right)\right] \\ \tau_{A_1B_1} = \dfrac{-y\gamma H}{d\pi}\left[\arctan\dfrac{x-M}{y} - \arctan\dfrac{x-L}{y} + \dfrac{yd}{(x-L)^2+y^2}\right] \\ M = -a-b-c \\ N = -a-b \end{cases} \tag{6-72}$$

第二区域 B_1C_1 段分布力对底板应力影响分析：

$$\begin{cases} \sigma_{xB_1C_1} = \dfrac{K\gamma Hy}{d\pi}\left[\dfrac{(x-M)(x-N)+y^2}{(x-N)^2+y^2} - 1 + \dfrac{(M-x)}{y}\left(\arctan\dfrac{x-N}{y} - \arctan\dfrac{x-M}{y}\right)\right. \\ \qquad\qquad \left. + \lg\dfrac{(x-M)^2+y^2}{(x-L)^2+y^2}\right] \\ \sigma_{yB_1C_1} = \dfrac{y\gamma H}{d\pi}\left[1 - \dfrac{(x-M)(x-N)+y^2}{(x-N)^2+y^2} + \dfrac{(M-x)}{y}\left(\arctan\dfrac{x-N}{y} - \arctan\dfrac{x-M}{y}\right)\right] \\ \tau_{B_1C_1} = \dfrac{Ky\gamma H}{c\pi}\left[\arctan\dfrac{x-N}{y} - \arctan\dfrac{x-M}{y} + \dfrac{cy}{(x-N)^2+y^2}\right] \\ M = -a-b-c \\ N = -a-b \end{cases} \tag{6-73}$$

第三区域 C_1D_1 段分布力对底板应力影响分析：

$$\begin{cases} \sigma_{xC_1D_1} = \dfrac{\gamma Hy}{b\pi}\left\{\dfrac{b(x+a)-(K-1)[(x+a)^2+y^2]}{(x+a)^2+y^2} - \dfrac{b(x+a+b)-(K-1)[(x+a)(x+a+b)+y^2]}{(x+a+b)^2+y^2}\right. \\ \qquad\qquad \left. + \dfrac{[(1-K)(a+x)+b]}{y}\left(\arctan\dfrac{x+a}{y} - \arctan\dfrac{x+a+b}{y}\right) + (K-1)\lg\dfrac{(x+a+b)^2+y^2}{(x+a)^2+y^2}\right\} \\ \sigma_{yC_1D_1} = \dfrac{\gamma Hy}{b\pi}\left\{\dfrac{(K-1)[(x+a)^2+y^2]-b(x+a)}{(x+a)^2+y^2} - \dfrac{(K-1)[(x+a)(x+a+b)+y^2]-b(x+a+b)}{(x+a+b)^2+y^2}\right. \\ \qquad\qquad \left. + \dfrac{[(1-K)(a+x)+b]}{y}\left(\arctan\dfrac{x+a+b}{y} - \arctan\dfrac{x+a}{y}\right)\right\} \\ \tau_{C_1D_1} = \dfrac{Ky\gamma H}{b\pi}\left[\dfrac{by}{(x+a)^2+y^2} - \dfrac{bKy}{(x+a+b)^2+y^2} + (k-1)\left(\arctan\dfrac{x+a+b}{y} - \arctan\dfrac{x+a}{y}\right)\right] \end{cases}$$

$$\tag{6-74}$$

第四区域 D_1D_2 段分布力对底板应力影响分析：

$$
\begin{cases}
\sigma_{xD_1D_2} = \dfrac{\gamma H}{\pi}\left[\dfrac{y(x-a)}{(x-a)^2+y^2} - \dfrac{y(x+a)}{(x+a)^2+y^2} + \arctan\dfrac{x+a}{y} - \arctan\dfrac{x-a}{y}\right] \\[4mm]
\sigma_{yD_1D_2} = \dfrac{\gamma H}{\pi}\left[\dfrac{y(x+a)}{(x+a)^2+y^2} - \dfrac{y(x-a)}{(x-a)^2+y^2} + \arctan\dfrac{x+a}{y} - \arctan\dfrac{x-a}{y}\right] \\[4mm]
\tau_{D_1D_2} = \dfrac{y^2\gamma H}{\pi}\left[\dfrac{1}{(x-a)^2+y^2} - \dfrac{1}{(x+a)^2+y^2}\right]
\end{cases}
\tag{6-75}
$$

第五区域 D_2C_2 段分布力对底板应力影响分析：

$$
\begin{cases}
\begin{aligned}
\sigma_{xD_2C_2} = \dfrac{\gamma Hy}{b\pi}&\left\{\dfrac{b(x-a-b)+(K-1)[(x-a)(x-a-b)+y^2]}{(x-a-b)^2+y^2} - \dfrac{b(x-a)-(K-1)[(x-a)^2+y^2]}{(x+a+b)^2+y^2}\right.\\
&\left. + \dfrac{(K-1)[(a+x)+b]}{y}\left(\arctan\dfrac{x-a}{y} - \arctan\dfrac{x-a-b}{y}\right) + (K-1)\lg\dfrac{(x-a-b)^2+y^2}{(x-a)^2+y^2}\right\}
\end{aligned}\\[8mm]
\begin{aligned}
\sigma_{yD_2C_2} = \dfrac{\gamma Hy}{b\pi}&\left\{\dfrac{(K-1)[(x-a)^2+y^2]+b(x+a)}{(x-a)^2+y^2} - \dfrac{(K-1)[(x-a)(x-a-b)+y^2]+b(x-a-b)}{(x-a-b)^2+y^2}\right.\\
&\left. + \dfrac{(K-1)[(a+x)+b]}{y}\left(\arctan\dfrac{x-a}{y} - \arctan\dfrac{x-a-b}{y}\right)\right\}
\end{aligned}\\[8mm]
\tau_{D_2C_2} = \dfrac{y\gamma H}{b\pi}\left[\dfrac{bKy}{(x-a-b)^2+y^2} - \dfrac{by}{(x-a)^2+y^2} + (K-1)\left(\arctan\dfrac{x-a-b}{y} - \arctan\dfrac{x-a}{y}\right)\right]
\end{cases}
$$

$$\tag{6-76}$$

第六区域 C_2B_2 段分布力对底板应力影响分析：

$$
\begin{cases}
\begin{aligned}
\sigma_{xC_2B_2} = \dfrac{K\gamma Hy}{c\pi}&\left[\dfrac{(x+M)(x+N)+y^2}{(x+N)^2+y^2} + 1 + \dfrac{(M+x)}{y}\left(\arctan\dfrac{x+N}{y} - \arctan\dfrac{x+M}{y}\right)\right.\\
&\left. + \lg\dfrac{(x+M)^2+y^2}{(x+L)^2+y^2}\right]
\end{aligned}\\[8mm]
\sigma_{yC_2B_2} = \dfrac{y\gamma H}{c\pi}\left[1 - \dfrac{(x+M)(x+N)+y^2}{(x+N)^2+y^2} + \dfrac{(M+x)}{y}\left(\arctan\dfrac{x+N}{y} - \arctan\dfrac{x+M}{y}\right)\right]\\[4mm]
\tau_{C_2B_2} = -\dfrac{Ky\gamma H}{c\pi}\left[\arctan\dfrac{x+M}{y} - \arctan\dfrac{x+N}{y} + \dfrac{cy}{(x+N)^2+y^2}\right]\\[4mm]
M = -a-b-c\\[2mm]
N = -a-b
\end{cases}
\tag{6-77}
$$

第七区域 B_2A_2 段分布力对底板应力影响分析：

$$
\begin{cases}
\sigma_{xB_2A_2} = \dfrac{\gamma Hy}{d\pi}\left[\dfrac{(x+M)(x+L)+y^2}{(x+L)^2+y^2} - 1 + \dfrac{(M+x)}{y}\left(\arctan\dfrac{x+M}{y} - \arctan\dfrac{x+L}{y}\right)\right.\\
\qquad\qquad \left. + \lg\dfrac{(x+L)^2+y^2}{(x+M)^2+y^2}\right]\\
\sigma_{yB_2A_2} = \dfrac{y\gamma H}{d\pi}\left[1 - \dfrac{(x+M)(x+L)+y^2}{(x+L)^2+y^2} + \dfrac{(M+x)}{y}\left(\arctan\dfrac{x+M}{y} - \arctan\dfrac{x+L}{y}\right)\right]\\
\tau_{B_2A_2} = \dfrac{y\gamma H}{d\pi}\left[\arctan\dfrac{x+M}{y} - \arctan\dfrac{x+N}{y} - \dfrac{yd}{(x+L)^2+y^2}\right]\\
M = -a-b-c\\
L = -a-b-c-d
\end{cases}
\tag{6-78}
$$

第八区域 E_1E_2 段分布力对底板应力影响分析：

$$
\begin{cases}
\sigma_{xE_1E_2} = \dfrac{q}{\pi}\left[\dfrac{y(x+L)}{(x+L)^2+y^2} - \dfrac{y(x-L)}{(x-L)^2+y^2} + \arctan\dfrac{x-L}{y} - \arctan\dfrac{x+L}{y}\right]\\
\sigma_{yE_1E_2} = \dfrac{q}{\pi}\left[\dfrac{y(x-L)}{(x-L)^2+y^2} - \dfrac{y(x+L)}{(x+L)^2+y^2} + \arctan\dfrac{x-L}{y} - \arctan\dfrac{x+L}{y}\right]\\
\tau_{E_1E_2} = \dfrac{qy^2}{\pi}\left[\dfrac{1}{(x+L)^2+y^2} - \dfrac{1}{(x-L)^2+y^2}\right]\\
L = -a-b-c-d
\end{cases}
\tag{6-79}
$$

第九区域 $A_1-\infty$ 段分布力对底板应力影响分析：

$$
\begin{cases}
\sigma_{xA_1-\infty} = \dfrac{\gamma H}{\pi}\left[\dfrac{y(x-L)}{(x-L)^2+y^2} - \arctan\dfrac{x-L}{y} + \dfrac{\pi}{2}\right]\\
\sigma_{yA_1-\infty} = \dfrac{\gamma H}{\pi}\left[\dfrac{\pi}{2} - \arctan\dfrac{x-L}{y} + \dfrac{y(x-L)}{(x-L)^2+y^2}\right]\\
\tau_{A_1-\infty} = \dfrac{y^2\gamma H}{\pi[(x-L)^2+y^2]}\\
L = -a-b-c-d
\end{cases}
\tag{6-80}
$$

第十区域 $A_2-\infty$ 段分布力对底板应力影响分析：

$$
\begin{cases}
\sigma_{xA_2-\infty} = \dfrac{\gamma H}{\pi}\left[\dfrac{\pi}{2} - \dfrac{y(x+L)}{(x+L)^2+y^2} + \arctan\dfrac{x+L}{y}\right]\\
\sigma_{yA_2-\infty} = \dfrac{\gamma H}{\pi}\left[\dfrac{\pi}{2} - \arctan\dfrac{x+L}{y} + \dfrac{y(x+L)}{(x+L)^2+y^2}\right]\\
\tau_{A_2-\infty} = \dfrac{y^2\gamma H}{\pi[(x+L)^2+y^2]}\\
L = -a-b-c-d
\end{cases}
\tag{6-81}
$$

同理，只需将式(6-72)～式(6-81)进行叠加，即工作面开采底板岩层内任意一点的应力表达式：

$$
\begin{cases}
\sigma_x = \sigma_{xA_1B_1} + \sigma_{xB_1C_1} + \sigma_{xC_1D_1} + \sigma_{xD_1D_2} + \sigma_{xD_2C_2} \\
\quad\quad + \sigma_{xC_2B_2} + \sigma_{xB_2A_2} + \sigma_{xE_1E_2} + \sigma_{xA_1-\infty} + \sigma_{xA_2-\infty} \\
\sigma_y = \sigma_{yA_1B_1} + \sigma_{yB_1C_1} + \sigma_{yC_1D_1} + \sigma_{yD_1D_2} + \sigma_{yD_2C_2} \\
\quad\quad + \sigma_{yC_2B_2} + \sigma_{yB_2A_2} + \sigma_{yE_1E_2} + \sigma_{yA_1-\infty} + \sigma_{yA_2-\infty} \\
\tau = \tau_{A_1B_1} + \tau_{B_1C_1} + \tau_{C_1D_1} + \tau_{D_1D_2} + \tau_{D_2C_2} \\
\quad\quad + \tau_{C_2B_2} + \tau_{B_2A_2} + \tau_{E_1E_2} + \tau_{A_1-\infty} + \tau_{A_2-\infty}
\end{cases}
\tag{6-82}
$$

进一步，根据式(6-82)可得到孤岛煤柱两侧工作面停采后应力为

$$
\frac{\sigma_x + \sigma_y}{2} = \frac{1}{2}\Big[\big(\sigma_{xA_1B_1} + \sigma_{xB_1C_1} + \sigma_{xC_1D_1} + \sigma_{xD_1D_2} + \sigma_{xD_2C_2} + \sigma_{xC_2B_2} + \sigma_{xB_2A_2} + \sigma_{xE_1E_2} + \sigma_{xA_1-\infty} + \sigma_{xA_2-\infty} \big)
$$
$$
+ \big(\sigma_{yA_1B_1} + \sigma_{yB_1C_1} + \sigma_{yC_1D_1} + \sigma_{yD_1D_2} + \sigma_{yD_2C_2} + \sigma_{yC_2B_2} + \sigma_{yB_2A_2} + \sigma_{yE_1E_2} + \sigma_{yA_1-\infty} + \sigma_{yA_2-\infty} \big) \Big]
$$

$$
\frac{\sigma_x - \sigma_y}{2} = \frac{1}{2}\Big[\big(\sigma_{xA_1B_1} + \sigma_{xB_1C_1} + \sigma_{xC_1D_1} + \sigma_{xD_1D_2} + \sigma_{xD_2C_2} + \sigma_{xC_2B_2} + \sigma_{xB_2A_2} + \sigma_{xE_1E_2} + \sigma_{xA_1-\infty} + \sigma_{xA_2-\infty} \big)
$$
$$
- \big(\sigma_{yA_1B_1} + \sigma_{yB_1C_1} + \sigma_{yC_1D_1} + \sigma_{yD_1D_2} + \sigma_{yD_2C_2} + \sigma_{yC_2B_2} + \sigma_{yB_2A_2} + \sigma_{yE_1E_2} + \sigma_{yA_1-\infty} + \sigma_{yA_2-\infty} \big) \Big]
$$

$$
\tau_{xy} = \tau_{A_1B_1} + \tau_{B_1C_1} + \tau_{C_1D_1} + \tau_{D_1D_2} + \tau_{D_2C_2} + \tau_{C_2B_2} + \tau_{B_2A_2} + \tau_{E_1E_2} + \tau_{A_1-\infty} + \tau_{A_2-\infty}
$$

$$
\tag{6-83}
$$

再利用公式：

$$
\left.\begin{array}{c}\sigma_1 \\ \sigma_3\end{array}\right\} = \frac{\sigma_x + \sigma_y}{2} \pm \sqrt{\left(\frac{\sigma_x - \sigma_y}{2}\right)^2 + \tau_{xy}^2}
\tag{6-84}
$$

求出最大、最小主应力 σ_1 和 σ_3 代入 Mohr-Coulomb 准则：

$$
\sigma_1 = \frac{1 + \sin\varphi}{1 - \sin\varphi}\sigma_3 + \frac{2c\cos\varphi}{1 - \sin\varphi}
\tag{6-85}
$$

底板岩性物理力学参数见表 6-21。

表 6-21　底板岩性物理力学参数

岩性	厚度/m	容重/(kg/m³)	体积模量/GPa	剪切模量/GPa	黏聚力/MPa	内摩擦角/(°)	抗拉强度/MPa
8#煤	3.5	1400	5.0	2.5	1.1	30	0.15
深灰色黏土岩	2	1900	6.3	3.9	1.9	37	0.6
浅灰色细砂岩	5.5	2500	15.8	11.3	4.2	50	2.4
深灰色粉砂岩	6	2400	6.5	4.5	1.6	35	1.0
9#煤	3	1400	5.2	3.6	1.2	32	0.5
灰色细砂岩	10	2450	13.4	10.1	3.5	45	2.0
11#煤	2.0	1420	5.2	3.6	1.2	32	0.5

续表

岩性	厚度/m	容重/(kg/m³)	体积模量/GPa	剪切模量/GPa	黏聚力/MPa	内摩擦角/(°)	抗拉强度/MPa
深灰色粉砂岩	11.5	2350	8.4	5.9	2.0	39	1.2
12-1#煤	3.5	1450	5.2	3.6	1.2	32	0.5
灰色黏土岩	2.5	1900	6.3	3.9	1.9	37	0.6
深灰色粉砂岩	10	2350	8.4	5.9	2.0	39	1.2

根据式(6-85),将底板岩性物理力学参数代入,即可得到底板的破坏深度,如图 6-111 所示。

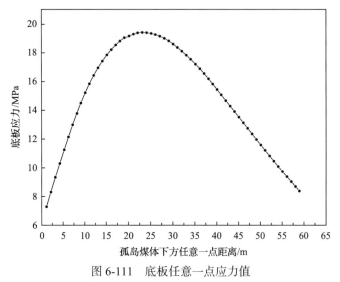

图 6-111　底板任意一点应力值

3) 沿工作面推进方向的底板应力分布规律分析

雅可比将下部的煤岩体视为一种弹性体,对煤层及其下方的岩体受力情况进行模拟计算,采用应力增量对沿推进方向的下部煤岩的采动受力情况进行理论计算,其力学模型如图 6-112 所示。

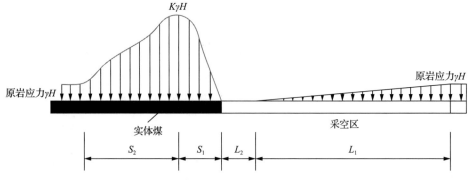

图 6-112　工作面推进方向前后支承应力分布图

K-应力集中系数;γH-原岩应力;L_2-采空区中零应力区域;L_1-采空区中由残余支承应力恢复至原岩应力区域;
S_1-极限平衡区;S_2-超前支承应力峰值至原岩应力区之间区域

工作面的移动性支承应力不但会在前方煤层上产生应力重新分布，而且还会向工作面下部的深层延伸发展，在底层岩层内应力重新分布，将煤层和采空区内的应力变化用增大的形式表示：

$$\Delta\sigma_y = \sigma_{\text{上覆岩层}} - \sigma_{\text{原岩应力}} \tag{6-86}$$

利用式(6-86)，应力峰值处表示为$(K-1)P$，工作面采空后的压力增加为$-P$，整个应力增量情况如图 6-113 所示。

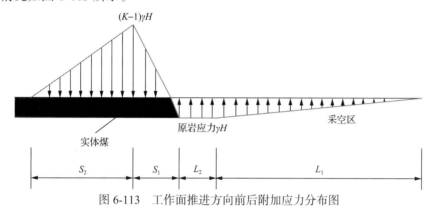

图 6-113　工作面推进方向前后附加应力分布图

取一 m 厚地层为研究对象，按平面应变问题处理。假设底板是均质弹性的，建立计算底板应力分布的数值计算模型，如图 6-114 所示。

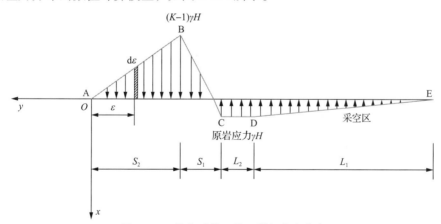

图 6-114　简化后的工作面附加应力分布

如图 6-114 所示，垂直应力表达式为

$$\sigma(\varepsilon) = a\varepsilon + b \tag{6-87}$$

式中，a、b 为曲线系数。

由力的平衡原理得，应力增量 p 满足：

$$pL_2 + \frac{L_1}{2}p = (S_1 + S_2) \times \frac{K-1}{2}p \tag{6-88}$$

得出：

$$S_1 + S_2 = \frac{2L_2 + L_1}{K-1} \tag{6-89}$$

取半平面体内一点 M，若求点 M 的压力，坐标轴的布置如图 6-114 所示，点 $M(x, y)$。取微小距离 $\mathrm{d}\varepsilon$ 在 Oy 轴上距原点 O 为 ε 处，把 $\mathrm{d}p = p\mathrm{d}\varepsilon$ 看作一个微小集中力，任一点 M 与微小集中力 $\mathrm{d}p$ 的铅直距离和水平距离分别是 x 和 $y-\varepsilon$，对这个微小集中力利用式 (6-90) 积分，得到式 (6-91)：

$$\begin{cases} \mathrm{d}\sigma_x = -\dfrac{2p\mathrm{d}\varepsilon}{\pi} \dfrac{x^3}{[x^2+(y-\varepsilon)^2]^2} \\[3mm] \mathrm{d}\sigma_y = -\dfrac{2p\mathrm{d}\varepsilon}{\pi} \dfrac{x(y-\varepsilon)^2}{[x^2+(y-\varepsilon)^2]^2} \\[3mm] \mathrm{d}\tau_{xy} = -\dfrac{2p\mathrm{d}\varepsilon}{\pi} \dfrac{x^2(y-\varepsilon)}{[x^2+(y-\varepsilon)^2]^2} \end{cases} \tag{6-90}$$

$$\begin{cases} \sigma_x = -\dfrac{2}{\pi}\displaystyle\int_{y_1}^{y_2} \dfrac{p(\varepsilon)x^3\mathrm{d}\varepsilon}{[x^2+(y-\varepsilon)^2]^2} \\[3mm] \sigma_y = -\dfrac{2}{\pi}\displaystyle\int_{y_1}^{y_2} \dfrac{p(\varepsilon)x(y-\varepsilon)^2\mathrm{d}\varepsilon}{[x^2+(y-\varepsilon)^2]^2} \\[3mm] \tau_{xy} = --\dfrac{2}{\pi}\displaystyle\int_{y_1}^{y_2} \dfrac{p(\varepsilon)x^2(y-\varepsilon)\mathrm{d}\varepsilon}{[x^2+(y-\varepsilon)^2]^2} \end{cases} \tag{6-91}$$

将图 6-114 所示的应力分为第一区域 AB 段、第二区域 BC 段、第三区域 CD 段、第四区域 DE 段 4 个区段，设原岩应力 γH 为无量纲单位 1；结合东欢坨矿实际工程背景，取应力集中系数 K 为 3，S_1 取 15m，S_2 取 60m，L_2 取 10m，工作面距离原点为 75m。

首先对 AB 区段进行求解，$y_1 = -60$，$y_2 = 0$，设

$$p(\varepsilon) = a_1\varepsilon + b_1 = -\frac{1}{30}\varepsilon \tag{6-92}$$

$$\sigma_{x1} = -\frac{2}{\pi}\int_{-60}^{0} \frac{\left(-\dfrac{1}{30}\varepsilon\right)x^3\mathrm{d}\varepsilon}{[x^2+(y-\varepsilon)^2]^2} = \frac{x^3}{15\pi}\left\{-\frac{1}{2}\left(\frac{1}{x^2+y^2}-\frac{1}{x^2+(y+60)^2}\right)\right.$$
$$\left. +\frac{y}{2x^2}\left[\frac{y^2}{x^2+y^2}-\frac{(y+60)^2}{x^2+(y+60)^2}+\frac{1}{x}\left(\arctan\frac{y}{x}-\arctan\frac{y+60}{x}\right)\right]\right\} \tag{6-93}$$

$$\sigma_{y1} = -\frac{2}{\pi}\int_{-60}^{0} \frac{\left(-\dfrac{1}{30}\varepsilon\right)(y-\varepsilon)^2 x\mathrm{d}\varepsilon}{[x^2+(y-\varepsilon)^2]^2} = \frac{x}{15\pi}\left\{\frac{1}{2}\left[\ln\frac{x^2+y^2}{x^2+(60+y)^2}+\frac{x^2}{x^2+y^2}-\frac{x^2}{x^2+(60+y)^2}\right]\right.$$
$$\left. -y\left[\frac{1}{2x}\left(\arctan\frac{y}{x}+\arctan\frac{60+y}{x}\right)-\frac{1}{2}\left(\frac{y}{x^2+y^2}-\frac{60+y}{x^2+(60+y)^2}\right)\right]\right\}$$

$$\tag{6-94}$$

$$\tau_{xy1} = -\frac{2}{\pi}\int_{-60}^{0}\frac{\left(-\dfrac{1}{30}\varepsilon\right)x^2(y-\varepsilon)\mathrm{d}\varepsilon}{[x^2+(y-\varepsilon)^2]^2} = \frac{x^2}{15\pi}\left\{\frac{1}{2x}\left(\arctan\frac{y}{x}+\arctan\frac{60+y}{x}\right)\right.$$

$$\left. -\frac{1}{2}\left[\frac{60+y}{x^2+(60+y)^2}-\frac{y}{x^2+y^2}\right]+\frac{y}{2}\left[\frac{1}{x^2+(60+y)^2}-\frac{1}{x^2+y^2}\right]\right\} \tag{6-95}$$

其次对 BC 区段进行求解，$y_1 = -75$，$y_2 = -60$

$$p(\varepsilon) = a_2\varepsilon + b_2 = \frac{1}{5}\varepsilon + 14 \tag{6-96}$$

$$\sigma_{x2} = -\frac{2}{\pi}\int_{-75}^{-60}\frac{\left(\dfrac{1}{5}\varepsilon+14\right)x^3\mathrm{d}\varepsilon}{[x^2+(y-\varepsilon)^2]^2} = -\frac{2x^3}{5\pi}\left\{-\frac{1}{2}\left[\frac{1}{x^2+(y+60)^2}-\frac{1}{x^2+(y+75)^2}\right]\right.$$

$$\left. +\frac{y+70}{2x^2}\left[\frac{y+60}{x^2+(y+60)^2}-\frac{y+75}{x^2+(y+75)^2}+\frac{1}{x}\left(\arctan\frac{y+60}{x}-\arctan\frac{y+75}{x}\right)\right]\right\} \tag{6-97}$$

$$\sigma_{y2} = -\frac{2}{\pi}\int_{-75}^{-60}\frac{\left(\dfrac{1}{5}\varepsilon+14\right)(y-\varepsilon)^2 x\mathrm{d}\varepsilon}{[x^2+(y-\varepsilon)^2]^2}$$

$$= -\frac{2x}{5\pi}\left(\frac{1}{2}\left[\ln\frac{x^2+(60+y)^2}{x^2+(75+y)^2}+\frac{x^2}{x^2+(60+y)^2}-\frac{x^2}{x^2+(75+y)^2}\right]\right.$$

$$\left. +(y+70)\left\{\frac{1}{2x}\left(-\arctan\frac{60+y}{x}+\arctan\frac{75+y}{x}\right)-\frac{1}{2}\left[\frac{60+y}{x^2+(60+y)^2}-\frac{75+y}{x^2+(75+y)^2}\right]\right\}\right) \tag{6-98}$$

$$\tau_{xy2} = -\frac{2}{\pi}\int_{-75}^{-60}\frac{\left(\dfrac{1}{5}\varepsilon+14\right)x^2(y-\varepsilon)\mathrm{d}\varepsilon}{[x^2+(y-\varepsilon)^2]^2} = -\frac{2x^2}{5\pi}\left\{\frac{1}{2x}\left(-\arctan\frac{60+y}{x}+\arctan\frac{75+y}{x}\right)\right.$$

$$\left. -\frac{1}{2}\left[\frac{75+y}{x^2+(75+y)^2}-\frac{60+y}{x^2+(60+y)^2}\right]+\frac{y+70}{2}\left[\frac{1}{x^2+(75+y)^2}-\frac{1}{x^2+(60+y)^2}\right]\right\} \tag{6-99}$$

再次对 CD 区段进行求解，$y_1 = -85$，$y_2 = -75$

$$p(\varepsilon) = a_3\varepsilon + b_3 = -1 \tag{6-100}$$

$$\sigma_{x3} = -\frac{2}{\pi}\int_{-85}^{-75}\frac{(-1)x^3\mathrm{d}\varepsilon}{[x^2+(y-\varepsilon)^2]^2}$$

$$= -\frac{x}{\pi}\left[\frac{75+y}{x^2+(75+y)^2}-\frac{85+y}{x^2+(85+y)^2}\right]-\frac{1}{\pi}\left(\arctan\frac{y+75}{x}-\arctan\frac{y+85}{x}\right) \tag{6-101}$$

$$\sigma_{y3} = -\frac{2}{\pi}\int_{-85}^{-75}\frac{(-1)(y-\varepsilon)^2 x\,\mathrm{d}\varepsilon}{[x^2+(y-\varepsilon)^2]^2}$$

$$= -\frac{1}{\pi}\left(-\arctan\frac{75+y}{x}+\arctan\frac{85+y}{x}\right)+\frac{x}{\pi}\left[\frac{y+75}{x^2+(75+y)^2}-\frac{y+85}{x^2+(85+y)^2}\right] \tag{6-102}$$

$$\tau_{xy3} = -\frac{2}{\pi}\int_{-85}^{-75}\frac{(-1)x^2(y-\varepsilon)\,\mathrm{d}\varepsilon}{[x^2+(y-\varepsilon)^2]^2}=\frac{x^2}{\pi}\left[\frac{1}{x^2+(85+\varepsilon)^2}-\frac{1}{x^2+(75+\varepsilon)^2}\right] \tag{6-103}$$

再次对 DE 区段进行求解，$y_1=-215$，$y_2=-85$

$$p(\varepsilon) = a_4\varepsilon + b_4 = -\frac{1}{130}\varepsilon - \frac{215}{130} \tag{6-104}$$

$$\sigma_{x4} = -\frac{2}{\pi}\int_{-215}^{-85}\frac{\left(-\dfrac{1}{130}\varepsilon-\dfrac{215}{130}\right)x^3\mathrm{d}\varepsilon}{[x^2+(y-\varepsilon)^2]^2}$$

$$= -\frac{x^3}{65\pi}\left\{-\frac{1}{2}\left[\frac{1}{x^2+(y+85)^2}-\frac{1}{x^2+(215+y)^2}\right]\right.$$

$$\left.-\frac{y+215}{2x^2}\left[\frac{y+85}{x^2+(y+85)^2}-\frac{215+y}{x^2+(215+y)^2}+\frac{1}{x}\left(\arctan\frac{y+85}{x}-\arctan\frac{y+215}{x}\right)\right]\right\} \tag{6-105}$$

$$\sigma_{y4} = -\frac{2}{\pi}\int_{-215}^{-85}\frac{\left(-\dfrac{1}{130}\varepsilon-\dfrac{215}{130}\right)(y-\varepsilon)^2 x\mathrm{d}\varepsilon}{[x^2+(y-\varepsilon)^2]^2}$$

$$= \frac{x}{65\pi}\left(\frac{1}{2}\left[\ln\frac{x^2+(85+y)^2}{x^2+(215+y)^2}+\frac{x^2}{x^2+(85+y)^2}-\frac{x^2}{x^2+(215+y)^2}\right]\right.$$

$$\left.-(y+215)\left\{\frac{1}{2x}\left(-\arctan\frac{85+y}{x}+\arctan\frac{215+y}{x}\right)+\frac{1}{2}\left[\frac{85+y}{x^2+(85+y)^2}-\frac{215+y}{x^2+(215+y)^2}\right]\right\}\right) \tag{6-106}$$

$$\tau_{xy4} = -\frac{2}{\pi}\int_{-215}^{-85}\frac{\left(-\dfrac{1}{130}\varepsilon-\dfrac{215}{130}\right)x^2(y-\varepsilon)\mathrm{d}\varepsilon}{[x^2+(y-\varepsilon)^2]^2}$$

$$= \frac{x^2}{65\pi}\left\{\frac{1}{2x}\left(-\arctan\frac{85+y}{x}+\arctan\frac{215+y}{x}\right)\right.$$

$$\left.-\frac{1}{2}\left[\frac{215+y}{x^2+(215+y)^2}-\frac{85+y}{x^2+(85+y)^2}\right]+\frac{1}{2}\left[\frac{1}{x^2+(215+y)^2}-\frac{1}{x^2+(85+y)^2}\right]\right\} \tag{6-107}$$

利用上述公式可以得出沿工作面推进方向支承应力的增量在底板中的分布规律，见式（6-108）：

$$
\begin{cases}
\Delta\sigma_x = \sigma_{x1} + \sigma_{x2} + \sigma_{x3} + \sigma_{x4} \\
\Delta\sigma_y = \sigma_{y1} + \sigma_{y2} + \sigma_{y3} + \sigma_{y4} \\
\Delta\tau_{xy} = \tau_{xy1} + \tau_{xy2} + \tau_{xy3} + \tau_{xy4}
\end{cases} \tag{6-108}
$$

这里，结合东欢坨矿实际工程背景，−500m 辅助运输大巷与孤岛煤柱垂距为 50m，因此对式（6-108）进行整理，x 取 50m，结果见式（6-109）～式（6-111）。

$$
\begin{aligned}
\Delta\sigma_x &= \sigma_{x1} + \sigma_{x2} + \sigma_{x3} + \sigma_{x4} \\
&= \left\{ -\frac{x^3}{30\pi(x^2+y^2)} + \frac{7x^3}{30\pi}\cdot\frac{1}{x^2+(y+60)^2} - \frac{x^3}{5\pi}\cdot\frac{1}{x^2+(y+75)^2} + \frac{x^3}{130\pi}\cdot\left[\frac{1}{x^2+(y+85)^2}\right.\right. \\
&\quad \left.\left. -\frac{1}{x^2+(y+215)^2}\right]\right\} + \left\{\frac{xy^2}{30\pi(x^2+y^2)} - \left[\frac{xy}{30\pi} + \frac{x(y+70)}{5\pi}\right]\frac{y+60}{x^2+(y+60)^2} + \left[\frac{x(y+70)}{5\pi}\right.\right. \\
&\quad \left.\left. -\frac{x(y+215)}{130\pi}\right]\frac{y+85}{x^2+(y+85)^2} - \frac{x(y+215)^2}{130\pi[x^2+(y+215)^2]}\right\} + \left(\frac{x^2}{15\pi}\arctan\frac{y}{x} - \frac{7x^2}{15\pi}\arctan\frac{y+60}{x}\right. \\
&\quad \left. +\frac{2x^2-5}{5\pi}\arctan\frac{y+75}{x} + \frac{65-x^2}{65\pi}\arctan\frac{y+85}{x} - \frac{x^2}{65\pi}\arctan\frac{y+215}{x}\right) \\
&= \left\{ -\frac{50^3}{30\pi(50^2+y^2)} + \frac{7\times50^3}{30\pi}\cdot\frac{1}{50^2+(y+60)^2} - \frac{50^2\times10}{\pi}\cdot\frac{1}{50^2+(y+75)^2} + \frac{50^3}{130\pi}\right. \\
&\quad \left. \cdot\left[\frac{1}{50^2+(y+85)^2} - \frac{1}{50^2+(y+215)^2}\right]\right\} + \left\{\frac{5y^2}{3\pi(x^2+y^2)} - \left[\frac{5y}{3\pi} + \frac{10(y+70)}{\pi}\right]\frac{y+60}{50^2+(y+60)^2}\right. \\
&\quad \left. +\left[\frac{10(y+70)}{\pi} - \frac{5(y+215)}{13\pi}\right]\frac{y+85}{x^2+(y+85)^2} - \frac{5(y+215)^2}{13\pi[x^2+(y+215)^2]}\right\} + \left(\frac{50^2}{15\pi}\arctan\frac{y}{50}\right. \\
&\quad \left. -\frac{7\times50^2}{15\pi}\arctan\frac{y+60}{50} + \frac{2\times50^2-5}{5\pi}\arctan\frac{y+75}{50} + \frac{65-50^2}{65\pi}\arctan\frac{y+85}{50} - \frac{50^2}{65\pi}\arctan\frac{y+215}{50}\right)
\end{aligned}
$$
$$\tag{6-109}$$

$$
\begin{aligned}
\Delta\sigma_y &= \sigma_{y1} + \sigma_{y2} + \sigma_{y3} + \sigma_{y4} \\
&= \left[\frac{x}{30\pi}\ln\frac{x^2+y^2}{x^2+(y+60)^2} - \frac{x}{5\pi}\ln\frac{x^2+(y+75)^2}{x^2+(y+85)^2} + \frac{x}{130\pi}\ln\frac{x^2+(y+85)^2}{x^2+(y+215)^2}\right] \\
&\quad + \left(-\frac{y}{30\pi}\arctan\frac{y}{x} - \frac{y+84}{6\pi}\arctan\frac{y+60}{x} + \frac{y+65}{5\pi}\arctan\frac{y+75}{x} - \frac{y+85}{130\pi}\arctan\frac{y+85}{x}\right. \\
&\quad \left. +\frac{y+215}{130\pi}\arctan\frac{y+215}{x}\right) + \left[\frac{xy}{30\pi}\cdot\frac{1}{x^2+y^2} + \frac{xy+84}{30\pi}\cdot\frac{y+60}{x^2+(y+60)^2} - \frac{x(65+y)}{5\pi}\right. \\
&\quad \left. \cdot\frac{y+75}{x^2+(y+75)^2} - \frac{130x+y+215}{130\pi}\cdot\frac{y+85}{x^2+(y+85)^2} + \frac{x}{130\pi}\cdot\frac{(y+215)^2}{x^2+(y+215)^2}\right]
\end{aligned}
$$

$$+\left\{\frac{x}{30\pi}\cdot\frac{1}{x^2+y^2}-\frac{7}{30\pi}\cdot\frac{x^3}{x^2+(y+60)^2}+\frac{1}{5\pi}\cdot\frac{x^3}{x^2+(y+75)^2}+\frac{x^3}{130\pi}\left[\frac{1}{x^2+(y+85)^2}\right.\right.$$

$$\left.\left.\left.-\frac{1}{x^2+(y+215)^2}\right]\right\}\right]$$

$$=\left[\frac{5}{3\pi}\ln\frac{50^2+y^2}{x^2+(y+60)^2}-\frac{10}{\pi}\ln\frac{50^2+(y+60)^2}{50^2+(y+75)^2}+\frac{5}{13\pi}\ln\frac{50^2+(y+85)^2}{50^2+(y+215)^2}\right]$$

$$+\left(-\frac{y}{30\pi}\arctan\frac{y}{50}-\frac{y+84}{6\pi}\arctan\frac{y+60}{50}+\frac{y+65}{5\pi}\arctan\frac{y+75}{50}-\frac{y+85}{130\pi}\arctan\frac{y+85}{50}\right.$$

$$\left.+\frac{y+215}{130\pi}\arctan\frac{y+215}{50}\right)+\left[\frac{5y}{3\pi}\cdot\frac{1}{50^2+y^2}+\frac{50y+84}{30\pi}\cdot\frac{y+60}{50^2+(y+60)^2}-\frac{50(65+y)}{5\pi}\right.$$

$$\cdot\frac{y+75}{50^2+(y+75)^2}-\frac{6500+y+215}{130\pi}\cdot\frac{y+85}{50^2+(y+85)^2}+\frac{5}{13\pi}\cdot\frac{(y+215)^2}{50^2+(y+215)^2}\right]+\left\{\frac{5}{3\pi}\right.$$

$$\cdot\frac{1}{50^2+y^2}-\frac{7}{30\pi}\cdot\frac{50^3}{50^2+(y+60)^2}+\frac{1}{5\pi}\cdot\frac{50^3}{50^2+(y+75)^2}+\frac{50^3}{130\pi}\left[\frac{1}{50^2+(y+85)^2}\right.$$

$$\left.\left.\left.-\frac{1}{50^2+(y+215)^2}\right]\right\}\right]$$

$$(6\text{-}110)$$

$$\Delta\tau_{xy}=\tau_{xy1}+\tau_{xy2}+\tau_{xy3}+\tau_{xy4}$$

$$=\left(\frac{x}{30\pi}\arctan\frac{y}{x}-\frac{7x}{30\pi}\arctan\frac{y+60}{x}+\frac{x}{5\pi}\arctan\frac{y+75}{x}+\frac{x}{130\pi}\arctan\frac{y+85}{x}\right.$$

$$\left.-\frac{x}{130\pi}\arctan\frac{y+215}{x}\right)+\left[\frac{x^2y}{30\pi}\cdot\frac{1}{x^2+y^2}-\frac{7x^2}{30\pi}\cdot\frac{y+60}{x^2+(y+60)^2}+\frac{x^2}{5\pi}\cdot\frac{y+75}{x^2+(y+75)^2}\right.$$

$$\left.+\frac{x^2}{130\pi}\cdot\frac{y+85}{x^2+(y+85)^2}-\frac{x^2}{130\pi}\cdot\frac{y+215}{x^2+(y+215)^2}\right]+\left[-\frac{1}{30\pi}\cdot\frac{x^2y}{x^2+y^2}+\frac{x^2(7y+70)}{30\pi}\right.$$

$$\cdot\frac{1}{x^2+(y+60)^2}+\frac{x^2(y+75)}{30\pi}\cdot\frac{1}{x^2+(y+75)^2}-\frac{x^2(y+85)}{30\pi}\cdot\frac{1}{x^2+(y+85)^2}$$

$$\left.-\frac{x^2(y+215)}{130\pi}\cdot\frac{1}{x^2+(y+215)^2}\right]$$

$$=\left[\frac{5}{3\pi}\arctan\frac{y}{50}-\frac{35}{3\pi}\arctan\frac{y+60}{50}+\frac{10}{\pi}\arctan\frac{y+75}{50}+\frac{5}{13\pi}\arctan\frac{y+85}{50}\right.$$

$$\left.-\frac{5}{13\pi}\arctan\frac{y+215}{50}\right]+\left[\frac{50^2\cdot y}{30\pi}\cdot\frac{1}{50^2+y^2}-\frac{7\times50^2}{30\pi}\cdot\frac{y+60}{50^2+(y+60)^2}+\frac{50^2}{5\pi}\right.$$

$$\left.\cdot\frac{y+75}{50^2+(y+75)^2}+\frac{50^2}{130\pi}\cdot\frac{y+85}{50^2+(y+85)^2}-\frac{50^2}{130\pi}\cdot\frac{y+215}{50^2+(y+215)^2}\right]+\left[-\frac{1}{30\pi}\right.$$

$$\cdot \frac{50^2 y}{50^2 + y^2} + \frac{50^2(7y+70)}{30\pi} \cdot \frac{1}{50^2+(y+60)^2} + \frac{50^2(y+75)}{30\pi} \cdot \frac{1}{50^2+(y+75)^2}$$

$$\left. -\frac{50^2(y+85)}{30\pi} \cdot \frac{1}{50^2+(y+85)^2} - \frac{50^2(y+215)}{130\pi} \cdot \frac{1}{50^2+(y+215)^2} \right]$$

$$(6\text{-}111)$$

利用式(6-109)~式(6-111)，可以得到底板任意点 M 的应力分量为

$$\begin{cases} \sigma_x = \sigma_{x原} + \Delta\sigma_x \\ \sigma_y = \sigma_{y原} + \Delta\sigma_y \end{cases} \tag{6-112}$$

在此基础上，进一步得到点 M 的主应力表达式为

$$\begin{cases} \sigma_1 = \dfrac{\sigma_x + \sigma_y}{2} + \sqrt{\left(\dfrac{\sigma_x - \sigma_y}{2}\right)^2 + \tau_{xy}^2} \\[4mm] \sigma_2 = \dfrac{\sigma_x + \sigma_y}{2} - \sqrt{\left(\dfrac{\sigma_x - \sigma_y}{2}\right)^2 + \tau_{xy}^2} \end{cases} \tag{6-113}$$

综合上述公式，得到：

$$\sigma_1 = \frac{\sigma_x + \sigma_y}{2} + \sqrt{\left(\frac{\sigma_x - \sigma_y}{2}\right)^2 + \tau_{xy}}$$

$$= p + \frac{p}{2}\left\{ -\frac{50^3}{30\pi(50^2+y^2)} + \frac{7\times 50^3}{30\pi}\cdot\frac{1}{50^2+(y+60)^2} - \frac{50^2\times 10}{\pi}\cdot\frac{1}{50^2+(y+75)^2} + \frac{50^3}{130\pi}\right.$$

$$\cdot\left[\frac{1}{50^2+(y+85)^2} - \frac{1}{50^2+(y+215)^2}\right] + \frac{10y^2}{3\pi(50^2+y^2)} - \left[\frac{5y}{3\pi} + \frac{10(y+70)}{\pi} + \frac{50y+84}{30\pi}\right]$$

$$\cdot\frac{y+60}{50^2+(y+60)^2} + \left[\frac{10(y+70)}{\pi} - \frac{5(y+215)}{13\pi} - \frac{6500+y+215}{130\pi}\right]\frac{y+85}{50^2+(y+85)^2}$$

$$-\frac{10(y+215)^2}{13\pi[50^2+(y+215)^2]} + \left[\left(\frac{50^2}{15\pi} - \frac{y}{30\pi}\right)\arctan\frac{y}{50} + \left(\frac{7\times 50^2}{15\pi} + \frac{y+84}{6\pi}\right)\arctan\frac{y+60}{50}\right.$$

$$+ \left(\frac{2\times 50^2-5}{5\pi} + \frac{y+65}{5\pi}\right)\arctan\frac{y+75}{50} + \left(\frac{65-50^2}{65\pi} - \frac{y+85}{130\pi}\right)\arctan\frac{y+85}{50} + \left(\frac{y+215}{130\pi}\right.$$

$$\left. -\frac{50^2}{65\pi}\right)\arctan\frac{y+215}{50}\Bigg] + \left[\frac{5}{3\pi}\ln\frac{50^2+y^2}{50^2+(y+60)^2} - \frac{10}{\pi}\ln\frac{50^2+(y+60)^2}{50^2+(y+75)^2}\right.$$

$$\left. + \frac{5}{13\pi}\ln\frac{50^2+(y+85)^2}{50^2+(y+215)^2}\right] - \frac{50(65+y)}{5\pi}\cdot\frac{y+75}{50^2+(y+75)^2} + \left\{\frac{5}{3\pi}\cdot\frac{1}{50^2+y^2} - \frac{7}{30\pi}\right.$$

$$\cdot \frac{50^3}{50^2+(y+60)^2}+\frac{1}{5\pi}\cdot\frac{50^3}{50^2+(y+75)^2}+\frac{50^3}{130\pi}\left[\frac{1}{50^2+(y+85)^2}-\frac{1}{50^2+(y+215)^2}\right]\Bigg\}$$

$$+\Bigg|\frac{1}{2}\Bigg(-\frac{50^3-50}{30\pi}\cdot\frac{1}{50^2+y^2}+\frac{7\times50^3}{30\pi}\cdot\frac{1}{50^2+(y+60)^2}-\frac{50^2\times10}{\pi}\cdot\frac{1}{50^2+(y+75)^2}$$

$$+\Bigg\{-\left(\frac{5y}{3\pi}+\frac{10(y+70)}{\pi}-\frac{50y+84}{30\pi}\right)\frac{y+60}{50^2+(y+60)^2}+\left[\frac{10(y+70)}{\pi}-\frac{5(y+215)}{13\pi}\right.$$

$$+\frac{6500+y+215}{130\pi}\Bigg]\frac{y+85}{x^2+(y+85)^2}-\frac{10(y+215)^2}{13\pi[50^2+(y+215)^2]}\Bigg\}+\left(\frac{50^2}{15\pi}\arctan\frac{y}{50}\right.$$

$$-\frac{7\times50^2}{15\pi}\arctan\frac{y+60}{50}+\frac{2\times50^2-5}{5\pi}\arctan\frac{y+75}{50}+\frac{65-50^2}{65\pi}\arctan\frac{y+85}{50}$$

$$-\frac{50^2}{65\pi}\arctan\frac{y+215}{50}\Bigg)-\Bigg[\frac{5}{3\pi}\ln\frac{50^2+y^2}{x^2+(y+60)^2}-\frac{10}{\pi}\ln\frac{50^2+(y+60)^2}{50^2+(y+75)^2}$$

$$+\frac{5}{13\pi}\ln\frac{50^2+(y+85)^2}{50^2+(y+215)^2}\Bigg]+\left(-\frac{y}{30\pi}\right)\arctan\frac{y}{50}-\frac{y+84}{6\pi}\arctan\frac{y+60}{50}$$

$$+\frac{y+65}{5\pi}\arctan\frac{y+75}{50}-\frac{y+85}{130\pi}\arctan\frac{y+85}{50}+\frac{y+215}{130\pi}\arctan\frac{y+215}{50}+\frac{7}{30\pi}$$

$$\cdot\frac{50^3}{50^2+(y+60)^2}+\frac{1}{5\pi}\cdot\frac{50^3}{50^2+(y+75)^2}\Bigg)^2+p\left(\frac{5}{3\pi}\arctan\frac{y}{50}-\frac{35}{3\pi}\arctan\frac{y+60}{50}\right.$$

$$+\frac{10}{\pi}\arctan\frac{y+75}{50}+\frac{5}{13\pi}\arctan\frac{y+85}{50}-\frac{5}{13\pi}\arctan\frac{y+215}{50}\Bigg)+\Bigg[\frac{50^2\cdot y}{30\pi}\cdot\frac{1}{50^2+y^2}$$

$$-\frac{7\times50^2}{30\pi}\cdot\frac{y+60}{50^2+(y+60)^2}+\frac{50^2}{5\pi}\cdot\frac{y+75}{50^2+(y+75)^2}+\frac{50^2}{130\pi}\cdot\frac{y+85}{50^2+(y+85)^2}-\frac{50^2}{130\pi}$$

$$\cdot\frac{y+215}{50^2+(y+215)^2}\Bigg]+\Bigg[-\frac{1}{30\pi}\cdot\frac{50^2y}{50^2+y^2}+\frac{50^2(7y+70)}{30\pi}\cdot\frac{1}{50^2+(y+60)^2}+\frac{50^2(y+75)}{30\pi}$$

$$\cdot\frac{1}{50^2+(y+75)^2}-\frac{50^2(y+85)}{30\pi}\cdot\frac{1}{50^2+(y+85)^2}-\frac{50^2(y+215)}{130\pi}\cdot\frac{1}{50^2+(y+215)^2}\Bigg]$$

$$\sigma_2=\frac{\sigma_x+\sigma_y}{2}-\sqrt{\left(\frac{\sigma_x-\sigma_y}{2}\right)+\tau_{xy}}$$

$$=p+\frac{p}{2}\Bigg\{-\frac{50^3}{30\pi(50^2+y^2)}+\frac{7\times50^3}{30\pi}\cdot\frac{1}{50^2+(y+60)^2}-\frac{50^2\times10}{\pi}\cdot\frac{1}{50^2+(y+75)^2}+\frac{50^3}{130\pi}$$

$$\cdot\left[\frac{1}{50^2+(y+85)^2}-\frac{1}{50^2+(y+215)^2}\right]+\frac{10y^2}{3\pi(50^2+y^2)}-\left[\frac{5y}{3\pi}+\frac{10(y+70)}{\pi}+\frac{50y+84}{30\pi}\right]$$

$$\cdot\frac{y+60}{50^2+(y+60)^2}+\left[\frac{10(y+70)}{\pi}-\frac{5(y+215)}{13\pi}-\frac{6500+y+215}{130\pi}\right]\frac{y+85}{50^2+(y+85)^2}$$

$$-\frac{10(y+215)^2}{13\pi[50^2+(y+215)^2]}+\left\{\left(\frac{50^2}{15\pi}-\frac{y}{30\pi}\right)\arctan\frac{y}{50}-\left(\frac{7\times50^2}{15\pi}+\frac{y+84}{6\pi}\right)\arctan\frac{y+60}{50}\right.$$

$$+\left(\frac{2\times50^2-5}{5\pi}+\frac{y+65}{5\pi}\right)\arctan\frac{y+75}{50}+\left(\frac{65-50^2}{65\pi}-\frac{y+85}{130\pi}\right)\arctan\frac{y+85}{50}+\left(\frac{y+215}{130\pi}\right.$$

$$\left.-\frac{50^2}{65\pi}\right)\arctan\frac{y+215}{50}\right\}+\left\{\frac{5}{3\pi}\ln\frac{50^2+y^2}{50^2+(y+60)^2}-\frac{10}{\pi}\ln\frac{50^2+(y+60)^2}{50^2+(y+75)^2}\right.$$

$$+\frac{5}{13\pi}\ln\frac{50^2+(y+85)^2}{50^2+(y+215)^2}\right\}-\frac{50(65+y)}{5\pi}\cdot\frac{y+75}{50^2+(y+75)^2}+\left\{\frac{5}{3\pi}\cdot\frac{1}{50^2+y^2}-\frac{7}{30\pi}\right.$$

$$\left.\cdot\frac{50^3}{50^2+(y+60)^2}+\frac{1}{5\pi}\cdot\frac{50^3}{50^2+(y+75)^2}+\frac{50^3}{130\pi}\left[\frac{1}{50^2+(y+85)^2}-\frac{1}{50^2+(y+215)^2}\right]\right\}$$

$$-\left\{\frac{1}{2}\left\{-\frac{50^3-50}{30\pi}\cdot\frac{1}{50^2+y^2}+\frac{7\times50^3}{30\pi}\cdot\frac{1}{50^2+(y+60)^2}-\frac{50^2\times10}{\pi}\cdot\frac{1}{50^2+(y+75)^2}\right\}\right.$$

$$+\left\{-\left(\frac{5y}{3\pi}+\frac{10(y+70)}{\pi}-\frac{50y+84}{30\pi}\right)\frac{y+60}{50^2+(y+60)^2}+\left[\frac{10(y+70)}{\pi}-\frac{5(y+215)}{13\pi}+\frac{6500+y+215}{130\pi}\right]\right.$$

$$\left.\frac{y+85}{x^2+(y+85)^2}-\frac{10(y+215)^2}{13\pi[50^2+(y+215)^2]}\right\}+\left(\frac{50^2}{15\pi}\arctan\frac{y}{50}-\frac{7\times50^2}{15\pi}\arctan\frac{y+60}{50}\right.$$

$$+\frac{2\times50^2-5}{5\pi}\arctan\frac{y+75}{50}+\frac{65-50^2}{65\pi}\arctan\frac{y+85}{50}-\frac{50^2}{65\pi}\arctan\frac{y+215}{50}\right)-\left[\frac{5}{3\pi}\ln\frac{50^2+y^2}{50^2+(y+60)^2}\right.$$

$$\left.-\frac{10}{\pi}\ln\frac{50^2+(y+60)^2}{50^2+(y+75)^2}+\frac{5}{13\pi}\ln\frac{50^2+(y+85)^2}{50^2+(y+215)^2}\right]+\left(-\frac{y}{30\pi}\right)\arctan\frac{y}{50}-\frac{y+84}{6\pi}\arctan\frac{y+60}{50}$$

$$+\frac{y+65}{5\pi}\arctan\frac{y+75}{50}-\frac{y+85}{130\pi}\arctan\frac{y+85}{50}+\frac{y+215}{130\pi}\arctan\frac{y+215}{50}+\frac{7}{30\pi}\cdot\frac{50^3}{50^2+(y+60)^2}$$

$$\left.+\frac{1}{5\pi}\cdot\frac{50^3}{50^2+(y+75)^2}\right]^2+p\left[\frac{5}{3\pi}\arctan\frac{y}{50}-\frac{35}{3\pi}\arctan\frac{y+60}{50}+\frac{10}{\pi}\arctan\frac{y+75}{50}+\frac{5}{13\pi}\arctan\frac{y+85}{50}\right.$$

$$\left.-\frac{5}{13\pi}\arctan\frac{y+215}{50}\right]+\left[\frac{50^2\cdot y}{30\pi}\cdot\frac{1}{50^2+y^2}-\frac{7\times50^2}{30\pi}\cdot\frac{y+60}{50^2+(y+60)^2}+\frac{50^2}{5\pi}\cdot\frac{y+75}{50^2+(y+75)^2}+\frac{50^2}{130\pi}\right.$$

$$\left.\cdot\frac{y+85}{50^2+(y+85)^2}-\frac{50^2}{130\pi}\cdot\frac{y+215}{50^2+(y+215)^2}\right]+\left[-\frac{1}{30\pi}\cdot\frac{50^2y}{50^2+y^2}+\frac{50^2(7y+70)}{30\pi}\cdot\frac{1}{50^2+(y+60)^2}\right.$$

$$\left.\left.+\frac{50^2(y+75)}{30\pi}\cdot\frac{1}{50^2+(y+75)^2}-\frac{50^2(y+85)}{30\pi}\cdot\frac{1}{50^2+(y+85)^2}-\frac{50^2(y+215)}{130\pi}\cdot\frac{1}{50^2+(y+215)^2}\right]\right\}$$

$$\tag{6-114}$$

从式 (6-114) 中可以看出，底板任一点 M(x, y) 应力分布与原始应力 P、M 点与工作面之间的距离 x、y 有关。

2. 双向不等压巷道围岩塑性区形成的力学机制

国内外学者对巷道围岩应力和塑性区的分布做了大量的研究工作，但是以往的研究均是建立在均质围岩体系上。现实中，原始应力场通常是双向不等压应力场，数值计算和各种试验实践证明，在不等压应力场下的巷道围岩，其塑性区的节理形状几乎没有圆形，大多是"*""+"等形状，由此重新计算推演出不等压下的塑性区形态，对设计施工有指导意义。

1）双向不等压圆形巷道围岩的受力状态

首先对回采巷道的力学模型进行简化，由于巷道的埋藏位置一般都远远大于巷道半径，故可将应力场看作均匀压力，而巷道长度一般较大，故可视作平面问题来计算，将其作为各向同性的一般介质。

双向不等压应力场影响的圆形巷道如图 6-115 所示。在双向不等压应力场条件下，由弹性力学理论，在极坐标下巷道围岩任意一点的应力计算公式如下：

$$
\begin{cases}
\sigma_r = \dfrac{P}{2}\left[(1+\lambda)\left(1-\dfrac{R_0^2}{r^2}\right)+(1-\lambda)\left(1-4\dfrac{R_0^2}{r^2}+3\dfrac{R_0^4}{r^4}\right)\cos 2\theta\right] \\[3mm]
\sigma_\theta = \dfrac{P}{2}\left[(1+\lambda)\left(1+\dfrac{R_0^2}{r^2}\right)-(1-\lambda)\left(1+3\dfrac{R_0^4}{r^4}\right)\cos 2\theta\right] \\[3mm]
\tau_{r\theta} = \dfrac{P}{2}\left[(1-\lambda)\left(1+2\dfrac{R_0^2}{r^2}-3\dfrac{R_0^4}{r^4}\right)\sin 2\theta\right]
\end{cases}
\tag{6-115}
$$

式中，P 为竖向载荷；σ_r 为径向应力，MPa；σ_θ 为切向应力，MPa；$\tau_{r\theta}$ 为剪应力，MPa，结合前述研究取式(6-114)中 σ_2；λ 为侧压系数；R_0 为巷道半径，m；r、θ 为任一点的极坐标。

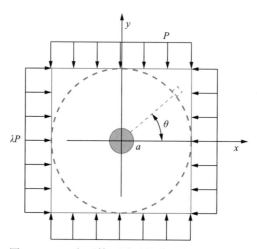

图 6-115　双向不等压圆形巷道围岩的受力模型

2）围岩强度准则

巷道围岩某一点的破坏与最大和最小主应力有关，Mohr-Coulomb 强度准则是目前应用最为广泛的强度准则，当压力不大时，可用直线型莫尔包络线表达围岩体的极限平衡条件，认为围岩体达到弹性极限进入塑性平衡条件时其应力状态满足：

$$\tau = c + \sigma \tan \varphi \tag{6-116}$$

式中，τ 为剪应力，MPa；c 为黏聚力，MPa；σ 为正应力，MPa；φ 为内摩擦角，(°)。

在主应力大小和方向均确定后，应用强度准则可做出相应的强度曲线，如图 6-116 所示。

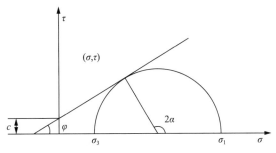

图 6-116　Mohr-Coulomb 强度准则

依据图 6-116，可以得出极限主应力 σ_1 和 σ_3 表达的 Mohr-Coulomb 强度准则，即满足极限平衡式(6-117)：

$$\sigma_1 = 2c \frac{\cos \varphi}{1 - \sin \varphi} + \frac{1 + \sin \varphi}{1 - \sin \varphi} \sigma_3 \tag{6-117}$$

根据上述公式，一侧为零，表明巷道围岩处于弹塑性临界点；若：

$$\sigma_1 - 2c \frac{\cos \varphi}{1 - \sin \varphi} - \frac{1 + \sin \varphi}{1 - \sin \varphi} \sigma_3 > 0 \tag{6-118}$$

表示超过围岩弹塑性交换的极限条件，围岩由原来的弹性状态变为塑性状态。

式(6-117)经变形得到：

$$(\sigma_1 - \sigma_3) - (\sigma_1 + \sigma_3) \sin \varphi = 2c \cos \varphi \tag{6-119}$$

将式(6-114)代入式(6-119)，发现在超前支承应力峰值影响下，下伏–500m 水平辅助运输大巷围岩全部发生破坏，因此，需要进一步结合大巷围岩情况对影响大巷围岩稳定性的因素进行研究，确定大巷围岩的塑性区半径，从而为制定最优的孤岛煤柱回采技术、大巷支护方案提供依据。

3) 双向不等压圆形巷道围岩塑性边界方程

主应力依据弹性力学公式进行求解，如下：

$$\begin{cases} \sigma_1 = \dfrac{\sigma_r + \sigma_\theta}{2} + \sqrt{\left(\dfrac{\sigma_r + \sigma_\theta}{2} \right)^2 + \tau_{r\theta}{}^2} \\[3mm] \sigma_3 = \dfrac{\sigma_r + \sigma_\theta}{2} - \sqrt{\left(\dfrac{\sigma_r - \sigma_\theta}{2} \right)^2 + \tau_{r\theta}{}^2} \end{cases} \tag{6-120}$$

将式(6-120)代入式(6-119)，得到：

$$2\sqrt{\left(\frac{\sigma_r - \sigma_\theta}{2}\right)^2 + \tau_{r\theta}{}^2} - (\sigma_r + \sigma_\theta)\sin\varphi = 2c\cos\varphi \tag{6-121}$$

变形得到：

$$\sqrt{\left(\frac{\sigma_r - \sigma_\theta}{2}\right)^2 + \tau_{r\theta}{}^2} = \frac{\sigma_r + \sigma_\theta}{2}\sin\varphi + c\cos\varphi \tag{6-122}$$

两边平方，并移项得到：

$$\left(\frac{\sigma_r - \sigma_\theta}{2}\right)^2 + \tau_{r\theta}{}^2 - \left(\frac{\sigma_r + \sigma_\theta}{2}\right)^2\sin^2\varphi - (\sigma_r + \sigma_\theta)\sin\varphi\cos\varphi c - c^2\cos^2\varphi = 0 \tag{6-123}$$

对式(6-123)中左侧多项式进行求解，令 $A=R_0^2/r^2$，依据式(6-115)可得如下结果。

(1)推导多项式的第一项。

$$\begin{aligned}
(\sigma_r - \sigma_\theta) &= P[(1-\lambda)\cos 2\theta(1-2A+3A^2) - (1-\lambda)A] \\
&= P[3(1-\lambda)\cos 2\theta A^2 - [2(1-\lambda)\cos 2\theta + (1+\lambda)]A + (1-\lambda)\cos 2\theta]
\end{aligned} \tag{6-124}$$

令 $n=(1-\lambda)\cos 2\theta$，则：

$$(\sigma_r - \sigma_\theta) = P[3nA^2 - [2n+1+\lambda]A + n] \tag{6-125}$$

$$\left(\frac{\sigma_r - \sigma_\theta}{2}\right)^2 = \frac{P^2}{4}\{9n^2 A^4 - 6n(2n+1+\lambda)A^3 + [6n^2 + (2n+1+\lambda)^2]A^2 - 2n(2n+1+\lambda)A + n^2\} \tag{6-126}$$

(2)推导多项式的第二项。

令 $m=(1-\lambda)\sin 2\theta$，则：

$$\tau_{r\theta}{}^2 = \frac{P^2}{4}[9m^2 A^4 - 12m^2 A^3 - 2m^2 A^2 + 4m^2 A + m^2] \tag{6-127}$$

(3)推导多项式的第三项。

$$\left(\frac{\sigma_r + \sigma_\theta}{2}\right)^2\sin^2\varphi = \frac{P^2}{4}[4n^2\sin^2\varphi A^2 - 4n(1+\lambda)\sin^2\varphi A + (1+\lambda)^2\sin^2\varphi] \tag{6-128}$$

(4)推导多项式的第四项。

$$(\sigma_r + \sigma_\theta)\sin\varphi\cos\varphi c = P[(1+\lambda)\sin\varphi\cos\varphi c - 2n\sin\varphi\cos\varphi cA] \tag{6-129}$$

将以上推导得出的公式整理得到：

$$(9m^2 + 9n^2)A^4 - (12m^2 + 12n^2)$$
$$= [6n(1+\lambda)]A^3 + [10n^2 + (1+\lambda)^2 + 4n(1+\lambda) + 4n^2\sin^2\varphi - 2m^2]A^2 -$$
$$\left[4n^2 + 2n(1+\lambda) + 4n(1+\lambda)\sin^2\varphi - 4m^2 - 8n\frac{1}{P}\sin\varphi\cos\varphi c\right]A + \quad (6\text{-}130)$$
$$m^2 + n^2 - (1+\lambda)^2\sin^2\varphi - \frac{4}{P}(1+\lambda)\sin\varphi\cos\varphi c - \frac{4}{P^2}c^2\cos^2\varphi = 0$$

将式(6-130)更改为如下函数形式：

$$f(A) = K_1 A^4 + K_2 A^3 + K_3 A^2 + K_4 A + K_5 = 0 \quad (6\text{-}131)$$

下面将 $(1-\lambda)\sin 2\theta = m$，$(1-\lambda)\cos 2\theta = n$ 代入上述公式分别求出 $K_1 \sim K_5$ 各系数：

$$K_1 = 9m^2 + 9n^2 = 9(1-\lambda)^2 \quad (6\text{-}132)$$

$$K_2 = -[12m^2 + 12n^2 + 6n(1+\lambda)] = -[12(1-\lambda)^2 + 6(1-\lambda^2)\cos 2\theta]$$
$$= -12(1-\lambda)^2 - 6(1-\lambda^2)\cos 2\theta \quad (6\text{-}133)$$

$$K_3 = 2(1-\lambda)^2[\cos^2 2\theta(5 + 2\sin^2\varphi) - \sin^2 2\theta] + (1+\lambda)^2 + 4(1-\lambda^2)\cos 2\theta \quad (6\text{-}134)$$

$$K_4 = -\left\{4(1-\lambda)^2[\cos^2 2\theta - \sin^2 2\theta] + 2(1-\lambda^2)\cos 2\theta(1 + 2\sin^2\varphi) \right.$$
$$\left. -\frac{8}{P}(1-\lambda)\cos 2\theta\sin\varphi\cos\varphi c\right\} \quad (6\text{-}135)$$

$$K_5 = (1-\lambda)^2 - \sin^2\varphi\left(1 + \lambda + \frac{2c\cos\varphi}{P\sin\varphi}\right)^2 \quad (6\text{-}136)$$

通过以上推导分析，将 $A = R_0^2/r^2$ 代入式(6-131)，获得非均匀应力场条件下圆形巷道围岩塑性区的边界方程，即

$$f\left(\frac{R_0}{r}\right) = K_1\left(\frac{R_0}{r}\right)^8 + K_2\left(\frac{R_0}{r}\right)^6 + K_3\left(\frac{R_0}{r}\right)^4 + K_4\left(\frac{R_0}{r}\right)^2 + K_5 = 0 \quad (6\text{-}137)$$

式中，R_0 为圆形巷道半径；r 为对应 θ 处的塑性区深度。

在巷道承载、侧压系数、巷道半径、围岩黏聚力和内摩擦角都给定的情况下，即可计算出巷道的围岩塑性区边界位置。

推导如下：

$$K_1\left(\frac{R_0}{r}\right)^4 + K_2\left(\frac{R_0}{r}\right)^3 + K_3\left(\frac{R_0}{r}\right)^2 + K_4\left(\frac{R_0}{r}\right) + K_5 = 0 \quad (6\text{-}138)$$

$$\left\{
\begin{aligned}
\left(\frac{R_0}{r}\right)_1 &= -\frac{K_2}{4K_1} - \frac{1}{2}\sqrt{\frac{K_2{}^2}{4K_1{}^2} - \frac{2K_3}{3K_1} + \Delta} - \frac{1}{2}\sqrt{\frac{K_2{}^2}{2K_1{}^2} - \frac{4K_3}{3K_1} - \Delta - \frac{-\dfrac{K_2{}^3}{K_1{}^3} + \dfrac{4K_2K_3}{K_1{}^2} - \dfrac{8K_4}{K_1}}{4\sqrt{\dfrac{K_2{}^2}{4K_1{}^2} - \dfrac{2K_3}{3K_1} + \Delta}}} \\
\left(\frac{R_0}{r}\right)_2 &= -\frac{K_2}{4K_1} - \frac{1}{2}\sqrt{\frac{K_2{}^2}{4K_1{}^2} - \frac{2K_3}{3K_1} + \Delta} + \frac{1}{2}\sqrt{\frac{K_2{}^2}{2K_1{}^2} - \frac{4K_3}{3K_1} - \Delta - \frac{-\dfrac{K_2{}^3}{K_1{}^3} + \dfrac{4K_2K_3}{K_1{}^2} - \dfrac{8K_4}{K_1}}{4\sqrt{\dfrac{K_2{}^2}{4K_1{}^2} - \dfrac{2K_3}{3K_1} + \Delta}}} \\
\left(\frac{R_0}{r}\right)_3 &= -\frac{K_2}{4K_1} + \frac{1}{2}\sqrt{\frac{K_2{}^2}{4K_1{}^2} - \frac{2K_3}{3K_1} + \Delta} - \frac{1}{2}\sqrt{\frac{K_2{}^2}{2K_1{}^2} - \frac{4K_3}{3K_1} - \Delta - \frac{-\dfrac{K_2{}^3}{K_1{}^3} + \dfrac{4K_2K_3}{K_1{}^2} - \dfrac{8K_4}{K_1}}{4\sqrt{\dfrac{K_2{}^2}{4K_1{}^2} - \dfrac{2K_3}{3K_1} + \Delta}}} \\
\left(\frac{R_0}{r}\right)_4 &= -\frac{K_2}{4K_1} + \frac{1}{2}\sqrt{\frac{K_2{}^2}{4K_1{}^2} - \frac{2K_3}{3K_1} + \Delta} + \frac{1}{2}\sqrt{\frac{K_2{}^2}{4K_1{}^2} - \frac{4K_3}{3K_1} - \Delta - \frac{-\dfrac{K_2{}^3}{K_1{}^3} + \dfrac{4K_2K_3}{K_1{}^2} - \dfrac{8K_4}{K_1}}{4\sqrt{\dfrac{K_2{}^2}{4K_1{}^2} - \dfrac{2K_3}{3K_1} + \Delta}}}
\end{aligned}
\right. \tag{6-139}$$

$$\left\{
\begin{aligned}
K_1 &= 9(1-\lambda)^2 \\
K_2 &= -12(1-\lambda)^2 - 6(1-\lambda^2)\cos 2\theta \\
K_3 &= 2(1-\lambda)^2[\cos^2 2\theta(5+2\sin^2\varphi) - \sin^2 2\theta] + (1+\lambda)^2 + 4(1-\lambda^2)\cos 2\theta \\
K_4 &= -\{4(1-\lambda)^2[\cos^2 2\theta - \sin^2 2\theta] + 2(1-\lambda^2)\cos 2\theta(1+2\sin^2\varphi) \\
&\quad - \frac{8}{P}(1-\lambda)\cos 2\theta \sin\varphi\cos\varphi c\} \\
K_5 &= (1-\lambda)^2 - \sin^2\varphi\left(1+\lambda+\frac{2c\cos\varphi}{P\sin\varphi}\right)^2
\end{aligned}
\right. \tag{6-140}$$

$$
\begin{aligned}
\Delta_1 &= K_3{}^2 - 3K_2K_4 + 12K_1K_5 \\
&= [2(1-\lambda)^2[5.62\cos^2 2\theta - \sin^2 2\theta] + (1+\lambda)^2 + 4(1-\lambda^2)\cos 2\theta]^2 - 18(1-\lambda^2)(2+\cos 2\theta) \\
&\quad - \left\{4(1-\lambda)^2[\cos^2 2\theta - \sin^2 2\theta] + 3.24(1-\lambda^2)\cos 2\theta - \frac{25.2}{P}(1-\lambda)\cos 2\theta\right\} \\
&\quad + 108(1-\lambda)^2\left[(1-\lambda)^2 - 0.31\left(1+\lambda+\frac{20.2}{P}\right)^2\right]
\end{aligned} \tag{6-141}
$$

$$
\begin{aligned}
\Delta_2 =\ & 2K_3^3 - 9K_2K_3K_4 + 27K_1K_4^2 + 27K_2^2K_5 - 72K_1K_3K_5 \\
=\ & 2\{(1-\lambda)^2[11.14\cos^2 2\theta - 2\sin^2 2\theta]+(1+\lambda)^2+4(1-\lambda^2)\cos 2\theta\}^3 \\
& -54(1-\lambda^2)(2+\cos 2\theta)\{2(1-\lambda)^2[5.62\cos^2 2\theta - \sin^2 2\theta]+(1+\lambda)^2 \\
& +4(1-\lambda^2)\cos 2\theta\}\{4(1-\lambda)^2[\cos^2 2\theta - \sin^2 2\theta]+3.24(1-\lambda^2)\cos 2\theta \\
& -\frac{25.2}{P}(1-\lambda)\cos 2\theta\}+972\,(1-\lambda^2)^2(2+\cos 2\theta)^2\left[(1-\lambda)^2 - 0.31\left(1+\lambda+\frac{20.2}{P}\right)^2\right] \\
& -\left\{2(1-\lambda)^2 - 648(1-\lambda)^2\{2(1-\lambda)^2[5.62\cos^2 2\theta - \sin^2 2\theta]+(1+\lambda)^2\right. \\
& \left. +4(1-\lambda^2)\cos 2\theta\}\{(1-\lambda)^2 - 0.31\left(1+\lambda+\frac{20.2}{P}\right)^2\right\}
\end{aligned}
\tag{6-142}
$$

$$
\Delta = \frac{\sqrt[3]{2}\Delta_1}{3K_1\sqrt[3]{\Delta_2 + \sqrt{-4\Delta_1^3 + \Delta_2^2}}} + \frac{\sqrt[3]{\Delta_2 + \sqrt{-4\Delta_1^3 + \Delta_2^2}}}{3\sqrt[3]{2}K_1}
\tag{6-143}
$$

综合前述研究成果，东欢坨矿孤岛煤柱下方大巷稳定性的影响因素包括：①与孤岛工作面之间的距离 D；②支护阻力 P；③应力集中系数 K；④侧压系数 λ；⑤巷道半径 R；⑥巷道围岩性质（围岩黏聚力 c、围岩内摩擦角 φ）。

3. 巷道围岩塑性区深度的影响因素与形态特征

结合式 (6-139)，对巷道围岩塑性区破坏深度的影响因素进行分析，包括支护阻力、大巷与孤岛工作面距离、侧压系数、巷道半径及巷道围岩性质几个方面。

1）支护阻力分布对巷道围岩塑性区的影响

为了研究工作面载荷分布对巷道围岩塑性区的影响，这里固定其他参数，$\lambda=1$，$\theta=30°$，$R_0=2.5\mathrm{m}$，$\gamma=27\mathrm{kN/m}^3$，$c=6.8\mathrm{MPa}$，$\varphi=34°$时，由式 (6-139) 计算得到支护阻力对下伏大巷塑性区的影响，如图 6-117 所示。

巷道支护阻力的增加对巷道围岩塑性区范围的减小有限，即单纯依靠增加支护密度从而提高支护阻力，对围岩塑性区的控制效果有限。

2）下伏大巷与孤岛煤柱距离对巷道围岩塑性区的影响

为研究下伏大巷与孤岛煤柱距离对巷道围岩塑性区的影响，设定参数 $\lambda=1$，$\theta=30°$，$P=4000\mathrm{kN/m}^2$，$R_0=2.5\mathrm{m}$，$c=6.8\mathrm{MPa}$，$\gamma=27\mathrm{kN/m}^3$，$\varphi=34°$，计算结果如图 6-118 所示。

在下伏大巷与孤岛煤柱的距离之间小于 25m 时巷道围岩塑性区范围呈线性增长，距离大于 75m 后巷道围岩塑性范围基本保持在 1m 左右，即认为 8# 残留孤岛煤柱对底板采动的影响范围约 75m。

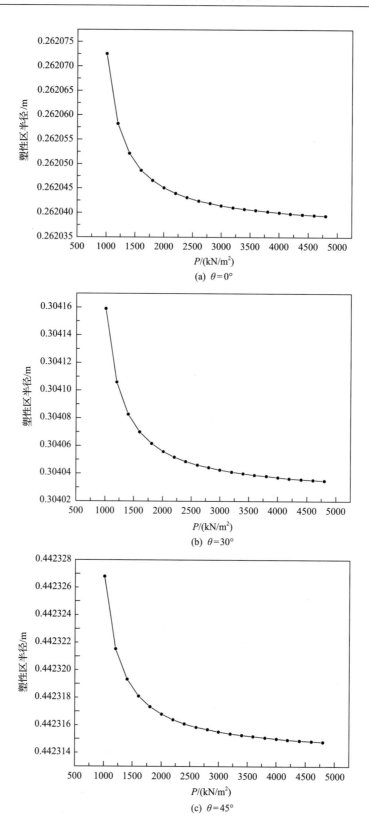

(a) $\theta = 0°$

(b) $\theta = 30°$

(c) $\theta = 45°$

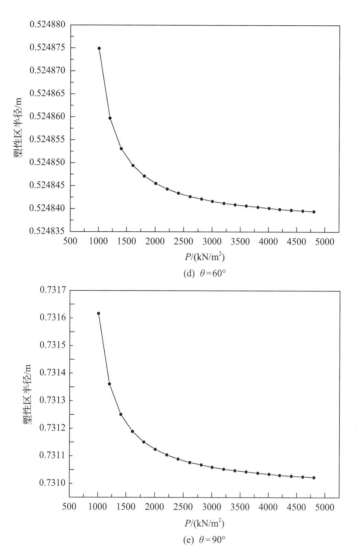

(d) $\theta=60°$

(e) $\theta=90°$

图 6-117　支护阻力对巷道围岩塑性区分布的影响

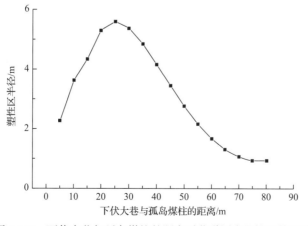

图 6-118　下伏大巷与孤岛煤柱的距离对巷道围岩塑性区的影响

3) 应力集中系数对巷道围岩塑性区的影响

为研究不同应力集中系数对围岩塑性区分布的影响，设定参数 $\lambda=1$，$\theta=30°$，$P=4000\text{kN/m}^2$，$R_0=2.5\text{m}$，$c=6.8\text{MPa}$，$\gamma=27\text{kN/m}^3$，$\varphi=34°$，计算结果如图 6-119 所示。

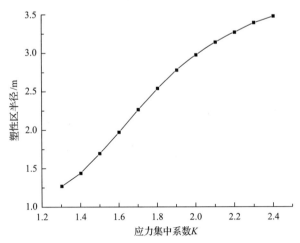

图 6-119　应力集中系数对巷道围岩塑性区的影响

应力集中系数与巷道围岩塑性区半径呈线性关系，即随着孤岛工作面应力集中系数的增加，巷道围岩塑形区也增大。因此，在孤岛工作面回采过程中，控制应力集中系数对下伏大巷的围岩稳定性有利。

4) 侧压系数对巷道围岩塑性区的影响

侧压系数大小决定巷道承载以水平应力还是垂直应力为主，其他参数取值为 $\theta=30°$，$P=4000\text{kN/m}^2$，$R_0=2.5\text{m}$，$c=6.8\text{MPa}$，$\gamma=27\text{kN/m}^3$，$\varphi=34°$，调整侧压系数 λ 取值，巷道围岩塑性区范围如图 6-120 所示。

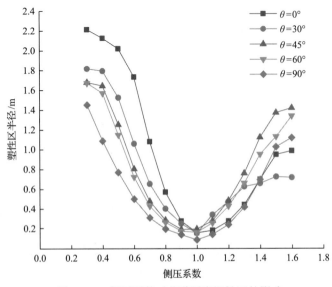

图 6-120　侧压系数对巷道围岩塑性区的影响

侧压系数增加对巷道围岩塑性区的影响以 1 为分界线，当侧压系数小于 1 时，随着侧压系数增加，巷道围岩塑性区逐渐减小；当侧压系数大于 1 时，随着侧压系数增大，巷道围岩塑性区范围逐渐增大。

5) 巷道半径对巷道围岩塑性区的影响

设 $\lambda=1$，$\theta=30°$，$P=4000kN/m^2$，$\gamma=27kN/m^3$，$c=6.8MPa$，$\varphi=34°$时，计算得到巷道半径对巷道围岩塑性区的影响，如图 6-121 所示。

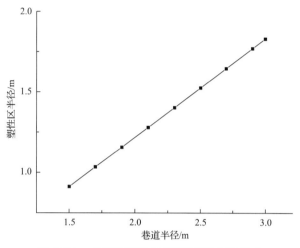

图 6-121 巷道半径对巷道围岩塑性区的影响

从图 6-121 可以看出，巷道半径与巷道围岩塑性区呈线性关系，即巷道半径增加，围岩塑性区也增大，因此在满足通风、运输等要求的前提下，控制巷道半径对于围岩稳定性有利。

6) 巷道围岩性质对巷道围岩塑性区的影响

当 $\lambda=1$，$\theta=30$，$P=4000kN/m^2$，$R_0=2.5m$，$c=6.8MPa$ 时，内摩擦角对围岩塑性区范围的影响效果，如图 6-122 所示。

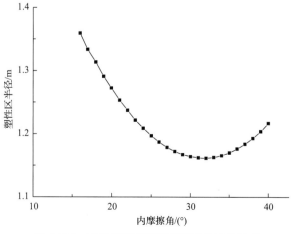

图 6-122 内摩擦角对巷道围岩塑性区的影响

从计算结果来看，增加内摩擦角到 32°时，巷道围岩塑性区半径呈现明显降低趋势，但是，当内摩擦角超过 32°时，围岩塑性区反而呈增加趋势，这一结果为后续制定支护参数提供重要依据，即单纯依靠增加支护密度实现残余内摩擦角的增加对于巷道围岩破坏区的控制有一定的限制，甚至是产生不利影响。

其他参数不变，利用式(6-139)，通过调整黏聚力，分析对围岩塑性区范围的影响效果，如图 6-123 所示。

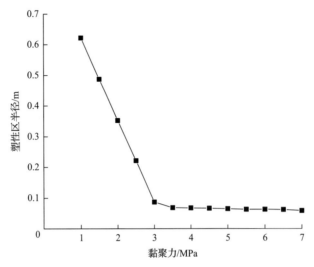

图 6-123　黏聚力对巷道围岩塑性区的影响

在黏聚力小于 3MPa 时，增大黏聚力，塑性区半径明显减小，当继续增加黏聚力，对围岩塑性区范围的影响有限，与内摩擦角相同，在采动影响下，对大巷的维护单纯依靠增加支护体密度的效果有限。

7) 巷道围岩塑性区形态特征

当 $\lambda=1$，$P=4000\text{kN/m}^2$，$R_0=2.5\text{m}$，$\gamma=27\text{kN/m}^3$，$c=6.8\text{MPa}$，$\varphi=34°$时，由式(6-139)，以 θ 为变量，得到孤岛煤柱下伏大巷围岩塑性区形态，如图 6-124 所示。

结合孤岛煤柱开采与下伏大巷围岩性质，对受采动影响的巷道围岩塑性区形态进行计算，发现下伏大巷破坏呈现"X"型特征，从支护角度考虑，需要重点加强顶底板两侧塑性区的控制。

综合本小节内容，首先结合采动支承应力分布特点，对采场底板应力分布规律展开研究，利用支承应力变化增量，推导了采动对底板任一点的应力增量表达式，即确定了底板任一点不同方向的应力分量，进一步结合东欢坨矿前期研究成果，得到底板任一点的主应力表达式。

结合东欢坨矿一般性参数，得到孤岛残留煤体回采造成底板双向不等压条件下的巷道围岩塑性区形态特征，即巷道围岩出现"X"型破坏。

再次对上述影响因素分析，除了大巷承受的顶板应力与侧压系数来源于孤岛工作面及覆岩的影响外，其余因素均属于大巷自身及其围岩的性质，那么我们就有必要对不同孤岛煤柱开采技术因素进行进一步计算分析，从而找到最优的回采方案，以控制其围岩承载。

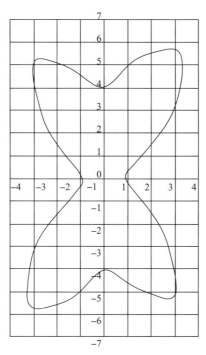

图 6-124　孤岛煤柱下伏大巷围岩塑性区形态特征

6.3.3　孤岛煤柱回采方案计算分析

前述得到了孤岛煤柱对下伏大巷长期、剧烈的影响，围绕大巷展开了计算分析，除了大巷及其围岩自身因素外，孤岛煤柱形成的底板应力分布与侧压系数是下伏大巷发生破坏的能量来源，涉及孤岛煤柱及其下伏大巷空间的复杂性，单纯的依赖公式进行回采技术方案设计已经难以实现，因此，采用计算机数值模拟研究回采技术参数对下伏大巷的影响。

涉及孤岛煤柱开采，无法实现完全无煤柱的"连续开采"体系，但是孤岛煤柱采过，采空区煤柱完全坍塌后与形成连续的开采目标是一致的，这里我们按照常规的煤柱留设方案进行计算分析。

同时，厚度 3.3m 的煤层在开采方案上也没有过多选择，仅考虑分两层开采或者一次采出。

对于推进速度，我们参考开滦集团实际情况，以 1～5m 的日进度作为研究对象。

1. 不同尺寸煤柱对下伏大巷围岩应力、塑性区分布的影响研究

因为孤岛煤柱的长度是工作面长度与两端隔离煤柱之和，因此留设不同尺寸的煤柱，孤岛工作面的长度也发生相应的变化。根据东欢坨矿地质资料，工作面走向长 1816.1m，倾斜长 75～105m。下面就不同尺寸煤柱，下伏巷道围岩应力、塑性区分布以及巷道围岩

位移变形情况分析如下。

1）3m 煤柱

如图 6-125（a）所示，大巷整体处于上覆孤岛煤柱开采后形成的应力降低范围内，巷道顶板应力值为 0.7MPa；底板应力值为 0.9MPa；左帮应力值为 2.0MPa；右帮应力值为 3.5MPa。

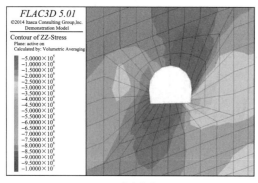
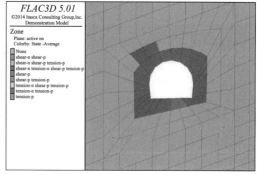

(a) 应力分布　　　　　　　　　　　(b) 塑性区分布

图 6-125　留 3m 煤柱下伏大巷应力分布及塑性区分布

塑性区分布如图 6-125（b）所示，从大巷围岩稳定性来看，大巷围岩塑性区破坏呈现偏 "X" 型，在巷道顶板位置，左侧破坏深度为 2.7m，右侧破坏深度为 1.9m；大巷左帮破坏深度为 1.5m，右帮破坏深度为 1.6m；大巷底板两端发生破坏，左侧底板破坏深度为 2.6m，右侧底板破坏深度为 2.0m。

2）5m 煤柱

如图 6-126（a）所示，巷道顶板应力值为 0.9MPa；底板应力值为 1.3MPa；左帮应力值为 2.7MPa；右帮应力值为 4.0MPa。

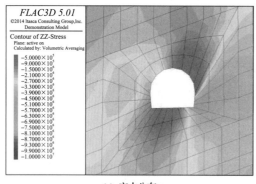
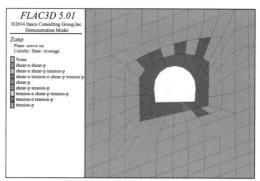

(a) 应力分布　　　　　　　　　　　(b) 塑性区分布

图 6-126　留 5m 煤柱下伏大巷应力分布及塑性区分布

塑性区分布如图 6-126（b）所示，从大巷围岩稳定性来看，大巷围岩塑性区破坏呈现似 "X" 型，在巷道顶板位置，左侧破坏深度为 3.1m，右侧破坏深度为 2.2m；大巷左帮破坏深度为 1.7m，右帮破坏深度为 1.7m；大巷底板两端发生破坏，左侧底板破坏深度为 2.9m，右侧底板破坏深度为 2.3m。

3）8m 煤柱

如图 6-127(a)所示，巷道顶板应力值为 1.5MPa；底板应力值为 1.8MPa；左帮应力值为 3.5MPa；右帮应力值为 4.5MPa。

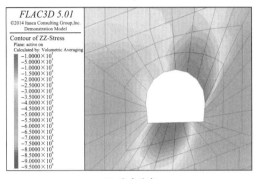
(a) 应力分布

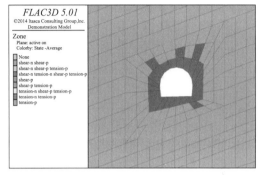
(b) 塑性区分布

图 6-127　留 8m 煤柱下伏大巷应力分布及塑性区分布

塑性区分布如图 6-127(b)所示，从大巷围岩稳定性来看，大巷围岩塑性区破坏呈现似"X"型，在巷道顶板位置，左侧破坏深度为 3.2m，右侧破坏深度为 2.8m；大巷左帮破坏深度为 1.9m，右帮破坏深度为 2.0m；大巷底板两端发生破坏，左侧底板破坏深度为 3.3m，右侧底板破坏深度为 2.6m。

4）10m 煤柱

如图 6-128(a)所示，巷道顶板应力值为 1.2MPa；底板应力值为 1.6MPa；左帮应力值为 4.0MPa；右帮应力值为 5.3MPa。

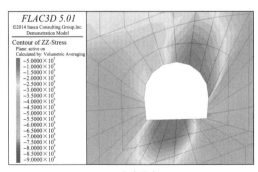
(a) 应力分布

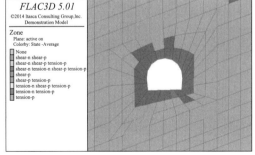
(b) 塑性区分布

图 6-128　留 10m 煤柱下伏大巷应力分布及塑性区分布

塑性区破坏分布具体如图 6-128(b)所示，从大巷围岩稳定性来看，大巷围岩塑性区破坏呈现似"X"型，在巷道顶板位置，左侧破坏深度为 3.3m，右侧破坏深度为 3.0m；大巷左帮破坏深度为 2.1m，右帮破坏深度为 2.3m；大巷底板两端发生破坏，左侧底板破坏深度为 3.9m，右侧底板破坏深度为 3.3m。

5）15m 煤柱

如图 6-129（a）所示，巷道顶板应力值为 1.5MPa；底板应力值为 1.8MPa；左帮应力值为 5.0MPa；右帮应力值为 5.5MPa。

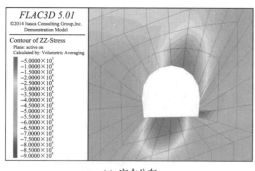 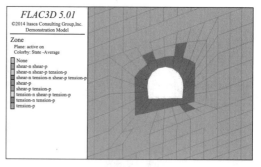

（a）应力分布　　　　　　　　　　　　　（b）塑性区分布

图 6-129　留 15m 煤柱下伏大巷应力分布及塑性区分布

塑性区破坏分布具体如图 6-129（b）所示，从大巷围岩稳定性来看，大巷围岩塑性区破坏呈现似"X"型，在巷道顶板位置，左侧破坏深度为 3.0m，右侧破坏深度为 2.6m；大巷左帮破坏深度为 1.9m，右帮破坏深度为 2.0m；大巷底板两端发生破坏，左侧底板破坏深度为 4.3m，右侧底板破坏深度为 3.5m。

6）20m 煤柱

如图 6-130（a）所示，巷道顶板应力值为 2.1MPa；底板应力值为 2.5MPa；左帮应力值为 6.3MPa；右帮应力值为 6.9MPa。

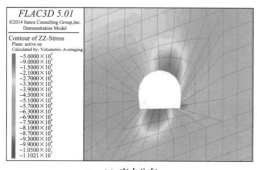 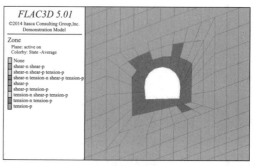

（a）应力分布　　　　　　　　　　　　　（b）塑性区分布

图 6-130　留 20m 煤柱下伏大巷应力分布及塑性区分布

塑性区破坏分布具体如图 6-130（b）所示，从大巷围岩稳定性来看，大巷围岩塑性区破坏呈现似"X"型，在巷道顶板位置，左侧破坏深度为 3.0m，右侧破坏深度为 2.6m；大巷左帮破坏深度为 1.9m，右帮破坏深度为 2.0m；大巷底板两端发生破坏，左侧底板破坏深度为 4.3m，右侧底板破坏深度为 3.5m。

综合孤岛煤柱两侧留设不同尺寸煤柱对下伏大巷围岩应力与塑性区的影响研究结果，汇总至表 6-22。

表 6-22　不同孤岛煤柱尺寸对下伏大巷的应力分布与塑性区范围的影响情况

计算结果			煤柱尺寸					
			3m	5m	8m	10m	15m	20m
应力值/MPa	顶板		0.7	0.9	1.5	1.2	1.5	2.1
	底板		0.9	1.3	1.8	1.6	1.8	2.5
	左帮		2.0	2.7	3.5	4.0	5.0	6.3
	右帮		3.5	4.0	4.5	5.3	5.5	6.9
塑性区半径/m	顶板	左侧	2.7	3.1	3.2	3.3.	3.0	3.0
		右侧	1.9	2.2	2.8	3.0	2.6	2.6
	左帮		1.5	1.7	1.9	2.1	1.9	1.9
	右帮		1.6	1.7	2.0	2.3	2.0	2.0
	底板	左侧	2.6	2.9	3.3	3.9	4.3	4.3
		右侧	2.0	2.3	2.6	3.3	3.5	3.5

如图 6-131 所示，下伏大巷顶底板应力分布受煤柱尺寸影响变化不大；但两帮受孤岛残留煤体回采留设煤柱尺寸的影响较大，特别是巷道左帮由 2MPa 增加至 6.3MPa，即煤柱留设不同尺寸会对下伏大巷产生不同的侧压系数。

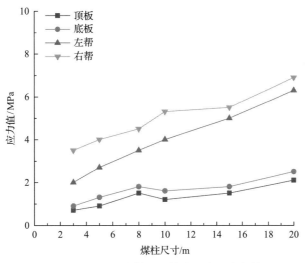

图 6-131　不同尺寸煤柱下伏大巷应力分布情况

如图 6-132 所示，随着煤柱尺寸的增加，大巷围岩塑性区范围增大。顶板和两帮整体在可控范围内，但底板的塑性区范围较大，需要重点防控。

综合不同尺寸孤岛煤柱的留设研究，发现留设护巷煤柱 3m，孤岛煤柱的开采对于底板大巷稳定性最为有利，另外，巷道围岩塑性破坏呈现"X"型，即巷道的对角是支护时需要防控的重点，特别是底板左侧，即靠近采动这一侧，需要加强支护。

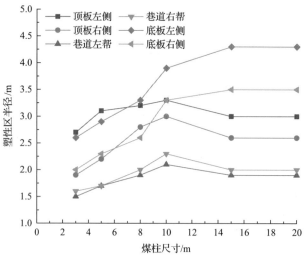

图 6-132　不同尺寸煤柱下伏大巷塑性区分布

2. 不同开采厚度对底板大巷影响的数值模拟研究

对于 3.3m 厚度孤岛残留煤体的开采，可以采用一次整层开采与分两层开采两种方式，整层开采对于实现工作面高产高效有利，但分层开采对下伏大巷的稳定性从理论上分析较好，因此，对两种开采模式进行数值模拟研究，整层开采情况利用前述煤柱尺寸的留设结果，即留设 3m 护巷煤柱整层开采 8#残留煤体，如图 6-133 所示。

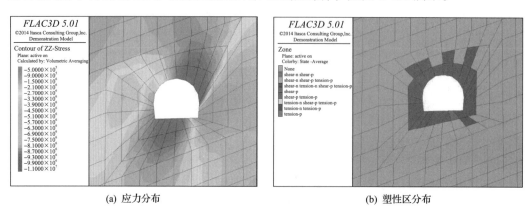

(a) 应力分布　　　　　　　　　　　　　(b) 塑性区分布

图 6-133　整层开采下伏大巷应力分布及塑性区分布

1) 整层开采(3m 煤柱)

如图 6-133(a)所示，大巷整体处于上覆孤岛煤柱开采后形成的应力降低范围内，巷道顶板应力值为 0.9MPa；底板应力值为 1.3MPa；左帮应力值为 2.7MPa；右帮应力值为 4.0MPa。

塑性区分布如图 6-133(b)所示，从大巷围岩稳定性来看，大巷围岩塑性区破坏呈现"X"型，在巷道顶板位置，左侧破坏深度为 3.1m，右侧破坏深度为 2.2m；大巷左帮破坏深度为 1.7m，右帮破坏深度为 1.7m；大巷底板两端发生破坏，左侧底板破坏为 2.9m，右侧底板破坏为 2.3m。

下面对分层开采上、下分层采动对底板下伏大巷的影响展开研究。

2) 上分层开采

如图 6-134(a)所示，巷道顶板应力值为 1.1MPa；底板应力值为 1.2MPa；左帮应力值为 3.0MPa；右帮应力值为 4.8MPa。

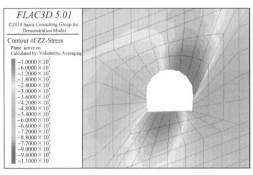
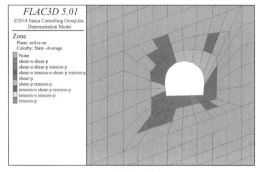

(a) 应力分布　　　　　　　　　　　　(b) 塑性区分布

图 6-134　上分层开采下伏大巷应力分布及塑性区分布

塑性区分布如图 6-134(b)所示，从大巷围岩稳定性来看，大巷围岩塑性区破坏呈现"X"型，在巷道顶板位置，左侧破坏深度为 3.2m，右侧破坏深度为 4.4m；大巷左帮破坏深度为 1.8m，右帮破坏深度为 1.8m；大巷底板两端发生破坏，左侧底板破坏为 4.6m，右侧底板破坏为 2.6m。

3) 下分层开采

如图 6-135(a)所示，巷道顶板应力值为 1.0MPa；底板应力值为 1.2MPa；左帮应力值为 2.8MPa；右帮应力值为 4.6MPa。

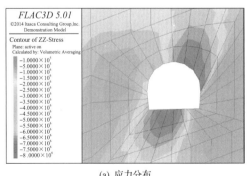
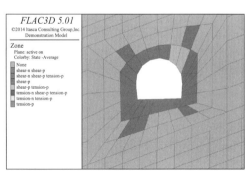

(a) 应力分布　　　　　　　　　　　　(b) 塑性区分布

图 6-135　下分层开采下伏大巷应力分布及塑性区分布

塑性区破坏分布具体如图 6-135(b)所示，从大巷围岩稳定性来看，大巷围岩塑性区破坏呈现"X"型，在巷道顶板位置，左侧破坏深度为 3.6m，右侧破坏深度为 4.2m；大巷左帮破坏深度为 1.7m，右帮破坏深度为 1.7m；大巷底板两端发生破坏，左侧底板破坏为 5.5m，右侧底板破坏为 2.8m。

　　综合孤岛煤柱不同开采厚度对下伏大巷围岩应力与塑性区的影响研究结果，汇总至表 6-23。

表 6-23　不同开采厚度对下伏大巷的应力分布与塑性区范围影响情况

计算结果		开采厚度		
		整层开采	上分层开采	下分层开采
应力值/MPa	顶板	0.9	1.1	1.0
	底板	1.3	1.2	1.2
	左帮	2.7	3.0	2.8
	右帮	4.0	4.8	4.6
塑性区半径/m	顶板 左侧	3.1	3.6	3.2
	顶板 右侧	2.2	4.2	4.4
	左帮	1.7	1.8	1.7
	右帮	1.7	1.75	1.7
	底板 左侧	2.9	5.5	4.6
	底板 右侧	2.3	2.8	2.6

　　如图 6-136 所示，下伏大巷顶底板应力分布受煤层开采厚度影响变化不大；但两帮受孤岛残留煤体开采厚度的影响较大，特别是巷道右帮。

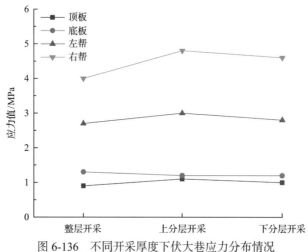

图 6-136　不同开采厚度下伏大巷应力分布情况

　　如图 6-137 所示，巷道两帮整体在可控范围之内，但顶板右侧和底板左侧的塑性区较大，需要重点防控。上分层开采塑性区范围最大，相比较而言，整层开采，塑性区范围最小，对于巷道围岩稳定性最为有利。

　　综合孤岛煤柱不同开采厚度研究，发现采用整层开采时，3m 煤柱对于底板大巷稳定性最为有利，另外，巷道围岩塑性区破坏呈现"X"型，即巷道的对角是支护时需要防控的重点，特别是底板左侧，即靠近采动这一侧，需要加强支护。

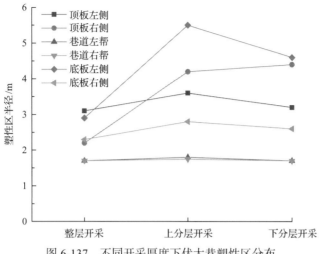

图 6-137 不同开采厚度下伏大巷塑性区分布

3. 不同推进速度对底板大巷影响的数值模拟研究

为了掌握孤岛煤柱不同推进速度对下伏大巷围岩应力及稳定性的影响,从而确定孤岛煤柱回采与大巷稳定性的最优技术参数,展开工作面回采推进速度 1m/d、2m/d、3m/d、4m/d 及 5m/d 对下伏大巷的稳定性影响研究,研究内容集中于下伏大巷的垂直应力(szz)、下伏大巷塑性区情况。

1)推进速度 1m/d

如图 6-138(a)所示,巷道顶板应力值为 2.0MPa;底板应力值为 2.5MPa;左帮应力值为 16MPa;右帮应力值为 18MPa。

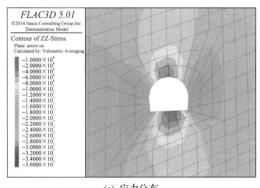

(a) 应力分布

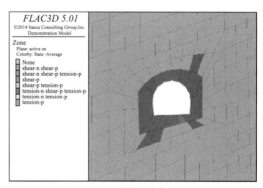

(b) 塑性区分布

图 6-138 推进速度 1m/d 时下伏大巷应力分布及塑性区分布

塑性区分布如图 6-138(b)所示,从大巷围岩稳定性来看,大巷围岩塑性区破坏呈现似 "X" 型,在巷道顶板位置,左侧破坏深度为 1.5m,右侧破坏深度为 4.2m;大巷左帮破坏深度为 1.3m,右帮破坏深度为 1.6m;大巷底板两端发生破坏,左侧底板破坏深度为 2.9m,右侧底板破坏深度为 2.5m。

2) 推进速度 2m/d

如图 6-139(a) 所示，巷道顶板应力值为 2.5MPa；底板应力值为 3.0MPa；左帮应力值为 20MPa；右帮应力值为 22MPa。

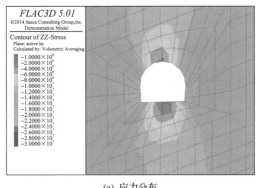 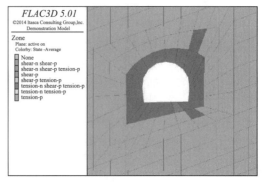

(a) 应力分布　　　　　　　　　　　　(b) 塑性区分布

图 6-139　推进速度 2m/d 时下伏大巷应力分布及塑性区分布

塑性区分布如图 6-139(b) 所示，从大巷围岩稳定性来看，大巷围岩塑性区破坏呈现异 "X" 型，在巷道顶板位置，左侧破坏深度为 1.4m，右侧破坏深度为 3.9m；大巷左帮破坏深度为 1.6m，右帮破坏深度为 1.7m；大巷底板两端发生破坏，左侧底板破坏深度为 2.8m，右侧底板破坏深度为 1.7m。

3) 推进速度 3m/d

如图 6-140(a) 所示，巷道顶板应力值为 2.8MPa；底板应力值为 3.0MPa；左帮应力值为 16MPa；右帮应力值为 20MPa。

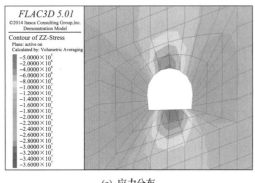 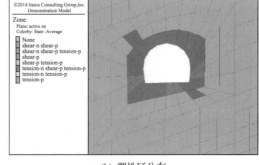

(a) 应力分布　　　　　　　　　　　　(b) 塑性区分布

图 6-140　推进速度 3m/d 时下伏大巷应力分布及塑性区分布

塑性区分布如图 6-140(b) 所示，从大巷围岩稳定性来看，大巷围岩塑性区破坏呈现似 "X" 型，在巷道顶板位置，左侧破坏深度为 3.0m，右侧破坏深度为 2.1m；大巷左帮破坏深度为 1.4m，右帮破坏深度为 1.7m；大巷底板两端发生破坏，左侧底板破坏深度为 3.2m，右侧底板破坏深度为 2.6m。

4）推进速度 4m/d

如图 6-141（a）所示，巷道顶板应力值为 2.8MPa；底板应力值为 3.0MPa；左帮应力值为 19MPa；右帮应力值为 20MPa。

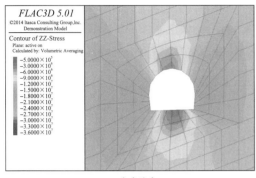 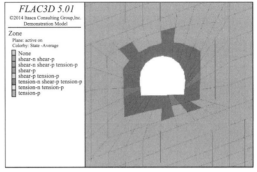

(a) 应力分布　　　　　　　　　　　　　　　(b) 塑性区分布

图 6-141　推进速度 4m/d 时下伏大巷应力分布及塑性区分布

塑性区分布如图 6-141（b）所示，从大巷围岩稳定性来看，大巷围岩塑性区破坏呈现似"X"型，在巷道顶板位置，左侧破坏深度为 3.3m，右侧破坏深度为 2.4m；大巷左帮破坏深度为 1.6m，右帮破坏深度为 1.8m；大巷底板两端发生破坏，左侧底板破深度坏为 3.5m，右侧底板破坏深度为 2.8m。

5）推进速度 5m/d

如图 6-142（a）所示，巷道顶板应力值为 3.0MPa；底板应力值为 3.5MPa；左帮应力值为 23MPa；右帮应力值为 21MPa。

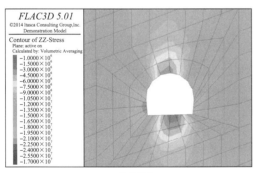 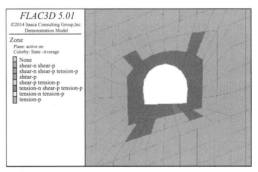

(a) 应力分布　　　　　　　　　　　　　　　(b) 塑性区分布

图 6-142　推进速度 5m/d 时下伏大巷应力分布及塑性区分布

塑性区破坏分布具体如图 6-142（b）所示，从大巷围岩稳定性来看，大巷围岩塑性区破坏呈现"X"型，在巷道顶板位置，左侧破坏深度为 3.2m，右侧破坏深度为 4.6m；大巷左帮破坏深度为 1.6m，右帮破坏深度为 1.7m；大巷底板两端发生破坏，左侧底板破坏深度为 4.3m，右侧底板破坏深度为 2.7m。

综合孤岛煤柱采动时不同推进速度对下伏大巷围岩应力与塑性区的影响研究结果，汇总至表 6-24。

表 6-24　不同推进速度时下伏大巷的应力分布与塑性区分布情况

计算结果			推进速度				
			1m/d	2m/d	3m/d	4m/d	5m/d
应力值/MPa	顶板		2.0	2.5	2.8	2.8	3.0
	底板		2.5	3.0	3.0	3.0	3.5
	左帮		16	20	16	19	23
	右帮		18	22	20	20	21
塑性区半径/m	顶板	左侧	1.5	1.4	3.0	3.3	3.2
		右侧	4.2	3.9	2.1	2.4	4.6
	左帮		1.3	1.6	1.4	1.6	1.6
	右帮		1.6	1.7	1.7	1.8	1.7
	底板	左侧	2.9	2.8	3.2	3.5	4.3
		右侧	2.5	1.7	2.6	2.8	2.7

如图 6-143 所示，下伏大巷顶底板应力分布受煤柱尺寸大小影响变化不大；但两帮受孤岛残留煤体回采留设煤柱尺寸的影响较大，当推进速度为 5m/d 时，巷道左帮应力值最大，为 23MPa；当推进速度为 3m/d 时巷道左帮应力值最小，为 16MPa。

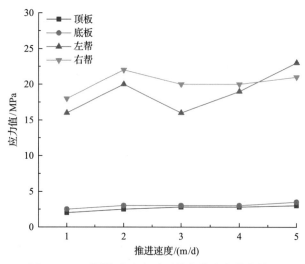

图 6-143　不同推进速度时下伏大巷应力分布情况

如图 6-144 所示，随着推进速度的增加，大巷围岩塑性区范围呈现先减小后增大的趋势。巷道两帮整体在可控范围内，但顶底板的塑性区范围较大，需要重点防控。当推进速度为 3m/d 时，下伏大巷的围岩整体破坏深度较小，最为有利。

综合上述分析结果，工作面推进速度增加，下伏大巷围岩塑性区破坏仍呈 "X" 型。根据围岩应力分布、塑性区破坏情况、煤柱后方支承应力峰值整体考虑，推进速度为 3m/d 时对底板下伏大巷较为有利。

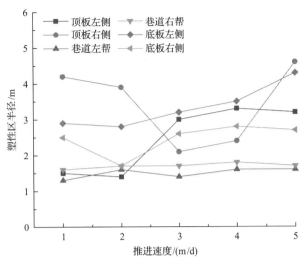

图 6-144　不同推进速度时下伏大巷塑性区分布范围

6.3.4　残留孤岛煤柱采动影响下的大巷支护方案

1. 孤岛煤柱下伏大巷支护参数设计

在回采巷道开掘后未进行人工支护前，巷道破坏垮落会形成一个近似拱形的范围，如图 6-145 所示，在自然条件下巷道顶部的破坏深度为 b，锚杆的支护使该范围内的围岩很好地悬吊在上部较稳定的岩层中，此时锚杆提供的承载力应大于该范围内岩体的重量。

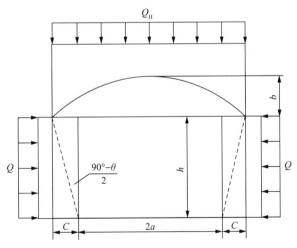

图 6-145　巷道围岩破坏范围计算图

顶板中煤岩体的破坏深度：

$$b = \frac{(a + C)\cos\alpha}{k_y f_n} \tag{6-144}$$

$$C = h \cdot \tan \frac{90° - \theta}{2} \tag{6-145}$$

式中，a 为巷道的半宽，取 2.4m；α 为煤层的倾角，取 20°；k_y 为待锚固岩体的稳定性系数，取 3；f_n 为锚固岩体的硬度系数，取 1.5。

煤帮一侧支护体上的压力为

$$Q = C \left(\gamma_y h \sin \alpha + \gamma_n b \tan \frac{90° - \theta}{2} \right) \tag{6-146}$$

式中，γ_y、γ_n 为煤和岩石的容重，取 γ_y=25kN/m^3，γ_n=25kN/m^3,

锚杆长度：

$$L_r = b + \Delta \tag{6-147}$$

式中，L_r 为巷道顶锚杆长度；Δ 为锚杆外露长度与锚入围岩破坏范围之外的深度总长，取 0.6m。

锚杆排距：

$$a_r = \pi Z \sqrt{\frac{(a+b)Z}{ab}} \tag{6-148}$$

式中，Z 为锚杆锚入冒落拱之外的额定深度；a 为巷道的半宽；b 为巷道顶板中煤岩体的破坏深度。

锚杆强度：

$$P = \frac{1000\pi d^2 f \sigma_t}{4f + 8} \tag{6-149}$$

式中，d 为锚杆杆体的直径，取 22mm；f 为锚固段岩层的硬度系数，取 1.5；σ_t 为锚杆杆体的极限抗拉强度，取 380MPa。

锚杆杆数为

$$N_k = \frac{K_3 Q_H a_r}{P} \tag{6-150}$$

式中，K_3 为安全系数，取 2；Q_H 为压力；a_r 为巷道半宽。

结合孤岛煤柱下伏大巷断面参数计算可得

$$L_r = 2.11, \quad a_r = 0.87, \quad N_k = 11.7$$

确定取锚杆长度 2200mm，间距 800mm×800mm，11 根锚杆。在 12-1 煤层顶板岩层中布置–480m 水平南翼运输大巷，巷道根据中平线掘进，大巷巷道断面为半圆拱形，净断面规格为 4.8m×3.2m，使用锚网喷联合支护，锚杆直径采用 20mm 等强右旋螺纹钢，锚杆长 2200mm，间排距布置 800mm×800mm。

上述是依据我国锚杆支护的基本原则给出的基本支护方案，这里同时给出工程类比方案。

当采用锚索支护时，锚索沿巷道顶部中央布置一根，间距 2.4m，锚索采用 Φ15.24mm×5500mm，深度 5m，混凝土厚度 100mm，针对围岩地质情况发生变化，施工过程中如遇煤层、顶板破碎或淋水较大地段则修订为网—架—喷的支护方式，架棚支护棚距为650mm，如图 6-146 所示。

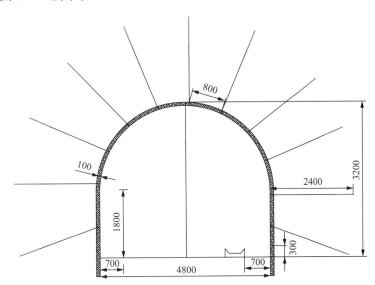

图 6-146　480m 水平南翼运输大巷断面图（mm）

2. 支护设计优化

1）下伏大巷围岩控制针对性的优化研究

结合研究结论，受孤岛煤柱开采影响，大巷围岩破坏呈现"X"型，因此为了保证大巷围岩稳定性，需要针对该类破坏形式进行锚索加强支护。

具体支护方案优化为：仍采用锚网喷支护形式，锚杆直径采用 20mm 等强右旋螺纹钢，长度 2400mm，间排距 800mm×800mm，在原有支护前提下增加锚索，对大巷进行加强支护。锚索沿巷道正中和左右两角各布置一根，锚索采用 Φ22mm×8000mm，深度为 8m。

为了验证支护方案优化后的效果，分别对设计方案与优化方案进行应力分布与围岩塑性区的数值模拟，如图 6-147 所示。

如图 6-147（a）所示，采用设计方案时，巷道顶板应力值为 2.5MPa；底板应力值为2.4MPa；左帮应力值为 7.5MPa；右帮应力值为 10.6MPa。

如图 6-147（b）所示，在优化方案的模拟中，大巷整体处于上覆孤岛煤柱开采后形成的应力降低范围内，巷道顶板应力值为 2.5MPa；底板应力值为 2.4MPa；左帮应力值为3.5MPa；右帮应力值为 4.5MPa。

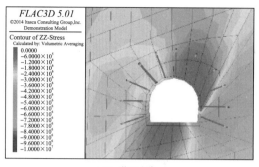 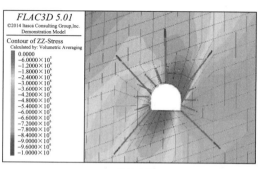

　　　　(a) 设计方案　　　　　　　　　　　　　　(b) 优化方案

图 6-147　设计方案与优化方案大巷围岩应力分布情况

设计方案与优化方案的大巷围岩塑性区范围，如图 6-148 所示。

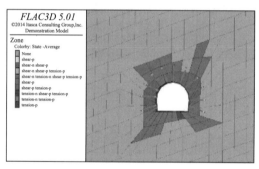 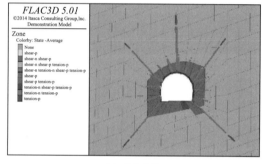

　　　　(a) 设计方案　　　　　　　　　　　　　　(b) 优化方案

图 6-148　设计方案与优化方案大巷围岩塑性区情况

　　如图 6-148(a) 所示，设计方案中，从大巷围岩稳定性来看，大巷围岩塑性区破坏依然呈现"X"型，即均匀支护不能改善大巷围岩破坏情况。在巷道顶板位置，左侧破坏深度为 1.4m；右侧破坏深度为 1.9m；大巷左帮破坏深度为 0.8m；右帮破坏深度为 0.9m，大巷底板两端发生破坏，底板左侧破坏深度为 4.2m；底板右侧破坏深度为 2.3m。

　　如图 6-148(b) 所示，在优化方案中，从大巷围岩稳定性来看，大巷围岩塑性区"X"型破坏基本解除，在巷道顶板位置、大巷左帮、右帮基本一致，破坏深度为 0.77m，大巷底板两端发生破坏，底板左侧破坏深度为 1.8m，底板右侧破坏深度为 1.2m。

　　2) 下伏大巷锚杆间距优化研究

　　在采用优化方案后，针对下伏大巷锚杆使用的经济性评价情况，研究不同锚杆间距的下伏大巷支护效果。

　　①锚杆间距 600mm×600mm

　　如图 6-149(b) 所示，锚杆间距 600mm×600mm 时，下伏大巷巷道顶板应力值为 1.8MPa；底板应力值为 1.9MPa；左帮应力值为 6.9MPa；右帮应力值为 7.1MPa。

　　②锚杆间距 700mm×700mm

　　如图 6-150(b) 所示，锚杆间距 700mm×700mm 时，下伏大巷巷道顶板应力值为

1.6MPa；底板应力值为 1.7MPa；左帮应力值为 6.7MPa；右帮应力值为 6.9MPa。

③锚杆间距 800mm×800mm

如图 6-151(b)所示，锚杆间距 800mm×800mm 时，下伏大巷巷道顶板应力值为 1.5MPa；底板应力值为 1.6MPa；左帮应力值为 6.6MPa；右帮应力值为 6.8MPa。

④锚杆间距 900mm×900mm

如图 6-152(b)所示，锚杆间距 900mm×900mm 时，下伏大巷巷道顶板应力值为 1.4MPa；底板应力值为 1.6MPa；左帮应力值为 6.3MPa；右帮应力值为 6.5MPa。

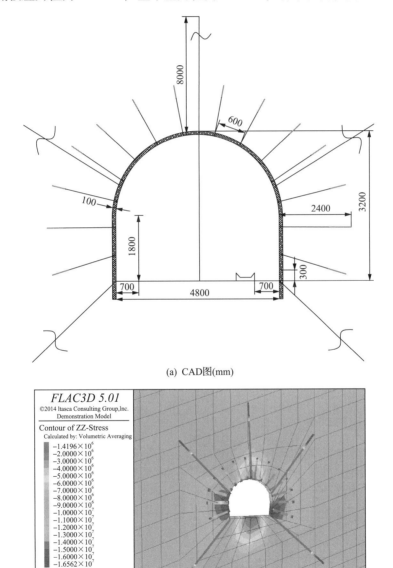

(a) CAD图(mm)

(b) 应力分布

图 6-149　锚杆间距 600mm×600mm 时巷道围岩应力云图

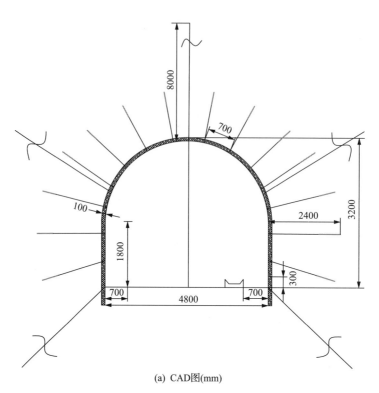

(a) CAD图(mm)

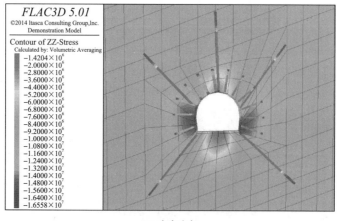

(b) 应力分布

图 6-150 锚杆间距 700mm×700mm 时巷道围岩应力云图

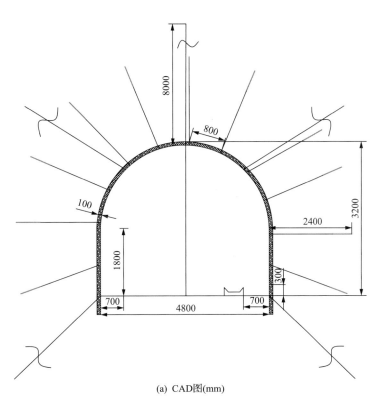

(a) CAD图(mm)

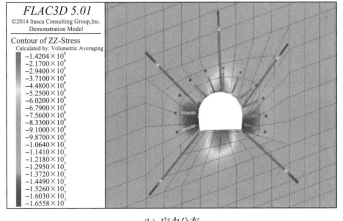

(b) 应力分布

图 6-151　锚杆间距 800mm×800mm 时巷道围岩应力云图

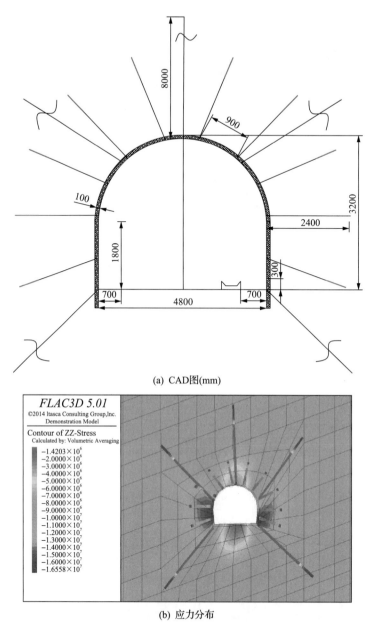

(a) CAD图(mm)

(b) 应力分布

图 6-152　锚杆间距 900mm×900mm 时巷道围岩应力云图

综合不同锚杆间距对下伏大巷的应力影响研究结果，汇总至表 6-25。

如图 6-153 所示，随着锚杆间距的不断加大，对应的巷道围岩压应力区呈现先减小后增大的趋势，对应的围岩承载能力也呈现先减小后增大的趋势。当锚杆间距为 600mm×600mm 时支护效果最好，其次，当锚杆间距为 900mm×900mm 时，支护效果明显强于 800mm×800mm 锚杆间距。

表 6-25　不同锚杆间距时下伏大巷应力分布(MPa)

计算结果	间距			
	600mm	700mm	800mm	900mm
顶板	1.8	1.5	1.4	1.6
底板	1.9	1.6	1.6	1.7
左帮	6.9	6.6	6.3	6.7
右帮	7.1	6.8	6.5	6.9

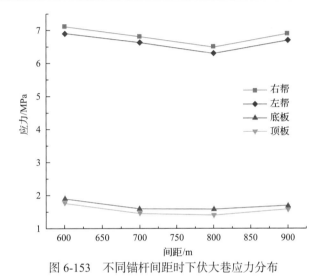

图 6-153　不同锚杆间距时下伏大巷应力分布

如图 6-154 所示，当锚杆间距为 600mm×600mm 时围岩变形量是 $5.17×10^{-3}$m；当锚杆间距为 700mm×700mm 时围岩变形量是 $5.23×10^{-3}$m；当锚杆间距为 800mm×800mm 时围岩变形量是 $5.25×10^{-3}$m；当锚杆间距为 900mm×900mm 时围岩变形量是 $5.19×10^{-3}$m。

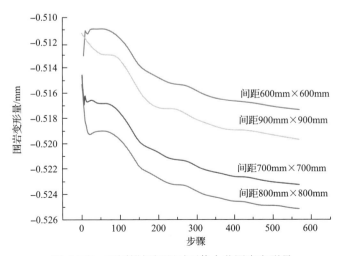

图 6-154　不同锚杆间距时下伏大巷围岩变形量

综上所述，当锚杆间距为 600mm×600mm 时，巷道围岩承载能力最大，巷道围岩变形量最小，此时的支护效果最好，但同时可以看到当锚杆间距为 900mm×900mm 时，巷道围岩变形量与锚杆间距为 600mm×600mm 时相差不大，同时可以满足巷道锚杆支护的良好效果。

综合以上巷道围岩应力分布情况，当锚杆间距为 900mm×900mm 时，在支护效果上明显强于 800mm×800mm 锚杆间距。并且结合煤矿现场使用效果以及经济性评价，在支护效果良好的前提下，增大锚杆间距可以减少使用锚杆的数量，一定程度上有效降低了巷道的支护成本。

6.3.5　孤岛工作面不同开采时期下伏大巷围岩变形观测分析

在整个观测期间，下伏的–500m 运输大巷先后经历 8#孤岛煤柱未采、采动、不同开采参数以及撤棚、撤巷道顶板正中锚索几种情况，因此需要对几种情况分别进行监测，以验证大巷围岩塑性区破坏深度、大巷围岩变形以及撤架、撤锚索的合理性。

为了有针对性地分析采动对下伏大巷的影响，在孤岛煤柱开采之前，再次对大巷进行返修，形成前修后采的格局，大巷返修后的支护方案与参数采用研究成果，如图 6-155 所示。

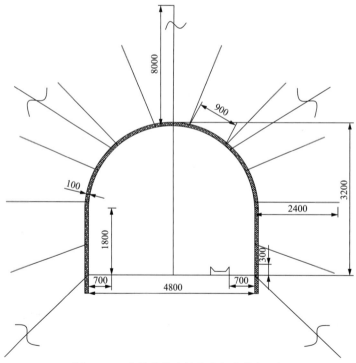

图 6-155　大巷优化支护方案与参数(mm)

1. 监测方案

为了验证回采技术参数与支护方案、参数的综合效果，需要对大巷进行位移观测，同时，对大巷顶部中央锚索与架棚的必要性进行工程验证。

大巷的断面位移观测采用十字布点法，其中 B 点布置在巷道左帮，D 点布置在巷道右帮，两点布置在同一水平线上，通过两点连线距离的变化分析巷道水平方向的变形值；A 点布置在巷道顶板中间位置，C 点通过从 A 点处自然下垂的细绳与底板的交点确定，通过这两点连线距离的变化分析巷道竖直方向的变形值，测站布置如图 6-156 所示。

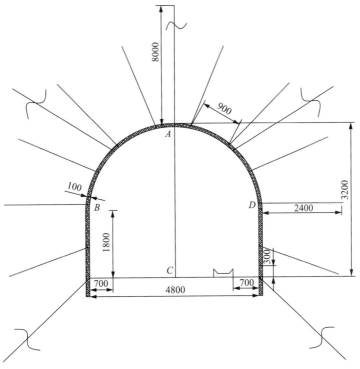

图 6-156　巷道断面变形观测布置图(mm)

回采工作面及测站布置如图 6-157 所示。

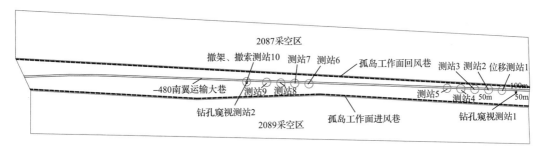

图 6-157　采掘工程平面图及测站布置

如图 6-157 所示，为了得到孤岛煤柱开采技术参数对下伏大巷稳定性的影响与支护方案、参数优化验证，沿着大巷共计布置 9 个位移测站，在测站 1～测站 5 进行了孤岛工作面推进速度对大巷变形的影响观测，测站 1 距离开切眼 100m，测站间距为 50m；测站 6～测站 9 进行了孤岛工作面采高对大巷变形的影响观测，测站 6 距离开切眼 800m，测站间距为 50m；测站 10 监测撤架、锚索前后位移情况，见表 6-26；同时，在距离开切眼 50m 位置、1000m 位置进行大巷围岩稳定性的钻孔窥视，可得到未受采动影响的大巷变形、采动影响的大巷围岩变形以及撤架、撤顶部中央锚索的大巷围岩破坏情况，见表 6-27。

表 6-26　巷道位移测站布置

位移测站名称		与开切眼距离/m	观测内容
采高为 3m，确定最优回采速度	测站 1	100	日进尺 1.2m
	测站 2	150	日进尺 2.4m
	测站 3	200	日进尺 3.0m
	测站 4	250	日进尺 4.2m
	测站 5	300	日进尺 4.8m
最优速度，确定最优采高	测站 6	800	采高 2.6m
	测站 7	850	采高 2.8m
	测站 8	900	采高 3.0m
	测站 9	950	采高 3.2m
撤架、索	测站 10	1200	撤架、索前后位移

表 6-27　钻孔窥视测站布置与参数

测区名称	与开切眼距离/m	钻孔直径/mm	钻孔深度/m	倾角/(°)	探测深度/m
1#钻孔窥视	50	32	8	45	7.27
2#钻孔窥视	1000	32	8	45	7.24

2. 未受孤岛煤柱采动影响的大巷破坏窥视分析

在孤岛煤柱未开采之前，由于大巷变形量过大、破坏严重，因此首先通过 1#钻孔窥视围岩内部破坏情况，如图 6-158、图 6-159 所示。

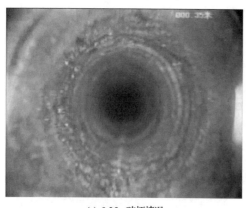 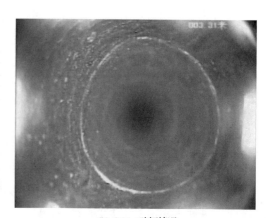

(a) 0.35m破坏情况　　　　　　　　　　　(b) 3.31m破坏情况

图 6-158　1#钻孔窥视围岩图

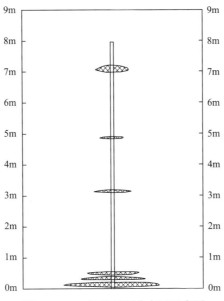

图 6-159　1#钻孔破裂分布区示意图

根据 1#钻孔窥视围岩内部破坏情况，在 8#孤岛煤柱开采之前，可以得到如下结论。

（1）在 1#钻孔孔口附近以及 0.35m、0.44m、3.31m、4.89m、7.24m 深度附近有较明显的水平方向破裂现象。

（2）整个探测深度没有明显的岩性变化，钻孔深度为 0.4～5.00m 内有竖直方向白色矿物夹层，有的区域已经发展成竖直方向裂隙，将来很有可能发展成更大的竖直方向裂隙。

（3）当钻孔深度大于 1.20m 时，钻孔孔壁变形处有明显的螺旋上升状态，分析原因可能是钻孔附近的岩层较软弱。

可以发现，在 8#孤岛煤柱未开采情况下，大巷围岩与铅垂方向呈 45° 的位置已发生 7.24m 深的破坏，比理论计算展开的"X"型破坏最大深度 6.45m 还要大，同时也相当于在一定程度上验证了"X"型破坏的客观性。

6.4　本 章 小 结

本章基于"连续开采"的科学思想，给出了三种我国普遍存在或者急需解决的工程背景，概括如下。

基于我国面临的井工矿急需解决的冲击地压为代表的动力灾害难题，以华丰煤矿为工程背景，提出了"贝叶斯神经网络数学方法—卸压开采—连续开采"技术体系，并完善了技术保障体系，提出动力灾害矿井发生"能量来源—传播路径—作用对象"，基于此，在华丰煤矿实现了工作面间的"连续开采"及其配套技术，形成了"避开源头—切断路径—维护对象"的治理思路，最终实现动力灾害严重矿井开采煤层的"有震无灾"理想目标。

以我国井工矿设计与施工的工作面推进末采留煤柱保护上山/大巷、形成回撤通道进行设备搬家造成的煤炭资源损失、回撤通道工程量大与搬家倒面时间长的问题，在梧桐庄矿实施了第 4 章给出的无煤柱"连续末采"的新方法，实践表明，末采及贯通期间实施合理的技术矿压可控，改善了我国井工矿传统设计思路。

　　基于我国矿井普遍存在于煤层群条件下，上覆煤层采空区残留煤柱带来的煤炭资源浪费，特别是优质资源大量注销，且对下伏煤层及井巷工程带来强矿压，甚至动压的影响，为解决实际工程背景下伏大巷维护难题，在开滦集团东欢坨矿实施了上覆孤岛煤柱回收，从而形成采空区"连续开采"内涵。理论与实践均表明，孤岛煤柱回收后，不仅带来资源回收经济，而且显著改善了下伏井巷工程的高应力、难维护的现状。

　　本章三个工程实例具有完全不同的条件，且要解决的目标完全不一致，但是基于"连续开采"理念，将复杂的井工开采问题简单化、归一化，结合前述理论与实践均可以证明，"连续开采"具有显著的经济与社会效益，如大范围推广实施，可改善我国井工开采现状，并为我国井工开采的前瞻科学带来更为便利的条件。

参 考 文 献

[1] 齐庆新, 陈尚本, 王怀新, 等. 冲击地压、岩爆、矿震的关系及其数值模拟研究[J]. 岩石力学与工程学报, 2003, (11): 1852-1858.

[2] 闫少宏, 宁宇, 康立军, 等. 用水力压裂处理坚硬顶板的机理及实验研究[J]. 煤炭学报, 2000, (1): 34-37.

[3] 周飞燕, 金林鹏, 董军. 卷积神经网络研究综述[J]. 计算机学报, 2017, 40(6): 1229-1251.

[4] MacKay, David J C. A practical bayesian framework for backpropagation networks[J]. Neural Computation, 1992, 4(3): 448-472.

[5] 刘全, 翟建伟, 章宗长, 等. 深度强化学习综述[J]. 计算机学报, 2018, 41(1): 1-27.

[6] 王志强, 乔建永, 武超, 等. 基于负煤柱巷道布置的煤矿冲击地压防治技术研究[J]. 煤炭科学技术, 2019, 47(1): 69-78.

[7] Цяо Цзаньюн, Ван Цжизян, Чжао Цзинли. Развитие методов разработки мощных угольных пластов в китае гиаб[J]. Горный информационно-аналитический бюллетень/MIAB. Mining Informational and Analytical Bulletin, 2020, (8): 105-117.

[8] 赵阳升, 冯增朝, 万志军. 岩体动力破坏的最小能量原理[J]. 岩石力学与工程学报, 2003, 22(11): 1781-1781.

[9] 潘俊锋, 宁宇, 毛德兵. 煤矿开采冲击地压启动理论[J]. 岩石力学与工程学报, 2012, 31(3): 586-596.

[10] 谢和平. 深部岩体力学与开采理论研究进展[J]. 煤炭学报, 2019, 44(5): 1283-1305.

[11] 杨仁树, 朱晔, 李永亮, 等. 坚硬顶板条件下裸顶巷道煤帮稳定性分析及控制对策[J]. 采矿与安全工程学报, 2020, 37(5): 861-870.

[12] 王志强, 武超, 罗健侨, 等. 特厚煤层巨厚顶板分层综采工作面区段煤柱失稳机理及控制研究[J]. 煤炭学报, 2021, (12): 3756-3770.

[13] 谢广祥, 杨科, 刘全明. 综放面倾向煤柱支承压力分布规律研究[J]. 岩石力学与工程学报, 2006, (3): 545-549.

[14] 周宏伟, 谢和平, 左建平. 深部高地应力下岩石力学行为研究进展[J]. 力学进展, 2005, (1): 91-99.

[15] 潘一山. 冲击地压发生和破坏过程研究[D]. 北京: 清华大学, 1999.

[16] 冯龙飞, 窦林名, 王晓东, 等. 回采速度对采场能量释放的影响规律研究[J]. 煤炭科学技术, 2020, 48(11): 77-84.

[17] Dai L P, Pan Y S, Li Z H, et al. Quantitative mechanism of roadway rockbursts in deep extra-thick coal seams: theory and case histories[J]. Tunnelling and Underground Space Technology, 2021, 111: 103861.

[18] 潘俊锋, 刘少虹, 高家明, 等. 深部巷道冲击地压动静载分源防治理论与技术[J]. 煤炭学报, 2020, 45(5): 1607-1613.

[19] Pawlowski N, Brock A, Lee M C H, et al. Implicit weight uncertainty in neural Networks[L]. 2017. [2023-02-24]. https://arxiv.org/pdf/1711.01297.pdf.

[20] Kim K R, Youngjae K, Park S. A probabilistic machine learning approach to scheduling parallel loops with bayesian optimization[J]. IEEE Transactions on Parallel and Distributed Systems, 2020: 1-13.

[21] 潘一山, 代连朋. 煤矿冲击地压发生理论公式[J]. 煤炭学报, 2021, 46(3): 789-799.

[22] 马念杰, 赵希栋, 赵志强, 等. 掘进巷道蝶型煤与瓦斯突出机理猜想[J]. 矿业科学学报, 2017, 2(2): 137-149.

[23] Qiao J Y. On the preimages of parabolic points[J]. Nonlinearity, 2000, 13: 813-818.

[24] Kastner H. Static des Tunne-und Stollenbaues[M]. Berlin: Springer, 1971.

第7章 连续开采亟待解决的"十大问题"

本著作从我国井工开采现状入手，给出了基本概念，建立了开采影响因素库，先后形成了工作面间与末采的连续开采体系，并赋予其数学思想及指导方向，在此基础上，补充了保障技术体系，且以三个完全不同的地质条件和工程难题为背景，证明了"连续开采"的价值与前景，但是结合井工开采现状、前瞻科学及发展方向，"连续开采"尚需解决或拓展其适用范围，具体如下。

第一，本著作中涉及工作面间连续开采、工作面推进方向连续开采的理论与实践，但是尚未展开采区与带区开采的"时间连续""空间连续"的实践应用。

第二，我国井工矿经历 70 余年壁式体系开采，地下完整煤层比例逐年降低，因此，需要结合我国地下残煤实现"二次连续"开采技术，要解决的问题包括工作面采空区间留设的大煤柱、推进方向末采残留的大煤柱、上山或大巷之间的煤柱等，本课题组已获得授权发明专利技术"王志强，乔建永，苏泽华. 厚煤层放顶煤采空区残留煤体的往复式二次快速回采方法"（申请号：CN201911142212.2），其科学性与实用价值有待进一步挖掘。

第三，地下开采由各类煤柱与采空区构成，应当视为一个整体系统，我们应当尝试建立连续煤层在开采过程中受连续与离散开采对原平衡系统的变化，应当挖掘系统的动态变化特征，建立针对矿井的系统模型，从而确定科学合理的时间与空间连续开采体系。

第四，动力灾害的发生是一个复杂问题，矿井动力灾害的鉴定需要针对整体系统建立评判指标，确定危险区域，从而实施针对性的防治方案。

第五，连续开采势必形成覆岩运动的连续化，继而会影响到地表，那么连续开采中应当综合考虑地表破坏与复垦、保水开采等问题，形成保障与修复体系。

第六，地下水库作为保水开采前沿方向，采空区与作为坝体的煤柱是重要的空间与结构；连续开采带来的地下空间特征会对地下水库带来何种影响，应是我们进一步思考的问题。

第七，连续开采带来的采空区范围是连续扩大的，那么对于瓦斯的解吸与流动会带来什么样的影响，是否能够建立集中采集站，其抽采浓度在什么情况下满足使用要求，需要我们思考。

第八，地下连续开采对地下 "碳封存"会产生什么样的影响？

第九，地质条件是确定井工开采的先决条件，设计参数或回采技术参数与地质条件决定了地下开采的重大问题，应采用数学方法建立反映真实情况的数学模型与系统，需进一步搭建系统工程，通过条件的输入形成"潜在问题"输出，实现地下开采的"透明化"。

第十，地下矿井开采的"智能化"、"数字化"以及"无人化"是未来发展目标，需要建立可复制系统实现顺利、连续开采，避免设备的不适应与开采带来的种种问题。